Gerhard Werner · Karlheinz Zimmer
Holzbau 2

Springer

Berlin
Heidelberg
New York
Barcelona
Budapest
Hongkong
London
Mailand
Paris
Santa Clara
Singapur
Tokio

Gerhard Werner · Karlheinz Zimmer

Holzbau Teil 2

Dach- und Hallentragwerke nach DIN und Eurocode

Unter Mitarbeit von Karin Lissner

Mit 316 Abbildungen

Springer

Prof. Dipl.-Ing. Gerhard Werner
Kohlpottweg 6
32545 Bad Oeynhausen

Prof. Dr. sc. techn. Karlheinz Zimmer
Bamberger Straße 34
01187 Dresden

Dr.-Ing. Karin Lißner
Rothenburger Straße 13
01099 Dresden

ISBN 3-540-58681-4 Springer-Verlag Berlin Heidelberg New York

Die Deutsche Bibliothek – CIP-Einheitsaufnahme

Werner, Gerhard:
Holzbau / Gerhard Werner ; Karlheinz Zimmer. Unter Mitarb.
von Karin Lißner. – Berlin ; Heidelberg ; New York ;
Barcelona ; Budapest ; Hong Kong ; London ; Mailand ; Paris ;
Santa Clara ; Singapur ; Tokyo : Springer.
(Springer-Lehrbuch)
NE: Zimmer, Karlheinz:
Teil 2. Dach- und Hallentragwerke. – 1996
ISBN 3-540-58681-4

Produktion: PRODUserv Springer Produktions-Gesellschaft, Berlin
Einbandentwurf: Struve & Partner, Heidelberg; Satz: Fotosatz-Service Köhler OHG, 97084 Würzburg

SPIN: 10135019 68/3020 – 5 4 3 2 1 0 – Gedruckt auf säurefreiem Papier

Vorwort

Teil 2 dieses Buches schließt sich nahtlos an Teil 1 an und führt den Leser in praktische Anwendungen des Holzbaues ein. Einem Überblick über die Grundformen der Dächer und Dachdeckungen folgt ein ausführliches Kapitel über Lastannahmen und Lastkombinationen nach DIN 1055, denen Bemessungssituationen und Einwirkungen nach Eurocode 5 gegenübergestellt werden.

Verschiedene Dach- und Hallentragwerke werden sowohl nach DIN 1052 als auch nach Eurocode 5 vollständig behandelt, um dem Lernenden den Zusammenhang zwischen Berechnung und Konstruktion in der praktischen Anwendung zu zeigen. Soweit die verfügbaren Normen keine erschöpfende Auskunft geben, helfen neuere Forschungsergebnisse, brauchbare Lösungen zu finden. Auf die in der Praxis üblichen Vereinfachungen in Berechnung und Konstruktion wird hingewiesen.

Im Bereich der Hausdächer werden Pfetten-, Sparren- und Kehlbalkendächer sowie in einem kurzen Kapitel auch Skelettbauten behandelt. Im Bereich der Hallentragwerke nimmt eine ausführliche und systematische Darstellung der Brettschichtholzkonstruktionen den breitesten Raum ein. Aber auch Fachwerkbinder in den üblichen Tragsystemen mit herkömmlichen und neuzeitlichen Knotenausbildungen werden ausführlich dargeboten.

Die Stabilisierung von Bauwerken durch Verbände und Abstützungen verdient im Holzbau besondere Beachtung und wird deshalb umfassend behandelt. Unter anderem wird die Ermittlung der Verbandsdurchbiegung und der Kraftumlenkung bei abgeknickten Verbandsgurten ausführlich beschrieben.

Das grundlegende Kapitel „Verformungsberechnung von Holztragwerken" erscheint aus praktischen Erwägungen erst am Ende des Buches. Dem Nachgiebigkeitseinfluß mechanischer Verbindungen wird besondere Aufmerksamkeit geschenkt.

Der Eurocode 5, eine europäische Norm für die Bemessung und Konstruktion der Holztragwerke, liegt als DIN V ENV 1995 Teil 1-1 vor und ermöglicht zusammen mit dem Nationalen Anwendungsdokument (NAD) den Bauingenieuren und Architekten, Dach- und Hallentragwerke aus Holz und Holzwerkstoffen auf der Basis von Grenzzuständen zu bemessen.

Die harmonisierten europäischen Normen und technischen Zulassungen erweitern die wissenschaftliche und technische Zusammenarbeit in Europa und verbessern die Voraussetzungen für die Bauprodukte und Bauleistungen sowohl für den nationalen und europäischen Markt als auch für Märkte außerhalb der Europäischen Union.

Die in der Praxis tätigen Bauingenieure sollten die Erprobungsphase nutzen, um Erfahrungen zu sammeln, die dann in die endgültige Fassung des

Eurocode 5 einfließen können. An den Universitäten und Fachhochschulen sind die neuen europäischen Normen in die Lehre einzubeziehen, um – neben der Weiterbildung für die in der Praxis tätigen Bauingenieure – weitere Voraussetzungen für die Umsetzung dieser neuen Normen in der Bauingenieurpraxis zu gewährleisten.

Das Bemessungskonzept nach Eurocode 5 wurde deshalb auch in den Teil 2 des für Studenten, Bauingenieure und Architekten bestimmten Werkes für Lehre und Praxis unter Beibehaltung der auf der Grundlage der DIN 1052 erzielten Ergebnisse aufgenommen.

Dem Springer-Verlag und allen, die zum guten Gelingen dieses Buches beigetragen haben, möchten wir auch an dieser Stelle unseren besonderen Dank aussprechen.

Möge das Buch in Verbindung mit dem ersten Teil Studenten und Ingenieuren hilfreiche Anregungen und Hinweise für ihre Arbeit vom Entwurf bis zur Konstruktion und Berechnung geben.

Bad Oeynhausen
Dresden, im September 1995

Gerhard Werner
Karlheinz Zimmer

Inhaltsverzeichnis

Holzbau Teil I

Inhaltsübersicht

Grundlagen nach DIN und Eurocode

Bezeichnungen und Abkürzungen

Allgemeingültige und für eine Bemessung nach DIN 1052

NH	Nadelholz
LH	Laubholz
VH	Vollholz
BSH	Brettschichtholz aus NH
BS-Holz[1]	Brettschichtholz
FSH	Furnierschichtholz
BFU	Bau-Furniersperrholz DIN 68 705 T 3
BFU-BU	Bau-Furniersperrholz aus Buche DIN 68 705 T 5
FP	Flachpreßplatte DIN 68 763
HFM	mittelharte Holzfaserplatten DIN 68 754 T 1
HFH	harte Holzfaserplatten DIN 68 754 T 1
Gkl I	Güteklasse I ≙ Sortierklasse S 13
Gkl II	Güteklasse II ≙ Sortierklasse S 10
Gkl III	Güteklasse III ≙ Sortierklasse S 7
NH II	Nadelholz der Gkl II
∥ Fa	in Faserrichtung
⊥ Fa	rechtwinklig zur Faserrichtung
∢ Fa	schräg zur Faserrichtung
∥ Kr	in Kraftrichtung
⊥ Kr	rechtwinklig zur Kraftrichtung
∥ Pl	in Plattenebene
⊥ Pl	rechtwinklig zur Plattenebene
$E_{\parallel}$	Elastizitätsmodul ∥ Fa
$E_{\perp}$	Elastizitätsmodul ⊥ Fa
G	Schubmodul
G_T	Torsionsmodul
g	ständige Last
p	ruhende Verkehrslast
ef I	wirksames Flächenmoment 2. Grades
I_n	Netto-Flächenmoment 2. Grades
α_T	Wärmedehnzahl
ω	Feuchtegehalt
α	Schwind- und Quellmaß

[1] Bezeichnung ist neu und soll BSH ersetzen.

VM	Verbindungsmittel
Dü	Dübel
SDü	Stabdübel
PB	Paßbolzen
Bo	Bolzen
Nä	Nägel
RNa	Rillennagel
SNa	Schraubnagel

Für eine Bemessung nach Eurocode 5

EC 5	Eurocode 5
Fkl	Festigkeitsklasse
BS 14	Brettschichtholz der Festigkeitsklasse BS 14
VH S 10	Vollholz der Sortierklasse S 10
Nkl	Nutzungsklasse
LED	Lasteinwirkungsdauer
A_{tot}	Gesamtquerschnittsfläche
V	Volumen
t	Holz- oder Stahlblechdicke
λ_{rel}	bezogener Schlankheitsgrad
S_d	Bemessungswert einer Schnittgröße
R_d	Bemessungswert der Tragfähigkeit (Beanspruchbarkeit)
V_d	Bemessungswert der Querkraft
γ_G, γ_Q	Teilsicherheitsbeiwert für Einwirkungen (Lastfaktoren)
γ_M	Teilsicherheitsbeiwert für Baustoffe (Materialfaktor)
k_{mod}	Modifikationsfaktor
$\sigma_{t,0,d}$	Bemessungswert der Zugspannung ‖ Fa
$f_{t,0,d}$	Bemessungswert der Zugfestigkeit ‖ Fa
f_m	Biegefestigkeit
f_c	Druckfestigkeit
f_v	Schub- oder Torsionsfestigkeit
$E_{0,mean}$	Mittelwert des Elastizitätsmoduls ‖ Fa
$E_{0,05}$	5% Fraktil des Elastizitätsmoduls ‖ Fa
K_{ser}	Anfangsverschiebungsmodul für Grenzzustand der Gebrauchstauglichkeit
$K_u = 2/3\,K_{ser}$	Anfangsverschiebungsmodul für Grenzzustand der Tragfähigkeit
k_{def}	Deformationsfaktor
u_0	Überhöhung
$u_{inst} = f_{inst}$	Anfangsdurchbiegung (elastische Durchbiegung)
$u_{fin} = f_{fin}$	Enddurchbiegung

Allgemeine Bezeichnungen, zum Beispiel:

[16]	Literaturhinweis Nr. 16
(5.3)	Gleichung 3 im Abschnitt 5
Abb. 6.4	Abbildung 4 im Abschnitt 6
Taf. 9.3	Tafel 3 im Abschnitt 9

Hinweise im Text auf DIN V ENV 1995 Teil 1-1, DIN 1052 und Erläuterungen zu DIN 1052, zum Beispiel:

–*5.1.2* [1]–	DIN V ENV 1995 Teil 1-1, Abschnitt 5.1.2
–*9.1.8*–	DIN 1052. Teil 1. Abschnitt 9.1.8
–*T 2. 4.3*–	DIN 1052. Teil 2. Abschnitt 4.3
–*E 36*–	Erläuterungen zu DIN 1052 [2]. Seite 36

Umrechnungsfaktoren

$1\,\mathrm{N/mm^2} \mathrel{\hat{=}} 1\,\mathrm{MN/m^2} \mathrel{\hat{=}} 10^{-1}\,\mathrm{kN/cm^2}$

$1\,\mathrm{N/mm} \mathrel{\hat{=}} 10^{-2}\,\mathrm{kN/cm}$

Querschnittsangabe:

cm/cm (z. B. 12/16) i. d. R. für VH-Stäbe

Koordinatensystem nach DIN 1080 Teil 1 (6/76)

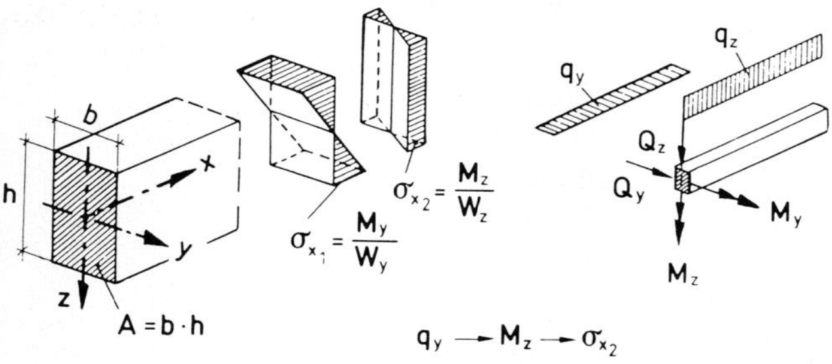

Bei einachsiger Biegung können die Indizes y und z entfallen.

12 Grundformen der Dächer

12.1 Allgemeines

Zur Einführung sollen für die traditionellen Dachformen, deren Tragwerke als ebene Systeme ausgeführt werden, die wichtigsten Bezeichnungen und Begriffe beschrieben werden.

Sonderformen mit Holzflächentragwerken werden hier nicht behandelt. Sie sind zu finden z. B. in [11, 12, 128, 129].

Die Bezeichnungen „Flachdach" und „Steildach" werden häufig verwendet als Kennzeichnung der äußeren Erscheinungsform. Beide Bezeichnungen lassen sich nicht klar abgrenzen durch Zahlenwerte des Dachneigungswinkels.

Bei Flachdächern muß der Abdichtung der Dachhaut besondere Aufmerksamkeit geschenkt werden. Nähere Angaben hierzu siehe [130–137]. Mit Rücksicht auf eine problemlose Dachentwässerung sollte die Mindestdachneigung betragen:

$$\boxed{\alpha \geqq 3^\circ}$$

Mindestdachneigungen für verschiedene Dacheindeckungen s. Abschn. 13.3.

Bei $\alpha = 0°$ besteht wegen der Durchbiegung der Dachplatten, der Sparrenpfetten und der Dachbinder die Gefahr einer Wassersackbildung nach Abb. 12.1, die erheblich höhere Lasten ergeben kann als die der Berechnung zugrunde gelegte Regelschneelast nach DIN 1055, Teil 5. Ohne Berücksichtigung der Wasserlast kann die Standsicherheit des Tragwerks gefährdet sein, siehe [138–140].

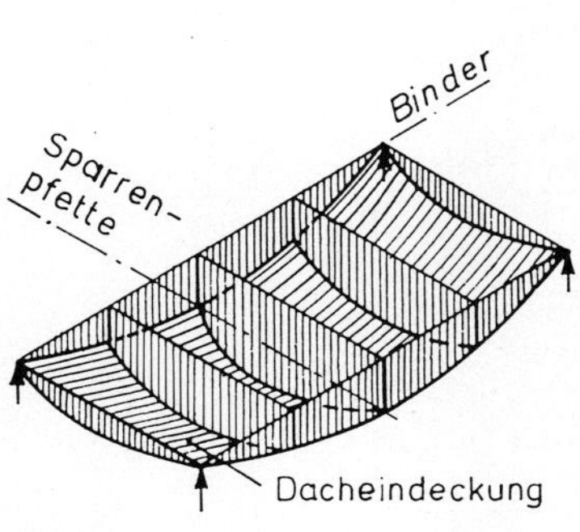

Abb. 12.1

12.2 Dachformen

Man unterscheidet die drei Querschnittsformen (Giebelebenen $G \perp$ First und Traufe) gemäß Abb. 12.2, Reihe a.

Bei allen Dachformen kann die lotrechte Giebelebene *teilweise* (Reihe b) oder *ganz* (Reihe c) durch eine geneigte Dachebene ersetzt werden, siehe auch [141].

Beim Zeltdach nach Abb. 12.3 schneiden sich alle Dachflächen im Anfallspunkt A.

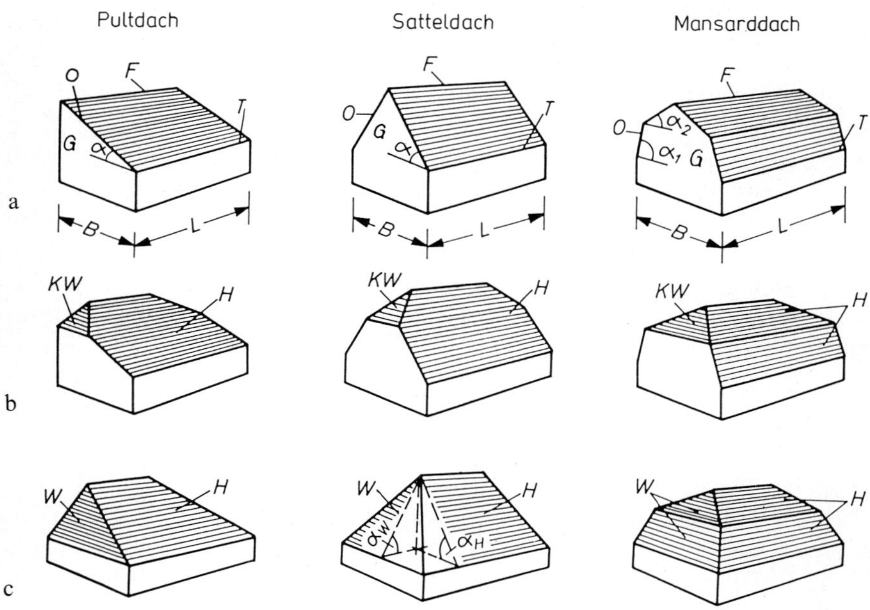

Abb. 12.2. Bezeichnungen: α ≙ Dachneigungswinkel
F ≙ First, *H* ≙ Hauptdach, *G* ≙ Giebel
T ≙ Traufe, *W* ≙ Walm, *B* ≙ Breite ($\perp$ First)
O ≙ Ortgang, *KW* ≙ Krüppelwalm, *L* ≙ Länge ($\parallel$ First)

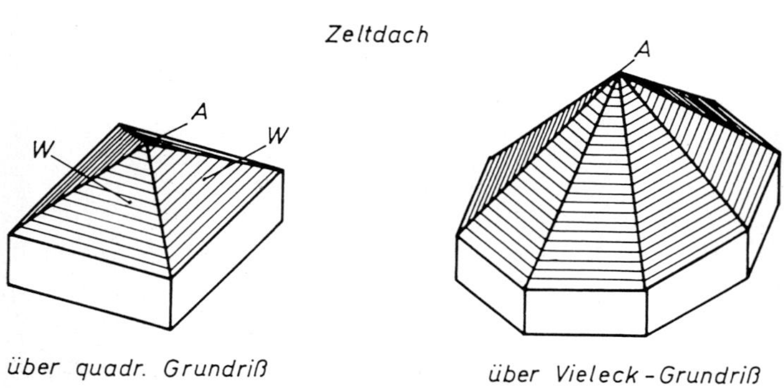

Abb. 12.3

Weitere Dachformen, die aber vorwiegend für Industrie- und Sporthallen vorgesehen werden, zeigt Abb. 12.4. Das Sheddach entsteht durch Zusammenfügen unsymmetrischer Satteldächer.

Bezeichnungen für Dächer über abgewinkeltem Grundriß, mit oder ohne Walm, s. Abb. 12.5. Die Abb. 12.6 zeigt einen Ausschnitt aus einem Gebäude mit über Oberkante Decke angehobener Traufe.

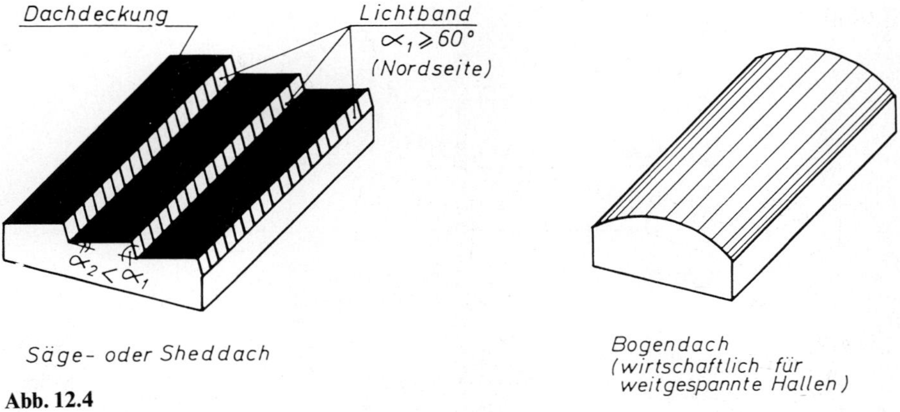

Abb. 12.4

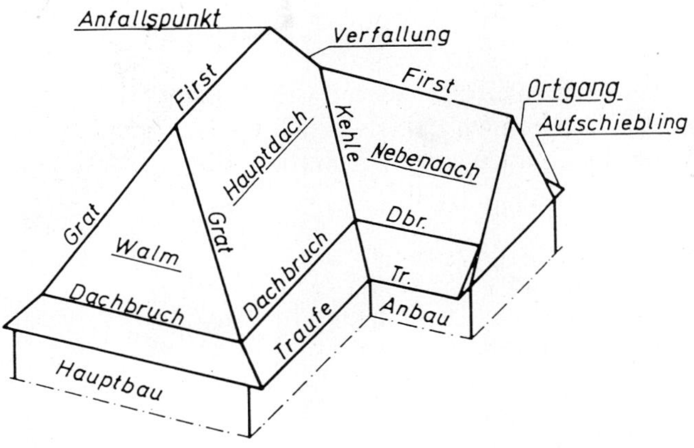

Abb. 12.5

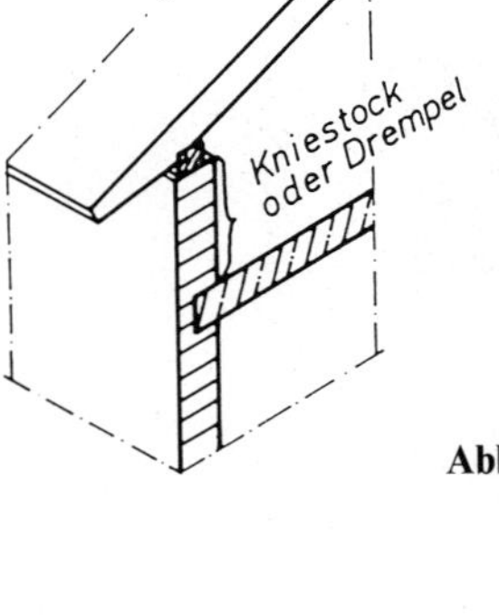

Abb. 12.6

12.3 Dachfenster

Die Belichtung ausgebauter Dachräume [142] kann durch Giebel- und/oder Dachfenster erfolgen. Dachfenster können liegend als Dachflächenfenster oder lotrecht stehend in Dachgaupen – auch Dachgauben genannt – angeordnet werden, s. Abb. 12.7 a) bis d).

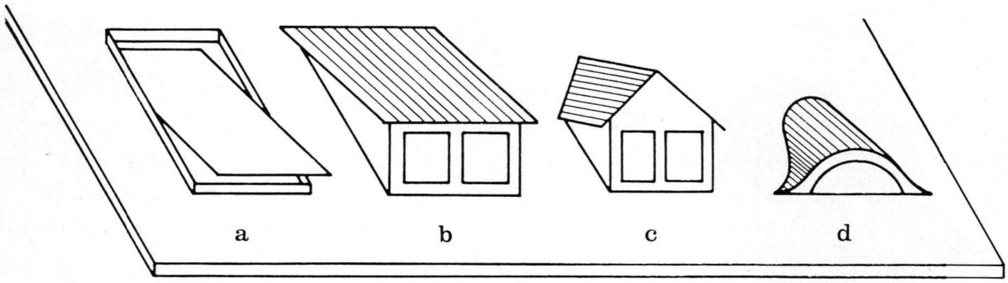

a) Dachflächenfenster
b) Schleppgaupe
c) Satteldach-Ausbau
d) Fledermausluke oder Ochsenauge

Abb. 12.7

12.4 Lichtbänder

Die Belichtung von Hallendächern erfolgt meistens durch Lichtbänder (eben oder gewellt). Well-Lichtplatten können z. B. als Belichtungsflächen in Faserzement-Wellplattendächer und -wände eingefügt werden. Ebene Lichtbänder s. Abb. 12.4 (Sheddach).

13 Dachdeckungen

13.1 Allgemeines

Die Dachdeckung bildet den Raumabschluß. Sie schützt das Raumklima gegen unerwünschte physikalische Einflüsse, die von außen auf das Gebäude einwirken, z.B. Niederschläge, Temperaturänderungen, Schall. Die Ansprüche an das Raumklima bestimmen den konstruktiven Aufbau der Schutzhülle aus verschiedenen Schichten und ihre spezifischen Eigenschaften und Aufgaben, siehe Abschn. 13.2, 13.3 und [130].

Hausdächer werden vielfach als zweischalige Kaltdächer ausgeführt, d.h. tragende Schale außen (kalt), Dämmschale innen und Holzkonstruktion im durchlüfteten Zwischenraum, s. Abb. 13.2.

Hallendächer führt man auch als einschalige Warmdächer aus, wobei die unterhalb der Dämmschicht liegende Tragschicht mit der Holzkonstruktion im Bereich der warmen Raumtemperatur liegt, s. Abb. 13.16 und 13.17.

13.2 Dachdeckung für Hausdächer

Für Hausdächer verwendet man vorwiegend Dachziegel, Betondachsteine oder kleinformatige Dachplatten auf Lattung und/oder Schalung, bei ausgebautem Dachgeschoß zusätzlich eine Unterdecke mit Dämmschicht, s. Abb. 13.1 und 13.2 sowie [141] und [143].

Für First und Ortgang sind Sonderdachziegel lieferbar. Detailpunkte First, Traufe, Ortgang s. Abb. 13.2.

Mindestdachneigung und größter Lattenabstand für verschiedene Dachdeckungen sind Tafel 13.1 zu entnehmen.

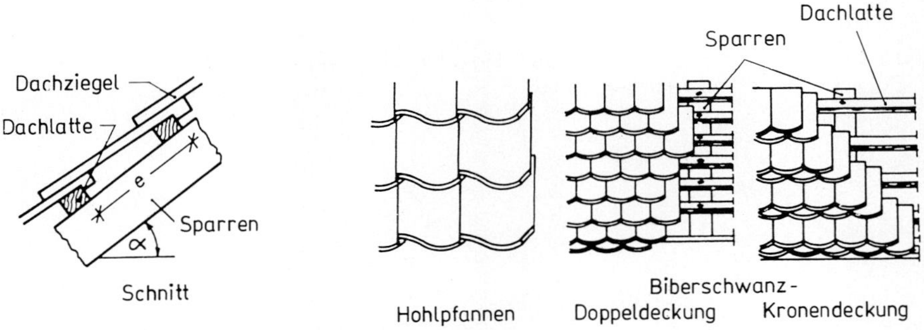

Abb. 13.1. Dacheindeckung für Hausdächer

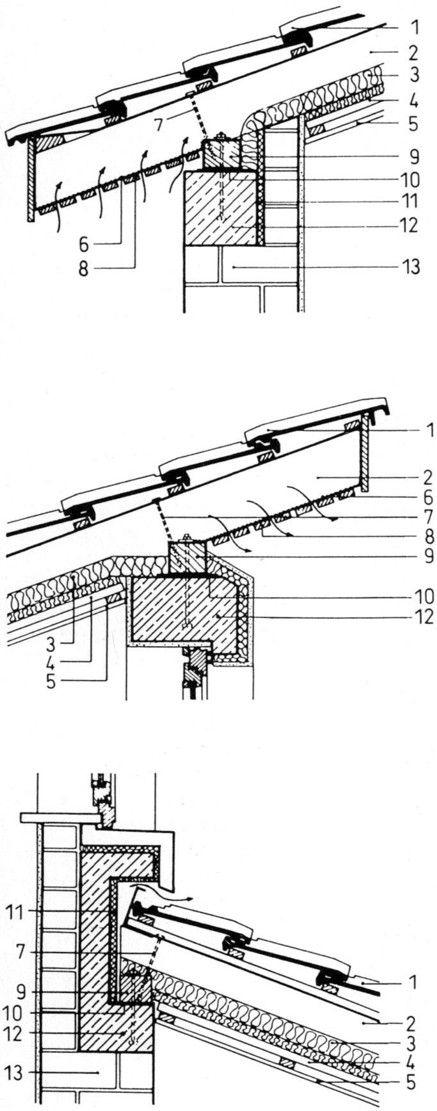

Traufe, First und Wandanschluß eines Pultdaches

1 Dacheindeckung, Lattung und Unterspannfolie
2 Sparren
3 Dämmstoffe
4 Lattung und Konterlattung
5 Gipskartonplatten
6 Fliegengitter
7 Sparrennagel, Schraubnagel bei größeren abhebenden Windlasten
8 Sparschalung unter Dachüberstand
9 Fußpfette
10 Sperrschicht
11 Dämmstoffe
12 Stahlbetonringanker
13 Mauerwerk

Abb. 13.2. First, Traufe, Wandanschluß, Ortgang nach [144] (Fortsetzung nächste Seite)

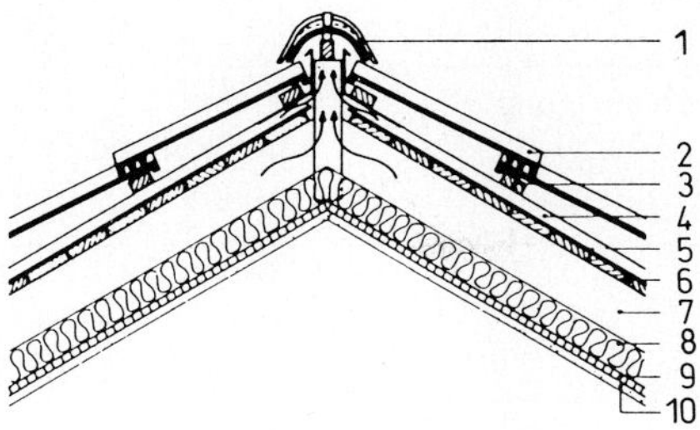

First über ausgebautem Dachgeschoß Zwischenraum belüftet

1 Firstziegel
2 Ziegel
3 Latten
4 Konterlatten
5 Unterspannfolie
6 Schalung
7 Sparren
8 Dämmstoffe
9 Spanplatten
10 Gipskartonplatten

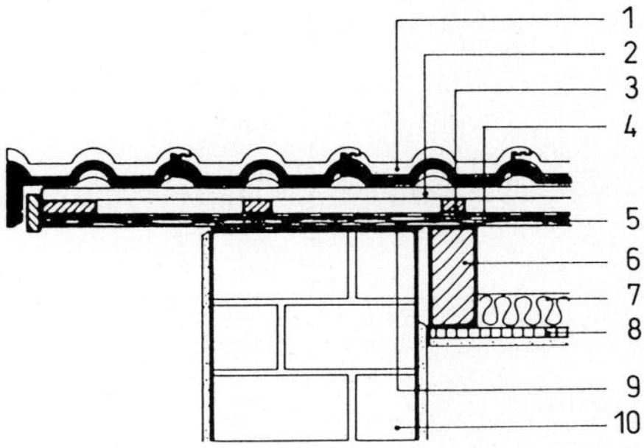

Ortgang mit mittlerem Überstand

1 Ziegel
2 Latten
3 Konterlatten
4 Unterspannfolie
5 Schalung
6 Sparren
7 Dämmstoffe
8 Unterdecke
9 Sperrschicht
10 Mauerwerk

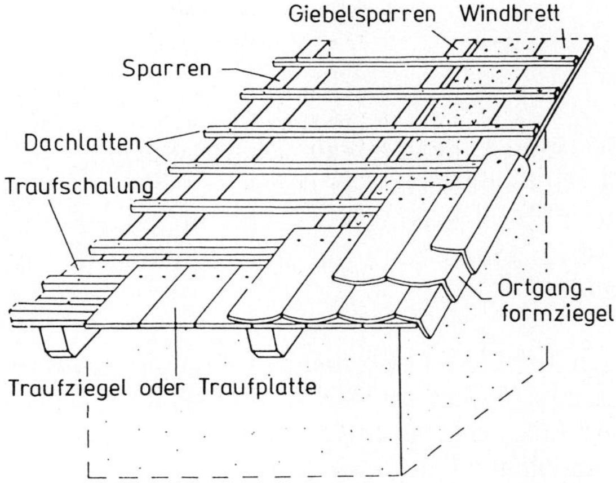

Abb. 13.2 (Fortsetzung)

Tafel 13.1 [d]

Art der Dachdeckung		Mindestdachneigung $\alpha°$ ohne Unterkonstruktion	mit [c] Unterkonstruktion	Mittlerer Lattenabstand e (in mm)
Faserzement-Dachplatten	einfach	25°	15°	[a]
	doppelt			200–220 [b]
Faserzement-Kurzwellplatten		10°		500
Flachdachpfannen		22°	12°	335
Falzziegel		30°	22°	
Hohlpfannen		35°	27°	320
Biberschwanz	Doppeldeckung	30°		150
	Kronendeckung			300

[a] auf rauher Schalung 22 mm
[b] für Plattengröße 600/300 mm
[c] z. B. aus Schalung, Bitumenpappe und Konterlattung
[d] genaue Zahlen und Detail-Darstellungen sind in [130] und den Planungsgrundlagen der Hersteller enthalten.

13.2.1 Dachlatten

Bemessung nach DIN

Der Bemessung müssen zwei Belastungsfälle zugrunde gelegt werden:

a) im eingedeckten Zustand: Eigen-, Schnee- und Windlast
b) beim Ein- und Umdecken: zwei Einzellasten von je 0,5 kN in den äußeren Viertelspunkten nach Abb. 14.13. Maßgebend für die Bemessung ist für $l > 1{,}0$ m meist Belastungsfall b.

Milbrandt gibt in [141] für von der Tafel 13.2 abweichende Lattenquerschnitte zulässige Stützweiten bzw. Sparrenabstände nach DIN an. Bei üblichen Dachbelastungen ist bei den in Tafel 13.2 angegebenen Querschnitten und Stützweiten ein rechnerischer Nachweis nicht erforderlich [141].

Tafel 13.2

Lattenquerschnitt (in mm)	24/48	30/50	40/60
Sparrenabstand (in m)	≦ 0,70	≦ 0,80	≦ 1,00

Lattenbefestigung

Dachlatten sind mit mindestens einem Nagel auf jedem Sparren zu befestigen. Bei schmalen Sparren kann es zweckmäßig sein, die Lattenenden schräg zu stoßen (Abb. 13.3). Stöße sind möglichst versetzt anzuordnen.

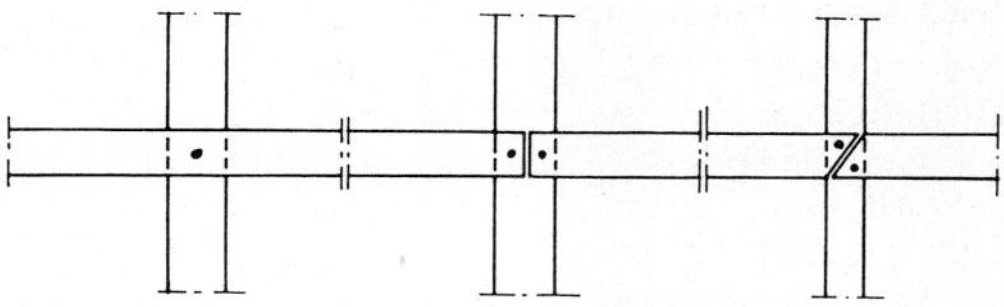

Abb. 13.3

Seitliche Abstützung durch Latten

Nach *–10.4–* dürfen Dachlatten allein für die seitliche Stützung gedrückter Bindergurte nicht in Rechnung gestellt werden. Ausnahme nach Abb. 13.4: Sparren von Sparren- und Kehlbalkendächern bis 15 m Spannweite dürfen in Verbindung mit Windrispen durch Latten seitlich gegen die Festpunkte des Verbandes abgestützt werden. In diesem Falle dürfen die Windrispen nach *–E 100–* an der Sparrenunterseite befestigt werden bei Sparrenquerschnitten $h/b \leqq 4$. Für $h/b > 4$ sind die Verbände – meist auch aus Montagegründen – an der Sparrenoberseite anzuordnen *–E 100–*.

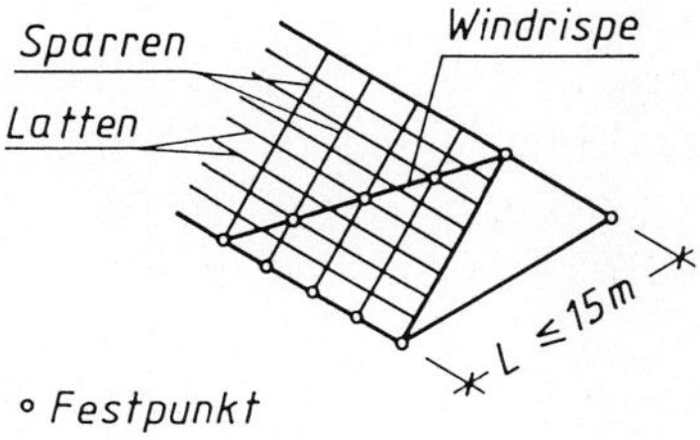

Abb. 13.4

13.2.2 Dachschalung aus Brettern

Bemessung nach DIN

Maßgebend für die Bemessung der Dachschalung *–2.3.3–* ist i.d.R. die „Mannlast“ $F = 1{,}0\,\text{kN}$ nach 14.3.2. Aus Wirtschaftlichkeitsgründen sollte konstruktiv für eine Querverteilung dieser Einzellast auf mehrere benachbarte Bretter gesorgt werden. Über Versuche berichten z. B. Möhler [145] und Mucha [146]. Weitere Untersuchungen [147] zeigen, daß im Hinblick auf eine einfache Montage die Verbindungsmittel nach Abb. 13.5 geeignet sind.

Aufgrund der theoretischen und experimentellen Untersuchungen wird empfohlen, Dachschalungen aus geeignet verbundenen Einzelbrettern nach

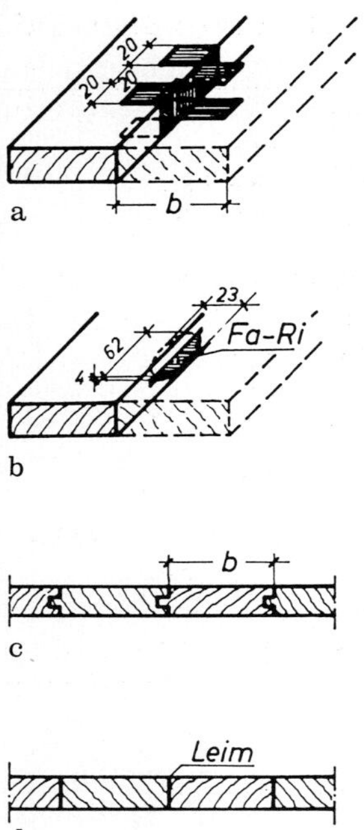

a) Steckverbinder aus St 37
b) Lamello-Feder aus Buchenholz
c) Spundung
d) Verleimung, Schmalseiten gehobelt

Untersucht, aber als nicht geeignet befunden wurden:
e) runder Verbandstift nach DIN 1156
f) Klammer-Verbindung „Senco“
g) Wellennagel
h) Blechbandverbinder

Abb. 13.5

Abb. 13.5 für den Lastfall „Mannlast“ unter der Annahme einer Lastverteilungsbreite b_F [1] nach Gl. (13.1) zu bemessen:

$$b_F = \frac{3 + 15 \cdot b^2/l^2}{1 + 15 \cdot b^2/l^2} \cdot b \qquad (13.1)$$

b ≙ kleinste Brettbreite
l ≙ kleinste Spannweite

Die mittragende Breite bei gespundeten Brettern beträgt nach *–8.1.4–* 350 mm, siehe auch [143]. Bemessungstabellen ($b_F = 350$ mm) nach DIN sind in [141] enthalten.

Die Untersuchungen für a) und b) wurden für ein Verbindungsmittel in der Mitte der Spannweite durchgeführt. Diese Anordnung ist günstiger als zwei Verbindungsmittel in den Drittelspunkten. Nach *–10.4–* sind Schalbretter mit mindestens zwei Nägeln an jedem Sparren zu befestigen.

Mindestdicken für Dachschalungen sind in Tafel 13.3 enthalten.

[1] oder Lasteintragungsbreite t nach *–8.1.4–*.

Tafel 13.3. Mindestdicken min *a* von Schalungen aus Holz und Holzwerkstoffen nach DIN 18334 [141]

Verwendungszweck	min *a* [mm]	Bemerkungen
Dachschalung aus Brettern	24	für Metalldachdeckung
	20	für sonstige Deckungen (ungehobelt)
	18	für sonstige Deckungen (gehobelt)
Wand- und Deckenschalung aus Holz (ungehobelt)	24	für Metallwandbekleidung
	22	für Außenschalung
	18	für Innenschalung
Dachschalung aus Holzspanplatten	19	Plattentyp V 100 G nach DIN 68763 oder Spanplatten nach EN 312-5 (NAD)
Dachschalung aus Bau-Furniersperrholz	15	Holzwerkstoffklasse 100 G nach DIN 68800 oder Sperrholz nach EN 636-3

Seitliche Abstützung durch Schalung

Nach *–10.4–* dürfen Dachschalungen aus Einzelbrettern, die rechtwinklig zu den Gurten verlaufen, zu deren seitlicher Abstützung herangezogen werden, wenn folgende Bedingungen erfüllt sind:

Ständige Last < 50 % Gesamtlast

Binderspannweite	$S \leqq 12{,}5\,\text{m}$
Binderabstand	$B \leqq 1{,}25\,\text{m}$
Dachlänge	$0{,}8 \cdot S \leqq L \leqq 25\,\text{m}$
Brettbreite	$b \geqq 12\,\text{cm}$
Stoßbreite	$a \leqq 1{,}0\,\text{m}$
Stoßversetzmaß	$v \geqq 2 \cdot B$
Nagelanzahl/Brett	$n \geqq 2$ mit jedem Gurt, auch an jedem Brettstoß (Abb. 13.6 u. 13.7).

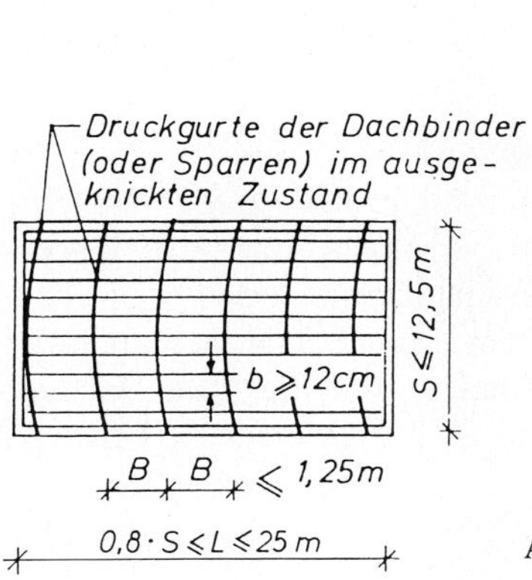

Abb. 13.6

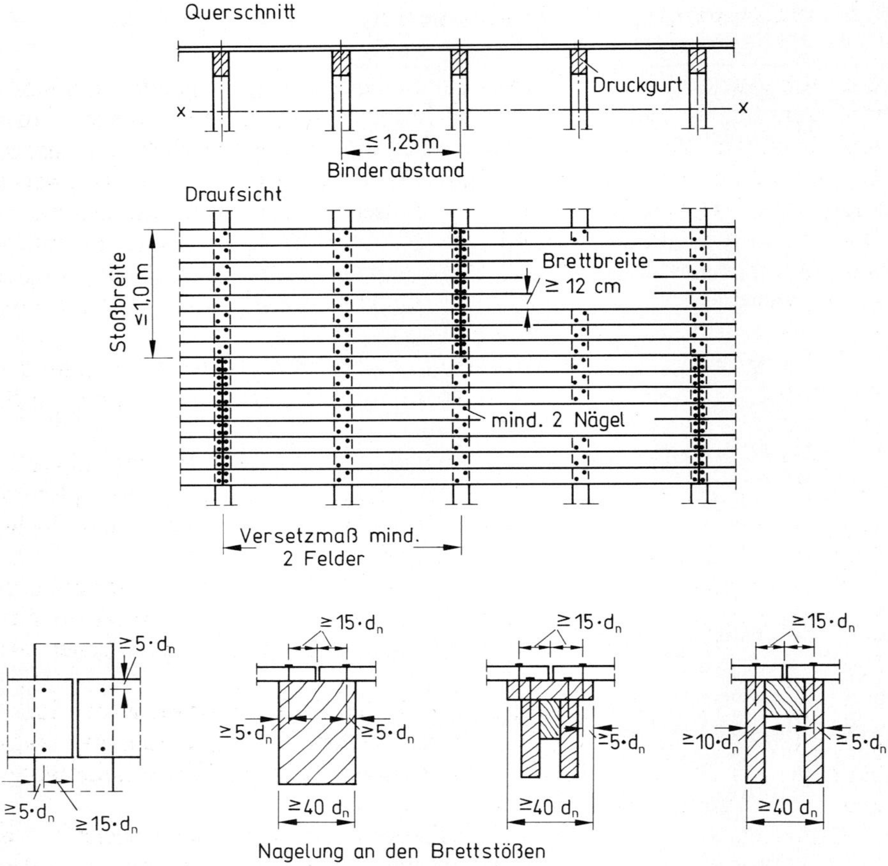

Abb. 13.7. Dachschalung aus Einzelbrettern zur seitlichen Abstützung von Druckgurten

Zur Aufnahme von parallel zur Brettrichtung wirkenden Windlasten dürfen Dachschalungen aus Brettern nicht in Rechnung gestellt werden. Es sind gesonderte Verbände anzuordnen *–10.4–*.

13.2.3 Dachschalung aus Platten

Statt der Dachschalung aus Brettern können Schalungen aus Baufurniersperrholz, Flachpreßplatten (Spanplatten) oder Furnierschichtholz (z.B. Kerto-Schichtholz) vorgesehen werden. Sie werden vorwiegend im Industriebau mit geringen Sparrenpfettenabständen (1,00 bis 1,75 m), daneben jedoch auch für belüftete Flachdächer im Wohnungsbau verwendet, wo ihre gute Wärmedämmfähigkeit zur Vermeidung von Tauwasser an der Oberschale beiträgt. Weitere Einzelheiten siehe 13.3.5 und [141].

13.3 Dachdeckung für Hallendächer

Die folgenden Angaben zu Formen, Abmessungen, Tragfähigkeiten und Konstruktionsdetails verschiedenartiger Dachdeckungselemente dienen ausschließlich dem Zweck, dem Studierenden einige unentbehrliche technische Daten bereitzustellen, die dem Entwurf und der Vorbemessung des Tragwerks zugrunde gelegt werden können. Diese Zielsetzung zwingt im Rahmen dieses Buches zu äußerster Beschränkung bei der Darstellung von Formteil-Varianten aus der Fülle der zur Verfügung stehenden Erzeugnisse für alle erdenklichen Details für Kanten, Ecken, Übergänge und Anschlüsse von Dach, Wand, Öffnungen usw.

Für Konstruktion und Ausführung eines Bauwerks ist die Benutzung der ausführlichen Firmenkataloge und Zulassungsbescheide unverzichtbar, z. B. [131–137].

Für Hallendächer verwendet man als tragendes Element vorwiegend großformatige wellenförmige oder ebene Dachdeckungen, die auf Sparrenpfetten verlegt und verankert werden. Nach Bedarf können zusätzliche Dämmschichten und als Dachhaut 2 bis 3 Lagen Pappe vorgesehen werden.

Raumabschließende und wärmedämmende Aufgaben können auch mit den Sandwichelementen gelöst werden. Sie bestehen aus einem Stützkern aus Polyurethan-Hartschaum zwischen unterschiedlich profilierten Blechen als Deckschichten.

In den Sachwichelementen vereinigen sich in idealer Weise die Korrosionsbeständigkeit und das geringe Gewicht des Werkstoffes Aluminium, das Tragvermögen der Trapezprofilierung mit der ausgezeichneten Wärmedämmfähigkeit des Polyurethan-Hartschaums.

Durch den hohen Grad der Vorfabrikation können mit Sachwichelementen in einem Arbeitsgang komplette Dächer einschließlich Wärmedämmung fertig montiert werden [137].

13.3.1 Faserzement-Wellplatten nach DIN 274

Allgemeines

Faserzement-Wellplatten sind wellenförmig längsprofiliert. Das Material ist nicht brennbar, Baustoffklasse A2 nach DIN 4102.

Technische Daten und Anwendungsbereich sind in bauaufsichtlichen Zulassungen geregelt, vgl. [131–133].

Plattenabmessungen und Werte für die statische Berechnung

Profil 177/51 (Abb. 13.8 a)

$W = 85{,}0 \cdot 10^3\,\mathrm{mm}^3/\mathrm{m}$ Pl.-Breite

$J\ = 244 \cdot 10^4\,\mathrm{mm}^4/\mathrm{m}$ Pl.-Breite

Eigenlast: $g = 0{,}2\,\mathrm{kN/m}^2$ D

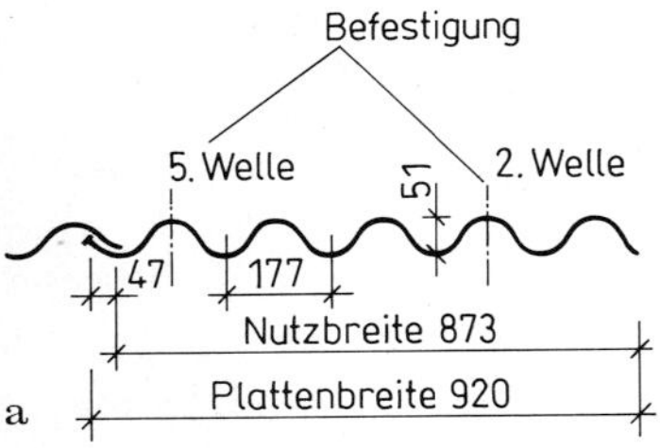

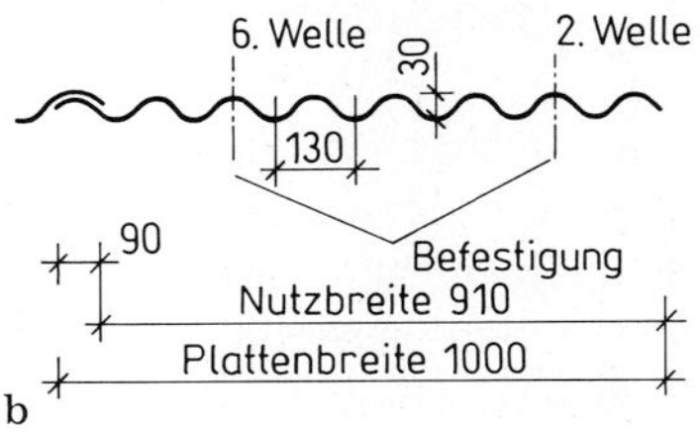

Abb. 13.8

Profil 130/30 (Abb. 13.8 b)
$W = 42{,}0 \cdot 10^3\,\text{mm}^3/\text{m}$ Pl.-Breite
$J\ = 75{,}6 \cdot 10^4\,\text{mm}^4/\text{m}$ Pl.-Breite
Eigenlast: $g = 0{,}2\,\text{kN/m}^2$ D
Plattenlängen [mm]:
2500, 2000, 1600, 1250

Maßausgleich zwischen Traufe und First sowie am Ortgang kann durch Paßplatten oder Zuschnitt erfolgen.

Mindestdachneigungen, -längenüberdeckungen und Sparrenpfettenabstände gemäß Tafeln 13.4, 13.5, 13.6 und Abb. 13.9

Befestigung mit verzinkten Holzschrauben ∅7 mm mit Pilzdichtung und Korrosionsschutz nach Abb. 13.9.

Tafel 13.4. Mindestdachneigung $\alpha°$

Abstand Traufe-First		≦ 10 m	≦ 20 m	≦ 30 m	> 30 m
$\alpha°$	mit Kitteinlage	≧ 7°	≧ 8°	≧ 10°	≧ 12°
	ohne Kitteinlage	≧ 10°		≧ 12°	≧ 14°

Tafel 13.5. Mindestlängenüberdeckung

Neigungswinkel $\alpha°$	≧ 10°	≧ 7° bis < 10°
Mindestlängen-Überdeckung in mm	200	30 mm unterhalb der Befestigung Dichtungsprofil ∅ 8 mm einlegen

Tafel 13.6. Pfettenabstände l [a] und zul. Belastungen q [b]

Dachneigungswinkel $\alpha°$	Profil 177/51		Profil 130/30	
	l [mm]	q [kN/m²]	l [mm]	q [kN/m²]
< 20°	≦ 1150	≦ 3,40	≦ 1150	≦ 1,70
≧ 20°	≦ 1450	≦ 2,25	≦ 1175	≦ 1,70

[a] In Dachneigung gemessen s. Abb. 13.9.
[b] q infolge g, s, w und zul $\sigma_B = 6{,}0\,\text{N/mm}^2$ liegen der Berechnung zugrunde.

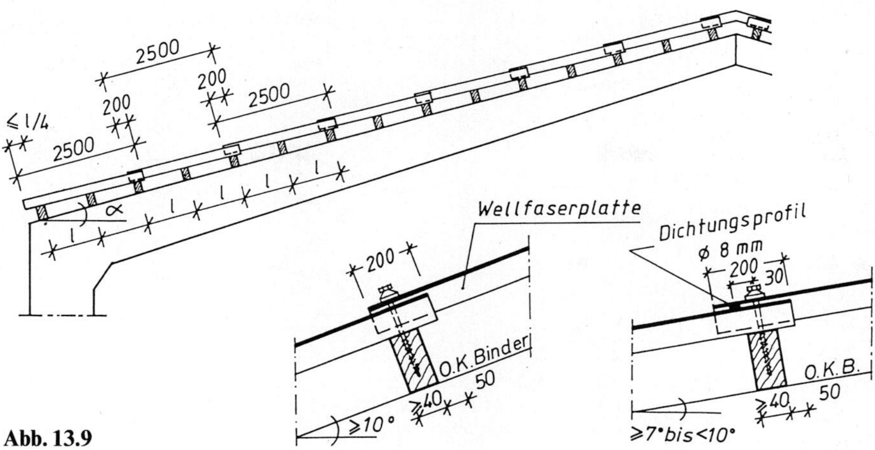

Abb. 13.9

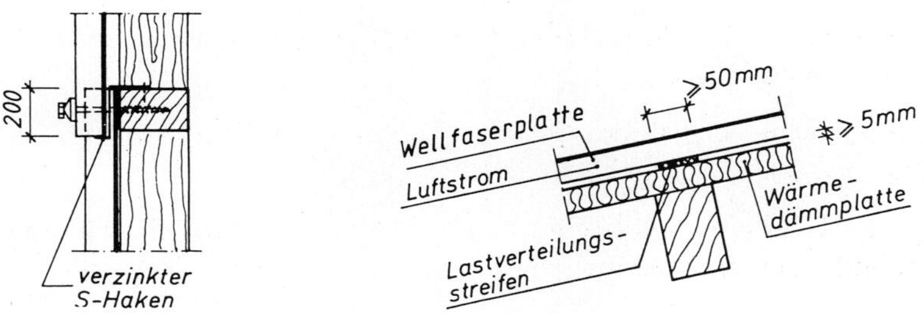

a b

Abb. 13.10. a) Wandanschluß b) Zweischaliges Kaltdach

Formteile

Die Lieferprogramme der Hersteller [131–133] umfassen alle notwendigen Formteile für First, Traufe, Ortgang, Lüftung, Belichtung usw. in vielfältigen Ausführungen, siehe z.B. Abb. 13.11 (Maßänderungen vorbehalten).

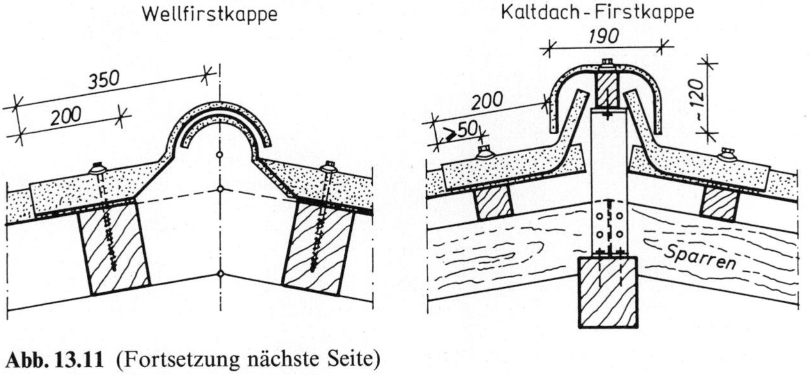

Abb. 13.11 (Fortsetzung nächste Seite)

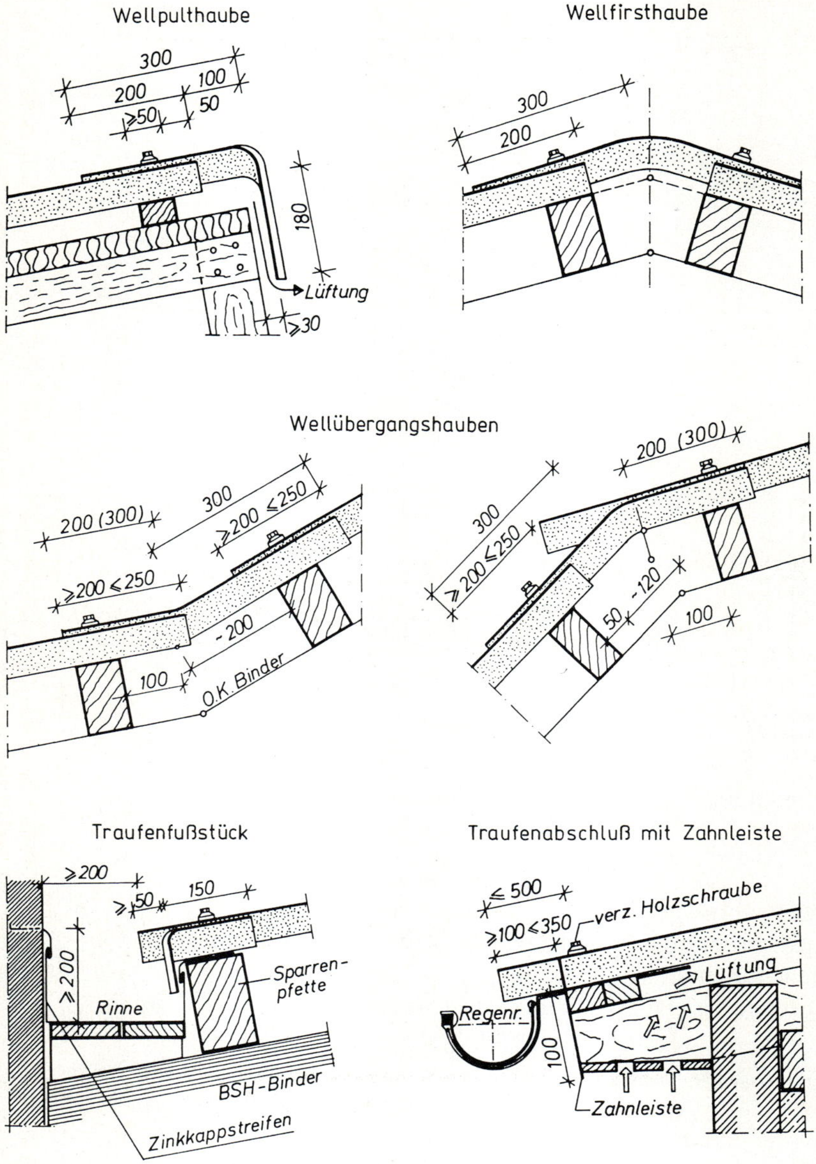

Abb. 13.11 (Fortsetzung nächste Seite)

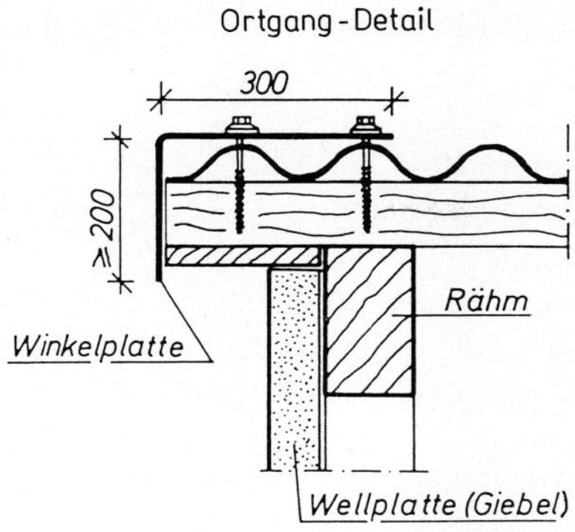

Abb. 13.11 (Fortsetzung)

Well-Eternit für flache Dächer: $5° \leqq \alpha \leqq 7°$
Profil 177/51

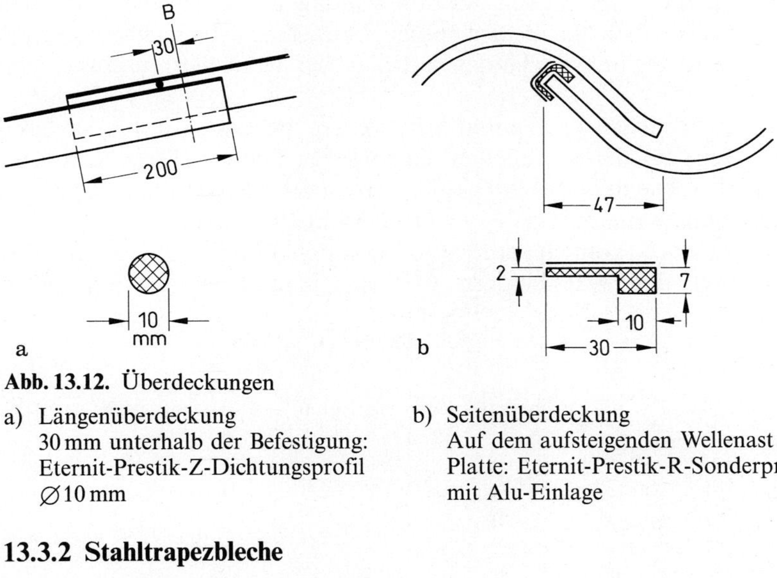

Abb. 13.12. Überdeckungen

a) Längenüberdeckung
30 mm unterhalb der Befestigung:
Eternit-Prestik-Z-Dichtungsprofil
∅10 mm

b) Seitenüberdeckung
Auf dem aufsteigenden Wellenast der
Platte: Eternit-Prestik-R-Sonderprofil
mit Alu-Einlage

13.3.2 Stahltrapezbleche

Bemessungsgrundlagen nach DIN

Stahltrapezbleche sind trapezförmig längsprofilierte Bleche mit beidseitiger Verzinkung. Die verschiedensten Fabrikate gemäß [134] unterscheiden sich in einer Vielzahl von Querschnittsformen und -abmessungen. Die Ermittlung der Tragfähigkeitswerte durch Berechnung (min $t_N = 0{,}6$ mm) bzw. Versuche (min $t_N = 0{,}5$ mm) ist in DIN 18807 T1 bzw. T3 geregelt.

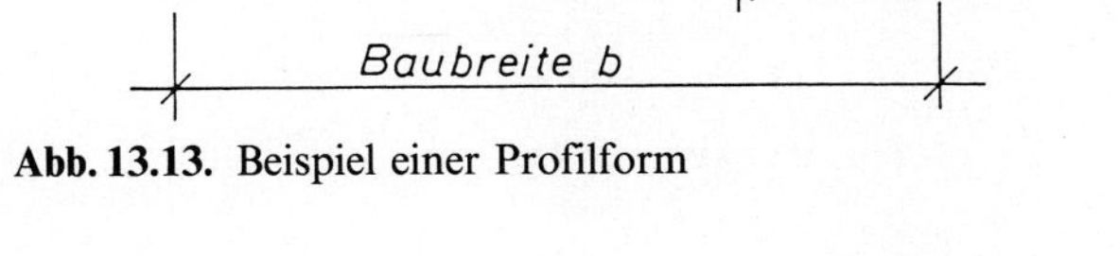

Abb. 13.13. Beispiel einer Profilform

Die lieferbaren Profil- und Tafelabmessungen für Dach und Wand liegen je nach Fabrikat etwa in folgenden Grenzen:

Blechdicke	0,5 mm	$\leqq t_N \leqq$	1,50 mm
Profilhöhe	21 mm	$\leqq h \leqq$	165 mm
Baubreite	750 mm	$\leqq b \leqq$	1100 mm
Lieferlänge	1800 mm	$\leqq l \leqq$	23000 mm
Eigenlast	0,06 kN/m²	$\leqq g \leqq$	0,24 kN/m²
gebräuchlich	0,10 kN/m²	$\leqq g \leqq$	0,15 kN/m²

Mindestdachneigungen nach [135]:
$\alpha \geqq 3°$ für Ausführungen ohne Querstöße und Durchbrüche
$\alpha \geqq 5°$ für Ausführungen mit Querstößen und/oder Durchbrüchen.

Maßgebend für die Tragfähigkeit der dünnwandigen Trapezbleche ist neben der Biegefestigkeit auch die Beulsicherheit. Aus Traglastversuchen wurden Bemessungswerte gewonnen, die den Tabellen der Hersteller zu entnehmen sind.

Für die verschiedenen Profile und Stützweiten von Ein-, Zwei- oder Dreifeldträgern kann aus diesen Tabellen die zulässige Belastung in kN/m² entnommen werden. Die in DIN 18807 Teil 3, Abschn. 4.1.5 enthaltene maximale Begehbarkeitsstützweite darf dabei nicht überschritten werden.

Stahltrapezbleche können auf Sparrenpfetten (Wellen ⊥ Traufe) oder unmittelbar auf den Dachbindern (Wellen ∥ Traufe) verlegt werden, s. Abb. 13.14.

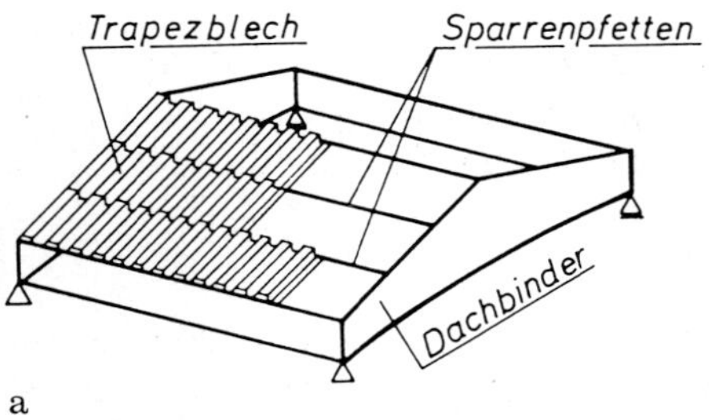

a

Verlegung auf Sparrenpfetten

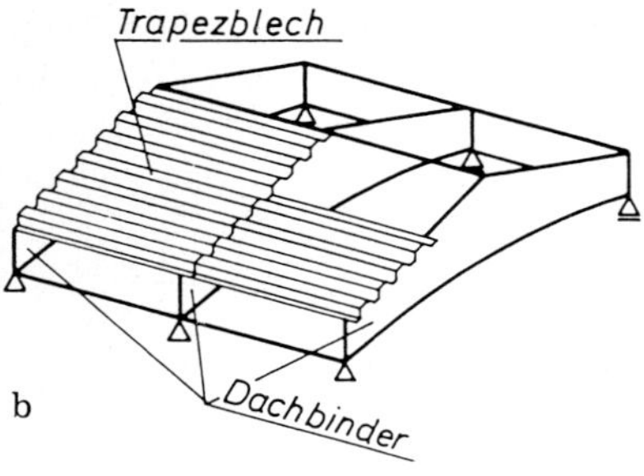

b

Verlegen unmittelbar auf Dachbindern unter Verzicht auf Sparrenpfetten

Abb. 13.14

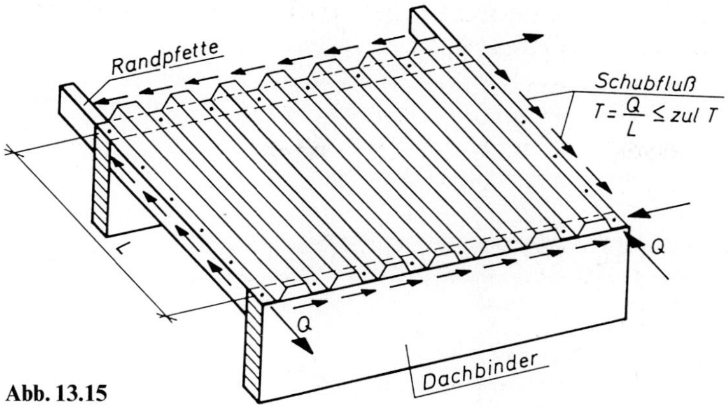

Abb. 13.15

Schubfeldwirkung

Unter bestimmten Voraussetzungen kann unter Verzicht auf stabilisierende Wind- oder Aussteifungsverbände die Schubfeldwirkung des Trapezbleches in Rechnung gestellt werden, siehe DIN 18807 und Technische Informationen der Hersteller [162].

Notwendige Bedingung dafür ist die Unterstützung aller Schubfeldränder durch Randträger mit begrenzten Verbindungsmittelabständen (Abb. 13.15):

a) $\parallel$ Profilkanten: $e \leqq 666$ mm
b) $\perp$ Profilkanten: Befestigung in jedem Untergurt

Der zulässige Schubfluß wird den Tafeln der Prüfbescheide entnommen als kleinster der drei kritischen Werte:

zul T_1 für Spannungsbegrenzung } des trapezförmigen Rahmens
zul T_2 für Verschiebungsbegrenzung } infolge Querbiegung
zul T_3 für Begrenzung der Verformung des gesamten Schubfeldes.

Konstruktionsdetails

Die folgenden Abbildungen sollen die Anwendung der Stahltrapezbleche für Dächer mit Wärmedämmung zeigen. Die Darstellungen sind [135] bzw. Merkblättern, die durch [135] ersetzt wurden, entnommen. Die z. T. auf Stahlkonstruktionen bezogenen Detailpunkte sind auch übertragbar auf entsprechende Holztragwerke.

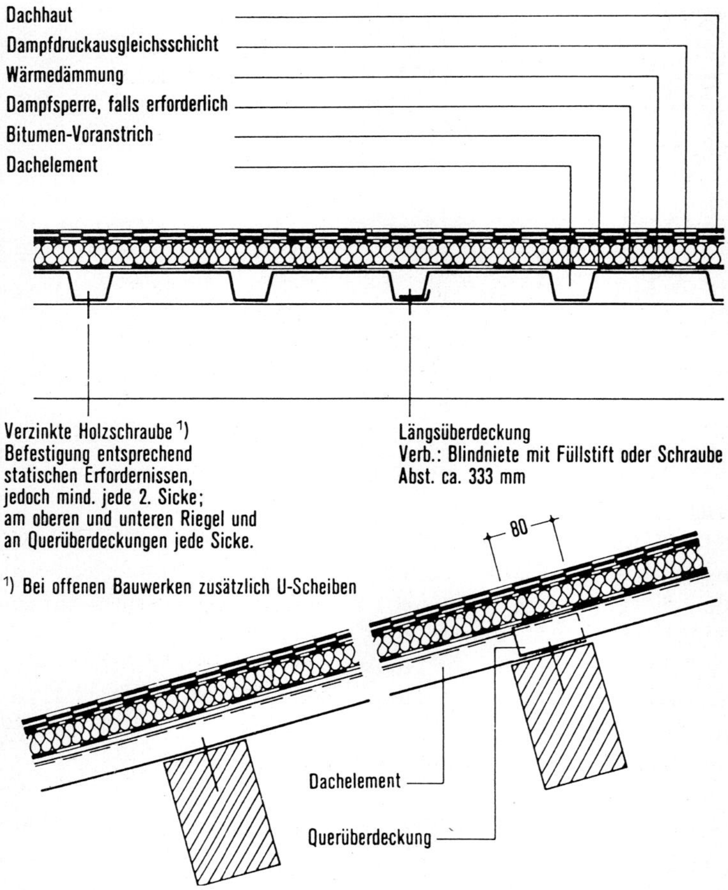

Abb. 13.16. Warmdachkonstruktion mit Stahltrapezblech [135]

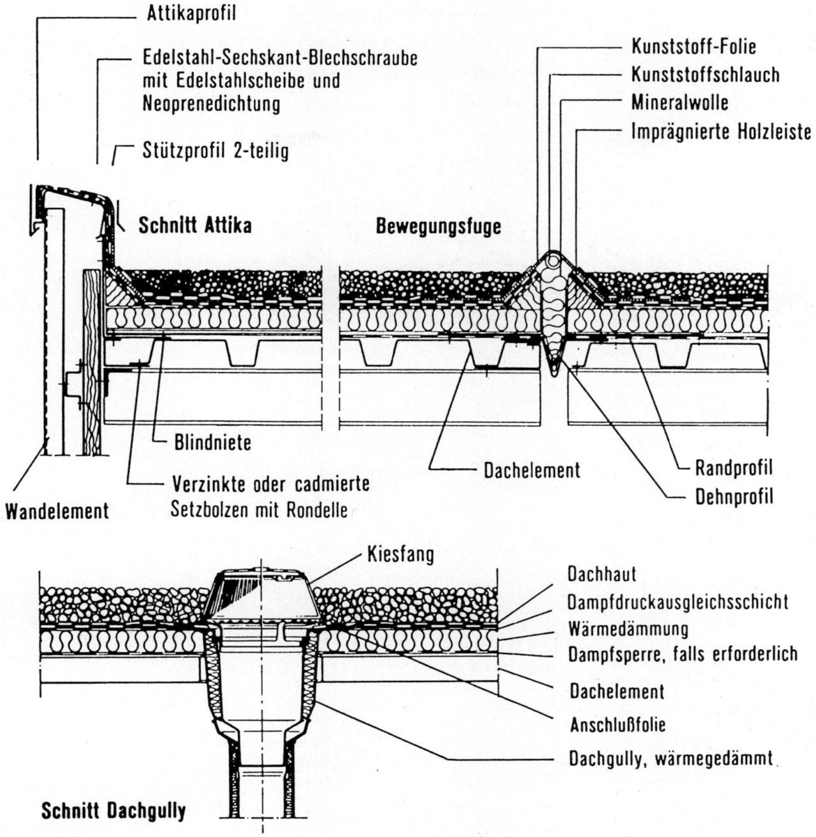

Abb. 13.17. Warmdachaufbau mit dicker Kiesschüttung [135]

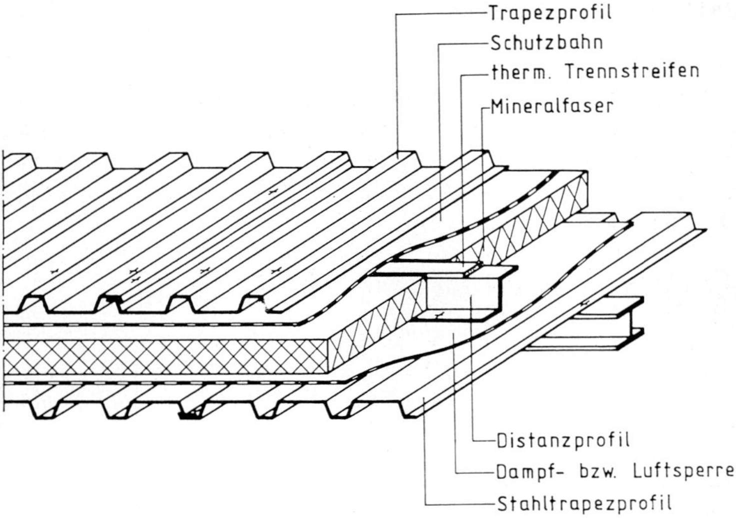

Abb. 13.18. Zweischaliges Metalldach, Ober- und Unterschale parallel, Distanzprofile um 90° versetzt [162]

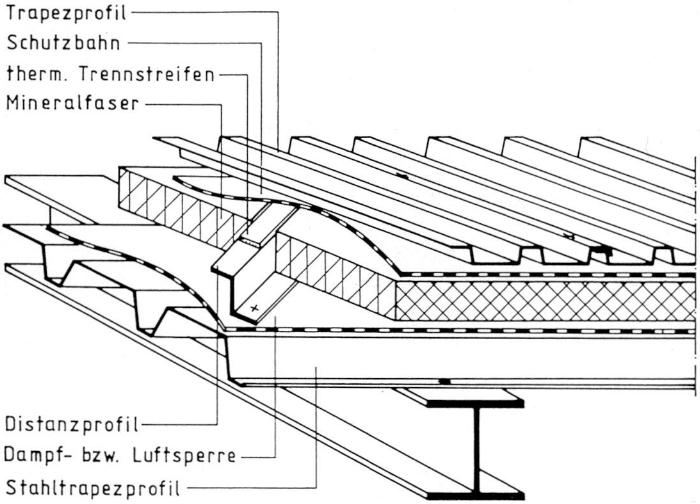

Abb. 13.19. Zweischaliges Metalldach, Ober- und Unterschale um 90° versetzt, Distanzprofile diagonal [162]

Anm.: Die Profilstahlkonstruktion kann durch Vollholz- oder BSH-Querschnitte ersetzt werden.

Weitere ausführliche Konstruktionsdetails siehe [135].

13.3.3 KAL-BAU-Aluminium-Elemente

Allgemeines

KAL-BAU-Elemente sind trapez- oder wellenförmig längsprofilierte Bleche mit beidseitiger Plattierung aus korrosionsbeständiger Speziallegierung. Alle technischen Daten und Vorschläge zu konstruktiven Details können den Zulassungsbescheiden und Katalogen des Herstellers [136] entnommen werden.

Lieferbare Profile sind:

TR 25/100, TR 30/150, TR 35/200, TR 40/185, TR 50/150, TR 50/180, W 18/76
TR ≙ Trapezform (Abb. 13.20); W ≙ Wellenform
Ziffern bedeuten: Wellenhöhe h/Wellenlänge b_1

1 Pfette
2 KAL-BAU-Trapezblech
3 Befestigung, z. B. Hochsicke
4 Befestigung, z. B. Tiefsicke
5 Stoßüberlappung
6 Längsstoßvernietung

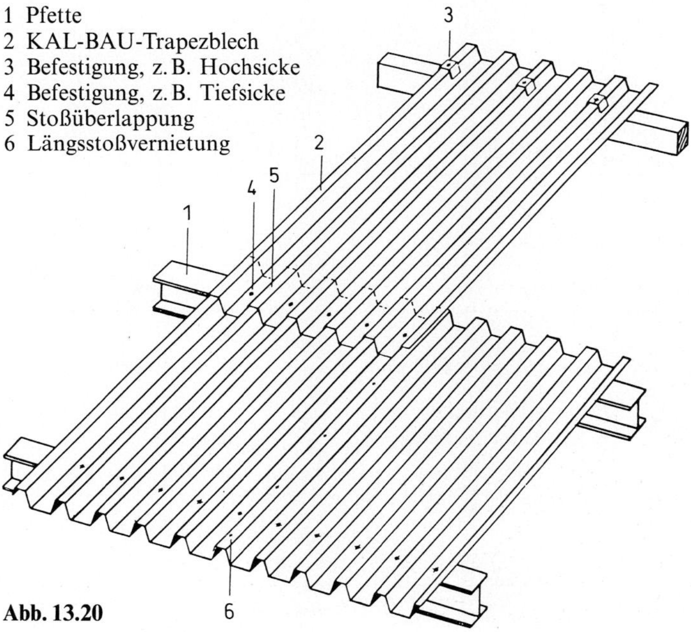

Abb. 13.20

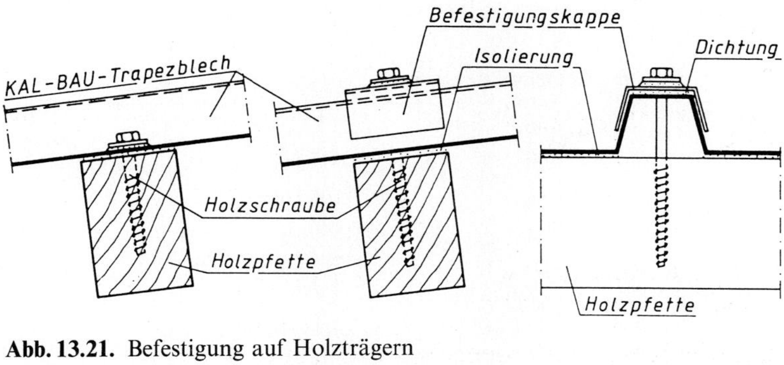

Abb. 13.21. Befestigung auf Holzträgern

Zur Befestigung auf Holzträgern sind Alu-Holzschrauben mit Schaft ∅ 6 mm zu verwenden, s. Abb. 13.21.

Wand: max. Blechlänge = 16 m → Schrauben in Tiefsicke
Dach: max. Blechlänge = 8 m → Schrauben in Hochsicke mit Befestigungskappe und Dichtung

Tafel 13.7. Mindestdachneigung

	Länge First-Traufe	TR 30/150	TR 35/200 TR 40/185	TR50/180 TR 50/150
ohne Querstöße	bis 8 m	4%	3%	3%
ohne Durchbrüche	8 bis 12 m	6%	5%	3%
mit Querstößen ohne Durchbrüche	bis 10 m	6%	5%	5%
	10 bis 18 m	8%	7%	7%
	> 18 m	12%	10%	10%
mit Querstößen mit Durchbrüchen	bis 10 m	8%	7%	6%
	10 bis 18 m	10%	9%	8%
	> 18 m	12%	12%	10%

Tafel 13.8. Stoßausbildung für Dächer und Wände

Dachneigung	Querstöße	Längsstöße
3% bis 5%	–	vernieten
5% bis 10%	200 mm überdecken, abdichten	alle 300 bis 500 mm
> 10% bis 30%	200 mm überdecken, gegebenenfalls abdichten	gegebenenfalls vernieten
> 30% u. Wände	150 mm überdecken	alle 300 bis 500 mm

Tafel 13.9. Materialkennwerte

Bruchfestigkeit	mind. 225 N/mm²
Streckgrenze $\sigma_{0,2}$	mind. 200 N/mm²
Elastizitätsmodul E	70 000 N/mm²
Wärmeausdehnungskoeffizient α_T	$24 \cdot 10^{-6}$ K^{-1}

Die Profilwerte liegen etwa in folgenden Grenzen:

Blechdicke	0,7 mm	$\leqq t \leqq$	1,2 mm	
Profilhöhe	18 mm	$\leqq h \leqq$	50 mm	
Baubreite	750 mm	$\leqq b \leqq$	1000 mm	
Lieferlänge	600 mm	$\leqq l \leqq$	16000 mm	Wand
		$\leqq$	8000 mm	Dach
Flächenmoment 2. Grades	$8{,}8 \cdot 10^4$ mm⁴/m	$\leqq I_{ef} \leqq$	$69{,}7 \cdot 10^4$ mm⁴/m	
Eigenlast	0,017 kN/m²	$\leqq g \leqq$	0,049 kN/m²	

Bemessungsgrundlagen nach DIN

Die vorhandenen Schnittgrößen und Auflagerkräfte, nach Elastizitätstheorie ermittelt, dürfen die zulässigen Werte nach Zulassungsbescheid Z–14.1–23 [136], nicht überschreiten.

Der Durchbiegungsnachweis ist mit I_{ef} zu führen.

Als Entwurfshilfe können Riegel- und Pfettenabstände l den Bemessungstabellen [136] entnommen werden. Sie gelten für geschlossene Gebäude, nicht turmartig, mit Dachneigungen bis 25° unter verschiedenen Schnee- und Windlasten.

Die Tafeln 13.10 und 13.11 geben auszugsweise die größten Riegel- bzw. Pfettenabstände l für die kleinste und größte Bleckdicke t der KAL-BAU-Elemente wieder.

Die Befestigung an den Sparrenpfetten oder Wandriegeln erfolgt mit Holzschrauben, Schaft-∅ ≧ 6 mm, mind. in jedem zweiten Ober- oder Untergurt, s. Abb. 13.20 und 13.21.

Bei Windsoglasten ist ein besonderer Nachweis der Bleche und Verbindungsmittel nach [136] zu führen.

Die Konstruktionsdetails sind vergleichbar mit denen für Stahltrapezbleche. Zahlreiche Abbildungen sind den Herstellerkatalogen zu entnehmen [136].

Tafel 13.10. Riegelabstände l (in m) von KAL-BAU-Wandelementen

Tafelwerte gültig für $t = 0{,}7$ bis 1,2 mm, Durchbiegung $f \leqq l/150$, Gebäudehöhe $h \leqq 8$ m

		TR 25/100	TR 30/150	TR 40/185	TR 50/150
1-Feldträger	NB EB	1,97–2,38	1,70–2,53	2,53–3,03	2,90–3,65
2-Feldträger	NB	2,67–3,24	2,20–3,44	3,14–4,11	3,94–4,95
	EB	1,41–2,47	1,15–2,48	1,74–2,46	2,27–3,25
3-Feldträger	NB	2,45–2,97	2,12–3,15	3,15–3,77	3,61–4,54
	EB	1,58–2,71	1,31–2,74	1,98–2,77	2,58–3,65

NB ≙ Normalbereich; EB ≙ Eckbereich (erhöhte Windsoglasten)

Tafel 13.11. Pfettenabstände l (in m) von KAL-BAU-Dachelementen

Tafelwerte gültig für Hochsickenverschraubung $t = 0{,}7$ bis 1,2 mm, Durchbiegung $f \leqq l/200$, Gebäudehöhe $h \leqq 8$ m

	s (in kN/m^2)	TR 25/100	TR 30/150	TR 40/185	TR 50/150
2-Feldträger	0,75	1,97–2,52	2,20–2,68	1,54–2,51	3,19–3,89
	1,25	1,58–2,15	1,86–2,28	1,54–1,97	2,39–3,31
3-Feldträger	0,75	1,81–2,31	2,02–2,46	1,85–2,81	2,93–3,56
	1,25	1,50–1,96	1,71–2,09	1,85–2,50	2,48–3,03

13.3.4 KAL-ZIP-Aluminium-Elemente

Allgemeines

KAL-ZIP-Elemente [136] sind ⊔-förmige, mit Sicken versehene Profile nach Abb. 13.22 mit beidseitiger witterungsbeständiger Plattierung und dekorativer Oberflächenbehandlung.

Das KAL-ZIP-System ist speziell für die Eindeckung flach geneigter Dächer konzipiert (Abb. 13.23). Die hauptsächliche Anwendung sind wärmege-

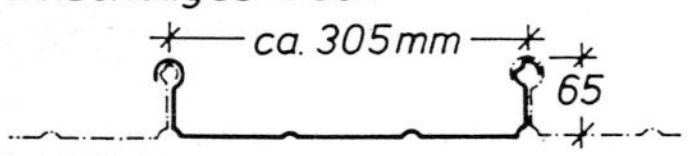

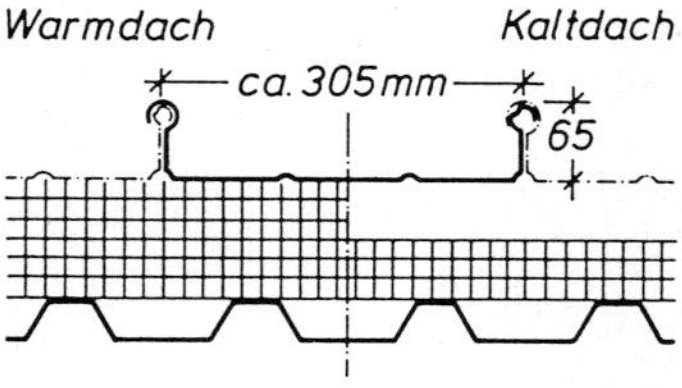

Abb. 13.22. KAL-ZIP-Dachquerschnitt

Lieferlängen: 1,5 m bis 50 m
Materialkennwerte wie Tafel 13.9

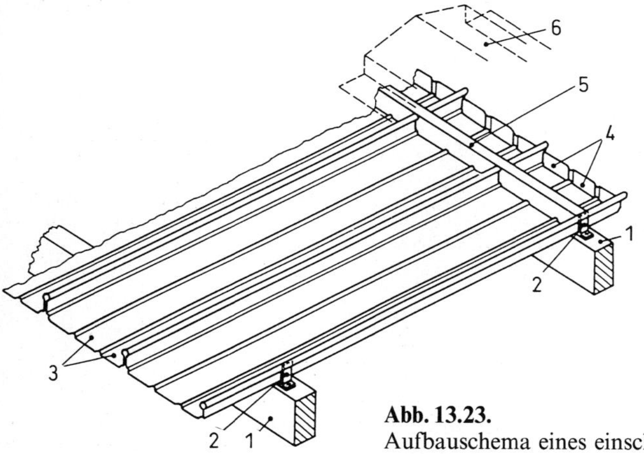

Abb. 13.23.
Aufbauschema eines einschaligen KAL-ZIP-Daches
1 Holzpfetten
2 Klippverbindung
3 KAL-ZIP-Bahnen
4 Auffaltung am First
5 Schließblech (Abdichtung)
6 Abgekantetes Firstblech

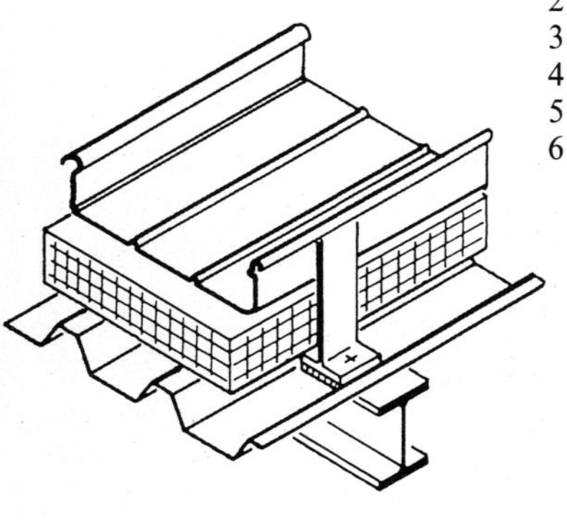

Abb. 13.24

dämmte Konstruktionen, sowohl als Kalt- wie auch als Warmdachkonstruktionen gemäß Abb. 13.22 und 13.24.

Die Firstlinie kann als abgekantetes Blech (geschlossen gemäß Abb. 13.23) oder als Firsthaube (entlüftet) ausgebildet werden. Konstruktive Details siehe Herstellerkatalog. Bei langen Lüftungswegen ist eine Warmdachkonstruktion zu empfehlen, z. B. wie Abb. 13.24.

Mindestdachneigung

$\alpha \geqq 1{,}5°$	bei Dachbahnen, die ungestoßen zwischen Traufe und First durchlaufen oder wo Querstöße oder Durchbrüche in die Dachhaut eingeschweißt sind.
$\alpha \geqq 3{,}0°$	bei Dächern mit eingedichteten Querstößen (Abb. 13.28), Durchbrüchen usw.
$\alpha \leqq 1{,}5°$	bei einer Gesamtbreite $\leqq 30$ m, wenn die Bahnen von Traufe zu Traufe ungestoßen durchlaufen, wobei durch konstruktive Überhöhung einer Wassersackbildung* vorgebeugt werden muß.

* Falls Wassersackbildung möglich, ist nach [136] die Berechnung für *g*, *s* und Wasserlast durchzuführen, wobei die Durchbiegung des Gesamtdaches höchstens einen Wassersack von 50 mm ergeben darf. Berechnung s. [138–140].

Tafel 13.12. Eigenlast in kN/m² nach [136]

Blechdicke t in mm	0,7	0,8	0,9	1,0	1,2
Eigenlast g^a in kN/m²	$\leqq 0{,}031$	$\leqq 0{,}035$	$\leqq 0{,}039$	$\leqq 0{,}044$	$\leqq 0{,}053$

[a] Größtwerte gelten für das Profil KAL-ZIP 305.

Tafel 13.13. k-Werte der Wärmedämmung in W/(m² · K) nach DIN 4108

Dicke a (in mm)	40	50	60	70	80	90	100	110	130	150
k-Werte (in W/(m² · K))	0,85	0,70	0,60	0,52	0,46	0,41	0,37	0,34	0,29	0,25

$a \triangleq$ Dicke der Wärmedämmung ($\lambda \leqq 0{,}04$)

Verlegung und Befestigung

Benachbarte Dachbahnen werden durch maschinelles Verbördeln (Abb. 13.25) der kleinen (rechte Seite) und großen Rippe (linke Seite) miteinander verbunden, s. Abb. 13.22 bis 13.24. Die Befestigung an den Sparrenpfetten erfolgt mit Klipps, die an die Holzpfette durch Holzschrauben ∅ 6 mm (Mindesteinschraubtiefe 42 mm, Mindestholzdicke 60 mm) und an die Dachbahn durch Verbördeln angeschlossen werden, s. Abb. 13.23 und 13.26.

Form, Größe und Tragfähigkeit der Klipps ist den Katalogen [136] zu entnehmen, s. Abb. 13.26 und 13.28 sowie Tafel 13.14.

Abb. 13.25

Lichtbahnen können ein- und doppelschalig im KAL-ZIP-Profil verlegt werden (Abb. 13.26). Aus statischen Gründen müssen beidseitig neben einer Lichtbahn $\geqq 3$ Alu-Bahnen angeordnet werden (Bemessungstafeln sind für diesen Fall nicht anwendbar).

Wegen erhöhter Windsoglasten (Abb. 14.26 und 14.27) sind Lichtbahnen im Ortgangbereich (etwa 3 bis 4 m breit) zu vermeiden. Längsstöße zwischen Alu- und Lichtbahnen erfolgen mit Schließleisten gemäß Abb. 13.26, Querstöße sind nicht erlaubt.

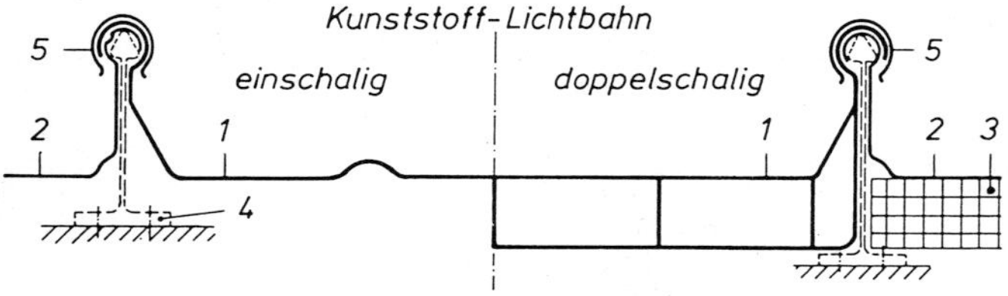

1 Kunststoff-Lichtbahn
2 KAL-ZIP-Bahn
3 Wärmedämmung
4 St-Klipp
5 Schließleiste

Abb. 13.26. Kunststoff-Lichtbahnen

Bemessungsgrundlagen nach DIN

Die vorhandenen Schnittgrößen und Auflagerkräfte, nach Elastizitätstheorie ermittelt, dürfen die zulässigen Werte nach Zulassungsbescheid Z–14.1–181 [136] nicht überschreiten.

Der Durchbiegungsnachweis wird mit I_{ef} geführt. Eine Scheibenwirkung darf nicht in Rechnung gestellt werden.

Die Eindeckung kann wegen der gleitenden KAL-ZIP-Verbindung nicht zur Aussteifung der Pfetten herangezogen werden.

Als Entwurfshilfe können Bemessungstafeln [136] für wirtschaftliche Kombinationen von Stützweite l, Blechdicke t und Klippform verwendet werden unter besonderer Berücksichtigung der Windsogspitzen in den Randbereichen II nach Abb. 13.27.

Breite des Dachbereiches II
$1\,\text{m} \leqq b/8 \leqq 2\,\text{m}$

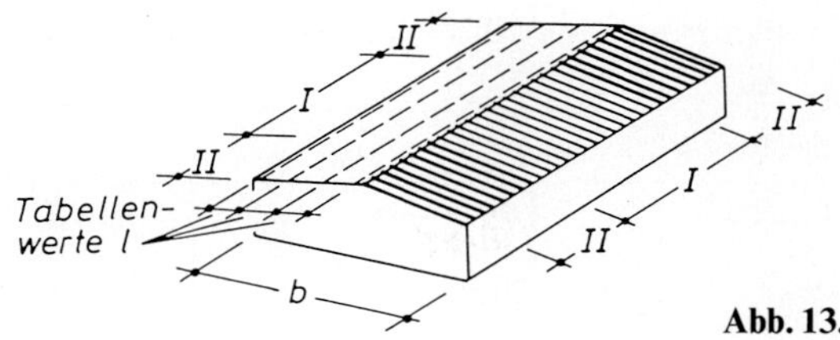

Abb. 13.27

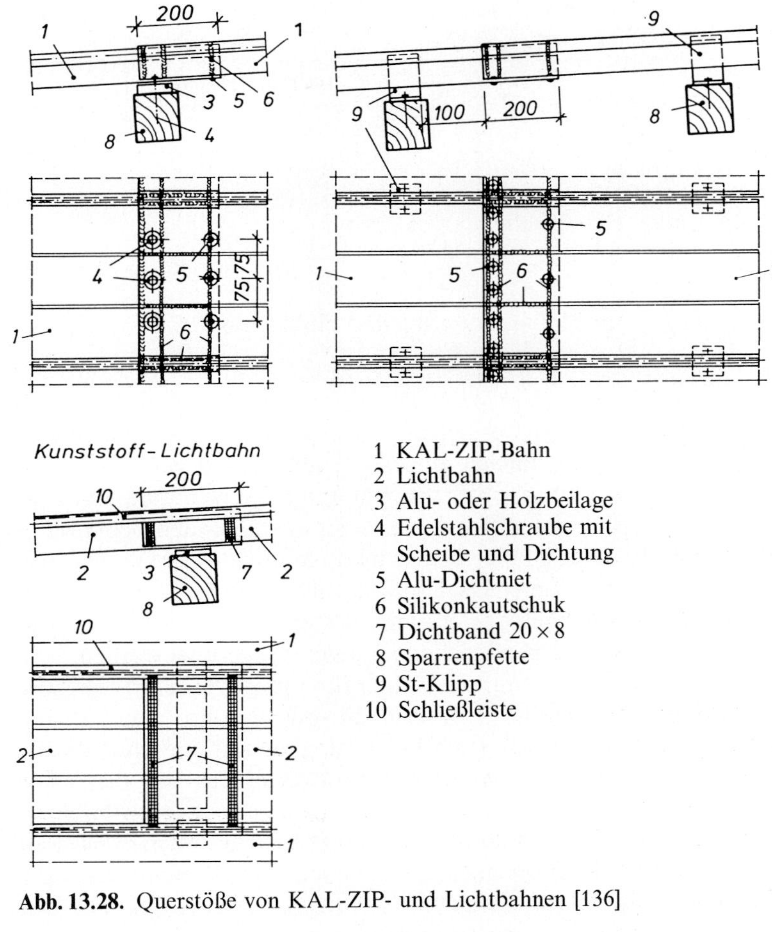

1 KAL-ZIP-Bahn
2 Lichtbahn
3 Alu- oder Holzbeilage
4 Edelstahlschraube mit Scheibe und Dichtung
5 Alu-Dichtniet
6 Silikonkautschuk
7 Dichtband 20 × 8
8 Sparrenpfette
9 St-Klipp
10 Schließleiste

Abb. 13.28. Querstöße von KAL-ZIP- und Lichtbahnen [136]

Weitere ausführliche Konstruktionsdetails sind dem Hersteller-Katalog [136] zu entnehmen.

Tafel 13.14. Zulässige Pfettenabstände l (in m) und erforderliche Blechdicke t (in mm) von KAL-ZIP-Elementen (Abb. 13.27)

Tafelwerte für g, s und w (erhöhte Soglasten berücksichtigt)

s (in kN/m²)	0,75	1,25	2,50	4,00	0,75	1,25	2,50	4,00	t (in mm)
Geb.-Höhe	0 ... 8 m ü. Gelände				8 ... 20 m ü. Gelände				
zulässige Pfetten-abstände l (in m)	3,19	2,50	1,79	1,42			1,79	1,42	0,7
	3,54	2,78	1,98	1,57			1,98	1,57	0,8
	3,90	3,06	2,18	1,73	2,50		2,18	1,73	0,9
	4,13	3,30	2,36	1,87			2,36	1,87	1,0
	4,42	3,72	2,66	2,11			2,50	2,11	1,2
Geltungsbereich:					20 ... 100 m ü. Gelände				
					$l = 1{,}21$ m				0,7

- Geschlossene Baukörper, nicht turmartig, keine Lichtbahnen
- Dachbahnen über $\geqq 3$ gleiche Felder l, Dachneigung 3° ... 25°
- ST-Klipp Typ 20, befestigt mit 2 Holzschrauben ∅ 6 mm, Einschraubtiefe $s \geqq 42$ mm, Holzdicke $d \geqq 60$ mm

13.3.5 Dachschalungen aus Holzwerkstoffen und Holztafeln [162]

Allgemeines

Dachschalungen aus Bau-Furniersperrholz (BFU), Flachpreßplatten (FP) oder Furnierschichtholz (FSH) werden als tragende und/oder aussteifende Elemente vorwiegend für Flachdächer eingesetzt, seltener für geneigte. Nach *–2.3.1–* sind Holztafeln Verbundkonstruktionen unter Verwendung von Rippen aus VH, BSH oder HW und mittragenden oder aussteifenden Beplankungen aus Holz oder HW, die ein- oder beidseitig angeordnet sein können. Die Dachneigung von Schalungen unter Dachabdichtungen (Bitumen-, Kunststoff- oder Kautschukbahnen) soll nach *–13.2.2–* mindestens 2 % betragen. Neigungen < 2 % dürfen nur unter folgenden Bedingungen ausgeführt werden:

a) Die Dachhaut (Dachabdichtung) muß auch für vorübergehend stehendes Wasser dauerhaft dicht sein, z. B. Ausführungen nach den „Flachdach-Richtlinien"; das sind die „Richtlinien für Planung und Ausführung von Dächern mit Abdichtungen" des Zentralverbandes des deutschen Dachdeckerhandwerks.

b) Bei der Bemessung der Dachschalung und Unterkonstruktionen ist Wassersackbildung zu berücksichtigen, ausgenommen bei Einfeldtafeln mit $l \leqq 6{,}25$ m und bei Durchlauftafeln mit $l \leqq 7{,}5$ m Stützweite, wenn die Unterkonstruktion wenig nachgiebig ist, z. B. Wandtafeln oder Unterzüge mit $l \leqq 4$ m.

Als HW können verwendet werden:

BFU bzw. BFU-BU	nach DIN 68705 T3 bzw. T5 der Klasse 100 bzw. 100 G.
FP	nach DIN 68763 der Klassen 100 und 100 G
FSH	nach BAZ [32]

Klasse 100 ($\omega_{max} = 18\,\%$) sollte unter Dachdeckungen nur dann verwendet werden, wenn die Gefahr von Feuchteschäden nicht gegeben ist und die Dachschalungen bei geneigten Dächern zum Raum hin sichtbar bleibt.

Für Dachschalungen unter Dachabdichtungen dürfen nur Platten der Holzwerkstoffklasse 100 G ($\omega_{max} = 21\,\%$) verwendet werden.

ω_{max} = zulässige Plattenfeuchte für Holzwerkstoffe im Gebrauchszustand

Plattenabmessungen

a) BFU: Vorzugsmaße (in mm) nach DIN 4078 (3/79):
   Dicke: 4, 5, 6, 8, 10, 12, 15, 18, 20, 22, 25, 30, 35, 40, 50
   Länge[1]: 1220, 1250, 1500, 1530, 1830, 2050, 2200, 2440, 2500, 3050
   Breite: 1220, 1250, 1500, 1530, 1700, 1830, 2050, 2440, 2500, 3050
b) FP: Abmessungen (in mm) nach [44]:
   Dicke: 6, 8, 10, 13, 16, 19, 22, 25, 28, 32, 36, 40, 45, 50, 60, 70
   Länge: Standardformate sind die Pressenformate, die von 3600 bis 20000 reichen, und deren Teilmaße
   Breite: Standardformate sind die Pressenformate, die von 1700 bis 2600 reichen, und deren Teilmaße

Mindestdicken von Dachschalungen aus HW s. Tafel 13.3.

Dachaufbau von Flachdächern

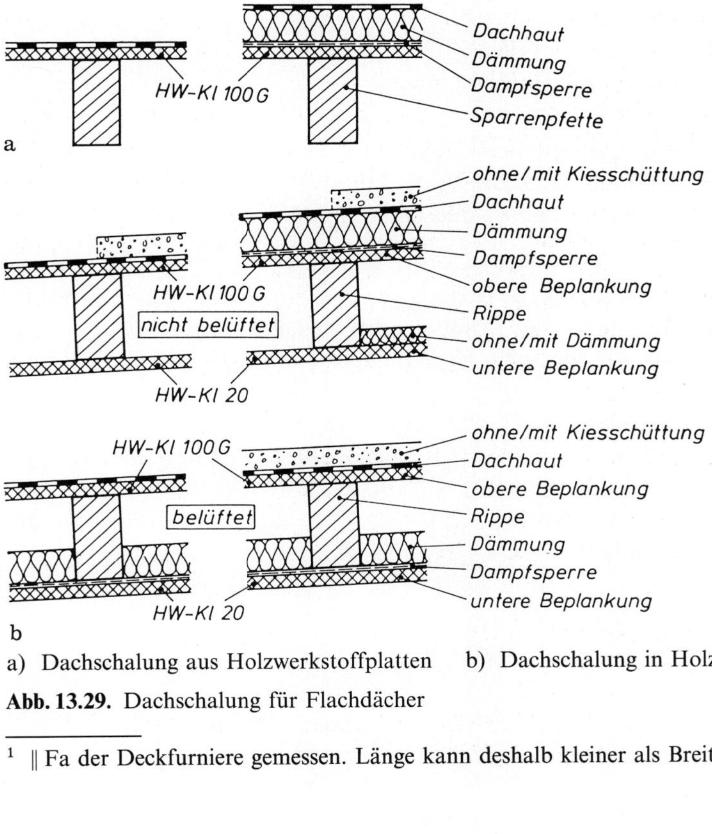

a) Dachschalung aus Holzwerkstoffplatten b) Dachschalung in Holztafelbauart

Abb. 13.29. Dachschalung für Flachdächer

[1] ‖ Fa der Deckfurniere gemessen. Länge kann deshalb kleiner als Breite sein.

Der Dachaufbau von Flachdächern mit Dachschalungen aus Holzwerkstoffplatten kann z. B. [141], [143] und [150] entnommen werden. Bei Dachschalungen aus HW ist auf die Ausbildung von Fugen zu achten *–13.2.2–*.

Berechnungsgrundlagen nach DIN
Grundlagen zur Berechnung der Holzwerkstoffe von Dachschalungen und Holztafeln können dem Teil 1 dieses Buches [148] entnommen werden.

Berechnungslast: BFU 4,5/8,0 kN/m^3, siehe 2.6
FSH 4,5/5,5 kN/m^3, [141]
FP 5,0/7,5 kN/m^3, siehe 2.6
Angaben bedeuten:
unterer Grenzwert/oberer Grenzwert

Rechenwerte für Elastizitäts- und Schubmoduln:
BFU und FP: *–Tab. 2 u. 3–*
FSH: [32]
BFU-BU: [33], *–Tab. 2–*

Zulässige Spannungen:
BFU und BFU-BU: *–Tab. 6–*
FP: *–Tab. 6–*
FSH: [32]

Kriechverformungen: siehe 2.10

Brandschutznachweise: DIN 4102 T4 und [20]

Mitwirkende Beplankungsbreite bei Tafeln –11.2.2–
Die mitwirkende Beplankungsbreite b_M je Rippe im Mittelbereich setzt sich zusammen aus der Rippenbreite b_2 und einer Breite b' (Abb. 13.30) zu

$$b_M = b' + b_2 \qquad (13.2)$$

Die Breite b' bestimmt sich aus der Bedingung, daß die rechnerische Spannung im Gurt ($\triangleq$ Beplankung) mit der Breite b_M den gleichen Wert erreicht wie die größte Spannung max σ in der Beplankung, die sich nach genauer Berechnung ergibt [162].

Die Breite b' und damit b_M hängt neben den Materialeigenschaften der Beplankung vor allem vom Verhältnis Rippenabstand b/Stützweite l ab.

Die Ableitung von Näherungsformeln für die mitwirkende Beplankungsbreite wurde von Möhler/Steck in [149] vorgenommen. Unter Gleichstreckenlast darf bei $b/l \leqq 0{,}4$ nach *–11.2.2–*

für BFU

$$b'/b = 1{,}06 - 1{,}4 \cdot b/l \leqq 1{,}0 \qquad (13.3)$$

und für FP

$$b'/b = 1{,}06 - 0{,}6 \cdot b/l \leqq 1{,}0 \qquad (13.4)$$

angenommen werden; dabei ist stets $b' \leqq b$ einzuhalten.

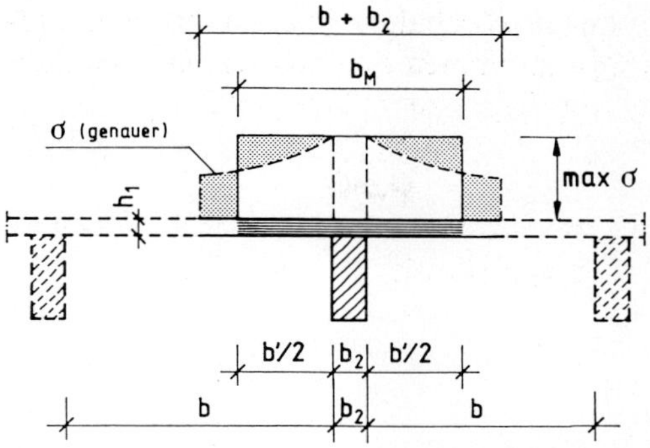

Abb. 13.30. Mitwirkende Beplankungsbreite und Spannungen in der Beplankung nach elementarer Biegetheorie sowie genauer Berechnung [162]

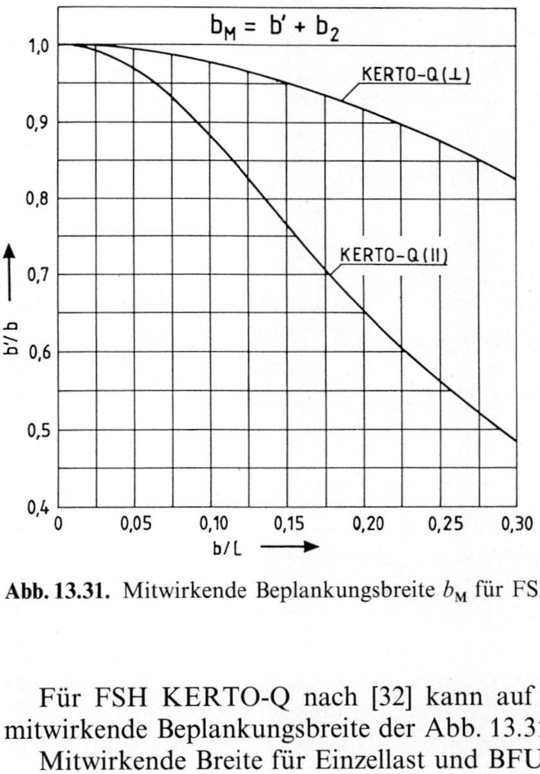

Abb. 13.31. Mitwirkende Beplankungsbreite b_M für FSH KERTO-Q [162]

Für FSH KERTO-Q nach [32] kann auf der Grundlage von [149] die mitwirkende Beplankungsbreite der Abb. 13.31 entnommen werden.

Mitwirkende Breite für Einzellast und BFU sowie FP siehe *–11.2.2–*.

Plattenanordnung und -befestigung

Die Platten sollen im Verband rechtwinklig zu den Sparrenpfetten verlegt werden. Standardgrößen sind vorzugsweise zu verwenden. Die Endfelder an Traufe und First sollten gegenüber den gleich langen Innenfeldern (a) so verkürzt werden, daß Ein- und Mehrfeldplatten nach Abb. 13.32 einheitlich be-

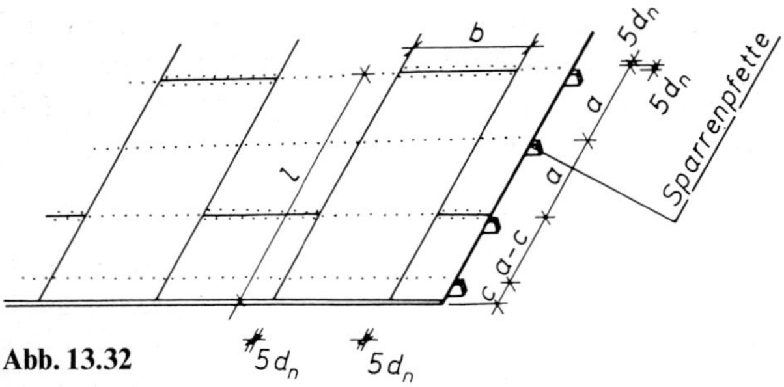

Abb. 13.32

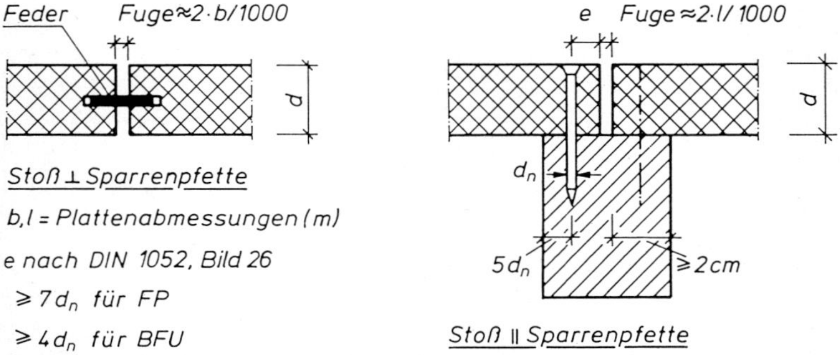

Abb. 13.33. Plattenstöße

messen werden können. An ihren freien Rändern müssen die Platten durch Nut und Feder oder andere Elemente gleicher Wirkung miteinander verbunden werden [141].
Die Fugen zwischen benachbarten Platten unter Dachabdichtungen müssen nach *–13.2.2–* für

BFU: 1 mm/m,
FP: 2 mm/m

groß sein, so daß Längen- und Breitenänderungen der Platten infolge Feuchtezunahme möglich sind, vgl. Abb. 13.33.

Die Platten sind mit Nägeln nach DIN 1151 oder DIN 1143, Sondernägeln, Schrauben nach DIN 96, 97, 571 oder Schrauben nach BAZ zu befestigen. Die Verbindungsmittel müssen verzinkt oder anderweitig gegen Rost geschützt sein.

Die Auflagertiefe der Platte muß mind. 20 mm betragen, sofern die Randabstände nicht größere Maße erfordern (Abb. 13.33).

Tafel 13.15. Empfohlene Nägel nach DIN 1151

Dicke der FP (in mm)	19	22	25	28	38
Nagel (in 1/10 mm × mm)	31 × 70	31 × 80	31 × 80	34 × 90	42 × 110

Bei geneigten Dächern mit Dacheindeckungsplatten aus Schiefer oder Faserzement auf FP ist die dynamische Beanspruchung zu berücksichtigen, die durch die Hammerschläge beim Annageln der Deckungsplatten an die FP entsteht. Die FP dürfen dabei nicht vibrieren.

Scheibenwirkung

Steife Dachscheiben sind zur Aufnahme und Weiterleitung von Wind- und Stabilisierungskräften in Scheibenebene sehr gut geeignet. Sie bestehen entweder aus Platten aus Holzwerkstoffen, die durch die mit ihnen kraftschlüssig verbundene Unterkonstruktion (Abb. 13.32) zu einer Scheibe zusammengeschlossen werden, oder aus Tafeln, sofern die Stützweite nicht mehr als 30 m beträgt *–11.3–*.

Auf einen rechnerischen Nachweis der Scheibenwirkung kann bei Verwendung von Holzwerkstoffplatten verzichtet werden, wenn die obige Plattenanordnung und -befestigung (Abb. 13.32) sowie die folgenden Festlegungen beachtet werden *–10.3–*:

– Mindestdicken der Platten und erforderlicher Nagelabstand nach *–Tab. 12–*
– kleinste Seitenlängen der Platten mindestens 1 m
– Oberkanten der Unterkonstruktion sollen vorzugsweise in gleicher Höhe liegen
– Sind mehr als zwei nicht unterstützte Stöße (|| zur Spannrichtung einer Scheibe) vorhanden, so ist die Scheibenstützweite auf 12,50 m zu beschränken
– Die Sparrenpfetten am Scheibenrand sind mindestens 1,5fach so breit wie die inneren Sparrenpfetten auszuführen.

14 Lastannahmen für Dach- und Hallentragwerke

14.1 Einteilung der Lasten nach DIN [162]

Die auf ein Tragwerk wirkenden Lasten werden nach *–6.2.1–* eingeteilt in:

Hauptlasten H

a) ständige Lasten *g* (Eigenlast der Bauteile)
b) Verkehrslasten *p* (veränderliche Last, Nutzlast)
c) Schneelasten *s*
d) Seitenlasten (auf Aussteifungskonstruktionen, soweit sie aus Hauptlasten entstehen)

Zusatzlasten Z

a) Windlasten *w*
b) Bremskräfte (z. B. von Kranen)
c) Seitenkräfte (z. B. von Kranen, Glockentürmen)
d) Zwängungen aus Temperatur- und Feuchteänderungen
e) Seitenlasten (auf Aussteifungskonstruktionen, soweit sie aus Zusatzlasten entstehen)

Sonderlasten

a) waagerechte Stoßlasten
b) Erdbebenlasten

Lastfälle

Nach *–6.2.2–* werden für den Standsicherheitsnachweis folgende Lastfälle unterschieden:
Lastfall H Summe der Hauptlasten
Lastfall HZ Summe der Haupt- und Zusatzlasten

Wird ein Bauteil, abgesehen von seiner Eigenlast, nur durch Zusatzlasten beansprucht (z. B. Diagonale des Windverbandes), so gilt die größte Zusatzlast als Hauptlast.

Lastkombinationen

Die Wahrscheinlichkeit, daß Schnee- und Windlasten gleichzeitig mit ihren vollen Rechenwerten wirken, ist gering. Deshalb sieht DIN 1055 folgende vereinfachten Lastkombinationen vor:

Bei Dachneigungen $\alpha > 45°$ braucht mit gleichzeitiger Wirkung von *s* und *w* nur dort gerechnet zu werden, wo Schneeansammlungen, z. B. am Zusammenstoß mehrerer Dachflächen, möglich sind oder in Gebieten mit besonders ungünstigen Schneeverhältnissen [141].

Bei Dachneigungen $\alpha \leqq 45°$ darf nach DIN 1055 T5 (6/75) Abschn. 5.1 und T4 (8/86) Abschn. 4 wahlweise mit einer der folgenden Alternativen gerechnet werden:

- dem ungünstigeren der beiden Lastfälle:
  a) $g + s$ als Lastfall H
  b1) $g + s + w$ als Lastfall HZ
- der ungünstigeren der beiden Lastkombinationen:
  b2) $g + s + w/2$ als Lastfall H
  b3) $g + s/2 + w$ als Lastfall H

  Diese Kombinationsregel liefert nur dann wirtschaftlichere Querschnitte, wenn die Verformungen für die Bemessung des Dachbauteiles maßgebend sind [141]. In der Bauingenieurpraxis wird vielfach mit dieser Kombinationsregel gerechnet.

Nach Schulze [143] ist der ungünstigere Nachweis aus a) und b) maßgebend:

a) Lastfall H: $g + s$

b) der günstigere Fall aus
   b1) Lastfall HZ: $g + s + w$ einerseits
   und dem ungünstigeren Fall aus
   b2) Lastfall H: $g + s + w/2$ und
   b3) Lastfall H: $g + s/2 + w$
   andererseits.

Diese Vorgehensweise bei der Bemessung, die sich aus den obigen beiden Alternativen herleiten läßt, kann gegenüber einer alternativen Betrachtungsweise einen geringeren Holzverbrauch ergeben.

Bei den Fällen b2) und b3) nach der sogenannten Kombinationsregel ist mit s ausschließlich der Rechenwert nach DIN 1055 T5, Abschn. 3.1, gemeint. Für einseitige Schneelast dürfen somit nur die Kombinationen nach Tafel 14.0 gebildet werden [143].

Tafel 14.0. Lastkombinationen s und w für $\alpha \leqq 45°$

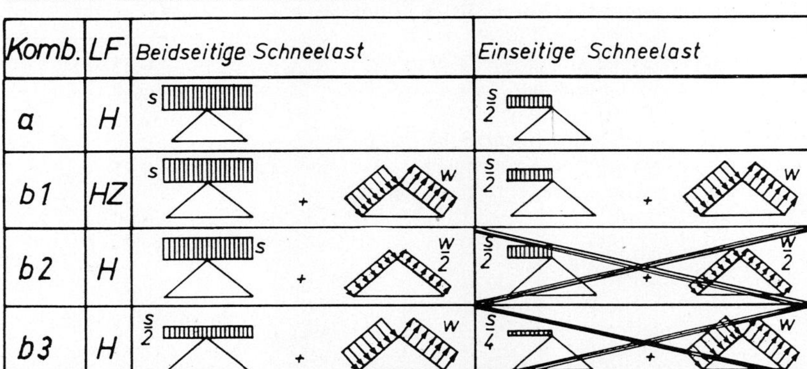

s- und w-Verteilung vgl. Abb. 14.21 a, b und Abb. 14.25 c, d

Zulässige Beanspruchungen im Lastfall HZ siehe *–5.1.6, 5.2.2, 10.2.4 und T2, 3.2–*:

zulässige Spannungen in Holzbauteilen $\text{zul}\,\sigma^{HZ} = 1{,}25 \cdot \text{zul}\,\sigma^{H}$

zulässige Belastungen der VM $\text{zul}\,N^{HZ} = 1{,}25 \cdot \text{zul}\,N^{H}$

14.2 Ständige Last (DIN)

14.2.1 Allgemeines

Ständige Last ist die Summe aller unveränderlichen Lasten. Dazu gehören z. B. die Eigenlasten von:

a) Dachhaut, Dämmschichten, Verkleidungen, Installationen u. a. m.
b) Sparren, Pfetten, Dachbindern, Deckenbalken, Verbänden u. a. m.

14.2.2 Eigenlast der Dachdeckung g_D

Bezugsfläche: 1 m² Dachfläche (D)
Rechenwerte: DIN 1055 T1 (7/78), s. a. [141]

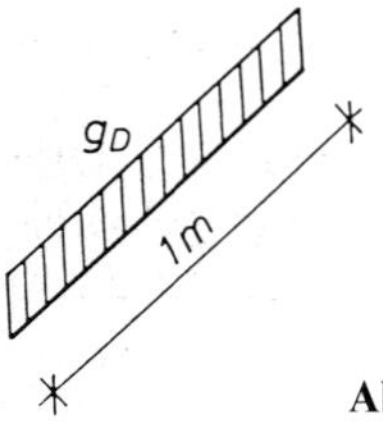

Abb. 14.1

Tafel 14.1. Übliche Dachdeckungen für Hausdächer

		(in kN/m² D)
Falzziegel, Reformpfannen, Falzpfannen, Flachdachpfannen nach DIN 456		0,55
Betondachsteine	bis 10 Stück/m²	0,50–0,60
	über 10 Stück/m²	0,55–0,65
Biberschwanzziegel:	Spließdach (einschl. Schindeln)	0,60
	Doppel- und Kronendach	0,75
Alle Werte ohne Vermörtelung, aber einschl. Latten		
Zuschlag bei Vermörtelung		0,10
Ebene Faserzementplatten		
auf Lattung, einschl. Latten		0,25
auf 22 mm Schalung, einschl. Pappe und Schalung		0,40
Faserzement-Kurzwellplatten (Rohdichte 1,6 g/cm³ = 1600 kg/m³)		0,24
Bituminöse Dachbahnen und Kunststoffbahnen einschl. Kleber siehe Tafeln 14.2 und 14.3.		

Tafel 14.2. Übliche Unterdecken für Hausdächer

			(in kN/m² D)
a)	20 mm Faserdämmstoffe DIN 18165 T1	2 × 0,01	0,02
	40 mm Holzwolleleichtbauplatten DIN 1101	4 × 0,05	0,20
	15 mm Gipsputz		0,18
		insgesamt:	0,40
b)	60 mm Faserdämmstoffe DIN 18165 T1	6 × 0,01	0,06
	Dampfsperre aus Kunststoffbahn, lose		0,02
	30/50 mm Lattung		0,03
	13 mm Spanplatte DIN 68763	0,013 × 7,5	≈ 0,10
	12,5 mm Gipskartonplatte (DIN 18180)	1,25 × 0,11	≈ 0,14
	insgesamt (ohne) mit Gipskartonplatte:	(0,21)	0,35

Abbildung 14.2 zeigt einige geprüfte Konstruktionen [144] mit verschiedenen Kombinationen von Dachdeckung und Unterdecke unter besonderer Berücksichtigung des Wärme- und Schallschutzes nach DIN 4108 und 4109. Als Dämmschicht ist in allen Beispielen eine 60 mm dicke Lage Mineralfaserdämmstoff vorgesehen. Zur weiteren Verbesserung der Wärmedämmung wird eine zusätzliche 2. Lage unterhalb der Sparren empfohlen.

Bauliche Schutzmaßnahmen gegen Außenlärm werden durch DIN 4109 (11/89) geregelt [142]. Danach werden in Abhängigkeit von 7 Lärmpegelbereichen als Mindestwerte R'_w der Luftschalldämmung für die Außenbauteile von Aufenthaltsräumen gefordert:

$$30\,\text{dB} \leqq R'_{w,\,res} \leqq 50\,\text{dB}\quad [162]$$

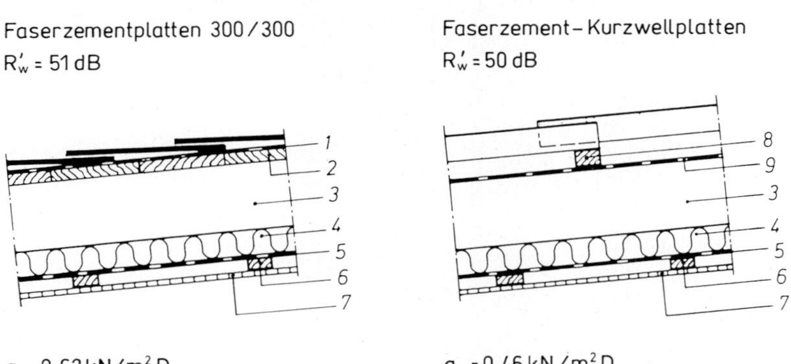

Abb. 14.2. Dachdeckungen für Hausdächer [144]

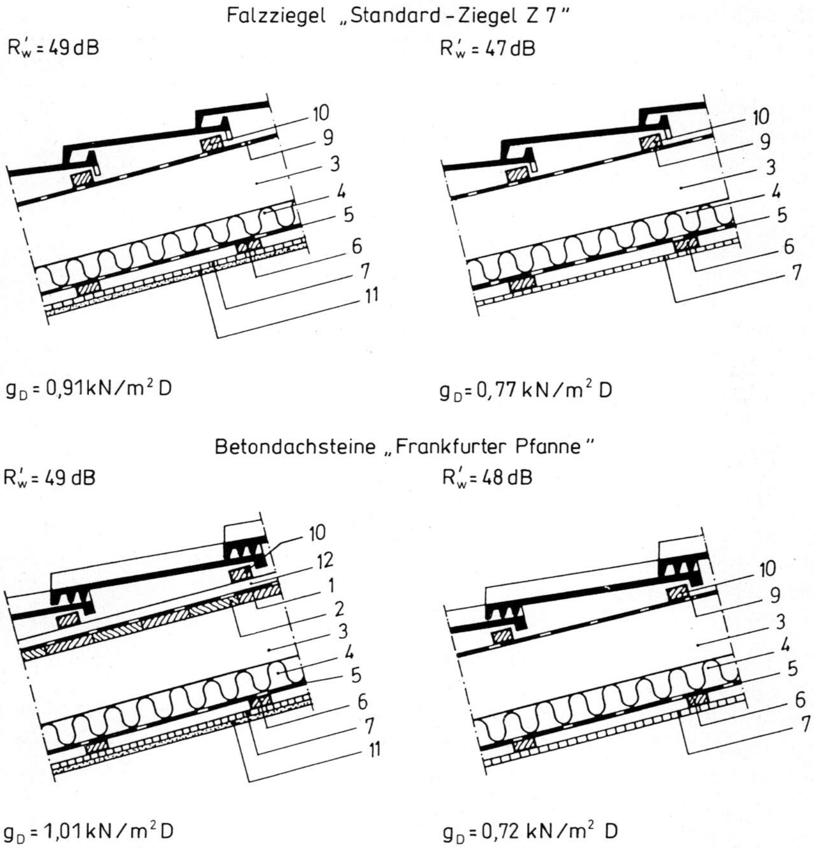

R'_w Bewertetes Schalldämm-Maß nach EGH-Prüfung [144]
g_D Eigenlast von Dachdeckung und Unterdecke (ohne Sparren)

1 Bitumenpapier
2 Rauhspundschalung 22 mm
3 Holzsparren 60/160 mm
4 60 mm Mineralfaserdämmstoff
5 Dampfsperre
6 Holzlattung 24/60 mm
7 Spanplatten V20 13 mm
8 Holzlattung 40/60 mm
9 Unterspannfolie
10 Holzlattung 30/50 mm
11 Gipskartonplatte 12,5 mm
12 Konterlattung 24/60 mm

Abb. 14.2 (Fortsetzung)

Tafel 14.3. Übliche Dachdeckungen für Hallendächer

a) Tragende Elemente			(in kN/m² D)
Faserzement-Wellplatten		(13.3.1)	0,20
Stahltrapezbleche, gebräuchliche Profile		(13.3.2)	0,10–0,15
Alu-Elemente:	KAL-BAU bzw. KAL-ZIP	(13.3.3/4)	0,03–0,05
	KAL-ZIP (einschl. Dämmung)	(13.3.4)	0,06–0,08
Schalung aus NH,	z. B. 24 mm	$0{,}024 \times 6{,}0$	0,15
FP nach DIN 68763,	z. B. 25 mm	$0{,}025 \times 7{,}5$	0,19
BFU nach DIN 68705 T3,	z. B. 20 mm	$0{,}020 \times 8{,}0$	0,16
b) Dachabdichtung, Dämmstoffe, zusätzl. Oberflächenschutz			
2lagige Dachabdichtung, einschl. Klebemasse			0,15
Dampfausgleichsschicht, einschl. Klebemasse			0,04
50 mm Schaumkunststoffplatten DIN 18164		$5 \times 0{,}004$	0,02
Bitumenanstrich bzw. Dampfsperre			0,02
Zusätzl. Oberflächenschutz:	Besplittung, einschl. Deckaufstrich		0,05
	Kiespressung, einschl. Kieseinbettmasse		0,20
	Kiesschüttung 50 mm, einschl. Deckaufstrich		1,00

In Abb. 14.3 sind Beispiele für Eigenlasten verschiedener Dachdeckungen angegeben (ohne Anteil der Sparrenpfetten).

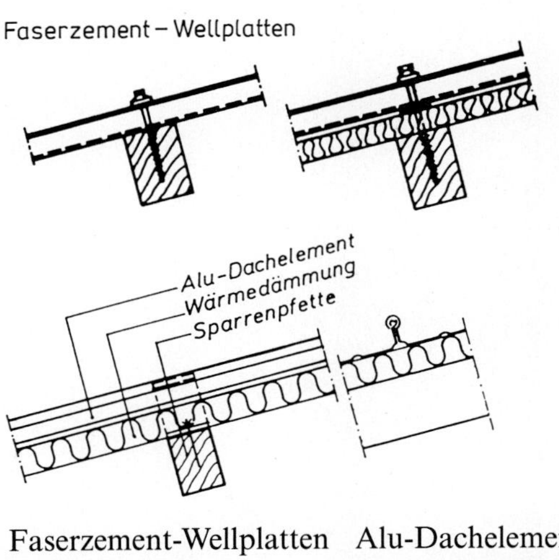

Faserzement-Wellplatten
ohne Dämmung:
$g_D = 0{,}20\,\text{kN/m}^2\,\text{D}$
mit Dämmung:
$g_D = 0{,}20 + 0{,}02$
$\quad = 0{,}22\,\text{kN/m}^2\,\text{D}$

Alu-Dachelement
ohne Dämmung:
$g_D \leqq 0{,}05\,\text{kN/m}^2\,\text{D}$
mit Dämmung:
$g_D \leqq 0{,}08\,\text{kN/m}^2\,\text{D}$

g_D ohne Anteil der Sparrenpfetten

Abb. 14.3. Dachdeckungen für Hallendächer

Stahltrapezblech

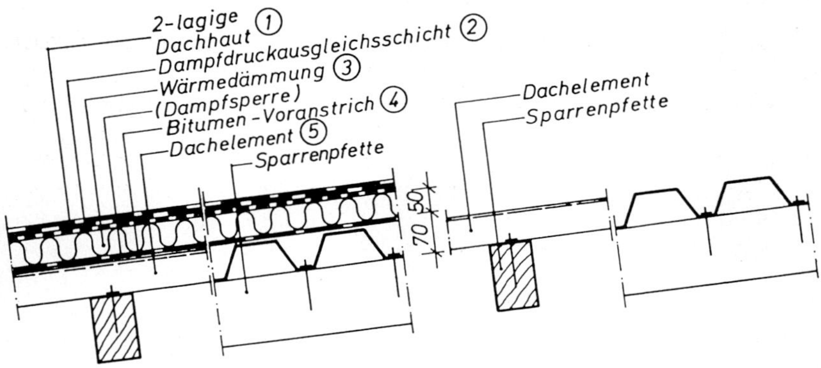

ohne Dämmung:	$g_D \approx 0{,}12\,\text{kN/m}^2\,\text{D}$	(5)
mit Dämmung:	$g_D \approx 0{,}15 + 0{,}04$	(1 + 2)
	$+ 0{,}02 + 0{,}02$	(3 + 4)
(Zahlenwerte vgl. Tafel 14.3)	$+ \approx 0{,}12$	(5)
	$g_D = 0{,}35\,\text{kN/m}^2\,\text{D}$	

Spanplatte

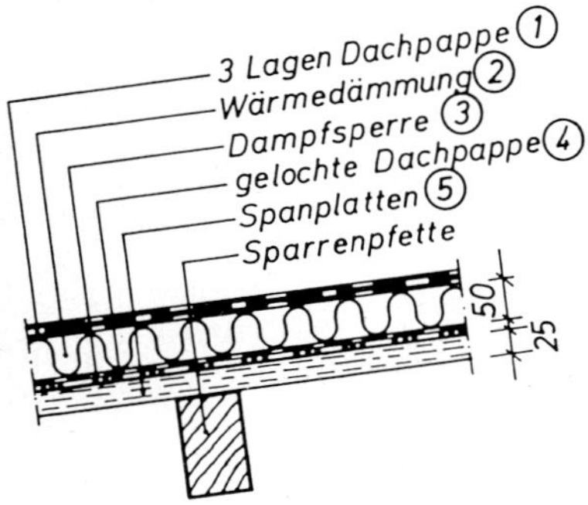

ohne Dämmung:

$g_D = 0{,}15 + 0{,}04$	(1)
$\quad + 0{,}20$	(5)
$g_D = 0{,}39\,\text{kN/m}^2\,\text{D}$	

mit Dämmung:

$g_D = 0{,}02 + 2 \cdot 0{,}02$	(2, 3, 4)
$\quad + 0{,}39$	s. o.
$g_D = 0{,}45\,\text{kN/m}^2\,\text{D}$	

g_D ohne Anteil der Sparrenpfetten

Abb. 14.3 (Fortsetzung)

14.2.3 Eigenlast der Bauteile

Bezugsfläche für die Eigenlasten der Sparren, Pfetten, Sparrenpfetten, Binder ist meist

$$1\,\mathrm{m}^2 \text{ Grundrißfläche (G)} \qquad \text{(Abb. 14.4)}$$

Die Eigenlasten müssen geschätzt werden. Rechenwerte für die Überschlagsrechnung können den folgenden Diagrammen, Formeln und Tafeln entnommen werden.

Eine Überprüfung der Schätzwerte sollte am Ende jeder Berechnung erfolgen [141].

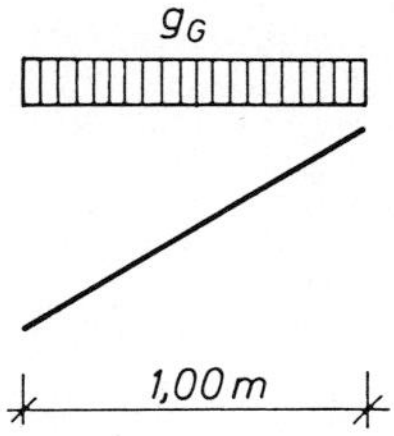

Abb. 14.4

Eigenlasten für Sparren von Hausdächern

Den Diagrammen nach Abb. 14.5 bis 14.9 liegen folgende Annahmen zugrunde:

Systembreiten	$8{,}0 \leqq 2 \cdot l \leqq 12{,}0\,\mathrm{m}$
Wirtschaftlicher Sparrenabstand	$e \approx 1{,}0\,\mathrm{m}$
Eigenlast der Dachdeckung	$g_D = 0{,}25$ bis $0{,}80\,\mathrm{kN/m^2}$ D
Eigenlast der Unterdecke	$g_u = 0{,}40\,\mathrm{kN/m^2}$ D
Regelschneelast	$s_o = 0{,}75\,\mathrm{kN/m^2}$ G
Windlast: Staudruck	$q = 0{,}80\,\mathrm{kN/m^2}$ D

Eigenlast der Sparren g_s in $\mathrm{kN/m^2}$ G, angegeben für Vollholz.

a) Pult- und einstieligePfettendächer

Keine Unterdecke vorgesehen.

Bereichsgrenzen im Diagramm:

——— $\mathrel{\widehat{=}} g_D = 0{,}80\,\mathrm{kN/m^2}$ D

- - - - $\mathrel{\widehat{=}} g_D = 0{,}25\,\mathrm{kN/m^2}$ D

Beispiel:

$l = 5{,}4\,\mathrm{m}$

$\alpha = 28°$

$g_D = 0{,}55\,\mathrm{kN/m^2}$ D

Aus Diagramm:

$g_s \approx 0{,}14\,\mathrm{kN/m^2}$ G

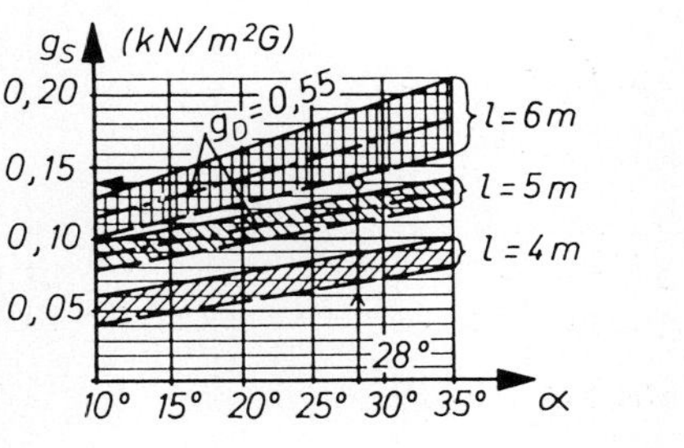

Abb. 14.5

b) Zweistielige Pfettendächer

Mit oder ohne Unterdecke

Bereichsgrenzen im Diagramm:

——— $\hat{=} \max g_D + g_U = 1{,}20\,\text{kN/m}^2\,\text{D}$

- - - - - $\hat{=} \min g_D = 0{,}25\,\text{kN/m}^2\,\text{D}$

Eigenlast für Pfetten und Verbände:

$g_p \approx 0{,}04$ bis $0{,}08\,\text{kN/m}^2\,\text{G}$

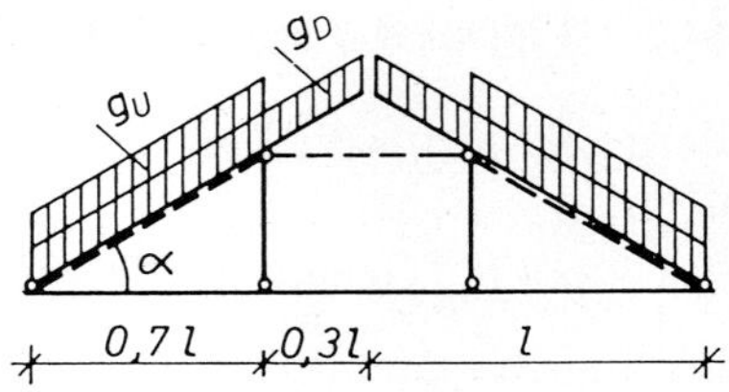

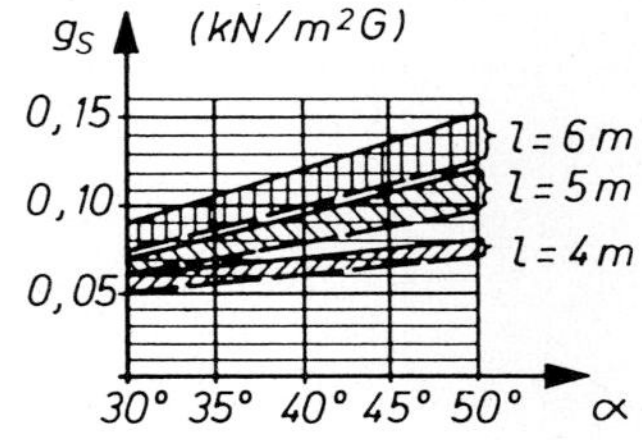

Abb. 14.6

c) Sparrendach

Keine Unterdecke vorgesehen.

Bereichsgrenzen im Diagramm:

——— $\hat{=} \max g_D = 0{,}80\,\text{kN/m}^2\,\text{D}$

- - - - - $\hat{=} \min g_D = 0{,}25\,\text{kN/m}^2\,\text{D}$

Beispiel:

$l = 5{,}2\,\text{m}$

$\alpha = 42°$

$g_D = 0{,}65\,\text{kN/m}^2\,\text{D}$

Aus Diagramm:

$g_S \approx 0{,}19\,\text{kN/m}^2\,\text{G}$

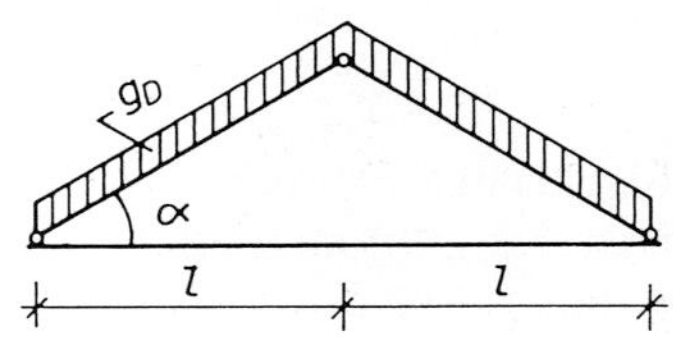

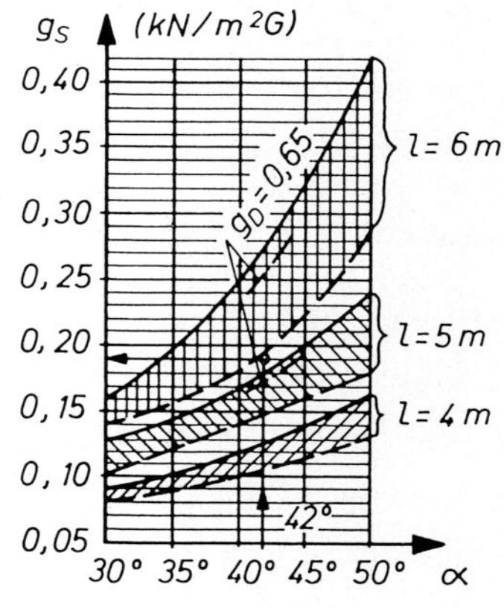

Abb. 14.7

d) Verschiebliches Kehlbalkendach
mit ausgebautem Dachgeschoß
und Kehlbalkenanordnung:
$v = l_u/l = 0{,}5$ bis 0,6

Bereichsgenzen im Diagramm:

——— $\hat{=}$ max $g_D + g_U = 1{,}20$ kN/m² D

·········· $\hat{=}$ min $g_D + g_U = 0{,}65$ kN/m² D

Für Kehlbalken (mit und ohne Unterdecke):

l	4 m	5 m	6 m
g_K	≈0,08	≈0,10	≈0,12

g_K [kN/m² G] bezogen auf die Kehlbalkenebene

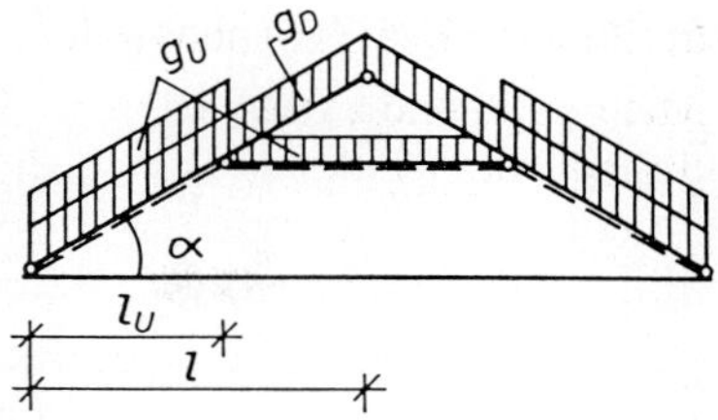

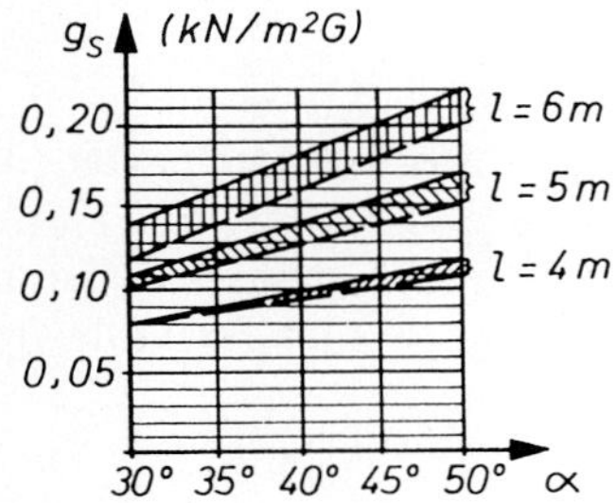

Abb. 14.8

e) Unverschiebliches Kehlbalkendach
mit ausgebautem Dachgeschoß
und Kehlbalkenanordnung:
$v = l_u/l = 0{,}5$ bis 0,6

Bereichsgrenzen im Diagramm:

——— $\hat{=}$ max $g_D + g_U = 1{,}20$ kN/m² D

·········· $\hat{=}$ min $g_D + g_U = 0{,}65$ kN/m² D

Für Kehlbalken (mit und ohne Unterdecke):

l	4 m	5 m	6 m
g_K	0,08	0,13	0,16

g_K [kN/m² G] bezogen auf die Kehlbalkenebene

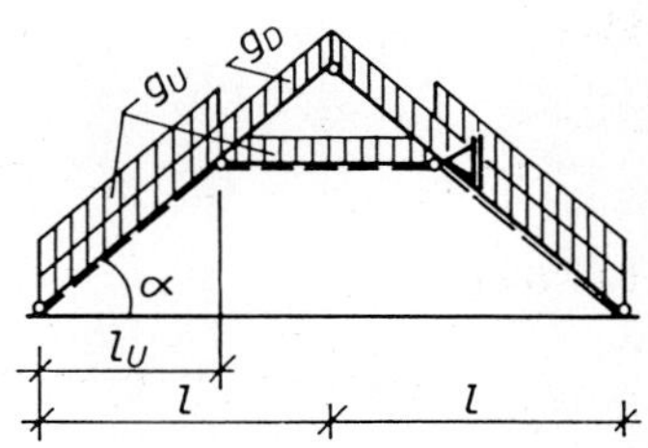

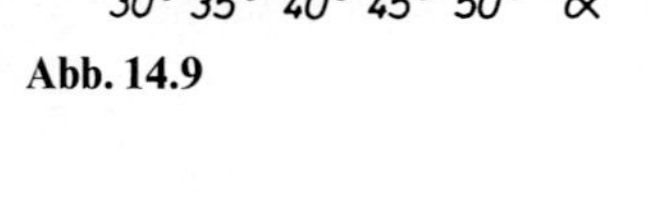

Abb. 14.9

Eigenlasten für Hallenbauteile

Übliche Dachneigungen $3^\circ \leqq \alpha \leqq 20^\circ$
Übliche Binderabstände $5\,\mathrm{m} \leqq b \leqq 8\,\mathrm{m}$
Übliche Dachdeckungen s. Abb. 14.3 u. Tafel 14.3
Übliche Regelschneelast $s_0 = 0{,}75\,\mathrm{kN/m^2\,G}$

Mit diesen Vorgaben können für Überschlagrechnungen folgende Mittelwerte der Eigenlast angesetzt werden:

a) **Sparrenpfetten** ($5\,\mathrm{m} \leqq l \leqq 8\,\mathrm{m}$) $g \approx 0{,}08$ bis $0{,}12\,\mathrm{kN/m^2\,G}$

b) **Verbände** $g \approx 0{,}02$ bis $0{,}03\,\mathrm{kN/m^2\,G}$

c) **Fachwerk- und Vollwandbinder (Abb. 14.10)**
Binderabstand $5{,}0\,\mathrm{m} \leqq b \leqq 8{,}0\,\mathrm{m}$
Nach Gattnar/Trysna [151] kann die Eigenlast für Fachwerkbinder und näherungsweise auch für Vollwandbinder berechnet werden nach Gl. (14.1) oder Tafel 14.4:

$$g \approx 0{,}15 + (l - 15)/200 \qquad (14.1)$$

Dimensionen: $l\,[\mathrm{m}]$; $g\,[\mathrm{kN/m^2\,G}]$

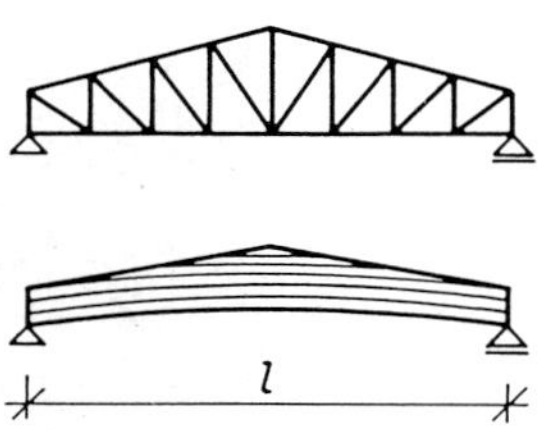

Abb. 14.10

Tafel 14.4. Eigenlasten eines Binders nach Gl. (14.1)

l [m]	15	20	25	30	35	40	45
g [kN/m² G]	0,15	0,18	0,20	0,23	0,25	0,28	0,30

d) **Fachwerk-Nagelbinder (Abb. 14.11)**
Dachdeckung: Faserzement-Wellplatten
Leichte Unterdecke
Binderabstand $b = 1{,}25\,\mathrm{m}$
Eigenlast der Bauteile:
Pfetten $g \approx 0{,}02\,\mathrm{kN/m^2\,G}$
Verbände $g \approx 0{,}02\,\mathrm{kN/m^2\,G}$
Fachwerk-Nagelbinder $g \approx 0{,}01 \cdot l\,\mathrm{kN/m^2\,G}$ (l in m)

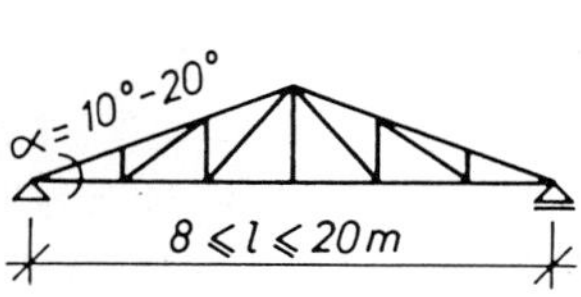

Abb. 14.11

14.3 Verkehrslast (DIN)

14.3.1 Allgemeines

Verkehrslast ist die veränderliche Belastung durch Personen, Einrichtungsgegenstände, Lagerstoffe, Pendelkräfte von Schaukelringen, Massenkräfte von Maschinen, Kranlasten u. a. m.
Rechenwerte: DIN 1055 T3 (6/71)

14.3.2 Lotrechte Verkehrslasten für Dächer

a) Mannlast für einzelne Tragglieder, z. B. Sparren, in Feldmitte oder am Kragende angreifend (Abb. 14.12) als Ersatz für w und s, wenn deren Resultierende auf das Bauteil kleiner als 2 kN ist. $F = 1\,\text{kN}$

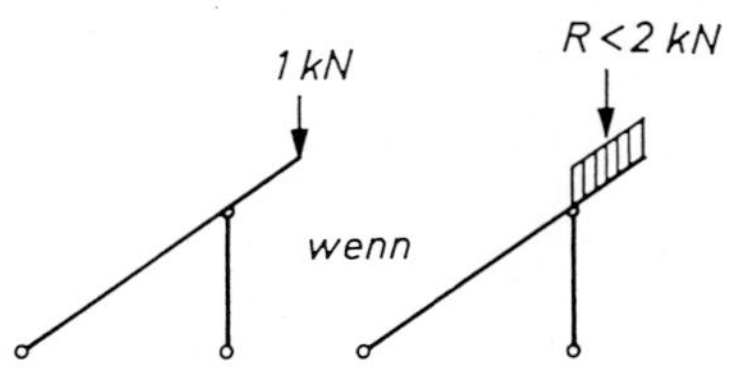

Abb. 14.12

b) Mannlast für Dachlatten mit $l > 1$ m (Abb. 14.13) siehe auch 13.2.1 $F = 2 \cdot 0{,}5\,\text{kN}$

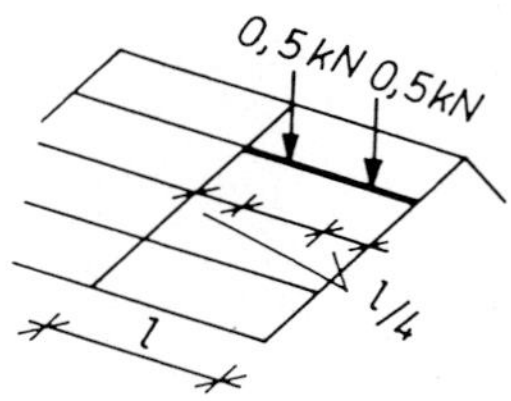

Abb. 14.13

c) Gleichlast bei Dachneigung $\leqq 1:20$ bei zeitweiligem Aufenthalt von Personen; w und s können dann entfallen. $p = 2{,}0\,\text{kN/m}^2$

d) Gleichlast für begehbare Flachdächer, z. B. von Terrassenhäusern $p \geqq 3{,}5\,\text{kN/m}^2$

14.3.3 Lotrechte Verkehrslasten für Decken

a) Spitzböden $h \leqq 2$ m nach Abb. 14.14 $p = 1{,}0\,\text{kN/m}^2$

b) Wohnraumdecken mit ausreichender Querverteilung der Lasten, z. B. Tafelelemente mit Nut und Feder $p = 1{,}5\,\text{kN/m}^2$

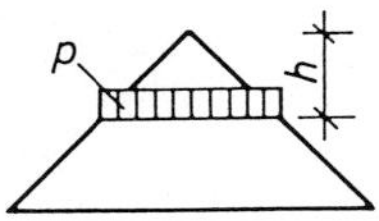

Abb. 14.14

c) Wohnraumdecken ohne ausreichende Querverteilung der Lasten, z. B. Holzbalkendecken	$p = 2{,}0\,kN/m^2$
d) Treppen, einschließlich Zugänge, in Wohngebäuden	$p = 3{,}5\,kN/m^2$
e) Tribünen mit festen Sitzplätzen	$p = 5{,}0\,kN/m^2$
ohne feste Sitzplätze	$p = 7{,}5\,kN/m^2$
f) Balkone: Grundfläche $> 10\,m^2$	$p = 3{,}5\,kN/m^2$
$\leqq 10\,m^2$	$p = 5{,}0\,kN/m^2$

14.3.4 Pendelkräfte in Turnhallen

Vertikale und horizontale Pendelkräfte ohne Schwingbeiwerte je Anschluß eines Klettertaues oder Schaukelringes nach Abb. 14.15, vgl. [152]

$V = 2{,}0\,kN$
$H = 0{,}9\,kN$

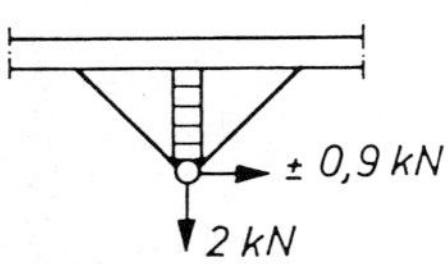

Abb. 14.15

14.3.5 Horizontallasten an Brüstungen und Geländern

a) bei Treppen, Balkonen — $p_H = 0{,}5\,kN/m$
(Abb. 14.16)
b) in Kirchen, Schulen, Tribünen — $p_H = 1{,}0\,kN/m$

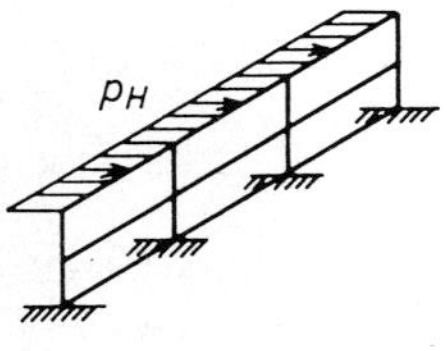

Abb. 14.16

14.3.6 Waagerechte Stabilisierungskräfte (Abb. 14.17)

a) bei Tribünen[1] (in Fußbodenhöhe) — $H = 1/20 \cdot R_V$
$R_V = \sum V$
b) bei Gerüsten (in Schalungshöhe) — $H = 1/100 \cdot R_V$
Dazu Wind- und sonstige Lasten

[1] Nicht für Fliegende Bauten.

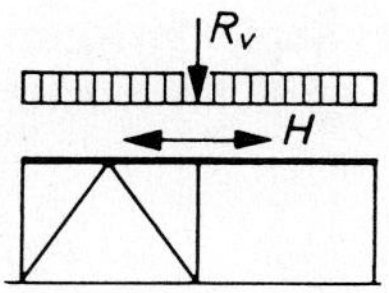

Abb. 14.17

14.3.7 Brems- und Seitenkräfte von Kranen (Abb. 14.18)

Rechenwerte:

DIN 4132 (2/81)
DIN 15018 T1 (11/84)
B = Bremskraft (Kran)
S = Seitenkraft infolge Schräglauf oder Katzbremsen
(Stahlstützen sind zu empfehlen.)

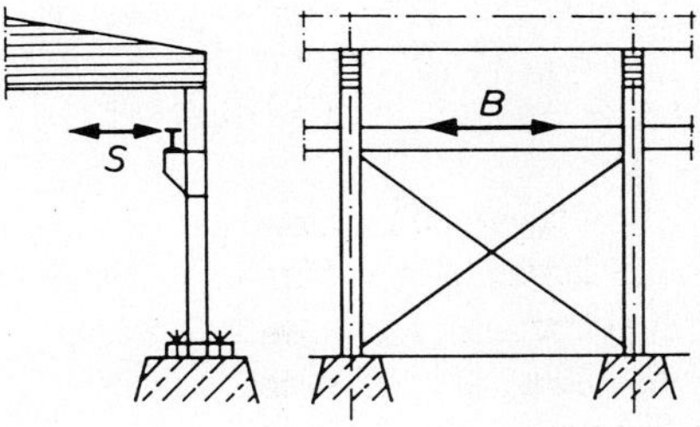

Abb. 14.18

14.4 Schneelast (DIN)

14.4.1 Allgemeines

Bezugsfläche: 1 m^2 Grundfläche (G) (Abb. 14.19)
Rechenwerte: DIN 1055 T5 (6/75)
Die Regelschneelast s_0 ist abhängig von
a) der Schneelastzone (I bis IV)
b) der Geländehöhe des Bauwerksstandortes
$0{,}75\,\text{kN/m}^2\,\text{G} \leqq s_0 \leqq 5{,}50\,\text{kN/m}^2\,\text{G}$

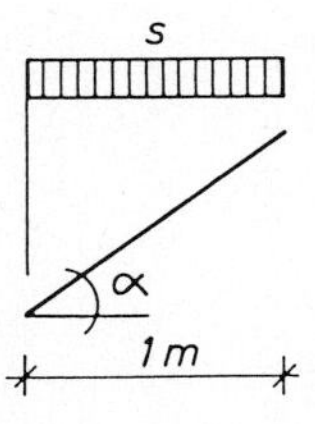

Abb. 14.19

Bei geneigten Dachflächen, von denen der Schnee ungehindert abgleiten kann (nicht gegeben bei Schneefanggittern [141]), bestimmt man die Schneelast s nach Gl. (14.2).

$$s = k_s \cdot s_0 \text{ [kN/m}^2\text{ G]} \quad \text{(Abb. 14.19)} \tag{14.2}$$

Tafel 14.5. Abminderungswerte k_s

α	$\leqq 30°$	30° bis 70°	$\geqq 70°$
k_s	1,0	$1 - (\alpha° - 30)/40$	0

Schneesackbildungen (z. B. bei Sheddächern) sind zu berücksichtigen [36]. Die Schneemasse ergibt sich aus der vollen Regelschneelast s_0. Ihre Verteilung nach dem Abrutschen s. Abb. 14.20.

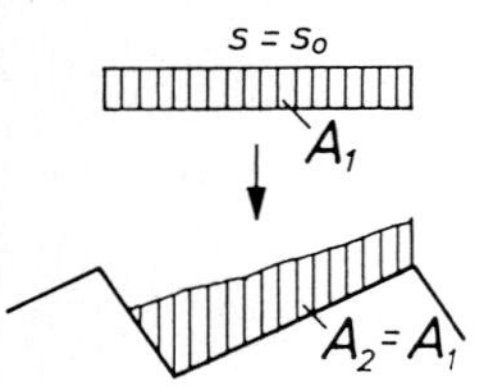

Abb. 14.20

14.4.2 Schneelastverteilung

in Querrichtung des Daches (Binder) (Abb. 14.21 a, b)

a) s auf ganze Binderlänge gleichmäßig verteilt
b) $s/2$ einseitig von Traufe bis First gleichmäßig verteilt
(infolge Verwehung, Sonneneinstrahlung, Abgleiten usw.)

in Längsrichtung des Daches (Sparrenpfetten)

Schneelast s i. d. R. als Gleichlast angesetzt (Abb. 14.21 c). Bei zusammengesetzten Dachformen (z. B. Shed) sollten Sparrenpfetten auch für unregelmäßige Schneeanhäufungen bemessen werden.

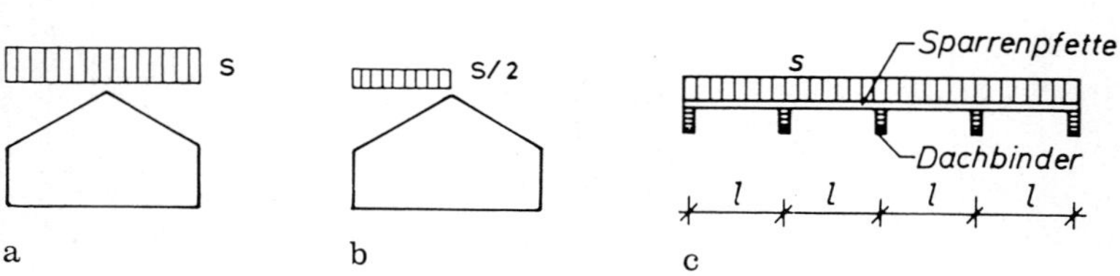

Abb. 14.21. Schneeverteilung

14.5 Windlast (DIN)

14.5.1 Vorbemerkung

Die Windlast-Norm DIN 1055 T4 (8/86) bildet die Grundlage für Windlastannahmen nicht schwingungsanfälliger Bauwerke. Als solche dürfen ohne besonderen Nachweis Bauwerke nach Abb. 14.22 mit begrenzter Schlankheit angesehen werden.

$$h/b_1 \leqq 5$$

Dazu gehören die Dach- und Hallentragwerke üblicher Wohn-, Büro- und Industriegebäude sowie nach Konstruktion und Form ähnliche Gebäude mit einer Höhe bis zu 40 m.

Es sind folgende Nachweise zu beachten:

- Standsicherheitsnachweis infolge Windwirkung (mit resultierender Windlast W)
- Bemessung der Einzelbauteile (mit Winddruck w)
- Sicherung der Einzelbauteile gegen Abheben (mit Windsog $w < 0$).

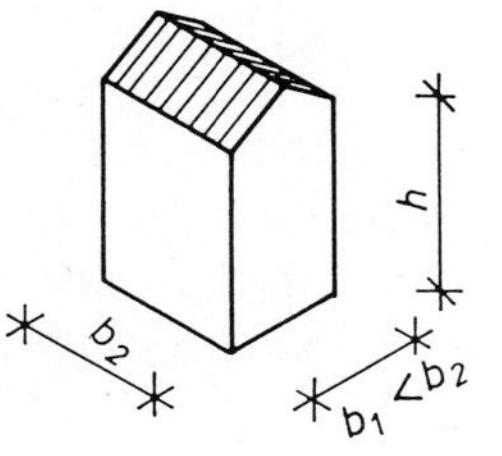

Abb. 14.22

14.5.2 Windlast W auf prismatische Bauwerke

Die Windrichtung wird waagerecht angenommen. Die Windlast W nach Abb. 14.23 ist abhängig von der Form des Baukörpers. Die aus Druck-, Sog- und Reibungswirkungen resultierende Last in Windrichtung wird beschrieben durch Gl. (14.3):

$$\mathrm{W} = c_\mathrm{f} \cdot q \cdot A\,[\mathrm{kN}] \qquad (14.3)$$

c_f ≙ aerodynamischer Kraftbeiwert, hier $c_\mathrm{f} = 1{,}3$ für $h/b \leqq 5$
A ≙ Bezugsfläche, hier $A = h \cdot l\,[\mathrm{m}^2]$, s. Abb. 14.23
q ≙ Staudruck $[\mathrm{kN/m}^2]$, abhängig von der Windgeschwindigkeit, s. Abb. 14.24

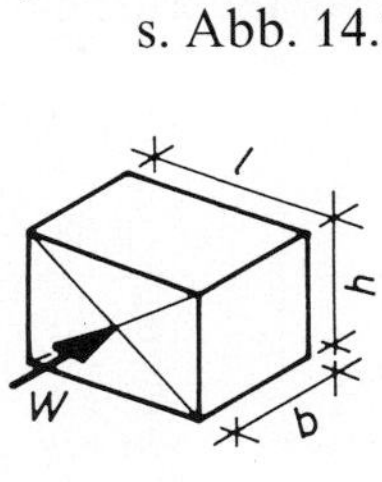

Abb. 14.23

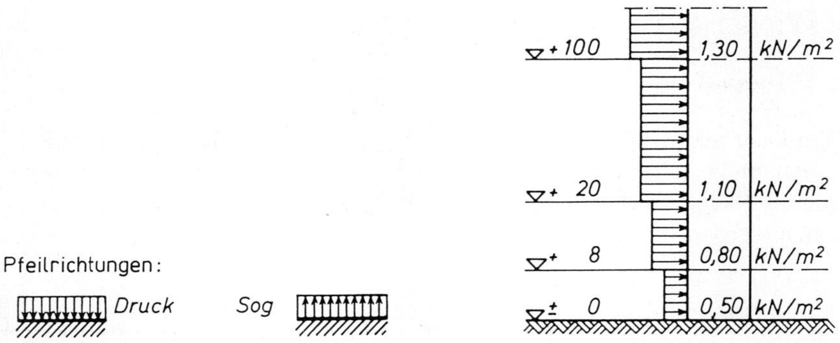

Abb. 14.24. Staudruck q

Der Staudruck q nimmt mit steigender Höhe über Gelände (± 0) zu. Die Rechenwerte nach Abb. 14.24 können nach Statistik im Binnenland der Bundesrepublik

a) als 2 Sekunden-Mittelwerte einmal in 20 Jahren,
b) als 5 Sekunden-Mittelwerte einmal in 50 Jahren erreicht oder überschritten werden.

Reibungskräfte sollen nur bei besonderen Bauwerksformen – z. B. langen freistehenden Dächern (über Rampen, Bahnsteigen usw.) – berücksichtigt werden. Nur für derartige Fälle werden Größenordnungen einiger Reibungsbeiwerte angegeben ($\approx 0{,}01$ für glatte Flächen; $\approx 0{,}05$ für große Rauhigkeiten, z. B. Wellen, Rippen).

Für prismatische Bauwerke dürfen Reibungskräfte aus Wind i. d. R. vernachlässigt werden, vgl. Rechenwerte für c_f (Abb. 14.23) und Σc_p (Abb. 14.25): $1{,}3 = 0{,}8 + 0{,}5$.

14.5.3 Winddruck w auf prismatische Baukörper

Winddruck (-sog) wirkt immer $\perp$ zur Begrenzungsfläche, vgl. Abb. 14.25. Berechnung nach Gl. (14.4):

$$w = c_p \cdot q \; [\mathrm{kN/m^2}] \qquad (14.4)$$

$c_p \mathrel{\hat{=}}$ aerodynamischer Druckbeiwert nach Abb. 14.25 und Tafel 14.6
$\Rightarrow \mathrel{\hat{=}}$ Windrichtung

Bei $25° \leqq \alpha \leqq 40°$ ist entweder mit 0,6 Sog oder mit linear veränderlichem Druck von 0,3 bis 0,6 zu rechnen, vgl. Abb. 14.25d.

Tafel 14.6. $\bar{c}_p$-Werte für Sog auf windparallele Außenwände nach Abb. 14.25b für $l \geqq b$

h/b	$\geqq 0{,}5$	$\leqq 0{,}25$	Zwischenwerte dürfen
$\bar{c}_p$	0,7	0,5	linear interpoliert werden

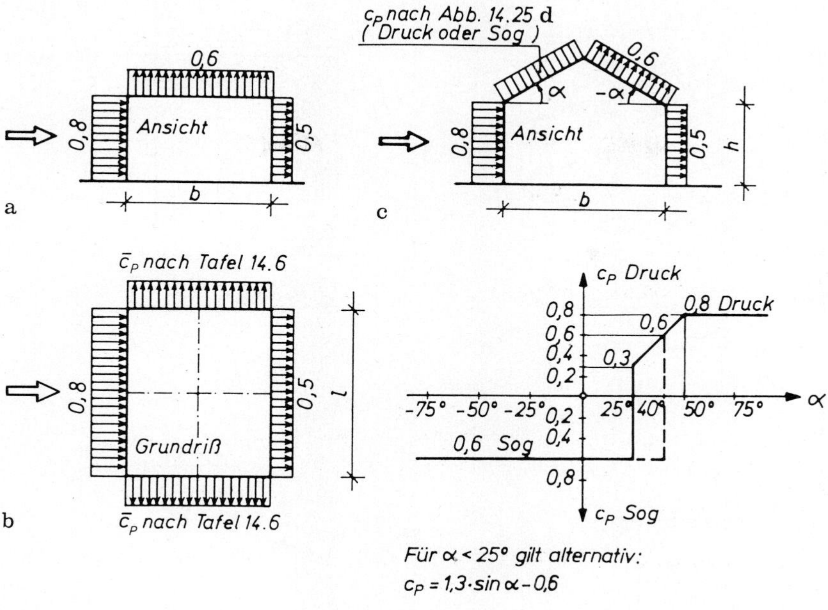

Abb. 14.25. Druckbeiwerte für geschlossene Baukörper*

14.5.4 Erhöhte Windlasten in Teilbereichen

Sie sind anzuwenden auf einzelne Tragglieder wie Sparren, Pfetten, Wandriegel und -stiele, Fassadenelemente u. a. m.

Erhöhte Druckbeiwerte (Abb. 14.26a)
Für einzelne Tragglieder sind die Werte für Druck um 1/4 zu erhöhen. Als einzelne Tragglieder gelten Bauteile, deren Belastungsfläche <15% der Gesamtfläche ist, über die der Beiwert gemittelt wurde (Abb. 14.26a).

In der Bauingenieurpraxis wird in der Regel mit dem erhöhten Druckbeiwert $1{,}25 \cdot c_p$ gerechnet, weil

- für die Bemessung der einzelnen Tragglieder von Sparren- und Pfettendächern die Erhöhung des Druckbeiwertes vielfach maßgebend wird
- durch eine spätere Erweiterung des Baukörpers sich das Verhältnis Belastungsfläche/Gesamtfläche und damit der rechnerisch anzusetzende Winddruck nachträglich vergrößern kann.

---

* Als nicht geschlossen gelten Baukörper, die an einer oder mehreren Seiten zu ≧ 1/3 offen sind oder geöffnet werden können. Beiwerte c_p und $\bar{c}_p$ siehe [36], [141].

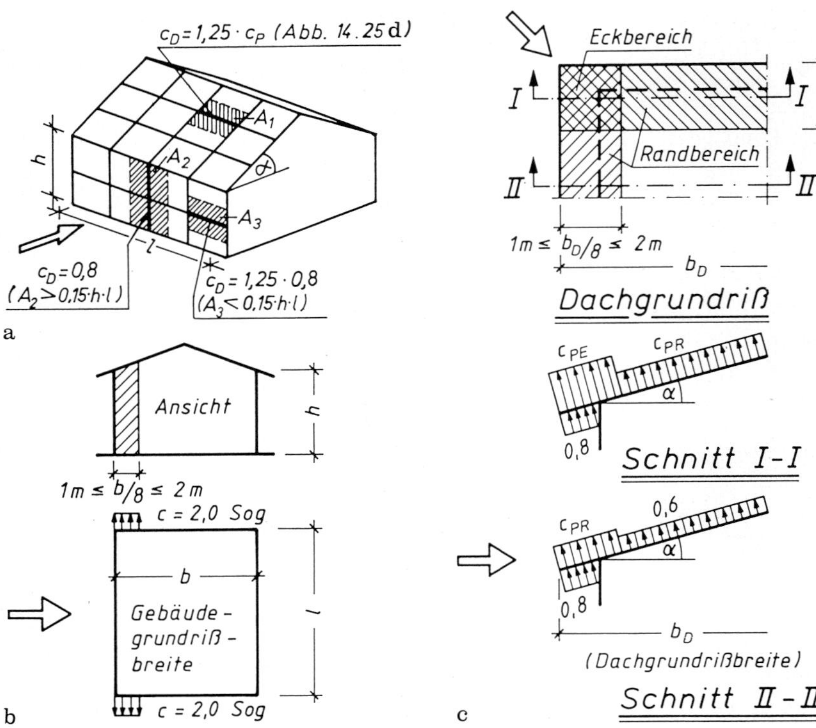

Abb. 14.26. Teilbereiche von Wänden und geneigten Dächern

Erhöhte Sogbeiwerte (Abb. 14.26b und c)
Bei Flachdächern aufgetretene Schadensfälle machten besondere Untersuchungen der Windwirkung in den Kantenbereichen notwendig. Dabei zeigte sich, daß die Sogkräfte in den Rand- und Eckbereichen von Wänden und flachen Dächern ($\alpha \leqq 35°$) Spitzenwerte erreichen, die eine sorgfältige Verankerung der unmittelbar betroffenen Einzelbauteile erfordern.

Diese Sogspitzen brauchen gemäß [36], S. 3.22 in der Regel nicht für den Standsicherheitsnachweis des Haupttragwerks (Binder, Verbände) berücksichtigt zu werden, da ihre Wirkung sich nur auf kleine Teilbereiche ($\leqq b/8$) beschränkt.

Bei Wohn- und Bürogebäuden und geschlossenen Hallen mit $b \leqq 30\,\text{m}$ sind Bereichsgrößen und erhöhte Sogbeiwerte wie folgt anzunehmen:

- **für lotrechte Wandflächen** nach Abb. 14.26b:
  $1\,\text{m} \leqq b/8 \leqq 2\,\text{m} \rightarrow c = 2{,}0$ Sog (Gesamtwert)
- **für geneigte Dächer $\alpha \leqq 35°$** nach Abb. 14.26c:
  $1\,\text{m} \leqq b_D/8 \leqq 2\,\text{m} \rightarrow c_{PR}$ und c_{PE} nach Tafel 14.7
- **für Flachdächer ($\alpha \approx 5°$) ohne Attika** können in den Rand- und Eckbereichen nach Abb. 14.27 die genaueren Werte c_{PR} und c_{PE} nach Tafel 14.8 eingesetzt werden. Eine Attika kann die Sogspitzen noch verringern.

Tafel 14.7. Gesamte Sogbeiwerte im Eck- und Randbereich

Dachneigung α	Eckbereich c_{PE}	Randbereich c_{PR}
0 bis 25°	3,2	1,8
> 25° bis 35°	1,8	1,1
> 35°	Normale Sogwerte nach Abb. 14.25	

Dazu an Dachüberständen: Luv: 0,8 (Druck); Lee: 0,5 (Sog)

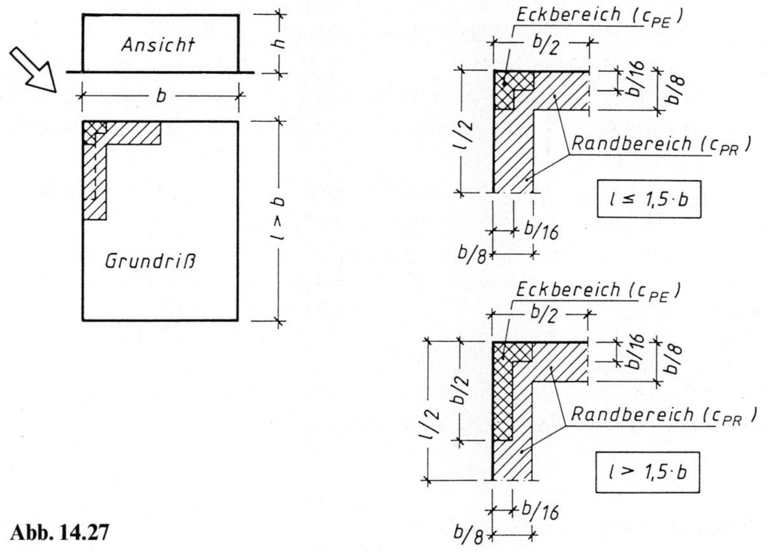

Abb. 14.27

Tafel 14.8. Sogspitzen bei Flachdächern (Gesamtwerte)

l/b	h/b	c_{PE}	c_{PR}
≦ 1,5	≦ 0,4	2,0	1,0
	> 0,4	2,8	1,5
> 1,5	≦ 0,4	2,5	1,0
	> 0,4	3,0	1,7

Verankerung der Bauteile gegen Windsogspitzen

Nach DIN 1055 T4 (8/86) gilt:

Werden Sogspitzen beim Abhebenachweis berücksichtigt, so darf der Tragfähigkeitsnachweis geführt werden nach der Gleichung

$$F_{Trag}/1{,}3 \geqq 1{,}1 \cdot S_{Sog} - S_{G\,Dach}/1{,}1 \qquad (14.5)$$

$F_{\text{Trag}} = A_n \cdot \beta_s$ für Stahlanker (14.6)

$F_{\text{Trag}} = 1{,}8 \cdot \text{zul}\,F$ für VM gemäß Vorschlag in –*E 135*– (14.7)

$A_n \triangleq$ Nettoquerschnitt; $\beta_s \triangleq$ Streckgrenze

$\text{zul}\,F \triangleq \text{zul}\,N$ nach DIN 1052 T2 für Lastfall H

$F_{\text{Trag}} \triangleq$ charakteristische Tragfähigkeit des VM

$S_{\text{Sog}} \triangleq$ Ankerkraft unter Berücksichtigung der Windsogspitzen

$S_{\text{G Dach}} \triangleq$ Auflagerlastanteil aus Eigenlast des trockenen Daches

Hierbei ist mit dem 0,8fachen Rechenwert des nassen Baustoffes nach DIN 1055 T1 zu rechnen, soweit kein unterer Rechenwert angegeben ist.

Lasten, die nicht fest mit dem Dach verbunden sind, z. B. lose Kiesschüttungen, dürfen nicht angesetzt werden.

Die Sogspitzen brauchen nur so weit verfolgt zu werden, bis das Gewicht des Gesamtkörpers aus $S_{\text{G Dach}}$ und Anschlußbauteile eine 1,5fache Sicherheit gegen Abheben besitzt [153].

Waagerecht angreifende Sogspitzen brauchen i. d. R. nur bis zur Einleitung in das aussteifende Haupttragwerk verfolgt zu werden.

Auf den statischen Nachweis der Verankerung gegen Windsogspitzen kann bei Wohn- und ihnen in Form und Konstruktion ähnlichen Gebäuden mit den Abmessungen (Abb. 14.28)

Dachneigung	$\alpha \leqq 35°$
Maximalhöhe	$h \leqq 20\,\text{m}$
Schmalseite	$b \leqq 12\,\text{m}$
Dachüberstand	$ü \leqq 0{,}4\,\text{m}$

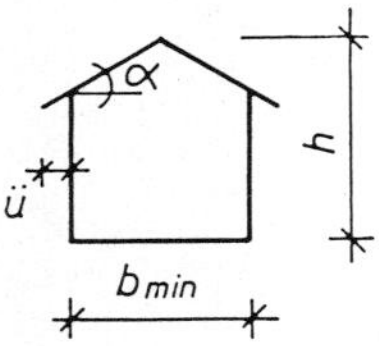

Abb. 14.28

verzichtet werden, wenn folgende konstruktive Maßnahmen getroffen werden:

a) Befestigung von Schalbrettern
mit $n \geqq 2$ Drahtnägeln* an jedem Sparren, Binder oder Pfosten

b) Befestigung von Dachschalungen aus FP-Platten oder BFU mit
$n \geqq 6$ Drahtnägeln* je m² D im Normalbereich
$n \geqq 12$ Drahtnägeln je m² D im Randbereich
$n \geqq 18$ Drahtnägeln je m² D im Eckbereich

c) Befestigung der Sparren an ihren Auflagern
Mindestens jeder dritte Sparren ist an den Pfettenanschlüssen – außer der allgemeinen Verbindung durch Sparrennägel – zusätzlich durch Laschen, Zangen, Bolzen oder Blechformteile zu befestigen.

---

* Oder gleichwertigen VM, Sondernägel bevorzugt.

d) Verankerung der Dachbauteile an der Unterkonstruktion
 durch Flachstahlanker $\geqq$ 4 mm dick; $A_n \geqq 120\,\text{mm}^2$
 oder Rundstahlanker $\geqq$ 14 mm $\varnothing$
 Abstand im Eckbereich $\leqq$ 1 m
 Abstand im Randbereich $\leqq$ 2 m

Jeder Stahlanker muß Verankerungsbauteile von mindestens 4,5 kN Eigenlast erfassen. Bei Verankerung im Mauerwerk müssen die Anker waagrecht liegende Bewehrungsstäbe oder Splinte umfassen, bei Stahlbeton desgleichen, oder mit genügender Haftlänge gemäß DIN 1045 eingebaut sein.

14.6 Hinweise zur praktischen Berechnung

14.6.1 Lastverteilung bei schräg liegenden Balken

Die Flächen- bzw. Streckenlasten können bezogen werden auf die Dachfläche oder ihre Projektionen. Die Kraftrichtung kann lotrecht und – bei Wind – waagerecht oder ⊥ und ∥ zur Dachebene angenommen werden. Die üblichen Lastannahmen zeigt Tafel 14.9 mit vereinfachter Annahme der Lagerbedingungen für Sparren nach Abschn. 14.6.2. Lagerreaktionen für Sparren- und Kehlbalkendächer s. Abschn. 15.3.5, 15.3.6.3, 15.3.7.3.

Tafel 14.9. Lastverteilung bei schräg liegenden Balken

	1	2	3	4
Eigenlast g	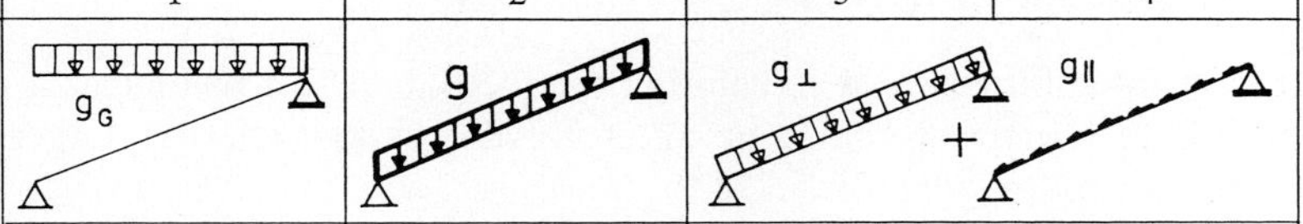			
	$g_G = g/\cos\alpha$	**Gegeben :** g	$g_\perp = g\cdot\cos\alpha$	$g_\parallel = g\cdot\sin\alpha$
Schneelast s	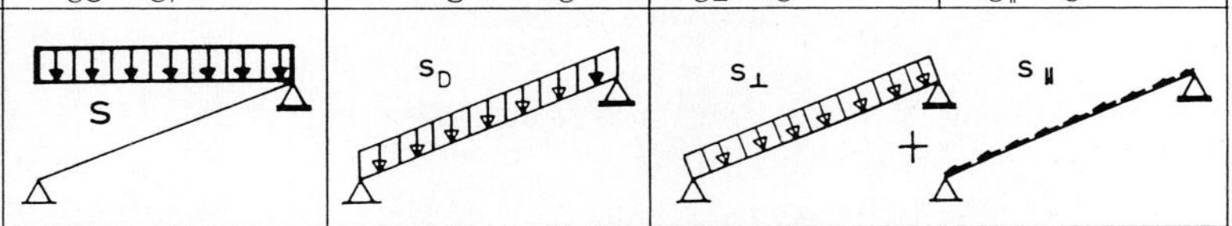			
	Gegeben : s	$s_D = s\cdot\cos\alpha$	$s_\perp = s\cdot\cos^2\alpha$	$s_\parallel = s\cdot\sin\alpha\cdot\cos\alpha$
Windlast w	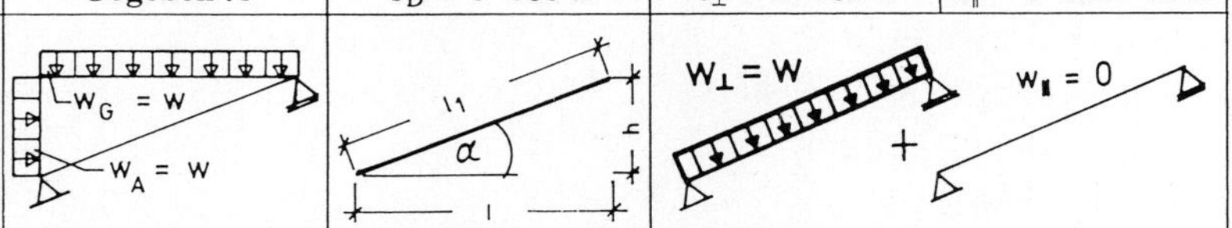			
	$w_G = w_A = w$ [1]	Geometrie	**Gegeben :** w	$w_\parallel = 0$
	kN/m² G oder A	kN/m² D	kN/m² D	
G ≙ Grundrißfläche; A ≙ Aufrißfläche; D ≙ Dachfläche				

[1] In der Praxis wird zweckmäßig mit den Komponenten der Windlast nach Tafel 14.9 Spalte 1 gerechnet. Sie ergeben sich nach Gln. (14.8) und (14.9) mit Abb. 14.29.

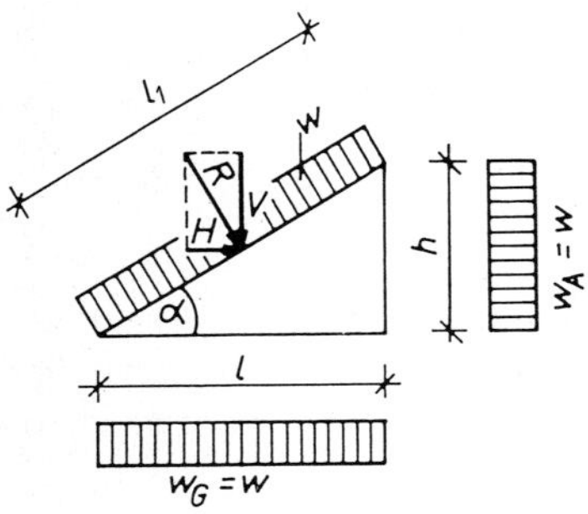

Abb. 14.29

Mit $R = w \cdot l_1$

$$V = R \cdot \cos\alpha; \quad l = l_1 \cdot \cos\alpha$$

$$H = R \cdot \sin\alpha; \quad h = l_1 \cdot \sin\alpha$$

liefert Abb. 14.29 die einfachen Beziehungen:

$$w_G = \frac{V}{l} = \frac{w \cdot l_1 \cdot \cos\alpha}{l_1 \cdot \cos\alpha} = w \qquad (14.8)$$

$$w_A = \frac{H}{h} = \frac{w \cdot l_1 \cdot \sin\alpha}{l_1 \cdot \sin\alpha} = w \qquad (14.9)$$

14.6.2 Schnittgrößen für Sparren

Die Schnittgrößen für Sparren als schräg liegende Balken mit Klauen an Fuß- und Firstpfette können vereinfacht unter folgenden idealisierten Lagerbedingungen ermittelt werden (Tafel 14.9):
für $(g + s)$: Lager B horizontal verschieblich
für w : Lager B $\parallel$ Trägerachse verschieblich

N infolge $(g_G + s)$ wird i.d.R. vernachlässigt, weil $\max N$ zu $M = 0$ und $\max M$ zu $N = 0$ gehört, s. Abb. 14.30.

Maßgebend für die Bemessung ist $\max M$. Die Berechnung von $\max M$ ist auf zwei Arten möglich (Sparrenabstand e = 1,0 m):

a) aus Spalte 1 der Tafel 14.9:
$\max M = (g_G + s + w^*) \cdot l^2/8 + w^*) \cdot h^2/8$ (14.10)

b) aus Spalte 3 der Tafel 14.9:
$\max M = (g \cdot \cos\alpha + s \cdot \cos^2\alpha + w^*) \cdot l_1^2/8$ (14.11)

* Winddruck nur für $\alpha \geqq 25°$. Lastkombinationen nach 14.1.
Beispiele siehe „Pfettendächer“.

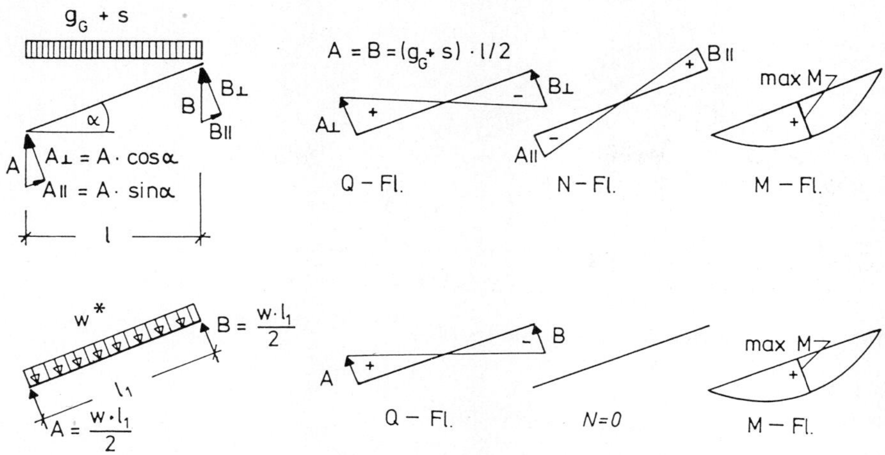

* Winddruck nur für $\alpha \geq 25°$ (Abb. 14.25d)

Abb. 14.30. Schnittgrößen im Sparren infolge g_G, s, w

14.6.3 Lagerreaktionen und Schnittgrößen infolge Windlast

Die praktische Berechnung der Lagerreaktionen und Schnittgrößen soll am Beispiel des Dreigelenkrahmen-Binders nach Abb. 14.31 für „Wind von links" gezeigt werden.

Erhöhte Windsoglasten brauchen für den Standsicherheitsnachweis des Haupttragwerks nicht angesetzt zu werden, vgl. [153].

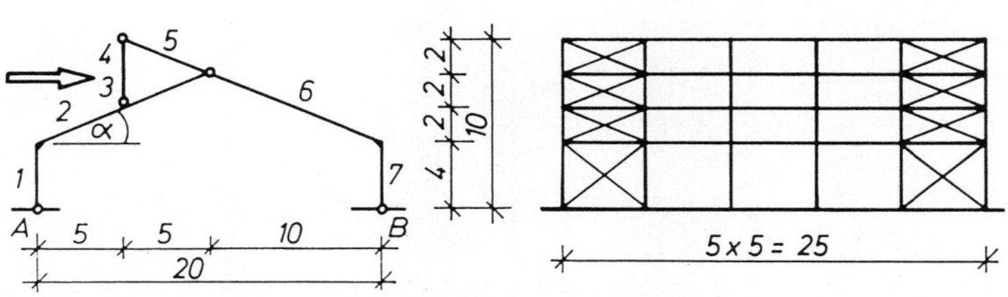

Abb. 14.31. Querschnitt und Ansicht eines Hallentragwerks

Staudruck: $h \leqq 8{,}0\,\text{m} \rightarrow q = 0{,}5\,\text{kN/m}^2$

$h > 8{,}0\,\text{m} \rightarrow q = 0{,}8\,\text{kN/m}^2$

$\tan\alpha = 4/10 = 0{,}4 \rightarrow \alpha = 21{,}8°$

Druckbeiwerte c_p nach Abb. 14.25:

$c_1 = c_3 = c_4 = 0{,}8$ (Druck)

$c_2 = c_5 = c_6 = 0{,}6$ (Sog)

$c_7 = 0{,}5$ (Sog)

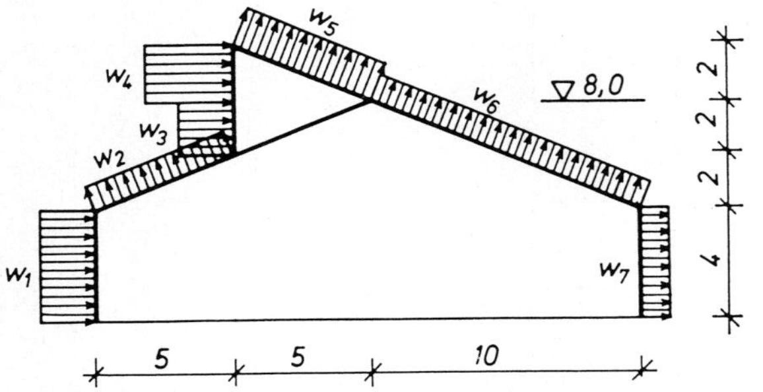

Abb. 14.32. Windlasten für 1 Binder ($b = 5{,}0\,\mathrm{m}$)

Windlasten

$$w = c \cdot q \cdot b \ [\mathrm{kN/m}]$$
$$w_1 = 0{,}8 \cdot 0{,}5 \cdot 5{,}0 = 2{,}0\,\mathrm{kN/m}$$
$$w_2 = 0{,}6 \cdot 0{,}5 \cdot 5{,}0 = 1{,}5\,\mathrm{kN/m}$$
$$w_3 = 0{,}8 \cdot 0{,}5 \cdot 5{,}0 = 2{,}0\,\mathrm{kN/m}$$
$$w_4 = 0{,}8 \cdot 0{,}8 \cdot 5{,}0 = 3{,}2\,\mathrm{kN/m}$$
$$w_5 = 0{,}6 \cdot 0{,}8 \cdot 5{,}0 = 2{,}4\,\mathrm{kN/m}$$
$$w_6 = 0{,}6 \cdot 0{,}5 \cdot 5{,}0 = 1{,}5\,\mathrm{kN/m}$$
$$w_7 = 0{,}5 \cdot 0{,}5 \cdot 5{,}0 = 1{,}25\,\mathrm{kN/m}$$

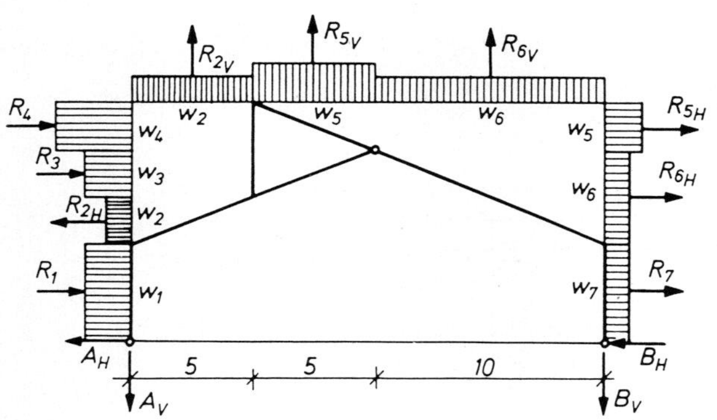

Abb. 14.33. Teilresultierende R_H und R_V

$$R_1 = 2{,}0 \cdot 4 = 8{,}0\,\mathrm{kN}$$
$$R_{2\mathrm{H}} = 1{,}5 \cdot 2 = 3{,}0\,\mathrm{kN} \qquad R_{2\mathrm{V}} = 1{,}5 \cdot 5 = 7{,}5\,\mathrm{kN}$$
$$R_3 = 2{,}0 \cdot 2 = 4{,}0\,\mathrm{kN}$$
$$R_4 = 3{,}2 \cdot 2 = 6{,}4\,\mathrm{kN}$$
$$R_{5\mathrm{H}} = 2{,}4 \cdot 2 = 4{,}8\,\mathrm{kN} \qquad R_{5\mathrm{V}} = 2{,}4 \cdot 5 = 12{,}0\,\mathrm{kN}$$
$$R_{6\mathrm{H}} = 1{,}5 \cdot 4 = 6{,}0\,\mathrm{kN} \qquad R_{6\mathrm{V}} = 1{,}5 \cdot 10 = 15{,}0\,\mathrm{kN}$$
$$R_7 = 1{,}25 \cdot 4 = 5{,}0\,\mathrm{kN}$$

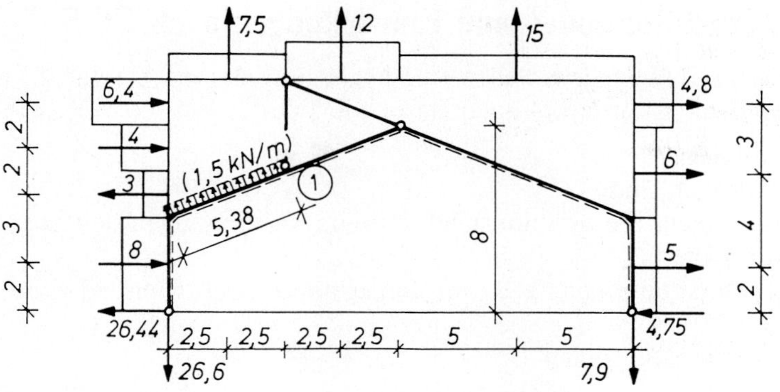

Abb. 14.34. Berechnung der Lagerreaktionen

$$\Sigma H = 8 - 3 + 4 + 6{,}4 + 4{,}8 + 6 + 5 = 31{,}2\,\text{kN}$$
$$\Sigma V = 7{,}5 + 12 + 15 = 34{,}5\,\text{kN}$$

$$A_V = \frac{1}{20} \cdot (8 \cdot 2 - 3 \cdot 5 + 4 \cdot 7 + 6{,}4 \cdot 9 + 7{,}5 \cdot 17{,}5 + 12 \cdot 12{,}5 + 15 \cdot 5 + 4{,}8 \cdot 9 + 6 \cdot 6 + 5 \cdot 2) = 532{,}05/20 = 26{,}6\,\text{kN}$$

$$B_V = \frac{1}{20} \cdot (-8 \cdot 2 + 3 \cdot 5 - 4 \cdot 7 - 6{,}4 \cdot 9 + 7{,}5 \cdot 2{,}5 + 12 \cdot 7{,}5 + 15 \cdot 15 - 4{,}8 \cdot 9 - 6 \cdot 6 - 5 \cdot 2) = 157{,}95/20 = 7{,}9\,\text{kN}$$

Kontrolle: $\Sigma V = 26{,}6 + 7{,}9 - 7{,}5 - 12 - 15 = 0$

$$A_H = \frac{1}{8} \cdot (26{,}6 \cdot 10 + 8 \cdot 6 - 3 \cdot 3 + 4 \cdot 1 - 6{,}4 \cdot 1 - 7{,}5 \cdot 7{,}5 - 12 \cdot 2{,}5 - 4{,}8 \cdot 1) = 211{,}55/8 = 26{,}44\,\text{kN}$$

$$B_H = \frac{1}{8} \cdot (15 \cdot 5 + 6 \cdot 2 + 5 \cdot 6 - 7{,}9 \cdot 10) = 38/8 = 4{,}75\,\text{kN}$$

(Firstpunkt[1] = Momenten-Nullpunkt)

Kontrolle: $\Sigma H = 26{,}44 + 4{,}75 - 8 + 3 - 4 - 6{,}4 - 4{,}8 - 6 - 5 = -0{,}01 \approx 0$

Biegemoment an der Stelle ① (Abb. 14.34):

$$M = -26{,}6 \cdot 5 + 26{,}44 \cdot 6 - 8 \cdot 4 + 3 \cdot 1 + 7{,}5 \cdot 2{,}5 = 15{,}39\,\text{kNm}$$

oder

$$M = -26{,}6 \cdot 5 + 26{,}44 \cdot 6 - 8 \cdot 4 + 1{,}5 \cdot \frac{5{,}385^2}{2} = 15{,}39\,\text{kNm}$$

[1] des Dreigelenkrahmen-Binders.

14.7 Bemessungssituationen und Einwirkungen nach EC 5

Die folgenden Bemessungsregeln stellen eine Ergänzung des im Abschn. 2.11 enthaltenen Bemessungskonzeptes nach Eurocode 5 dar.

Bemessungssituationen

Bemessungssituationen sind:
- ständige Situationen, die den normalen Nutzungsbedingungen des Tragwerkes entsprechen
- vorübergehende Situationen, z. B. im Bauzustand oder während einer Instandsetzung
- außergewöhnliche Situationen

Einwirkungen

Eine Einwirkung *F* ist:
- eine Kraft (Last), die auf das Tragwerk einwirkt (direkte Einwirkung), oder
- ein Zwang (indirekte Einwirkung), z. B. durch Temperatureinwirkungen oder Setzungen.

Einwirkungen werden eingeteilt:

a) nach ihrer zeitlichen Veränderlichkeit (s. Tafel 2.7)
   - ständige Einwirkungen G, z. B. Eigenlast von Tragwerken, Ausrüstungen, feste Einbauten und haustechnische Anlagen
   - veränderliche Einwirkungen Q (s. Tafel 2.7 und in [126] Tab. 3.1-1):
     - Einwirkungen langer Dauer, z. B. Nutzlasten auf Decken in Lagerhäusern
     - Einwirkungen mittlerer Dauer, z. B. Verkehrslasten auf Decken in Wohnräumen, Schneelasten ($s_0 > 2{,}0\,\mathrm{kN/m^2}$)
     - Einwirkungen kurzer Dauer, z. B. Wind- oder Schneelasten ($s_0 \leqq 2{,}0\,\mathrm{kN/m^2}$)
     - Einwirkungen sehr kurzer Dauer
   - außergewöhnliche Einwirkungen A, z. B. Anprall von Fahrzeugen

b) nach ihrer räumlichen Veränderlichkeit
   - ortsfeste Einwirkungen, z. B. Eigenlast (Tragwerke mit hoher Empfindlichkeit gegenüber Veränderungen der Eigenlast)
   - ortsveränderliche Einwirkungen, die sich aus unterschiedlichen Anordnungen der Einwirkungen ergeben, z. B. bewegliche Nutzlasten, Windlasten, Schneelasten.

Charakteristische Werte der Einwirkungen

Charakteristische Werte F_k werden festgelegt:
- in ENV 1991 Eurocode 1 oder anderen einschlägigen Lastnormen oder
- vom Bauherrn oder dem Tragwerksplaner in Abstimmung mit dem Bauherrn. Dabei sind Mindestanforderungen, die in den einschlägigen Normen oder von den zuständigen Behörden festgelegt sind, zu beachten.

Solange der EC 1 für die Einwirkungen nicht in der für die europäischen Staaten verbindlichen Fassung vorliegt, gelten die Lasten nach DIN 1055 als charakteristische Werte [126].

Die in den Abschnitten 14.2 bis 14.6 enthaltenen Angaben zu den Eigen-, Verkehrs-, Schnee- und Windlasten können somit für eine Bemessung nach EC 5 genutzt werden.

Bemessungswerte der Einwirkungen
Der Bemessungswert F_d einer Einwirkung ergibt sich zu:

$$F_d = \gamma_F \cdot F_k$$

Beispiele sind:

$$G_d = \gamma_G \cdot G_k$$

$$Q_d = \gamma_Q \cdot Q_k \qquad \text{oder} \qquad \gamma_Q \cdot \psi_i \cdot Q_k$$

$$A_d = \gamma_A \cdot A_k \quad \text{(sofern } A_d \text{ nicht direkt festgelegt wird)}$$

Dabei sind:

γ_F, γ_G, γ_Q und γ_A die Teilsicherheitsbeiwerte für die betrachtete Einwirkung, s. Tafel 2.5 und in [1] Tabelle 2.3.3.1 oder [154].

Bemessungswerte der Beanspruchungen
Beanspruchungen sind Reaktionen des Tragwerkes auf die Einwirkungen (z.B. innere Kräfte und Momente, Spannungen und Verformungen).

Die Bemessungswerte der Beanspruchungen lassen sich mit den Bemessungswerten der Einwirkungen, den geometrischen Größen und, sofern erforderlich, den maßgeblichen Werkstoffeigenschaften ermitteln.

Kombinationen von Einwirkungen
Nach EC 1 sind zur Bestimmung der Bemessungswerte der Beanspruchung (Grenzzustände der Tragfähigkeit) die folgenden Kombinationen der Einwirkungen zu verwenden:

- ständige und vorübergehende Bemessungssituationen (Grundkombination), siehe auch Abschn. 2.11.3:

$$F_d = \gamma_G G_k + \gamma_{Q,1} Q_{k,1} + \sum_{i>1} \gamma_{Q,i} \psi_{0,i} Q_{k,i} \tag{14.12}$$

- außergewöhnliche Bemessungssituationen (sofern nicht anderweitig abweichend angegeben):

$$F_d = \gamma_{GA} G_k + A_d + \psi_{1,1} Q_{k,1} + \sum_{i>1} \psi_{2,i} Q_{k,i} \tag{14.13}$$

Teilsicherheitsbeiwerte siehe Abschn. 2.11.3, Tafel 2.5 und in [1] Tabelle 2.3.3.1 oder [154].

Vereinfachte Kombinationsgleichungen für Hochbautragwerke sind im Abschn. 2.11.3 enthalten.

Die Einwirkungskombinationen für Grenzzustände der Gebrauchstauglichkeit können aus dem Abschn. 2.11.7 entnommen werden.

Tafel 14.10. Kombinationsbeiwerte ψ_0, ψ_1, ψ_2 [126]

Einwirkung	ψ_0	ψ_1	ψ_2
Verkehrslast auf Decken			
• Wohn- und Büroräume ...	0,7	0,5	0,3
• Versammlungsräume, Turnhallen ...	0,8	0,8	0,5
• Ausstellungsräume, Geschäftshäuser	0,8	0,8	0,8
Windlasten	0,6	0,5	0
Schneelasten	0,7	0,2	0
alle anderen Einwirkungen	0,8	0,7	0,5

Bemessungsbeispiele mit Lastkombinationen nach EC 1 sind auch im Teil 1 (u. a. Abschn. 11.5) enthalten.

14.8 Lastverteilung (EC 5)

Wenn mehrere ähnliche Bauteile, die untereinander denselben Abstand aufweisen, seitlich durch ein durchgehendes Lastverteilungssystem verbunden sind, dürfen die Bemessungswerte der Tragfähigkeit der Bauteile mit einem Lastverteilungsfaktor k_{ls} erhöht werden.

Falls kein genauerer Nachweis geführt wird, darf für die in Tafel 14.11 angegebenen Bauteile und Lastverteilungssysteme $k_{ls} = 1{,}1$ angenommen werden.

Voraussetzungen:

- Das Lastverteilungssystem ist für die ständigen und veränderlichen Lasten bemessen.
- Jedes Teil des Lastverteilungssystems geht über mindestens zwei Felder und vorhandene Stöße sind versetzt angeordnet.

Tafel 14.11. Bauteile und Lastverteilungssysteme

Bauteil	Lastverteilungssystem
Flachdach- oder Deckenträger (Spannweite bis zu 6 m)	Schalung oder Beplankung
Fachwerkbinder in Dächern (Spannweite bis zu 12 m)	Dachlatten, Pfetten oder Beplankung
Sparren (Spannweite bis zu 6 m)	Dachlatten oder Beplankung
Wandrippen (Wandhöhe bis zu 4 m)	Kopf- und Fußgurte, mindestens einseitige Beplankung

15 Tragwerke der Hausdächer

15.1 Allgemeines

Hausdächer aus Vollholz werden bis zu folgenden Gebäudebreiten b ausgeführt, vgl. [143], [155]:

Wohnhäuser	$b \approx$ 7,5 – 9,5 m
Wohn- und Geschäftshäuser	$b \approx$ 9,5 – 12,5 m
Verwaltungsgebäude, Schulen	$b \approx$ 12,5 – 15,5 m

Für die größeren Gebäudebreiten können Tragwerke aus Wellsteg-, Nail Web-Holzbau-, DSB- oder BSH-, Kerto-Schichtholz-, Parallam PSL- und Intrallam LSL-Trägern wirtschaftlicher sein [15]. Das gilt insbesondere für:

Sparrendächer	ab etwa	$b \approx$ 8 m
Kehlbalkendächer	ab etwa	$b \approx$ 10 m

Die Tragwerke der üblichen Hausdächer gliedern sich nach konstruktivem Aufbau und statischem System in zwei Grundformen:
a) das Pfettendach nach Abb. 15.1
b) das Sparrendach nach Abb. 15.2

Entwicklungsgeschichtlich ist das Pfettendach ein Flachdach, das Sparrendach ein Steildach.

Kennzeichen des Pfettendaches sind:
a) waagerecht in verschiedenen Höhen liegende Pfettenstränge als Unterzüge für die Sparren;
b) Fußpfette ruht auf Deckenbalken oder Massivdecke;
c) Mittel- und Firstpfetten liegen in Abständen von etwa 4 bis 5 m auf Stützen oder Querwänden auf;
d) Sparren der beiden Dachebenen können gegeneinander versetzt werden (z.B. bei Schornstein-Auswechselungen);
e) Sparren werden als schräg liegende Balken auf zwei oder mehr Stützen (= Pfetten) mit oder ohne Kragarm vorwiegend auf Biegung beansprucht.

Kennzeichen des Sparrendaches sind:
a) Sparren werden paarweise als selbständige Dreigelenk-Stabwerke in Abständen von etwa 0,7 bis 1,0 m über die ganze Dachlänge aneinandergereiht;
b) bei Holzbalkendecken ist jedem Gespärre ein Deckenbalken als Zugband zugeordnet;

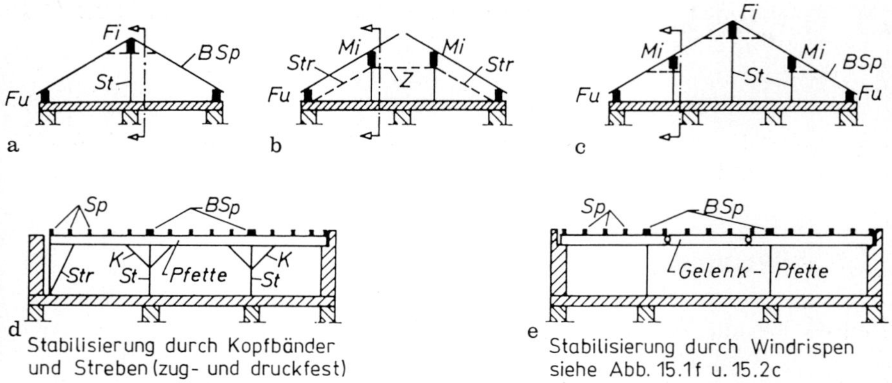

Sp ≙ Sparren; St ≙ Stütze
Str ≙ Strebe; K ≙ Kopfband
BSp ≙ Bindersparren (Bund-Sp.)
Fu ≙ Fußpfette (Schwelle)
Mi ≙ Mittelpfette
Fi ≙ Firstpfette

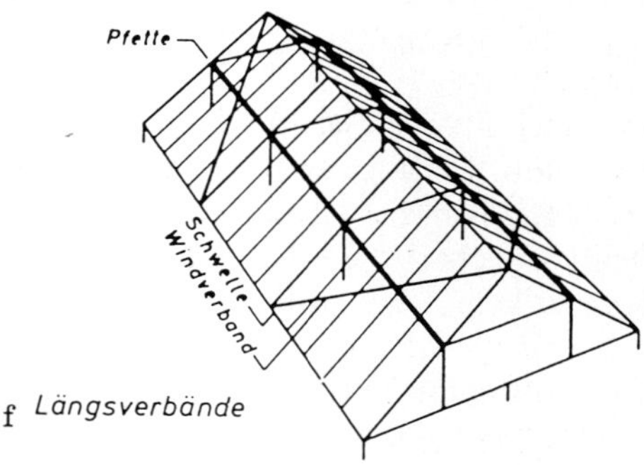

Abb. 15.1. Ein-, zwei- und dreistieliges Pfettendach. Querschnitte a, b, c; Längsschnitte d, e; Isometrie f

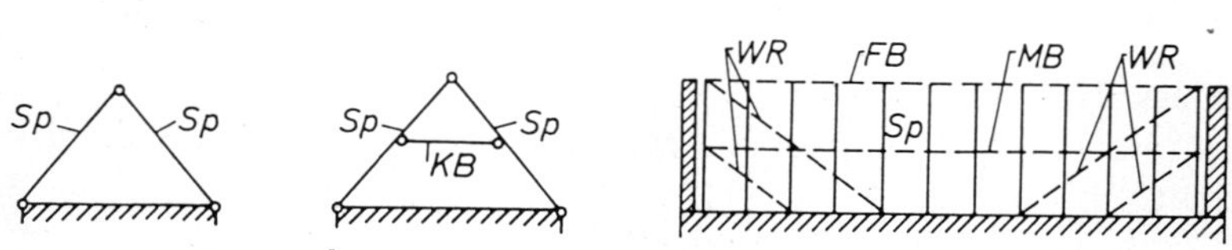

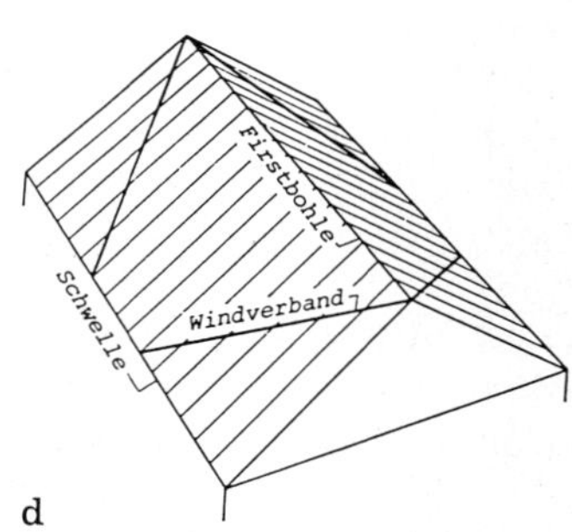

KB ≙ Kehlbalken; FB ≙ Firstbohle;
MB ≙ Mittelbohle; WR ≙ Windrispe

Abb. 15.2. Sparrendach a; Kehlbalkendach b; Längsschnitt c; Isometrie d

c) bei Massivdecken wird der Horizontalschub durch Schwellen in die Deckenscheibe eingeleitet;
d) Beanspruchung der Sparren auf Biegung mit Längskraft.

Über die Wirtschaftlichkeit von Sparren- und Pfettendächern vgl. Brennecke [156] oder Schunck [130].

15.2 Pfettendächer

15.2.1 Allgemeines

Pfettendächer eignen sich gut für flachgeneigte Pult- und Satteldächer, insbesondere Walmdächer, sowie bei winkelförmigen Gebäudegrundrissen [157]. Das Pfettendach wird vorwiegend in der durch das Zimmerhandwerk überlieferten Form ausgeführt. Die Sparren werden i. d. R. mit Klauen und Sparrennägeln auf den Pfetten befestigt (Abb. 15.3). Da bei dem strebenlosen Pfettendach die gesamte horizontale Windlast von der Fußpfette aufgenommen werden soll, ist die Verankerung dieser Fußpfette und der Sparrenanschluß an ihr sorgfältig vorzunehmen (Abb. 15.3 g).

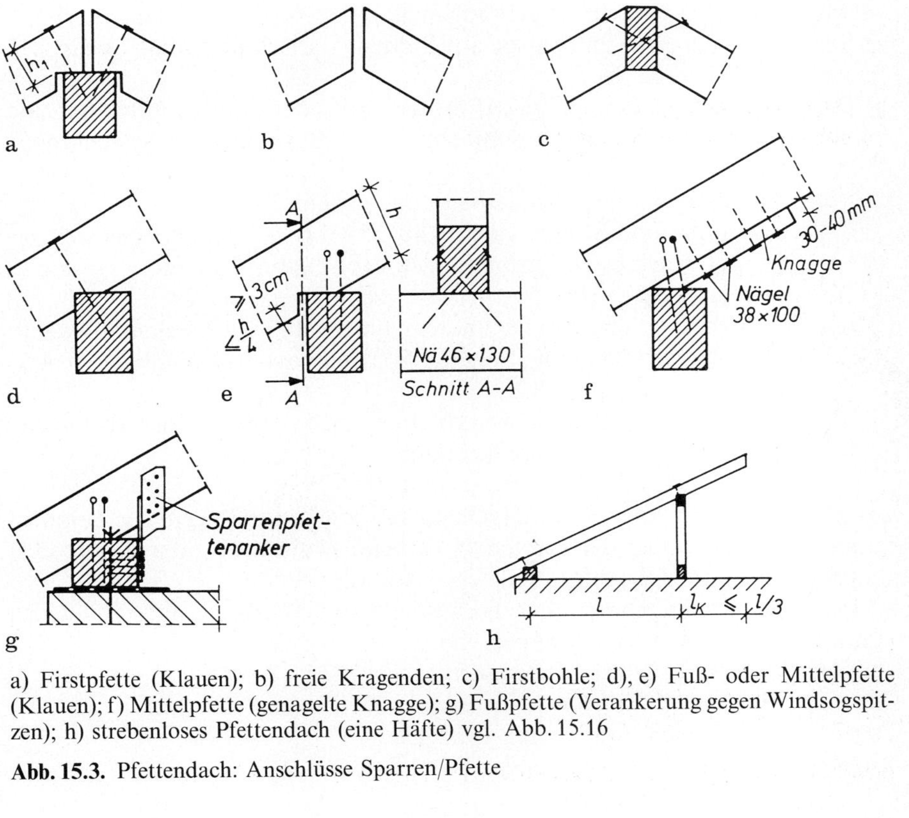

a) Firstpfette (Klauen); b) freie Kragenden; c) Firstbohle; d), e) Fuß- oder Mittelpfette (Klauen); f) Mittelpfette (genagelte Knagge); g) Fußpfette (Verankerung gegen Windsogspitzen); h) strebenloses Pfettendach (eine Häfte) vgl. Abb. 15.16

Abb. 15.3. Pfettendach: Anschlüsse Sparren/Pfette

Bei Kragträgern mit $l_K \leqq l/3$ sind Klauen bis zu einer Tiefe $h/4$ wirtschaftlich vertretbar. Darüber hinaus sollten Klauen durch Knaggen nach Abb. 15.3f ersetzt werden, um Querschnittsschwächungen zu vermeiden.

Die Vertikalfuge der Klauen muß nur am festen Auflager kraftschlüssig sein. Am verschieblichen Auflager wäre Spiel nach Abb. 15.3a, e zwar erwünscht, handwerklich wird die Klaue i.d.R. jedoch ohne Spiel ausgeführt, damit die Sparren in Dachebene fluchten (Schablonenmaß h_1; Schließen der Fuge durch Schrägnagelung).

Das Pfettendach ist hinsichtlich des räumlichen Aufbaues eigentlich als statisch unbestimmtes System anzusehen, da die Sparren sowohl als Dreigelenk-Stabzüge wie auch als geneigte Balken auf Pfetten wirken können. Der Kraftfluß ist nur erfaßbar unter Berücksichtigung der verschiedenen Verformungseinflüsse, wie z.B. der elastischen Verformungen und Schwindwirkungen der Hölzer, der Nachgiebigkeit der Verbindungen, unvermeidbarer Wuchsfehler und Montageungenauigkeiten.

Der mögliche Genauigkeitsgrad der Berechnung wird dadurch erheblich eingeschränkt. Der Bemessung legt man deshalb im allgemeinen ein stark vereinfachtes – statisch bestimmtes – System zugrunde, das bei erträglichem Rechenaufwand das Tragverhalten näherungsweise beschreibt und auf der sicheren Seite liegt. Einfache konstruktive Maßnahmen – z.B. nach c2 – können einen erhöhten Rechenaufwand ersetzen.

Als idealisiertes System ist gebräuchlich:

a) Sparren als geneigte Balkenlage auf Pfetten (statisch bestimmt), siehe z.B. Abb. 15.3h und 15.5a, c.
b) Pfettenstränge als Unterzüge auf Stützen mit oder ohne Kopfbänder und Streben, siehe z.B. das vereinfachte statisch bestimmte System nach Abb. 15.5d.
c) Längsstabilisierung und Windaussteifung durch
   c1) Kopfbänder und Streben nach Abb. 15.1d (i.d.R. ohne Nachweis bei zug- und druckfesten Verbindungen nach Abb. 15.13 außer c4 und d, da nur druckfest)
   c2) Windrispen – z.B. aus verzinktem Flachstahl – zusätzlich zu c1 als gleichzeitige Knickaussteifung der Sparren bei unplanmäßigen Druckkräften
   c3) Windrispen allein bei Gelenkpfetten nach Abb. 15.1e, f (Nachweis siehe Sparren- und Kehlbalkendach).

Bei der Ausführung folgt man weitgehend den bewährten Regeln der Zimmermannsbauweise, wobei der Zapfen (z.B. beim Stützenfuß oder Kopfband) durch Laschen oder Blechformteile ersetzt werden sollte.

Die in der Praxis gebräuchlichen Pfettendächer lassen sich hinsichtlich des statischen Systems in vier Gruppen einteilen:

Pultdach, 1- und 3stieliges Pfettendach ($\alpha \approx 10°-35°$)	vgl.
2stieliges Pfettendach mit Kragsparren ($\alpha \approx 30°-50°$)	15.2.2
2stieliges Pfettendach mit Sparren-Firstgelenk	bis
2stieliges Pfettendach mit tragender Firstpfette	15.2.5

15.2.2 Pultdach, 1- und 3stieliges Pfettendach (DIN)

Konstruktion der Auflagerpunkte A und B (Abb. 15.4) siehe z. B. Abb. 15.3g mit oder ohne Sparrenpfettenanker.

Konstruktion nach Abb. 15.3g für Punkte A und B (Abb. 15.5)
und Abb. 15.3a für Punkt C

Die Firstpfette erhält unter der Annahme des Systems nach Abb. 15.5c – auch infolge Wind – nur lotrechte Lasten. Sie wird vereinfacht als Träger auf 2 Stützen nach Abb. 15.5d berechnet, vgl. *–8.2.4–*, Abb. 10.16 und [143], [157].

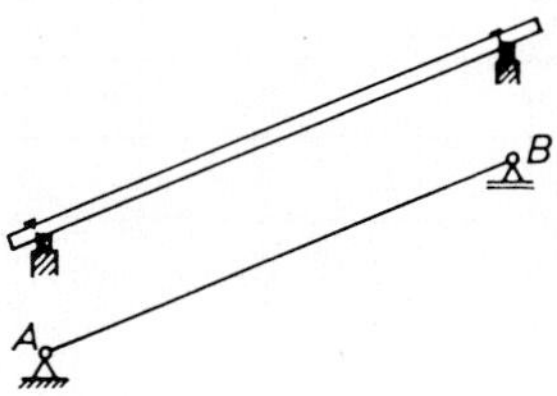

Abb. 15.4. Pultdach

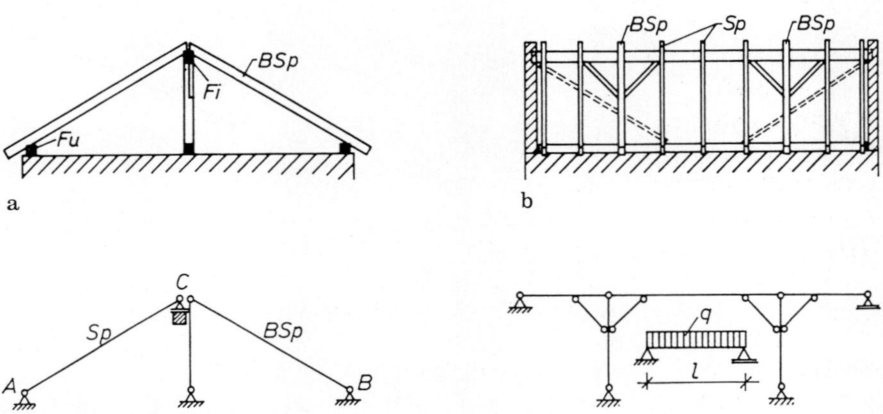

a b c d

Abb. 15.5. Einstieliges Pfettendach

15.2.2.1 Berechnung eines einstieligen Pfettendaches (Abb. 15.6) (DIN)

Lastannahmen nach DIN 1055:

Eigenlast:	Flachdachpfannen	0,55 kN/m² D	Tafel 14.1
	Sparren ≈ 0,1 · 0,906 =	0,09 kN/m² D	Abb. 14.5
	$g =$	0,64 kN/m² D	

$$g_G = \frac{g}{\cos\alpha} = \frac{0{,}64}{0{,}906} = 0{,}71\ \text{kN/m}^2\ \text{G}$$

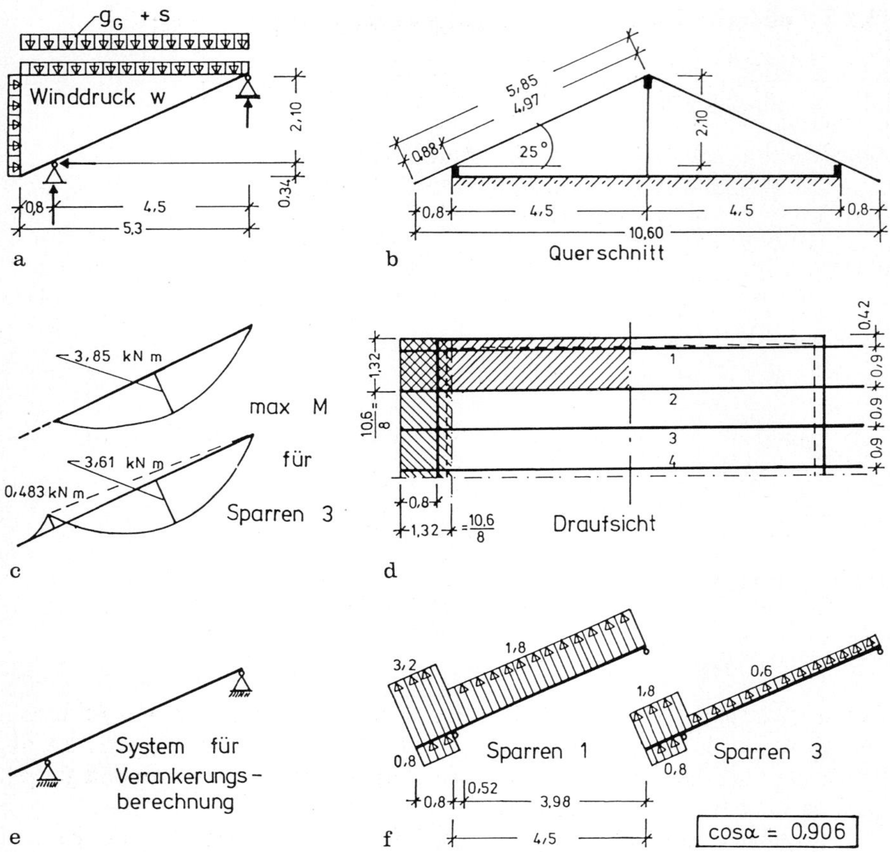

Abb. 15.6. Einstieliges Pfettendach

Schneelast:	$s = k_s \cdot s_0 = 0{,}75\,\text{kN/m}^2$ G		Zone III, Höhe ü. NN < 300 m
Windlast:	Firsthöhe $h < 8$ m angenommen. Berechnung nach Gl. (14.4).		
Staudruck:	$q = 0{,}50\,\text{kN/m}^2$ D	Abb. 14.24	$h < 8$ m
Druckbeiwert:	$c = 1{,}25^* \cdot 0{,}30$	Abb. 14.25c, d	$\alpha = 25°$
Winddruck:	$w = 1{,}25 \cdot 0{,}30 \cdot 0{,}50 = 0{,}19\,\text{kN/m}^2$ D		
Windsog:	Sogbeiwerte einschl. Sogspitzen (Abb. 15.6f)		
Sparren 1:	$c = 3{,}2$ Ecke	Abb. 14.26c Schnitt I-I	
	$c = 1{,}8$ Rand	und Tafel 14.7	
Sparren 3:	$c = 1{,}8$ Rand	Abb. 14.26c Schnitt II-II	
	$c = 0{,}6$ Feld	Abb. 14.25c, d und 15.6	

---

* Erhöhung nach Abb. 14.26a.

Überschlägliche Bemessung eines inneren Sparrens NH S10 [162]
Sparrenabstand $e = 0{,}9$ m (Abb. 15.6d).
Die Normalspannung wird vernachlässigt, vgl. Abschn. 14.6.2.
Bei Vernachlässigung des Kragarmes ist max M

a) für $g + s$ (Lastfall H), vgl. Abschn. 14.1:
$\max M = 0{,}9 \cdot (0{,}71 + 0{,}75) \cdot 4{,}5^2/8 = 3{,}33\,\text{kNm}$

b1) für $g + s + w$ (Lastfall HZ):
$\max M = 3{,}33 + 0{,}9 \cdot 0{,}19 \cdot 4{,}97^2/8 = 3{,}85\,\text{kNm}$

b2) für $g + s + w/2$ (Lastfall H):
$M = 3{,}33 + 0{,}52/2 = 3{,}59\,\text{kNm}$

b3) für $g + s/2 + w$ (Lastfall H):
$M = 2{,}47 + 0{,}52 = 2{,}99\,\text{kNm}$

Maßgebend für den Biegespannungsnachweis ist der Fall a), weil $3{,}33\,\text{kNm} > 3{,}85/1{,}25 = 3{,}08\,\text{kNm}$ (vgl. 14.1):

$$\text{erf}\, W = \frac{3{,}33 \cdot 10^6}{10{,}0} = 333 \cdot 10^3\,\text{mm}^3$$

Maßgebend für den Durchbiegungsnachweis ist der Fall b2):
$\text{erf}\, I \approx 208 \cdot 3{,}59 \cdot 4{,}97 \cdot 10^4 = 3711 \cdot 10^4\,\text{mm}^4$, vgl. Gl. (10.17),
für $\text{zul}\, f = l/200$

Gewählt: 8/18 mit $W = 432 \cdot 10^3\,\text{mm}^3$; $I = 3888 \cdot 10^4\,\text{mm}^4 > 3711 \cdot 10^4\,\text{mm}^4$.
Bei der alternativen Betrachtungsweise, vgl. Abschn. 14.1, ist von den Lastfällen für den Biegespannungsnachweis der Fall a) und für den Durchbiegungsnachweis der Fall b1) maßgebend.

Wird die Kombinationsregel nach DIN 1055 verwendet, dann ist der Fall b2) sowohl für den Biegespannungs- als auch für den Durchbiegungsnachweis maßgebend. Aus der Zusammenstellung ist zu ersehen, daß mit der Vorgehensweise nach Schulze [143] kleinere Holzquerschnitte erreicht werden können.

vgl. Abschn. 14.1	erf W $10^3\,\text{mm}^3$	erf I $10^4\,\text{mm}^4$
Schulze [143]	333	3711
Lastfälle	333	3980
Kombinationsregel	359	3711

Zum Vergleich sei für Fall b2) das genaue Feldmoment – mit Kragarm – berechnet.

$$q_\perp = 0{,}9 \cdot (0{,}64 \cdot 0{,}906 + 0{,}75 \cdot 0{,}906^2 + 0{,}19/2)$$
$$= 1{,}161\,\text{kN/m, vgl. Tafel 14.9}$$

$$B_\perp = 1{,}161 \cdot 5{,}85 \cdot \frac{5{,}85/2 - 0{,}88}{4{,}97} = 2{,}80\,\text{kN, s. Abb. 14.30}$$

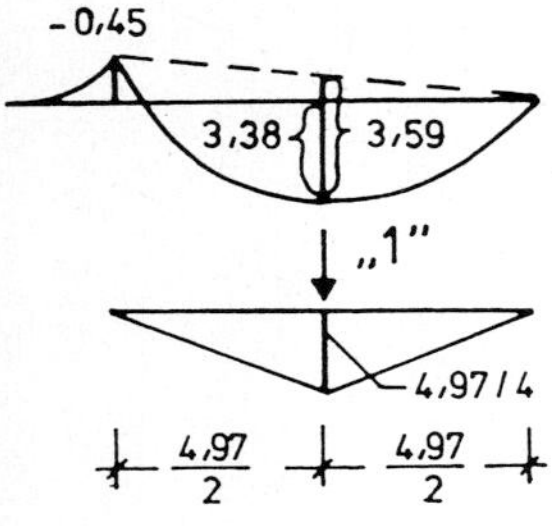

Abb. 15.7

oder

$$B_{\perp} = \frac{1{,}161}{2}\left(4{,}97 - \frac{0{,}88^2}{4{,}97}\right) = 2{,}80\,\text{kN, vgl. S. 4.4 in [36]}$$

$$\max M_{\text{F}} = \frac{2{,}80^2}{2 \cdot 1{,}161} = 3{,}38\,\text{kNm, vgl. S. 4.4 in [36]}$$

$$M_{\text{St}} = -1{,}161 \cdot 0{,}88^2/2 = -0{,}45\,\text{kNm}$$

$$f \approx \frac{104 \cdot 3{,}38 \cdot 4{,}97^2 \cdot 10}{3888} = 22{,}3\,\text{mm} < \frac{4970}{200} = 24{,}8\,\text{mm}$$

vgl. S. 4.39 [36]

Genaue Durchbiegung (Abb. 15.7):

$$E \cdot \text{I} \cdot f = \frac{4{,}97}{4} \cdot 4{,}97 \cdot \left(\frac{5}{12} \cdot 3{,}59 - \frac{1}{4} \cdot 0{,}45\right) = 8{,}54\,\text{kNm}^3,$$

vgl. S. 4.28 [36]

$$f = \frac{8{,}54 \cdot 10^{12}}{10^4 \cdot 3888 \cdot 10^4} = 22{,}0\,\text{mm} < 24{,}8\,\text{mm}$$

oder

$$f = \frac{1{,}161 \cdot 4{,}97^2 \cdot 10^6}{32 \cdot 10000 \cdot 3888 \cdot 10^4}\left(\frac{5}{12} \cdot 4{,}97^2 \cdot 10^6 - 0{,}88^2 \cdot 10^6\right) = 22{,}0\,\text{mm}$$

$(F_{\text{max}} \approx F_{\text{Mitte}})$ vgl. S. 4.4 in [36]

Verankerung der Sparren an der Traufe gegen Windsog nach Gl. (14.5):

$F_{\text{Trag}}/1{,}3 \geqq 1{,}1 \cdot S_{\text{Sog}} - S_{\text{G Dach}}/1{,}1$

$F_{\text{Trag}} \geqq 1{,}43 \cdot S_{\text{Sog}} - 1{,}18 \cdot S_{\text{G Dach}}$

$S_{\text{G Dach}}$ für 0,8 fache Rechenwerte der Eigenlast

Berechnung für Sparren 1 (Abb. 15.6d, e, f)

Annahme: Latten kragen bis Außenkante Giebelwand aus.
Kragarmlänge vereinfacht $\approx 0{,}42$ m

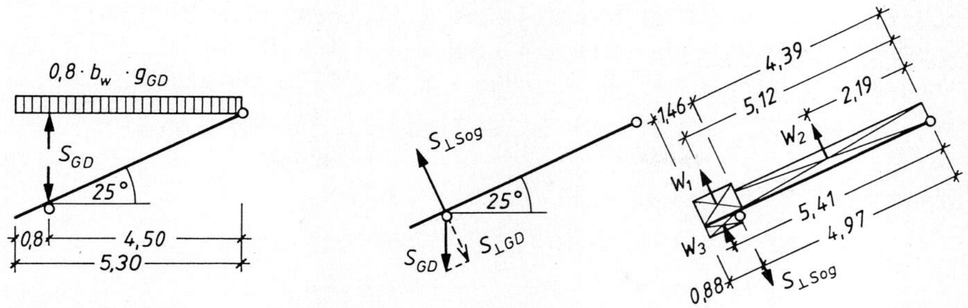

Abb. 15.8. Eigenlast und Windsoglast auf Sparren 1

Wirksame Belastungsbreite des Sparrens 1
$b_w = 1{,}32^2/(2 \cdot 0{,}9) = 0{,}968$ m (Einfeldträger mit Kragarm)

$$S_{GD} = 0{,}8 \cdot 0{,}71 \cdot 0{,}968 \cdot 5{,}3^2/(2 \cdot 4{,}5) = 1{,}72\,\text{kN}$$
$$W_1 = 0{,}5 \cdot 3{,}2 \cdot 0{,}968 \cdot 1{,}46 = 2{,}26\,\text{kN}$$
$$W_2 = 0{,}5 \cdot 1{,}8 \cdot 0{,}968 \cdot 4{,}39 = 3{,}82\,\text{kN}$$
$$W_3 = 0{,}5 \cdot 0{,}8 \cdot 0{,}968 \cdot 0{,}88 = 0{,}34\,\text{kN}$$
$$S_{\perp \text{Sog}} = (2{,}26 \cdot 5{,}12 + 3{,}82 \cdot 2{,}19 + 0{,}34 \cdot 5{,}41)/4{,}97 = 4{,}39\,\text{kN}$$
$$S_{\perp \text{GD}} = 1{,}72 \cdot 0{,}906 = 1{,}56\,\text{kN}$$
$$F_{\text{Trag}} \geqq 1{,}43 \cdot 4{,}39 - 1{,}18 \cdot 1{,}56 = 4{,}43\,\text{kN}$$

Gewählt: 2 SNä 5,1 × 260, III nebeneinander $l = 260$ mm
Einschlagtiefe $s \approx 260 - 160 = 100$ mm

$$s_w = \text{Gewindelänge} = 80\,\text{mm}$$
$$\text{zul}\, F_Z = 3{,}2 \cdot 5{,}1 \cdot 80 = 1305\,\text{N} = 1{,}3\,\text{kN}$$

Nach Gl. (14.7):

$$\text{vorh}\, F_{\text{Trag}} = 2 \cdot 1{,}8 \cdot 1{,}3 = 4{,}68\,\text{kN} > 4{,}43\,\text{kN}$$

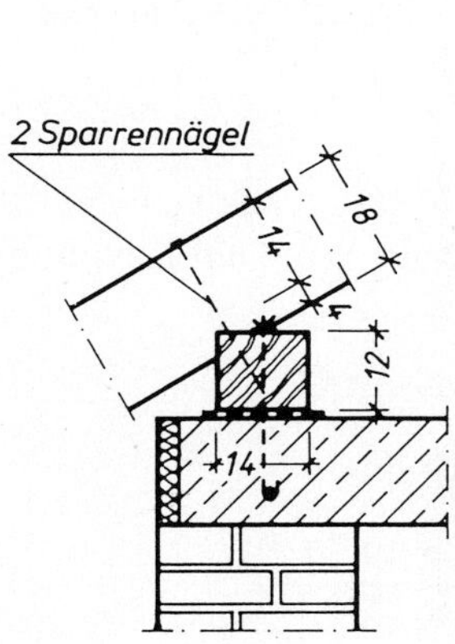

Abb. 15.9 [1]

[1] Maße in cm.

Schwellenverankerung am Streichsparren der Giebelwand (Abb. 15.9):
Gewählt: M 16 Festigkeitsklasse 4.6 mit $A_K = 1{,}41 \cdot 10^2\,\text{mm}^2$
Vertikal: $F^V_{Trag} \geqq 1{,}43 \cdot 4{,}39 \cdot 0{,}906 - 1{,}18 \cdot 1{,}72 = 3{,}66\,\text{kN}$

$\text{vorh}\, F^V_{Trag} = 1{,}41 \cdot 10^2 \cdot 240 = 33\,840\,\text{N} = 33{,}8\,\text{kN} > 3{,}66\,\text{kN}$, s. Gl. (14.6)

Horizontal: $F^H_{Trag} \geqq 1{,}43 \cdot 4{,}39 \cdot \sin 25° = 2{,}65\,\text{kN}$

$\text{zul}\, F_\perp = 0{,}75 \cdot 4 \cdot 16 \cdot 120 = 5760\,\text{N} = 5{,}76\,\text{kN}$

bzw. $\text{zul}\, F_\perp = 0{,}75 \cdot 17 \cdot 16^2 = 3264\,\text{N} = 3{,}26\,\text{kN}$, s. Gl. (6.6 b)

$\text{vorh}\, F^H_{Trag} = 1{,}8 \cdot 3{,}26 = 5{,}87\,\text{kN} > 2{,}65\,\text{kN}$

Statt dessen kann die Verankerung ohne Nachweis konstruktiv nach Abschn. 14.5.4, konstruktive Maßnahmen c), d) ausgeführt werden.

Die Verankerung des 2. Sparrens sollte, trotz der geringeren Windsoglast und wenn kein Nachweis erfolgt, ebenfalls mit 2 SNä 5,1 × 260, III erfolgen.

Berechnung für Sparren 3 (Abb. 15.6d, e, f und 15.8):
Belastungsbreite $b = 0{,}9\,\text{m}$
Eigenlast: $S_{GD} = 0{,}8 \cdot 0{,}71 \cdot 0{,}9 \cdot 5{,}3^2/(2 \cdot 4{,}5) = 1{,}6\,\text{kN}$
Windsog: $W_1 = 0{,}5 \cdot 1{,}80 \cdot 0{,}9 \cdot 1{,}46 = 1{,}18\,\text{kN}$

$W_2 = 0{,}5 \cdot 0{,}60 \cdot 0{,}9 \cdot 4{,}39 = 1{,}19\,\text{kN}$

$W_3 = 0{,}5 \cdot 0{,}80 \cdot 0{,}9 \cdot 0{,}88 = 0{,}32\,\text{kN}$

$S_{\perp Sog} = (1{,}18 \cdot 5{,}12 + 1{,}19 \cdot 2{,}19 + 0{,}32 \cdot 5{,}41)/4{,}97 = 2{,}09\,\text{kN}$

$S_{\perp GD} = 1{,}6 \cdot 0{,}906 = 1{,}45\,\text{kN}$

$F_{Trag} \geqq 1{,}43 \cdot 2{,}09 - 1{,}18 \cdot 1{,}45 = 1{,}28\,\text{kN}$

Gewählt: 1 SNa 5,1 × 260

$\text{vorh}\, F_{Trag} = 1{,}8 \cdot 1{,}3 = 2{,}34\,\text{kN} > 1{,}28\,\text{kN}$ (vgl. Sparren 1)

Die Beanspruchung dieses Nagels auf Abscheren bei Annahme eines verschieblichen Sparrenauflagers auf der Firstpfette ist vernachlässigbar klein.

Schwellenbefestigung konstruktiv mit Bolzen M 16, $e \approx 3\,\text{m}$.

Berechnung der Firstpfette
Die Firstpfette erhält nur lotrechte Lasten gemäß Abb. 15.6a. Maßgebend ist der Lastfall H: $-g_G + s-$, da die Auflagerresultierende aus Wind auf Luv- und Leeseite entlastend wirkt.

Gesamtlast: $q = 0{,}71 + 0{,}75 = 1{,}46\,\text{kN/m}^2\ \text{G}$

Pfette: $$q = 2 \cdot 1{,}46 \cdot \frac{5{,}3}{4{,}5} \cdot \left(\frac{5{,}3}{2} - 0{,}8\right) = 6{,}36\,\text{kN/m}$$

+ Pfetteneigenlast 0,14 kN/m

6,5 kN/m

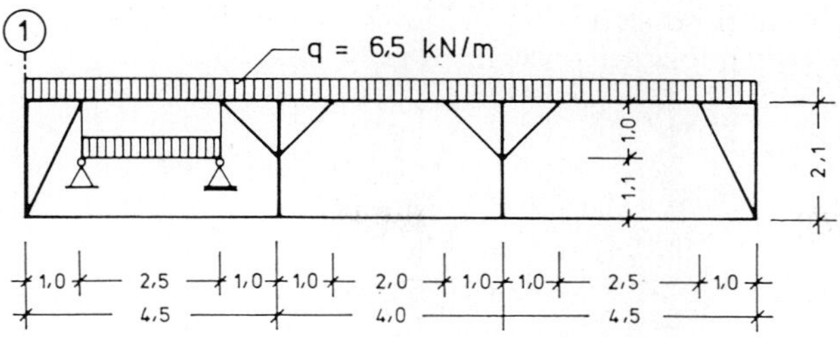

Abb. 15.10. System und Belastung der Firstpfette

Berechnung nach *–8.2.4–* als Einfeldträger mit $l = 2{,}5\,\text{m}$, da der Unterschied benachbarter Stützweiten $< 4{,}0/5$ ist.

Biegemoment: $\max M = 6{,}5 \cdot \frac{2{,}5^2}{8} = 5{,}08\,\text{kNm}$

Gewählt 12/16 mit $W = 512 \cdot 10^3\,\text{mm}^3$

$$\sigma = \frac{5080 \cdot 10^3}{512 \cdot 10^3} = 9{,}9\,\text{N/mm}^2$$

$$\rightarrow 9{,}9/10{,}0 = 0{,}99 < 1$$

$$f = \frac{100 \cdot 9{,}9 \cdot 2{,}5^2}{4{,}8 \cdot 160} = 8{,}1\,\text{mm} < \frac{2500}{200} = 12{,}5\,\text{mm} \qquad \text{vgl. Gl. (10.13)}$$

Für die Bemessung der Kopfbänder und Streben kann vereinfacht das System nach Abb. 15.11 angenommen werden [143]. Danach wird $|D_2| > |D_3|$, da l_1[1] $> l_2$, und damit eine Horizontalreaktion H_2 ausgelöst. Vernachlässigt man nach *–8.2.4–* das Biegemoment in den Stützen infolge H_2, dann sollte man sie statisch nicht voll ausnutzen.

Unterstellt man Unverschieblichkeit des Systems nach Abb. 15.11, dann ergeben sich folgende Reaktionen und Stabkräfte:

$$V_1 = V_1' = 6{,}5 \cdot 4{,}5/2 = 14{,}6\ \text{kN}$$
$$H_1 = H_1' = 14{,}6 \cdot 1{,}0/2{,}1 = 6{,}95\,\text{kN}$$
$$V_2 = V_2' = 14{,}6 + 6{,}5 \cdot 4/2 = 27{,}6\ \text{kN}$$
$$H_2 = H_2' = (D_{2V} - D_{3V}) \cdot 1/2{,}1 = (14{,}6 - 6{,}5 \cdot 4/2) \cdot 1/2{,}1 = 0{,}76\,\text{kN}$$
$$D_1 = D_1' = \sqrt{14{,}6^2 + 6{,}95^2} = 16{,}2\ \text{kN}$$
$$D_2 = D_2' = 14{,}6 \cdot \sqrt{2} = 20{,}6\ \text{kN}$$
$$D_3 = D_3' = 6{,}5 \cdot 4/2 \cdot \sqrt{2} = 18{,}4\ \text{kN}$$

Im Pfettenstoß wirkt als Zugkraft Z die Differenz der Horizontalkomponenten von D_2 und D_1

$$Z = 14{,}6 - 6{,}95 = 7{,}65\,\text{kN}$$

[1] l_1, l_2 nicht identisch mit *–8.2.4–*.

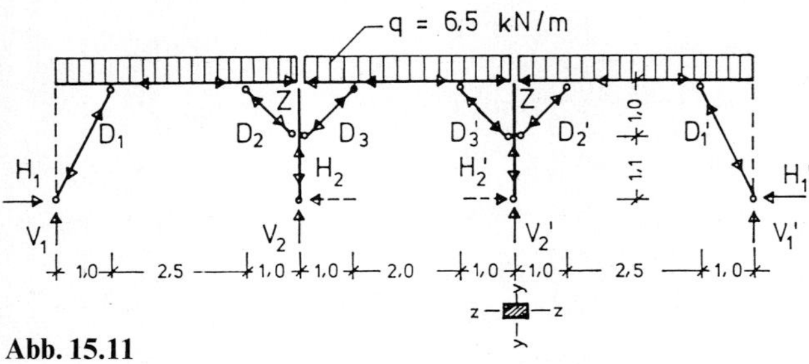

Abb. 15.11

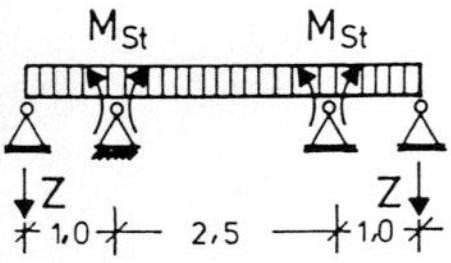

Abb. 15.12

Der Anschluß zwischen Pfette und Stützen sollte konstruktiv zugfest ausgebildet werden.

Die Größenordnung der Anschlußkräfte kann nach Clapeyron unter Berücksichtigung der Symmetrie berechnet werden (Abb. 15.12), vgl. Dreimomentengleichung S. 4.19 in [36].

$$2\,M_{St}\cdot(1{,}0+2{,}5)+M_{St}\cdot 2{,}5=-\frac{q\cdot 1{,}0^3}{4}-\frac{q\cdot 2{,}5^3}{4}$$

$$9{,}5\cdot M_{St}=-4{,}16\cdot q$$

$$M_{St}\quad=-\frac{4{,}16}{9{,}5}\,q=-2{,}84\,\text{kNm}$$

$$Z\quad=2{,}84/1{,}0-6{,}5\cdot 1{,}0/2=-0{,}41\,\text{kN, also Druck!}$$

Erst für $l_2/l_1 \geqq 2{,}67$ ergeben sich rechnerisch Zugkräfte unter der Voraussetzung einer konstanten Gleichlast in allen Feldern. Da die Möglichkeit veränderlicher Schneelasten nicht auszuschließen ist, sind dennoch zugfeste Anschlüsse zu empfehlen.

Pfettenstoß nach Abb. 15.13a2 und a3 mit Laschen 3/10, Nä 38 × 100

$Z \quad = 7{,}65\,\text{kN}$

$\text{erf}\,n = 7{,}65/0{,}525 = 14{,}6$ Nägel

Variante a2: 2 seitliche Laschen je 8 Nä 38 × 100

Variante a3: 1 untere Lasche mit 15 Nä 38 × 100

Kopfbänder: gewählt 12/8; Bemessung nach $D_2 = 20{,}6\,\text{kN}$

Knicklänge: $s_k = 1{,}0\cdot\sqrt{2} = 1{,}41\,\text{m}$

$$\max\lambda=\frac{1410}{0{,}289\cdot 80}=61\rightarrow\omega=1{,}64$$

$$\text{zul}\,\sigma_k=5{,}2\,\text{N/mm}^2$$

Versatztiefe:

$$\text{erf}\, t_V = \frac{20{,}6 \cdot 10^3}{7{,}04 \cdot 120} = 24\,\text{mm} \text{ [36]}$$

Ausmittigkeit: $e = 80/2 - 24/2 = 28\,\text{mm}$ vgl. Abb. 5.17b

$M = 20{,}6 \cdot 10^3 \cdot 0{,}028 = 577\,\text{Nm}$ vgl. Abb. 5.17b

$$\frac{20{,}6 \cdot 10^3/(96 \cdot 10^2)}{5{,}2} + \frac{577 \cdot 10^3/(128 \cdot 10^3)}{10} = 0{,}41 + 0{,}45 = 0{,}86 < 1$$

Stützen 2, 2′: gewählt 12/16 [162] wegen beidseitigen Versatzes

$$\text{vorh}\, t_V = 24\,\text{mm} < 160/6 = \text{zul}\, t_V$$

$$V_2 = 27{,}6\,\text{kN}$$

$$(M = 0{,}76 \cdot 1{,}1 = 0{,}84\,\text{kNm} \quad \text{infolge } H_2)$$

Knicklänge $s_{kz} = 2{,}1\,\text{m}$ vgl. Abb. 15.11

$$\lambda_z = \frac{2100}{0{,}289 \cdot 120} = 61 \rightarrow \omega = 1{,}64$$

$$\text{zul}\, \sigma_k = 5{,}2\,\text{N/mm}^2$$

Knicknachweis ohne M-Einfluß nach *–8.2.4–*

$$\sigma_{D\parallel} = 27{,}6 \cdot 10^3/(192 \cdot 10^2) = 1{,}44\,\text{N/mm}^2$$

$$1{,}44/5{,}2 = 0{,}28 < 1$$

Genauer mit M-Einfluß infolge H_2; Nettoquerschnitt für Biegung nach Abb. 15.13d ist $A_n = 120 \cdot 112 = 134 \cdot 10^2\,\text{mm}^2$

$$\sigma_B = 840 \cdot 10^3/(251 \cdot 10^3) = 3{,}4\,\text{N/mm}^2$$

$$1{,}44/5{,}2 + 3{,}4/10 = 0{,}62 < 1$$

Schwellenlagerung nach Abb. 15.13e1: zul $\sigma_{D\perp}$ häufig maßgebend für die Bemessung der Stütze.

$$\sigma_{D\perp} = \frac{27{,}6 \cdot 10^3}{120 \cdot 160} = 1{,}44\,\text{N/mm}^2 \qquad 1{,}44/2{,}0 = 0{,}72 < 1$$

Strebe und Stütze 1: konstruktiv gewählt 12/10 und 12/8

Strebe: $\text{erf}\, t_V = \dfrac{16{,}2 \cdot 10^3}{7 \cdot 120} = 19{,}3\,\text{mm} \rightarrow 20\,\text{mm}$

$$e = 100/2 - 20/2 = 40\,\text{mm}$$

$$M = 16{,}2 \cdot 10^3 \cdot 0{,}040 = 648\,\text{Nm}$$

$$s_k = \sqrt{2{,}1^2 + 1{,}0^2} = 2{,}32\,\text{m}$$

$$\max \lambda = \frac{2320}{0{,}289 \cdot 100} = 80 \rightarrow \omega = 2{,}2$$

$$\text{zul}\, \sigma_k = 8{,}5/2{,}2 = 3{,}86\,\text{N/mm}^2$$

$$\frac{16{,}2 \cdot 10^3/(120 \cdot 10^2)}{3{,}86} = \frac{648 \cdot 10^3/(200 \cdot 10^3)}{10} = 0{,}35 + 0{,}32 = 0{,}67 < 1$$

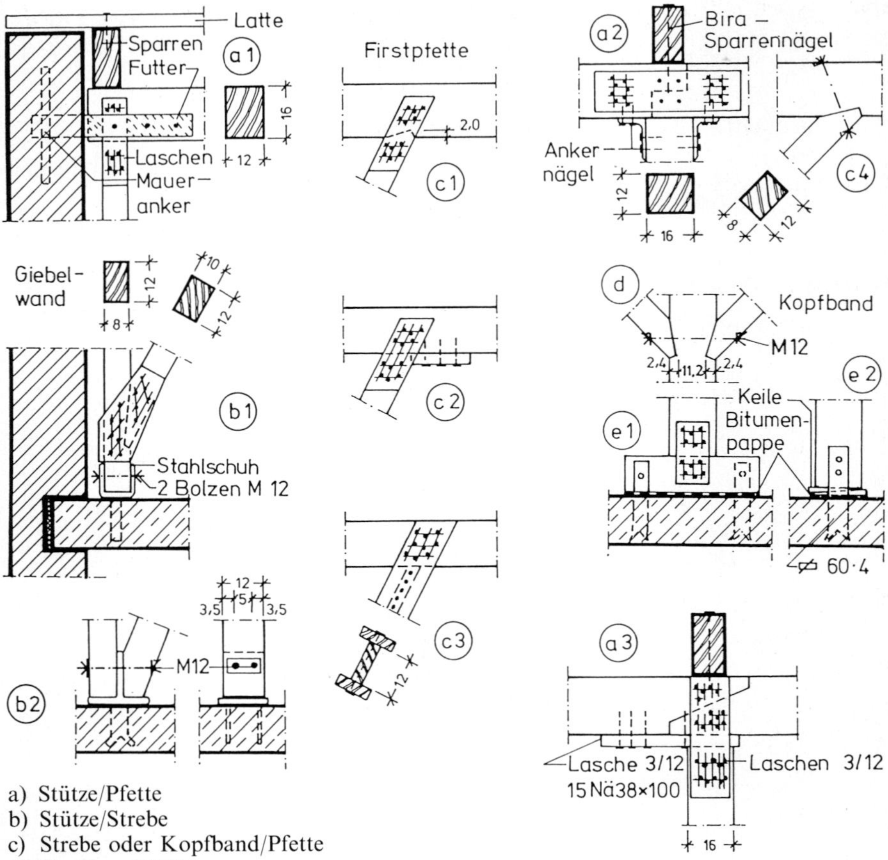

a) Stütze/Pfette
b) Stütze/Strebe
c) Strebe oder Kopfband/Pfette
d) Kopfband/Stütze
e) Stützenfuß

Abb. 15.13. Knotenpunkt-Varianten

Stütze: Nachweis entfällt, da Beanspruchung gering, s. Abb. 15.12. Verankerung durch Balkenschuh gegen Horizontalschub $H_1 = 6{,}95\,\text{kN}$:

$$\text{erf}\,A = 6{,}95 \cdot 10^3/2 = 35 \cdot 10^2\,\text{mm}^2$$

Konstruktion s. Abb. 15.13 b1, b2.

Verankerung der Sparren am First gegen Windsog
Belastung und Systemabmessung s. Abb. 15.6.
Zahlenwerte siehe Berechnung der Verankerung an der Traufe.

a) Giebelsparren: Eigenlast $0{,}8 \cdot g \cdot b_w = 0{,}8 \cdot 0{,}71 \cdot 0{,}968 = 0{,}550\,\text{kN/m}$

$$S_{\text{G Dach}} = 0{,}550 \cdot 5{,}3\,\frac{5{,}3/2 - 0{,}8}{4{,}5} = 1{,}20\,\text{kN je Sparren}$$

Die Auflagerkraft infolge Windsog wird näherungsweise ohne Berücksichtigung des Kragarmes an der Traufe berechnet.

$$S_{\text{Sog}} \approx 1{,}8 \cdot 0{,}5 \cdot 0{,}968 \cdot 4{,}5/2 = 1{,}96\,\text{kN je Sparren}$$

$$\text{erf}\,F_{\text{Trag}} \geqq 1{,}43 \cdot 1{,}96 - 1{,}18 \cdot 1{,}20 = 1{,}4\,\text{kN}$$

Gewählt: 1 SNa 5,1 × 210, III; $s_w = 210 - 140 = 70\,\text{mm}$

$$\text{vorh}\,F_{\text{Trag}} = 1{,}8 \cdot 3{,}2 \cdot 5{,}1 \cdot 70 = 2056\,\text{N} = 2{,}0\,\text{kN} > 1{,}4\,\text{kN}$$

Alternativ: 1 Sparrennagel 76 × 230 DIN 1151

$$\text{vorh}\,F_{\text{Trag}} = 1{,}8 \cdot 1{,}3 \cdot 7{,}6 \cdot 90 = 1600\,\text{N} = 1{,}6\,\text{kN} > 1{,}4\,\text{kN}$$

b) Innensparren: Sparrenabstand $e = 0{,}9\,\text{m}$

$$S_{\text{G Dach}} = 0{,}8 \cdot 0{,}9 \cdot 0{,}71 \cdot 5{,}3\,\frac{5{,}3/2 - 0{,}8}{4{,}5} = 1{,}11\,\text{kN je Sparren}$$

$$S_{\text{Sog}} \approx 0{,}6 \cdot 0{,}5 \cdot 0{,}9 \cdot 4{,}5/2 = 0{,}61\,\text{kN je Sparren}$$

$$\text{erf}\,F_{\text{Trag}} = 1{,}43 \cdot 0{,}61 - 1{,}18 \cdot 1{,}11 = -0{,}44\,\text{kN: kein Abheben!}$$

Gewählt: 1 Sparrennagel 70 × 210 oder 2 Stichnägel nach Abb. 15.3e

Verankerung der Firstpfette in Achse 1 gegen Windsog

Vereinfachtes Belastungsschema s. Abb. 15.14.

Eigenlast $0{,}8 \cdot g$:

$$= 0{,}8 \cdot 0{,}71 \cdot 5{,}3\,\frac{5{,}3/2 - 0{,}8}{4{,}5} = 1{,}24\,\text{kN/m}$$

$$+\,0{,}12 \cdot 0{,}16 \cdot 4 = 0{,}08\,\text{kN/m}$$

$$1{,}32\,\text{kN/m}$$

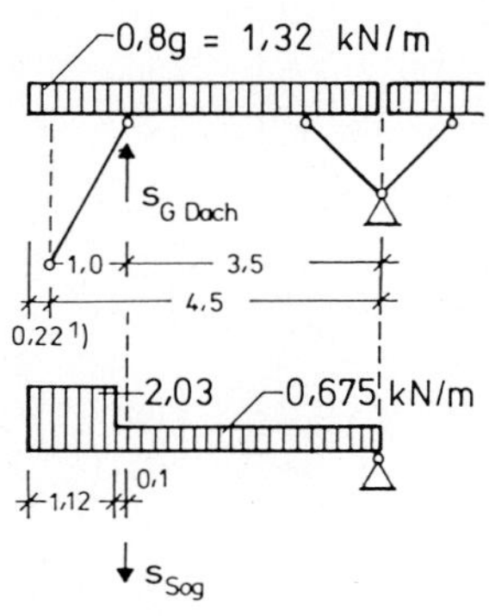

Abb. 15.14

[1] Bei diesem Beispiel (Giebelwand 240 mm dick, Luftspalt ≧ 20 mm) ist die Stütze gegenüber dem Giebelsparren um 60 mm versetzt angeordnet (Abb. 15.13a).

Windsoglasten:
Dachüberstand an der Traufe vernachlässigt, da entlastend.

$$w_{s1} = 0{,}6 \cdot 0{,}5 \cdot 4{,}5/2 = 0{,}675\,\text{kN/m}$$

$$w_{s2} = 1{,}8 \cdot 0{,}5 \cdot 4{,}5/2 = 2{,}03\,\text{kN/m}$$

$$S_{\text{G Dach}} \approx 1{,}32 \cdot \frac{4{,}72^2}{2 \cdot 3{,}5} = 4{,}20\,\text{kN}$$

$$S_{\text{Sog}} \approx 0{,}675\,\frac{3{,}6^2}{2 \cdot 3{,}5} + 2{,}03 \cdot 1{,}12\,\frac{3{,}6 + 0{,}56}{3{,}5} = 3{,}95\,\text{kN}$$

$$\text{erf}\,F_{\text{Trag}} \geqq 1{,}43 \cdot 3{,}95 - 1{,}18 \cdot 4{,}20 = 0{,}69\,\text{kN für 1 Dachseite}$$

$$\text{erf}\,F_{\text{Trag}} = 2 \cdot 0{,}69 = 1{,}38\,\text{kN insgesamt abhebend.}$$

Die konstruktiv angeordneten Zuglaschen für Strebe und Stütze nach Abb. 15.13a und c sind in der Lage, die Verankerung gegen Windsog sicherzustellen, mit Reserven für „Wind auf Giebel".

Die konstruktiv günstigen Kopfbänder (Längsaussteifung, Verringerung der Pfettendurchbiegung und Knicklänge der Stützen) werden in der Praxis oft nicht mehr angeordnet, da sie einen größeren handwerklichen Aufwand erfordern und sie in ausgebauten Dachbereichen oft störend sind.

Die zur Aufnahme der auf die Giebelflächen wirkenden Windlasten und der Stabilisierungskräfte (aus Schrägstellung von Wänden und Stützen) erforderliche Längsaussteifung des Daches muß dann durch Windverbände in Dachebene (z.B. Windrispen) oder – bei Dachausbau – durch Anordnung von Wandscheiben in der Pfettenstützen-Ebene unter zusätzlicher Verwendung von Holzwerkstoffen (Holztafelbauart) sichergestellt werden [143].

15.2.2.2 Dreistieliges Pfettendach (DIN)

Sparren als Durchlaufträger berechnet. Knagge statt Klaue an der Mittelpfette, um Querschnittsschwächung zu vermeiden, s. Abb. 15.3f.

Statisches System für Sparren s. Abb. 15.15, Pfetten s. Abb. 15.5, 15.10, 15.11.

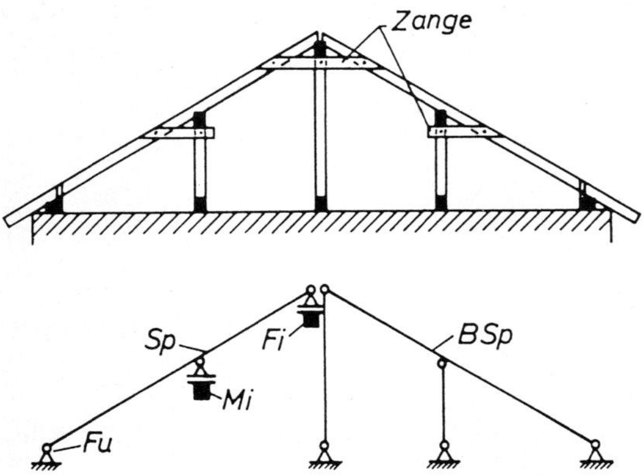

Abb. 15.15. 3stieliges Pfettendach

15.2.3 Zweistieliges Pfettendach mit Kragsparren (DIN)

Pfettendächer mit auskragenden Sparren sollten in der Idealform nach Abb. 15.16 und 15.3b nur ausgeführt werden, wenn die gegenseitigen Verschiebungen der Sparrenpaare im First keine Schäden in der Dachdeckung verursachen. Die üblichen Dachdeckungen der Hausdächer sind empfindlich gegen solche Bewegungen.

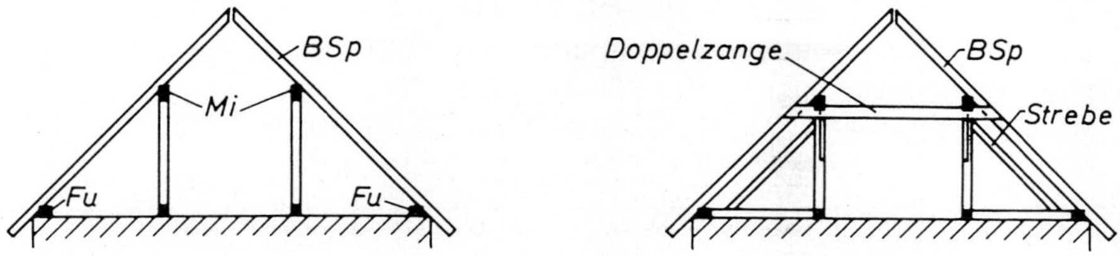

a Strebenloses Pfettendach   b Abgestrebtes Pfettendach

Abb. 15.16. Zweistieliges Pfettendach mit Kragsparren

Der Firstpunkt wird deshalb vielfach nach Abb. 15.3a (schwebende Pfette) oder c (Firstbohle) – u.a. auch zum Ausrichten der Firstlinie – ausgebildet. Das schließt nicht aus, der Berechnung solcher Dächer dennoch weitgehend das vereinfachte System nach Abb. 15.18 zugrunde zu legen.

Zu empfehlen sind in solchen Fällen konstruktive Vorkehrungen, z.B. Windrispen – evtl. Flachstähle – gegen Sparrenknicken in Dachebene infolge zusätzlicher Längskräfte, Schubverankerung im Fußpunkt durch Blechformteile und/oder Sondernägel. Zu der Ermessensfrage, bei welchen Systemabmessungen so verfahren werden darf, mögen die Verformungsfiguren der Abb. 15.17 Hinweise geben.

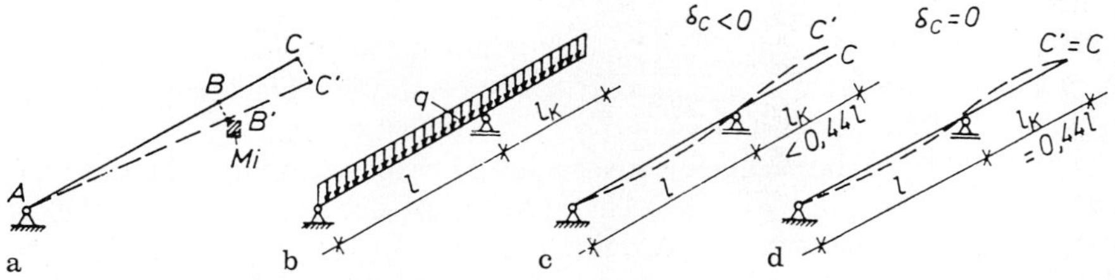

Abb. 15.17. Verformung der Kragsparren im First

Für $l_K = 0{,}414\,l$ ist $|M_{St}| = \max M_F$

Verschiebungen im First entstehen:
infolge Durchbiegung der Mittelpfetten – nur im Feldbereich zwischen den Kopfbändern –, vgl. Figur a;
infolge Durchbiegung der Sparren, vgl. Figuren c und d.

Bei üblichen Hausdächern dürfte die Kraglänge l_K etwa im Bereich $0{,}33 \cdot l \leqq l_K \leqq 0{,}44 \cdot l$ liegen. Dann wirken die Einflüsse a und c im Feldbereich gegenläufig auf die Firstverschiebung. Im Stützbereich ist die Firstverschiebung negativ (c) bis null (d).

Im Hinblick auf unvermeidbare Nachgiebigkeiten durch Verbindungsmittel, Schwinden und Kriechen des Holzes erscheint hier die vereinfachte Berechnung nach Abb. 15.18 zulässig.

15.2.3.1 Das strebenlose Pfettendach (DIN)

Das gebräuchliche statische System nach Abb. 15.18 darf als bewährte Regel der Baukunst angesehen werden [44, 143, 151].

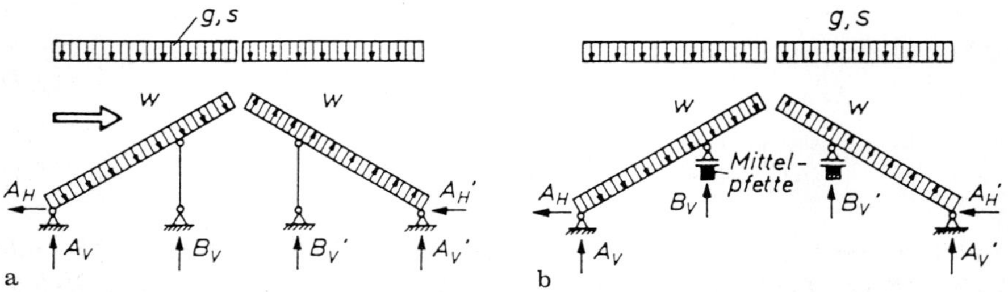

System in Stützenebene System im Feldbereich

Abb. 15.18. Strebenloses Pfettendach, statisches System

Kennzeichen des vereinfachten Systems sind:

a) Horizontalkräfte werden an der Fußpfette aufgenommen. Befestigung mit Nägeln DIN 1151, Sondernägeln oder Sparrenpfettenankern lotrecht und/oder waagerecht. Verankerung an der Deckenscheibe, s. Abb. 15.3 g.

b) Die Mittelpfette erhält ausschließlich lotrechte Belastung, also einachsige Biegung.

Die Annahme *b* setzt nachgiebige Verbindungen, Schwinden und Kriechen voraus und gilt hinreichend genau für flache bis mittlere Dachneigungen und schlanke Pfettenquerschnitte.

Unterstellt man unnachgiebige Anschlüsse im Sparrendrehpunkt und Pfettenanschluß, dann muß die elastische Verformung der Mittelpfette infolge M aus g, s, w dem Kreisbogen um den Drehpunkt A folgen, d.h. ⊥ Sparrenachse gerichtet sein, s. Abb. 15.19.

Die Knotenpunkte F dürfen nach *–8.2.4–* als Festpunkte in lotrechter Richtung (z) angesehen werden und damit auch horizontal (y), wenn man die Längenänderung der Stäbe außer acht läßt.

Berechnung als Einfeldträger (Torsion der Mittelpfette vernachlässigt) mit Abmessungen nach Abb. 15.19 (M in kNm/m):

$$\delta_y : \delta_z = q_y/I_z : q_z/I_y = \tan\alpha \qquad (15.1)$$

$$q_y = q_z \cdot (b/h)^2 \cdot \tan\alpha \qquad (15.2)$$

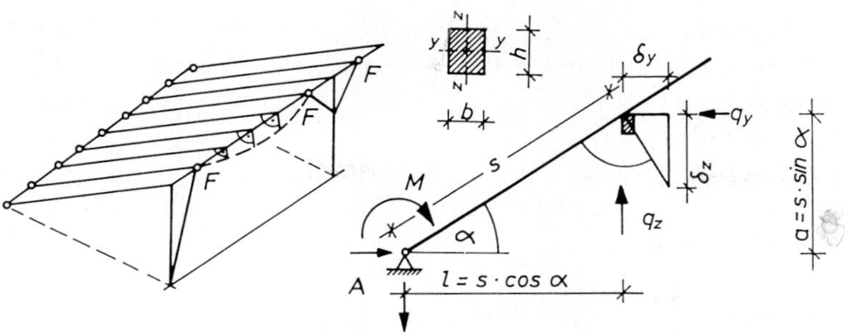

Abb. 15.19. Kräftespiel bei unnachgiebigen Sparrenanschlüssen

$$M = q_z \cdot l + q_y \cdot a = l \cdot (q_z + q_y \cdot \tan\alpha) \quad (15.3)$$

$$q_z = \frac{M}{l} \cdot \frac{1}{1 + (b/h \cdot \tan\alpha)^2} \quad (15.4)$$

$$q_y = \frac{M}{l} \cdot \frac{(b/h)^2 \cdot \tan\alpha}{1 + (b/h \cdot \tan\alpha)^2} \quad (15.5)$$

Die Komponente q_y nach Gl. (15.5) wird durch die vorhandenen Nachgiebigkeiten abgemindert und darf i. d. R. vernachlässigt werden. Für steile Dächer und gedrungene Querschnitte ermöglichen die Gln. (15.4) und (15.5) eine einfache Abschätzung der Beanspruchung auf Doppelbiegung.

Das wirkliche Tragverhalten der Mittelpfette wird zwischen den Annahmen der Abb. 15.18 und 15.19 liegen. Der praktischen Berechnung wird meist das System nach Abb. 15.18 zugrunde gelegt.

15.2.3.2 Das abgestrebte Pfettendach (DIN)

Bei traditionellen Traufpunktanschlüssen – Klauen und Sparrennägel – empfiehlt v. Halasz [44] für Haustiefen >10 m und $\alpha > 40°$ das abgestrebte Pfettendach, dessen statisches System nach Abb. 15.20 angenommen wird.

Seine besonderen Kennzeichen sind:

a) festes Sparrenlager an der Mittelpfette, d. h. Beanspruchung der Mittelpfette auf Doppelbiegung (Abb. 15.20 c, d)
b) verschiebliches Sparrenlager an der Fußpfette.

Die Richtung der Verschieblichkeit wird angenommen:

für *g* und *s*:	i. d. R. horizontal	(Abb. 15.20 a, c)
für *w*:	desgleichen nach [44]	(Abb. 15.20 a, c)
	oder ∥ Sparrenachse [151]	(Abb. 15.20 b, d)

Die größte Lastkomponente $B_H(q_y)$ erhält die Mittelpfette bei horizontal verschieblichem Sparrenlager.

Zur Aufnahme der horizontalen Windlasten (B_H) in der Binderebene zeigt Abb. 15.20 zwei Varianten:

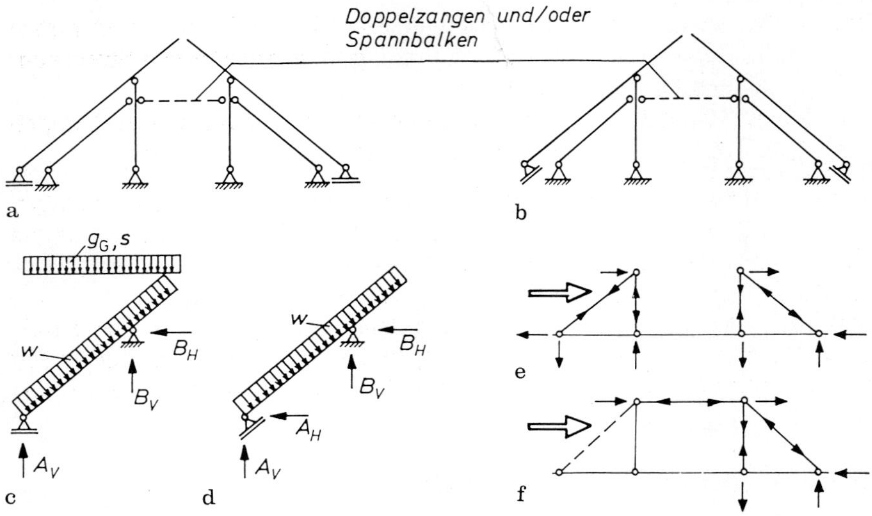

Abb. 15.20. Abgestrebtes Pfettendach. Varianten des angenommenen statischen Systems

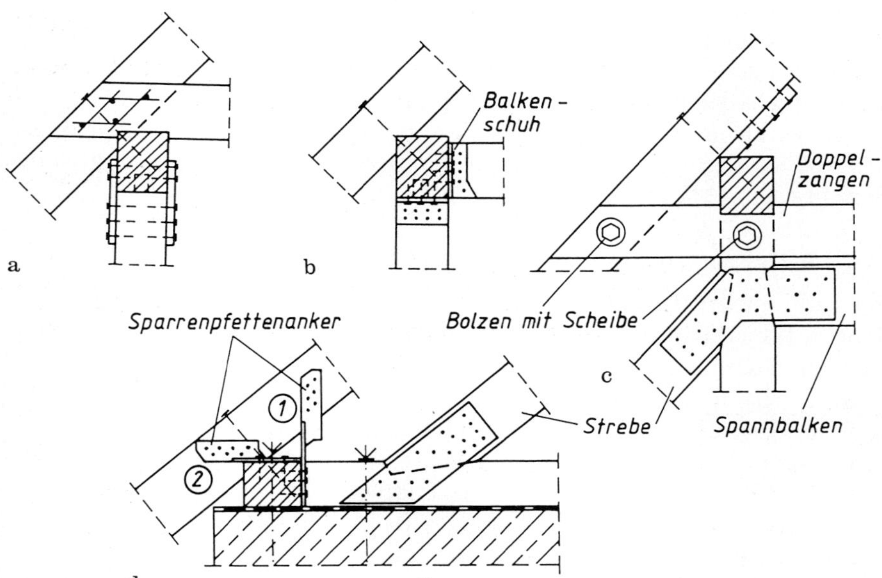

Abb. 15.21. Pfettendächer, Konstruktionsdetails [158, 159]
d1) falls nötig, zusätzliche Verankerung gegen Windsog
d2) falls nötig, zusätzliche Verankerung gegen Schub

Abb. 15.20e: je zwei aus Strebe und Pfosten bestehende Böcke mit oder ohne gegenseitige Verbindung mit zug- und druckfestem Strebenanschluß nach Abb. 15.21e.

Abb. 15.20f: stehender Stuhl mit knicksteifem Spannbalken oder Doppelzangen, aber nur druckfest angeschlossenen Streben.

Brennecke [156] empfiehlt aufgrund umfangreicher Vergleichsrechnungen auch für die o.g. Abmessungen (> 10 m) das strebenlose Pfettendach, da bei Verwendung von Blechformteilen nach Abb. 1.10 und 15.21 die äußeren Horizontallasten auch an der Fußpfette verankert werden können.

Das strebenlose Pfettendach ist außerordentlich wirtschaftlich. Der Kraftfluß ist klarer als beim abgestrebten Pfettendach, zumal die Wirksamkeit von Zangen und Streben eine sorgfältige Ausführung aller Anschlußdetails voraussetzt.

15.2.3.3 Berechnungsbeispiel für strebenloses Pfettendach (DIN)

Lastannahmen:

Eigenlast:	Betondachsteine einschl. Lattung	0,60 kN/m² D
	Sparren/Pfetten (0,08 + 0,04) · 0,8192 nach Abb. 14.6	0,10 kN/m² D
		$g = 0{,}70$ kN/m² D
	auf Grundriß bezogen $g_G = \dfrac{0{,}70}{0{,}8192}$	$= 0{,}855$ kN/m² G
Schneelast:	Zone III, $h \leqq 300$ m	
	Regelschneelast $s_0 = 0{,}75$ kN/m G	
	für $\alpha = 35°$ $s = 0{,}87 \cdot 0{,}75$ vgl. Gl. (14.2)	$= 0{,}653$ kN/m² G
Windlast:	$8{,}0 < h < 20$ m	
	Staudruck $q = 0{,}80$ kN/m² D	
	Einzel-Tragglied $c_D = 1{,}25 \cdot 0{,}5$ nach Abb. 14.26a und 14.25	

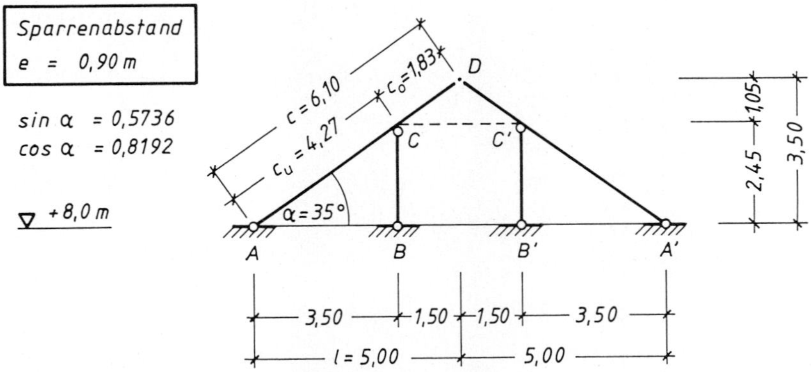

Abb. 15.22. Strebenloses Pfettendach

Winddruck: (Luvseite) $w_D = 1{,}25 \cdot 0{,}5 \cdot 0{,}8 \qquad = 0{,}50\,\text{kN/m}^2\,\text{D}$

Windsog: (Luv-/Leeseite) $w_s = 0{,}60 \cdot 0{,}8 \qquad = 0{,}48\,\text{kN/m}^2\,\text{D}$

Mannlast: als Ersatz für w und s, wenn deren Resultierende auf das Bauteil $<2\,\text{kN}$ ist, s. Abb. 14.12 $\qquad F = 1{,}0\,\text{kN}$,

Belastungsvergleich im Feld: $s + w$ maßgebend!

$$e \cdot (s + w) \cdot l_u = 0{,}9 \cdot (0{,}653 + 0{,}5) \cdot 3{,}5 = 3{,}63\,\text{kN} > 2{,}0\,\text{kN}$$

Belastungsvergleich am Kragarm: $F = 1\,\text{kN}$ maßgebend!

$$e \cdot (s + w) \cdot l_0 = 0{,}9 \cdot (0{,}653 + 0{,}5) \cdot 1{,}5 = 1{,}56\,\text{kN} < 2{,}0\,\text{kN}$$

Sparrenberechnung
Lagerreaktion und Schnittgrößen für 1,0 m Belastungsbreite

Längskraft N wird gemäß Abschn. 14.6.2 vernachlässigt.

Eigenlast:

$$A_V = 0{,}855 \cdot 5 \cdot (5/2 - 1{,}5)/3{,}5 \qquad = 1{,}22\,\text{kN}$$

$$B_V = 0{,}855 \cdot \frac{5^2}{2 \cdot 3{,}5} \qquad = 3{,}05\,\text{kN}$$

$$Q_A = 1{,}22 \cdot 0{,}8192 \qquad = 1{,}0\ \ \text{kN}$$

$$Q_{Cl} = 1{,}0 - 0{,}855 \cdot 0{,}8192^2 \cdot 4{,}27 \qquad = -1{,}45\,\text{kN}$$

$$Q_{Cr} = 0{,}855 \cdot 0{,}8192^2 \cdot 1{,}83 \qquad = 1{,}05\,\text{kN}$$

$$M_C = -0{,}855 \cdot 1{,}5^2/2 \qquad = -0{,}96\,\text{kNm}$$

$$\max M_F = \frac{1{,}22^2}{2 \cdot 0{,}855} \qquad = 0{,}87\,\text{kNm}$$

Schneelast: Umrechnungsfaktor gegenüber Eigenlast g_G

$$\mu = 0{,}653/0{,}855 = 0{,}764$$

Winddruck:

$$\Sigma H = 0{:}\ A_H = 0{,}5 \cdot 3{,}5 \qquad = 1{,}75\,\text{kN}$$

$$\Sigma M_B = 0{:}\ A_V = \frac{1}{3{,}5} \cdot [-0{,}5 \cdot 3{,}5^2/2 + 0{,}5 \cdot 5 \cdot (5/2 - 1{,}5)] \qquad = -0{,}16\,\text{kN}$$

$$\Sigma M_A = 0{:}\ B_V = 0{,}5 \cdot \frac{6{,}1^2}{2 \cdot 3{,}5} \qquad = 2{,}66\,\text{kN}$$

Kontrolle:

$$\Sigma V = 0{,}5 \cdot 5 + 0{,}16 - 2{,}66 \qquad = 0$$

$$Q_A = 1{,}75 \cdot 0{,}5736 - 0{,}16 \cdot 0{,}8192 \qquad = 0{,}87\,\text{kN}$$

$$Q_{Cl} = 0{,}87 - 0{,}5 \cdot 4{,}27 \qquad = -1{,}26\,\text{kN}$$

$$Q_{Cr} = 0{,}5 \cdot 1{,}83 \qquad = 0{,}92\,\text{kN}$$

$$M_C = -0{,}5 \cdot 1{,}83^2/2 \qquad = -0{,}84\,\text{kNm}$$

$$\max M_F = \frac{0{,}87^2}{2 \cdot 0{,}5} \qquad = 0{,}76\,\text{kNm}$$

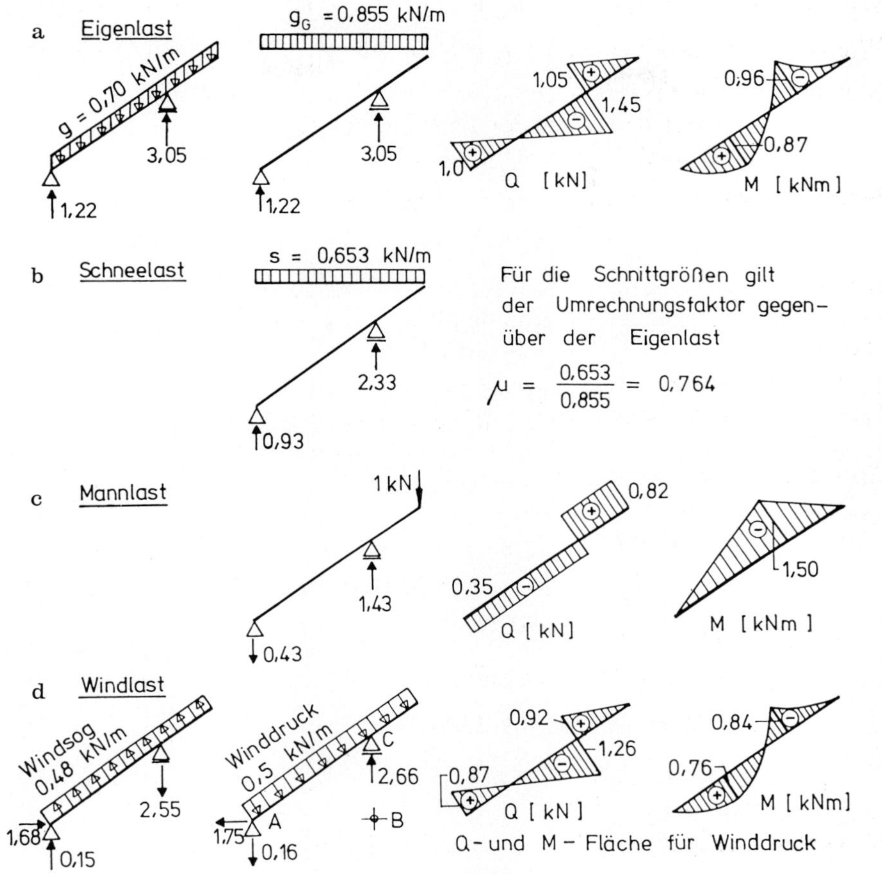

Abb. 15.23. Lagerreaktionen, Q- und M-Fläche für $e = 1{,}0\,\text{m}$

Windsog: Umrechnungsfaktor gegenüber Winddruck

$$\mu = -0{,}48/0{,}50 = -0{,}96$$

Mannlast: nur maßgebend im Bereich des Kragarmes

$$Q_{\text{Cr}} = 1{,}0 \cdot 0{,}8192 \qquad = \quad 0{,}82\,\text{kN}$$

$$M_{\text{C}} = -1{,}0 \cdot 1{,}5 \qquad = -1{,}50\,\text{kNm}$$

Bemessung eines Normalsparrens für $e = 0{,}9$ m Belastungsbreite

nach DIN 1055 T4 (8/86) und T5 (6/75) darf für $\alpha \leqq 45°$ wahlweise mit dem Fall b1 oder dem ungünstigeren Fall aus b2 und b3 nach Tafel 14.0 gerechnet werden.

Gewählt: Kombinationsregel b2/b3

Feldmoment: maßgebende Kombination b3 „$g + s/2 + w$“

Lastfall H: $\max M_{\text{F}} = 0{,}9 \cdot (0{,}87 + 0{,}87 \cdot 0{,}764/2 + 0{,}76) \quad = \quad 1{,}77\,\text{kNm}$

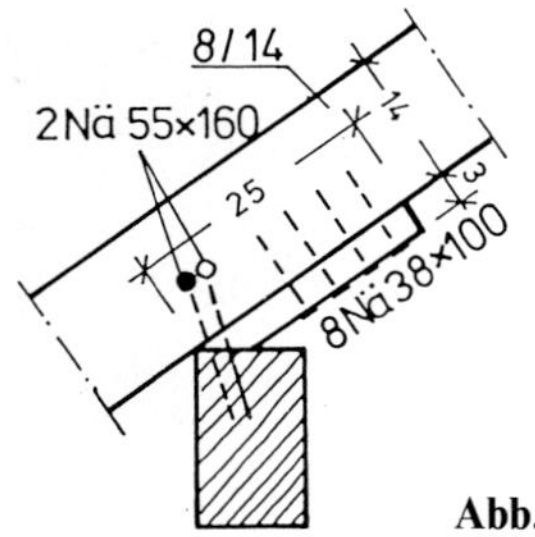

Abb. 15.24

Stützmoment: maßgebende Kombination „g + Mannlast“
Lastfall H: $M_C = -(0{,}9 \cdot 0{,}96 + 1{,}5) \quad = -2{,}36\,\text{kNm}$

Maßgebend für die Bemessung ist das Stützmoment im Lastfall H. N- und Q-Einfluß werden vernachlässigt, da hier ohne Bedeutung.

Gewählt 8/14

$$\sigma = 2360 \cdot 10^3/(261 \cdot 10^3) = 9{,}04\,\text{N/mm}^2$$
$$9{,}04/10{,}0 = 0{,}9 < 1$$

Sparrennägel 55 × 160 als Stichnägel, s. Abb. 15.24.
Auflagerknagge 3 × 8 × 25, angeschlossen mit 8 Nä 38 × 100 für Komponente der Auflagerkraft $B \parallel$ Sparrenachse im Lastfall HZ

$$B \parallel = 0{,}9 \cdot (3{,}05 + 2{,}33 + 2{,}66) \cdot 0{,}5736$$
$$= 4{,}15\,\text{kN} < 8 \cdot 0{,}525 \cdot 1{,}25 = 5{,}25\,\text{kN}$$

Sparrendurchbiegung

a) im Feld nach [36] S. 4.4
System s. Abb. 15.25

$$f = \frac{q_\perp \cdot c_u^2}{32 \cdot E\parallel \cdot I} \cdot \left(\frac{5}{12} \cdot c_u^2 - c_o^2\right)$$

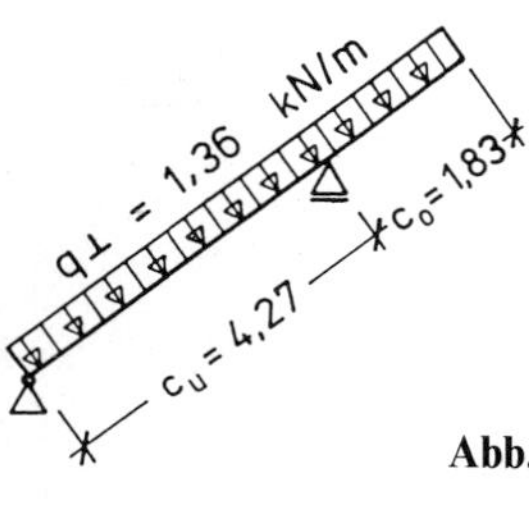

Abb. 15.25

Lastkomponente $q_\perp$ nach Tafel 14.9

$$q_\perp = 0{,}9 \cdot (0{,}7 \cdot 0{,}8192 + 0{,}653 \cdot 0{,}8192^2 + 0{,}50) = 1{,}36\,\text{kN/m}$$

$$f = \frac{1{,}36 \cdot 4{,}27^2 \cdot 10^6}{32 \cdot 10^4 \cdot 1829 \cdot 10^4} \cdot \left(\frac{5}{12} \cdot 4{,}27^2 - 1{,}83^2\right) \cdot 10^6$$
$$= 18{,}0\,\text{mm} < 4270/200 = 21{,}4\,\text{mm}$$

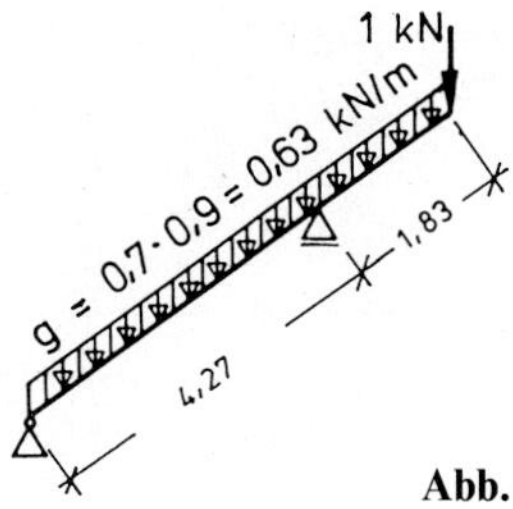

Abb. 15.26

b) am Kragende (Abb. 15.25 u. 15.26) Durchbiegung infolge $q_{\perp} = 1{,}36\,\text{kN/m}$

$$f_{q\perp} \approx 0, \quad \text{da } \frac{c_o}{c_u} = \frac{1{,}83}{4{,}27} = 0{,}429 \approx 0{,}44 \quad \text{s. Abb. 15.17}$$

Durchbiegungsnachweis für Mannlast $F = 1\,\text{kN}$ kann entfallen, da Verformungen im Montagezustand i. d. R. für die Konstruktion unschädlich sind.

Bemessung der Mittelpfette – Ausführung A

Vereinfachte Berechnung nach *–8.2.4–* ist zulässig, da die Verkürzung der Endfelder so gewählt ist, daß alle vier Feldmomente gleich groß sind [160].

Die Mittelpfette darf bemessen werden als Einfeldträger mit der Stützweite $l = 2{,}4\,\text{m}$ für lotrechte Gleichlast q_z nach Abb. 15.27, siehe auch Abb. 15.18.

Lastannahmen siehe Lagerreaktionen B_V in Abb. 15.23

Eigenlast	q_z	$= 3{,}05\,\text{kN/m}$
Schneelast	q_z	$= 2{,}33\,\text{kN/m}$
Windlast*)	$q_z = 2{,}66 \cdot 1/1{,}25$*)	$= 2{,}13\,\text{kN/m}$

*) Anmerkung zum Windlastanteil:

Die Mittelpfette gilt nicht als einzelnes Tragglied im Sinne der DIN 1055 T4 (8/86), da die anteilige Belastungsfläche $> 15\,\%$ der Gesamtfläche ist.

Gesamtfläche	$A = 14{,}4 \cdot 6{,}1$	$= 87{,}8\,\text{m}^2$
Anteilige Fläche	$A_1 = 3{,}2 \cdot b_w{}^1 = 3{,}2 \cdot \dfrac{6{,}1^2}{2 \cdot 3{,}5}$	$= 17{,}0\,\text{m}^2$
Flächenanteil	$100 \cdot 17/87{,}8$	$= 19{,}4\,\% > 15\,\%$

Deshalb ist der Windlastanteil durch 1,25 dividiert worden.

[1] vgl. Berechnung von B_V in Abb. 15.23.

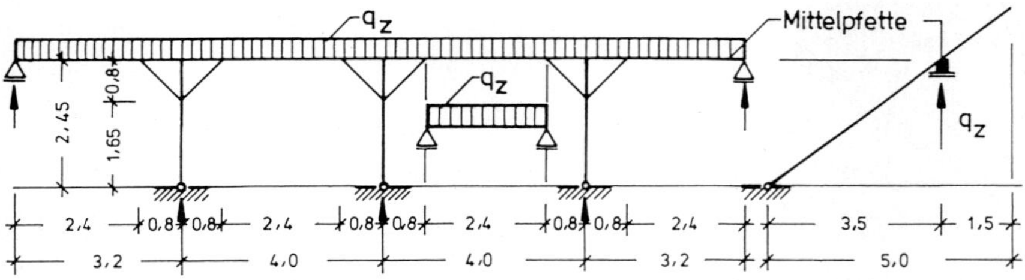

Abb. 15.27. Mittelpfette als Kopfbandbalken nach *–8.2.4–*

Zum Vergleich der Ergebnisse seien die Lastkombinationen nach Tafel 14.0 einander gegenübergestellt.

Der Fall a wird nicht maßgebend, da für den Durchbiegungsnachweis $q_z^{b1} > q_z^a$ und für den Biegespannungsnachweis $q_z^{b1}/q_z^a > 1{,}25$:

$$q_z^{b1} = 3{,}05 + 2{,}33 + 2{,}13 = 7{,}51\,\text{kN/m}$$

$$7{,}51/5{,}38 = 1{,}4 > 1{,}25$$

$$q_z^a = 3{,}05 + 2{,}33 = 5{,}38\,\text{kN/m}$$

Kombination b1

Lastfall HZ: $q_z = 3{,}05 + 2{,}33 + 2{,}13 = 7{,}51\,\text{kN/m}$

$$q_z^{b1}/1{,}25 = 6{,}01\,\text{kN/m} < q_z^{b2}$$

Bemessung für NH II (S10), Lastfall HZ:

$$M_y = 7{,}51 \cdot 2{,}4^2/8 = 5{,}41\,\text{kNm}$$

$$\text{erf}\, W_y = \frac{5410 \cdot 10^3}{1{,}25 \cdot 10} = 433 \cdot 10^3\,\text{mm}^3$$

$$\text{erf}\, I_y = 208 \cdot 5{,}41 \cdot 2{,}4 \cdot 10^4 = 2700 \cdot 10^4\,\text{mm}^4, \quad \text{vgl. Gl. (10.17)}$$

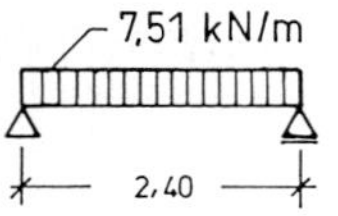

Abb. 15.28

Kombination b2
(b3 günstiger)

Lastfall H: $q_z = 3{,}05 + 2{,}33 + 2{,}13/2 = 6{,}45\,\text{kN/m}$

$$\max M = 6{,}45 \cdot 2{,}4^2/8 = 4{,}64\,\text{kNm}$$

Bemessung für NH II (S10), Lastfall H:

$$\text{erf}\, W_y = 4640 \cdot 10^3/10 = 464 \cdot 10^3\,\text{mm}^3$$

$$\text{erf}\, I_y = 208 \cdot 4{,}64 \cdot 2{,}4 \cdot 10^4 = 2316 \cdot 10^4\,\text{mm}^4$$

Gewählt 10/18

mit $W_y = 540 \cdot 10^3\,\text{mm}^3$; $W_z = 300 \cdot 10^3\,\text{mm}^3$; $I_y = 4860 \cdot 10^4\,\text{mm}^4$

$$\text{erf}\, W_y^{b1} < \text{erf}\, W_y^{b2} \rightarrow \text{Spannungsnachweis für Kombination b1}$$

$$\text{erf}\, I_y^{b1} > \text{erf}\, I_y^{b2} \quad \rightarrow \text{Durchbiegungsnachweis für Kombination b2,}$$

da der günstigere Wert infolge der Kombinationen b1, b2 ($\alpha \leqq 45°$) verwendet werden darf, vgl. Abschn. 14.1.

Spannungsnachweis für Kombination b1:

$$\sigma_B = 5410 \cdot 10^3/(540 \cdot 10^3) = 10{,}0\,\text{N/mm}^2$$

$$10{,}0/(1{,}25 \cdot 10) = 0{,}8 < 1{,}0$$

Durchbiegungsnachweis für Kombination b2:

$$\sigma_B = 4640 \cdot 10^3/(540 \cdot 10^3) = 8{,}6\,\text{N/mm}^2$$

$$f = \frac{100 \cdot 8{,}6 \cdot 2{,}4^2}{4{,}8 \cdot 180} = 5{,}7\,\text{mm} < 2400/200 = 12\,\text{mm} \quad \text{vgl. Gl. (10.13)}$$

Abschätzung der Beanspruchung auf Doppelbiegung nach Gl. (15.4) und (15.5), i. d. R. nicht erforderlich:

$$(\tan\alpha \cdot b/h)^2 = (0{,}70 \cdot 10/18)^2 \quad = 0{,}151$$

$$\tan\alpha \cdot (b/h)^2 = 0{,}70 \cdot (10/18)^2 \quad = 0{,}216$$

$$q_z = 6{,}45 \cdot 1/1{,}151 \quad = 5{,}6\,\text{kN/m}$$

$$q_y = 6{,}45 \cdot 0{,}216/1{,}151 = 1{,}21\,\text{kN/m}$$

$$M_y = 5{,}6 \cdot 2{,}4^2/8 \quad = 4{,}03\,\text{kNm}$$

$$M_z = 1{,}21 \cdot 2{,}4^2/8 \quad = 0{,}87\,\text{kNm}$$

$$\sigma = 4030 \cdot 10^3/(540 \cdot 10^3) + 870 \cdot 10^3/(300 \cdot 10^3)$$

$$= 7{,}46 + 2{,}90 \quad = 10{,}4\,\text{N/mm}^2 \approx 10\,\text{N/mm}^2$$

$$f_z = \frac{100 \cdot 7{,}46 \cdot 2{,}4^2}{4{,}8 \cdot 180} \quad = 5{,}0\,\text{mm}$$

$$f_y = \frac{100 \cdot 2{,}90 \cdot 2{,}4^2}{4{,}8 \cdot 100} \quad = 3{,}5\,\text{mm}$$

$$f = \sqrt{5{,}0^2 + 3{,}5^2} \quad = 6{,}1\,\text{mm} < l/200 = 12\,\text{mm}$$

Bemessung der Kopfbänder und Pfosten sowie aller Anschlüsse in Anlehnung an „Einstieliges Pfettendach“, s. Abb. 15.10 bis 15.13.

Bemessung der Mittelpfette – Ausführung B:
Vereinfachend wird nur die Kombination b2 zugrunde gelegt:
$q_z = 6{,}45\,\text{kN/m}$

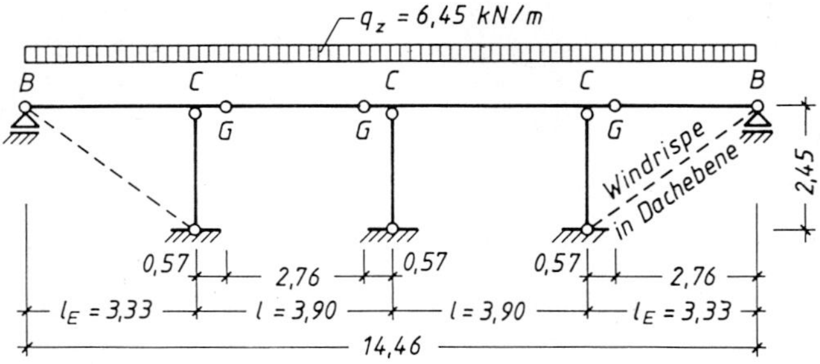

Abb. 15.29. Mittelpfette als Gelenkpfette

System: Gelenkpfette mit verkürztem Endfeld nach Abb. 15.29. Berechnung und Konstruktion s. Abschn. 18.4.2.

Stabilisierung in Längsrichtung mit Windrispen, s. Abb. 15.1f. Alle Feld- und Stützmomente sind $M_{F,i} = -M_{St,i} = 0{,}0625 \cdot q_z \cdot l^2$, wenn folgende Voraussetzungen erfüllt sind:

Endfeldlänge: $l_E = 0{,}8535 \cdot l = 0{,}8535 \cdot 3{,}9 = 3{,}33\,\text{m}$

Gelenkabstand: $g = 0{,}1465 \cdot l = 0{,}1465 \cdot 3{,}9 = 0{,}57\,\text{m}$

Lagerreaktionen und Schnittgrößen, vgl. Abb. 18.6b:

$$C = 6{,}45 \cdot 3{,}9 = 25{,}2\,\text{kN}$$

$$B = G = 6{,}45 \cdot 2{,}76/2 = 8{,}9\,\text{kN}$$

$$-M_C = M_F = 0{,}0625 \cdot 6{,}45 \cdot 3{,}9^2 = 6{,}13\,\text{kNm}$$

Bemessung für NH II (S10), Lastfall H:

$$\text{erf}\,W_y = 6130 \cdot 10^3/10 = 613 \cdot 10^3\,\text{mm}^3$$

$$\text{erf}\,I_y = 167 \cdot 6{,}13 \cdot 3{,}9 \cdot 10^4 = 3992 \cdot 10^4\,\text{mm}^4 \quad \text{nach Taf. 18.1}$$

Gewählt 12/18

mit $W_y = 648 \cdot 10^3\,\text{mm}^3$; $I_y = 5832 \cdot 10^4\,\text{mm}^4$

$$\sigma = 6130 \cdot 10^3/(648 \cdot 10^3) = 9{,}46\,\text{N/mm}^2$$

$$9{,}46/10 = 0{,}95 < 1$$

$$f = \frac{100 \cdot 9{,}46 \cdot 3{,}9^2}{6 \cdot 180} = 13{,}3\,\text{mm} < 3900/200 = 19{,}5\,\text{mm}$$

nach Tafel 18.1

Mit Rücksicht auf die Schubfestigkeit im schrägen Blatt wurde eine Sonderscheibe vorgesehen. Die volle Querkraft ist erst wirksam im Schnitt I–I (Abb. 15.31):

$$h_I = \frac{180}{2} + \frac{150}{2} \cdot \frac{120}{270} = 123\,\text{mm} \quad \text{(Abb. 15.31)}$$

$$\tau = 1{,}5 \cdot \frac{8{,}9 \cdot 10^3}{120 \cdot 123} = 0{,}9\,\text{N/mm}^2 = \text{zul}\,\tau_Q$$

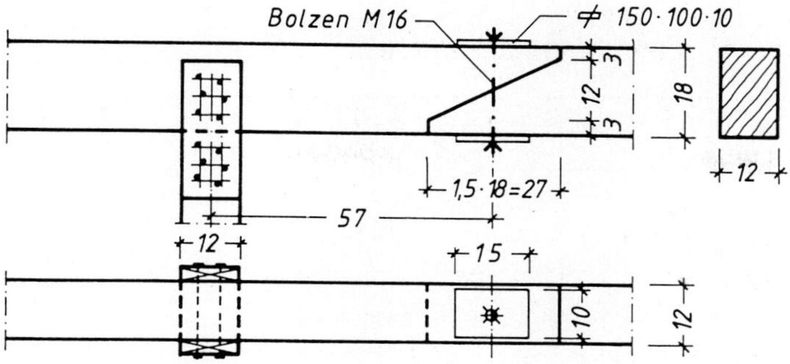

Abb. 15.30. Gelenkkonstruktion als schräges Blatt

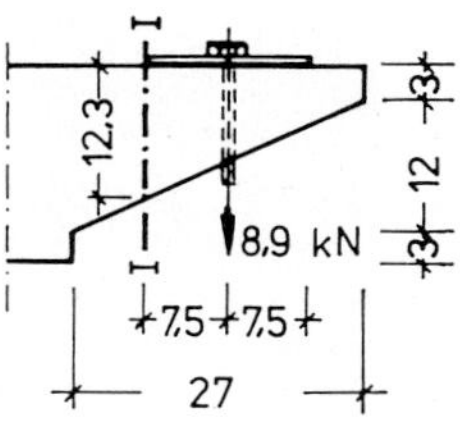

Abb. 15.31

Zugspannung im Bolzen:

$$\sigma_z = G/A_k = 8{,}9 \cdot 10^3/(1{,}44 \cdot 10^2) = 61{,}8\,\text{N/mm}^2$$

$$61{,}8/100 = 0{,}62 < 1$$

Pressung unter der Platte:

$$\sigma_{D\perp} = \frac{8{,}9 \cdot 10^3}{100 \cdot 150} = 0{,}59\,\text{N/mm}^2 \quad 0{,}59/2{,}0 = 0{,}3 < 1$$

Pressung über der Stütze (Punkt C):

$$\sigma_{D\perp} = \frac{25{,}2 \cdot 10^3}{120 \cdot 120} = 1{,}75\,\text{N/mm}^2 \quad 1{,}75/2{,}0 = 0{,}875 < 1$$

Alternativ können Gerberverbinder als Gelenkkonstruktion verwendet werden. Berechnung und Konstruktion s. z.B. [27, 161].

15.2.3.4 Berechnungsbeispiel für ein abgestrebtes Pfettendach (DIN)

Gleiche Abmessungen wie beim strebenlosen Pfettendach (Abb. 15.22) zur Einsparung von Rechenaufwand und zum Vergleich der Querschnitte.

Lastannahmen: siehe „Strebenloses Pfettendach"

Sparrenberechnung

Lagerreaktionen und Schnittgrößen für 1,0 m Belastungsbreite

Lastfälle „*g*, *s*, Mannlast" siehe „Strebenloses Pfettendach", Abb. 15.23

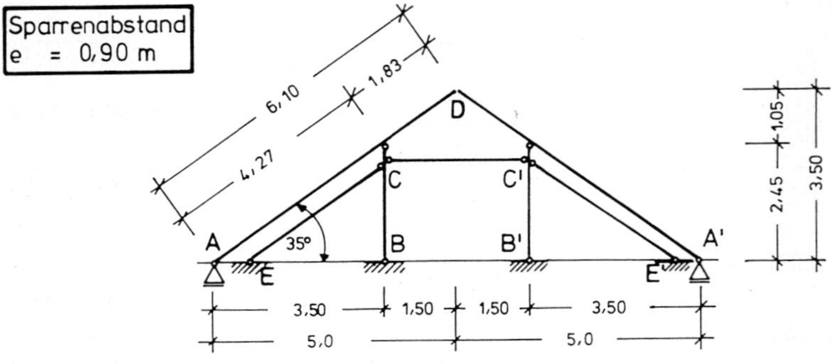

Abb. 15.32. Abgestrebtes Pfettendach

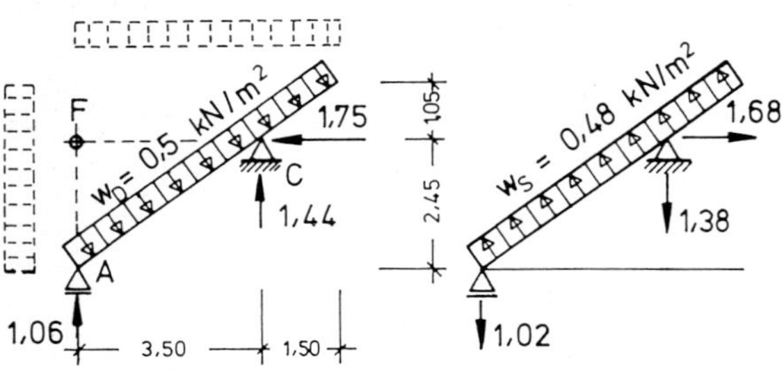

Q- und M-Fläche wie Abb. 15.23d

Abb. 15.33. Lagerreaktionen für Windlast

Winddruck nach Abb. 15.33:

$$\Sigma H = 0\text{: } H_C = 0{,}5 \cdot 3{,}5 \qquad = 1{,}75\,\text{kN}$$

$$\Sigma M_C = 0\text{: } A_V = 0{,}5 \cdot 6{,}1 \cdot (6{,}1/2 - 1{,}83)/3{,}5 \qquad = 1{,}06\,\text{kN}$$

$$\Sigma M_F = 0\text{: } C_V = \{0{,}5 \cdot [5^2/2 - 3{,}5 \cdot (3{,}5/2 - 1{,}05)]\}/3{,}5 \qquad = 1{,}44\,\text{kN}$$

Kontrolle: $\Sigma V = 0{,}5 \cdot 5{,}0 - 1{,}06 - 1{,}44 \qquad = 0$

Windsog: Umrechnungsfaktor $\mu = -0{,}48/0{,}50 = -0{,}96$

Spannungsnachweise siehe „Strebenloses Pfettendach"
Bemessung der Mittelpfette
Der Lastermittlung wird das System gemäß Abb. 15.20c bzw. 15.33 zugrunde gelegt.

Belastung der Mittelpfette:

Eigenlast nach Abb. 15.23	q_z	$= 3{,}05\,\text{kN/m}$
Schneelast nach Abb. 15.23	q_z	$= 2{,}33\,\text{kN/m}$
Windlast*	$q_z = 1{,}44/1{,}25$*	$= 1{,}15\,\text{kN/m}$
	$q_y = 1{,}75/1{,}25$*	$= 1{,}40\,\text{kN/m}$

* Erhöhungsfaktor 1,25 für „einzelnes Tragglied" wird getilgt, vgl. „strebenloses Pfettendach".

Kombinationen nach Tafel 14.0:

a)	Lastfall H	$q_z = 3{,}05 + 2{,}33$	$= 5{,}38\,\text{kN/m}$
b1)	Lastfall HZ	$q_z = 5{,}38 + 1{,}15$	$= 6{,}53\,\text{kN/m}$
		q_y	$= 1{,}40\,\text{kN/m}$
b2)	Lastfall H	$q_z = 5{,}38 + 1{,}15/2$	$= 5{,}96\,\text{kN/m}$
		$q_y = 1{,}40/2$	$= 0{,}70\,\text{kN/m}$
b3)	Lastfall H	$q_z = 3{,}05 + 2{,}33/2 + 1{,}15$	$= 5{,}37\,\text{kN/m}$
		q_y	$= 1{,}40\,\text{kN/m}$

Kombination a ist nicht maßgebend, obwohl $6{,}53/5{,}38 = 1{,}21 < 1{,}25$, jedoch nur einachsige Biegung.

Für den Vergleich der Kombinationen b1 bis b3 wird die Gleichung für erf W_y verwendet:

$$\text{erf}\, W_y = \frac{1}{\text{zul}\,\sigma_B}\left(\frac{q_z l_z^2}{8} + \frac{h}{b}\,\frac{q_y l_y^2}{8}\right) \quad \text{vgl. Gl. (10.20)} \qquad (15.5\text{a})$$

mit

$$h/b \approx 1{,}6 \text{ (geschätzt)}$$
$$l_y/l_z = 4{,}0/2{,}4 = 1{,}67 \quad \text{(Abb. 15.34)}$$
$$k = \frac{l_z^2}{8\,\text{zul}\,\sigma_B}$$

vereinfacht sich Gl. (15.5a) zu

$$\text{erf}\, W_y = k\,(q_z + 4{,}44\,q_y) \quad [162] \qquad (15.5\text{b})$$

Die Auswertung des Klammerausdruckes ergibt, daß die Kombination b1 gewählt werden darf.

Bemessung somit für NH II (S10), Lastfall HZ:

$$M_y = q_z \cdot l_z^2/8 = 6{,}53 \cdot 2{,}4^2/8 = 4{,}70\,\text{kNm}$$

Statisches System nach Abb. 15.20f und Abb. 15.34.

$$M_z = q_y \cdot l_y^2/8 = 1{,}40 \cdot 4{,}0^2/8 = 2{,}80\,\text{kNm}$$

Geschätzt: $h/b \approx 1{,}6$

$$\text{erf}\, W_y = \frac{M_y + k \cdot M_z}{\text{zul}\,\sigma_B} = \frac{(4700 + 1{,}6 \cdot 2800) \cdot 10^3}{10 \cdot 1{,}25} = 735 \cdot 10^3\,\text{mm}^3$$

Gewählt 12/20

mit $W_y = 800 \cdot 10^3\,\text{mm}^3$; $W_z = 480 \cdot 10^3\,\text{mm}^3$

$$\sigma = 4700/800 + 2800/480 = 5{,}88 + 5{,}83 = 11{,}7\,\text{N/mm}^2$$

$$\frac{11{,}7}{1{,}25 \cdot 10} = 0{,}94 < 1$$

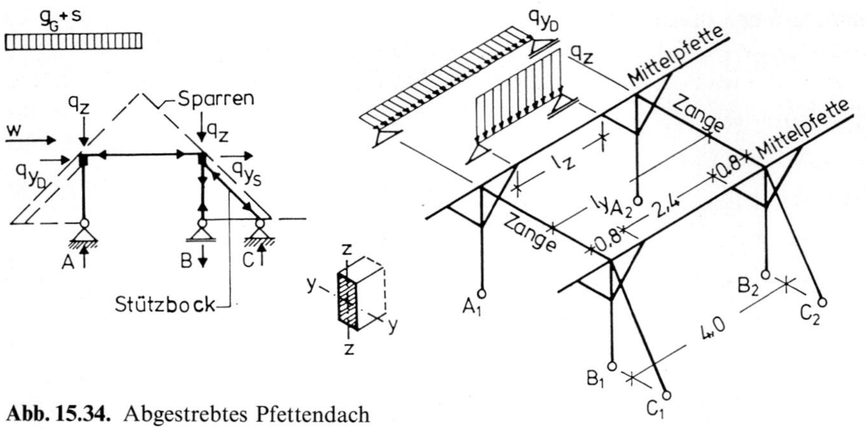

Abb. 15.34. Abgestrebtes Pfettendach

Durchbiegung:

$$f_z = \frac{100 \cdot 5{,}88 \cdot 2{,}4^2}{4{,}8 \cdot 200} = 3{,}5\,\text{mm} \quad \text{vgl. Gl. (10.13)}$$

$$f_y = \frac{100 \cdot 5{,}83 \cdot 4{,}0^2}{4{,}8 \cdot 120} = 16{,}2\,\text{mm}$$

$$f = \sqrt{3{,}5^2 + 16{,}2^2} = 16{,}6\,\text{mm} < 4000/200 = 20\,\text{mm}$$

Bemessung der Kopfbänder und Pfosten für Gleichlast $q = 6{,}53\,\text{kN/m}$ im Lastfall HZ in Anlehnung an „einstieliges Pfettendach".

Stütze 12/14	mit Schwellenlagerung

$$N = 6{,}53 \cdot 4{,}0 \cdot 26{,}1\,\text{kN}$$

$$\sigma_{D\perp} = \frac{26{,}1 \cdot 10^3}{120 \cdot 140} = 1{,}6\,\text{N/mm}^2 \qquad \frac{1{,}6}{1{,}25 \cdot 2} = 0{,}64 < 1$$

Windbock nach Abb. 15.20f und Abb. 15.34:
Doppelzange:

$$N = -1{,}4 \cdot 4{,}0 = -5{,}6\,\text{kN}$$

$$s_k = 2 \cdot 1{,}50 = 3{,}0\,\text{m} \quad \text{vgl. Abb. 15.32.}$$

Gewählt 2 × 7/10	ohne Zwischenhölzer mit $A = 140 \cdot 10^2\,\text{mm}^2$

$$\lambda = \frac{3000}{0{,}289 \cdot 70} = 149 < 150 \rightarrow \omega = 6{,}66$$

$$\text{zul}\,\sigma_k = 8{,}5/6{,}66 = 1{,}28\,\text{N/mm}^2 \quad -6.2.2-$$

$$\sigma_{D\parallel} = 5{,}6 \cdot 10^3/(140 \cdot 10^2) = 0{,}4\,\text{N/mm}^2 \qquad 0{,}4/1{,}28 = 0{,}31 < 1$$

Konstruktion nach Abb. 15.21a oder c (ohne Spannbalken).

Spannbalken als Alternative:
Konstruktiv $\geqq 7/10$, damit $\lambda < 150$, vgl. Doppelzange.
Gegebenenfalls ist – auch für die Doppelzange – eine Mannlast $F = 1{,}0\,\text{kN}$ zu berücksichtigen.

Strebe nach Abb. 15.34 und 15.35:

$$\left.\begin{array}{ll}\text{aus Winddruck:} & q_{yD} = 1{,}75/1{,}25 = 1{,}40\,\text{kN/m} \\ \text{aus Windsog:} & q_{yS} = 1{,}68\,\text{kN/m}\end{array}\right\} \text{vgl. Abb. 15.33}$$

$$q_y = 3{,}08\,\text{kN/m}$$

$$H = 3{,}08 \cdot 4{,}0 = 12{,}3\,\text{kN}$$

$$S = \frac{H}{\cos 35^\circ} = \frac{12{,}3}{0{,}8192} = 15{,}0\,\text{kN}$$

$$s_k \approx \frac{3{,}20}{0{,}8192} = 3{,}91\,\text{m}$$

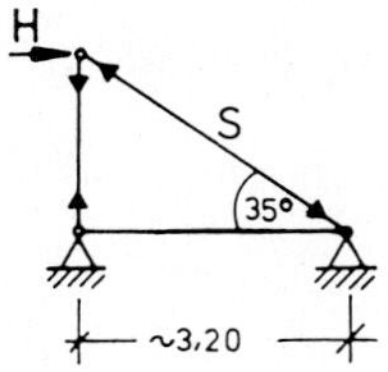

Abb. 15.35

Gewählt 14/10

entsprechend Stützenbreite, $W = 233 \cdot 10^3\,\text{mm}^3$

Anschluß beidseitig mit Stirnversatz, deshalb Ausmittigkeit in Rechnung stellen!

$$\lambda = \frac{3910}{0{,}289 \cdot 100} = 135 \rightarrow \omega = 5{,}47$$

$$\text{zul}\,\sigma_k = 8{,}5/5{,}47 = 1{,}55\,\text{N/mm}^2$$

Versatz: $\text{erf}\,t_V = \dfrac{15{,}0 \cdot 10^3}{7 \cdot 140} = 15{,}3\,\text{mm} \approx 15\,\text{mm}$

Ausmitte: $e = \dfrac{100}{2} - \dfrac{15}{2} = 42{,}5\,\text{mm}$ s. Abb. 5.16b

$$\sigma_{D\|} = 15{,}0 \cdot 10^3/(140 \cdot 10^2) = 1{,}1\,\text{N/mm}^2; \qquad \sigma_B = \frac{15{,}0 \cdot 10^3 \cdot 42{,}5}{233 \cdot 10^3}$$

$$= 2{,}7\,\text{N/mm}^2$$

$$1{,}1/1{,}55 + 2{,}7/10 = 0{,}98 < 1$$

Anschluß der Druckstrebe mit Stirnversatz und Laschen aus Holz oder verzinktem Blech – zur Lagesicherung mit $n \geqq 4$ Nägeln –, siehe z. B. Abb. 15.21c und e.

Alternativ können die Windlasten auf der Luv- und Leeseite auch nach Abb. 15.20e durch getrennte Böcke je für sich aufgenommen werden. Dann muß die Zugstrebe zugfest angeschlossen werden, siehe z. B. Abb. 15.21.

15.2.4 Zweistieliges Pfettendach mit Firstgelenk

Die Sparren werden auf Biegung mit Längskraft beansprucht. Das Tragsystem der Konstruktion gemäß Abb. 15.36 ist ein gemischtes System aus Pfetten- und Kehlbalkendach. Die Berechnung kann näherungsweise nach [163] durchgeführt werden, vgl. Systeme nach Abb. 15.37.

System a): Horizontalschub aus Sparrenlängskräften wird in die Deckenscheibe eingeleitet durch Sparrenpfettenanker nach Abb. 15.21 d2 und Abb. 15.36 Punkt IV.

System b): Äußere Horizontallasten werden durch die Scheibe bzw. den Verband in Kehlbalkenebene in Giebel- und Zwischenquerwände geleitet.

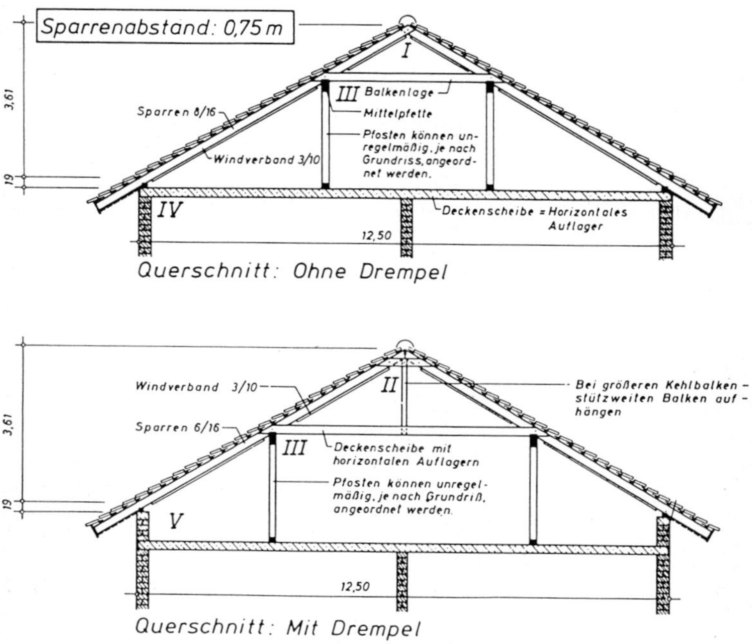

Abb. 15.36. Zweistieliges Pfettendach mit Firstgelenk nach [144]
(Fortsetzung der Abb. s. nächste Seite)

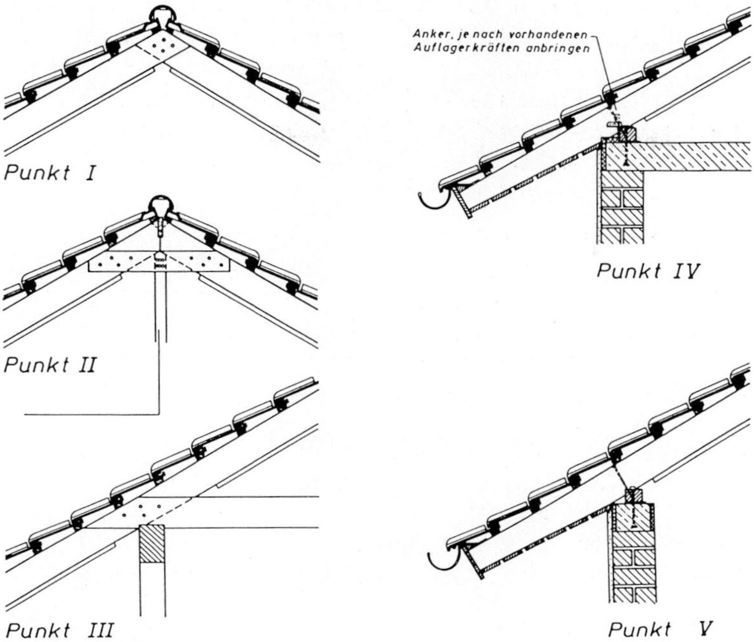

Abb. 15.36. Fortsetzung [144]

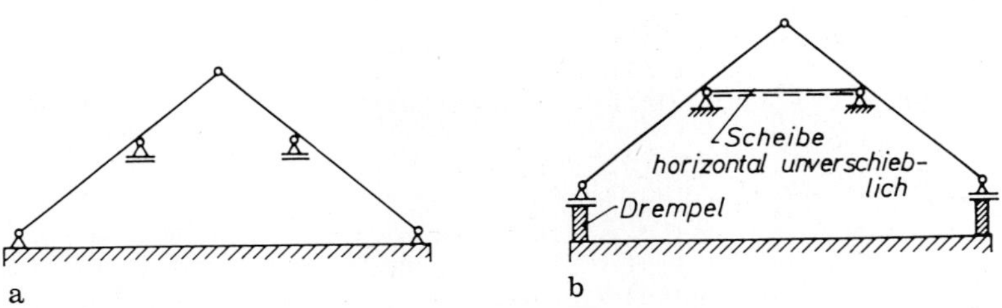

Abb. 15.37. Statisches System der Dachkonstruktion nach Abb. 15.36 [144]

15.2.5 Zweistieliges Pfettendach mit tragender Firstpfette

Eine als tragend in Rechnung gestellte Firstpfette setzt möglichst unnachgiebige Lagerung im Binder voraus. Zu empfehlen ist eine Binderkonstruktion nach Abb. 15.38 mit Abstrebung, durch die lotrechte Lasten aus der Firstpfette planmäßig aufgenommen werden.

Die Sparren können näherungsweise als durchlaufende Träger bemessen werden.

Konstruktion an der Mittelpfette nach Abb. 15.3f, um Querschnittsschwächungen zu vermeiden. Geringfügige Normalkräfte erhalten sie aus Wind im Firstdreieck nach Abb. 15.39 (Dreigelenkstabwerk als Näherung).

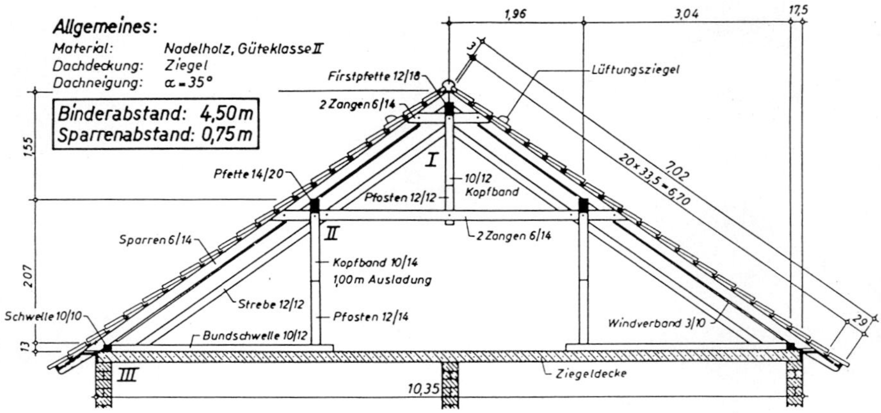

Abb. 15.38. Zweistieliges Pfettendach mit tragender Firstpfette [144]

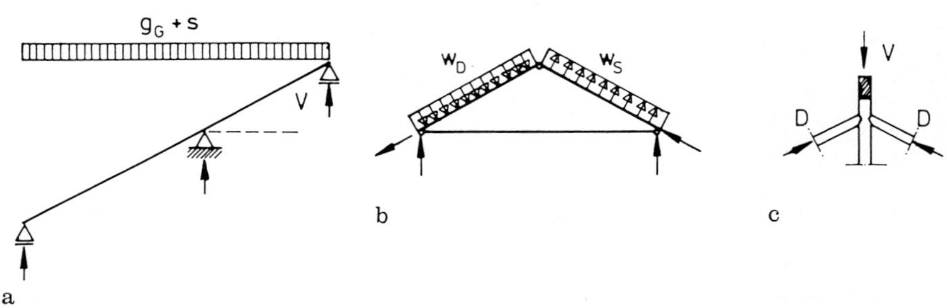

Abb. 15.39. Vereinfachtes statisches System für ein zweistieliges Pfettendach mit tragender Firstpfette

Die Firstpfette wird in der Regel nur für vertikale Lasten V nach Abb. 15.39a bemessen. Die Auflagerkraft V wird dann gemäß Abb. 15.39c durch die Streben in die Deckenscheibe geleitet.

Alles weitere siehe „abgestrebtes Pfettendach".

15.2.6 Vor- und Nachteile der Pfettendächer

Vorteile: Der Einbau großer Dachgauben ist ohne weiteres möglich, vgl. Abb. 15.40.

Nachteile: Stützen und Kopfbänder können den Dachausbau stören.

Stützen sollten möglichst über Wänden angeordnet werden, damit zusätzliche Beanspruchungen der Decke infolge hoher Einzellasten entfallen.

Einzelheiten der Konstruktion von Dachgauben s. Abb. 15.41. Abmessungen möglichst an Lattenteilung des Hauptdaches anpassen. Falls nicht möglich, können verkürzte Ziegel angefertigt werden.

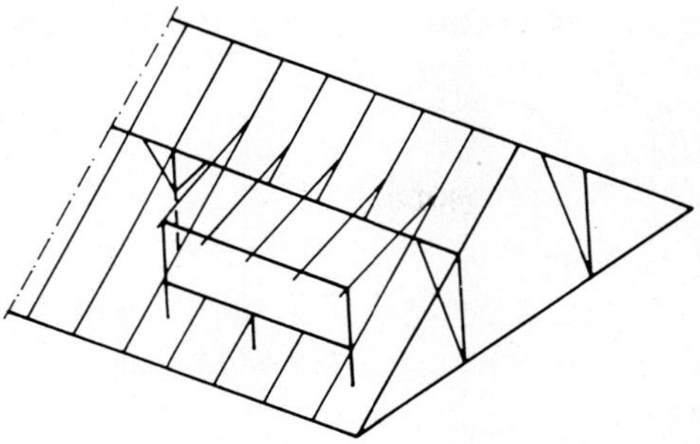

Abb. 15.40. Strebenloses Pfettendach mit Dachausbau

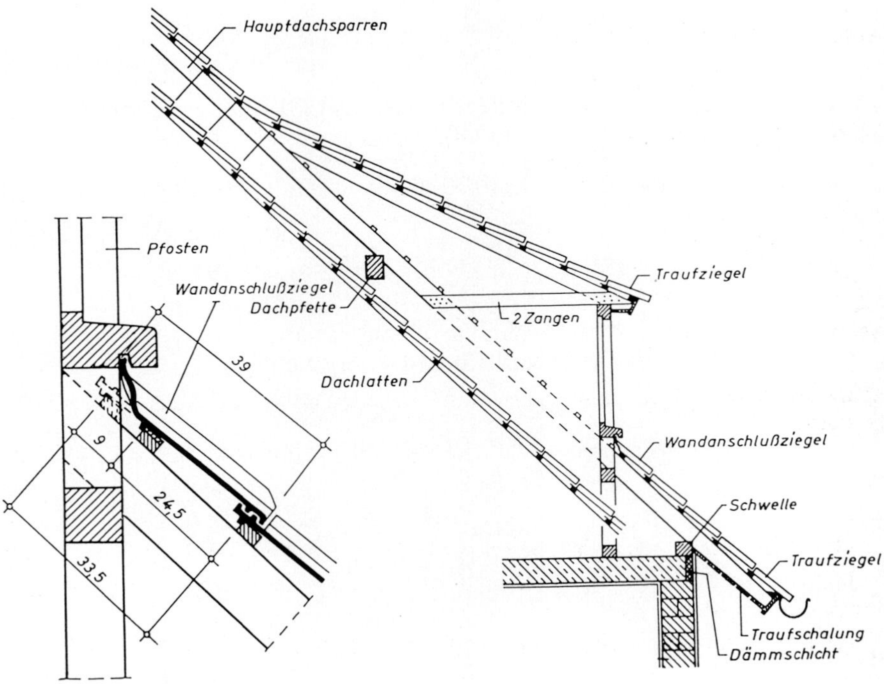

Abb. 15.41. Gaubenanschlüsse [144]

15.2.7 Berechnung eines einstieligen Pfettendaches nach EC 5

Abmessungen des einstieligen Pfettendaches s. Abb. 15.6.

Charakteristische Werte der Einwirkungen sind der DIN 1055 zu entnehmen, vgl. Abschn. 15.2.2.1. NH S10/MS10, kurze LED, Nkl. 1 oder 2.

Überschlägige Bemessung eines inneren Sparrens
Sparrenabstand $e = 0{,}9$ m (Abb. 15.6 d)

Die Normalspannung wird vernachlässigt, vgl. Abschn. 14.6.2. Bei Vernachlässigung des Kragarmes (s. Abschn. 15.2.2.1) ist max M:

1. Lastfall: ständige Lasten + Schneelast
(mit Lastfall a) nach Tafel 14.0 vergleichbar)

$$q_{\perp,d} = (\gamma_G \cdot G_k \cdot \cos\alpha + \gamma_Q \cdot Q_k \cdot \cos^2\alpha) \cdot e$$

vgl. Gl. (2.3) und Gl. (14.11)

$$= (1{,}35 \cdot 0{,}64 \cdot 0{,}906 + 1{,}5 \cdot 0{,}75 \cdot 0{,}906^2) \cdot 0{,}9 = 1{,}54\,\text{kN/m}$$

$$\max M_d = q_{\perp,d} \cdot l_1^2/8 = 1{,}54 \cdot 4{,}97^2/8 = 4{,}76\,\text{kNm}$$

2. Lastfall: ständige Lasten + Schneelast + Windlast
(mit Lastfall b2) nach Tafel 14.0 vergleichbar)

$$q_{\perp,d} = [\gamma_G \cdot G_k \cdot \cos\alpha + \gamma_Q(Q_{k,s} \cdot \cos^2\alpha + \psi_{0,w} \cdot Q_{k,w})] \cdot e$$

vgl. Gl. (2.2) und Gl. (14.11)

Wenn Kombinationswerte ψ_i vorliegen, sollte mit Gl. (2.2) gerechnet werden, ansonsten mit den Gln. (2.3) und (2.4).

$$q_{\perp,d} = [1{,}35 \cdot 0{,}64 \cdot 0{,}906 + 1{,}5(0{,}75 \cdot 0{,}906^2 + 0{,}6 \cdot 0{,}19)] \cdot 0{,}9 = 1{,}69\,\text{kN/m}$$

$\psi_{0,w}$ vgl. Abschn. 2.11.3

$$\max M_d = 1{,}69 \cdot 4{,}97^2/8 = 5{,}22\,\text{kNm}, \quad \text{Gl. (2.4)} \rightarrow 5{,}19\,\text{kNm}$$

3. Lastfall: ständige Lasten + Windlast + Schneelast
(mit Lastfall b3) nach Tafel 14.0 vergleichbar)

$$q_{\perp,d} = [\gamma_G \cdot G_k \cdot \cos\alpha + \gamma_Q(Q_{k,w} + \psi_{0,s} \cdot Q_{k,s} \cdot \cos^2\alpha] \cdot e$$

$$= [1{,}35 \cdot 0{,}64 \cdot 0{,}906 + 1{,}5(0{,}19 + 0{,}7 \cdot 0{,}75 \cdot 0{,}906^2)] \cdot 0{,}9 = 1{,}54\,\text{kN/m}$$

$\psi_{0,s}$ vgl. Abschn. 2.11.3

$$\max M_d = 1{,}54 \cdot 4{,}97^2/8 = 4{,}76\,\text{kNm}$$

Gewählt: 8/18 mit $W = 432 \cdot 10^3\,\text{mm}^3$, $I = 3888 \cdot 10^4\,\text{mm}^4$

vgl. Abschn. 15.2.2.1

Spannungsnachweis:
Maßgebend für den Biegespannungsnachweis ist die Kombination 2.

Gl. (10.51): $$\frac{M_d/W}{k_{ls} \cdot f_{m,d}} \leqq 1 \quad k_{ls} = 1{,}1 \text{ nach Tafel 14.11} \qquad (15.5c)$$

Gl. (2.5): $$f_{m,d} = \frac{0{,}9}{1{,}3} \cdot 24 = 16{,}6\,\text{N/mm}^2$$

mit $k_{mod} = 0{,}9$ vgl. Tafel 2.9

$\gamma_M = 1{,}3$ vgl. Tafel 2.6

$$\frac{5220 \cdot 10^3/(432 \cdot 10^3)}{1{,}1 \cdot 16{,}6} = 0{,}66 < 1$$

Vergleich mit DIN 1052:

$$\text{erf}\, W(\text{EC 5}) = 5220 \cdot 10^3/(1{,}1 \cdot 16{,}6) = 286 \cdot 10^3\,\text{mm}^3$$

$$\text{erf}\, W(\text{DIN}) = 333 \cdot 10^3\,\text{mm}^3 \qquad \text{vgl. Abschn. 15.2.2.1}$$

Durchbiegungsnachweise:

$$q_{\perp,\text{d}} = (G_\text{k} \cdot \cos\alpha + Q_{\text{k,s}} \cdot \cos^2\alpha + \psi_{1,\text{w}} \cdot Q_{\text{k,w}}) \cdot e \qquad \text{vgl. Gl. (2.6)}$$

Kombinationsbeiwerte s. Abschn. 2.11.7

$$q_{\perp,\text{d}} = (0{,}64 \cdot 0{,}906 + 0{,}75 \cdot 0{,}906^2 + 0{,}5 \cdot 0{,}19) \cdot 0{,}9 = 1{,}161\,\text{kN/m}$$

veränderliche Lasten

$$p_{\perp,\text{d}} = (0{,}75 \cdot 0{,}906^2 + 0{,}5 \cdot 0{,}19) \cdot 0{,}9 = 0{,}640\,\text{kN/m}$$

ständige Last

$$g_{\perp,\text{d}} = 0{,}64 \cdot 0{,}906 \cdot 0{,}9 = 0{,}522\,\text{kN/m}$$

Elastische Durchbiegung (Anfangsdurchbiegung) infolge veränderlicher Einwirkung:

$$f_\text{p} = \frac{p_{\perp,\text{d}} \cdot l^2}{32 \cdot E_{0,\text{mean}} \cdot I}\left(\frac{5}{12} l^2 - l_\text{K}^2\right) \qquad \text{vgl. S. 4.4 in [36]}$$

$(f_\text{max} \approx f_\text{Mitte})$

$$f_\text{p} = \frac{0{,}640 \cdot 4{,}97^2 \cdot 10^6}{32 \cdot 11\,000 \cdot 3888 \cdot 10^4}\left(\frac{5}{12} \cdot 4{,}97^2 \cdot 10^6 - 0{,}88^2 \cdot 10^6\right)$$

$$= 11{,}0\,\text{mm} < l/300 = 4970/300 = 16{,}6\,\text{mm} \qquad \text{vgl. Abschn. 10.7.5}$$

$$k_{\text{def},2} = 0 \qquad \text{vgl. Tafel 2.12}$$

Enddurchbiegung:

$$f_{\text{q,fin}} = f_\text{p}\left[\frac{g_{\perp,\text{d}}}{p_{\perp,\text{d}}}(1 + k_{\text{def},1}) + (1 + k_{\text{def},2})\right] \qquad \text{vgl. Abschn. 10.7.5}$$

$$k_{\text{def},1} = 0{,}60 \qquad \text{vgl. Tafel 2.12}$$

$$f_{\text{q,fin}} = 11{,}0 \cdot \left[\frac{0{,}522}{0{,}640}(1 + 0{,}60) + 1\right]$$

$$= 25{,}4\,\text{mm} > l/200 = 4970/200 = 24{,}9\,\text{mm!}$$

mit $u_0 = 0$ (ohne Überhöhung)

Die Grenzwerte der Durchbiegungen nach EC 5 sind Empfehlungen, so daß kleinere Überschreitungen bei den Enddurchbiegungen zugelassen werden können.

Verankerung der Sparren an der Traufe gegen Windsog
Der Bemessungswert der resultierenden Einwirkung in Sogrichtung F_d darf den Bemessungswert des Ausziehwiderstandes R_d, z.B. von Sondernägeln (SNä), nicht überschreiten.

$$F_d / R_d \leqq 1 \qquad (15.5\text{d})$$

mit

$$F_d = 1{,}35^{1} \cdot S_{\perp \text{Sog}} - 1{,}0 \cdot S_{\perp \text{GD}} \quad \text{vgl. Abb. 15.8} \qquad (15.5\text{e})$$

Teilsicherheitsbeiwerte siehe Tafel 2.5

$S_{\perp \text{Sog}}$ charakteristischer Wert des Auflagerkraftanteils aus Wind unter Berücksichtigung der Windsogspitzen

$S_{\perp \text{GD}}$ charakteristischer Wert des Auflagerkraftanteils aus der Eigenlast des trockenen Daches ($G_{k,\text{inf}}$)

Aus Gl. (15.5d) folgt mit Gl. (15.5e) die Bemessungsgleichung

$$R_d \geqq 1{,}35 \cdot S_{\perp \text{Sog}} - 1{,}0 \cdot S_{\perp \text{GD}} \qquad (15.5\text{f})$$

a) Berechnung für Sparren 1 (Abb. 15.6d, e, f)
Bestimmung der charakteristischen Werte $S_{\perp \text{Sog}}$, $S_{\perp \text{GD}}$ s. Abschn. 15.2.2.1:

$$S_{\perp \text{Sog}} = 4{,}39\,\text{kN}, \quad S_{\perp \text{GD}} = 1{,}56^{2)}\,\text{kN}$$

Gewählt: 2 SNä 5,1 × 260 Tragfähigkeitsklasse III, nebeneinander

Einschlagtiefe $l \approx 260 - 160 = 100\,\text{mm}$ s. Abb. 15.9
Gewindelänge $l_w = 80\,\text{mm} > 8\,\text{d} = 40{,}8\,\text{mm}$

$$\text{Gln. (6.12i, k):} \quad R_d = \min \begin{cases} f_{1,d} \cdot d \cdot l_w = 6{,}11 \cdot 5{,}1 \cdot 80 = 2493\,\text{N} \\ f_{2,d} \cdot d^2 \quad = 73{,}3 \cdot 5{,}1^2 \quad = 1907\,\text{N} \end{cases}$$

Für SNä sollte angenommen werden, daß nur der profilierte Schaftteil zur Kraftübertragung beiträgt.

$$f_{1,k} = 50 \cdot 10^{-6} \cdot 380^2 = 7{,}22\,\text{N/mm}^2,$$

$$f_{2,k} = 600 \cdot 10^{-6} \cdot 380^2 = 86{,}6\,\text{N/mm}^2 \qquad \text{vgl. Tafel 6.14C}$$

$$f_{1,d} = \frac{1{,}1}{1{,}3} \cdot 7{,}22 = 6{,}11\,\text{N/mm}^2, \quad k_{\text{mod}}{}^{3)} = 1{,}1 \qquad \text{vgl. Tafel 2.9}$$

$$f_{2,d} = \frac{1{,}1}{1{,}3} \cdot 86{,}6 = 73{,}3\,\text{N/mm}^2$$

$$\min R_d = 1{,}91\,\text{kN}$$

$$R_d = 2 \cdot 1{,}91 = 3{,}82\,\text{kN} < 1{,}35 \cdot 4{,}39 - 1{,}0 \cdot 1{,}56 = 4{,}37\,\text{kN!}$$

vgl. Gl. (15.5f)

---

[1] Reduzierter Teilsicherheitsbeiwert (Wind plus Windsogspitzen) nach EC 5, Tab. 2.3.3.1, Empfehlung.
[2] Abminderungsfaktor 0,8 nach DIN 1055 wurde beibehalten.
[3] Im EC 5 für Windsogspitzen nicht ausgewiesen, Empfehlung.

Neu gewählt: 2 SNä 6,0 × 260, III

$$R_d = \min \begin{cases} 6{,}11 \cdot 6{,}0 \cdot 80 = 2933\,\text{N} \\ 73{,}3 \cdot 6{,}0^2 \quad = 2639\,\text{N} \end{cases}$$

$$\min R_d = 2{,}64\,\text{kN}$$

$$R_d = 2 \cdot 2{,}64 = 5{,}28\,\text{kN} > 4{,}37\,\text{kN} = F_d$$

Schwellenverankerung am Streichsparren der Giebelwand (Abb. 15.9):

Gewählt: M 16 Festigkeitsklasse 4.6

Vertikal: $R_d^V \geqq 1{,}35 \cdot 4{,}39 \cdot 0{,}906 - 1{,}0 \cdot 1{,}72 = 3{,}65\,\text{kN}$

$$\text{Grenzzugkraft } R_d = \min \begin{cases} A_{Sch} \cdot f_{y,b,k}/(1{,}1 \cdot \gamma_M) \\ A_{Sp} \cdot f_{u,b,k}/(1{,}25 \cdot \gamma_M) \end{cases}$$ vgl. S. 8.72 in [36]

$$R_d = \min \begin{cases} 2{,}01 \cdot 10^2 \cdot 240/(1{,}1 \cdot 1{,}1) \quad = 39{,}9 \cdot 10^3\,\text{N} = 39{,}9\,\text{kN} \\ 1{,}57 \cdot 10^2 \cdot 400/(1{,}25 \cdot 1{,}1) = 45{,}7 \cdot 10^3\,\text{N} = 45{,}7\,\text{kN} \end{cases}$$

$$\min R_d = 39{,}9\,\text{kN}$$ vgl. Tafel 8.73a in [36]

$$R_d^V = \min R_d = 39{,}9\,\text{kN} > 3{,}65\,\text{kN}$$

Horizontal: $R_d^H \geqq 1{,}35 \cdot 4{,}39 \cdot \sin 25° = 2{,}51\,\text{kN}$

Annahme: Verankerung in der Decke entspricht einer einschnittigen Stahlblech/Holz-Verbindung mit dickem Stahlblech

$$R_d = \min \begin{cases} 1{,}1 \cdot f_{h,1,d} \cdot t_1 \cdot d \cdot \left[\sqrt{2 + \dfrac{4 \cdot M_{y,d}}{f_{h,1,d} \cdot d \cdot t_1^2}} - 1\right] \\ 1{,}5 \cdot \sqrt{2 \cdot M_{y,d} \cdot f_{h,1,d} \cdot d} \end{cases}$$ vgl. Gln. (6.7 n, o)

mit

$$f_{h,1} = \frac{k_{mod,1}}{\gamma_M} \cdot f_{h,1,k}$$ vgl. Gl. (2.5)

$$f_{h,1,k} = 0{,}082\,(1 - 0{,}01 \cdot 16) \cdot 380 = 26{,}2\,\text{N/mm}^2$$ vgl. Gl. (6.7 u)

$$f_{h,90,k} = \frac{26{,}2}{(1{,}35 + 0{,}015 \cdot 16) \cdot 1 + 0} = 16{,}5\,\text{N/mm}^2$$ vgl. Gl. (6.7 w)

$$f_{h,1,d} = \frac{1{,}1}{1{,}3} \cdot 16{,}5 = 14{,}0\,\text{N/mm}^2$$

$$M_{y,k} = 0{,}8 \cdot 400 \cdot 16^3/6 = 218 \cdot 10^3\,\text{Nmm} = 0{,}218\,\text{kNm}$$ vgl. Gl. (6.7 t)

$$M_{y,d} = \frac{218 \cdot 10^3}{1{,}1} = 198 \cdot 10^3\,\text{Nmm}$$

$$R_d = \min \begin{cases} 1{,}1 \cdot 14{,}0 \cdot 120 \cdot 16 \left[\sqrt{2 + \dfrac{4 \cdot 198 \cdot 10^3}{14{,}0 \cdot 16 \cdot 120^2}} - 1 \right] & = 14{,}7 \cdot 10^3\,\text{N} \\ 1{,}5 \cdot \sqrt{2 \cdot 198 \cdot 10^3 \cdot 14{,}0 \cdot 16} & = 14{,}1 \cdot 10^3\,\text{N} \end{cases}$$

$$\min R_d = 14{,}1\,\text{kN}$$

$$R_d^H = \min R_d = 14{,}1\,\text{kN} > 2{,}51\,\text{kN}$$

Verankerung kann auch ohne Nachweis konstruktiv nach Abschn. 14.5.4, konstruktive Maßnahmen c), d), ausgeführt werden.

b) Berechnung für Sparren 3 (Abb. 15.6d, e, f und 15.8):
Charakteristische Werte $S_{\perp \text{Sog}}$, $S_{\perp \text{GD}}$ s. Abschn. 15.2.2.1:

$$S_{\perp \text{Sog}} = 2{,}09\,\text{kN}, \quad S_{\perp \text{GD}} = 1{,}45\,\text{kN}$$

$$R_d \geqq 1{,}35 \cdot 2{,}09 - 1{,}0 \cdot 1{,}45 = 1{,}37\,\text{kN}$$

Gewählt: 1 SNa 6,0 × 260

$$\min R_d = 2{,}64\,\text{kN} \quad \text{(vgl. Sparren 1)}$$

$$R_d = 2{,}64 \geqq 1{,}37\,\text{kN}$$

Weitere konstruktive Hinweise s. Abschn. 15.2.2.1.

Berechnung der Firstpfette (Abb. 15.10)
Die Firstpfette wird nur durch lotrechte Lasten gemäß Abb. 15.6a beansprucht. Maßgebend ist der Lastfall ständige Lasten plus Schneelast. Die Auflagerresultierende aus Wind auf der Luv- und Leeseite wirkt entlastend.

Gesamtlast: $q_d = 1{,}35 \cdot 0{,}71 + 1{,}5 \cdot 0{,}75 \quad = 2{,}08\,\text{kN/m}^2\,\text{G}$

Pfette: $q_d = 2 \cdot 2{,}08 \dfrac{5{,}3}{4{,}5} \left(\dfrac{5{,}3}{2} - 0{,}8 \right) \quad = 9{,}06\,\text{kN/m}$

$+$ Pfetteneigenlast $1{,}35 \cdot 0{,}14 = 0{,}19\,\text{kN/m}$

$9{,}25\,\text{kN/m}$

Berechnung als Einfeldträger mit $l = 2{,}5\,\text{m}$, vgl. Abschn. 15.2.2.1.

Biegemoment: $\max M_d = 9{,}25 \cdot \dfrac{2{,}5^2}{8} = 7{,}23\,\text{kNm}$

Gewählt 12/16 mit $W = 512 \cdot 10^3\,\text{mm}^3$, $I = 4096 \cdot 10^4\,\text{mm}^4$

Spannungsnachweis: $\dfrac{M_d/W}{f_{m,d}} = \dfrac{7230 \cdot 10^3/(512 \cdot 10^3)}{16{,}6} = 0{,}85 < 1$

vgl. Sparrenbemessung

Durchbiegungsnachweise:
veränderliche Einwirkung

$$p_d = 2 \cdot 0{,}75 \cdot \frac{5{,}3}{4{,}5} \left(\frac{5{,}3}{2} - 0{,}8 \right) = 3{,}27\,\text{kN/m}$$

ständige Last

$$g_d = 2 \cdot 0{,}71 \cdot \frac{5{,}3}{4{,}5}\left(\frac{5{,}3}{2} - 0{,}8\right) + 0{,}14 = 3{,}09 + 0{,}14 = 3{,}23\,\text{kN/m}$$

Elastische Durchbiegung (Anfangsdurchbiegung) infolge veränderlicher Einwirkung:

$$f_p = \frac{5 \cdot 3{,}27 \cdot 2{,}5^4 \cdot 10^{12}}{384 \cdot 11\,000 \cdot 4096 \cdot 10^4} = 3{,}7\,\text{mm} < l/300 = 2500/300 = 8{,}3\,\text{mm}$$

$k_{\text{def},2} = 0$ vgl. Tafel 2.12

Enddurchbiegung nach Abschn. 10.7.5:

$$f_{q,\text{fin}} = 3{,}7 \cdot \left[\frac{3{,}23}{3{,}27} \cdot 1{,}6 + 1\right] = 9{,}5\,\text{mm} < l/200 = 12{,}5\,\text{mm}$$

mit $k_{\text{def},1} = 0{,}6$ und $u_0 = 0$ (ohne Überhöhung)

Die Bemessung der Kopfbänder und Streben erfolgt vereinfacht mit dem System nach Abb. 15.11, aber mit $q_d = 9{,}25\,\text{kN/m}$.

Umrechnungsfaktor $\mu = \dfrac{9{,}25}{6{,}5} = 1{,}42$

Pfettenstoß nach Abb. 15.13 a2 und a3 mit Laschen 3/10, Nä 38 × 100, nicht vorgebohrt

$Z_d = 1{,}42 \cdot 7{,}65 = 10{,}9\,\text{kN}$ vgl. Abschn. 15.2.2.1

$\text{erf}\, n = Z_d/R_d = 10{,}9/0{,}784 = 13{,}9$ Nägel

$\min R_d = 0{,}784\,\text{kN}$ vgl. Gl. (6.7d)

Variante a2: 2 seitliche Laschen je 7 Nä 38 × 100

Variante a3: 1 untere Lasche mit 14 Nä 38 × 100 (DIN: 15 Nägel)

Kopfbänder: gewählt 12/8

Bemessung nach $D_{2,d} = 1{,}42 \cdot 20{,}6 = 29{,}3\,\text{kN}$ vgl. Abschn. 15.2.2.1

Knicklänge: $s_k = 1{,}0 \cdot \sqrt{2} = 1{,}41\,\text{m}$

$$\lambda_z = \frac{1410}{0{,}289 \cdot 80} = 61{,}0$$

Gl. (8.29): $\lambda_{\text{rel},z} = \dfrac{61{,}0}{\pi}\sqrt{\dfrac{21}{7400}} = 1{,}03 > 0{,}5$

Gl. (8.31): $k_z = 0{,}5\,[1 + 0{,}2\,(1{,}03 - 0{,}5) + 1{,}03^2] = 1{,}08$

Gl. (8.30): $k_{c,z} = \dfrac{1}{1{,}08 + \sqrt{1{,}08^2 - 1{,}03^2}} = 0{,}712$

Gl. (2.5): $f_{c,0,d} = \dfrac{0{,}9}{1{,}3} \cdot 21 = 14{,}5\,\text{N/mm}^2$ vgl. Tafel 2.6, 2.9 und 2.10

Versatztiefe: $\text{erf}\, t_v = \dfrac{29{,}3 \cdot 10^3}{11{,}6 \cdot 120} = 21{,}0\,\text{mm}$ vgl. Tafel 5.7

Ausmittigkeit (Abb. 5.17): $e = 80/2 - 21{,}0/2 = 29{,}5\,\text{mm}$

$$M_{z,d} = 29{,}3 \cdot 0{,}0295 = 0{,}864\,\text{kNm}$$

Stabilitätsnachweis:

Gl. (11.14): $$\frac{29{,}3 \cdot 10^3/(96 \cdot 10^2)}{0{,}712 \cdot 14{,}5} + \frac{864 \cdot 10^3/(128 \cdot 10^3)}{16{,}6} = 0{,}70 < 1$$

Stützen 2,2′ (Abb. 15.11): gewählt 12/16 wegen beidseitigen Versatzes

$$\text{vorh}\, t_V = 21{,}0\,\text{mm} < 160/6 = 27\,\text{mm}$$

$$V_{2,d} = 1{,}42 \cdot 27{,}6 = 39{,}2\,\text{kN}$$

Knicklänge: $s_{kz} = 2{,}1\,\text{m}$

$$\lambda_z = \frac{2100}{0{,}289 \cdot 120} = 61{,}0 \rightarrow k_{c,z} = 0{,}712$$

vgl. Berechnung Kopfbänder

Knicknachweis:

$$\frac{39{,}2 \cdot 10^3/(192 \cdot 10^2)}{0{,}712 \cdot 14{,}5} = 0{,}20 < 1$$

Spannungsnachweis:

$$(\lambda_{rel,y} < 0{,}5)$$

$$H_{2,d} = 1{,}42 \cdot 0{,}76 = 1{,}08\,\text{kN}$$

$$M_{y,d} = 1{,}08 \cdot 1{,}1 = 1{,}19\,\text{kNm}$$

Nettoquerschnitt für Biegung nach Abb. 15.13d ist

$$A_n = 120 \cdot (160 - 2 \cdot 21{,}0) = 142{,}0 \cdot 10^2\,\text{mm}^2$$

$$W_y \approx 288 \cdot 10^3\,\text{mm}^3$$

Gl. (11.13): $$\left(\frac{39{,}2 \cdot 10^3/(142 \cdot 10^2)}{14{,}5}\right)^2 + \frac{1190 \cdot 10^3/(288 \cdot 10^3)}{16{,}6} = 0{,}29 < 1$$

Schwellenlagerung nach Abb. 15.13 e1:
$\sigma_{c,90,d}$ häufig maßgebend für die Bemessung der Stütze.

Gl. (5.13): $\sigma_{c,90,d} \leqq k_{c,90} \cdot f_{c,90,d}$ mit $k_{c,90} = 1$ (160 mm > 150 mm)

vgl. Tafel 5.5

Gl. (2.5): $f_{c,90,d} = \dfrac{0{,}9}{1{,}3} \cdot 5{,}0 = 3{,}46\,\text{N/mm}^2$ vgl. Tafel 2.10

$$\frac{39{,}2 \cdot 10^3/(120 \cdot 160)}{1 \cdot 3{,}46} = 0{,}59 < 1$$

Strebe und Stütze 1: gewählt 12/10 und 12/8 (Abb. 15.11)

Strebe: $D_{1,\mathrm{d}} = 1{,}42 \cdot 16{,}2 = 23{,}0\,\mathrm{kN}$, $W_z = 200 \cdot 10^3\,\mathrm{mm}^3$

$$\mathrm{erf}\, t_V = \frac{23 \cdot 10^3}{11 \cdot 120} = 17{,}4\,\mathrm{mm} \qquad \text{vgl. Tafel 5.7}$$

Ausmittigkeit (Abb. 5.17): $e = 100/2 - 17{,}4/2 = 41{,}3\,\mathrm{mm}$

$$M_{z,\mathrm{d}} = 23{,}0 \cdot 0{,}0413 = 0{,}950\,\mathrm{kNm}$$

Stabilitätsnachweis:

$$s_k = \sqrt{2{,}1^2 + 1{,}0^2} = 2{,}33\,\mathrm{m}$$

$$\lambda_z = \frac{2330}{0{,}289 \cdot 100} = 80{,}6$$

Gl. (8.29): $\lambda_{\mathrm{rel},z} = \dfrac{80{,}6}{\pi} \sqrt{\dfrac{21}{7400}} = 1{,}37 > 0{,}5$

Gl. (8.31): $k_z = 0{,}5\,[1 + 0{,}2\,(1{,}37 - 0{,}5) + 1{,}37^2] = 1{,}53$

Gl. (8.30): $k_{c,z} = \dfrac{1}{1{,}53 + \sqrt{1{,}53^2 - 1{,}37^2}} = 0{,}452$

Gl. (2.5): $f_{c,0,\mathrm{d}} = \dfrac{0{,}9}{1{,}3} \cdot 21 = 14{,}5\,\mathrm{N/mm^2}$ vgl. Tafel 2.6, 2.9 und 2.10

$$f_{m,\mathrm{d}} = \frac{0{,}9}{1{,}3} \cdot 24 = 16{,}6\,\mathrm{N/mm^2}$$

Gl. (11.14): $\dfrac{23 \cdot 10^3/(120 \cdot 100)}{0{,}452 \cdot 14{,}5} + \dfrac{950 \cdot 10^3/(200 \cdot 10^3)}{16{,}6} = 0{,}58 < 1$

Stütze: Nachweis entfällt, vgl. Abschn. 15.2.2.1

Verankerung der Sparren am First gegen Windsog

Belastung und Systemabmessungen vgl. Abb. 15.6. Berechnung der charakteristischen Werte $S_{\mathrm{G\,Dach}}$ und S_{Sog} s. Abschn. 15.2.2.1.

a) Giebelsparren

$$S_{\mathrm{G\,Dach}} = 1{,}20\,\mathrm{kN} \text{ je Sparren}$$

$$S_{\mathrm{Sog}} \approx 1{,}96\,\mathrm{kN} \text{ je Sparren}$$

Gewählt: 1 SNa 6,0 × 210, III

Einschlagtiefe: $l = 210 - 140 = 70\,\mathrm{mm}$

Gln. (6.12i, k): $R_\mathrm{d} = \min \begin{cases} 6{,}11 \cdot 6{,}0 \cdot 70 = 2{,}57 \cdot 10^3\,\mathrm{N} \\ 73{,}3 \cdot 6{,}0^2 \quad = 2{,}64 \cdot 10^3\,\mathrm{N} \end{cases}$

$$\min R_\mathrm{d} = 2{,}57\,\mathrm{kN}$$

Gl. (15.5f): $2{,}57\,\mathrm{kN} > 1{,}35 \cdot 1{,}96 - 1{,}0 \cdot 1{,}2 = 1{,}45\,\mathrm{kN}$

Alternativ: 1 Sparrennagel 76 × 230 DIN 1151

Einschlagtiefe: $l = 230 - 140 = 90\,\text{mm}$

Gl. (6.12i): $R_\text{d} = f_{1,\text{d}} \cdot d \cdot l$

mit

Gl. (6.12l): $f_{1,\text{k}} = 18 \cdot 10^{-6} \cdot 380^2 = 2{,}60\,\text{N/mm}^2$

$$f_{1,\text{d}} = \frac{1{,}1}{1{,}3} \cdot 2{,}60 = 2{,}2\,\text{N/mm}^2$$

$$R_\text{d} = 2{,}2 \cdot 7{,}6 \cdot 90 = 1{,}50 \cdot 10^3\,\text{N} = 1{,}50\,\text{kN}$$

$$1{,}50\,\text{kN} > 1{,}45\,\text{kN}$$

b) Innensparren

$$S_{\text{G Dach}} = 1{,}11\,\text{kN} \text{ je Sparren}$$

$$S_\text{Sog} \approx 0{,}61\,\text{kN} \text{ je Sparren}$$

$$R_\text{d} \geqq 1{,}35 \cdot 0{,}61 - 1{,}0 \cdot 1{,}11 = -0{,}29\,\text{kN} \rightarrow \text{kein Abheben!}$$

Gewählt: 1 Sparrennagel 70 × 210 oder 2 Stichnägel nach Abb. 15.3e

Verankerung der Firstpfette in Achse 1 gegen Windsog
Vereinfachtes Belastungsschema s. Abb. 15.14.

$$S_{\text{G Dach}} \approx 4{,}20\,\text{kN}, \quad S_\text{Sog} \approx 3{,}95\,\text{kN}$$

Gl. (15.5f): $\text{erf}\,R_\text{d} \geqq 1{,}35 \cdot 3{,}95 - 1{,}0 \cdot 4{,}20 = 1{,}13\,\text{kN}$ für 1 Dachseite

$\text{erf}\,R_\text{d} \geqq 2 \cdot 1{,}13 = 2{,}26\,\text{kN}$ insgesamt, abhebend.

Die konstruktiv angeordneten Zuglaschen für Strebe und Stütze nach Abb. 15.13a und c gewährleisten die Verankerung gegen Windsog.

Hinweise zur Aufnahme der auf die Giebelflächen wirkenden Windlasten und der Stabilisierungskräfte s. Abschn. 15.2.2.1.

15.3 Sparren- und Kehlbalkendächer

15.3.1 Systeme der Sparren- und Kehlbalkendächer

Sparren- und Kehlbalkendächer sind gebräuchlich für Dachneigungen von etwa 30° bis 50°.

Das Sparrendach ist statisch bestimmt. Die einzelnen Gespärre sind Dreigelenk-Stabwerke in 0,7 m bis 1,0 m Abstand, bestehend aus je einem Sparrenpaar mit Zugband (Deckenbalken oder Stahlbetondecke).

Das Kehlbalkendach mit verschieblichem Kehlriegel ist einfach statisch unbestimmt. Jedes Sparrenpaar wird durch einen horizontalen Kehlbalken ausgesteift, der entweder nur Druckriegel oder bei ausgebautem Dachgeschoß gleichzeitig Deckenträger ist. Eine elastische Verschiebung der Punkte 4 und 5

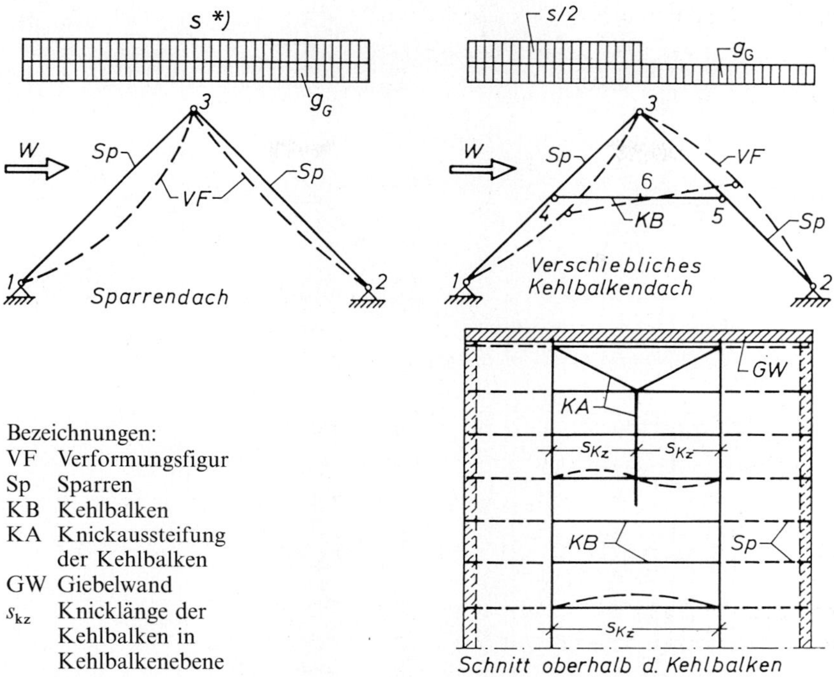

Bezeichnungen:
VF Verformungsfigur
Sp Sparren
KB Kehlbalken
KA Knickaussteifung der Kehlbalken
GW Giebelwand
s_{kz} Knicklänge der Kehlbalken in Kehlbalkenebene

*) $s/2$ maßgebend für Firstanschluß s. Abb. 15.52

Abb. 15.42. Sparrendach und verschiebliches Kehlbalkendach

gemäß Abb. 15.42 ist ungehindert möglich. Bohlen zur Knickaussteifung (KA) werden häufig in Verbindung mit je 2 Endstreben zur Verkürzung der Knicklänge s_{kz} der Kehlbalken angeordnet.

Das unverschiebliche Kehlbalkendach unterscheidet sich vom verschieblichen durch Anordnung einer zusätzlichen Horizontalabstützung in Kehlbalkenebene mit ausreichender Steifigkeit. Sie kann gemäß Abb. 15.43 als Scheibe oder Verband ausgeführt werden mit horizontaler Verankerung in den Giebel- und Zwischenwänden.

Kehlscheibe (Abb. 15.43)	Kehlverband (Fachwerk)
a) BFU oder FP-Platten (PI) b) Bretter (Br) mit zusätzlichen Diagonalen (D) in den Endfeldern. Brettstöße versetzt nach Abb. 13.7 mit Stoßlaschen im Zugbereich [164]	Gurte: Mittelbohlen s. Abb. 15.47 Vertikalen: Kehlbalken Diagonalen: Holz- oder Stahlstäbe I.d.R. werden nur die Zugdiagonalen in Rechnung gestellt.
$L^a < 2 \cdot l_K$ (15.6)	$L^a < 8 \cdot l_K$ (15.7)

[a] Richtwerte für die Stützweite (L) von Giebel- bis Giebel- oder Zwischenwand nach [160, 165].

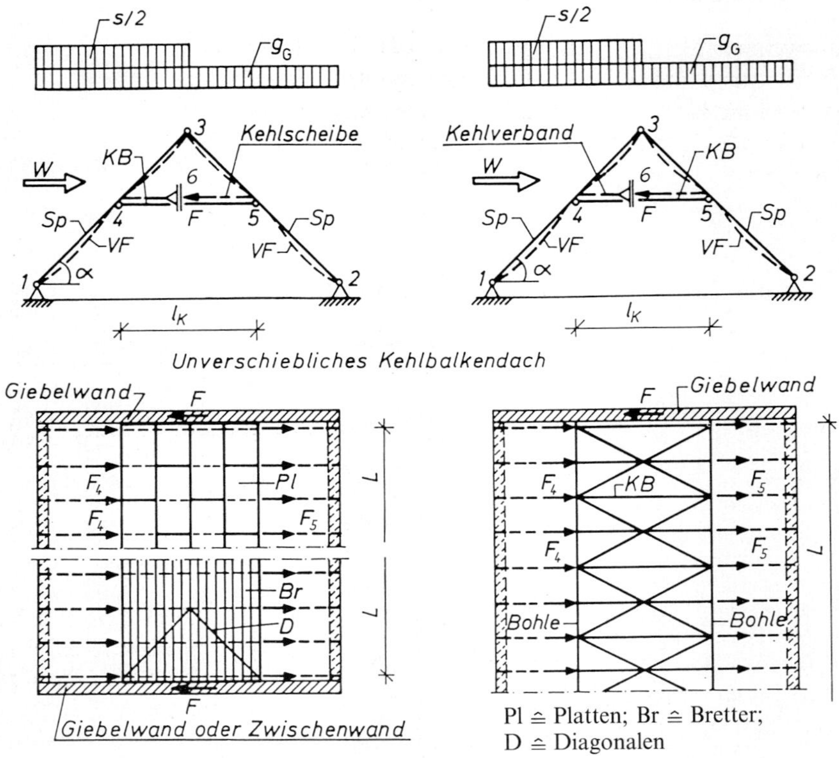

Abb. 15.43. Kehlbalkendach mit unverschieblichem Kehlriegel

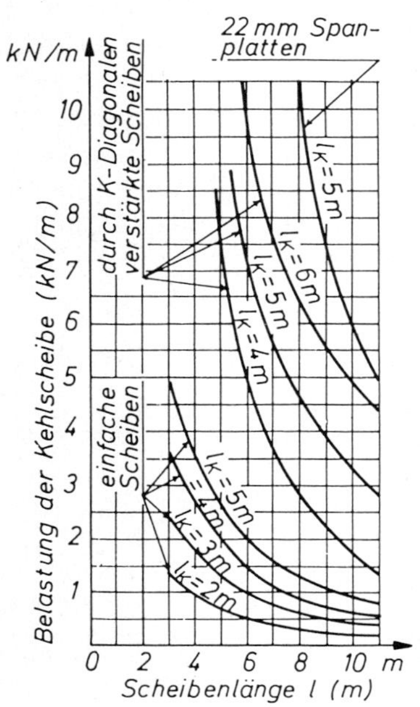

Abb. 15.44

Als unverschieblich darf sie angesehen werden unter folgenden Voraussetzungen:

a) Größte Sützweite L gemäß Gln. (15.6) und (15.7)
b) Größte Horizontalverschiebung der Punkte 4 und 5 soll nach Heiße [164] i.d.R. $f = 10\,\text{mm}$ nicht überschreiten, vgl. [157]

Abbildung 15.44 zeigt die Abhängigkeit von Belastung (DIN 1055) und Länge verschiedener Scheiben bei einer Horizontalverschiebung $f = 10\,\text{mm}$ nach Versuchen [164] im Maßstab 1 : 1.

Das unverschiebliche Kehlbalkendach ist bei ausgebautem Dachgeschoß immer zu empfehlen, da der vorhandene Fußboden als Kehlscheibe ausgebildet werden kann.

15.3.2 Aussteifung der Sparren- und Kehlbalkendächer

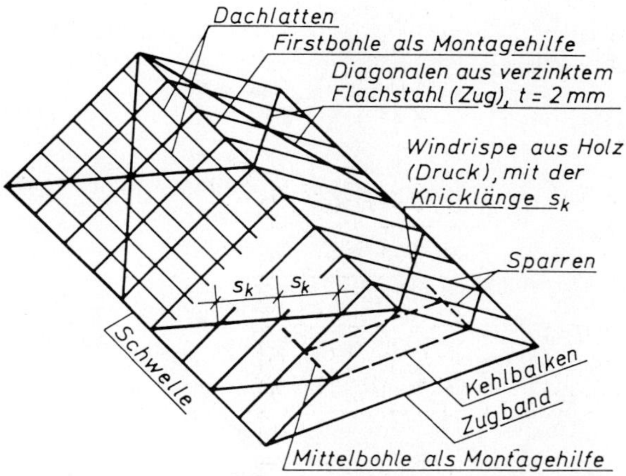

Abb. 15.45. Aussteifung der Sparren- und Kehlbalkendächer

Die Stabilisierung der Sparren- und Kehlbalkendächer in Längsrichtung erfolgt durch die Dachlatten in Verbindung mit Windrispen oder Flachstahldiagonalen gemäß Abb. 13.4, 15.2c, d und 15.45.

Bisweilen werden Bohlen in First- und Kehlbalkenhöhe als Montagehilfe fest eingebaut.

Die Giebelwände werden für Winddruck und -sog an die Dachkonstruktion angeschlossen, siehe z.B. Ortgang in Abb. 13.2.

15.3.3 Konstruktion der Sparren- und Kehlbalkendächer

Anschlüsse können nach statisch-konstruktiven Gesichtspunkten gemäß Abb. 15.46 bis 15.48 ausgebildet werden. Dort sind einige gebräuchliche Varianten für First, Kehlbalkenanschluß und Traufe abgebildet, vgl. auch [130,

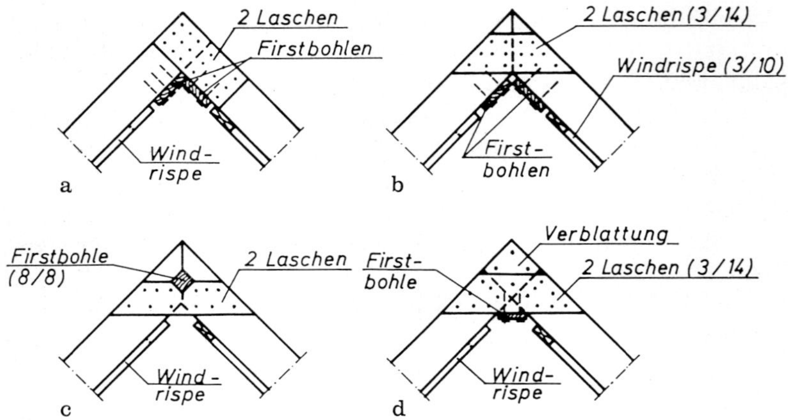

Abb. 15.46. Varianten zum Firstpunkt

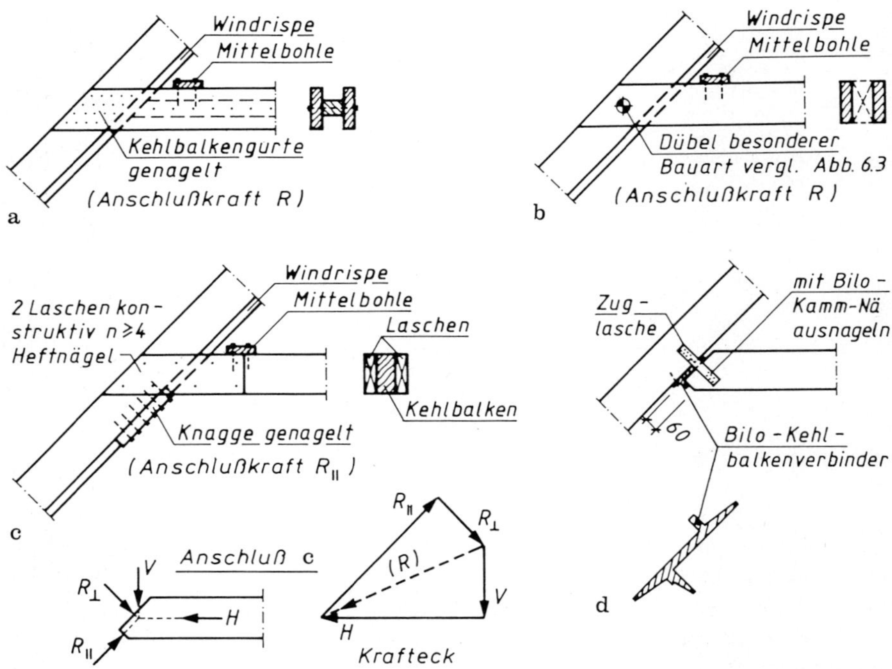

Abb. 15.47. Varianten zum Kehlbalkenanschluß für ein-, zwei- und dreiteilige Kehlbalken

144, 156, 157]. Zur vergleichenden Beurteilung zeigt [104] konstruktive Details mit Angabe der aufnehmbaren Kräfte.

Die in den Abb. 15.46 und 15.47 dargestellten First- und Mittelbohlen haben keine tragende Funktion im Sinne einer Pfette. Sie sollen das Ausrichten der Gespärre bei der Montage erleichtern und zusammen mit den Windrispen die Längsstabilität des Daches herstellen.

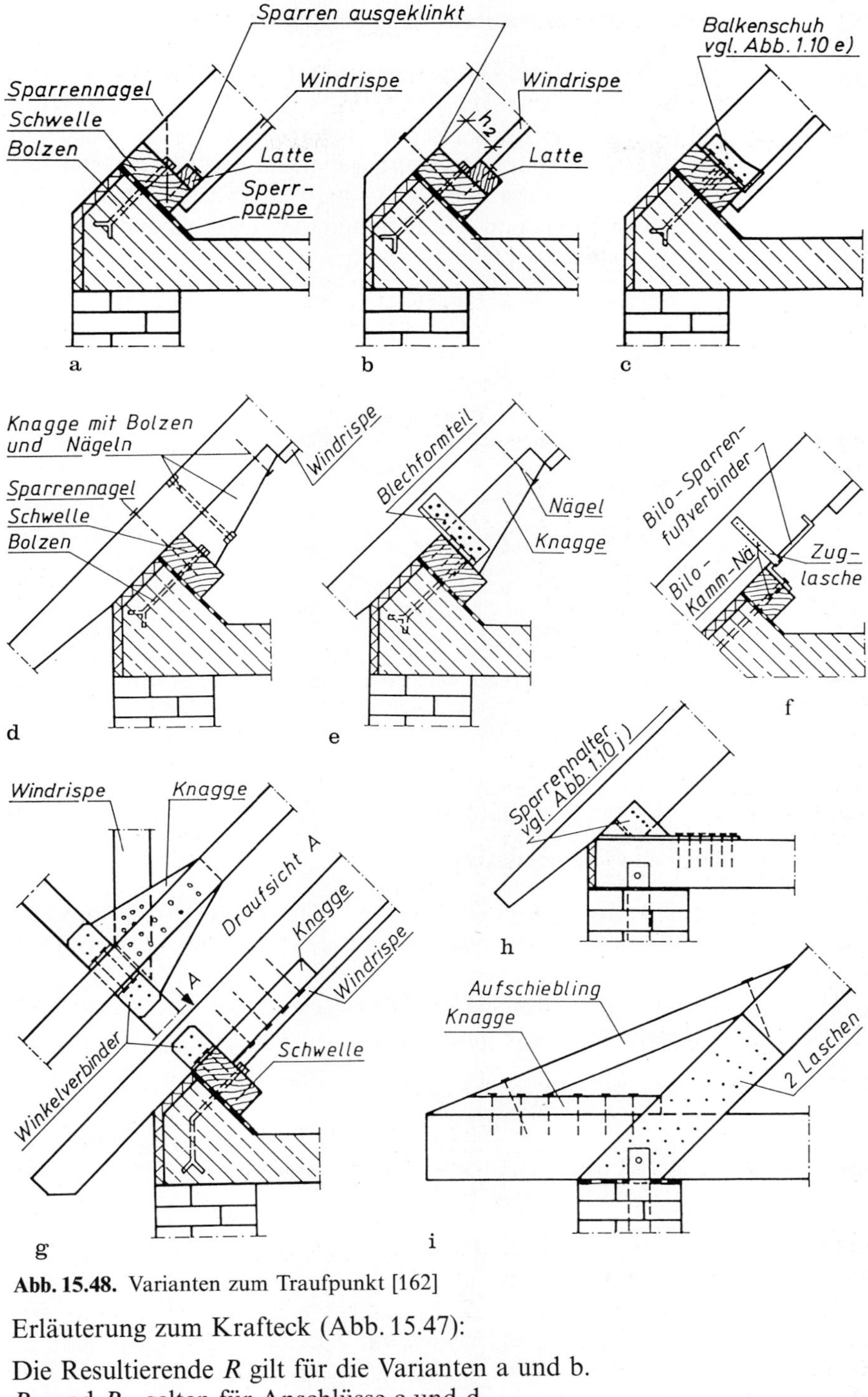

Abb. 15.48. Varianten zum Traufpunkt [162]

Erläuterung zum Krafteck (Abb. 15.47):

Die Resultierende R gilt für die Varianten a und b. $R_{\parallel}$ und $R_{\perp}$ gelten für Anschlüsse c und d.

15.3.4 Vor- und Nachteile der Sparren- und Kehlbalkendächer

Vorteile: Keine Stützen, freier Dachraum, keine Deckenbelastung aus den Dachlasten, vgl. auch [157].

Nachteile: Dachgauben über mehr als zwei Sparrenfelder sollten wegen zu hoher Beanspruchung der durchgehenden Gespärre vermieden werden. Umlagerung der Kräfte muß untersucht werden. Anordung von First- und Mittelpfetten sowie Verbänden kann bei größeren Gauben zweckmäßig sein.

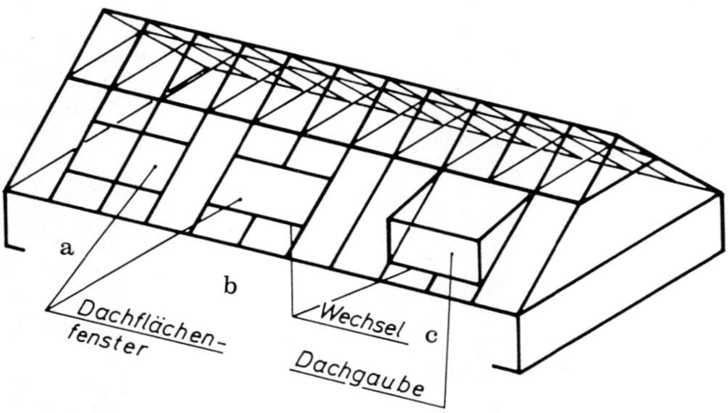

Abb. 15.49. Mögliche Fensteranordnungen bei Sparren- und Kehlbalkendächern
a) Alle Gespärre laufen ungestört durch; b, c) Unterbrochene Gespärre werden durch Wechsel an benachbarte Gespärre angeschlossen, die für die größere Belastung bemessen werden müssen, s. [166, 167].

15.3.5 Berechnung eines Sparrendaches (DIN)

Die Vorbemessung kann nach [157] erfolgen. Formeln zur Ermittlung der Lagerreaktionen und Schnittgrößen können z.B. [104, 157] und [167] entnommen werden.

Die folgende Berechnung des Sparrendaches gemäß Abb. 15.50 wird nach den bekannten Regeln der Statik durchgeführt.

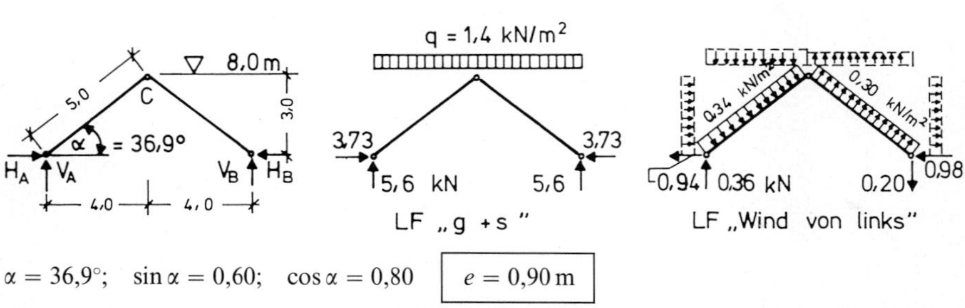

$\alpha = 36{,}9°$; $\sin\alpha = 0{,}60$; $\cos\alpha = 0{,}80$ | $e = 0{,}90\,\text{m}$ |

Abb. 15.50. System und Belastung eines Sparrendaches; Lagerreaktionen für $e = 1{,}0\,\text{m}$

15.3.5.1 Sparrenbemessung (DIN)

Lastannahmen nach DIN 1055:

Eigenlast: Falzziegel $0{,}55\,\mathrm{kN/m^2}$ D

$$\frac{0{,}55}{\cos\alpha} = \frac{0{,}55}{0{,}80} = 0{,}69\,\mathrm{kN/m^2}\ \mathrm{G}$$

Sparren nach Abb. 14.7 $\approx 0{,}09\,\mathrm{kN/m^2}$ G

$g = 0{,}78\,\mathrm{kN/m^2}$ G

Schneelast: $s = 0{,}83 \cdot 0{,}75 = 0{,}62\,\mathrm{kN/m^2}$ G

$q = 1{,}40\,\mathrm{kN/m^2}$ G

Windlast: Staudruck $0{,}50\,\mathrm{kN/m^2}$ ($h < 8\,\mathrm{m}$)

Winddruck: Luvseitiger Sparren als Einzeltragglied mit erhöhtem Druckbeiwert $c_D = 0{,}538$ nach Abb. 14.25d.

$w_D = 1{,}25 \cdot 0{,}538 \cdot 0{,}50 = 0{,}34\,\mathrm{kN/m^2}$ D

Windsog: $w_S = 0{,}6 \cdot 0{,}50 = 0{,}30\,\mathrm{kN/m^2}$ D

Mannlast: hier nicht maßgebend

Lagerreaktionen und Schnittgrößen für 1,0 m Belastungsbreite

Lastfall q:

$V_A = V_B = 1{,}4 \cdot 4{,}0 = 5{,}60\,\mathrm{kN}$

$H_A = H_B = 5{,}6 \cdot 2{,}0/3{,}0 = 3{,}73\,\mathrm{kN}$

Normalkräfte $N_A = -5{,}6 \cdot 0{,}6 - 3{,}73 \cdot 0{,}8 = -6{,}35\,\mathrm{kN}$

$N_C = -3{,}73 \cdot 0{,}8 = -2{,}98\,\mathrm{kN}$

in Sparrenmitte: $N_M = -(6{,}35 + 2{,}98)/2 = -4{,}66\,\mathrm{kN}$

Querkraft $Q_A = 5{,}6 \cdot 0{,}8 - 3{,}73 \cdot 0{,}6 = 2{,}24\,\mathrm{kN}$

Feldmoment $\max M_F = 1{,}4 \cdot 4^2/8 = 2{,}80\,\mathrm{kNm}$

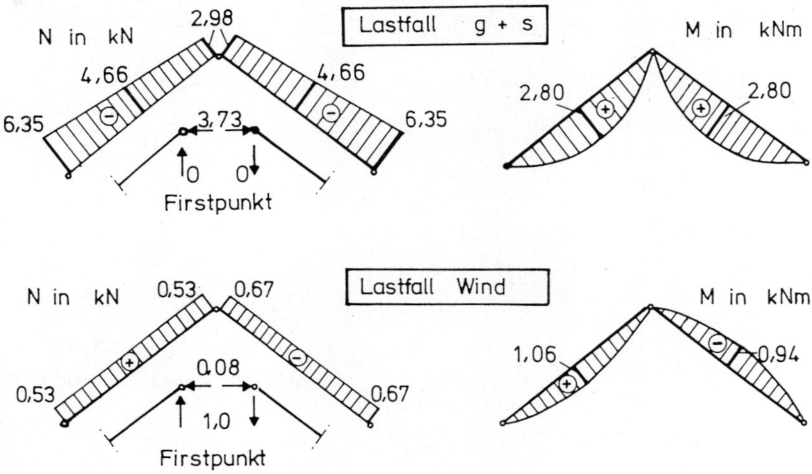

Abb. 15.51. Schnittgrößen für $e = 1{,}0\,\mathrm{m}$ Sparrenabstand

Lastfall w von links:

$$V_A = \frac{1}{8} \cdot \left[-(0{,}34 + 0{,}3) \cdot \frac{3^2}{2} - 0{,}3 \cdot \frac{4^2}{2} + 0{,}34 \cdot 4 \cdot 6 \right] = 0{,}36 \text{ kN}$$

$$V_B = \frac{1}{8} \cdot \left[0{,}64 \cdot \frac{3^2}{2} + 0{,}34 \cdot \frac{4^2}{2} - 0{,}3 \cdot 4 \cdot 6 \right] = -0{,}20 \text{ kN}$$

$$H_A = \frac{1}{3} \cdot \left[0{,}36 \cdot 4 - 0{,}34 \cdot \frac{4^2}{2} - 0{,}34 \cdot \frac{3^2}{2} \right] = -0{,}937 \text{ kN}$$

$$H_B = \frac{1}{3} \cdot \left[0{,}3 \cdot \frac{4^2}{2} + 0{,}30 \cdot \frac{3^2}{2} - 0{,}2 \cdot 4 \right] = 0{,}983 \text{ kN}$$

Kontrollen:	$\Sigma H = (0{,}34 + 0{,}3) \cdot 3 - 0{,}94 - 0{,}98$	$= 0{,}0$
	$\Sigma V = (0{,}34 - 0{,}3) \cdot 4 + 0{,}20 - 0{,}36$	$= 0{,}0$
Firstgelenk	$H_C = 0{,}937 - 0{,}34 \cdot 3 = -0{,}083$	$\approx -0{,}08$ kN
	$V_C = 0{,}34 \cdot 4 - 0{,}36$	$= 1{,}0$ kN
Längskräfte	$N_{Cl} = N_A = 0{,}937 \cdot 0{,}8 - 0{,}36 \cdot 0{,}6$	$= 0{,}53$ kN
	$N_{Cr} = N_B = -0{,}083 \cdot 0{,}8 - 1{,}0 \cdot 0{,}6$	$= -0{,}67$ kN
Querkräfte	$Q_A = 0{,}34 \cdot 5{,}0/2$	$= 0{,}85$ kN
	$Q_B = 0{,}30 \cdot 5{,}0/2$	$= 0{,}75$ kN
Feldmomente	$\max M_{Fl} = 0{,}34 \cdot 5^2/8$	$= 1{,}06$ kNm
	$\min M_{Fr} = -0{,}30 \cdot 5^2/8$	$= -0{,}94$ kNm

Sparrenbemessung für $e = 0{,}9$ m Sparrenabstand
Gewählte Lastkombination:
Komb. b2: Lastfall H „$g + s + w/2$" s. Tafel 14.0

$$\max M_F = (2{,}8 + 1{,}06/2) \cdot 0{,}9 = 3{,}0 \text{ kNm}$$

$$N_M = (-4{,}66 + 0{,}53/2) \cdot 0{,}9 = -3{,}96 \text{ kN}$$

Maßgebend für die Bemessung ist zul $f = l_1/200$

$$\text{erf } I_y = 208 \cdot 3{,}0 \cdot 5{,}0 \cdot 10^4 = 3120 \cdot 10^4 \text{ mm}^4$$

Gewählt 7/18 mit $A = 126 \cdot 10^2$ mm²; $W_y = 378 \cdot 10^3$ mm³

$$\lambda_y = \frac{5000}{0{,}289 \cdot 180} = 96 \rightarrow \omega = 2{,}83$$

$$\text{zul } \sigma_k = 8{,}5/2{,}83 = 3{,}0 \text{ N/mm}^2$$

$$\frac{3{,}96 \cdot 10^3/(126 \cdot 10^2)}{3{,}0} + \frac{3000 \cdot 10^3/(378 \cdot 10^3)}{10} = 0{,}105 + 0{,}794 = 0{,}9 < 1$$

$$f = \frac{100 \cdot 7{,}94 \cdot 5^2}{4{,}8 \cdot 180} = 23 \text{ mm} < \frac{5000}{200} = 25 \text{ mm}$$ vgl. Gl. (10.13)

15.3.5.2 Konstruktionsdetails

Konstruktion des Fußpunktes s. Abb. 15.48 b
Sparren 7/18; $h_1 = 120$ mm; $h_2 = 60$ mm (Ausklinkung)
Schwelle 10/12; Latte 4/6 mit Nägeln 34 × 90
Größte Längskraft am Auflager:

$$\max N = (-6{,}35 - 0{,}67/2) \cdot 0{,}9 = -6{,}02 \text{ kN}$$

Druckspannung zwischen Sparren und Schwelle ($h_2 = 60$ mm)

$$\sigma_{\mathrm{D}\perp} = \frac{N}{b \cdot h_2} = \frac{6{,}02 \cdot 10^3}{70 \cdot 60} = 1{,}43 \text{ N/mm}^2$$

$$1{,}43/2{,}0 = 0{,}72 < 1$$

Größte Querkraft am Auflager:

$$\max Q = (2{,}24 + 0{,}85/2) \cdot 0{,}9 = 2{,}40 \text{ kN}$$

Wegen Gefahr des Queraufreißens in der Ausklinkung wird der Sparren durch eine Latte 4/6 abgestützt.

$$\text{erf}\, A = 2{,}40 \cdot 10^3/2{,}0 = 12 \cdot 10^2 \text{ mm}^2 < \text{vorh}\, A = 40 \cdot 70 = 28 \cdot 10^2 \text{ mm}^2$$

Konstruktion des Firstpunktes vgl. Abb. 15.46 b

a) Größte Druckkraft durch Kontakt übertragen

$$\max H_{\mathrm{C}} = (3{,}73 + 0{,}08/2) \cdot 0{,}9 = 3{,}39 \text{ kN}$$

$$h_{\mathrm{V}} = h/\cos\alpha = 180/0{,}8 = 225 \text{ mm}$$

$$\sigma_{D\measuredangle} = \frac{H_{\mathrm{C}}}{b \cdot h_{\mathrm{V}}} = \frac{3{,}39 \cdot 10^3}{70 \cdot 225} = 0{,}22 \text{ N/mm}^2$$

$$\text{zul}\, \sigma_{\mathrm{D}\measuredangle\, 36{,}9^\circ} = 4{,}6 \text{ N/mm}^2$$

$$0{,}22/4{,}6 = 0{,}05 \ll 1$$

b) Größte Schubkraft V_{C} durch genagelte Laschen, gleichzeitig wirkende Druckkraft durch Kontakt übertragen.

Gewählte Lastkombination:
b1: Lastfall HZ mit einseitiger Schneelast $s/2$ nach Tafel 14.0
Windlast nach Abb. 15.51 $V_{\mathrm{C}} = 1{,}0$ kN
$s/2$ links nach Abb. 15.52 $V_{\mathrm{C}} = 0{,}31$ kN
1,31 kN

für 1 Gespärre ($e = 0{,}9$ m) $V_{\mathrm{C}} = 1{,}31 \cdot 0{,}9 = 1{,}18$ kN
Gewählt: 2 Laschen 3/12 mit je 5 Nä 31 × 70 je Anschluß s. Abb. 15.53.
Gleiches Nagelbild auf beiden Seiten möglich, da $a_{\mathrm{m}} > s + 8\, d_{\mathrm{n}}$.

Der Berechnung der Nagelkräfte nach Abb. 15.53 liegen folgende Annahmen zugrunde:

a) Momentennullpunkt in Laschenmitte = Firstpunkt C;
wirksame Laschenkraft im lotrechten Firstschnitt ist V_{C}.

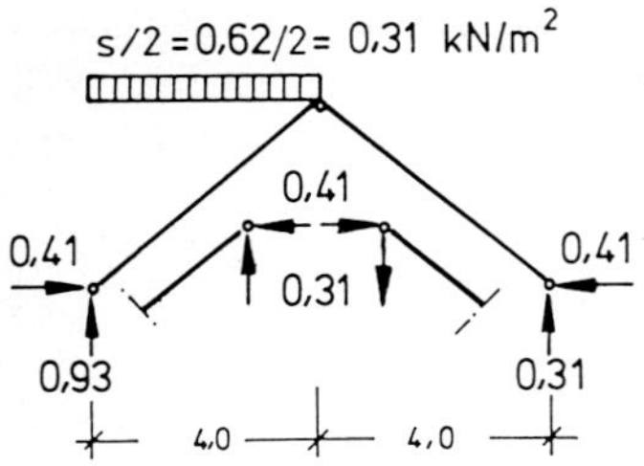

Abb. 15.52

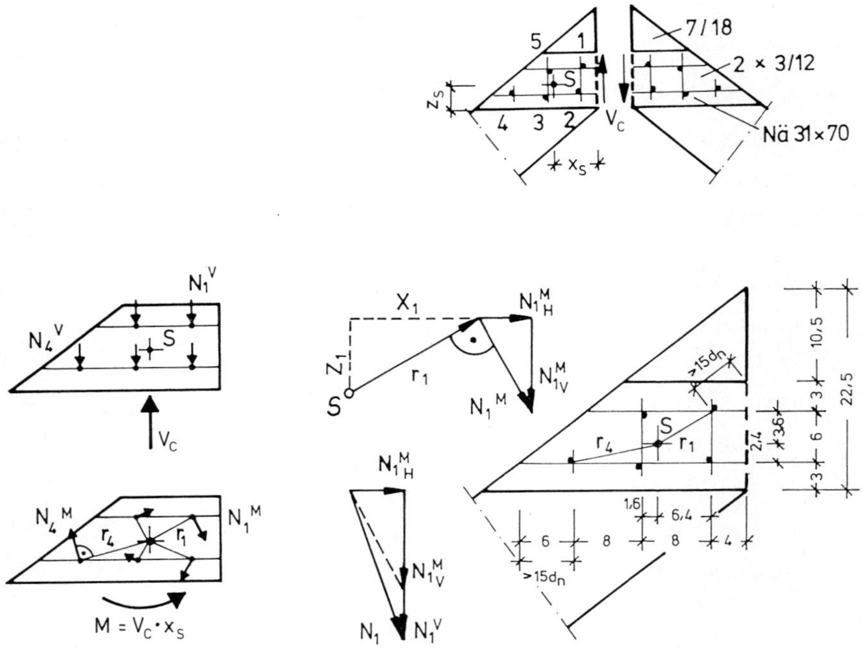

Abb. 15.53. Konstruktion des Firstpunktes, Ermittlung der Nagelkräfte

b) V_C verteilt sich gleichmäßig auf $n = 5$ Nagelpaare.
c) $M = V_C \cdot x_S$ liefert Nagelkräfte $\perp$ zum Nagelabstand r_i, die Nagelkräfte sind proportional zum Nagelabstand r_i:
$N_i^M = N_1^M \cdot r_i / r_1$

Bezeichnungen:

x_i, z_i	Koordinaten der Nägel
r_i	Nagelabstände vom Nagelschwerpunkt S
N_i^V	Nagelkräfte infolge V_C
N_i^M	Nagelkräfte infolge M
N_{iV}^M	Vertikalkomponente der Nagelkraft N_i^M
N_{iH}^M	Horizontalkomponente der Nagelkraft N_i^M

Berechnung der Nagelkräfte nach Gln. (15.8) bis (15.12). Maßgebend für die Bemessung ist das Nagelpaar N_1 (Punkt 1), da die Reaktionen N_1^V und N_{1V}^M gleichgerichtet sind und die resultierende Nagelkraft nach Gl. (15.12) ein Maximum wird.

infolge V: $$N_1^V = \frac{V_C}{2 \cdot n} \quad \text{je Lasche, einschnittige Nagelung} \qquad (15.8)$$

infolge M: $$M = 2 \cdot \Sigma N_i^M \cdot r_i \quad \text{mit } N_i^M = N_1^M \cdot r_i / r_1 \rightarrow$$

$$N_1^M = \frac{M \cdot r_1}{2 \cdot \Sigma r_i^2} = \frac{M \cdot r_1}{2 \cdot \Sigma (x_i^2 + z_i^2)} \qquad (15.9)$$

Komponenten:

$$N_{1V}^M = \frac{N_1^M \cdot x_1}{r_1} = \frac{M \cdot x_1}{2 \cdot \Sigma (x_i^2 + z_i^2)} \qquad (15.10)$$

$$N_{1H}^M = \frac{N_1^M \cdot z_1}{r_1} = \frac{M \cdot z_1}{2 \cdot \Sigma (x_i^2 + z_i^2)} \qquad (15.11)$$

Resultierende: $$N_1 = \sqrt{(N_1^V + N_{1V}^M)^2 + (N_{1H}^M)^2} \qquad (15.12)$$

Praktische Berechnung für Lastfall HZ:

Nagelschwerpunkt: $$x_S = \frac{2 \cdot 80 + 1 \cdot 160}{5} + 40 \qquad = \quad 104\,\text{mm}$$

$$z_S = \frac{2 \cdot 60}{5} \qquad = \quad 24\,\text{mm}$$

$$\Sigma r_i^2 = [2 \cdot 3{,}6^2 + 3 \cdot 2{,}4^2 + 1 \cdot 9{,}6^2 + 2 \cdot 1{,}6^2 + 2 \cdot 6{,}4^2] \cdot 10^2 \qquad = 222{,}4 \cdot 10^2\,\text{mm}^2$$

Schnittgrößen: $$V_C = \qquad = \quad 1{,}18\,\text{kN}$$

$$x_S = 0{,}104\,\text{m} \rightarrow M = 1{,}18 + 0{,}104 \qquad = \quad 0{,}123\,\text{kNm}$$

Größte Nagelkraft N_1 nach Abb. 15.53 und Gln. (15.8) bis (15.12):

$$N_{1V} = \frac{1{,}18}{2 \cdot 5} + \frac{0{,}123 \cdot 10^3 \cdot 64}{2 \cdot 222{,}4 \cdot 10^2} \qquad = \quad 0{,}295\,\text{kN}$$

$$N_{1H} = \frac{0{,}123 \cdot 10^3 \cdot 36}{2 \cdot 222{,}4 \cdot 10^2} \qquad = \quad 0{,}10\ \text{kN}$$

$$N_1 = \sqrt{0{,}295^2 + 0{,}10^2} \qquad = \quad 0{,}311\,\text{kN}$$

Nagel 31 × 70: $< 1{,}25 \cdot 0{,}365$

15.3.5.3 Dachverband

Die Längsaussteifung der Gespärre geschieht mit Windrispen und Dachlatten, s. Abb. 13.4. Die Windrispen werden bemessen als Wind- und Aussteifungsverbände nach *–10.1 und 10.2–*. (Ausführliche Erläuterung dazu s. Abschn. 21.)

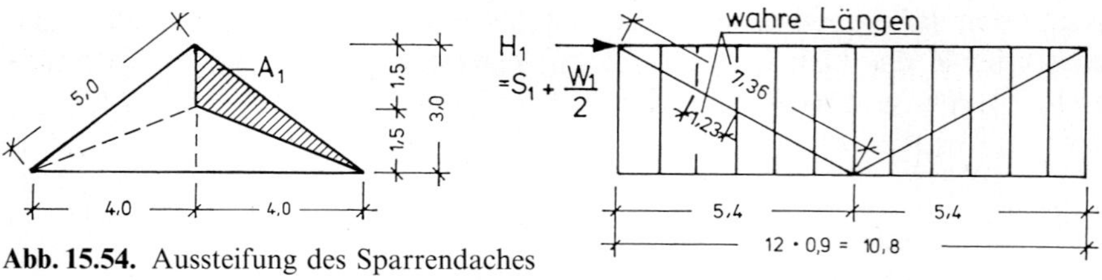

Abb. 15.54. Aussteifung des Sparrendaches

Die anteilige Seitenlast q_S (in kN/m) für eine Windrispe ist für die Konstruktion nach Abb. 15.54 gemäß *–10.2.2–* zu ermitteln nach Gl. (15.13).

$$q_S = \frac{m \cdot N_G}{30 \cdot l} \tag{15.13}$$

$m = 6$ Anzahl der auszusteifenden Sparren je Windrispe
$N_G = 4{,}66 \cdot 0{,}9\,\text{kN}$ mittlere Druckkraft eines Sparrens, s. Abb. 15.51
$l = 5{,}0\,\text{m}$ Stützweite der Aussteifungskonstruktion

$$q_S = \frac{6 \cdot 4{,}66 \cdot 0{,}9}{30 \cdot 5{,}0} = 0{,}168\,\text{kN/m}$$

Anteilige Einzellast

$$S_1 = q_S \cdot l/2 = 0{,}168 \cdot 5/2 = 0{,}420\,\text{kN}$$

Die auf eine Windrispe entfallende Windlast kann nach [143] oder [157] für die anteilige Windangriffsfläche A_1 gemäß Abb. 15.54 berechnet werden:

$$A_1 = 4{,}0 \cdot 3{,}0/(2 \cdot 2) = 3{,}0\,\text{m}^2$$
$$W_1 = c_p \cdot q \cdot A_1 = 0{,}8 \cdot 0{,}50 \cdot 3{,}0 = 1{,}2\,\text{kN}$$

Da die Windrispen gleichzeitig Wind- und Seitenlasten aufzunehmen haben und

$$l \leqq 30\,\text{m},$$

darf nach *–10.2.4–* der Verband bemessen werden für Lastfall HZ[1]:

$$H_1 = S_1 + W_1/2 = 0{,}420 + 0{,}60 = 1{,}02\,\text{kN}$$

Gewählt: Windrispe 3/8	mit Nä 31 × 70 an Sparrenunterseite genagelt, nicht vorgebohrt

Druckkraft $D = -1{,}02 \cdot 7{,}36/5{,}4 = -1{,}39\,\text{kN}$

Knicklänge nach Abb. 13.4, 15.45 und 15.54

$$s_k = 7{,}36/6 = 1{,}23\,\text{m}$$
$$\lambda = \frac{1230}{0{,}289 \cdot 30} = 142 \rightarrow \omega = 6{,}05$$
$$\text{zul}\,\sigma_k = 1{,}25 \cdot 8{,}5/6{,}05 = 1{,}76\,\text{N/mm}^2$$
$$\sigma_{D\parallel} = \frac{1{,}39 \cdot 10^3}{30 \cdot 80} = 0{,}58\,\text{N/mm}^2$$
$$0{,}58/1{,}76 = 0{,}33 < 1$$

[1] Seitenlast ist H, und Windlast ist Z, siehe 14.1.

Maßgebend für die Bemessung der Windrispe ist aber bei diesem Dach der Lastfall Wind, da nach *–10.2.4–* für Windlast allein die zulässigen Spannungen im Lastfall H einzuhalten sind ($W_1 > (S_1 + W_1/2)/1{,}25$).

$$\text{Druckkraft} \quad D = -1{,}2 \cdot 7{,}36/5{,}4 = -1{,}64\,\text{kN}$$

$$\text{zul}\,\sigma_k = 8{,}5/6{,}05 = 1{,}40\,\text{N/mm}^2$$

$$\sigma_{D\parallel} = 1{,}64 \cdot 10^3/(30 \cdot 80) = 0{,}68\,\text{N/mm}^2$$

$$0{,}68/1{,}40 = 0{,}49 < 1$$

Anschluß an den Enden [157]:

$$\text{erf}\,n = \frac{1{,}64}{0{,}365} = 4{,}5 \rightarrow 5\,\text{Nä}\ 31 \times 70$$

An den zwischenliegenden Sparren Anschluß mit je 2 Nä 31 × 70.

15.3.6 Berechnung des verschieblichen Kehlbalkendaches (DIN)

15.3.6.1 Allgemeines

Die Vorbemessung der Gespärre kann nach Schulze [143] oder Milbrandt [157] erfolgen.

Für die praktische Berechnung des verschieblichen Kehlbalkendaches nach Abb. 15.42 verwendet man vorteilhaft EDV-Programme oder Tabellen, z. B. [104, 168, 169]. Den folgenden Tafeln 15.1 bis 15.6 liegen die von Heimeshoff/Fritzsche hinsichtlich der Schneelasten nach Tafel 14.5 und der Windlasten nach Abb. 14.25 überarbeiteten Tabellen [168] mit Ergänzungen von Spix [169] zugrunde.

Sie setzen starre Lagerung der Fußpunkte 1 und 2 voraus. Bei rahmenartigen Drempelkonstruktionen muß der Einfluß der Nachgiebigkeit in horizontaler Richtung auf die Schnittgrößen der Gespärre untersucht werden.

Folgende Lastfälle sind zu berücksichtigen (Abb. 15.55):

Bezeichnungen:

Eigenlasten: g (Dach), g_u (Unterdecke), g_K (Kehlbalkendecke)

Verkehrslasten: p_K (auf ganzem Kehlbalken), p_{Kl} (auf linker Kehlbalkenhälfte), s (Schnee beidseitig), $s/2_l$ (Schnee links), w_l (Wind von links)

Lastkombinationen s und w s. Abschn. 14.1.

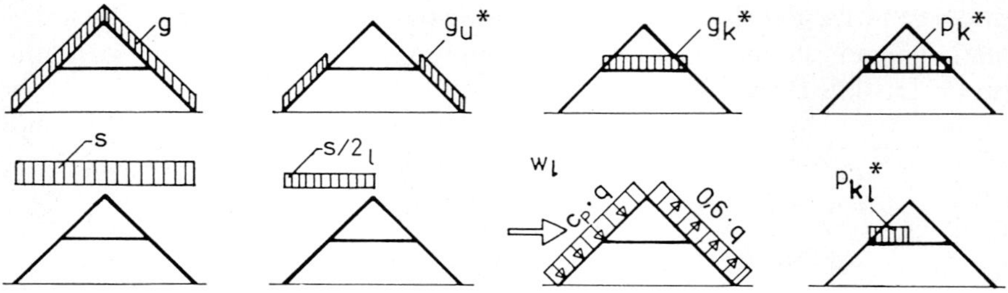

*) nur bei ausgebautem Dachgeschoß

Abb. 15.55. Lastfälle für Kehlbalkendächer

15.3.6.2 Bemessungshinweise und -tafeln (DIN)

Die Sparrenbemessung kann näherungsweise mit Hilfe der Gl. (15.17) bzw. Tafel 15.5 für erf I durchgeführt werden, vgl. Beispiel im Abschn. 15.3.6.3.

Der Knicknachweis für einen Sparren muß i. d. R. für den Punkt 5_u gemäß Abb. 15.55A geführt werden. Die N- und M-Fläche für die Lastfälle g, s, $s/2_l$ und w_l werden dort am Beispiel eines verschieblichen Kehlbalkendaches mit folgenden Abmessungen und Belastungen gezeigt:

$\alpha = 45°$; $h_u/h = 0{,}5$; $c = 6{,}5$ m; $e = 1{,}25$ m Sparrenabstand

$$g = 1{,}25 \cdot 0{,}80 \quad = 1{,}00\,\text{kN/m D}$$
$$s = 1{,}25 \cdot 0{,}62 \cdot 0{,}75 = 0{,}58\,\text{kN/m G}$$
$$w_D{}^1 = 1{,}25 \cdot 0{,}70 \cdot 0{,}80 = 0{,}70\,\text{kN/m D}$$
$$w_S = 1{,}25 \cdot 0{,}60 \cdot 0{,}80 = 0{,}60\,\text{kN/m D}$$

Die Überlagerung der Biegemomente liefert für den Punkt 5 den größten Betrag. Die Längskräfte im Punkt 5_u sind in diesem Beispiel für alle Lastfälle negativ und größer als im Punkt 5_o.

Die Abhängigkeit der Längskräfte und Biegemomente von der Dachneigung für den Lastfall „w_l“ wird in Abb. 15.55B für die Neigungswinkel 30°, 40° und 50° und $c = 6{,}5$ m dargestellt. Die Vergleichswerte für $\alpha = 45°$ können Abb. 15.55A entnommen werden.

Für $h_u/h \geqq \approx 0{,}63$ liefert Lastfall s größere Biegemomente M_5 als Lastfall $s/2_l$, vgl. Zahlenwerte der Tafel 15.2.

Knicknachweis für den Sparren aus NH S10:

$$\frac{N_{5u}/A}{\text{zul}\,\sigma_k} + \frac{M_5/W}{\text{zul}\,\sigma_B} \leqq 1 \tag{15.14}$$

Die maßgebende Sparrenknicklänge kann näherungsweise gemäß *–9.1.3–* und Abb. 8.6 ($c_u = s_u$) angenommen werden zu:

$$s_{ky} = 0{,}8 \cdot c \quad \text{für} \quad 0{,}3 \cdot c < c_u < 0{,}7 \cdot c \tag{15.15}$$
$$s_{ky} = 1{,}0 \cdot c \quad \text{für} \quad c_u \geqq 0{,}7 \cdot c \tag{15.16}$$

Genauere Knicklänge nach Heimeshoff/Krabbe [168] s. Tafel 15.1.

[1] Der vorliegende Sparren gilt nicht als einzelnes Tragglied im Sinne der DIN 1055.

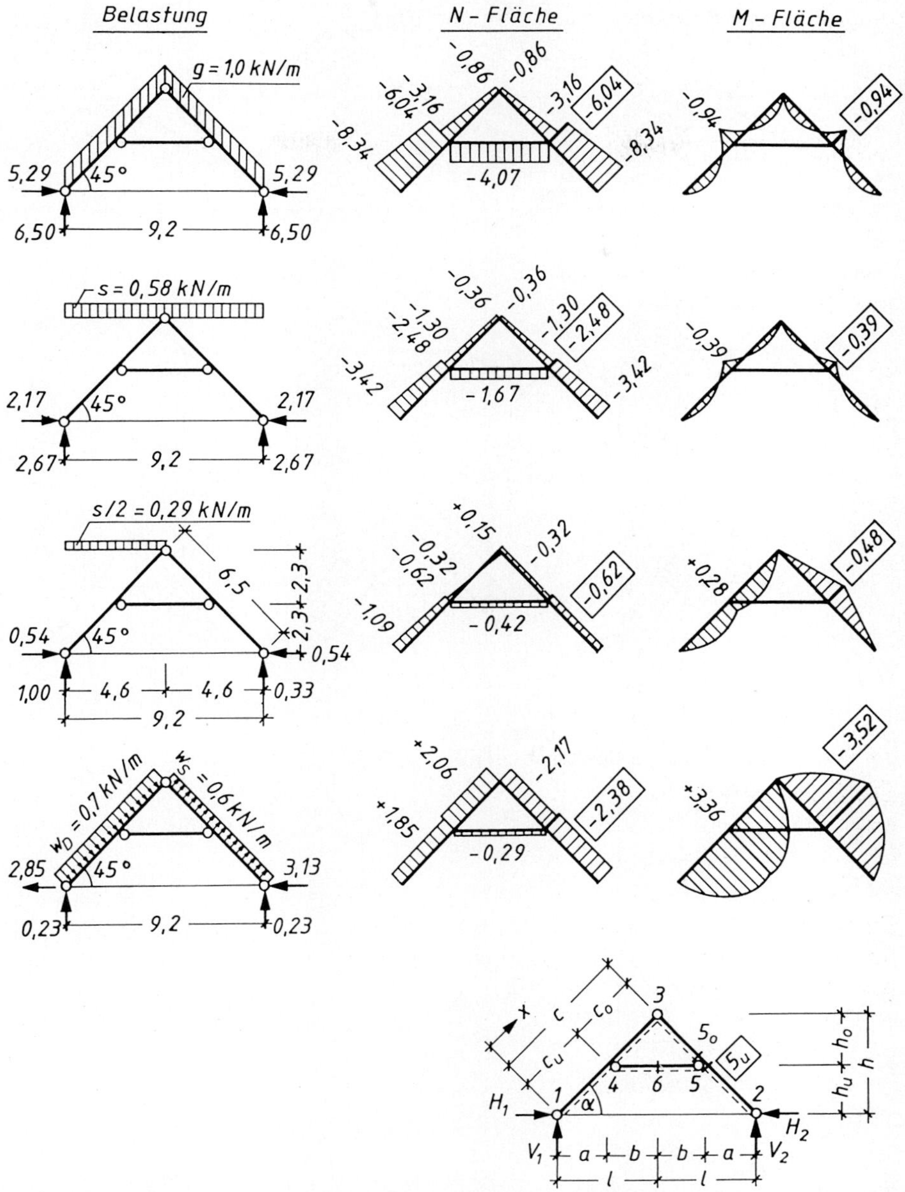

Abb. 15.55A. *N*- und *M*-Flächen für ein verschiebliches Kehlbalkendach mit
$h_u/h = 0{,}5$
$\alpha \quad = 45°$
$c \quad = 6{,}5\,\text{m}$
$e \quad = 1{,}25\,\text{m}$ Sparrenabstand

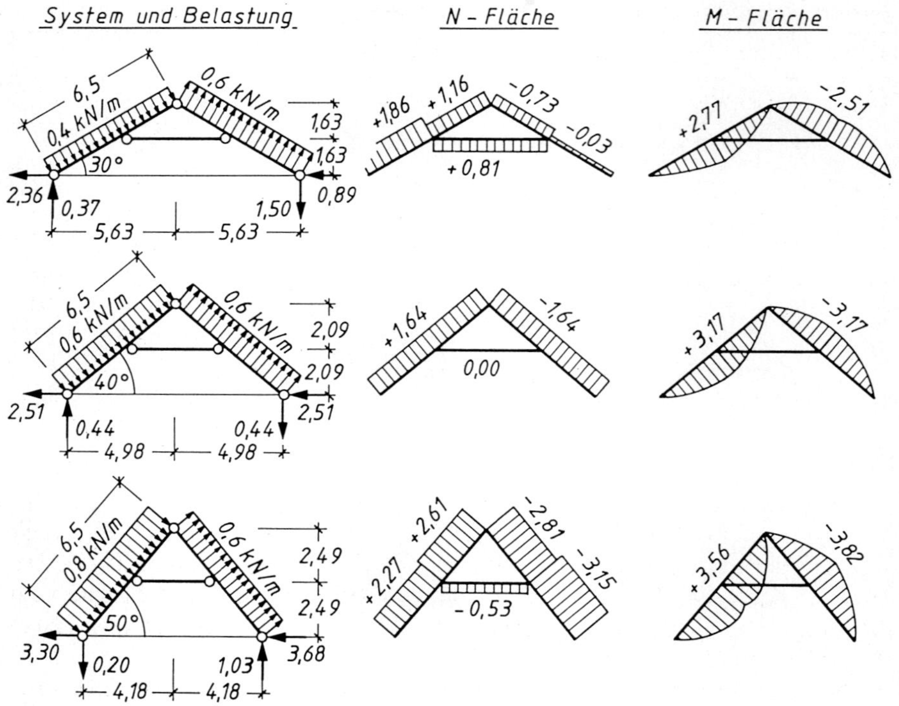

Abb. 15.55B. N- und M-Flächen infolge w_1 für $q = 0{,}8\,\mathrm{kN/m^2}$; $e = 1{,}25\,\mathrm{m}$ Sparrenabstand

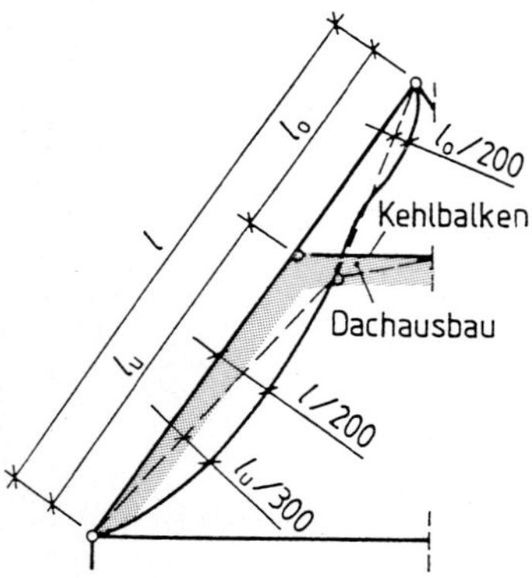

Abb. 15.55C. Zulässige Durchbiegung der Sparren von Kehlbalkendächern bei ausgebautem Dachgeschoß *–E 64–*, [143]

Tafel 15.1. Sparrenknicklänge s_k[a] = Tafelwert · c nach [168]

nicht ausgebautes Dachgeschoß					ausgebautes Dachgeschoß[b]				
α	Verhältnis h_u/h				α	Verhältnis h_u/h			
	0,40	0,50	0,60	0,70		0,40	0,50	0,60	0,70
30°	0,84	0,83	0,83	0,84	30°	0,79	0,79	0,79	0,81
35°	0,85	0,85	0,85	0,86	35°	0,79	0,80	0,80	0,82
40°	0,86	0,86	0,87	0,89	40°	0,80	0,80	0,81	0,84
45°	0,87	0,88	0,89	0,93	45°	0,81	0,81	0,83	0,86
50°	0,88	0,90	0,92	0,96	50°	0,81	0,82	0,84	0,88
55°	0,90	0,92	0,95	1,00	55°	0,82	0,84	0,86	0,91

[a] Bei Bemessung mit der Sparrenlängskraft S_{5u}.
[b] Mit $g = 0{,}80\,\text{kN/m}^2$; $g_u = 0{,}50\,\text{kN/m}^2$; $s_o = 0{,}75\,\text{kN/m}^2$; $q_k = 1{,}60\,\text{kN/m}^2$.

Die zulässige Durchbiegung der Sparren ist nach *–8.5.8–* zul $f = c/200$, bei ausgebautem Dachgeschoß nach *–8.5.7–* in der Regel zul $f = c/300$, damit z.B. Trennwände durch die aufgezwungenen Verformungen keinen Schaden erleiden (s. Abb. 15.55C) *–E64–*. Das erforderliche Flächenmoment 2. Grades des Sparrens kann dann für $c_u/c \approx 0{,}5$ näherungsweise nach Gl. (15.17) berechnet werden.

Begründung mit Hilfe der Abb. 15.56 unter der Annahme: symmetrisches System, $c_u = c/2$. Durchbiegung der Punkte 4 und 5 ist gleich groß wegen starrer Kopplung durch Kehlriegel.

Verformung infolge Lastkomponenten ⊥ zur Sparrenachse:

$$q_\perp = w_D + w_S + s/2_{1\perp}$$

$$f = \frac{5 \cdot q_\perp \cdot e \cdot c^4}{384 \cdot E_\parallel \cdot 2 \cdot I} \leqq \frac{c}{200} \quad \text{für 2 Sparren}$$

$$\text{erf}\, I \approx 13 \cdot (w_D + w_S + s/2_{1\perp}) \cdot e \cdot c^3 \cdot 10^4\ [\text{mm}^4] \qquad (15.17)$$

w_D, w_S Winddruck- bzw. Windsoglast in kN/m²
$s/2_{1\perp}$ $= s/2 \cdot \cos^2\alpha$ in kN/m². Schneelast kann bei $\alpha > 45°$ entfallen, vgl. Abschn. 14.1
e, c Sparrenabstand, -länge in m

erf I kann nach Heimeshoff/Krabbe [168] unter Verwendung der Tafel 15.5 genauer berechnet werden.

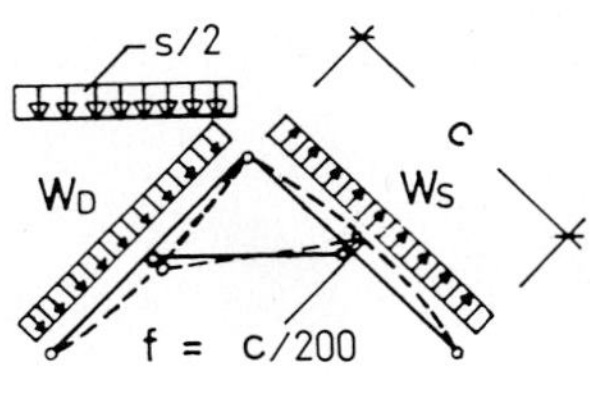

Abb. 15.56

Tafel 15.2. Sparrenmoment M_5

Tafel 15.3. Sparrenlängskraft S_{5u}

		M_5 [kNm] für h_u/h				S_{5u} [kN] für h_u/h				Faktor
LF	α°	0,4	0,5	0,6	0,7	0,4	0,5	0,6	0,7	(1)
g	30°	−4,04	−3,61	−4,04	−5,34	−188	−170	−154	−141	$\frac{g}{100}$
	35°	−4,27	−3,81	−4,27	−5,65	−169	−151	−136	−123	
	40°	−4,57	−4,08	−4,57	−6,04	−156	−139	−124	−111	
	45°	−4,95	−4,42	−4,95	−6,54	−149	−131	−116	−102	
	50°	−5,45	−4,86	−5,45	−7,20	−146	−128	−111	−95,8	
	55°	−6,10	−5,45	−6,10	−8,06	−148	−128	−110	−93,0	
g_u	30°	−0,92	−1,80	−3,12	−4,95	−38,1	−48,7	−59,8	−71,2	$\frac{g_u}{100}$
	35°	−0,98	−1,91	−3,30	−5,23	−31,4	−40,2	−49,2	−58,7	
	40°	−1,04	−2,04	−3,52	−5,60	−26,2	−33,5	−41,1	−49,0	
	45°	−1,13	−2,21	−3,82	−6,06	−22,0	−28,1	−34,5	−41,1	
	50°	−1,24	−2,43	−4,20	−6,67	−18,5	−23,6	−28,9	−34,5	
	55°	−1,39	−2,72	−4,71	−7,48	−15,4	−19,7	−24,2	−28,8	
s	30°	−2,63	−2,34	−2,63	−3,47	−122	−110	−100	−91,8	$\frac{s_o}{75}$
	35°	−2,30	−2,04	−2,30	−3,04	−90,7	−81,2	−73,3	−66,3	
	40°	−1,97	−1,76	−1,97	−2,60	−67,3	−59,8	−53,4	−47,6	
	45°	−1,64	−1,46	−1,64	−2,17	−49,3	−43,5	−38,4	−33,7	
	50°	−1,31	−1,17	−1,31	−1,73	−35,2	−30,8	−26,8	−23,1	
	55°	−0,98	−0,88	−0,98	−1,30	−23,8	−20,7	−17,8	−15,0	
$\frac{s}{2}_l$	30°	−2,91	−2,93	−2,91	−2,84	−29,7	−27,6	−26,0	−24,9	$\frac{s_o}{75}$
	35°	−2,53	−2,55	−2,53	−2,47	−21,6	−20,2	−19,2	−18,4	
	40°	−2,18	−2,20	−2,18	−2,13	−15,9	−15,0	−14,3	−13,7	
	45°	−1,80	−1,82	−1,80	−1,76	−11,4	−10,8	−10,4	−10,0	
	50°	−1,46	−1,47	−1,46	−1,42	− 8,1	− 7,7	− 7,5	− 7,2	
	55°	−1,08	−1,09	−1,08	−1,05	− 5,3	− 5,1	− 5,0	− 4,9	
w_l	30°	−6,03	−6,33	−6,03	−5,11	+0,87	−0,33	− 1,2	− 1,9	$\frac{q}{80}$
	35°	−7,66	−8,01	−7,66	−6,61	−12,6	−13,1	−13,5	−13,8	
	40°	−9,82	−10,2	−9,82	−8,59	−26,3	−26,3	−26,3	−26,3	
	45°	−12,8	−13,3	−12,8	−11,3	−41,8	−41,4	−41,1	−40,8	
	50°	−16,9	−17,5	−16,9	−15,1	−61,2	−60,4	−59,8	−59,4	
	55°	−21,3	−22,0	−21,3	−19,0	−78,4	−77,7	−77,1	−76,7	
p_{Kl}	30°					−55,5	−46,9	−38,0	−28,9	$\frac{p_K}{100}$
	35°					−47,1	−40,0	−32,6	−24,9	
	40°					−40,9	−34,9	−28,5	−21,9	
	45°	−3,60	−3,13	−2,40	−1,58	−36,1	−30,9	−25,5	−19,6	
	50°					−32,3	−27,9	−23,1	−17,9	
	55°					−29,2	−25,4	−21,1	−16,5	
Faktor (2)		$e \cdot l^2$ [m³]				$e \cdot l$ [m²]				kN/m²

Tafel 15.4. KB-Längskraft S_6 **Tafel 15.5.** erf I_{Sparren}

LF	α°	S_6 [kN] für h_u/h 0,4	0,5	0,6	0,7	erf I [a] [cm⁴] für h_u/h 0,4	0,5	0,6	0,7	Faktor (1)
g	30°	−129	−125	−129	−144	102	0	102	258	$\frac{g}{100}$
	35°	−113	−109	−113	−126	96		96	244	
	40°	−101	−97,2	−101	−112	90		90	228	
	45°	−91,3	−88,4	−91,3	−102	83		83	210	
	50°	−84,3	−81,6	−84,3	−94,0	75		75	191	
	55°	−78,8	−76,3	−78,8	−87,9	67		67	171	
g_u	30°	−46,7	−62,5	−82,5	−111	−29	0	131	276	$\frac{g_u}{100}$
	35°	−40,7	−54,5	−71,9	−96,6	−27		124	261	
	40°	−36,3	−48,6	−64,2	−86,2	−26		116	244	
	45°	−33,0	−44,2	−58,3	−78,4	−24		107	225	
	50°	−30,5	−40,8	−53,9	−72,3	−22		97	205	
	55°	−28,5	−38,2	−50,4	−67,7	−19		87	183	
s für	30°	−83,9 [b]	−81,2 [b]	−83,9 [b]	−93,6 [b]	374	366	374	400	$\frac{s_o}{75}$
S_6	35°	−60,2	−58,2	−60,2	−67,1	293	287	293	313	
$s/2_l$	40°	−43,3	−41,9	−43,3	−48,3	220	215	220	235	
für I	45°	−30,0	−29,1	−30,0	−33,5	156	153	156	167	
	50°	−20,3	−19,7	−20,3	−22,7	103	101	103	110	
	55°	−12,5	−12,1	−12,5	−14,0	62	60	62	66	
w_l	30°	11,9	11,5	11,9	13,3	1008	1042	1008	993	$\frac{q}{80}$
	35°	5,5	5,3	5,5	6,1	1114	1146	1114	1107	
	40°	0,0	0,0	0,0	0,0	1221	1250	1221	1221	
	45°	− 5,2	− 5,0	− 5,2	− 5,8	1327	1354	1327	1334	
	50°	−10,5	−10,2	−10,5	−11,7	1434	1458	1434	1448	
	55°	−11,0	−10,6	−11,0	−12,3	1434	1458	1434	1448	
p_{Kl} [c]	30°	maßgebend für S_6				423	391	282	175	$\frac{q_K}{100}$
	35°	ist LF p_K				378	349	252	157	
	40°	siehe Gl. (15.19)				331	306	220	137	
	45°	vgl. Abb. 15.57				282	260	188	117	
	50°					233	215	155	97	
	55°					185	171	124	77	
Fakt. (2)		$e \cdot l$ [m²]				$e \cdot c^3$ [m⁴]				kN/m²
für max f an der Stelle [d] x/c =						0,57	0,50	0,43	0,43	

[a] Tafelwerte für zul $f = c/200$; [b] für $s/2_l$: 25% der Werte.
[c] p_{Kl} braucht für erf I nicht berücksichtigt zu werden, da Zusammentreffen von $s/2_l$, w_l und p_{Kl} sehr selten, dann aber kann zul $f > c/200$ in Kauf genommen werden.
[d] x siehe Abb. 15.57a.

Tafel 15.6. Stützkräfte V_1 und H_1 [kN]

LF	$\alpha°$	V_1 für h_u/h 0,4 bis 0,7	H_1 für h_u/h 0,4	0,5	0,6	0,7	Faktor (1)
g	30°	116	178	163	152	143	$\frac{g}{100}$
	35°	122	155	142	132	125	
	40°	131	138	126	118	111	
	45°	141	126	115	107	101	
	50°	156	116	106	99,0	93,5	
	55°	174	108	99,2	92,6	87,4	
g_u	30°	116	110	113	115	118	Beachte $\frac{g_u}{100} \cdot \frac{h_u}{h}$
	35°	122	95,9	98,1	100	102	
	40°	131	85,6	87,5	89,5	91,4	
	45°	141	77,8	79,5	81,3	83,1	
	50°	156	71,8	73,4	75,1	76,7	
	55°	174	67,1	68,7	70,2	71,7	
s	30°	75,0[a]	115[b]	106[b]	98,5[b]	93,0[b]	$\frac{s_o}{75}$
	35°	65,6	82,7	75,7	70,7	66,7	
	40°	56,3	59,5	54,5	50,8	48,0	
	45°	46,9	41,3	37,8	35,3	33,3	
	50°	37,5	27,9	25,6	23,9	22,5	
	55°	28,1	17,2	15,8	14,7	13,9	
w_l	30°	5,3	−34,9	−33,5	−32,5	−31,7	$\frac{q}{80}$
	35°	7,2	−35,6	−34,9	−34,5	−34,1	
	40°	7,1	−40,3	−40,3	−40,3	−40,3	
	45°	4,0	−48,9	−49,5	−49,9	−50,3	
	50°	− 3,8	−61,9	−63,1	−64,0	−64,6	
	55°	−21,1	−76,3	−77,6	−78,5	−79,2	
w_r	30°	−21,3	11,3	12,7	13,7	14,5	$\frac{q}{80}$
	35°	−15,2	26,1	26,7	27,2	27,5	
	40°	− 7,1	40,3	40,3	40,3	40,3	
	45°	4,0	55,1	54,5	54,1	53,7	
	50°	19,8	71,6	70,4	69,5	68,8	
	55°	37,1	83,7	82,4	81,5	80,7	
Faktor (2)		$e \cdot l$ [m²]					kN/m²

[a] Bei $s/2_l$: 37,5% der Werte; bei $s/2_r$: 12,5% der Werte.
[b] Bei $s/2_l$: 25 % der Werte; bei $s/2_r$: 25 % der Werte.
Index r ≙ rechts bzw. von rechts.

Bei ausgebautem Dachgeschoß sollte die relativ große rechnerische Sparrendurchbiegung durch konstruktive Verankerung der Deckenscheibe an Giebel- und Zwischenwänden reduziert werden. Vorzuziehen ist jedoch das unverschiebliche Kehlbalkendach.

Die symmetrischen Lastfälle g_K und p_K nach Abb. 15.55 wurden nicht in die Tafeln 15.2 bis 15.6 aufgenommen. Die Gleichungen (15.18) bis (15.20) liefern Lagerreaktionen und Schnittgrößen, siehe Abb. 15.57.

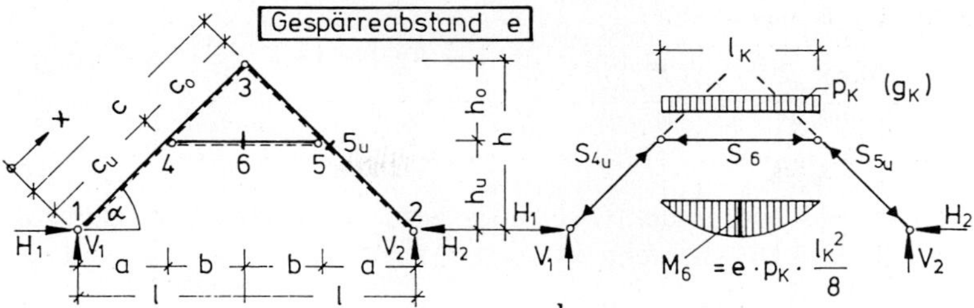

a b

Abb. 15.57. Bezeichnungen (*a*), Lastfälle p_K bzw. g_K (*b*)

$$V_1 = V_2 = 0{,}5 \cdot e \cdot p_K \cdot l_K \tag{15.18}$$

$$-S_6 = H_1 = H_2 = V_1/\tan\alpha = 0{,}5 \cdot e \cdot p_K \cdot l_K/\tan\alpha \tag{15.19}$$

$$S_{4u} = S_{5u} = -V_1/\sin\alpha = -0{,}5 \cdot e \cdot p_K \cdot l_K/\sin\alpha \tag{15.20}$$

15.3.6.3 Statische Berechnung für das nicht ausgebaute Kehlbalkendach nach Abb. 15.58 (DIN)

Sparrenabstand $e = 0{,}90$ m

$$l = 5{,}0\,\text{m}$$

$$\sin 40° = 0{,}643$$

$$\cos 40° = 0{,}766$$

$$\tan 40° = 0{,}839$$

$$\frac{h_u}{h} = \frac{2{,}52}{4{,}20} = 0{,}60$$

Lastannahmen:

Eigenlast:	Falzziegel einschl. Lattung	0,55 kN/m² D
	Sparren n. Abb. 14.8	0,13 · 0,766 = 0,10 kN/m² D
		g = 0,65 kN/m² D
		g_K = 0,10 kN/m² G
Regelschneelast nach DIN 1055 T 5		s_o = 0,75 kN/m² G
Windlast:	Staudruck nach DIN 1055 T 4	q = 0,50 kN/m² D

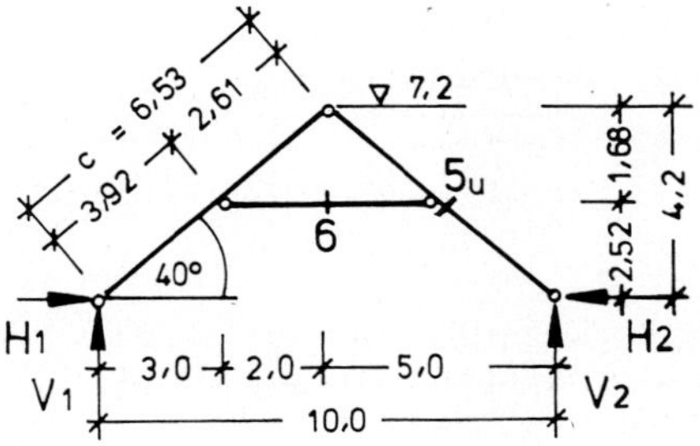

Abb. 15.58

Bemessung eines Gespärres
Die Bemessung kann vereinfacht mit Hilfe der Tafeln 15.1 bis 15.5 durchgeführt werden.

Sparren:
Das erforderliche Flächenmoment 2. Grades wird vergleichsweise nach Gl. (15.17) und nach Tafel 15.5 berechnet.
Näherung nach Gl. (15.17):

$$w_D + w_S = (0{,}6 + 0{,}6) \cdot 0{,}50 \qquad = 0{,}60\,\text{kN/m}^2\,\text{D}$$

$$s/2_\perp = \frac{1}{2} \cdot k_S \cdot s_o \cdot \cos^2\alpha = \frac{1}{2} \cdot 0{,}75 \cdot 0{,}75 \cdot 0{,}766^2 \qquad = 0{,}17\,\text{kN/m}^2\,\text{D}$$

$$0{,}77\,\text{kN/m}^2\,\text{D}$$

$$\text{erf}\,I \approx 13 \cdot 0{,}77 \cdot 0{,}9 \cdot 6{,}53^3 \cdot 10^4 \qquad = 2509 \cdot 10^4\,\text{mm}^4$$

erf I nach Tafel 15.5 für Lastfall „$g + s/2_1 + w_1$":

$$\begin{aligned} \text{erf}\,I = \;& 90 \cdot 0{,}65/100 \cdot 0{,}9 \cdot 6{,}53^3 \cdot 10^4 && = 147 \cdot 10^4\,\text{mm}^4 \\ +\;& 220 \cdot 0{,}75/75 \cdot 0{,}9 \cdot 6{,}53^3 \cdot 10^4 && = 551 \cdot 10^4\,\text{mm}^4 \\ +\;& 1221 \cdot 0{,}50/80 \cdot 0{,}9 \cdot 6{,}53^3 \cdot 10^4 && = 1912 \cdot 10^4\,\text{mm}^4 \end{aligned}$$

$$\text{erf}\,I = 2610 \cdot 10^4\,\text{mm}^4$$

Gewählt 8/16	$I_y = 2731 \cdot 10^4\,\text{mm}^4 > 2610 \cdot 10^4\,\text{mm}^4$
	$A = 128 \cdot 10^2\,\text{mm}^2$; $W_y = 341 \cdot 10^3\,\text{mm}^3$

Knicknachweis nach Gl. (15.14) für den Lastfall HZ mit:
a) $g + g_K + s + w_1$ bei beidseitiger Schneelast
b) $g + g_K + s/2_1 + w_1$ bei einseitiger Schneelast

Kombination *a*:

$$\begin{aligned} \text{Tafel 15.2: } M_5 = \;& -4{,}57 \cdot 0{,}65/100 \cdot 0{,}9 \cdot 5{,}0^2 && = -0{,}67\,\text{kNm}\; g \\ & -1{,}97 \cdot 0{,}75/75 \cdot 0{,}9 \cdot 5{,}0^2 && = -0{,}44\,\text{kNm}\; s \\ & -9{,}82 \cdot 0{,}50/80 \cdot 0{,}9 \cdot 5{,}0^2 && = -1{,}38\,\text{kNm}\; w_1 \end{aligned}$$

$$M_5 = -2{,}49\,\text{kNm}$$

$$\begin{aligned} \text{Tafel 15.3: } S_{5u} = \;& -124 \cdot 0{,}65/100 \cdot 0{,}9 \cdot 5{,}0 && = -3{,}62\,\text{kN}\; g \\ & -53{,}4 \cdot 0{,}75/75 \cdot 0{,}9 \cdot 5{,}0 && = -2{,}40\,\text{kN}\; s \\ & -26{,}3 \cdot 0{,}50/80 \cdot 0{,}9 \cdot 5{,}0 && = -0{,}74\,\text{kN}\; w_1 \\ \text{n. Gl. (15.20): }\;& -0{,}5 \cdot 0{,}9 \cdot 0{,}1 \cdot 4{,}0/0{,}643 && = -0{,}28\,\text{kN}\; g_K \end{aligned}$$

$$S_{5u} = -7{,}04\,\text{kN}$$

Kombination *b*:

$$\begin{aligned} \text{Tafel 15.2: } M_5 = \;& -0{,}67 - 1{,}38 && = -2{,}05\,\text{kN} \\ & -2{,}18 \cdot 0{,}75/75 \cdot 0{,}9 \cdot 5{,}0^2 && = -0{,}49\,\text{kNm}\; s/2_1 \end{aligned}$$

$$M_5 = -2{,}54\,\text{kNm}$$

Tafel 15.3: $S_{5u} = -3{,}62 - 0{,}74 - 0{,}28 \quad = -4{,}64\,\text{kN}$

$-14{,}3 \cdot 0{,}75/75 \cdot 0{,}9 \cdot 5{,}0 \quad = -0{,}64\,\text{kN}\; s/2_1$

$S_{5u} = -5{,}28\,\text{kN}$

Knicklänge nach Tafel 15.1: $s_{ky} = 0{,}87 \cdot 6{,}53 = 5{,}68\,\text{m}$

$$\lambda_y = \frac{5680}{0{,}289 \cdot 160} = 123 \rightarrow \omega = 4{,}54$$

$$\text{zul}\,\sigma_k = 1{,}25 \cdot 8{,}5/4{,}54 \quad = 2{,}34\,\text{N/mm}^2$$

Kombination *a*:

$$\frac{7{,}04 \cdot 10^3/(128 \cdot 10^2)}{2{,}34} + \frac{2490 \cdot 10^3/(341 \cdot 10^3)}{1{,}25 \cdot 10} = 0{,}24 + 0{,}58 = 0{,}82 < 1$$

vgl. Gl. (15.14)

Kombination *b*:

$$\frac{5{,}28 \cdot 10^3/(128 \cdot 10^2)}{2{,}34} + \frac{2540 \cdot 10^3/(341 \cdot 10^3)}{1{,}25 \cdot 10} = 0{,}18 + 0{,}60 = 0{,}78 < 1$$

Kehlriegel:

Maßgebender Lastfall H: $g + g_K + s$ + Mannlast (s. Abb. 15.59)

Die Windlast ist für $\alpha = 40°$ antimetrisch ($w_D = w_s$), erzeugt also keine Längskraft im Kehlriegel, vgl. Tafel 15.4 Lastfall w_l:

$$S_6 = 0$$

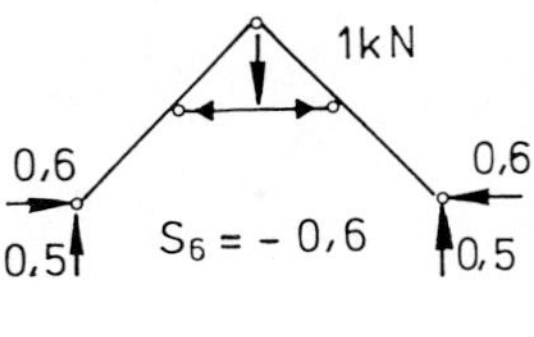

Abb. 15.59. Lastfall „Mannlast"

Abb. 15.57b: $M_6 = 0{,}9 \cdot 0{,}1 \cdot 4{,}0^2/8 \quad = \quad 0{,}18\,\text{kNm}$

Abb. 15.59: $+ 1{,}0 \cdot 4{,}0/4 \quad = \quad 1{,}0\,\text{kNm}$

$M_6 = \quad 1{,}18\,\text{kNm}$

Tafel 15.4: $S_6 = -101 \cdot 0{,}65/100 \cdot 0{,}9 \cdot 5{,}0 = -2{,}94\,\text{kN}$

$-43{,}3 \cdot 0{,}75/75 \cdot 0{,}9 \cdot 5{,}0 = -1{,}95\,\text{kN}$

Gl. (15.19): $-0{,}5 \cdot 0{,}9 \cdot 0{,}1 \cdot 4{,}0/0{,}839 = -0{,}21\,\text{kN}$

Abb. 15.59: $-0{,}5/0{,}839 = -0{,}60\,\text{kN}$

$S_6 = -5{,}70\,\text{kN}$

Gewählt 8/12	$A = 96 \cdot 10^2\,\text{mm}^2$; $W_y = 192 \cdot 10^3\,\text{mm}^3$

Knickaussteifung nach Abb. 15.42: Mittelbohle und Streben (KA)

Knicklängen: $s_{ky} = 4{,}0\,\text{m}$; $s_{kz} = 2{,}0\,\text{m}$

Maßgebend: $\lambda_y = \dfrac{4000}{0{,}289 \cdot 120} = 115 \rightarrow \omega = 3{,}97$

$$\text{zul}\,\sigma_k = 8{,}5/3{,}97 = 2{,}14\,\text{N/mm}^2$$

$$\frac{5{,}70 \cdot 10^3/(96 \cdot 10^2)}{2{,}14} + \frac{1180 \cdot 10^3/(192 \cdot 10^3)}{10} = 0{,}28 + 0{,}62 = 0{,}90 < 1$$

siehe Gl. (15.14)

15.3.6.4 Konstruktionsdetails (DIN)

Kehlbalkenanschluß, Berechnung und Konstruktion

Varianten der konstruktiven Ausbildung s. Abb. 15.47.
Gewählt: Konstruktion nach Abb. 15.61.
Maßgebender Lastfall für max V_4 und H_4 am Kehlbalkenanschluß:

Lastfall H: $g + g_K + s$ + Mannlast am Kehlbalken (Punkt 4)

$\max V_4 = 0{,}1 \cdot 0{,}9 \cdot 4{,}0/2 = 0{,}18\,\text{kN}$
$+ 1{,}0$ kN (Mannlast)

$\max V_4 = 1{,}18\,\text{kN}$

Die Längskraft S_6 ist für Mannlast in Kehlbalkenmitte (Abb. 15.59) und Mannlast am Kehlbalkenanschluß (Abb. 15.60) gleich groß. Der letztere Last-

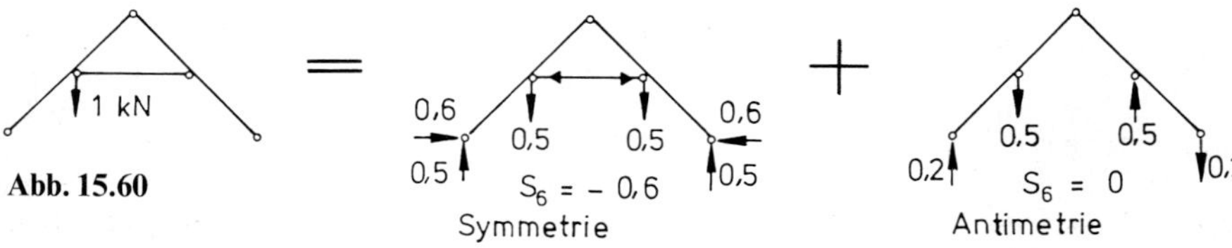

Abb. 15.60

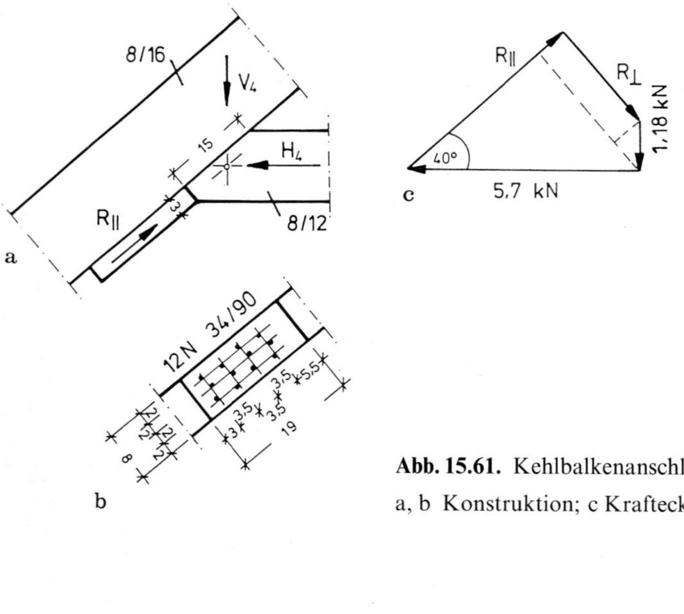

Abb. 15.61. Kehlbalkenanschluß
a, b Konstruktion; c Krafteck

fall wird nach Abb. 15.60 vorteilhaft durch Belastungsumordnung in Symmetrie und Antimetrie berechnet.

Damit ist

$$H_4 = -S_6 = 5{,}70\,\text{kN} \quad \text{(siehe oben)}$$

Anschlußkräfte

$$R_{\parallel} = H_4 \cdot \cos 40° + V_4 \cdot \sin 40°$$
$$R_{\perp} = H_4 \cdot \sin 40° - V_4 \cdot \cos 40°$$
$$R_{\parallel} = 5{,}70 \cdot 0{,}766 + 1{,}18 \cdot 0{,}643 = 5{,}12\,\text{kN}$$
$$R_{\perp} = 5{,}70 \cdot 0{,}643 - 1{,}18 \cdot 0{,}766 = 2{,}76\,\text{kN}$$

Spannungsnachweise:

Kurze Fuge: $\sigma = \dfrac{5{,}12 \cdot 10^3}{30 \cdot 80} = 2{,}1\,\text{N/mm}^2$

$$\text{zul}\,\sigma_{\text{D}\measuredangle 40°} = 4{,}3\,\text{N/mm}^2 \qquad 2{,}1/4{,}3 = 0{,}49 < 1$$

Lange Fuge: $\sigma = \dfrac{2{,}76 \cdot 10^3}{150 \cdot 80} = 0{,}23\,\text{N/mm}^2$

$$\text{zul}\,\sigma_{\text{D}\perp} = 2{,}0\,\text{N/mm}^2 \qquad 0{,}23/2{,}0 = 0{,}11 < 1$$

Nägel: $\text{erf}\,n = \dfrac{5{,}12}{0{,}43} = 11{,}9 \rightarrow 12\,\text{Nä}\,34 \times 90$, nicht vorgebohrt

Lagesicherung: 2 seitliche Laschen nach Abb. 15.47c

Auf den Nachweis der Zusatzspannung im Sparren infolge Ausmittigkeit von $R\parallel$ (Kombination a) wird verzichtet, da ihr Rechenwert vernachlässigbar klein ist ($\Delta\sigma < 0{,}05 \cdot \text{zul}\,\sigma_{\text{D}\parallel}^{\text{HZ}}$).

Sparrenfuß, Berechnung und Konstruktion

Varianten der konstruktiven Ausbildung s. Abb. 15.48.
Gewählt: Konstruktion nach Abb. 15.62.
Maßgebende Lastkombination (ohne Mannlast):

$$\text{für max}\,V_1\text{:}\; g + g_K + s + w_1$$

Tafel 15.6:	$\max V_1 = 131 \cdot 0{,}65/100 \cdot 0{,}9 \cdot 5{,}0$	=	$3{,}82\,\text{kN}\; g$
	$+\; 56{,}3 \cdot 0{,}75/75 \cdot 0{,}9 \cdot 5{,}0$	=	$2{,}53\,\text{kN}\; s$
	$+\; 7{,}1 \cdot 0{,}50/80 \cdot 0{,}9 \cdot 5{,}0$	=	$0{,}20\,\text{kN}\; w_1$
Gl. (15.18):	$+\; 0{,}5 \cdot 0{,}1 \cdot 0{,}9 \cdot 0{,}4$	=	$0{,}18\,\text{kN}\; g_K$

$\max V_1 =$	6,53 kN	LF H
$\max V_1 =$	6,73 kN	LF HZ

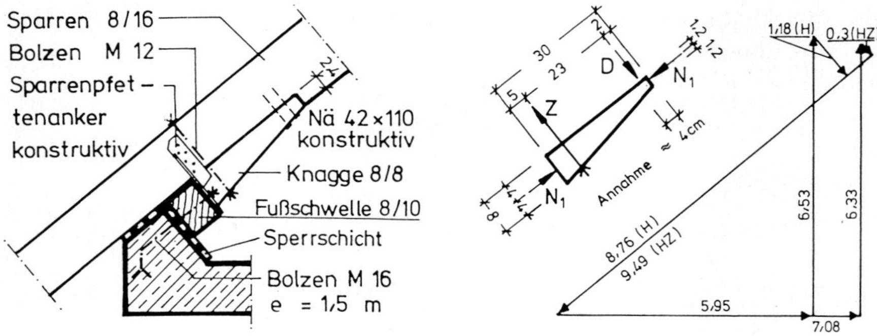

Abb. 15.62. Sparrenfuß, Konstruktion und Krafteck

Tafel 15.6: $H_1 = 118 \cdot 0{,}65/100 \cdot 0{,}9 \cdot 5{,}0 = 3{,}45\,\text{kN}\ g$

$+ 50{,}8 \cdot 0{,}75/75 \cdot 0{,}9 \cdot 5{,}0 = 2{,}29\,\text{kN}\ s$

$- 40{,}3 \cdot 0{,}50/80 \cdot 0{,}9 \cdot 5{,}0 = -1{,}13\,\text{kN}\ w_1$

Gl. (15.19): $+ 0{,}18/0{,}839 = 0{,}21\,\text{kN}\ g_K$

$H_1 =$ 5,95 kN	LF H

$H_1 = 4{,}82\,\text{kN}$ LF HZ

für max H_1: $g + g_K + s + w_r$

$\max H_1 = 3{,}45 + 2{,}29 + 0{,}21 = 5{,}95\,\text{kN}$ LF H

$+ 40{,}3 \cdot 0{,}50/80 \cdot 0{,}9 \cdot 5{,}0 = 1{,}13\,\text{kN}\ w_r$

max $H_1 =$ 7,08 kN	LF HZ

$V_1 = 3{,}82 + 2{,}53 + 0{,}18 = 6{,}53\,\text{kN}$ LF H

$- 7{,}1 \cdot 0{,}50/80 \cdot 0{,}9 \cdot 5{,}0 = -0{,}20\,\text{kN}\ w_r$

$V_1 =$ 6,33 kN	LF HZ

In Abb. 15.62 werden gegenübergestellt:
Komb. max V_1 als LF H und Komb. max H_1 als LF HZ

Lastfall H: $N_1 = -5{,}95 \cdot 0{,}766 - 6{,}53 \cdot 0{,}643 = -8{,}76\,\text{kN}$

$Q_1 = -5{,}95 \cdot 0{,}643 + 6{,}53 \cdot 0{,}766 = 1{,}18\,\text{kN}$

Lastfall HZ: $N_1 = -7{,}08 \cdot 0{,}766 - 6{,}33 \cdot 0{,}643 = -9{,}49\,\text{kN}$

$Q_1 = -7{,}08 \cdot 0{,}643 + 6{,}33 \cdot 0{,}766 = 0{,}30\,\text{kN}$

Maßgebend ist die Kombination max V_1 als LF H
Erforderliche Einschnittiefe:

$$\text{erf}\, t = \frac{N_1}{\text{zul}\, \sigma_{D\parallel} \cdot b} = \frac{8{,}76 \cdot 10^3}{8{,}5 \cdot 80} = 12{,}9\,\text{mm} \rightarrow \text{gew. } 24\,\text{mm}$$

Erforderliche Knaggenhöhe an der Schwelle:

$$\text{erf}\,h = \frac{N_1}{\text{zul}\,\sigma_{D\perp} \cdot b} = \frac{8{,}76 \cdot 10^3}{2{,}0 \cdot 80} = 55\,\text{mm} \rightarrow \text{gew. } 80\,\text{mm}$$

Zugkraft im Bolzen M12 nach Abb. 15.62

Die Knagge wird durch das Kräftepaar $N_1 \cdot (80/2 - 12)$ ausmittig beansprucht.

Die angenommene Druckfläche sei 40 mm lang.

$$Z = D = \frac{N_1 \cdot (80/2 - 12)}{230} = \frac{8{,}76 \cdot 28}{230} = 1{,}07\,\text{kN}$$

Pressung in der angenommenen Druckfläche:

$$\sigma_{\text{D}\perp} = \frac{1{,}07 \cdot 10^3}{40 \cdot 80} = 0{,}33\,\text{N/mm}^2 \qquad 0{,}33/2{,}0 = 0{,}16 < 1$$

σ_z im Kernquerschnitt und $\sigma_{\text{D}\perp}$ unter der Scheibe sind ebenfalls gering.

Die Auflagerquerkraft $Q_1 = 1{,}18$ kN kann ohne weiteres durch Kontakt zwischen Sparrenunterkante und Schwelle übertragen werden.

Fußschwelle konstruktiv **gewählt 8/10**
Verankerungsbolzen konstruktiv M16 $\quad e = 1{,}5\,\text{m}$ (Abb. 15.62)

$$\begin{aligned} \text{zul}\,N_b &= 0{,}75 \cdot 4{,}0 \cdot 80 \cdot 16 = 3840\,\text{N} \\ &\leqq 0{,}75 \cdot 17 \cdot 16^2 \quad = 3264\,\text{N maßgebend, vgl. Gl. (6.5)} \\ 3{,}26\,\text{kN} &> 1{,}18 \cdot 1{,}5/0{,}90 \quad = 1{,}97\,\text{kN} \end{aligned}$$

oder $e = 2{,}0$ m: $3{,}26\,\text{kN} > 1{,}18 \cdot 2{,}0/0{,}9 = 2{,}62\,\text{kN}$

Firstpunkt, Berechnung und Konstruktion

Der Firstpunkt wird i. d. R. ohne Nachrechnung konstruktiv ausgebildet. Konstruktionsvarianten s. Abb. 15.46, siehe auch [104, 157].

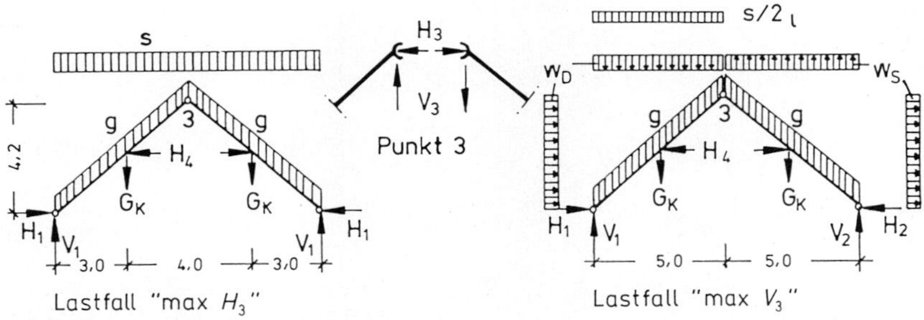

Abb. 15.63. Anschlußkräfte im Firstpunkt

Die Belastungen für ein Gespärre – Belastungsbreite $e = 0{,}9\,\mathrm{m}$ – nach Abb. 15.63 betragen:

$$\left.\begin{aligned} g &= 0{,}9 \cdot 0{,}65 &&= 0{,}585\,\mathrm{kN/m\,D} \\ G_K &= 0{,}9 \cdot 0{,}10 \cdot 4{,}0/2 &&= 0{,}18\ \mathrm{kN} \\ s &= 0{,}9 \cdot 0{,}75 \cdot 0{,}75 &&= 0{,}506\,\mathrm{kN/m\,G} \\ s/2 &= 0{,}506/2 &&= 0{,}253\,\mathrm{kN/m\,G} \\ w_D &= 0{,}9 \cdot 0{,}6 \cdot 0{,}50 &&= 0{,}27\ \mathrm{kN/m\,D} \\ w_S &= 0{,}9 \cdot 0{,}6 \cdot 0{,}50 &&= 0{,}27\ \mathrm{kN/m\,D} \end{aligned}\right\} \quad \alpha = 40^\circ,\ |w_D| = |w_S|$$

Lastfall „max H_3" gemäß Abb. 15.63 liefert:

$$\left.\begin{aligned} V_1 &= 3{,}82 + 2{,}53 + 0{,}18 = 6{,}53\,\mathrm{kN} \\ H_1 &= 3{,}45 + 2{,}29 + 0{,}21 = 5{,}95\,\mathrm{kN} \end{aligned}\right\} \quad \text{siehe Sparrenfuß}$$

$$H_4 = -S_6 = 2{,}94 + 1{,}95 + 0{,}21 = 5{,}10\,\mathrm{kN} \quad \text{siehe Kehlriegel}$$

Anschlußkräfte im First: $V_3 = 0$ Symmetrie

$$H_3 = H_1 - H_4 = 5{,}95 - 5{,}10 = 0{,}85\,\mathrm{kN} \quad \text{Lastfall H}$$

Lastfall „max V_3" nach Abb. 15.63 läßt sich leicht berechnen nach Trennung der Lasten in symmetrische und antimetrische Lastgruppen. Die Windlast ist für $\alpha = 40^\circ$ antimetrisch.

Symmetr. Lasten → $V_3 = 0$	Antimetr. Lasten → $H_3 = H_4 = 0$

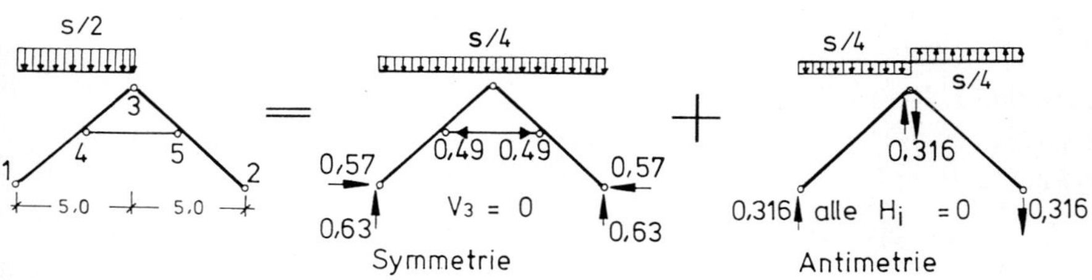

Abb. 15.64. Lastfall $s/2_1$

$$\max V_3 = \frac{1}{4} \cdot 0{,}506 \cdot \frac{5}{2} = 0{,}316\,\mathrm{kN} \quad \frac{s}{4}\ \text{Antimetrie}$$

$$+\, 0{,}27 \cdot \frac{6{,}53^2}{2 \cdot 5} = 1{,}15\,\mathrm{kN} \quad w_1\ \text{Antimetrie}$$

$V_3 \approx 1{,}47\,\mathrm{kN}$	LF HZ

$H_1 = 3{,}45 + 0{,}21 \qquad = 3{,}66\,\text{kN} \quad g + g_K$

$+\, 2{,}29/4 \qquad = 0{,}57\,\text{kN} \quad \frac{s}{4}$ Symmetrie

siehe Sparrenfuß: $\qquad -\,1{,}13\,\text{kN} \quad w_1$ Antimetrie

$H_1 = 3{,}10\,\text{kN}$

$H_4 = -\,S_6 = 2{,}94 + 0{,}21 \qquad = 3{,}15\,\text{kN} \quad g + g_K$

$+\,1{,}95/4 \qquad = 0{,}49\,\text{kN} \quad \frac{s}{4}$ Symmetrie

$H_4 = 3{,}64\,\text{kN}$

$H_3 = w_D \cdot h + H_1 - H_4$ vgl. Abb. 15.63

$H_3 = 0{,}27 \cdot 4{,}2 + 3{,}10 - 3{,}64$	$= 0{,}59\,\text{kN}$	LF HZ

Maßgebend für die Berechnung ist Lastfall HZ:

$V_3 = 1{,}47\,\text{kN} \quad H_3 = 0{,}59\,\text{kN}$	LF HZ

a) Konstruktion nach Abb. 15.53 wie Sparrendach
b) Konstruktion mit einfachem Blatt, genagelt nach Abb. 15.65. Vgl. auch Varianten des Firstpunktes nach [104].

Die Kraftübertragung vom rechten auf den linken Sparren kann nach Abb. 15.65a angenommen werden, $S_\perp$ durch Druck $\perp$Fa, $S_\parallel$ durch 4 Nä 31 × 80 ($n \geqq 4$ konstruktiv nach *–T 2, 6.2.1–*).

$$S_\perp = H_3 \cdot \sin\alpha + V_3 \cdot \cos\alpha$$
$$= 0{,}59 \cdot 0{,}643 + 1{,}47 \cdot 0{,}766 = 1{,}51\,\text{kN}$$
$$S_\parallel = -H_3 \cdot \cos\alpha + V_3 \cdot \sin\alpha$$
$$= -0{,}59 \cdot 0{,}766 + 1{,}47 \cdot 0{,}643 = 0{,}49\,\text{kN}$$
$$\sigma_{d\perp} = \frac{1{,}51 \cdot 10^3}{40 \cdot 160} = 0{,}24\,\text{N/mm}^2 \qquad 0{,}24/(1{,}25 \cdot 2{,}0) \ll 1$$
$$\text{zul}\,S_\parallel = 4 \cdot 0{,}365 \cdot 1{,}25 = 1{,}82\,\text{kN} \quad > 0{,}49\,\text{kN}$$

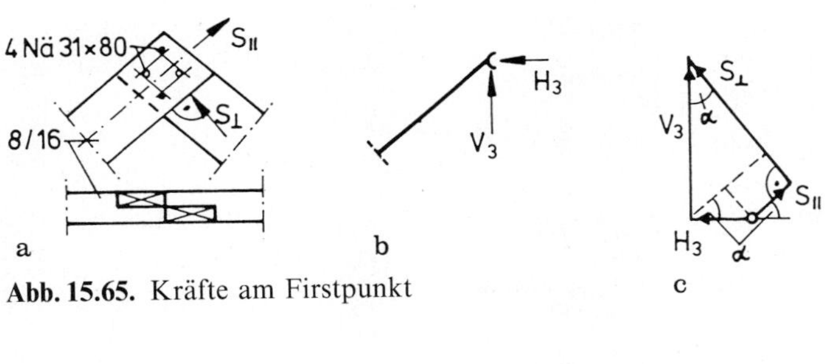

Abb. 15.65. Kräfte am Firstpunkt

15.3.6.5 Dachverband (DIN)

Die übliche Längsaussteifung durch Windrispen gemäß Abb. 15.45 wird grundsätzlich bemessen wie beim Sparrendach, s. Abb. 15.54.

Seitenlast nach Gl. (15.13) $q_S = \dfrac{m \cdot N_G}{30 \cdot c}$ — $N_G \mathrel{\hat{=}}$ mittlere Längskraft; $c \mathrel{\hat{=}}$ Sparrenlänge; m vgl. 15.3.5.3

Gl. (15.21) zur Berechnung der mittleren Längskraft N_G kann gemäß Abb. 15.66 hergeleitet werden.
Maßgebender Lastfall: symmetrische Vollast
Alle Druckkräfte N_i werden mit positivem Vorzeichen in die Gleichungen eingesetzt.

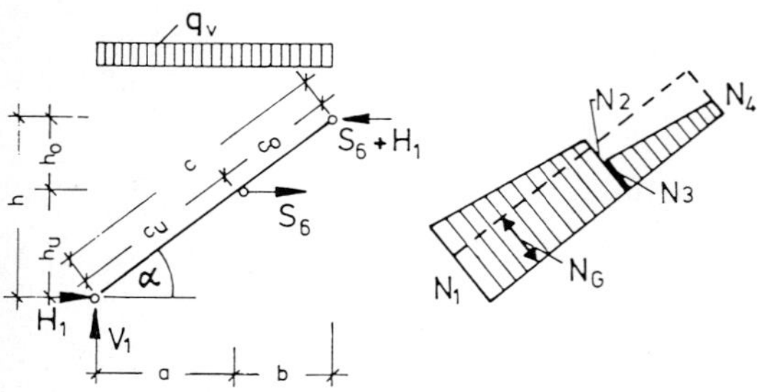

$$N_4 = N_3 - q_v \cdot b \cdot \sin\alpha$$
$$N_3 = N_2 + S_6 \cdot \cos\alpha$$
$$N_2 = N_1 - q_v \cdot a \cdot \sin\alpha$$
$$N_1 = V_1 \cdot \sin\alpha + H_1 \cdot \cos\alpha$$
$$N_G = \frac{h_u}{h} \cdot \frac{N_1 + N_2}{2} + \frac{h_o}{h} \cdot \frac{N_3 + N_4}{2}$$

Abb. 15.66. Ermittlung der mittleren Gurtkraft N_G

Nach einigen Umformungen folgt daraus Gl. (15.21):

$$N_G = \frac{1}{2} V_1 \cdot \sin\alpha + H_1 \cdot \cos\alpha + \frac{h_o}{h} \cdot S_6{}^1 \cdot \cos\alpha \tag{15.21}$$

Annahme: 12 Felder wie Abb. 15.54 (Sparrendach)

$$m = 12/2 = 6 \quad \text{je Verband}$$

Für symmetrische Vollast ($g + s + g_k$) wird dann:

$$\left.\begin{aligned} V_1 &= 3{,}82 + 2{,}53 + 0{,}18 = 6{,}53\,\text{kN} \\ H_1 &= 3{,}45 + 2{,}29 + 0{,}21 = 5{,}95\,\text{kN} \end{aligned}\right\} \quad \text{siehe Sparrenfuß}$$
$$-S_6 = 2{,}94 + 1{,}95 + 0{,}21 = 5{,}10\,\text{kN} \quad \text{siehe Kehlbalken}$$

$$N_G = \frac{1}{2} 6{,}53 \cdot 0{,}643 + 5{,}95 \cdot 0{,}766 - \frac{1{,}68}{4{,}2} \cdot 5{,}1 \cdot 0{,}766 = 5{,}09\,\text{kN}$$

$$q_S = \frac{m \cdot N_G}{30 \cdot c} = \frac{6 \cdot 5{,}09}{30 \cdot 6{,}53} = 0{,}156\,\text{kN/m}$$

---

[1] S_6 ist mit Vorzeichen einzusetzen, vgl. Berechnung.

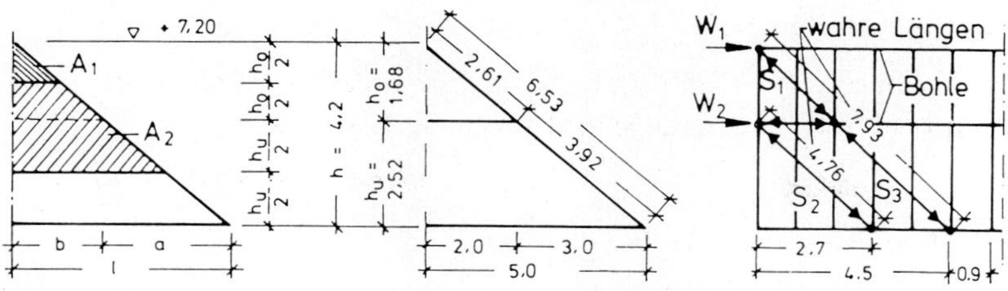

Abb. 15.67. Windlasten und Windverband des Kehlbalkendaches

Die resultierende Seitenlast für einen Verband ist dann:

$$R_{qS} = 0{,}156 \cdot 6{,}53 = 1{,}02\,\text{kN}$$

Die auf einen Windverband entfallenden Windlasten können für die anteiligen Windangriffsflächen nach Abb. 15.67 berechnet werden.

Geometrie:

$$A_1 = \frac{b \cdot \text{h}_\text{o}}{4} \tag{15.22}$$

$$= 2{,}0 \cdot 1{,}68/4 = 0{,}84\,\text{m}^2$$

$$A_2 = \frac{1}{2}\left(b + \frac{a}{2}\right)\left(\frac{h_\text{u}}{2} + h_\text{o}\right) - A_1 \tag{15.23}$$

$$= \frac{1}{2}\left(2{,}0 + \frac{3{,}0}{2}\right)\left(\frac{2{,}52}{2} + 1{,}68\right) - 0{,}84 = 4{,}30\,\text{m}^2$$

Windlasten:

$$W_1 = c_\text{D} \cdot q \cdot A_1 = 0{,}8 \cdot 0{,}5 \cdot 0{,}84 = 0{,}34\,\text{kN}$$

$$W_2 = c_\text{D} \cdot q \cdot A_2 = 0{,}8 \cdot 0{,}5 \cdot 4{,}30 = 1{,}72\,\text{kN}$$

Nach *–10.2.4–* darf der Windverband für Windlasten allein berechnet werden, solange bei einer Stützweite $\leqq 30\,\text{m}$

$$W_1 + W_2 \geqq \left(R_{qS} + \frac{W_1 + W_2}{2}\right)/1{,}25$$

und

$$R_{qS} \leqq W_1 + W_2$$

ist.

Ein besonderer Nachweis zur Aufnahme der Seitenlasten q_S kann dann entfallen.

$$W_1 + W_2 = 2{,}06\,\text{kN} > \left(1{,}02 + \frac{2{,}06}{2}\right)/1{,}25 = 1{,}64\,\text{kN}$$

$$R_{qS} = 1{,}02\,\text{kN} < 2{,}06\,\text{kN}$$

Deshalb brauchen die Windrispen in diesem Falle nur für Windlasten W_1 und W_2 bemessen zu werden, s. Abb. 15.67.

Stabkräfte:

$$S_1 = -\,0{,}34 \cdot 7{,}93/4{,}5 \qquad = -\,0{,}60\,\text{kN}$$

$$S_2 = -\,\frac{1{,}72^{1}}{2} \cdot 4{,}76/2{,}7 \qquad = -\,1{,}52\,\text{kN}$$

$$S_3 = -\,0{,}60 - 1{,}52 \qquad = -\,2{,}12\,\text{kN}$$

Gewählt 4/8

Nach *–9.2–* ist für Verbandsstäbe $\lambda \leqq 200$ vertretbar.

$$s_k = 4{,}76/3 = 7{,}93/5 \qquad = 1{,}59\,\text{m}$$

$$\lambda = \frac{159}{0{,}289 \cdot 4} = 138 < 200 \rightarrow \omega = 5{,}71$$

$$\text{zul}\,\sigma_k = 8{,}5/5{,}71 \qquad = 1{,}49\,\text{N/mm}^2$$

$$\sigma_{D\parallel} = 2{,}12 \cdot 10^3/(40 \cdot 80) \qquad = 0{,}66\,\text{N/mm}^2$$

$$0{,}66/1{,}49 = 0{,}44 < 1$$

Anschlüsse: je Kreuzungspunkt Sparren/Rispe 2 Nä 34 × 90
Endpunkt: erf $n = 1{,}97/0{,}43 = 4{,}58$ gew. 5 Nä 34 × 90, nicht vorgebohrt

oder:

$$S_2 = -3{,}04\,\text{kN}$$

$$\frac{3{,}04 \cdot 10^3/(40 \cdot 80)}{1{,}49} = 0{,}64 < 1$$

Endpunkt: erf $n = 3{,}04/0{,}525 = 5{,}79$
gewählt: 6 Nä 38 × 100, nicht vorgebohrt

15.3.7 Berechnung des unverschieblichen Kehlbalkendaches (DIN)

15.3.7.1 Allgemeines

Für die Vorbemessung der Querschnitte ist [143] zu empfehlen.

Die praktische Berechnung kann durchgeführt werden z. B. nach [104, 143, 167, 170].

Lastfälle s. Abb. 15.55. Lastkombinationen Schnee/Wind nach Abschn. 14.1. Für Winddruck ist jeder Sparren als einzelnes Tragglied – $w_D = 1{,}25 \cdot c_p \cdot q$ – zu behandeln.

Das statische System ist Abb. 15.43 zu entnehmen. Es wird vorwiegend für ausgebautes Dachgeschoß verwendet, da der vorhandene Deckenbelag i. d. R. als Scheibe ausgebildet werden kann.

---

[1] Aufgeteilt auf zwei Windrispen.

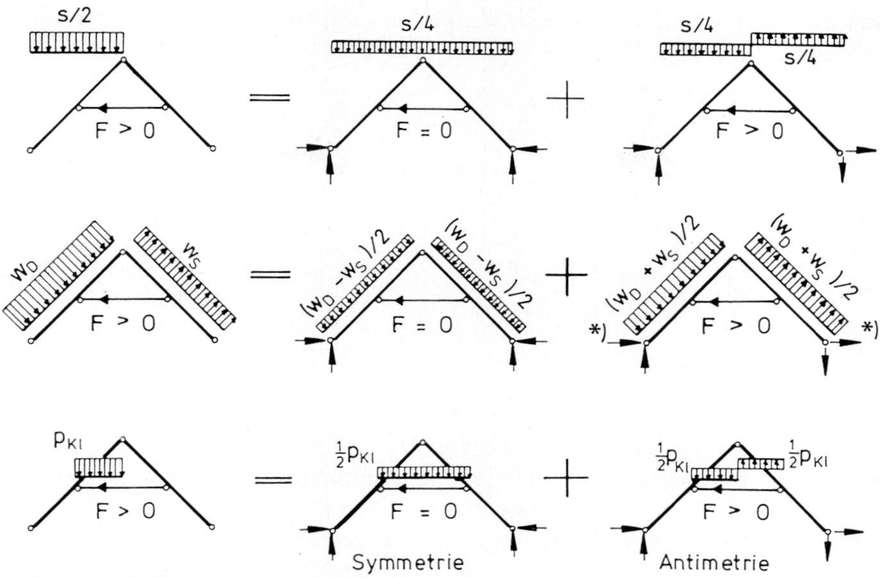

*) Pfeilrichtung abhängig von ∢ α und h_u/h

$F \triangleq$ Stützkraft in Kehlscheibe bzw. Kehlverband

Abb. 15.68. Belastungsumordnung in Symmetrie und Antimetrie

Jedes Gespärre ist in den Punkten 4 und 5 horizontal gestützt, so daß die Sparren als Zweifeldträger bemessen werden können unter den Voraussetzungen gemäß Abb. 15.44 mit Erläuterung.

Für symmetrische Belastungen g, g_u, g_K, p_K **und** s **gilt:**

Lagerreaktionen und Schnittgrößen sind identisch mit denen des verschieblichen Kehlbalkendaches. Berechnung für g, g_u und s nach Tafel 15.2 bis 15.4 und 15.6 für g_K und p_K nach Abb. 15.57 mit Gln. (15.18) bis (15.20).

Kehlscheibe bzw. Kehlverband nach Abb. 15.43 sind unbelastet, d.h. Stützkraft $F = 0$.

Unsymmetrische Belastungen p_{Kl}, $s/2_l$ und w_l bzw. w_r werden zweckmäßig umgeordnet in je einen symmetrischen und einen antimetrischen Anteil nach Abb. 15.68. Die Richtung der Reaktionen in den Auflagern und dem Kehlverband ist dort durch Pfeile angezeigt.

15.3.7.2 Praktische Hinweise zur statischen Berechnung (DIN)

Sparren als Zweifeldträger

Maßgebend für die Bemessung ist meistens das Biegemoment M_4 am Kehlbalkenanschluß, für $h_u/h > 0{,}65$ eventuell max M_F.

Vereinfachter Spannungsnachweis für den Punkt 4 – hier darf $\omega = 1$ gesetzt werden –:

$$\frac{S_{4u}/A_n}{\text{zul}\,\sigma_{D\|}} + \frac{M_4/W_n}{\text{zul}\,\sigma_B{}^1} \leqq 1 \tag{15.24}$$

Dazu der Knicknachweis für max M_F und max $S = S_1$ mit der zugehörigen Sparrenknicklänge c_u oder c_o:

$$\frac{S_1/A_n}{\text{zul}\,\sigma_k} + \frac{\max M_F/W_n}{\text{zul}\,\sigma_B} \leqq 1 \tag{15.25}$$

Der Durchbiegungsnachweis ist i.d.R. ohne Bedeutung für die Bemessung (zul $f = c_o/200$ oder $c_u/200$).

Heimeshoff [170] empfiehlt einen Stabilitätsnachweis nach Gl. (11.5) mit der Druckkraft S_{4u}, dem Biegemoment M_4 und zul σ_B nach *–5.1.8–*, da die Bemessung nach Gln. (15.24), (15.25) im Hinblick auf den Tragsicherheitsnachweis nach Theorie 2. Ordnung nicht in allen Fällen auf der sicheren Seite liegt. Dabei kann die Knicklänge geringfügig reduziert werden, vgl. [170].

Zur Ermittlung der noch fehlenden Schnittgrößen können die Tafeln 15.7, 15.8 und 15.9 zu Hilfe genommen werden.

Tafel 15.7. Hilfswerte für Gleichslast $q_\perp = \text{const.}$ über ganze Sparrenlänge c (Abb. 15.69)

Einheiten: q [kN/m²]; M [kNm]; F [kN]; I [cm⁴]; e, c [m]

h_u/h	0,40	0,45	0,50	0,55	0,60	0,65	0,70	Faktor
$-M_4$	0,0350	0,0322	0,0313	0,0322	0,0350	0,0396	0,0463	$q_\perp \cdot e \cdot c^2$
max M_F	0,0292	0,0235	0,0176	0,0235	0,0292	0,0348	0,0402	
erf I	2,99	2,12	1,30	2,12	2,99	3,93	4,87	$q_\perp \cdot e \cdot c^3$
$F_{1\perp}$	0,113	0,153	0,1875	0,2168	0,2413	0,264	0,284	$q_\perp \cdot e \cdot c$
$F_{4\perp}$	0,6457	0,6302	0,625	0,6302	0,6457	0,674	0,720	
$F_{3\perp}$	0,2413	0,2168	0,1875	0,153	0,113	0,062	−0,004	

Zwischenwerte können geradlinig eingeschaltet werden.

Tafel 15.8. Hilfswerte für Gleichslast $q_\perp$ im Bereich c_u nach Abb. 15.69g

Einheiten wie Tafel 15.7

h_u/h	0,40	0,45	0,50	0,55	0,60	0,65	0,70	Faktor
$-M_4$	0,0080	0,0114	0,0156	0,0208	0,0270	0,0343	0,0428	$q_\perp \cdot e \cdot c^2$
max M_F	0,0162	0,0199	0,0239	0,0281	0,0325	0,0371	0,0417	
erf I	1,27	1,73	2,28	2,90	3,58	4,35	5,15	$q_\perp \cdot e \cdot c^3$

[1] zul σ_B darf nach *–5.1.8–* für Durchlaufträger über Innenstützen um 10% erhöht werden.

Tafel 15.9. Stabkräfte S_{3r}, S_{3l} (First) und S_{4u} (Kehlriegelanschluß) infolge $q_{\perp 1}$ nach Abb. 15.69

α	$<45°$	$45°$	$>45°$	
β	$90° - 2\alpha$	$0°$	$2\alpha - 90°$	
S_{3r}	$-F_{3\perp}/\cos\beta$	$-F_{3\perp}$	$-F_{3\perp}/\cos\beta$	(15.26)
S_{3l}	$-F_{3\perp} \cdot \tan\beta$	0	$+F_{3\perp} \cdot \tan\beta$	(15.27)
S_{4u}	$-F_{3\perp} \cdot \tan\beta$ $-F_{4\perp}/\tan\alpha$	$-F_{4\perp}$	$+F_{3\perp} \cdot \tan\beta$ $-F_{4\perp}/\tan\alpha$	(15.28)

Normalkraftverlauf s. Abb. 15.69 b ($q_\perp$) und $f(q_\parallel)$.

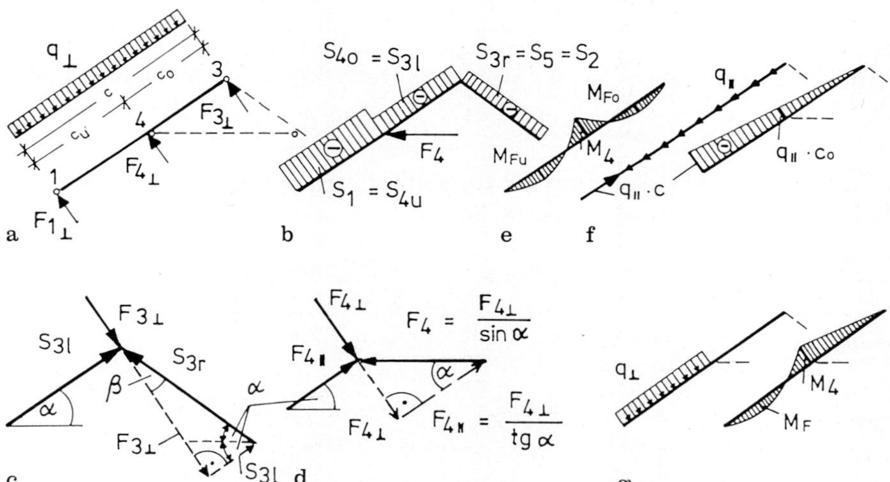

Abb. 15.69. Kräfte infolge $q_\perp$ und $q_\parallel$ am Gespärre des unverschieblichen Kehlbalkendaches

Kehlbalken als Einfeldträger

Maßgebend für die Bemessung bei ausgebautem Dachgeschoß i. d. R.:

Biegemoment M_6 infolge $g_K + p_K$ } Lastfall H
Druckkraft S_6 infolge $g + g_u + g_K + p_K + s$ }
Knicknachweis nach Gl. (11.4)

Maßgebende Knicklänge i. d. R. $s_{ky} = l_k$, da in Kehlscheibenebene meistens durch Fußbodenschalung ausgesteift.

$$\text{erf}\, I = 313^{1} \cdot M_6 \cdot l_k \cdot 10^4 \qquad (15.29)$$

nach Gl. (10.17) mit [36]

[1] Für zul $f = l_k/300$ als Deckenträger nach *–8.5.7–*.

Kehlriegelanschlußkraft in Achsrichtung:

$$\left.\begin{array}{l} S_6 \text{ infolge symmetr. Vollast} \\ + F_4 \text{ infolge } w_D{}^1 = 1{,}25 \cdot c_p \cdot q \end{array}\right\} \text{ falls Lastfall HZ maßgebend}$$

Der Anteil F_4 wird zur Balkenmitte hin durch Schubfluß abgetragen in die Kehlscheibe.

Konstruktion und Berechnung der Anschlüsse siehe verschiebliches Kehlbalkendach.

Kehlscheibe oder Kehlverband
Bemessung für die Einzellasten F_4 und F_5 (Stützkräfte) nach Abb. 15.43 oder entsprechende Gleichlast, vgl. Abb. 15.75. Ermittlung der Stützkräfte F_4 und F_5:

Antimetrische Anteile von $s/2_1$, w_1 und p_{K1} gemäß Abb. 15.68. In allen Fällen ist $F_4 = F_5$.

15.3.7.3 Statische Berechnung des Gespärres für ausgebautes unverschiebliches Kehlbalkendach (Abb. 15.70)

Abmessungen wie nicht ausgebautes verschiebliches Kehlbalkendach.

Sparrenabstand $e = 0{,}9$ m

$$\begin{aligned} \alpha &= 40^\circ \\ \sin 40^\circ &= 0{,}643 \\ \cos 40^\circ &= 0{,}766 \\ \tan 40^\circ &= 0{,}839 \\ h_u/h &= 0{,}60 \end{aligned}$$

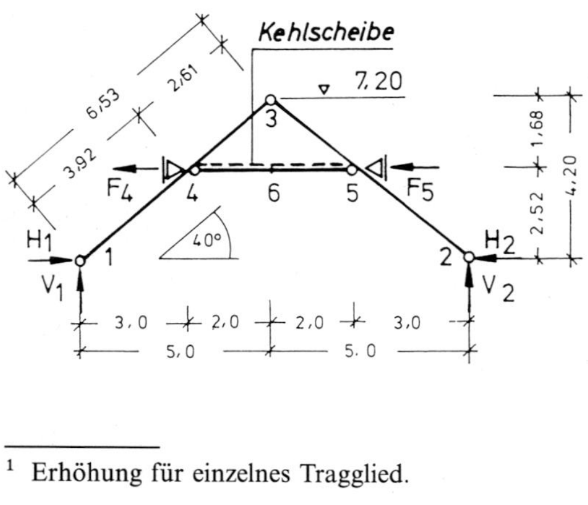

Abb. 15.70

[1] Erhöhung für einzelnes Tragglied.

Lastannahmen: g, s, w **wie nicht ausgebautes Kehlbalkendach**

Eigenlast:	Dach	$g = 0{,}65$	kN/m^2 D
	Unterdecke nach Tafel 14.2a	$g_u = 0{,}40$	kN/m^2 D
	Kehlbalken:		
	22 mm Spanplatte	$\approx 0{,}19$	kN/m^2 G
	Eigenlast nach 14.2.3e	$= 0{,}13$	kN/m^2 G
	Unterdecke siehe oben	$= 0{,}40$	kN/m^2 G
		$g_K = 0{,}72$	kN/m^2 G
Nutzlast auf Kehlbalken ($h \leqq 2{,}0$ m)		$p_K = 1{,}0$	kN/m^2 G
Regelschneelast		$s_0 = 0{,}75$	kN/m^2 G
Schneelast	für $\alpha = 40° \rightarrow 0{,}75 \cdot 0{,}75$	$s = 0{,}562$	kN/m^2 G
Winddruck	nach Abb. 14.25 und auch 15.3.7.1 $\rightarrow 1{,}25 \cdot 0{,}6 \cdot 0{,}50$	$w_D = 0{,}375$	kN/m^2 D
Windsog	nach Abb. 14.25 $\rightarrow 0{,}6 \cdot 0{,}50$	$w_S = 0{,}30$	kN/m^2 D

Lastkomponenten ⊥ Sparrenachse:

Berechnung vgl. Tafel 14.9
Eigenlast

– Dach $g_\perp$	$= g \cdot \cos\alpha = 0{,}65 \cdot 0{,}766$	$= 0{,}498\,kN/m^2$
Schneelast $s_\perp$	$= s \cdot \cos^2\alpha = 0{,}562 \cdot 0{,}766^2$	$= 0{,}330\,kN/m^2$
Winddruck $w_{D\perp}$	$= w_D$	$= 0{,}375\,kN/m^2$
		$q_\perp = 1{,}20\,kN/m^2$
Eigenlast – Unterdecke $g_{u\perp}$	$= 0{,}40 \cdot 0{,}766$	$= 0{,}306\,kN/m^2$

Berechnung der Schnittgrößen für Belastungsbreite e **= 0,90 m**
Sparrenmomente $M_4 = M_5$ infolge g, g_u, s, w_D
Tafel 15.2:

$$M_4 = -4{,}57 \cdot 0{,}65/100 \cdot 0{,}9 \cdot 5{,}0^2 = -0{,}67\,kNm\ g$$
$$-3{,}52 \cdot 0{,}40/100 \cdot 0{,}9 \cdot 5{,}0^2 = -0{,}32\,kNm\ g_u$$
$$-1{,}97 \cdot 0{,}75/75 \cdot 0{,}9 \cdot 5{,}0^2 = -0{,}44\,kNm\ s$$

$M_4 = -1{,}43\,kNm$	LF H

Tafel 15.7:

$$-0{,}035 \cdot 0{,}375 \cdot 0{,}9 \cdot 6{,}53^2 = -0{,}50\,kNm\ w_D$$

$M_4 = -1{,}93\,kNm$	LF HZ

Vergleichsrechnung mit $q_\perp = 1{,}203\,\text{kN/m}^2$ und $g_{u\perp} = 0{,}306\,\text{kN/m}^2$:

Tafel 15.7: $M_4 = -0{,}035 \cdot 1{,}203 \cdot 0{,}9 \cdot 6{,}53^2 = -1{,}62\,\text{kNm}\ q$

Tafel 15.8: $\quad -0{,}027 \cdot 0{,}306 \cdot 0{,}9 \cdot 6{,}53^2 = -0{,}32\,\text{kNm}\ g_u$

$M_4 = -1{,}94\,\text{kNm}$	LF HZ

g_K und p_K liefern nach Abb. 15.57b keine Biegemomente in den Sparren.

Maßgebender Lastfall: Lastfall HZ, da $\dfrac{1{,}93}{1{,}43} = 1{,}35 > 1{,}25$

Sparren-Feldmoment max M_{Fu} infolge g, g_u, s, w_D
Tafel 15.7:

$$M_{Fu} = 0{,}0292 \cdot 1{,}203 \cdot 0{,}9 \cdot 6{,}53^2 = 1{,}35\,\text{kNm}\ q_\perp$$
$$+\,0{,}0325 \cdot 0{,}306 \cdot 0{,}9 \cdot 6{,}53^2 = 0{,}38\,\text{kNm}\ g_{u\perp}$$

$M_{Fu} = -1{,}73\,\text{kNm}$	LF HZ

Sparren – erf I_y für g, g_u, s, w_D
Tafel 15.7:

$$\text{erf}\, I = 2{,}99 \cdot 1{,}203 \cdot 0{,}9 \cdot 6{,}53^3 \cdot 10^4 = 901 \cdot 10^4\,\text{mm}^4\ q_\perp$$
$$+\,3{,}58 \cdot 0{,}306 \cdot 0{,}9 \cdot 6{,}53^3 \cdot 10^4 = 275 \cdot 10^4\,\text{mm}^4\ g_{u\perp}$$

$\text{erf}\, I = 1176 \cdot 10^4\,\text{mm}^4$

Sparrenlängskraft $S_{5u} = S_{4u}$ infolge g, g_u, g_K, p_K, s, w_D, w_S
Tafel 15.3:

$$S_{4u} = -124 \cdot 0{,}65/100 \cdot 0{,}9 \cdot 5{,}0 = -3{,}63\,\text{kN}\ g$$
$$-41{,}1 \cdot 0{,}40/100 \cdot 0{,}9 \cdot 5{,}0 = -0{,}74\,\text{kN}\ g_u$$
$$-53.4 \cdot 0{,}75/75 \cdot 0{,}9 \cdot 5{,}0 = -2{,}40\,\text{kN}\ s$$

Gl. (15.20): $$-\frac{0{,}72 + 1{,}0}{2} \cdot \frac{0{,}9 \cdot 4{,}0}{0{,}643} = -4{,}82\,\text{kN}\ g_K, p_K$$

$S_{4u} = -11{,}59\,\text{kN}$	LF H

S_{4u} – Anteil aus w_D und w_S nach Abb. 15.71 und Gl. (15.28):
Die Stützkräfte $F_\perp$ werden nach Tafel 15.7 ermittelt:

aus w_D: $\quad F_{3\perp} = 0{,}113 \cdot 0{,}375 \cdot 0{,}9 \cdot 6{,}53 = 0{,}249\,\text{kN}$

$\quad F_{4\perp} = 0{,}6457 \cdot 0{,}375 \cdot 0{,}9 \cdot 6{,}53 = 1{,}423\,\text{kN}$

aus w_S: $\quad F^S_{3\perp} = 0{,}113 \cdot 0{,}30 \cdot 0{,}9 \cdot 6{,}53 = 0{,}199\,\text{kN}$

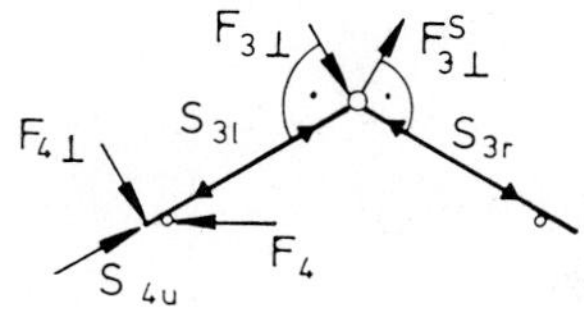

Abb. 15.71

S_{4u} infolge Wind kann jetzt nach Tafel 15.9 bestimmt werden mit

$$\alpha = 40^\circ \quad \rightarrow \quad \tan\alpha = 0{,}839$$

$$\beta = 90^\circ - 2 \cdot 40^\circ = 10^\circ \rightarrow \cos\beta = 0{,}985;\ \tan\beta = 0{,}176$$

Gl. (15.28) für w_D:

$$S_{4u} = -F_{3\perp} \cdot \tan\beta - F_{4\perp}/\tan\alpha$$

$$= -0{,}249 \cdot 0{,}176 - 1{,}423/0{,}839 \qquad = -1{,}740\,\text{kN}$$

Gl. (15.26) für w_S:

$$S_{4u} = -S_{3r} = +F^S_{3\perp}/\cos\beta$$

$$= 0{,}199/0{,}985 \qquad = +0{,}202\,\text{kN}$$

Windlast:

$$S_{4u} = -1{,}740 + 0{,}202 \qquad = -1{,}54\,\text{kN}$$

aus Lastfall H:

$$S_{4u} \qquad = -11{,}59\,\text{kN}$$

$S_{4u} = -13{,}13\,\text{kN}$	LF HZ

Sparrenlängskraft: $S_1 = S_{4u} - q_\parallel \cdot c_u \cdot e$ (15.30)
Berechnung von $q_\parallel$ nach Tafel 14.9 aus g, g_u, s (Abb. 15.69f)

$$q_\parallel = (g + g_u) \cdot \sin\alpha + s \cdot \sin\alpha \cdot \cos\alpha$$

$$= (0{,}65 + 0{,}40) \cdot 0{,}643 + 0{,}562 \cdot 0{,}643 \cdot 0{,}766$$

$$= 0{,}952\,\text{kN/m}^2$$

$S_1 = -13{,}13 - 0{,}952 \cdot 3{,}92 \cdot 0{,}9 = -16{,}49\,\text{kN}$	LF HZ

Sparrenknicklänge: $s_{ky} = c_u = 3{,}92\,\text{m}$

Kehlbalken: erf I, M_6, $Q_4 = Q_5$:
Gl. (10.17):

$$\text{erf}\,I = 313 \cdot 3{,}1 \cdot 4{,}0 \cdot 10^4 \qquad = 3881 \cdot 10^4\,\text{mm}^4$$

Abb. 15.57b:

$$M_6 = 0{,}9 \cdot (0{,}72 + 1{,}0) \cdot 4{,}0^2/8 \qquad = 3{,}1\,\text{kNm}$$

$$Q_4 = -Q_5 = 0{,}9 \cdot (0{,}72 + 1{,}0) \cdot 4{,}0/2 \qquad = 3{,}1\,\text{kN}$$

Kehlbalkenlängskraft S_6 infolge g, g_u, g_K, p_K, s

Tafel 15.4:

$$S_6 = -\,101 \cdot 0{,}65/100 \cdot 0{,}9 \cdot 5{,}0 = -2{,}95\,\text{kN} \quad g$$
$$-\,64{,}2 \cdot 0{,}40/100 \cdot 0{,}9 \cdot 5{,}0 = -1{,}16\,\text{kN} \quad g_u$$
$$-\,43{,}3 \cdot 0{,}75/75 \quad \cdot 0{,}9 \cdot 5{,}0 = -1{,}95\,\text{kN} \quad s$$

Gl. (15.19)

$$-\frac{0{,}72 + 1{,}0}{2} \cdot \frac{0{,}9 \cdot 4{,}0}{0{,}839} = -3{,}69\,\text{kN} \quad g_K, p_K$$

$S_6 = -\,9{,}75\,\text{kN}$	LF H

w ist i.d.R. ohne Bedeutung, weil nur der symmetrische Lastfall $(w_D - w_S)/2$ nach Abb. 15.68 eine Längskraft S_6 liefert.

Falls in Sonderfällen für den Kehlriegelanschluß Lastfall HZ maßgebend werden sollte, ist der Windlastanteil direkt aus $F_{4\perp}$ infolge w_D zu bestimmen.

Kehlbalkenknicklänge: $s_{ky} = 4{,}0\,\text{m}$

Stützkräfte F_4 und F_5 in der Kehlscheibe

Maßgebend für die Bemessung sind antimetrische Anteile aus $s/2_1$, p_{K1}, w_1 nach Abb. 15.68, vgl. Abb. 15.72.

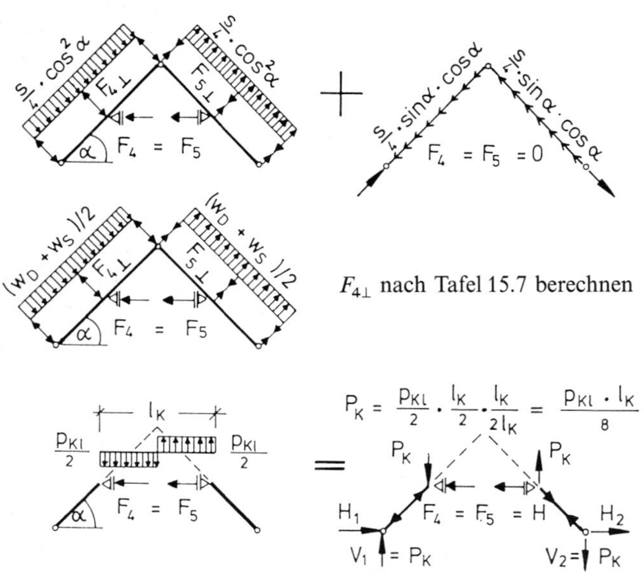

Abb. 15.72. Ermittlung der Stützkräfte $F_4 = F_5$ für $e = 1{,}0\,\text{m}$

Antimetrische Schneelast (Abb. 15.72)

$$F_4 = \frac{F_{4\perp}}{\sin \alpha}$$

Antimetrische Windlast (Abb. 15.72)

$$F_4 = \frac{F_{4\perp}}{\sin \alpha}$$

Antimetrische Nutzlast (Abb. 15.72)

$$F_4 = \frac{p_{K1} \cdot l_K}{8 \cdot \tan \alpha}$$

Berechnung von F_4 (Abb. 15.72) für 0,9 m Belastungsbreite:

Schneelast:

$$\frac{s}{4} \cdot \cos^2 \alpha = \frac{0{,}562}{4} \cdot 0{,}766^2 = 0{,}082\,\mathrm{kN/m^2}$$

Windlast: w_D $= 0{,}375\,\mathrm{kN/m^2}$

$$q_\perp = 0{,}457\,\mathrm{kN/m^2}$$

Tafel 15.7:

$$F_{4\perp} = 0{,}6457 \cdot 0{,}457 \cdot 0{,}9 \cdot 6{,}53 = 1{,}73\,\mathrm{kN}$$

$s/2_1 + w_1$: $F_4 = 1{,}73/0{,}643 = 2{,}69\,\mathrm{kN}$

p_{K1}: $F_4 = \frac{1{,}0 \cdot 4{,}0}{8} \cdot \frac{0{,}9}{0{,}839} = 0{,}54\,\mathrm{kN}$

$F_4 = 3{,}23\,\mathrm{kN}$	LF HZ

Stützkräfte V_1 und H_1 infolge g, g_u, g_K, p_K, s, w_D

Tafel 15.6:

$V_1 = 131 \cdot 0{,}65/100 \cdot 0{,}9 \cdot 5{,}0 = 3{,}83\,\mathrm{kN}\ g$

$+ 131 \cdot 0{,}6 \cdot 0{,}40/100 \cdot 0{,}9 \cdot 5{,}0 = 1{,}41\,\mathrm{kN}\ g_u$

$+ 56{,}3 \cdot 0{,}75/75 \cdot 0{,}9 \cdot 5{,}0 = 2{,}53\,\mathrm{kN}\ s$

Gl. (15.18): $+ 0{,}5 \cdot (0{,}72 + 1{,}0) \cdot 0{,}9 \cdot 4{,}0 = 3{,}10\,\mathrm{kN}\ g_K, p_K$

$V_1 = 10{,}88\,\mathrm{kN}$	LF H

Tafel 15.6:

$H_1 = 118 \cdot 0{,}65/100 \cdot 0{,}9 \cdot 5{,}0 = 3{,}45\,\mathrm{kN}\ g$

$+ 89{,}5 \cdot 0{,}6 \cdot 0{,}40/100 \cdot 0{,}9 \cdot 5{,}0 = 0{,}97\,\mathrm{kN}\ g_u$

$+ 50{,}8 \cdot 0{,}75/75 \cdot 0{,}9 \cdot 5{,}0 = 2{,}29\,\mathrm{kN}\ s$

Gl. (15.19): $+0{,}5 \cdot (0{,}72 + 1{,}0) \cdot \frac{0{,}9 \cdot 4{,}0}{0{,}839} = 3{,}69\,\mathrm{kN}\ g_K, p_K$

$H_1 = 10{,}39\,\mathrm{kN}$	LF H

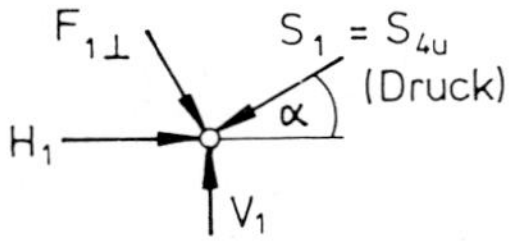

Abb. 15.73

V_1 und H_1 infolge Windlast nach Abb. 15.73

$$V_1 = S_{4u} \cdot \sin\alpha + F_{1\perp} \cdot \cos\alpha \quad (15.31)$$

$$H_1 = S_{4u} \cdot \cos\alpha - F_{1\perp} \cdot \sin\alpha \quad (15.32)$$

$S_{4u} = 1{,}54\,\text{kN}$ (Druck) aus Wind

$F_{1\perp}$ infolge w_D liefert nach Tafel 15.7:

$$F_{1\perp} = 0{,}2413 \cdot 0{,}375 \cdot 0{,}9 \cdot 6{,}53 = 0{,}532\,\text{kN}$$

Gl. (15.31): $V_1 = 1{,}54 \cdot 0{,}643 + 0{,}532 \cdot 0{,}766 = 1{,}40\,\text{kN}$

Gl. (15.32): $H_1 = 1{,}54 \cdot 0{,}766 - 0{,}532 \cdot 0{,}643 = 0{,}84\,\text{kN}$

V_1 und H_1 im Lastfall HZ sind dann:

$V_1 = 10{,}88 + 1{,}40 \approx 12{,}3\,\text{kN}$	LF HZ
$H_1 = 10{,}39 + 0{,}84 \approx 11{,}2\,\text{kN}$	LF HZ

Bemessung der Sparren NH S10:

Im Hinblick darauf, daß die Kehlscheibe (Spanplatten) u. U. erst erhebliche Zeit nach der Dacheindeckung eingebaut wird und die Konstruktion bis dahin als verschiebliches Kehlbalkendach standsicher sein muß, wird der Querschnitt des verschieblichen Kehlbalkendaches beibehalten.

Gewählt 8/16

$$A = 128 \cdot 10^2\,\text{mm}^2;\ W_y = 341 \cdot 10^3\,\text{mm}^3$$

$$I_y = 2731 \cdot 10^4\,\text{mm}^4 > \text{erf}\,I_y = 1176 \cdot 10^4\,\text{mm}^4 \text{ (unverschiebl.)}$$

$$\lambda_y = \frac{3920}{0{,}289 \cdot 160} = 85 \rightarrow \omega = 2{,}38$$

$$\text{zul}\,\sigma_k = 8{,}5 \cdot 1{,}25/2{,}38 = 4{,}46\,\text{N/mm}^2$$

Maßgebend ist Lastfall HZ mit beidseitiger Schneelast (Tafel 14.0b1)

$$S_{4u} = -13{,}13\,\text{kN};\ M_4 = -1{,}93\,\text{kNm}$$

$$S_1 = -16{,}49\,\text{kN};\ M_{Fu} = +1{,}73\,\text{kNm}$$

Gl. (15.24): $$\frac{13{,}13 \cdot 10^3/(128 \cdot 10^2)}{1{,}25 \cdot 8{,}5} + \frac{1930 \cdot 10^3/(341 \cdot 10^3)}{1{,}25 \cdot 11} = 0{,}51 < 1$$

Gl. (15.25): $$\frac{16{,}49 \cdot 10^3/(128 \cdot 10^2)}{4{,}46} + \frac{1730 \cdot 10^3/(341 \cdot 10^3)}{1{,}25 \cdot 10} = 0{,}7 < 1$$

Stabilitätsnachweis nach *Heimeshoff* [104, 170]:

Knicklänge

$$s_{\mathrm{ky}} = 0{,}53 \cdot 6{,}53 = 3{,}46\,\mathrm{m}\ [170],\ \text{Tab. IV}$$

$$\lambda_{\mathrm{y}} = \frac{3460}{0{,}289 \cdot 160} = 75 \rightarrow \omega = 2{,}03$$

$$\text{zul}\ \sigma_{\mathrm{k}} = 1{,}25 \cdot 8{,}5/2{,}03 = 5{,}23\,\mathrm{N/mm^2}$$

$$\frac{13{,}13 \cdot 10^3/(128 \cdot 10^2)}{5{,}23} + \frac{1930 \cdot 10^3/(341 \cdot 10^3)}{1{,}25 \cdot 11} = 0{,}61 < 1$$

Bemessung des Kehlriegels NH S10:

Gewählt 8/18

$$I_{\mathrm{y}} = 3888 \cdot 10^4\,\mathrm{mm^4} > 3881 \cdot 10^4\,\mathrm{mm^4} = \text{erf}\ I_{\mathrm{y}}$$

$$A = 144 \cdot 10^2\,\mathrm{mm^2};\ W_{\mathrm{y}} = 432 \cdot 10^3\,\mathrm{mm^3}$$

$$\lambda_{\mathrm{y}} = \frac{4000}{0{,}289 \cdot 180} = 77 \rightarrow \omega = 2{,}10$$

$$\text{zul}\ \sigma_{\mathrm{k}} = 8{,}5/2{,}10 = 4{,}05\,\mathrm{N/mm^2}$$

Maßgebend ist Lastfall H: $S_6 = -9{,}75\,\mathrm{kN}$; $M_6 = 3{,}10\,\mathrm{kNm}$

Gl. (11.5): $$\frac{9{,}75 \cdot 10^3/(144 \cdot 10^2)}{4{,}05} + \frac{3100 \cdot 10^3/(432 \cdot 10^3)}{10} = 0{,}89 < 1$$

Auf Berechnung und Konstruktion der Anschlüsse in den Punkten 1, 3, 4 wird hier verzichtet, da sie sich prinzipiell nicht von denen des verschieblichen Kehlbalkendaches unterscheiden.

15.3.7.4 Bemessung der Kehlscheibe

Vorgesehen sind Flachpreßplatten V 100 G nach DIN 68763 mit den Abmessungen 5400 × 1100 × 22 in der Anordnung gemäß Abb. 15.74 mit Federn in den Längsfugen (Abb. 13.33) und Anschlüssen der Längsränder an Unterkante Bohle mittels Lochplatten und Nägeln.

Die FP sind auf dem Kehlriegel über der Zwischenwand B mit Dehnfuge gemäß Abb. 13.33 gestoßen.

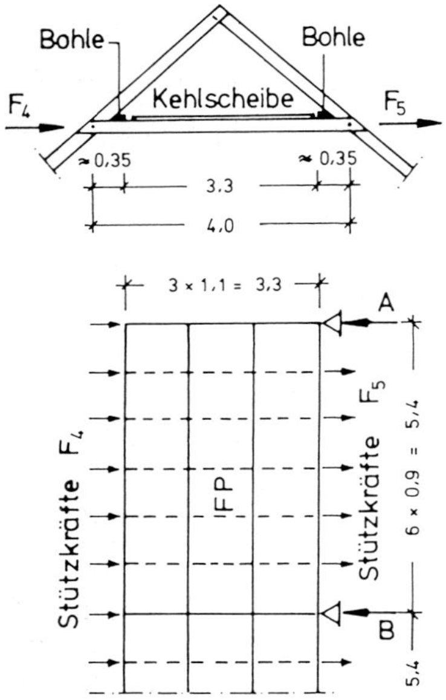

Abb. 15.74

Statisches System:
Einfeldträger $l = 5{,}4\,\text{m}$ mit gleitenden Längsfugen. Die Bohlen werden nicht als Gurte in Rechnung gestellt.

Maßgebender Lastfall nach Tafel 14.0: b1 für einseitige Schneelast mit p_{K1} (Abb. 15.68) als Lastfall HZ.

Die antimetrischen Lastanteile aus $s/2_1$, w_1 und p_{K1} liefern Stützkräfte $F_4 = F_5$ gemäß Abb. 15.72:

$$\left.\begin{array}{ll} \textbf{je Gespärre:} & F_4 = F_5 = 3{,}23\,\text{kN} \\ \text{entsprechend:} & q_y = \dfrac{2 \cdot 3{,}23}{0{,}9} = 7{,}18\,\text{kN/m} \end{array}\right\} \text{Lastfall HZ}$$

Belastung $q_y \parallel$ Pl:

$$M_z = 7{,}18 \cdot 5{,}4^2/8 = 26{,}2\ \text{kNm}$$

$$A = B/2 = 7{,}18 \cdot 5{,}4/2 = 19{,}4\ \text{kN}$$

Belastung $q_z \perp$ Pl: ($g_{\text{FP}} = 0{,}16\,\text{kN/m}$ Siehe DIN 1055 T1)

$$q_z = 0{,}16 + 1{,}0 = 1{,}16\ \text{kN/m}$$

$$M_y \approx 1{,}16 \cdot 0{,}9^2/10 = 0{,}094\,\text{kNm}$$

Berechnung für $q_y \parallel$ Pl:

$$3 \text{ Platten: } W_z = 3 \cdot 22 \cdot 1100^2/6 \qquad = 13\,310 \cdot 10^3\,\text{mm}^3$$

$$\sigma_{Bz} = 26\,200 \cdot 10^3/(13\,310 \cdot 10^3) \qquad = 2{,}0\,\text{N/mm}^2$$

$$\text{zul}\,\sigma_{Bz} = 1{,}25 \cdot 2{,}5 = 3{,}12\ \text{N/mm}^2 \ \textit{–5.2. Tab. 6–}$$

$$2{,}0/3{,}12 = 0{,}64 < 1$$

$$\tau = 1{,}5 \cdot \frac{19{,}4 \cdot 10^3}{3 \cdot 22 \cdot 1100} \qquad = 0{,}4\,\text{N/mm}^2$$

$$\text{zul}\,\tau = 1{,}25 \cdot 1{,}8 = 2{,}25\,\text{N/mm}^2 \ \textit{–5.2, Tab. 6–}$$

$$0{,}4/2{,}25 = 0{,}18 < 1$$

$$\text{Gl. (10.14):} \quad f_\sigma = \frac{100\,\sigma_{Bz} \cdot l^2 \cdot E_{NH}}{4{,}8 \cdot h_1 \cdot E_{FP}} = \frac{100 \cdot 2{,}0 \cdot 5{,}4^2 \cdot 10^4}{4{,}8 \cdot 1100 \cdot 0{,}16 \cdot 10^4} = 6{,}9\,\text{mm}$$

$$\text{vgl. Gl. (10.15):} \quad f_\tau = \frac{M}{G \cdot A_{St}} = \frac{26\,200 \cdot 10^3 \cdot 1{,}2}{850 \cdot 3 \cdot 22 \cdot 1100} \qquad = 0{,}5\,\text{mm}$$

$$f = 7{,}4\,\text{mm}$$

$$\hat{=}\ l/730$$

vgl. Abb. 15.44 mit Erläuterung → < 10 mm

Das entspricht der Sparrendurchbiegung nach Abb. 15.75:

$$f_S = \frac{f_K}{\sin\alpha} = \frac{7{,}4}{0{,}643} = 11\,\text{mm} = \frac{c}{567} < \frac{c}{200}$$

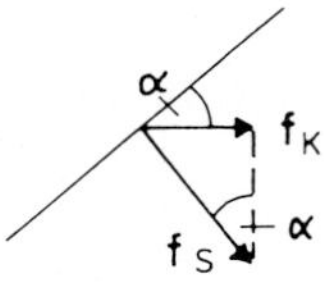

Abb. 15.75

Berechnung für $q_z \perp$ Pl:

$$W_y = 1000 \cdot 22^2/6 \qquad = 80{,}7 \cdot 10^3\,\text{mm}^3$$

$$\sigma_{By} = 94 \cdot 10^3/(80{,}7 \cdot 10^3) \qquad = 1{,}16\,\text{N/mm}^2$$

$$\text{zul}\,\sigma_{By} = 3{,}5\,\text{N/mm}^2 \qquad 1{,}16/3{,}5 = 0{,}33 < 1$$

Überlagerung von σ_{By} und σ_{Bz} [162]:

$$\frac{\sigma_{Bz}}{\text{zul}\,\sigma_{Bz}} + \frac{\sigma_{By}}{\text{zul}\,\sigma_{By}} \leqq 1$$

$$0{,}64 + 0{,}33 = 0{,}97 < 1$$

Anschluß der FP an die Kehlbalken mit Nä 31 × 80, nicht vorgebohrt.
Innengespärre je Platte:

$$F_1 = 3{,}23 \cdot 2/3 = 2{,}15\,\text{kN}$$

$$\text{erf}\,n = \frac{2{,}15}{1{,}25 \cdot 0{,}365} = 4{,}7 \rightarrow 7\,\text{Nä}\ 31 \times 80$$

An Widerlagern der Kehlscheibe je Platte:

$$F_1 = A/3 = 19{,}4/3 = 6{,}47\,\text{kN}$$

$$\text{erf}\,n = \frac{6{,}47}{1{,}25 \cdot 0{,}365} = 14{,}2 \rightarrow 16\,\text{Nä}\ 31 \times 80$$

15.3.8 Berechnung eines Sparrendaches nach EC5

System und Belastung des Sparrendaches siehe Abb. 15.50.

Die charakteristischen Werte der Einwirkungen können aus der DIN 1055 entnommen werden [126], vgl. Abschn. 15.3.5.1.

NH S10/MS10, kurze LED, Nkl 1 oder 2

15.3.8.1 Sparrenbemessung (EC5)

Lagerreaktionen und Schnittgrößen für 1,0 m Belastungsbreite

1. Lastfall: ständige Lasten + Schneelast

$$q_d = \gamma_G \cdot G_k + \gamma_Q \cdot Q_k \qquad \text{vgl. Gl. (2.3)}$$

$$= 1{,}35 \cdot 0{,}78 + 1{,}5 \cdot 0{,}62 = 1{,}98\,\text{kN/m G}$$

$$V_{A,d} = V_{B,d} = 1{,}98 \cdot 4{,}0 = 7{,}92\,\text{kN (Lagerreaktionen)}$$

$$H_{A,d} = H_{B,d} = (7{,}92 \cdot 4 - 1{,}98 \cdot 4^2/2)/3 = 5{,}28\,\text{kN}$$

$$N_{A,d} = -7{,}92 \cdot 0{,}60 - 5{,}28 \cdot 0{,}80 = -8{,}98\,\text{kN}$$

$$N_{C,d} = -5{,}28 \cdot 0{,}80 = -4{,}22\,\text{kN}$$

$$N_{M,d} = -(8{,}98 + 4{,}22)/2 = -6{,}60\,\text{kN}$$

$$V_{A,d} = 7{,}92 \cdot 0{,}80 - 5{,}28 \cdot 0{,}60 = 3{,}17\,\text{kN} \qquad \text{(Querkraft)}$$

$$M_{F,d} = 1{,}98 \cdot 4^2/8 = 3{,}96\,\text{kNm}$$

2. Lastfall: ständige Lasten + Schneelast + Windlast

Lagerreaktionen und Schnittgrößen infolge Wind von links ($1{,}5 \cdot Q_k$)

$$N^w_{A,d} = 1{,}5 \cdot N^w_{A,k} = 1{,}5 \cdot 0{,}53 = 0{,}795\,\text{kN usw.}$$

Die charakteristischen Werte können aus dem Abschnitt 15.3.5.1 entnommen werden.

Lastkombination:

$$N_{A,d} = N_{A,d}^{(g+s)} + \psi_{0,w} \cdot N_{A,d}^{w} \quad \text{usw.} \quad \psi_{0,w} = 0{,}6 \qquad \text{s. Gl. (2.2) und Tafel 14.10}$$

$$N_{A,d} = -8{,}98 + 0{,}6 \cdot 1{,}5 \cdot 0{,}53 = -8{,}50\,\text{kN}$$

$$N_{C,d} = -4{,}22 + 0{,}6 \cdot 1{,}5 \cdot 0{,}53 = -3{,}74\,\text{kN}$$

$$N_{M,d} = -(8{,}50 + 3{,}74)/2 = -6{,}12\,\text{kN}$$

$$\max N_{d} = -8{,}98 - 0{,}6 \cdot 1{,}5 \cdot 0{,}67 = -9{,}58\,\text{kN} \qquad \text{vgl. Abb. 15.51}$$

$$V_{C,d} = 0 + 0{,}6 \cdot 1{,}5 \cdot 1{,}0 = 0{,}90\,\text{kN}$$

$$\max H_{C,d} = 5{,}28 + 0{,}6 \cdot 1{,}5 \cdot 0{,}08 = 5{,}35\,\text{kN}$$

$$V_{A,d} = 3{,}17 + 0{,}6 \cdot 1{,}5 \cdot 0{,}85 = 3{,}93\,\text{kN} \qquad \text{(Querkraft)}$$

$$M_{F,d} = 3{,}96 + 0{,}6 \cdot 1{,}5 \cdot 1{,}06 = 4{,}91\,\text{kNm}$$

3. Lastfall: ständige Lasten + Windlast + Schneelast

$$V_{A,d} = V_{A,d}^{g} + V_{A,d}^{w} + \psi_{0,s} \cdot V_{A,d}^{s} \quad \text{usw.} \quad \psi_{0,s} = 0{,}7 \qquad \text{s. Gl. (2.2) und Tafel 14.10}$$

$$V_{A,d} = 1{,}35 \cdot 0{,}78 \cdot 4{,}0 + 1{,}5 \cdot 0{,}36 + 0{,}7 \cdot 1{,}5 \cdot 0{,}62 \cdot 4{,}0 = 7{,}36\,\text{kN}$$

$$H_{A,d} = (7{,}36 - 1{,}5 \cdot 0{,}36) \cdot 2{,}0/3{,}0 - 1{,}5 \cdot 0{,}937 = 3{,}14\,\text{kN}$$

$$H_{C,d} = 4{,}55 + 1{,}5 \cdot 0{,}08 = 4{,}67\,\text{kN}$$

$$N_{A,d} = -7{,}36 \cdot 0{,}60 - 3{,}14 \cdot 0{,}80 = -6{,}93\,\text{kN}$$

$$N_{C,d} = -(1{,}35 \cdot 0{,}78 \cdot 4 + 0{,}7 \cdot 1{,}5 \cdot 0{,}62 \cdot 4) \cdot (2{,}0/3{,}0) \cdot 0{,}8 + 1{,}5 \cdot 0{,}53 = -2{,}84\,\text{kN}$$

$$N_{M,d} = -(6{,}93 + 2{,}84)/2 = -4{,}89\,\text{kN}$$

$$V_{A,d} = 7{,}36 \cdot 0{,}80 - 3{,}14 \cdot 0{,}60 = 4{,}00\,\text{kN} \quad \text{(Querkraft)}$$

$$M_{F,d} = (1{,}35 \cdot 0{,}78 + 0{,}7 \cdot 1{,}5 \cdot 0{,}62) \cdot 4{,}0^2/8 + 1{,}5 \cdot 1{,}06 = 5{,}00\,\text{kNm}$$

Sparrenbemessung für e = 0,9 m Sparrenabstand

Gewählt: 70/180 mit $A = 126 \cdot 10^2\,\text{mm}^2$; $W_y = 378 \cdot 10^3\,\text{mm}^3$

$J_y = 3402 \cdot 10^4\,\text{mm}^4$, vgl. 15.3.5.1

Stabilitätsnachweis:
Maßgebend für die Bemessung ist der 2. Lastfall (vergleichbar mit Lastfall b2) nach Tafel 14.0).

Gl. (11.14):

$$\frac{\sigma_{c,0,d}}{k_{c,y} \cdot k_{ls} \cdot f_{c,0,d}} + \frac{\sigma_{m,d}}{k_{crit} \cdot k_{ls} \cdot f_{m,d}} \leqq 1$$

mit $k_{crit} = 1$

$k_{ls} = 1{,}1$ nach Tafel 14.11, Voraussetzungen beachten

Für die seitliche Stützung der knickgefährdeten Sparren werden Dachlatten in Verbindung mit den auf der Unterseite der Sparren befestigten Windrispen als ausreichend angesehen.

$$\lambda_y = \frac{5000}{0{,}289 \cdot 180} = 96{,}1$$

Gl. (8.29): $$\text{rel}\,\lambda_y = \frac{96{,}1}{\pi} \sqrt{\frac{21}{7400}} = 1{,}63 > 0{,}5$$

Gl. (8.31): $$k_y = 0{,}5\,[1 + 0{,}2\,(1{,}63 - 0{,}5) + 1{,}63^2] = 1{,}94$$

Gl. (8.30): $$k_{c,y} = \frac{1}{1{,}94 + \sqrt{1{,}94^2 - 1{,}63^2}} = 0{,}334$$

$$f_{c,0,d} = \frac{0{,}9}{1{,}3} \cdot 21 = 14{,}5\,\text{N/mm}^2 \quad \text{vgl. Gl. (2.5)}$$

$$f_{m,d} = \frac{0{,}9}{1{,}3} \cdot 24 = 16{,}6\,\text{N/mm}^2$$

$$\frac{6{,}12 \cdot 10^3 \cdot 0{,}9/(126 \cdot 10^2)}{0{,}334 \cdot 1{,}1 \cdot 14{,}5} + \frac{4910 \cdot 10^3 \cdot 0{,}9/(378 \cdot 10^3)}{1{,}1 \cdot 16{,}6} =$$

$$0{,}08 + 0{,}64 = 0{,}72 < 1$$

Durchbiegungsnachweise:
Kombinationsbeiwerte $\psi_{0,s} = 0{,}2$; $\psi_{0,w} = 0{,}5$ vgl. 2.11.7

$$\max M_{F,d} = [(0{,}78 + 0{,}62)\,4{,}0^2/8 + 0{,}5 \cdot 0{,}34 \cdot 5{,}0^2/8] \cdot 0{,}9 = 3{,}00\,\text{kNm}$$

maßgebend!

veränderliche Lasten

$$\max M_{F,d} = (0{,}62 \cdot 4{,}0^2/8 + 0{,}5 \cdot 0{,}34 \cdot 5{,}0^2/8) \cdot 0{,}9 = 1{,}59\,\text{kNm}$$

ständige Last

$$\max M_{F,d} = 0{,}78 \cdot 4{,}0^2/8 \cdot 0{,}9 = 1{,}40\,\text{kNm}$$

Elastische Durchbiegung (Anfangsdurchbiegung) infolge veränderlicher Einwirkungen:

$$f_p = \frac{5 \cdot l^2 \cdot \max M_{F,d}}{48 \cdot E_{0,\text{mean}} \cdot I} = \frac{5 \cdot 5000^2 \cdot 1590 \cdot 10^3}{48 \cdot 11\,000 \cdot 3402 \cdot 10^4}$$

$$= 11{,}1\,\text{mm} < l/300 = 5000/300 = 16{,}7\,\text{mm}$$

$k_{def,2} = 0$ vgl. Tafel 2.12

Enddurchbiegung:

$$f_{q,fin} = f_p \left[\frac{\max M^g_{F,d}}{\max M^p_{F,d}} (1 + k_{def,1}) + (1 + k_{def,2}) \right]$$

$k_{def,1} = 0{,}60$ vgl. Tafel 2.12

$$f_{q,fin} = 11{,}1 \left[\frac{1{,}4 \cdot 10^6}{1{,}59 \cdot 10^6} (1 + 0{,}6) + 1 \right]$$

$$= 26{,}7\,\text{mm} > l/200 = 5000/200 = 25\,\text{mm!}$$

mit $u_0 = 0$ (ohne Überhöhung)

Die Grenzwerte der Durchbiegungen nach EC 5 sind Empfehlungen, so daß kleinere Überschreitungen bei den Enddurchbiegungen zugelassen werden können.

15.3.8.2 Konstruktionsdetails (EC 5)

Konstruktion des Fußpunktes vgl. Abb. 15.48 b
Abmessungen siehe Abschn. 15.3.5.2
Größte Längskraft am Auflager (2. Lastfall):

$$\max N_d = (-8{,}98 - 0{,}6 \cdot 1{,}5 \cdot 0{,}67) \cdot 0{,}9 = -8{,}62\,\text{kN}$$

vgl. Abb. 15.51

Druckspannung zwischen Sparren und Schwelle ($h_2 = 60\,\text{mm}$)

Gl. (5.13): $\sigma_{c,90,d} = 8{,}62 \cdot 10^3/(70 \cdot 60) = 2{,}05\,\text{N/mm}^2$

Tafel 5.5: $k_{c,90} = 1 + \dfrac{150 - 70}{170} = 1{,}47$

Gl. (2.5): $f_{c,90,d} = \dfrac{0{,}9}{1{,}3} \cdot 5 = 3{,}46\,\text{N/mm}^2$

$$2{,}05/(1{,}47 \cdot 3{,}46) = 0{,}40 < 1$$

Größte Querkraft am Auflager:

$$\max V_{A,d} = 4{,}00 \cdot 0{,}9 = 3{,}60\,\text{kN} \quad \text{(3. Lastfall)}$$

Der Sparren wird wegen einer Gefahr des Queraufreißens in der Ausklinkung durch eine Latte 40/60 abgestützt, vgl. Abschn. 15.3.5.2 und Abb. 15.48 b.

$$\text{erf}\,A = \frac{3{,}60 \cdot 10^3}{3{,}46} = 10{,}4 \cdot 10^2\,\text{mm}^2 < \text{vorh}\,A$$

$$\text{vorh}\,A = 40 \cdot 70 = 28 \cdot 10^2\,\text{mm}^2$$

Konstruktion des Firstpunktes vgl. Abb. 15.46b

a) Größte Druckkraft durch Kontakt übertragen, vgl. Abschn. 15.3.5.2

$$\max H_{C,d} = 5{,}35 \cdot 0{,}9 = 4{,}82\,\text{kN} \quad \text{(2. Lastfall)}$$

$$\sigma_{c,\alpha,d} = \frac{\max H_{C,d}}{b \cdot h_V} = \frac{4{,}82 \cdot 10^3}{70 \cdot 225} = 0{,}31\,\text{N/mm}^2 \leqq f_{c,\alpha,d}$$

Gl. (5.16):

$$f_{c,\alpha,d} = \frac{f_{c,0,d}}{\frac{f_{c,0,d}}{f_{c,90,d}} \sin^2\alpha + \cos^2\alpha} = \frac{14{,}5}{\frac{14{,}5}{3{,}46} 0{,}60^2 + 0{,}80^2} = 6{,}75\,\text{N/mm}^2$$

mit $f_{c,0,d} = \frac{0{,}9}{1{,}3} \cdot 21 = 14{,}5\ \text{N/mm}^2$

$$f_{c,90,d} = \frac{0{,}9}{1{,}3} \cdot\ 5 = \ 3{,}46\,\text{N/mm}^2$$

$$0{,}31/6{,}75 = 0{,}05 \ll 1$$

b) Größte Schubkraft V_C durch genagelte Laschen übertragen, vgl. 15.3.5.2 und Abb. 15.53

Windlast nach Abb. 15.51	$V_{C,d} = 1{,}5 \cdot 1{,}0$	$= 1{,}5\ \text{kN}$
$s/2$ links nach Abb. 15.52	$V_{C,d} = 1{,}5 \cdot 0{,}7 \cdot 0{,}31$	$= 0{,}33\,\text{kN}$
$e = 0{,}9\,\text{m}$:		$1{,}83\,\text{kN}$

$$V_{C,d} = 1{,}83 \cdot 0{,}9 = 1{,}65\,\text{kN}$$

Gewählt: 2 Laschen 30/120 mit je 5 Nä 31 × 70 je Anschluß, vgl. Abb. 15.53

Berechnung der Nagelkräfte:

$$V_{C,d} = 1{,}65\,\text{kN}$$

$$M_d = 1{,}65 \cdot 0{,}104 = 0{,}172\,\text{kNm} \quad \text{vgl. Abschn. 15.3.5.2}$$

Größte Nagelkraft $N_{1,d}$ nach Abb. 15.53 und Gln. (15.8) bis (15.12):

$$N_{1V,d} = \frac{1{,}65}{2 \cdot 5} + \frac{0{,}172 \cdot 10^3 \cdot 64}{2 \cdot 222{,}4 \cdot 10^2} = 0{,}412\,\text{kN}$$

$$N_{1H,d} = \frac{0{,}172 \cdot 10^3 \cdot 36}{2 \cdot 222{,}4 \cdot 10^2} = 0{,}139\,\text{kN}$$

$$N_{1,d} = \sqrt{0{,}412^2 + 0{,}139^2} = 0{,}435\,\text{kN}$$

Gl. (6.7f): $\min R_d = 1{,}1 \cdot \sqrt{2 \cdot M_{y,d} \cdot f_{h,d} \cdot d}$

16 Tragwerke von Skelettbauten, Holzrahmenbau

Die Entwicklung vorgefertigter Bauteile für tragende stabförmige Elemente sowie für raumabschließende Platten- und Tafelelemente eröffnet dem modernen Holzbau die Möglichkeit, Skelettbauten in vielfältigen Formen und Abmessungen herzustellen, vgl. Abb. 16.1.

Anforderungen an den Brandschutz der Bauteile aus Holz und Holzwerkstoffen in Wohn- und Verwaltungsgebäuden können durch Querschnittswahl und konstruktive Ausbildung der Verbindungen nach DIN 4102 T4 unter Verwendung der in den Landesbauordnungen enthaltenen Vorschriften erfüllt werden, s. Abschn. 4.5 bis 4.10 [162].

Die Stabilisierung kann erfolgen durch Verbände, Scheiben, Rahmen oder Stützeneinspannungen.

Abb. 16.1. Skelettbauten [198]

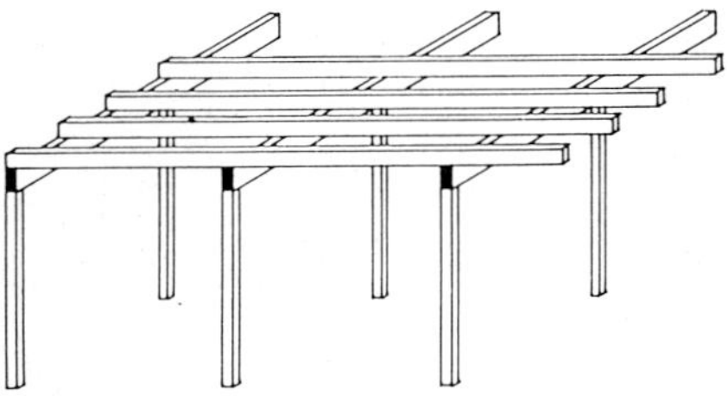

a
Einteilige Querschnitte, gestapelt

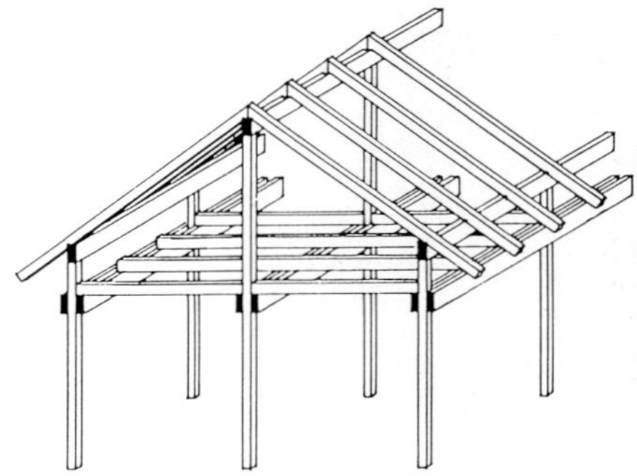

b
Satteldach mit Drempel, Unterzüge als Zangen

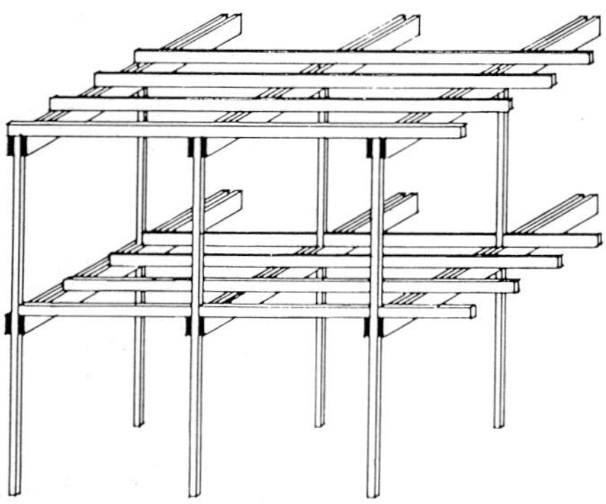

c
Deckenträger auf zweiteiligen Unterzügen

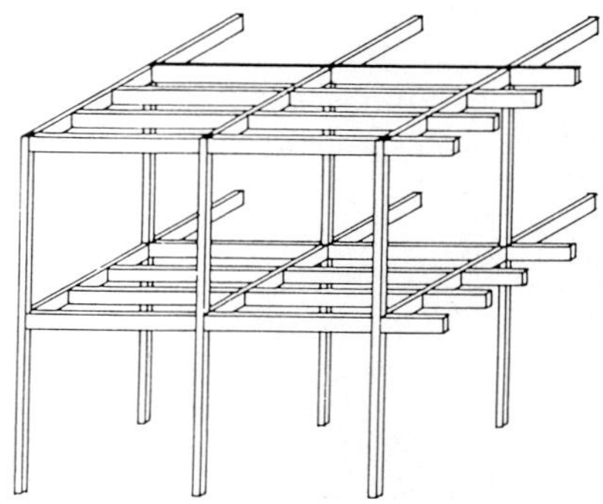

d
Längs- und Querträger mit bündiger Oberkante

Abb. 16.2. Skelett-Konstruktion [174]

Als Verbandsdiagonalen können Windrispen, Flach- oder Rundstähle verwendet werden, als Scheiben Diagonalschalung, BFU oder FP-Platten. Abbildung 16.2 zeigt einige Varianten des Skelettaufbaues [174].

Abbildung 16.3 zeigt Vorschläge für Knotendetails, s. [11, 174, 175]. Die Kraftübertragung kann geschehen durch Druck $\parallel$ Fa (Kreuzstützen), Druck $\perp$ Fa (Unterzug/Stütze), Dübel besonderer Bauart (2teiliger Unterzug/Stütze, Stahlprofil/Stütze), Stabdübel ($\perp$-Profilanschluß).

Vollholz ist für Träger und Stützen bis zu einem Raster von etwa 4 m grundsätzlich verwendbar bei Querschnittshöhen bis etwa 260 mm.

Brettschichtholz ist trotz höheren Preises aus mehrfachen Gründen zu empfehlen:

a) Maßhaltigkeit, Formbeständigkeit, verminderte Trockenrißbildung dank sorgfältiger Sortierung und künstlicher Vortrocknung.

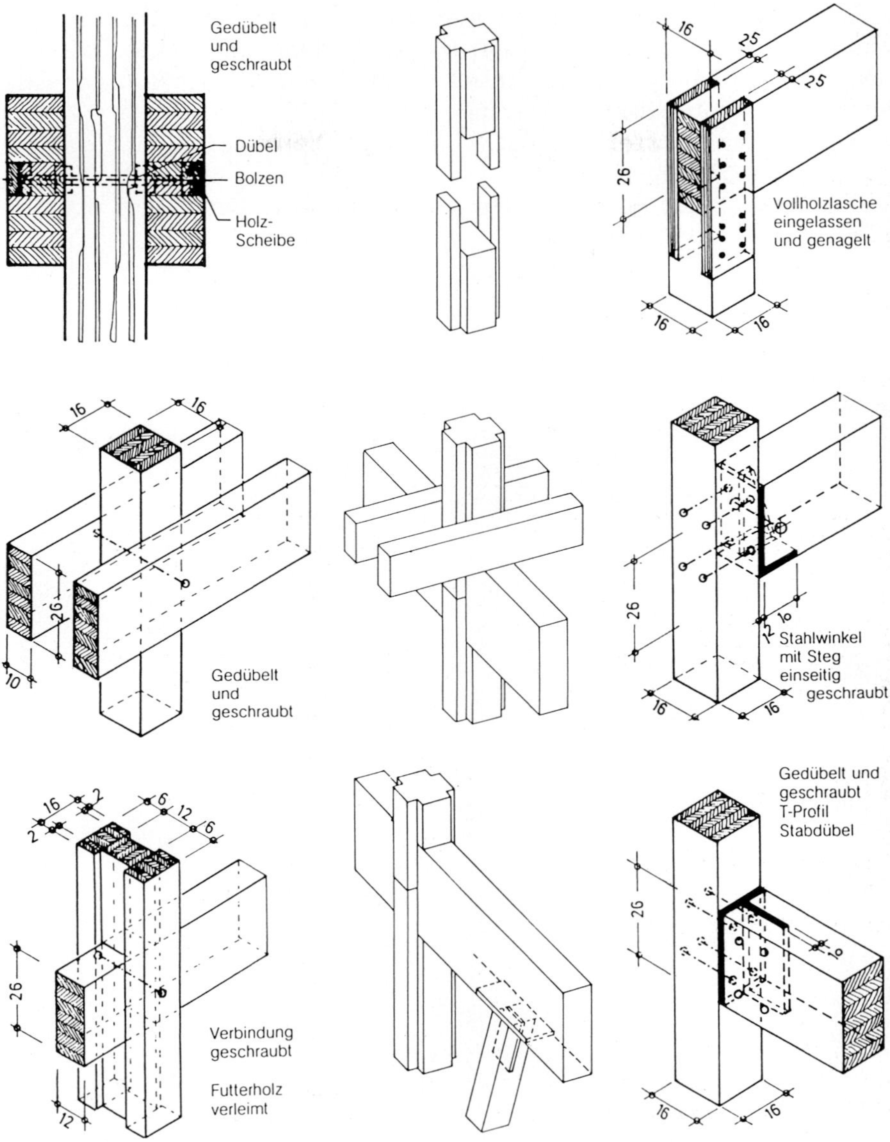

Abb. 16.3. Knotenpunkte in Skelettbauten [11, 174]

b) Variable Querschnittsformen und -größen sowie Knotenpunktausführungen [11, 174].
c) Höhere Festigkeit und Biegesteifigkeit, größere Stützenraster.

Bei zweigeschossigen Gebäuden sollten die Stützen durchgehen, um Setzungen infolge Querdruckbeanspruchungen der Unterzüge zu vermeiden.

Der **Holzrahmenbau** ist ein standardisiertes Bausystem und beruht auf der nordamerikanischen „Timber-Frame-Bauweise“. Eine kennzeichnende Komponente dieser Bauweise ist die Beplankung aus Sperrholz oder Holzspanplatten für die Gebäudeaussteifung [176].

Die Holzständer mit dem Querschnitt 60/120 mm sind in der Regel im Abstand von 625 mm angeordnet.

Weitere Hinweise zum Bausystem und konstruktive Details sind u. a. aus [12] und [177] zu entnehmen.

17 Hallentragwerke

17.1 Allgemeines

Die traditionellen Dachtragwerke über rechteckigem Gebäudegrundriß sind aufgebaut aus verschiedenen Trägerlagen, die rechtwinklig zueinander gestapelt werden, wobei sich der Trägerabstand von Lage zu Lage verringert bis auf die Stützweite der Dachdeckungselemente (Abb. 17.1 a).

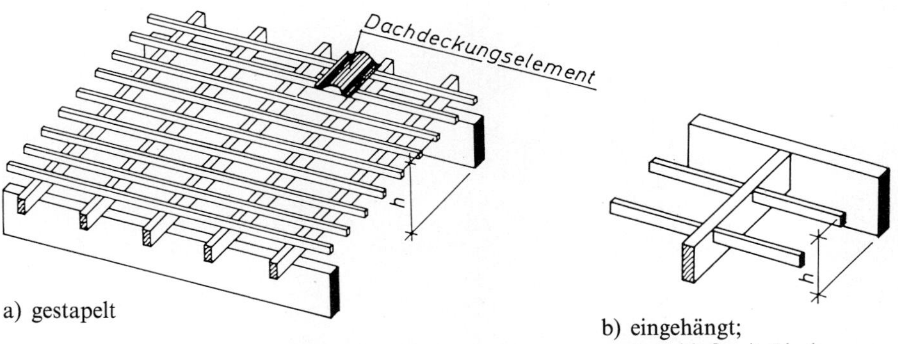

a) gestapelt

b) eingehängt; Anschluß mit Blechformteilen, vgl. Abb. 1.10

Abb. 17.1. Trägerlagen

Bei beschränkter Bauhöhe *h* können die Träger auch eingehängt werden mit bündiger Oberkante (Abb 17.1 b). Das geschieht meistens auf Kosten der wirtschaftlicheren Durchlaufwirkung und mit erhöhtem Aufwand für die Trägeranschlüsse (Balkenschuhe nach Abb. 1.10, 5.5 und 6.64 A oder Hirnholzdübelverbindungen nach Abb. 6.20, 6.21, 6.25).

Hallendächer werden je nach Gebäudequerschnitt und Tragsystem ausgeführt mit Binderspannweiten $l \approx 10\,\text{m}$ bis $100\,\text{m}$.

Im folgenden werden in vereinfachter Form einige typische Dachkonstruktionen des Ingenieurholzbaues vorgestellt mit kurzer Beschreibung der tragenden und stabilisierenden Bauteile.

17.2 Tragsysteme

An einer einschiffigen Halle mit Rechteckgrundriß sollen drei Varianten üblicher Tragsysteme gezeigt werden, s. Abb. 17.2.

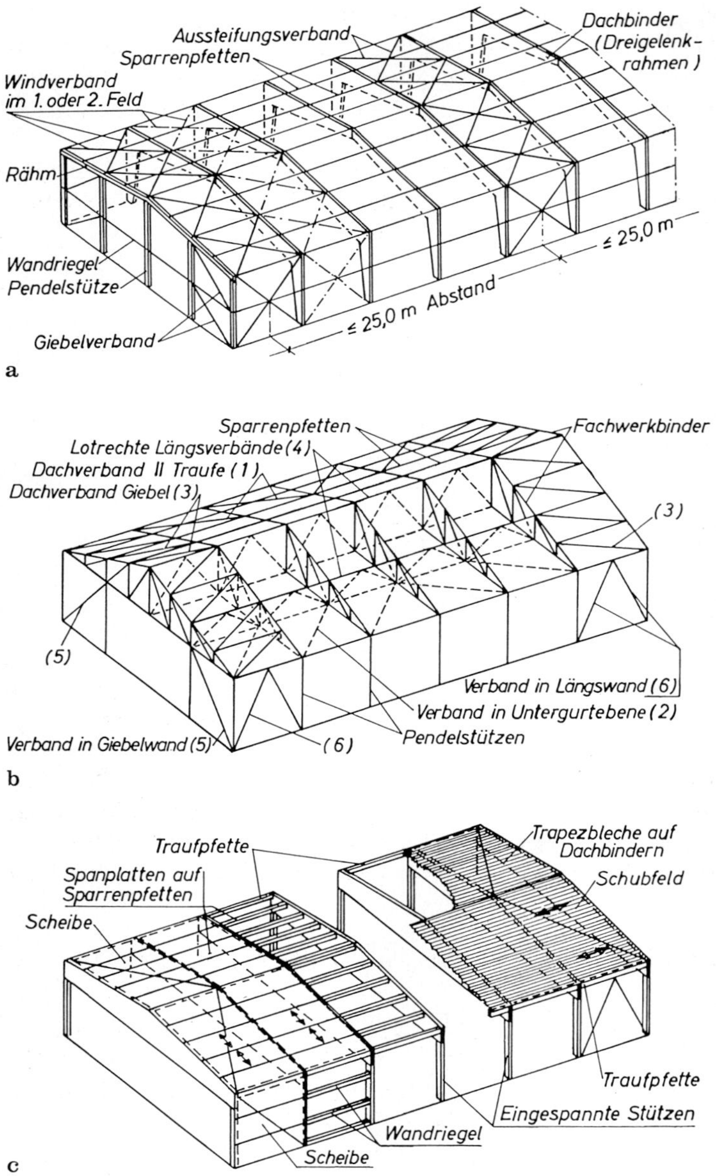

Abb. 17.2. Tragsysteme

Abb. 17.2a: Dreigelenkrahmen aus BSH als Hallenbinder
Giebelwandaufbau aus Pendelstützen, Wandriegeln, Rähmen, Windverbänden. Windverbände in Dach und Längswänden entweder im ersten oder zweiten Feld, Aussteifungsverband im mittleren Innenfeld. Mittenabstand der Verbände $e \leqq 25$ m nach *–10.2.5–*.

Sparrenpfetten können in den Verbänden als Pfosten verwendet werden nach Abb. 17.3a (Biegung mit Druck). Statt dessen können jedoch auch besondere Stäbe als Verbandspfosten vorgesehen werden, vgl. Abb. 17.3b.

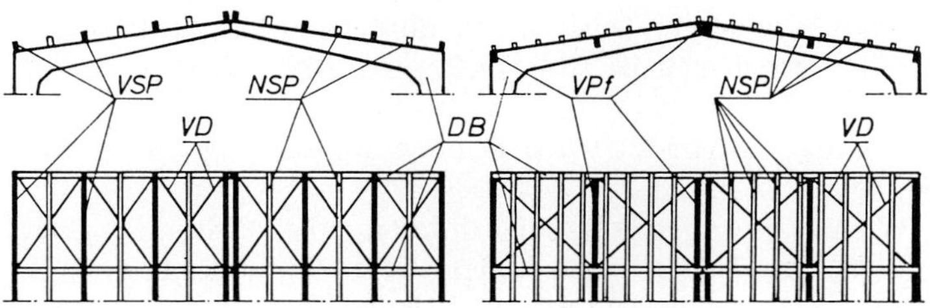

a b

NSP ≙ Normale Sparrenpfette; VPf ≙ Verbandspfosten;
VSP ≙ Verbandssparrenpfette; VD ≙ Verbandsdiagonale;
DB ≙ Dachbinder

Abb. 17.3. Varianten der Verbandspfosten

Im Bereich zwischen den Verbänden werden die Stabilisierungsstäbe – VSP in (a) und VPf in (b) – zug- und druckfest gestoßen und angeschlossen zur Aufnahme der Seitenlasten aus ungewollten Krümmungen der gedrückten Bindergurte. Bei Biegedruck im Untergurt sind Kopfbänder nach Abb. 21.1 als Kippsicherung zu empfehlen.

Abb. 17.2b: Fachwerkbinder aus Vollholzstäben als Hallenbinder auf Pendelstützen
Stabilisierung in Querrichtung durch Dachverband (1) oder Verband in Untergurtebene (2) zusammen mit Verbänden in den lotrechten Giebelwänden (5).

Stabilisierung in Längsrichtung durch Dachverband im ersten Binderfeld (3) oder entsprechenden Verband in Untergurtebene (nicht dargestellt) zusammen mit Verbänden in den Längswänden (6).

Windverbände (3) sind in Verbindung mit den Sparrenpfettensträngen gleichzeitig Aussteifungsverbände gegen seitliches Ausweichen der Binderdruckgurte.

Lotrechte Längsverbände (4) (gestrichelte Linien) können zusätzlich angeordnet werden, entweder zur seitlichen Abstützung der Binderdruckgurte gegen Windverbände in Untergurtebene oder bei offenen* Hallen mit Windver-

* Vgl. Fußnote zu Abb. 14.25.

bänden in Dachebene zur Stabilisierung der infolge „Wind von unten" gedrückten Binderuntergurte. Statt dessen können auch Kopfbänder nach Abb. 21.1 angeordnet werden.

Abb. 17.2c: Satteldachträger aus BSH als Hallenbinder
Stützen aus Stahlbeton, Stahl oder BSH mit Fußeinspannung in Hallenquerrichtung. Verbände oder Scheiben in den Längswänden. Windlasten auf Giebelwände und Seitenlasten aus Binderdruckgurten werden durch Dachscheiben aus Flachpreßplatten bzw. Schubfelder aus Trapezblechen nach *–10.3–* aufgenommen.

Bei Flachpreßplatten müssen alle Stöße auf Bindern bzw. Sparrenpfetten schubfest hergestellt werden gemäß Abb. 17.2c und Abb. 13.32, s. Berechnungsbeispiel in [99, 178].

Zur Verkürzung der Plattenstützweite können weitere Zwischenpfetten zweckmäßig sein.

Trapezbleche können als tragende Bauteile direkt auf die Dachbinder gelegt werden, vgl. Abb. 17.2c und Abb. 13.14. Soll die Schubfeldwirkung in Rechnung gestellt werden, müssen alle Ränder und die Firstkante durch Träger unterstützt werden. Die schubfeste Verbindung wird durch Holzschrauben in bestimmten Abständen – ⊥ zu den Profilkanten in jedem Sickenuntergurt – hergestellt, s. Abb. 13.15.

17.3 Bindersysteme

Im Holzbau verwendet man Fachwerkträger vorwiegend aus Vollholz (Bretter, Bohlen oder Kanthölzer), BSH sowie FSH und Vollwandträger vorwiegend aus BSH [162]. Als Tragsysteme sind Einfeldträger, Mehrfeldträger – meistens statisch bestimmt als Gelenkträger –, Dreigelenkrahmen und -bögen sowie seltener Zweigelenkrahmen und -bögen gebräuchlich. Fachwerkträger vgl. Abb. 1.2, 6.22, 6.38, 6,59, 6,65A. Vollwandträger vgl. Abb. 1.5, 1.11, 6.19, 6.39, 10.10.

Mehrfach statisch unbestimmte Systeme werden wegen Transport- und Montageschwierigkeiten (biegesteife Stöße auf der Baustelle) möglichst gemieden und nur in Sonderfällen ausgeführt.

Als Planungsgrundlagen sind in Tafel 17.1 bzw. Tafel 17.2 übliche Systemabmessungen für Fachwerk- bzw. Vollwandträger angegeben.

Fachwerksysteme in den Konstruktionsarten der Tafel 17.1 sowie in den weiteren Tragwerksformen mit Knotenverbindungen z. B. nach [59] (Multi-Krallen-Dübel), [88] (Paslode-Stahlblech-Holz-Nagelverbindung) oder nach dem Blumer-System (s. Abb. 1.3) [162].

Tafel 17.1 Übliche Systemmaße [m] für Fachwerkträger

	Konstruktionsart		Nagelbrett-binder [89]	Kantholz-binder [89]	Gang-Nail[5] [95] s. Abb. 1.3	Greimbau [179] s. Abb. 1.3
	Üblicher Binderabstand		0,8–1,25	2,5–5,0[1] 4,0–6,0[2]	0,625–2,50 (Standard)	4,5–6,0
1	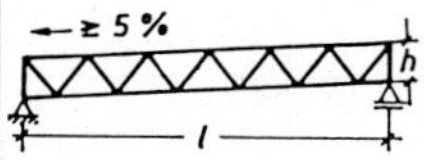	l	5–20	5–30	7,5–20(30)[3]	17–35
		h	$\geqq 0{,}1 \cdot l$	$\geqq 0{,}11 \cdot l$	$\geqq 0{,}1 \cdot l$	$\geqq 0{,}08 \cdot l$
2	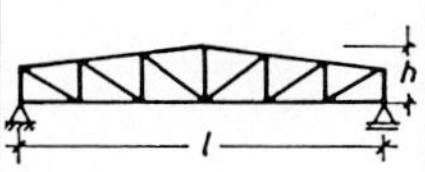	l	5–20	5–25	7,5–20(30)[3]	17–35(55)[4]
		h	$\geqq 0{,}11 \cdot l$	$\geqq 0{,}12 \cdot l$	$\geqq 0{,}16 \cdot l$	$\geqq 0{,}08 \cdot l$
3		l	5–20	5–30	7,5–20	10–20
		h	$\geqq 0{,}125 \cdot l$	$\geqq 0{,}14 \cdot l$	$\geqq 0{,}15 \cdot l$	$\geqq 0{,}18 \cdot l$
4	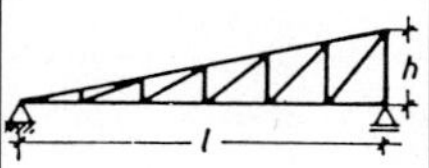	l	5–15	5–20	7,5–20	10–20
		h	$\geqq 0{,}25 \cdot l$	$\geqq 0{,}28 \cdot l$	$\geqq 0{,}19 \cdot l$	
5	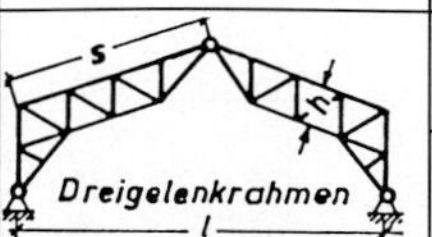	l		10–50	$\leqq 20(30)$[3]	12–45
		h		$\geqq 0{,}1 \cdot s$		$\geqq 0{,}07 \cdot s$
6		l		10–50	$\leqq 20(30)$[3]	17–35
		h		$\geqq 0{,}1 \cdot l$		$\geqq 0{,}07 \cdot l$

[1] Systeme 1 bis 4;
[2] Systeme 5 und 6;
[3] dafür erforderliche Plattentypen s. Tabelle 3.1.14 in [16];
[4] bei größerer Bauhöhe h
[5] siehe [17].

Tafel 17.2. Übliche Systemmaße [m] für Vollwandträger aus BSH
Binderabstand $e \approx 5 \cdots 8\,\text{m}$

Trägerform	Statisches System	Spannweite l	Trägerhöhe	
			H	h
Einfeldträger gerade, parallel	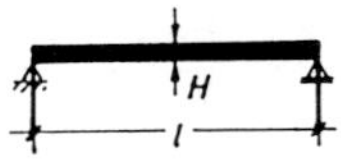	10–35	$\frac{l}{17}$	
Satteldachträger gerader Untergurt	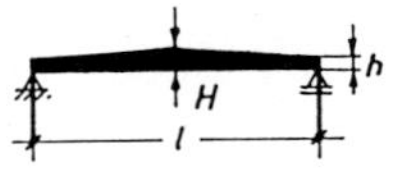	10–35	$\frac{l}{15}$	$\frac{l}{30}$
Satteldachträger [1] geneigter Untergurt	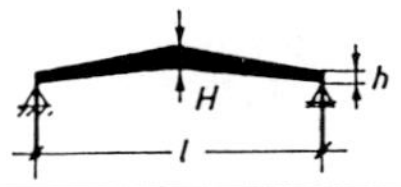	10–30	$\frac{l}{13}$	$\frac{l}{26}$
Dreigelenkstabzug mit oder ohne Zugband	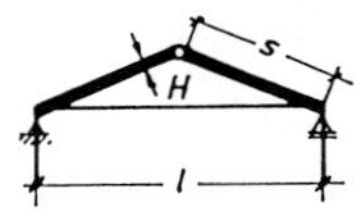	20–50	$\frac{s}{18}$	
Dreigelenkbogen mit oder ohne Zugband	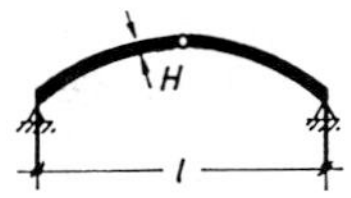	20–100	$\frac{l}{40}$	
Dreigelenkrahmen gebogen oder geknickt	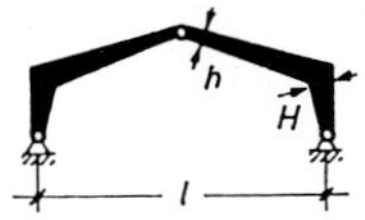	15–60	$\frac{l}{18}$	$\frac{l}{50}$
Zweigelenkrahmen Unterkante im First gebogen	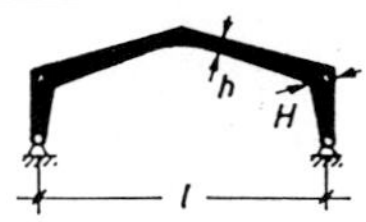	15–40	$\frac{l}{20}$	$\frac{l}{30}$
Mehrfeldträger gerade oder geknickt, parallel	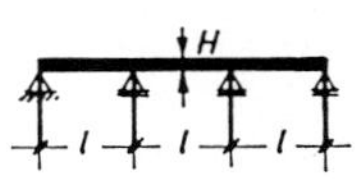	10–30	$\frac{l}{20}$	
Mehrfeldträger mit Vouten	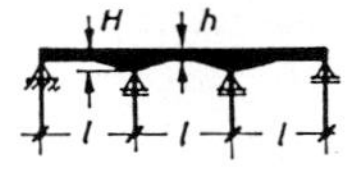	10–30	$\frac{l}{16}$	$\frac{l}{22}$
Kragträger $l_K = 3 \cdot l$	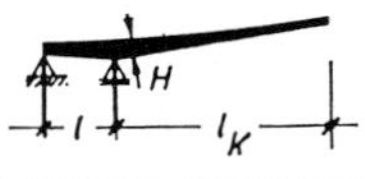	5–25 (l_K)	$\frac{l_K}{10}$	

[1] siehe [13].

18 Sparrenpfetten

18.1 Allgemeines

Sparrenpfetten verlaufen parallel zur Traufe auf den Bindern und tragen die Dachhaut (Schalung oder Platten), s. z. B. Abb. 6.39, 6.60a, 17.2, 17.3. Die Bezeichnung „Sparrenpfette" besagt, daß dieses Bauteil die Funktionen des Sparrens und der Pfette in sich vereinigt.

Sparrenpfetten werden nach Abb. 18.1 meist ⊥ zur Binderoberkante angeordnet und demnach bei geneigten Dächern auf Doppelbiegung beansprucht. Die Lastkomponente q_y kann jedoch auch durch Scheibenwirkung (Dachschalung) oder durch Verbände in Verbindung mit Zugbändern aufgenommen werden.

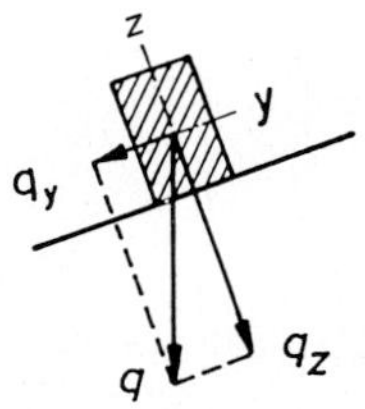

Abb. 18.1.

Für Stützweiten bis etwa 8 m können folgende Systeme verwendet werden:

Einfeldpfetten (statisch bestimmt)
Durchlaufpfetten (statisch unbestimmt)
Gelenkpfetten (statisch bestimmt)
Koppelpfetten (statisch unbestimmt)

Weitere Systeme für Sparrenpfetten, insbesondere für größere Stützweiten, siehe Milbrandt [28].

18.2 Einfeldpfetten

Einfeldpfetten aus Vollholz sind für Stützweiten bis etwa 4,5 m wirtschaftlich. Ihre Verwendung beschränkt sich deshalb im wesentlichen auf Sonderfälle mit beschränkter Bauhöhe, s. Abb. 17.1b, und auf Dachdeckungen aus Flachpreßplatten mit Scheibenwirkung bzw. Trapezblechen mit Schubfeldwirkung nach Abb. 17.2c mit bündiger Oberkante der Sparrenpfetten und Binder (alle Plattenränder kontinuierlich angeschlossen).

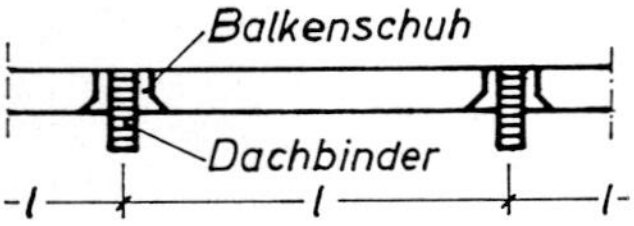

Abb. 18.2. Einfeldpfette

18.3 Durchlaufpfetten aus Vollholz

Durchlaufpfetten aus Vollholz können bei Lieferlängen bis etwa 14 m und kleinen Binderabständen noch als Dreifeldträger gemäß Abb. 18.3 verwendet werden.

Stöße können gelenkig mit geradem Blatt (*a*) oder biegesteif mit beidseitigen Laschen (*b*) ausgebildet werden. Durchlaufpfetten mit biegesteifen Stößen (*b*) sind wegen des großen Material- und Arbeitsaufwandes nicht wirtschaftlicher als solche mit Gelenkstößen (*a*).

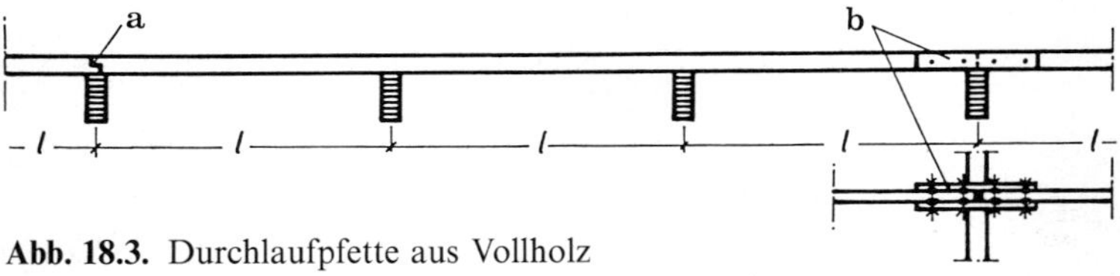

Abb. 18.3. Durchlaufpfette aus Vollholz

Die Schneelast darf i. d. R. als konstante Gleichlast gemäß Abb. 14.21 c angenommen werden. Für die meisten maßgebenden Stützmomente sind nach *–5.1.8–* um 10% höhere Biegespannungen zulässig. Durchlaufträger sind deshalb wirtschaftlicher als Einfeldträger. Ihre Durchbiegung ist erheblich geringer als bei Einfeldträgern.

18.4 Gelenkpfetten

18.4.1 Allgemeines

Gelenkpfetten sind statisch bestimmte Mehrfeldträger. Die Anzahl der Gelenke entspricht der Anzahl der Innenstützen (Abb. 18.4).

Bevorzugt wird das System (*b*), bei dem Gelenk- und gelenklose Felder miteinander wechseln (Gerberträger).

System (*a*) mit nur einem gelenklosen Feld hat den Vorteil gleicher Trägerlängen in den Innenfeldern. Die Gefährdung der Standsicherheit kann im Schadensfall größer sein als beim System (*b*).

Bei konstanter Gleichlast nach Abb. 14.21 c kann durch geschickte Anordnung der Gelenke erreicht werden, daß alle Stütz- und Innenfeldmomente gleich groß werden, s. Abb. 18.5.

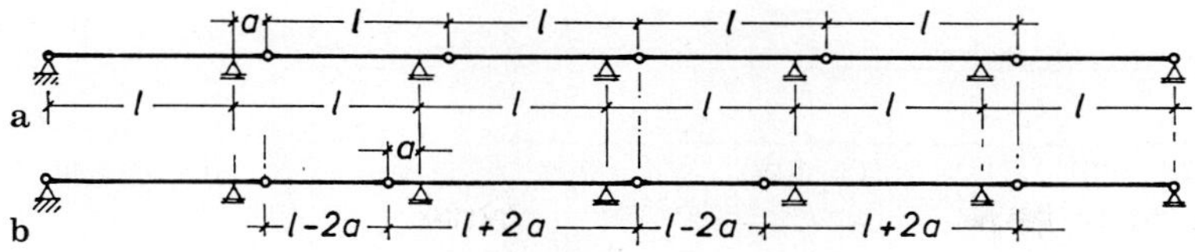

Abb. 18.4. Varianten der Gelenkanordnung

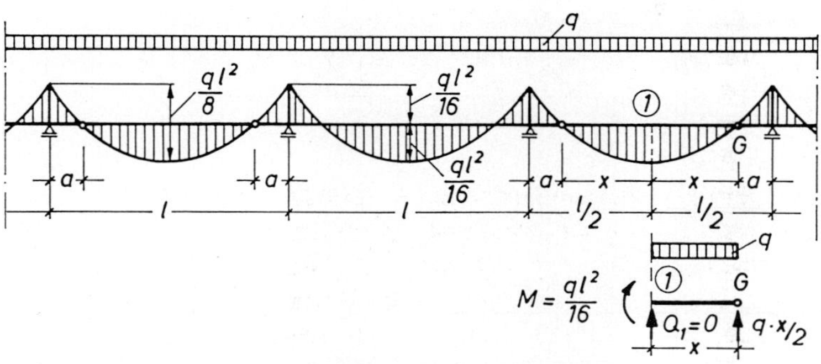

Abb. 18.5. M-Fläche der Gelenkpfette in den Innenfeldern

$\sum M_G = 0$ für Trägerabschnitt ①–G:

$q \cdot l^2/16 - q \cdot x^2/2 \quad = 0$

$$x = \frac{l}{4} \cdot \sqrt{2} = 0{,}3535\,l \tag{18.1}$$

$$a = l/2 - x = 0{,}1465\,l \tag{18.2}$$

Mit dem Gelenkabstand $a = 0{,}1465\,l$ nach Gl. (18.2) wird die M-Fläche nach Abb. 18.5 erzwungen.

$$M_F = -\,M_{St} = \frac{1}{2} \cdot \frac{q \cdot l^2}{8} = 0{,}0625 \cdot q \cdot l^2 \tag{18.3}$$

18.4.2 Gelenkabstände und Bemessungsgrundlagen (DIN)

Im folgenden werden die Bemessungsgrundlagen für verschiedene Gelenksysteme dargestellt.

System 1: Pfettenstrang mit verkürzten Endfeldern $l_E = 0{,}8535\,l$

Verkürzt man die Endfelder auf $l_E = 0{,}8535\,l$, dann werden alle Stütz- und Feldmomente gleich groß, s. Tafel 18.1.

Die Lagerreaktionen des Systems (b) gelten auch für System (a).

Die Gelenkkräfte sind $G = \frac{1}{2} \cdot 0{,}707 \cdot q \cdot l = 0{,}3535 \cdot q \cdot l$.

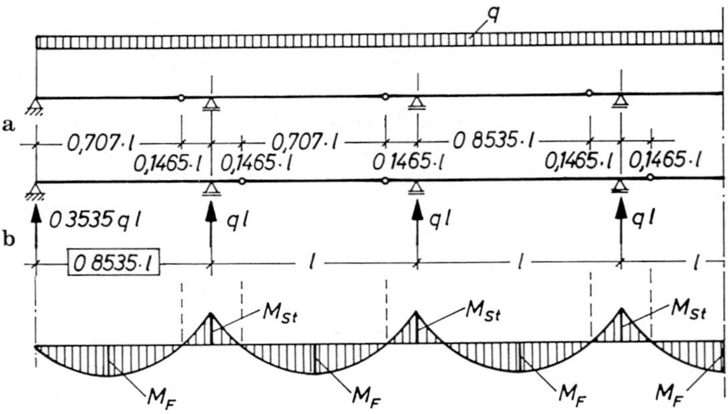

Abb. 18.6. Gelenkpfette mit verkürzten Endfeldern $l_E = 0{,}8535\,l$

Tafel 18.1

	erf I für $l/200$ [a]	Durchbiegung f [a]
$M_F = -M_{St} = 0{,}0625 \cdot q \cdot l^2$	$\text{erf}\,I = 167 \cdot M_F \cdot l \cdot 10^4$	$f = \dfrac{10^2 \cdot \sigma \cdot l^2}{6 \cdot h}$; $\sigma = \dfrac{M_F}{W}$

[a] Einheiten für erf I *und* f: σ [N/mm²]; M [kNm]; l [m]; h, f [mm]; I [mm⁴], vgl. Gln. (10.13) und (10.17).

Die große Durchbiegung tritt in den gelenklosen Feldern auf.

System 2: Pfettenstrang mit gleich großen Stützweiten $l = \text{const.}$

Die Gelenkanordnung kann nach Abb. 18.4a oder 18.4b gewählt werden, vgl. Abb. 18.7. Eine Verstärkung der Endfeldquerschnitte ist unvermeidlich. Die Gelenkabstände werden i. d. R. nach folgenden Gesichtspunkten festgelegt (Abb. 18.7a oder b):

Konstanter Querschnitt für alle Innenfelder ($M_2 = -M_1$).
Größerer Querschnitt für beide Endfelder ($M_1 > M_2$) durch größere Querschnittsbreite oder durch untergenagelte Lamellen. Das gelingt mit folgenden Gelenkabständen:

Innenfelder: $a_1 = 0{,}1465\,l$ wie (18.2)

Endfelder: $a_2 = 0{,}1250\,l$, vgl. Seite 4.5 in [36] (18.4)

Die Biegemomente nach Abb. 18.7 sind dann:

Innenfelder:

$$M_2 = -M_1 = 0{,}0625 \cdot q \cdot l^2 \quad \text{wie (18.3)}$$

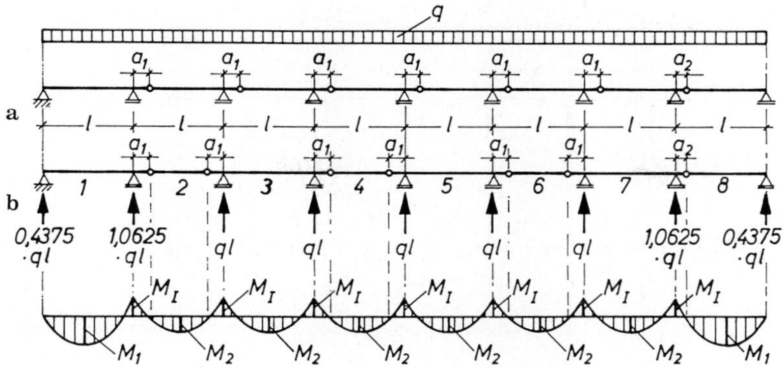

Abb. 18.7. Gelenkpfette mit gleicher Stützweite $l = \text{const.}$ Lagerreaktionen und Biegemomente gelten für (*a*) und (*b*)

Endfelder:

$$\left.\begin{aligned} M_8 = M_1 &= q \cdot \frac{(0{,}875 \cdot l)^2}{8} = 0{,}0957 \cdot q \cdot l^2 \\ M_1 &= \frac{(0{,}4375 \cdot q \cdot l)^2}{2 \cdot q} = 0{,}0957 \cdot q \cdot l^2 \end{aligned}\right\} \qquad (18.5)$$

Durchbiegung in den gelenklosen Feldern (zul $f = l/200$):

Innenfelder: $\text{erf}\, I = 167 \cdot M_2 \cdot l \cdot 10^4$; $f = \dfrac{10^2 \cdot \sigma_2 \cdot l^2}{6 \cdot h}$ wie Tafel 18.1

Endfelder: $\text{erf}\, I = 191 \cdot M_1 \cdot l \cdot 10^4$; $f = \dfrac{10^2 \cdot \sigma_1 \cdot l^2}{5{,}26 \cdot h}$ (18.6); (18.7)

Einheiten für erf I und f siehe Fußnoten zu Tafel 18.1.

Die Gelenkabstände des Pfettenstranges nach Abb. 18.7 b sind zweckmäßig bei gerader Felderzahl (nur ein gelenkloses Endfeld), obwohl die Pfette des Endfeldes (1) bei konstantem Querschnitt über der Innenstütze nicht ausgenutzt ist ($|M_I| < |M_1|$).

Bei *ungerader* Felderzahl *mit Gelenken in beiden Endfeldern* ist die rechte Seite des Pfettenstranges nach Abb. 18.7b um die Mitte zu spiegeln.

Bei *ungerader* Felderzahl *mit zwei gelenklosen Endfeldern* ist es wirtschaftlicher, die Gelenkabstände im Feld (2) gegenüber denen der Abb. 18.7b so zu verändern, daß $M_I = -M_1$ wird (Abb. 18.8).

Feld (2): $a_1 = 0{,}2035\, l$ (18.8)

$a_2 = 0{,}1570\, l$ (18.9)

übrige Innenfelder: $a_3 = 0{,}1465\, l$ wie (18.2)

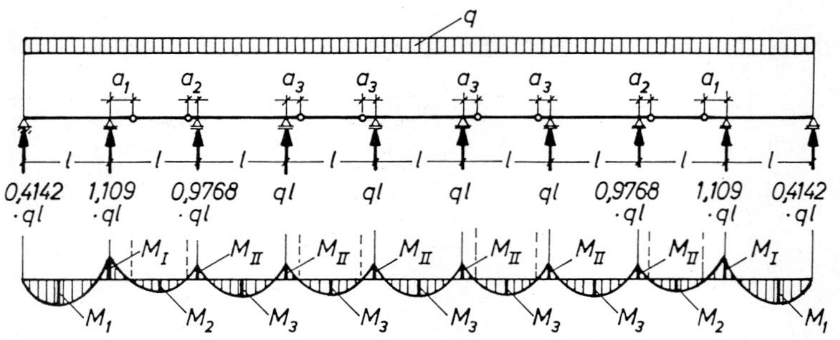

Abb. 18.8. Gelenkpfette mit l = const., wirtschaftlich für $n \geqq 7$ Felder bei ungerader Felderzahl

Die Biegemomente nach Abb. 18.8 sind dann:

$$\left.\begin{aligned} M_1 &= \frac{(0{,}4142 \cdot q \cdot l)^2}{2 \cdot q} &&= \quad 0{,}0858 \cdot q \cdot l^2 \\ M_\mathrm{I} &= 0{,}4142 \cdot q \cdot l^2 - \frac{q \cdot l^2}{2} &&= -\,0{,}0858 \cdot q \cdot l^2 \end{aligned}\right\} \qquad (18.10)$$

$$M_2 = q \cdot \frac{(0{,}6395 \cdot l)^2}{8} \quad = \quad 0{,}0511 \cdot q \cdot l^2 \qquad (18.11)$$

$$M_3 = -\,M_\mathrm{II} \quad = \quad 0{,}0625 \cdot q \cdot l^2 \qquad \text{wie} \quad (18.3)$$

Durchbiegung in den gelenklosen Feldern (zul $f = l/200$):

Innenfelder: $\operatorname{erf} I = 167 \cdot M_3 \cdot l \cdot 10^4;\ f = \dfrac{10^2 \cdot \sigma_3 \cdot l^2}{6 \cdot \mathrm{h}}$ wie Tafel 18.1 (18.12)

Endfelder: $\operatorname{erf} I = 179 \cdot M_1 \cdot l \cdot 10^4;\ f = \dfrac{10^2 \cdot \sigma_1 \cdot l^2}{5{,}57 \cdot h}$ (18.13)

Einheiten für erf I und f siehe Fußnote zu Tafel 18.1.

System 3: Zweifeld-Gelenkpfette

Stütz- und Feldmomente sind gleich groß, s. Tafel 18.2.

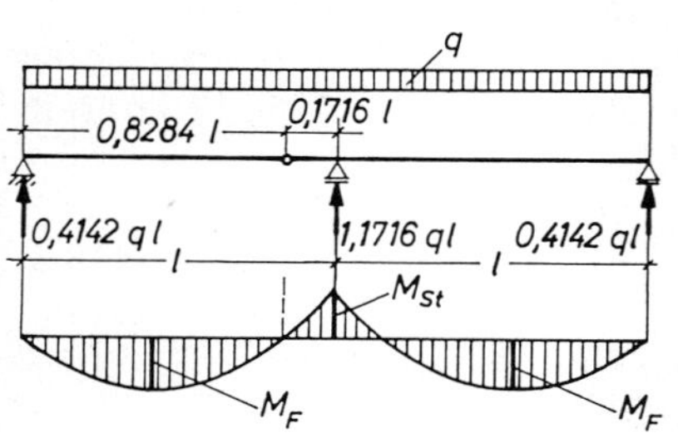

Abb. 18.9. Zweifeld-Gelenkpfette

Tafel 18.2

	erf I für $l/200$ [a]	Durchbiegung f [a]
$M_F = -M_{St} = 0{,}0858 \cdot q \cdot l^2$	$\text{erf}\, I = 179 \cdot M_F \cdot l \cdot 10^4$	$f = \frac{10^2 \cdot \sigma \cdot l^2}{5{,}57 \cdot h}$; $\sigma = \frac{M_F}{W}$

[a] Einheiten für erf I und f siehe Fußnote zu Tafel 18.1.

18.4.3 Bemessung nach Durchbiegung (DIN)

Gelenkpfetten, deren Gelenkabstände nach Momentenausgleich gemäß Abb. 18.6 bis 18.8 gewählt werden, erleiden in den gelenklosen Feldern größere Durchbiegungen als in den Gelenkfeldern. Wenn bei großen Stützweiten die Durchbiegung maßgebend wird für die Bemessung, ist es wirtschaftlicher, die Gelenkabstände a von den Auflagern gemäß Tafel 18.3 zu vergrößern.

Beim Gelenkabstand $a = 0{,}2113\, l$ beträgt die Durchbiegung in allen Feldern:

$$f = 2{,}6 \cdot \frac{10^5 \cdot q \cdot l^4}{I} \quad \text{(letzte Zeile der Tafel 18.3)}$$

Tafel 18.3. M_{St}, M_F und f in Abhängigkeit von a/l

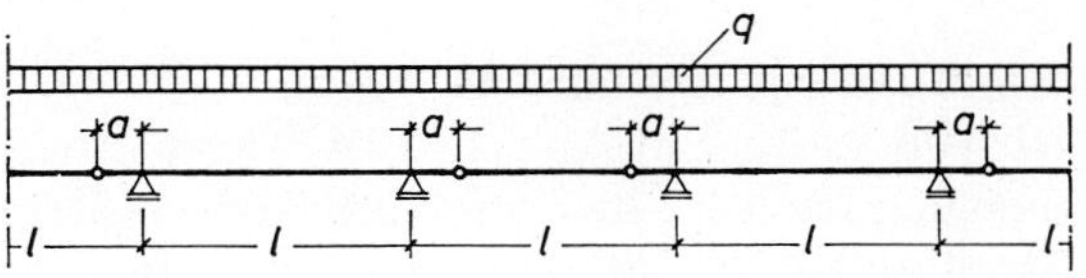

a/l	M_{St}	M_F	max f	Einheiten
0	0	0,1250	13,0	q [kN/m]
0,1465	−0,0625	0,0625	5,2	l [m]
0,16	−0,0672	0,0578	4,6	M [kNm]
0,18	−0,0738	0,0512	3,8	I [mm^4]
0,20	−0,080	0,0450	3,0	f [mm]
0,2113	−0,0833	0,0417	2,6	
Faktor	$q \cdot l^2$	$q \cdot l^2$	$10^5 \cdot q \cdot l^4/I$	

18.4.4 Gelenkkonstruktion (DIN)

Gebräuchliche Gelenkausbildungen sind in Abb. 18.10 dargestellt.

a) Schräges Blatt mit Bolzen angehängt

Trotz schwieriger Montage ist Anhängen zu empfehlen, um Queraufreißen des ausgeklinkten Trägers zu verhindern, S. Abb. 10.5f.

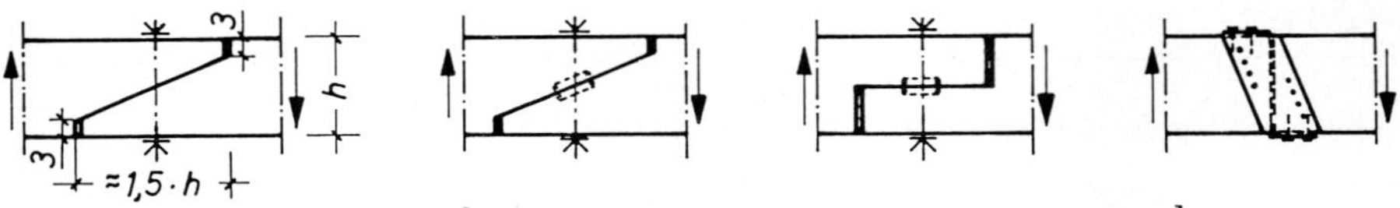

Abb. 18.10. Gelenkkonstruktionen

Diese Ausführung setzt vorwiegend einachsig belastete Gelenkpfetten voraus, da Beanspruchung des Bolzens auf „Abscheren“ wegen des großen Schlupfes nach –*T2, 5.2*– bei Dauerbauten vermieden werden soll. Die Forderung von mindestens zwei Scherflächen nach –*T2, 5.6*– bei Beanspruchung auf „Abscheren“ ist bei Gelenkpfetten schwer zu verwirklichen. Deshalb sind bei zweiachsiger Beanspruchung – geneigte Dächer – Gelenke nach (*b*), (*c*), (*d*) zu empfehlen.

b) Schräges Blatt mit Bolzen angehängt und mit Dübel
Der Bolzen kann senkrecht zur Pfettenachse angeordnet werden, da die Innenöffnung der Dübel i. d. R. genügend Spielraum läßt. Beanspruchung des Bolzens auf Zug infolge q_z, Beanspruchung des Dübels auf Abscheren infolge q_y.

c) Gerades Blatt mit Bolzen angehängt und mit Dübel
Insbesondere geeignet zur Übertragung von zusätzlichen Längskräften.

d) Gerberverbinder aus verzinktem Blech mit Rillennägeln
Isometrische Darstellungen siehe Abb. 1.10h und Abb. 18.10A. Der Gerberverbinder nach Abb. 18.10A kann auch Längskräfte übertragen [162]. Weitere Einzelheiten können z. B. aus [158] und [159] entnommen werden. Berechnungsbeispiele siehe [27, 161].

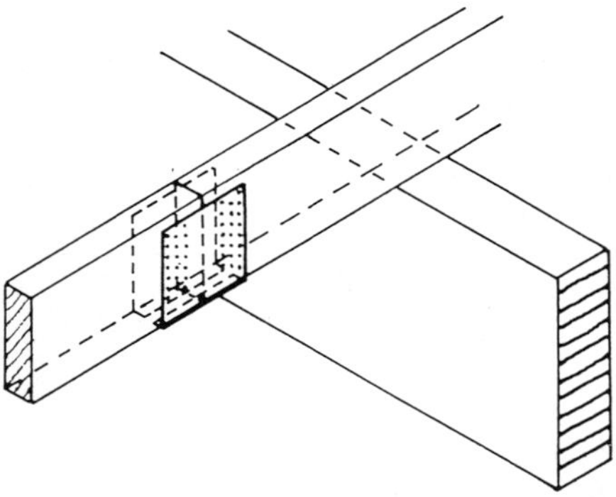

Abb. 18.10A. Gerberverbinder [162]

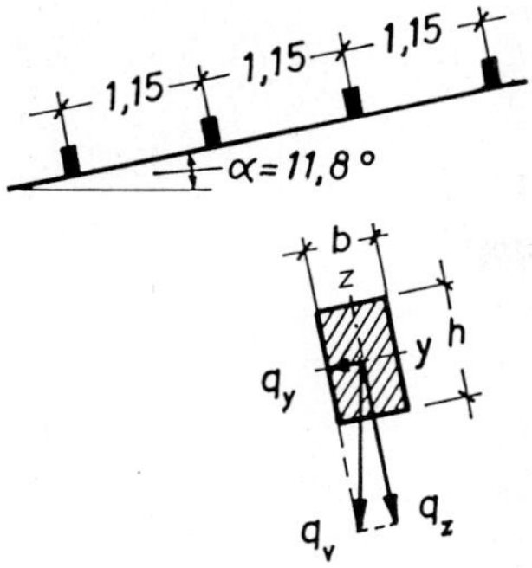

Abb. 18.11

18.4.5 Berechnungsbeispiel (DIN)

Hallenquerschnitt s. Abb. 19.47
Hallenlänge: $L = 9 \cdot 6 = 54\,\text{m}$
Pfettenabstand: $b = 1{,}15\,\text{m}$
Dachneigung: $\alpha = 11{,}8°$ (s. Abb. 18.11)
$\sin\alpha = 0{,}204$
$\cos\alpha = 0{,}979$

Lastannahmen:

Faserzementwellplatten vgl. Tafel 14.3		0,20 kN/m²D
Sparrenpfetten		0,10 kN/m²D
		$g = 0{,}30$ kN/m²D
	$g_G = 0{,}30/0{,}979$	$= 0{,}306$ kN/m²G
Schneelast vgl. Tafel 14.5		$s = 0{,}75$ kN/m²G
		$q = 1{,}056$ kN/m²G
Windlast vgl. Abb. 14.25	$w_S = 0{,}6 \cdot 0{,}5$	$= 0{,}30$ kN/m²D (Sog)

Maßgebend für die Bemessung ist Lastfall H
Auf einen Gelenkpfettenstrang entfällt nach Abb. 18.11:

$$q = 1{,}056 \cdot 1{,}15 \cdot 0{,}979 = 1{,}19\ \text{kN/m}$$
$$q_z = 1{,}19 \cdot 0{,}979 = 1{,}165\ \text{kN/m}$$
$$q_y = 1{,}19 \cdot 0{,}204 = 0{,}243\ \text{kN/m}$$

Gelenkanordnung: System 2 nach Abb. 18.8
für 9 gleiche Felder $l = 6{,}0\,\text{m}$

Gelenkabstände:

$$a_1 = 0{,}2035 \cdot 6 = 1{,}22\,\text{m nach Gl. (18.8)}$$
$$a_2 = 0{,}157 \cdot 6 = 0{,}94\,\text{m nach Gl. (18.9)}$$
$$a_3 = 0{,}1465 \cdot 6 = 0{,}88\,\text{m nach Gl. (18.2)}$$

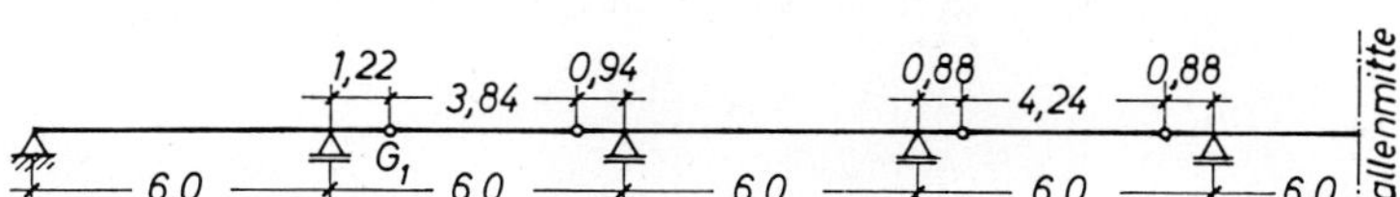

Abb. 18.12. Abmessungen der Gelenkpfette

Endfelder bis zum Gelenk G_1:

Gl. (18.10):

$$M_{1y} = -M_{Iy} = 0{,}0858 \cdot 1{,}165 \cdot 6^2 = 3{,}6 \text{ kNm}$$

$$M_{1z} = -M_{Iz} = 0{,}0858 \cdot 0{,}243 \cdot 6^2 = 0{,}75 \text{ kNm}$$

Gewählt 12/16 NH S10

$W_y = 512 \cdot 10^3\,\text{mm}^3$; $W_z = 384 \cdot 10^3\,\text{mm}^3$

$$\sigma = 3600 \cdot 10^3/(512 \cdot 10^3) + 750 \cdot 10^3/(384 \cdot 10^3)$$

$$= 7{,}03 + 1{,}95 = 8{,}98\,\text{N/mm}^2$$

$$8{,}98/10 \approx 0{,}90 < 1$$

Gl. (18.13):

$$f_z = \frac{10^2 \cdot 7{,}03 \cdot 6^2}{5{,}57 \cdot 160} = 28{,}4\,\text{mm}$$

$$f_y = \frac{10^2 \cdot 1{,}95 \cdot 6^2}{5{,}57 \cdot 120} = 10{,}5\,\text{mm}$$

$$f = \sqrt{28{,}4^2 + 10{,}5^2} = 30{,}3\,\text{mm}$$

$$\approx \frac{6000}{200} = 30\,\text{mm}$$

Innenfelder zwischen den Gelenken G_1:
Bemessung nach $M_3 = -M_{II}$ gemäß Abb. 18.8

Gl. (18.3):

$$M_{3y} = -M_{IIy} = 0{,}0625 \cdot 1{,}165 \cdot 6^2 = 2{,}62\,\text{kNm}$$

$$M_{3z} = -M_{IIz} = 0{,}0625 \cdot 0{,}243 \cdot 6^2 = 0{,}55\,\text{kNm}$$

Gewählt 10/16 NH S10

$W_y = 427 \cdot 10^3\,\text{mm}^3$; $W_z = 267 \cdot 10^3\,\text{mm}^3$

$$\sigma = 2620 \cdot 10^3/(427 \cdot 10^3) + 550 \cdot 10^3/(267 \cdot 10^3)$$

$$= 6{,}14 + 2{,}06 = 8{,}20\,\text{N/mm}^2$$

$$8{,}2/10{,}0 = 0{,}82 < 1$$

Tafel 18.1:

$$f_z = \frac{10^2 \cdot 6{,}14 \cdot 6^2}{6 \cdot 160} = 23{,}0\,\text{mm}$$

$$f_y = \frac{10^2 \cdot 2{,}06 \cdot 6^2}{6 \cdot 100} = 12{,}4\,\text{mm}$$

$$f = \sqrt{23{,}0^2 + 12{,}4^2} = 26{,}1\,\text{mm} < 30\,\text{mm}$$

Scheibe 50/6
Bolzen M12
Dü ∅48-C

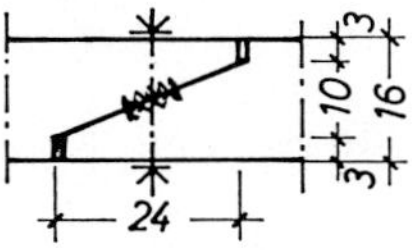

Abb. 18.13

Gelenkkräfte: Berechnung für Feld 4

$$G_z = 1{,}165 \cdot 4{,}24/2 = 2{,}47\,\text{kN}$$

$$G_y = 0{,}243 \cdot 4{,}24/2 = 0{,}52\,\text{kN}$$

Nachweis für Gelenkausbildung (Abb. 18.13)

Bolzen $M\,12$ $\quad \sigma_z = 2{,}47 \cdot 10^3/(0{,}763 \cdot 10^2)$

$= 32{,}4\,\text{N/mm}^2 < 100\,\text{N/mm}^2$ *–5.3.3–*

Querdruck: $\quad \sigma_{D\perp} = \dfrac{2{,}47 \cdot 10^3}{50^2 - \pi \cdot 13^2/4}$

$= 1{,}04\,\text{N/mm}^2$ *–T2, Tab. 3–* $1{,}04/2{,}0 = 0{,}52 < 1$

Dübel: ∅48-Typ C, zul $N_\perp = 4{,}5\,\text{kN}$
[162] vorh $N_\perp = 0{,}52\,\text{kN} < 4{,}5\,\text{kN}$

Befestigung auf dem Dachbinder:
Größte Auflagerkräfte nach Abb. 18.8:

$$\max A_z = 1{,}109 \cdot 1{,}165 \cdot 6 = 7{,}75\,\text{kN}$$

$$\max A_y = 1{,}109 \cdot 0{,}243 \cdot 6 = 1{,}62\,\text{kN}$$

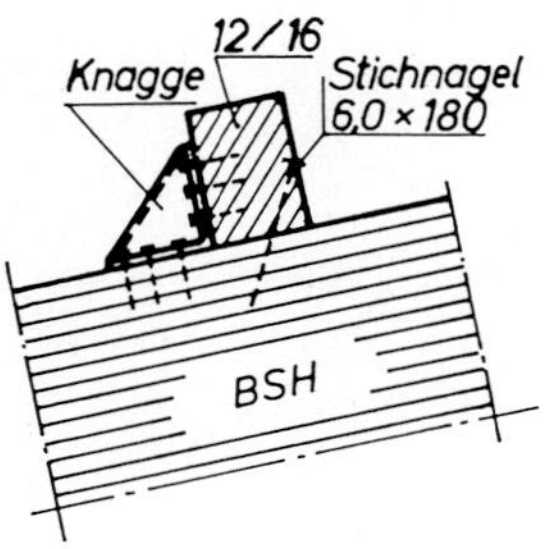

Abb. 18.14

Gewählt BMF-Knagge Typ 130 [162]

mit 8 RNä 4,0 × 60 im Binder

6 RNä 4,0 × 40 in der Pfette

zul $A_y \approx 119/80 = 1{,}49\,\text{kN}$ nach [159].

Die Restkraft von $1{,}5 \cdot (1{,}62 - 1{,}49) = 0{,}2\,\text{kN}$ wird dem Sparrennagel zugewiesen. –*T2*, 14–

$$\sigma_{D\perp} = \frac{7{,}75 \cdot 10^3}{120 \cdot 200} = 0{,}32\,\text{MN/m}^2$$

$$0{,}32/2{,}0 = 0{,}16 < 1 \text{ für } 200\,\text{mm Binderbreite}$$

1 Bizi-Sparrennagel 6,0 × 180 mm als Stichnagel zur Montagebefestigung und zur Sicherung gegen Windsoglasten.

Untersuchung der Traglast für Windsoglasten im normalen Dachbereich nach Gl. (14.5) mit 0,8facher Eigenlast:

$$F_{\text{Trag}}/1{,}3 \geqq 1{,}1 \cdot S_{\text{Sog}} - S_{\text{G Dach}}/1{,}1$$

$$F_{\text{Trag}} \geqq 1{,}43 \cdot S_{\text{Sog}} - 1{,}18 \cdot S_{\text{G Dach}}$$

$$S_{\text{G Dach}} = 0{,}8 \cdot 0{,}30 \cdot 1{,}15 \cdot 1{,}109 \cdot 6 = 1{,}84\,\text{kN}$$

$$S_{\text{Sog}} = 0{,}30 \cdot 1{,}15 \cdot 1{,}109 \cdot 6 = 2{,}3\,\text{kN}$$

$$\text{erf}\,F_{\text{Trag}} = 1{,}43 \cdot 2{,}3 - 1{,}18 \cdot 1{,}84 = 1{,}12\,\text{kN}$$

1 Bizi-Sparrennagel 6,0 × 180 mm siehe oben mit Einschlagtiefe ≈ 90 mm und einer Länge l_g des profilierten Schaftbereiches von 80 mm

$$\text{zul}\,N_z = 3{,}2 \cdot 80 \cdot 6{,}0 = 1{,}54 \cdot 10^3\,\text{N}$$

Der Nagel darf laut Einstufungsschein Nr. KA043 in die Tragfähigkeitsklasse III eingestuft werden –*T2, Tab. 12*– [162].

$$\text{vorh}\,F_{\text{Trag}} = 1{,}8 \cdot 1{,}54 = 2{,}77\,\text{kN} > 1{,}12\,\text{kN}$$

Dabei ist die Tragfähigkeit der Knagge für abhebende Kräfte nicht in Rechnung gestellt worden.

18.4.6 Berechnung einer Gelenkpfette nach EC 5

System und Belastung der Gelenkpfette siehe Abb. 18.11 und 18.12.

Die charakteristischen Werte der Einwirkungen können aus der DIN 1055 entnommen werden [126], vgl. Abschn. 18.4.5.

NH S10/MS10, kurze LED, Nkl 1 oder 2

Bemessung der Pfette
Lastfall: ständige Lasten + Schneelast

$$q_d = \gamma_G \cdot G_k + \gamma_Q \cdot Q_k \quad \text{vgl. Gl. (2.3)}$$

Der Windsog, der günstige Auswirkungen hervorruft (wirkt entlastend), wird bei Benutzung der Gl. (2.3) nicht berücksichtigt.

$$q_d = (1{,}35 \cdot 0{,}306 + 1{,}5 \cdot 0{,}75) \cdot 1{,}15 \cdot 0{,}979 = 1{,}732\,\text{kN/m}$$

$$q_{z,d} = 1{,}732 \cdot 0{,}979 = 1{,}696\,\text{kN/m}$$

$$q_{y,d} = 1{,}732 \cdot 0{,}204 = 0{,}353\,\text{kN/m}$$

Endfelder bis zum Gelenk G_1:
Gl. (18.10):

$$M_{1y,d} = -M_{Iy,d} = 0{,}0858 \cdot 1{,}696 \cdot 6^2 = 5{,}24\,\text{kNm}$$
$$M_{1z,d} = -M_{Iz,d} = 0{,}0858 \cdot 0{,}353 \cdot 6^2 = 1{,}09\,\text{kNm}$$

Gewählt: 120/160 mit $W_y = 512 \cdot 10^3\,\text{mm}^3$; $W_z = 384 \cdot 10^3\,\text{mm}^3$
$I_y = 4096 \cdot 10^4\,\text{mm}^4$; $I_z = 2304 \cdot 10^4\,\text{mm}^4$

Spannungsnachweis:
Gl. (10.62):

$$0{,}7 \cdot \frac{5240 \cdot 10^3/(512 \cdot 10^3)}{16{,}6} + \frac{1090 \cdot 10^3/(384 \cdot 10^3)}{16{,}6} = 0{,}60 < 1$$

mit $f_{m,y,d} = f_{m,z,d} = \dfrac{0{,}9}{1{,}3} \cdot 24 = 16{,}6\ \text{N/mm}^2$

Gl. (10.63): $0{,}617 + 0{,}7 \cdot 0{,}171 = 0{,}74 < 1$

Durchbiegungsnachweise:

$$q_d = (0{,}306 + 0{,}75) \cdot 1{,}15 \cdot 0{,}979 = 1{,}19\ \text{kN/m}$$

veränderliche Lasten

$$p_d = 0{,}75 \cdot 1{,}15 \cdot 0{,}979 = 0{,}844\ \text{kN/m}$$
$$p_{z,d} = 0{,}844 \cdot 0{,}979 = 0{,}826\ \text{kN/m}$$
$$p_{y,d} = 0{,}844 \cdot 0{,}204 = 0{,}172\,\text{kN/m}$$

Elastische Durchbiegung (Anfangsdurchbiegung) infolge veränderlicher Einwirkungen:

Mit Gl. (18.13) folgt nach Umrechnung in Anlehnung an die Gleichung für $\max f$ in Tafel 18.3:

$$f_p = 69{,}8 \cdot 10^4 \cdot \frac{q \cdot l^4}{I} \quad (E_{0,\text{mean}} = 11000\,\text{N/mm}^2)$$

Einheiten: $q\,[\text{kN/m}]$, $l\,[\text{m}]$, $I\,[\text{mm}^4]$, $f\,[\text{mm}]$

$$f_z^p = \frac{69{,}8 \cdot 10^4 \cdot 0{,}826 \cdot 6^4}{4096 \cdot 10^4} = 18{,}2\ \text{mm}$$

$$f_y^p = \frac{69{,}8 \cdot 10^4 \cdot 0{,}172 \cdot 6^4}{2304 \cdot 10^4} = 6{,}75\,\text{mm}$$

$$f_p = \sqrt{18{,}2^2 + 6{,}75^2} = 19{,}4\,\text{mm} < \frac{l}{300} = 20\,\text{mm} \quad \text{vgl. 10.7.5}$$

$k_{def,2} = 0$ vgl. Tafel 2.12

Enddurchbiegung:
ständige Last

$$g_d = 0{,}306 \cdot 1{,}15 \cdot 0{,}979 = 0{,}345\,\text{kN/m}$$

$$f_{q,\text{fin}} = f_p \cdot \left[\frac{g_d}{p_d}(1 + k_{\text{def},1}) + (1 + k_{\text{def},2})\right] \quad \text{vgl. Abschn. 10.7.5}$$

$$k_{\text{def},1} = 0{,}60 \quad \text{vgl. Tafel 2.12}$$

$$f_{q,\text{fin}} = 19{,}4 \cdot \left[\frac{0{,}345}{0{,}844}(1 + 0{,}6) + 1\right] = 32{,}1\,\text{mm} > \frac{l}{200} = 30\,\text{mm!}$$

mit $u_0 = 0$ (ohne Überhöhung) vgl. Abschn. 10.7.5

Die Grenzwerte der Durchbiegungen nach EC 5 sind Empfehlungen, so daß kleinere Überschreitungen bei den Enddurchbiegungen zugelassen werden können.

Innenfelder zwischen den Gelenken G_1:
Bemessung nach $M_3 = -M_{\text{II}}$ gemäß Abb. 18.8

Gl. (18.13): $M_{3y,d} = -M_{\text{IIy},d} = 0{,}0625 \cdot 1{,}696 \cdot 6^2 = 3{,}82\,\text{kNm}$

$M_{3z,d} = -M_{\text{IIz},d} = 0{,}0625 \cdot 0{,}353 \cdot 6^2 = 0{,}794\,\text{kNm}$

Gewählt: 100/160 mit $W_y = 427 \cdot 10^3\,\text{mm}^3$; $W_z = 267 \cdot 10^3\,\text{mm}^3$

$I_y = 3413 \cdot 10^4\,\text{mm}^4$; $I_z = 1333 \cdot 10^4\,\text{mm}^4$

Spannungsnachweis:

Gl. (10.62): $$0{,}7 \cdot \frac{3820 \cdot 10^3/(427 \cdot 10^3)}{16{,}6} + \frac{794 \cdot 10^3/(267 \cdot 10^3)}{16{,}6} = 0{,}56 < 1$$

Gl. (10.63): $$0{,}539 + 0{,}7 \cdot 0{,}179 = 0{,}66 < 1$$

Durchbiegungsnachweise:
Elastische Durchbiegung (Anfangsdurchbiegung) infolge veränderlicher Einwirkungen:

Mit der Gl. (18.12) folgt für die Durchbiegung der Innenfelder nach entsprechender Umrechnung

$$f_p = 47{,}3 \cdot 10^4 \cdot \frac{q \cdot l^4}{I}$$

Einheiten: q [kN/m], l [m], I [mm^4], f [mm]

$$f_z^p = \frac{47{,}3 \cdot 10^4 \cdot 0{,}826 \cdot 6^4}{3413 \cdot 10^4} = 14{,}8\,\text{mm}$$

$$f_y^p = \frac{47{,}3 \cdot 10^4 \cdot 0{,}172 \cdot 6^4}{1333 \cdot 10^4} = 7{,}91\,\text{mm}$$

$$f_p = \sqrt{14{,}8^2 + 7{,}91^2} = 16{,}8\,\text{mm} < \frac{l}{300} = 20\,\text{mm}$$

$$k_{\text{def},2} = 0 \quad \text{vgl. Tafel 2.12}$$

Enddurchbiegung:

$$f_{q,fin} = 16{,}8 \cdot \left[\frac{0{,}345}{0{,}844}(1 + 0{,}6) + 1\right] = 27{,}8\,\text{mm} < \frac{l}{200} = 30\,\text{mm}$$

Gelenkkräfte: Berechnung für Feld 4

$$G_{z,d} = 1{,}696 \cdot 4{,}24/2 = 3{,}60\,\text{kN}$$
$$G_{y,d} = 0{,}353 \cdot 4{,}24/2 = 0{,}75\,\text{kN}$$

Nachweis für Gelenkausbildung (Abb. 18.13):

Bolzenzugkraft $N_d = G_{z,d} = 3{,}60\,\text{kN} < 22{,}4\,\text{kN}$

mit M12, Fkl 4.6 [36]: Grenzzugkraft $N_{R,d} = 22{,}4\,\text{kN}$

Querdruck: $\sigma_{c,90,d} \leqq 1{,}8 \cdot f_{c,90,d}$ vgl. Abschn. 6.3.6

$$f_{c,90,d} = \frac{0{,}9}{1{,}3} \cdot 5 = 3{,}46\,\text{N/mm}^2$$

$$\frac{3{,}60 \cdot 10^3/(50^2 - \pi \cdot 13^2/4)}{1{,}8 \cdot 3{,}46} = 0{,}24 < 1$$

Dübel: ∅48-Typ C (DIN 1052 T2)

Näherung: $R_{c,90,d} \approx 1{,}43$ [1] $\cdot \text{zul}\, N_\perp = 1{,}43 \cdot 4{,}5 = 6{,}4\,\text{kN}$

$0{,}75\,\text{kN} < 6{,}4\,\text{kN}$

Befestigung auf dem Dachbinder (Abb. 18.14)
Größte Auflagerkräfte nach Abb. 18.8:

$$\max A_{z,d} = 1{,}109 \cdot 1{,}696 \cdot 6 = 11{,}3\,\text{kN}$$
$$\max A_{y,d} = 1{,}109 \cdot 0{,}353 \cdot 6 = 2{,}35\,\text{kN}$$
$$\max A_{y,d} \leqq R_{d,\text{Knagge}}$$

Bauaufsichtliche Zulassungen für Knaggen auf der Grundlage des EC 5 fehlen z. Z. noch (konstruktive Ausführung s. Abb. 18.14).

Gl. (5.13): $\sigma_{c,90,d} \leqq k_{c,90} \cdot f_{c,90,d}$; Tafel 5.5: $k_{c,90} = 1$

$$\frac{11{,}3 \cdot 10^3/(120 \cdot 200)}{3{,}46} = 0{,}14 < 1$$ für 200 mm Binderbreite

---

[1] summarischer Sicherheitsbeiwert für die Einwirkungen.

Untersuchung der Traglast für Windsoglasten im normalen Dachbereich nach Gl. (15.5f) mit 0,8facher Eigenlast:

$$R_\mathrm{d} \geqq 1{,}35\, S_\mathrm{Sog} - 1{,}0\, S_\mathrm{G\,Dach}$$

$$S_\mathrm{G\,Dach} = 0{,}8^{1} \cdot 0{,}30 \cdot 1{,}15 \cdot 1{,}109 \cdot 6 = 1{,}84\ \mathrm{kN}$$

$$S_\mathrm{Sog} = 0{,}30 \cdot 1{,}15 \cdot 1{,}109 \cdot 6 = 2{,}30\ \mathrm{kN}$$

Gewählt: 1 Bizi Sparrennagel 6,0 × 180 mm der Tragfähigkeitsklasse III mit einer Einschlagtiefe ≈ 90 mm (s. Abb. 18.14) und einer Länge l_w des profilierten Schaftbereiches von 80 mm

Gln. (6.12i, k): $$R_\mathrm{d} = \min \begin{cases} f_{1,\mathrm{d}} \cdot l_\mathrm{w} \cdot d = 6{,}11 \cdot 80 \cdot 6{,}0 = 2933\ \mathrm{N} \\ f_{2,\mathrm{d}} \cdot d^2 = 73{,}3 \cdot 6{,}0^2 = 2639\ \mathrm{N} \end{cases}$$

Tafel 6.14C: $$f_{1,\mathrm{k}} = 50 \cdot 10^{-6} \cdot \varrho_\mathrm{k}^2 = 50 \cdot 10^{-6} \cdot 380^2 = 7{,}22\ \mathrm{N/mm^2}$$

$$f_{2,\mathrm{k}} = 600 \cdot 10^{-6} \cdot \varrho_\mathrm{k}^2 = 600 \cdot 10^{-6} \cdot 380^2 = 86{,}6\ \mathrm{N/mm^2}$$

$$f_{1,\mathrm{d}} = \frac{1{,}1}{1{,}3} \cdot 7{,}22 = 6{,}11\ \mathrm{N/mm^2}, \quad k_\mathrm{mod} = 1{,}1^{2},$$

$$f_{2,\mathrm{d}} = \frac{1{,}1}{1{,}3} \cdot 86{,}6 = 73{,}3\ \mathrm{N/mm^2} \quad \text{vgl. Tafel 2.9}$$

$$\min R_\mathrm{d} = 2{,}64\ \mathrm{kN} > 1{,}35 \cdot 2{,}30 - 1{,}0 \cdot 1{,}84 = 1{,}27\ \mathrm{kN}$$

Die Tragfähigkeit der Knagge für abhebende Kräfte wurde nicht in Rechnung gestellt.

18.5 Koppelpfetten

18.5.1 Allgemeines

Koppelpfetten sind Durchlaufträger gemäß Abb. 18.5, deren Einzelteile Einfeldträger sind, die über den Binderauflagern wechselweise um Balkenbreite gegeneinander verspringen. Die biegesteifen Stöße entstehen durch Nagelung oder Verdübelung der in bestimmten Überkopplungslängen nebeneinanderliegenden Kanthölzer.

Bolzen sind wegen zu großen Schlupfes als Verbindungsmittel nicht geeignet.

Nach Versuchen von Möhler [180] verhalten sich Koppelpfetten hinsichtlich ihrer Tragfähigkeit und Steifigkeit wie Durchlaufträger mit $I = \text{const.}$, wenn die Kopplungsanschlüsse für die unter der Annahme starrer Kopplung auftretenden Kräfte bemessen werden. Das gilt sowohl für einachsige wie für Doppelbiegung (bei geneigtem Dach), vgl. Abb. 18.16.

[1] 0,8 nach DIN 1055 wurde beibehalten.
[2] im EC 5 für Windsogspitzen nicht ausgewiesen, Empfehlung.

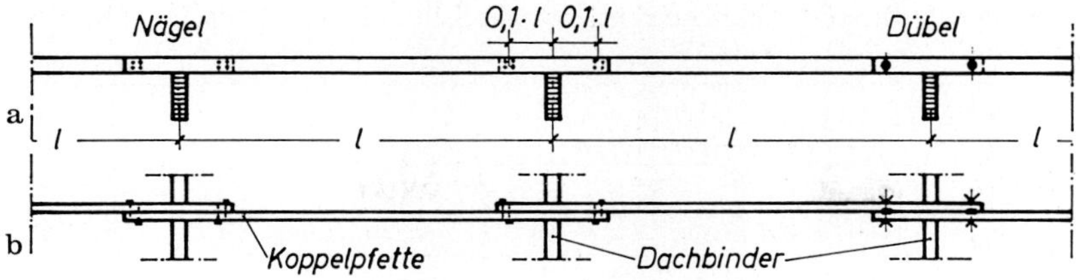

Abb. 18.15. Koppelpfetten. a) Ansicht; b) Draufsicht

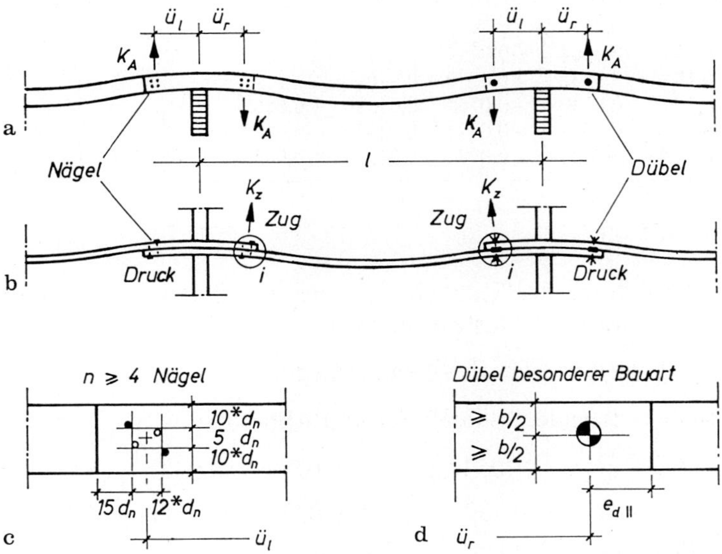

* $d_n > 4{,}2$ mm; $ü \triangleq$ Überkopplungslänge; $e_{d\parallel}$ und $b/2$ siehe DIN 1052 T2 Tab. 4, 6, 7

Abb. 18.16. Kopplungskräfte (a), (b); Konstruktionsdetails (c), (d)

Die Beanspruchung der Verbindungsmittel veranschaulicht Abb. 18.16 am verformten Tragwerk für zweiachsig beanspruchte Koppelpfetten.

a) Biegung um die y-Achse:
Beanspruchung aller Nägel oder Dübel auf Abscheren durch Kopplungskraft K_A.

b) Biegung um die z-Achse:
Beanspruchung der Nägel bzw. Bolzen in den Punkten (i) auf Herausziehen bzw. Zug durch Kopplungskraft K_Z.

18.5.2 Bemessung der Koppelpfetten (DIN)

Die Biegemomente werden i. d. R. für Gleichlast infolge g, s, w berechnet. Bei gleichen Stützweiten können sie der Tafel 18.4 entnommen werden.

Tafel 18.4. Biegemomente für Durchlaufträger mit gleichen Stützweiten infolge Gleichlast ($I = \text{const.}$)

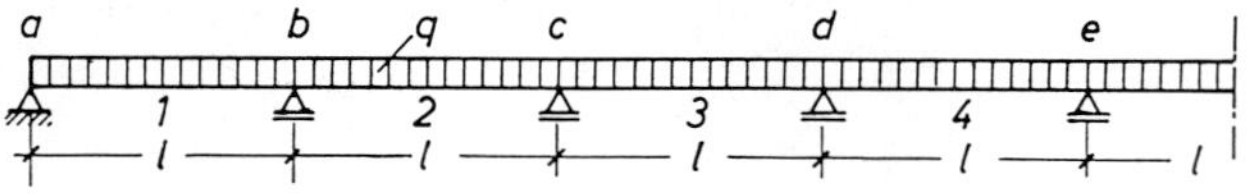

Größte Biegemomente M_i = Tafelwert $\cdot\, q \cdot l^2$

n[a]	M_1	M_b	M_2	M_c	M_3	M_d	M_4	M_e
2	0,0703	−0,1250	0,0703	–	–	–	–	–
3	0,0800	−0,1000	0,0250			–	–	–
4	0,0772	−0,1071	0,0364	−0,0714				–
5	0,0779	−0,1053	0,0332	−0,0789	0,0461			
6	0,0777	−0,1058	0,0340	−0,0769	0,0433	−0,0865		
7	0,0778	−0,1056	0,0338	−0,0775	0,0440	−0,0845	0,0405	
8	0,0777	−0,1057	0,0339	−0,0773	0,0438	−0,0850	0,0412	−0,0825

[a] $n \triangleq$ Anzahl der Felder.

Vergleicht man die Beträge der Stützmomente mit der Summe der beiden benachbarten Feldmomente, dann stellt man fest:

|Stützmoment| $\leqq$ |Σ der benachbarten Feldmomente|

Zahlenbeispiel für $n = 5$ Felder, s. Tafel 18.4 und Abb. 18.7:

$$|M_b| < (M_1 + M_2) \rightarrow 0{,}1053 \cdot q \cdot l^2 < (0{,}0779 + 0{,}0332) \cdot q \cdot l^2$$

$$|M_c| < (M_2 + M_3) \rightarrow 0{,}0789 \cdot q \cdot l^2 < (0{,}0332 + 0{,}0461) \cdot q \cdot l^2$$

Die Lage der Kopplungspunkte wird nach Abb. 18.17 so gewählt, daß $|M_i|$ im Kopplungspunkt $\leqq |M_i|$ im Feld.

Daraus folgt die einfache Bemessungsregel:

Bemessung der Koppelpfetten nach Feldmomenten

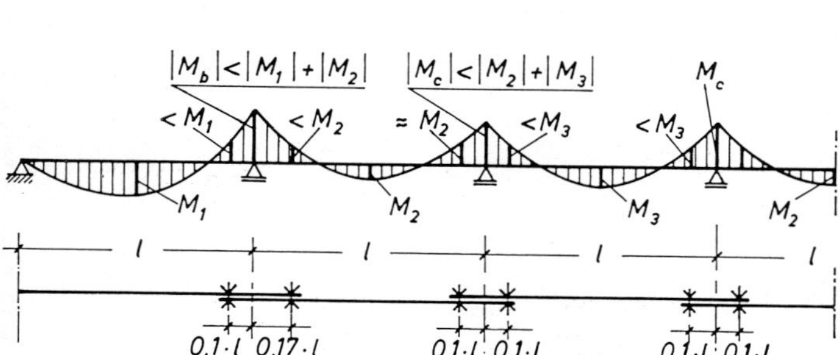

Abb. 18.17. M-Fläche des Fünffeldträgers für Gleichlast q

Dann ist auch im Stützbereich ausreichend Sicherheit vorhanden, da dort die beiden nebeneinanderliegenden Querschnitte gemeinsam tragen. Zusätzliche Reserve liegt nach *–5.1.8–* in der erhöhten zulässigen Spannung für Durchlaufträger im Stützbereich:

$$\text{zul}\,\sigma_{\text{B Stütz}} = 1{,}1 \cdot \text{zul}\,\sigma_{\text{B Feld}}$$

In der Praxis ist es üblich, alle Innenfelder nach dem größten Innenfeldmoment zu bemessen und die Endfelder für die größeren Feldmomente M_1 bei gleicher Querschnittshöhe mit größerer Breite auszuführen.

18.5.3 Überkopplungslängen und Kopplungskräfte (DIN)

Die Überkopplungslänge ist das Maß von Auflagermitte bis zum Schwerpunkt der Verbindungsmittel gemäß Abb. 18.16. Sie ergibt sich aus den Bedingungen:
a) $|M_\text{i}|$ im Kopplungspunkt $\leqq |M_\text{i}|$ im Feld
b) $\ddot{u} \geq 0{,}10 \cdot l$ nach Möhler [180]

Für $n = 2$ Felder nach Abb. 18.18 a:
Überkopplungslänge x:

$$\frac{q \cdot x^2}{2} - \frac{5}{8} \cdot q \cdot l \cdot x + \frac{q \cdot l^2}{8} - \frac{9}{128} \cdot q \cdot l^2 = 0$$

$$x^2 - \frac{5}{4} \cdot l \cdot x + \frac{7}{64} \cdot l^2 = 0$$

$$x = \frac{5}{8} \cdot l - \sqrt{\frac{18}{64} \cdot l^2} = 0{,}095 \cdot l \approx 0{,}10 \cdot l$$

Die Kopplungskraft für den vorderen Träger bei Tangentenverdrehung Null über der Mittelstütze ergibt sich aus

$$M_\text{E} = \frac{1}{2} \cdot \frac{q \cdot l^2}{8} \quad \text{je Sparrenpfette}$$

$$K_\text{a} = \frac{q \cdot l^2}{16 \cdot 0{,}1 \cdot l} = 0{,}625 \cdot q \cdot l$$

Für $n = \infty$ Felder nach Abb. 18.18 b:
Überkopplungslänge x:

$$\frac{q \cdot x^2}{2} - \frac{q \cdot l}{2} \cdot x + \frac{q \cdot l^2}{12} - \frac{q \cdot l^2}{24} = 0$$

$$x^2 - l \cdot x + \frac{l^2}{12} = 0$$

$$x = \frac{l}{2} - \sqrt{\frac{2}{12} \cdot l^2} = 0{,}092 \cdot l \approx 0{,}10 \cdot l$$

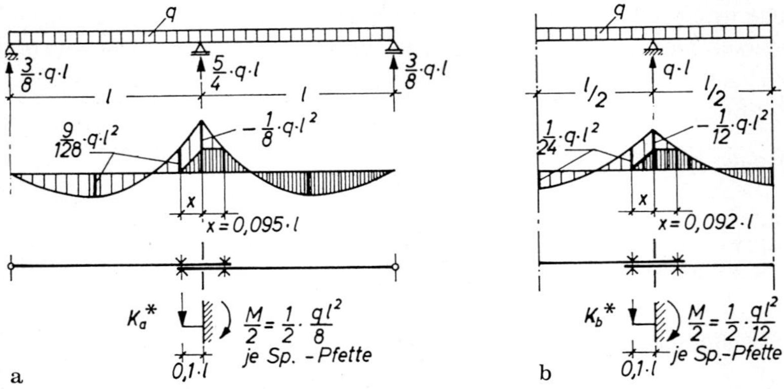

* anteilige Gleichlast $q/2$ auf dem Kragarm wird nicht in Rechnung gestellt.

Abb. 18.18. Überkopplungslänge x und Kopplungskraft K für a) $n = 2$ Felder und b) $n = \infty$ Felder

Die Kopplungskraft für den vorderen Träger bei Tangentenverdrehung Null über der Stütze ergibt sich aus

$$M_E = \frac{1}{2} \cdot \frac{q \cdot l^2}{12} \text{ je Sparrenpfette}$$

$$K_b = \frac{q \cdot l^2}{24 \cdot 0{,}1 \cdot l} \approx 0{,}42 \cdot q \cdot l$$

Damit ergeben sich die Näherungswerte nach Tafel 18.5.

In der Praxis werden häufig die von Seitz [181] empfohlenen Maße mit den zugeordneten Kopplungskräften nach Tafel 18.6 verwendet, die unter der Annahme des M-Verlaufes gemäß Abb. 18.19 von Gattnar/Trysna [151] und Wille [160] mit geringfügigen Abweichungen berechnet worden sind.

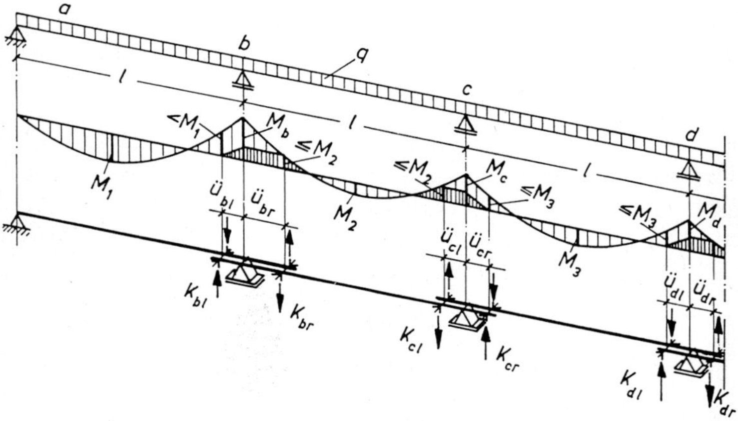

Abb. 18.19. M-Fläche, Überkopplungslängen und Kopplungskräfte für Koppelpfetten mit Gleichlast q

Tafel 18.5. Feldmomente, Überkopplungslängen, Kopplungskräfte

	Feldmomente	Überkopplungslänge	Kopplungskraft
$n = 2$	beide Felder $\approx 0{,}07 \cdot q \cdot l^2$	$\ddot{u}_i = 0{,}10 \cdot l$	$0{,}625 \cdot q \cdot l$
$n \geqq 3$	Endfeld[a] $\approx 0{,}08 \cdot q \cdot l^2$	$\ddot{u}_{br}$[a] $\approx 0{,}17 \cdot l$	$\approx 0{,}42 \cdot q \cdot l$
	Innenfelder $\approx 0{,}046 \cdot q \cdot l^2$	$\ddot{u}_i = 0{,}10 \cdot l$	

[a] Kraglänge $\ddot{u}_{br}$ des Endfeldträgers in das 2. Feld hinein (Abb. 18.19).

Tafel 18.6. Kopplungskräfte K und Überkopplungslängen $\ddot{u}$ nach [160]

n	Kopplungskräfte K = Tafelwert $\cdot q \cdot l$					Überkopplungslängen $\ddot{u}$ = Tafelwert $\cdot l$				
	K_{bl}	K_{br}	K_{cl}	K_{cr}	K_{dl}	$\ddot{u}_{bl}$	$\ddot{u}_{br}$	$\ddot{u}_{cl}$	$\ddot{u}_{cr}$	$\ddot{u}_{dl}$
2	0,625	0,625	–	–	–	0,10	0,10	–	–	–
3	0,250	0,420			–	0,10	0,18			–
4	0,360	0,442	0,354			0,10	0,16	0,10		
5	0,330	0,425	0,460	0,330		0,10	0,17	0,10	0,10	
6	0,340	0,423	0,430	0,340	0,430	0,10	0,17	0,10	0,10	0,10
$\geqq 7$	weitere Innenfelder:				0,430	weitere Innenfelder:				0,10

18.5.4 Berechnung der Verbindungsmittel (DIN)

Bei gleichzeitiger Beanspruchung von Nägeln auf Abscheren und Herausziehen ist nach *–T2, 6.4–* nachzuweisen:

$$\left(\frac{N_1}{\text{zul}\,N_1}\right)^{\text{m}} + \left(\frac{N_Z}{\text{zul}\,N_Z}\right)^{\text{m}} \leqq 1$$

mit $m = 1{,}5$ für runde Draht- und Maschinenstifte bzw. SoNä I bei Koppelpfettenanschlüssen
$m = 2$ für SoNä II/III

Glattschaftige Nägel und SoNä I dürfen in Koppelpfettenanschlüssen auch bei ständig wirkender Beanspruchung auf Herausziehen bei gleichzeitiger Abscherbeanspruchung eingesetzt werden, wenn zul N_Z nach Gl. (18.14) bzw. (18.15) berechnet wird und die Dachneigung $\leqq 30°$ beträgt.

$$\text{zul}\,N_Z = 0{,}8 \cdot d_n \cdot s_w \quad \text{für glattschaftige Nägel } \textit{–T2, 6.3.2–} \tag{18.14}$$

Für SoNä I ergibt sich die sinngemäße Anwendung des Normtextes [162]:

$$\text{zul}\,N_Z = 1{,}8 \cdot \frac{0{,}8}{1{,}3} \cdot d_n \cdot s_w = 1{,}1 \cdot d_n \cdot s_w \tag{18.15}$$

Die dargestellten Berechnungsgrundlagen für glattschaftige Nägel basieren auf [182].

Der Nageldurchmesser soll nach [182] mindestens 4,6 mm betragen [162]. Bei Verwendung von Dübeln besonderer Bauart ist nachzuweisen, daß

$$K_{\text{Abscheren}} \leqq \text{zul}\, N_{\text{d}\perp} \text{ und}$$

$$K_{\text{Zug}} \leqq \text{zul}\, Z_{\text{b}} \text{ bzw.}$$

$$\frac{K_{\text{Zug}}}{A_{\text{U Scheibe}}} \leqq \text{zul}\, \sigma_{\text{D}\perp} \ [162].$$

18.5.5 Durchbiegung der Koppelpfetten (DIN)

Die Durchbiegung der Koppelpfetten darf bei gleichen Stützweiten i. d. R. für die Feldmitten berechnet werden unter der Annahme:

$$EI = \text{const.} \quad \text{und} \quad q = \text{const.}$$

Gebräuchlich ist die Berechnung der Durchbiegung nach Tafel 18.7.

Tafel 18.7. Durchbiegung der Koppelpfetten aus NH

$$f = \text{Tafelwert} \cdot \frac{10^5 \cdot q \cdot l^4}{I}$$

Einheiten:

q [kN/m]

I [mm⁴]

l [m]

f [mm]

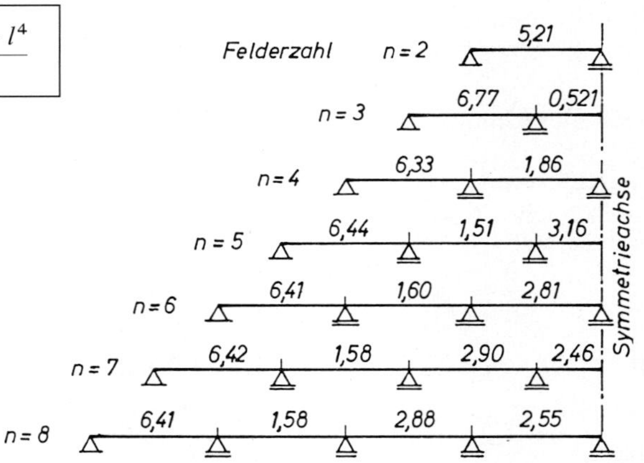

18.5.6 Berechnungsbeispiel (DIN)

Abmessungen und Lastannahmen siehe Berechnungsbeispiel für die Gelenkpfette in 18.4.5 mit Abb. 18.11.

Felderzahl: $n = 9$

Feldlänge: $l = 6{,}0\,\text{m}$

Lastfall H: $q_z = 1{,}165\,\text{kN/m}$

$q_y = 0{,}243\,\text{kN/m}$

Maßgebende Feldmomente nach Tafel 18.4:

Endfelder: $M_y = 0{,}0777 \cdot 1{,}165 \cdot 6^2 = 3{,}26\,\text{kNm}$

$M_z = 0{,}0777 \cdot 0{,}243 \cdot 6^2 = 0{,}68\,\text{kNm}$

Innenfelder: $M_y = 0{,}0438 \cdot 1{,}165 \cdot 6^2 = 1{,}84\,\text{kNm}$

$M_z = 0{,}0438 \cdot 0{,}243 \cdot 6^2 = 0{,}38\,\text{kNm}$

Endfelder: **gewählt 12/16 NH S10**

$$W_y = 512 \cdot 10^3\,\text{mm}^3;\quad I_y = 4096 \cdot 10^4\,\text{mm}^4$$
$$W_z = 384 \cdot 10^3\,\text{mm}^3;\quad I_z = 2304 \cdot 10^4\,\text{mm}^4$$
$$\sigma = 3260 \cdot 10^3/(512 \cdot 10^3) + 680 \cdot 10^3/(384 \cdot 10^3)$$
$$= 6{,}37 + 1{,}77 \qquad = 8{,}14\,\text{N/mm}^2$$
$$8{,}14/10 = 0{,}81 < 1$$

Tafel 18.7:
$$f_z = 6{,}41 \cdot \frac{10^5 \cdot 1{,}165 \cdot 6^4}{4096 \cdot 10^4} = 23{,}6\,\text{mm}$$
$$f_y = 6{,}41 \cdot \frac{10^5 \cdot 0{,}243 \cdot 6^4}{2304 \cdot 10^4} = 8{,}8\,\text{mm}$$

$$f = \sqrt{23{,}6^2 + 8{,}8^2} = 25{,}2\,\text{mm} < \frac{6000}{200} = 30\,\text{mm}$$

Innenfelder: **gewählt 7/16 NH S10**

$$W_y = 299 \cdot 10^3\,\text{mm}^3;\quad I_y = 2389 \cdot 10^4\,\text{mm}^4$$
$$W_z = 131 \cdot 10^3\,\text{mm}^3;\quad I_z = 457 \cdot 10^4\,\text{mm}^4$$
$$\sigma = 1840 \cdot 10^3/(299 \cdot 10^3) + 380/(131 \cdot 10^3)$$
$$= 6{,}15 + 2{,}90 \qquad = 9{,}05\,\text{N/mm}^2$$
$$9{,}05/10 = 0{,}91 < 1$$

Tafel 18.7:
$$f_z = 2{,}88 \cdot \frac{10^5 \cdot 1{,}165 \cdot 6^4}{2389 \cdot 10^4} = 18{,}2\,\text{mm}$$
$$f_y = 2{,}88 \cdot \frac{10^5 \cdot 0{,}243 \cdot 6^4}{457 \cdot 10^4} = 19{,}8\,\text{mm}$$

$$f = \sqrt{18{,}2^2 + 19{,}8^2} = 26{,}9\,\text{mm} < \frac{6000}{200} = 30\,\text{mm}$$

Überkopplungslängen nach Tafel 18.5 und 18.6:

Endfeld/2. Feld: $\ddot{u}_{\mathrm{br}} = 0{,}17 \cdot 6 = 1{,}02\,\mathrm{m}$

alle anderen: $\ddot{u}_{\mathrm{i}} = 0{,}10 \cdot 6 = 0{,}60\,\mathrm{m}$

Kopplungskräfte nach Tafel 18.5:

Für alle Anschlüsse werden in Rechnung gestellt:

$$K_z = 0{,}42 \cdot 1{,}165 \cdot 6 = 2{,}94\,\mathrm{kN}$$

$$K_y = 0{,}42 \cdot 0{,}243 \cdot 6 = 0{,}61\,\mathrm{kN}$$

Gewählt **Nägel 55 × 140** zul $N_1 = 0{,}975\,\mathrm{kN}$

nach 18.5.4:

$$\text{zul}\,N_Z = 0{,}8 \cdot 70 \cdot 5{,}5 \qquad = 308\,\mathrm{N}\ \text{(Innenfelder)}$$

gewählt 4 Nä 55 × 140 – Mindestanzahl nach *–T2, 6.2.1–*

$$\left(\frac{2{,}94}{4 \cdot 0{,}975}\right)^{1,5} + \left(\frac{0{,}61}{4 \cdot 0{,}308}\right)^{1,5} = 0{,}655 + 0{,}348 = 1{,}00 = 1$$

Nagelabstände s. Abb. 18.16c, vgl. Abb. 18.20:

Rand ∥ Fa:		$15 \cdot 5{,}5 = 82{,}5 \rightarrow$	100 mm
Rand ⊥ Fa:		$10 \cdot 5{,}5 = 55 \rightarrow$	60 mm
Unter-	∥ Fa:	$12 \cdot 5{,}5 = 66 \rightarrow$	80 mm
einander	⊥ Fa:	$5 \cdot 5{,}5 = 27{,}5 \rightarrow$	40 mm

Im Punkt *B* (Endfeld) sind mit Rücksicht auf die erforderliche Einschlagtiefe entweder alle 4 Nägel 55 × 140 von einer Seite einzuschlagen oder bei beidseitiger Nagelung z. B. 4 Nägel 60 × 180 zu verwenden.

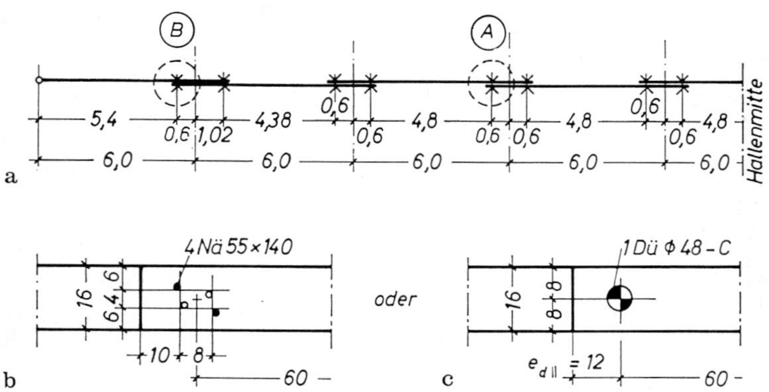

Abb. 18.20. a) Koppelpfettenstrang in der Draufsicht; b), c) genagelter bzw. verdübelter Kopplungspunkt *A* in der Ansicht

Holzdicken: $70 + 120 = 190\,\text{mm}$

Mindesteinschlagtiefe: $\min s = 72\,\text{mm}$

Einschlagtiefen: 2 Nägel $s = 180 - 120 = 60\,\text{mm} < 72\,\text{mm}$

2 Nägel $s = 180 - 70 = 110\,\text{mm} > 72\,\text{mm}$

$$\text{zul}\,K_z = 2 \cdot 1{,}125 \cdot (1 + 60/72) = 4{,}12\,\text{kN}$$

$$\text{zul}\,K_y = 2 \cdot 0{,}8 \cdot 6{,}0 \cdot (110 + 60) = 1{,}63 \cdot 10^3\,\text{N}$$

$$\left(\frac{2{,}94}{4{,}12}\right)^{1,5} + \left(\frac{0{,}61}{1{,}63}\right)^{1,5} = 0{,}603 + 0{,}229 = 0{,}83 < 1$$

Alternativ:

Gewählt 1 Dü ∅48-C mit Bolzen M12 und Scheiben 58/6	[162]

Dübel: $\text{zul}\,N_\perp = 4{,}5\,\text{kN} > 2{,}94\,\text{kN}$

Bolzen: $\sigma_z = \dfrac{0{,}61 \cdot 10^3}{0{,}763 \cdot 10^2} = 8{,}0\,\text{N/mm}^2 < 100\,\text{N/mm}^2$

Querdruck: $\sigma_{D\perp} = \dfrac{0{,}61 \cdot 10^3}{(58^2 - 13^2) \cdot \pi/4} = 0{,}24\,\text{N/mm}^2$ *–5.3.3–*

$0{,}24/2{,}0 = 0{,}12 < 1$

Auflagerpunkt auf Dachbinder:
Auflagerkräfte nach *–8.1.2–* für Einzelträger auf zwei Stützen berechnet, vgl. Abschnitt 10.2.5:

$$A_z = 1{,}165 \cdot 6 = 6{,}99\,\text{kN}$$

$$A_y = 0{,}243 \cdot 6 = 1{,}46\,\text{kN}$$

Auflagerpressung gering, vgl. Gelenkpfette Abb. 18.14.
Konstruktiv gewählt (Abb. 18.21):

BMF-Knagge 130 mit 8 RNä 4,0 × 60 + 6 RNä 4,0 × 40 [162]

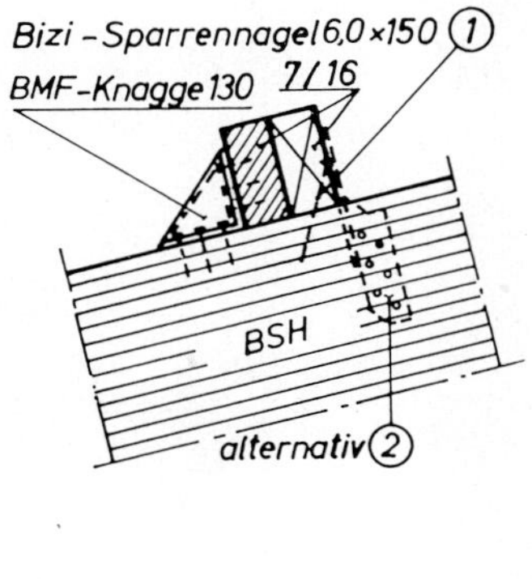

Abb. 18.21

Dazu 1 Bizi-Sparrennagel 6,0 × 150 ① als Stichnagel zur Montagebefestigung.
Im Kantenbereich (Windsogspitzen) konstruktiv Sparrenpfettenanker ② nach Abb. 6.64 und Tafel 6.16, vgl. Abb. 18.21.

18.5.7 Berechnung einer Koppelpfette nach EC 5

Abmessungen und Lastannahmen sowie Bemessungswerte der Festigkeiten siehe Berechnungsbeispiel für die Gelenkpfette in 18.4.6 und Abb. 18.11.

Bemessung der Pfetten

Felderzahl: $n = 9$

Feldlänge: $l = 6{,}0\,\text{m}$

$$q_{z,d} = 1{,}696\,\text{kN/m}$$

$$q_{y,d} = 0{,}353\,\text{kN/m} \quad \text{vgl. Abschn. 18.4.6}$$

Maßgebende Feldmomente nach Tafel 18.4:

Endfelder: $M_{y,d} = 0{,}0777 \cdot 1{,}696 \cdot 6^2 = 4{,}74\,\text{kNm}$
$M_{z,d} = 0{,}0777 \cdot 0{,}353 \cdot 6^2 = 0{,}987\,\text{kNm}$

Innenfelder: $M_{y,d} = 0{,}0438 \cdot 1{,}696 \cdot 6^2 = 2{,}67\,\text{kNm}$
$M_{z,d} = 0{,}0438 \cdot 0{,}353 \cdot 6^2 = 0{,}557\,\text{kNm}$

Endfelder: gewählt 120/160 NH S10/MS10

$$W_y = 512 \cdot 10^3\,\text{mm}^3; \quad W_z = 384 \cdot 10^3\,\text{mm}^3$$
$$I_y = 4096 \cdot 10^4\,\text{mm}^4; \quad I_z = 2304 \cdot 10^4\,\text{mm}^4$$

Spannungsnachweis:

$$\text{Gl. (10.62): } 0{,}7 \cdot \frac{4740 \cdot 10^3/(512 \cdot 10^3)}{16{,}6} + \frac{987 \cdot 10^3/(384 \cdot 10^3)}{16{,}6} = 0{,}55 < 1$$

$$\text{Gl. (10.63): } 0{,}558 + 0{,}7 \cdot 0{,}155 = 0{,}67 < 1$$

Durchbiegungsnachweise:
veränderliche Lasten, vgl. 18.4.6

$$p_d = 0{,}844\,\text{kN/m}$$
$$p_{z,d} = 0{,}826\,\text{kN/m}$$
$$p_{y,d} = 0{,}172\,\text{kN/m}$$

Elastische Durchbiegung (Anfangsdurchbiegung) infolge veränderlicher Einwirkungen:

Tafel 18.7:
$$\begin{cases} f_z^p = 6{,}41 \cdot 10^5 \cdot \dfrac{10}{11} \cdot \dfrac{0{,}826 \cdot 6^4}{4096 \cdot 10^4} = 15{,}2\,\text{mm} \\ \qquad\qquad\qquad\qquad\qquad\qquad (E_{0,\text{mean}} = 11\,000\,\text{N/mm}^2) \\ f_y^p = 6{,}41 \cdot 10^5 \cdot \dfrac{10}{11} \cdot \dfrac{0{,}172 \cdot 6^4}{2304 \cdot 10^4} = 5{,}64\,\text{mm} \end{cases}$$

$$f_p = \sqrt{15{,}2^2 + 5{,}64^2} = 16{,}2\,\text{mm} < \frac{l}{300} = 20\,\text{mm}$$

$k_{\text{def},2} = 0$ vgl. Tafel 2.12

Enddurchbiegung, vgl. 18.4.6:

$$f_{q,\text{fin}} = 16{,}2 \cdot \left[\frac{0{,}345}{0{,}844} \cdot (1 + 0{,}6) + 1\right] = 26{,}8\,\text{mm} < \frac{l}{200} = 30\,\text{mm}$$

mit $u_0 = 0$ (ohne Überhöhung)

Innenfelder: gewählt 70/160 NH S10/MS10

$$W_y = 299 \cdot 10^3\,\text{mm}^3; \quad W_z = 131 \cdot 10^3\,\text{mm}^3$$
$$I_y = 2389 \cdot 10^4\,\text{mm}^4; \quad I_z = 457 \cdot 10^4\,\text{mm}^4$$

Spannungsnachweis:

Gl. (10.62): $0{,}7 \cdot \dfrac{2670 \cdot 10^3/(299 \cdot 10^3)}{16{,}6} + \dfrac{557 \cdot 10^3/(131 \cdot 10^3)}{16{,}6} = 0{,}63 < 1$

Gl. (10.63): $0{,}538 + 0{,}7 \cdot 0{,}256 = 0{,}72 < 1$

Durchbiegungsnachweise:

$$q_d = g_d + p_d = 0{,}345 + 0{,}844 = 1{,}19\,\text{kN/m}$$

Elastische Durchbiegung (Anfangsdurchbiegung) infolge veränderlicher Einwirkungen:

$$p_{z,d} = 0{,}844 \cdot 0{,}979 = 0{,}826\,\text{kN/m}$$
$$p_{y,d} = 0{,}844 \cdot 0{,}204 = 0{,}172\,\text{kN/m}$$

Tafel 18.7:
$$\begin{cases} f_z^p = 2{,}88 \cdot 10^5 \cdot \dfrac{10}{11} \cdot \dfrac{0{,}826 \cdot 6^4}{2389 \cdot 10^4} = 11{,}7\,\text{mm} \\ f_y^p = 2{,}88 \cdot 10^5 \cdot \dfrac{10}{11} \cdot \dfrac{0{,}172 \cdot 6^4}{457 \cdot 10^4} = 12{,}8\,\text{mm} \end{cases}$$

$$f_p = \sqrt{11{,}7^2 + 12{,}8^2} = 17{,}3\,\text{mm} < \frac{l}{300} = 20\,\text{mm}$$

$$k_{\text{def},2} = 0$$

Enddurchbiegung

$$f_{q,\mathrm{fin}} = 17{,}3 \cdot \left[\frac{0{,}345}{0{,}844} \cdot (1 + 0{,}6) + 1\right] = 28{,}6\,\mathrm{mm} < \frac{l}{200} = 30\,\mathrm{mm}$$

mit $u_0 = 0$ (ohne Überhöhung)

Koppelpfettenanschlüsse
Überkopplungslängen nach Tafel 18.5 und 18.6:

Endfeld/2. Feld: $\ddot{u}_{\mathrm{br}} = 0{,}17 \cdot 6 = 1{,}02\,\mathrm{m}$

alle anderen: $\ddot{u}_{\mathrm{i}} = 0{,}10 \cdot 6 = 0{,}60\,\mathrm{m}$ vgl. Abschn. 18.5.6

Kopplungskräfte nach Tafel 18.5:
Für alle Anschlüsse werden in Rechnung gestellt:

$$K_{z,\mathrm{d}} = 0{,}42 \cdot 1{,}696 \cdot 6 = 4{,}27\,\mathrm{kN}$$
$$K_{y,\mathrm{d}} = 0{,}42 \cdot 0{,}353 \cdot 6 = 0{,}890\,\mathrm{kN}$$

Gewählt: 4 Nä 55 × 140 Mindestanzahl: $n \geqq 2$ (vgl. 18.5.6)

Gl. (6.7f): $\min R_\mathrm{d} = 1{,}1 \cdot \sqrt{2 \cdot M_{y,\mathrm{d}} \cdot f_{h,\mathrm{d}} \cdot d}$ (Innenfelder)

mit

Gl. (6.12a): $M_{y,\mathrm{d}} = 13\,766\,\mathrm{Nmm}$

Gl. (6.12c): $f_{h,\mathrm{d}} = 12{,}9\,\mathrm{N/mm^2}$ nicht vorgebohrt

$R_{\mathrm{la,d}} = 1{,}1 \cdot \sqrt{2 \cdot 13\,766 \cdot 12{,}9 \cdot 5{,}5} = 1537\,\mathrm{N}$ (Abscheren)

Nach Steck [36], Abschn. 4.2.1a:

$$k_\mathrm{t} = 70/70 = 1$$
$$k_\mathrm{M} = 70/\sqrt{13\,766/(12{,}9 \cdot 5{,}5)} = 5{,}03$$
$$\min R_\mathrm{d} = 1{,}556 \cdot 12{,}9 \cdot 70 \cdot 5{,}5/5{,}03 = 1536\,\mathrm{N}$$

Beanspruchung auf Herausziehen:

Gl. (6.12i): $R_{\mathrm{ax,d}} = f_{1,\mathrm{d}} \cdot d \cdot l = 1{,}80 \cdot 5{,}5 \cdot 70 = 693\,\mathrm{N}$

mit

Gl. (6.12l): $f_{1,\mathrm{k}} = 18 \cdot 10^{-6} \cdot \varrho_\mathrm{k}^2 = 18 \cdot 10^{-6} \cdot 380^2 = 2{,}60\,\mathrm{N/mm^2}$

$$f_{1,\mathrm{d}} = \frac{0{,}9}{1{,}3} \cdot 2{,}6 = 1{,}80\,\mathrm{N/mm^2}$$

Gl. (6.12n): $$\frac{0{,}890}{4 \cdot 0{,}693} + \frac{4{,}27}{4 \cdot 1{,}54} = 0{,}321 + 0{,}693 = 1{,}01 \approx 1$$

Nagelabstände (Abb. 18.20):
Die Mindestabstände können aus Tafel 6.14 B entnommen werden:

Rand ∥ Fa: $a_{3,t} = (10 + 5 \cdot \cos\alpha) \cdot d = 15 \cdot 5{,}5 = 82{,}5 \rightarrow 100\,\text{mm}$
Rand ⊥ Fa: $a_{4,t} = (5 + 5 \cdot \sin\alpha) \cdot d = 10 \cdot 5{,}5 = 55{,}0 \rightarrow 60\,\text{mm}$
Untereinander ∥ Fa: $a_1 = (5 + 7 \cdot |\cos\alpha|) \cdot d = 12 \cdot 5{,}5 = 66{,}0 \rightarrow 80\,\text{mm}$
Untereinander ⊥ Fa: $a_2 = 5 \cdot d = 5 \cdot 5{,}5 = 27{,}5 \rightarrow 40\,\text{mm}$

mit $\alpha = 0$ für $a_{3,t}$
$\alpha = 90°$ für $a_{4,t}$ vgl. Abb. 6.40 A

Im Punkt *B* (Endfeld) sind mit Rücksicht auf die erforderliche Einschlagtiefe

$$t \geqq 8 \cdot d = 8 \cdot 5{,}5 = 44\,\text{mm}$$

entweder alle 4 Nägel 55 × 140 von einer Seite einzuschlagen oder bei beidseitiger Nagelung z. B. 4 Nägel 60 × 180 zu verwenden.

Holzdicken: $70 + 120 = 190\,\text{mm}$

Einschlagtiefen: 2 Nägel $t_2 = 180 - 120 = 60\,\text{mm} > 8 \cdot d = 48\,\text{mm}$
2 Nägel $t_2 = 180 - 70 = 110\,\text{mm}$

Gl. (6.7 f): $\min R_d = 1{,}1 \cdot \sqrt{2 \cdot M_{y,d} \cdot f_{h,d} \cdot d}$ (Endfelder)

mit

Gl. (6.12 a): $M_{y,d} = 17261\,\text{Nmm}$

Gl. (6.12 c): $f_{h,d} = 12{,}6\,\text{N/mm}^2$ nicht vorgebohrt

$$R_{la,d} = 1{,}1 \cdot \sqrt{2 \cdot 17261 \cdot 12{,}6 \cdot 6} = 1777\,\text{N} \approx 1{,}78\,\text{kN}$$

Beanspruchung auf Herausziehen:

Gl. (6.12 i): $R^{(1)}_{ax,d} = f_{1,d} \cdot d \cdot l = 1{,}80 \cdot 6 \cdot 60 = 648\,\text{N}$

$$R^{(2)}_{ax,d} = 1{,}80 \cdot 6 \cdot 110 = 1188\,\text{kN} \approx 1{,}19\,\text{kN}$$

mit

Gl. (6.12 l): $f_{1,d} = 1{,}80\,\text{N/mm}^2$

Gl. (6.12 n): $\dfrac{0{,}890}{2 \cdot (0{,}648 + 1{,}19)} + \dfrac{4{,}27}{4 \cdot 1{,}78} = 0{,}24 + 0{,}60 = 0{,}84 < 1$

Alternativ:
1 Dü ∅48-C (DIN 1052 T2) mit Bolzen M12 und Scheiben 58/6

Näherung: $R_{c,90,d} \approx 1{,}43$[1] $\text{zul}\,N_\perp = 1{,}43 \cdot 4{,}5 = 6{,}4\,\text{kN}$

$$K_{z,d} = 4{,}27\,\text{kN} < R_{c,90,d} = 6{,}4\,\text{kN}$$

Bolzenzugkraft $N_d = K_{y,d} = 0{,}890\,\text{kN} < 22{,}4\,\text{kN}$

mit M12, Fkl 4.6 [36]: Grenzzugkraft $N_{R,d} = 22{,}4\,\text{kN}$

---

[1] summarischer Sicherheitsbeiwert für die Einwirkungen.

Querdruck: $\sigma_{c,90,d} \leqq 1{,}8 \cdot f_{c,90,d}$ vgl. Abschn. 6.3.6

$$f_{c,90,d} = \frac{0{,}9}{1{,}3} \cdot 5 = 3{,}46\,\text{N/mm}^2$$

$$\frac{0{,}890 \cdot 10^3/[(58^2 - 13^2) \cdot \pi/4]}{1{,}8 \cdot 3{,}46} = 0{,}06 < 1$$

Auflagerpunkt auf Dachbinder (Abb 18.21):
Auflagerkräfte für Einzelträger auf zwei Stützen berechnet, vgl. Abschn. 10.2.5:

$$A_{z,d} = 1{,}696 \cdot 6 = 10{,}2\ \text{kN}$$

$$A_{y,d} = 0{,}353 \cdot 6 = 2{,}12\,\text{kN}$$

Auflagerpressung gering, vgl. Gelenkpfette Abschn. 18.4.6.

Konstruktive Ausbildung siehe Abb. 18.21 und Hinweise zur weiteren Bemessung vgl. Abschn. 18.4.6.

19 Brettschichtholzträger

19.1 Allgemeines

Bevorzugt verwendet wird der Rechteckquerschnitt nach Abb. 19.1 a. I- oder Kastenquerschnitt nach Abb. 19.1 b, c kommen wegen höheren Arbeitsaufwandes seltener vor.

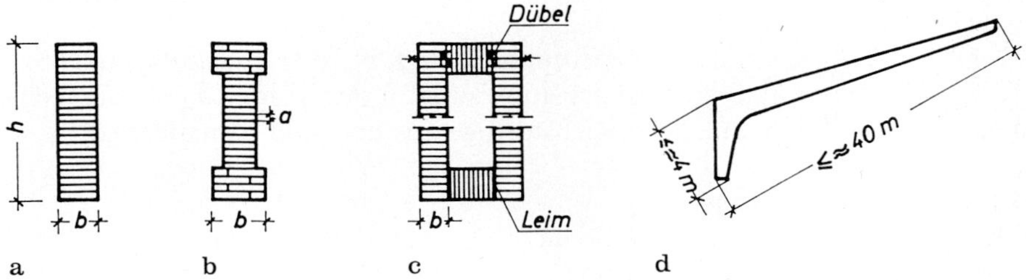

Abb. 19.1. BSH-Querschnitte; Transportmaße (Richtwerte) für Bauteile

Empfehlung für Querschnittsabmessungen einteiliger Biegeträger, vgl. 10.2.1:

$$h \leqq \approx 2{,}40\,\text{m} \qquad h/b \leqq \approx 10 \qquad b \leqq \approx 0{,}30\,\text{m}$$

Wegen der Biegsamkeit der Brettlamellen können Brettschichtholzträger in vielfältigen Formen hergestellt werden, s. Abb. 1.5, 1.6, 1.11, 19.1 und Tafel 17.2. Die Transportmaße nach Abb. 19.1 d sollten möglichst nicht überschritten werden.

Holzarten [3]:
Brettschichtholz[1] besteht in der Regel aus Fichtenholz, da sich dieses am besten verarbeiten läßt und die normalen Anforderungen an Festigkeit und Dauerhaftigkeit sehr gut erfüllt. Die Verwendung einer anderen Holzart bedeutet für die Leimbaubetriebe einen erheblichen Mehraufwand und sollte deshalb vermieden werden. Gelegentlich kann auch Kiefernholz, Lärche oder Douglasie verwendet werden, wenn besondere Ansprüche an die Imprägnierbarkeit und die Witterungsbeständigkeit gestellt werden [12]. Bei vielen Harthölzern kommen teilweise aus den Holzinhaltsstoffen herrührende Unsicherheiten bei der Verleimfestigkeit hinzu, so daß deren Verwendung für tragende Brettschichtholzbauteile begrenzt ist [183].

[1] Neuerdings auch als BS-Holz bezeichnet.

Leimarten [9]:
Im normalen Innenraumklima, aber auch bei offenen Gebäuden unter Dach ohne direkte Bewitterung genügt bei der Herstellung von Brettschichtholz die Verleimung mit Harnstoffharzleim, der sich seit über 50 Jahren bewährt hat und auch eine wasserfeste Verbindung liefert. Die Leimfuge ist hellfarbig und zeichnet sich gegenüber dem Holz kaum ab. Nur für Bauteile, die im Gebrauchszustand der Nässe, hohen Temperaturen oder stark wechselnden Klimabedingungen ausgesetzt sein können, müssen Leime auf der Basis von Resorcinharz verwendet werden. Dies gilt insbesondere für der Bewitterung frei ausgesetzte Teile aus Brettschichtholz. Resorcinharzleim ist an der dunkelbraunen Leimfuge gut zu erkennen.

Leime auf der Grundlage von Harnstoff-, Resorcin- oder Melaminharz werden auf längere Sicht die bevorzugten Leime des traditionellen Holzleimbaues bleiben.

Dort, wo kurze Preßzeiten erforderlich sind, werden in Zukunft auch die Einkomponenten-Polyurethanklebstoffe zum Einsatz kommen [79]. Sie zeichnen sich u. a. durch eine helle Klebstoffuge aus und sind formaldehydfrei.

Künstliche Vortrocknung:
Dem Feuchtegehalt des Holzes im Zeitpunkt der Verleimung ($\omega \leqq 15\%$) kommt eine besondere Bedeutung zu im Hinblick auf die Beständigkeit der Leimverbindung und die Vorsorge gegen Rißbildung durch nachträgliches Schwinden.

Deshalb werden die Bretter in Holztrocknungsanlagen möglichst gleichmäßig auf den im fertigen Bauwerk zu erwartenden Feuchtegehalt nach Tafel 2.1 vorgetrocknet, wobei die Abweichungen vom Sollwert auf $\pm 2\%$ beschränkt sein sollten.

Schwindrisse:
Es ist bisweilen unvermeidlich, daß Brettschichtholzträger – insbesondere solche für geschlossene Bauwerke mit Heizung – im Zeitraum von ihrer Herstellung über Zwischenlagerung, Transport und Montage bis zur Nutzung des Bauwerks einer höheren Luftfeuchte als der Ausgleichsfeuchte ausgesetzt werden [70]. Nach Inbetriebnahme der Heizung setzt eine über den Trägerquerschnitt ungleichmäßig verteilte Trocknung ein, die zu Schwindrissen an der Oberfläche führen kann.

Schwindrisse beeinträchtigen nach [9] bis zu einer Tiefe von 1/6 der Bauteilbreite die Standsicherheit nicht und sind durch die zulässigen Spannungen der DIN 1052 gemäß Tafel 2.4 abgedeckt.

Schwindrisse sind baustoffbedingt und können auch bei Brettschichtholz, wenn auch in wesentlich geringerem Umfang als bei Vollholz, auftreten. Nach Versuchen von Möhler/Steck [184] können solche Risse entstehen, wenn im Randstreifen von 10 mm Dicke die Feuchteabnahme etwa 5% erreicht, bei beschleunigter Trocknung bereits bei etwa 2%.

Damit die Risse nicht zu groß werden, ist es besonders bei beheizten Bauten wichtig, für eine zügige Schließung der Dach- und Außenwandflächen zu sorgen und bei Inbetriebnahme der Heizung auf eine langsame Erhöhung der Raumtemperatur zu achten. Schwindrisse verlaufen wegen der durch die Schichtung des Holzes bedingten Strukturveränderungen teilweise entlang der Leimfugen in den benachbarten Holzfasern. Es handelt sich dabei nicht um ein Versagen der Leimverbindung.

Durch Oberflächenbehandlung mit einem Feuchteschutzmittel kann nach den Versuchen [184] die Rißbildung weitgehend vermieden werden, da eine deutlich verzögerte Feuchteangleichung im Randbereich auftritt.

Beschaffenheit der Oberfläche [162]:
Unabhängig vom äußeren optischen Eindruck entspricht BSH den Festigkeitsklassen der DIN 1052. Die einzelnen Brettlamellen sind gemäß DIN 4074 nach Festigkeit sortiert [185].

Ansprüche der Bauherren an die Beschaffenheit der Oberfläche nach ästhetischen Gesichtspunkten sind stets gesondert zu vereinbaren. Die folgenden Einteilungen gelten für die nach dem Einbau sichtbaren Oberflächen.

Normale Oberflächen (Standard):
Die Oberflächen der Bauteile sind gehobelt. Ausfalläste über 20 mm Durchmesser sind ausgeflickt. Gesunde Äste sowie farbliche Differenzen durch Bläue und Rotstreifigkeit bis zu 10% der sichtbaren Oberfläche sind zulässig.
Anwendungsempfehlung: für sichtbare Bauteile und Konstruktionen aller Art.

Ausgesuchte Oberflächen (Auslese):
Die Oberflächen der Bauteile sind gehobelt, feinastig und frei von Bläue und Rotstreifigkeit. Fest verwachsene, gesunde und sauber ausgeflickte Äste sind zulässig.
Anwendungsempfehlung: Bauteile für besonders hohe ästhetische Ansprüche.

Schutzanstrich [9]:
Der üblicherweise werkseitig aufgebrachte Anstrich mit Holzschutzwirkung genügt für alles unter Dach mit normalem Raumklima verbaute Brettschichtholz.

Allerdings benötigt Brettschichtholz, das extremem Naßklima oder der Bewitterung unmittelbar ausgesetzt ist, einen sorgfältigen chemischen Holzschutz, der nach dem Auftreten der unvermeidlichen Schwindrisse zu wiederholen und danach entsprechend dem Abbau der Farbpigmente nach ästhetischem Maßstab zu erneuern ist, s. Abschn. 3.3.

Trägerherstellung [162]:
Die vorgetrockneten und gehobelten Bretter der Dicke $a \leqq 33$ mm (40 mm) werden in Betrieben mit Nachweis –*12.1*– zum Leimen tragender Holzbauteile

durch Keilzinkenstöße nach DIN 68140 (Abb. 6.1) mit Zinkenlängen zwischen 15 mm und 30 mm gemäß Tafel 6.1 zu beliebig langen Brettlamellen verbunden. Deren Breitseiten werden mit Leim versehen und in der Verleimvorrichtung unter bestimmtem Druck über eine ausreichende Zeitdauer zu Rechteckquerschnitten gepreßt.

Vergütung [162]:
BSH ist ein vergütetes Vollholz, bei dem Wuchsunregelmäßigkeiten und Schwindrisse durch Lamellierung, Sortierung und künstliche Vortrocknung der Bretter sowie durch Herausschneiden fehlerhafter Teile weitgehend unterbunden werden [183].

Der Vergütung verdankt das BSH folgende Eigenschaftsverbesserungen gegenüber dem Vollholz:

a) Reduzierung des Feuchtegehaltes und der Festigkeitsstreuungen erlaubt Erhöhung des $E_{\|}$-Moduls und der zulässigen Biegespannungen.
b) Vermeidung bzw. erhebliche Einschränkung der Trockenrisse erlaubt
   b1) Erhöhung der zulässigen Schubspannung infolge Querkraft,
   b2) bei gekrümmten Trägern die Aufnahme von Querzugspannungen bis 0,2 MN/m² –*Tab. 5*–.

Bei einer Ausnutzung der zulässigen Querzugspannung ist zu bedenken, daß die Querzugfestigkeit des Holzes mit zunehmendem querbeanspruchtem Holzvolumen abnimmt und daß zusätzliche Querzugspannungen infolge Feuchteänderungen des Holzes häufig unvermeidlich sind.

Ein rechnerischer Nachweis der Leimfugen kann entfallen, da bei einwandfreier Verleimung gilt, daß die Leimfugenfestigkeit mindestens die Werte der Holzfestigkeit erreicht.

19.2 Aufbau des Brettschichtholzträgers (DIN) [162]

Die erhöhten Festigkeitswerte setzen neben den Vergütungsmaßnahmen auch bestimmte Regeln für die Anordnung der Brettlamellen im Querschnitt, die Lage der Brettstöße und die Verteilung der Holzgüte über die Trägerhöhe voraus. In –*12.6*[1] und *E126*– werden Anweisungen dazu gegeben (Abb. 19.2 und 19.3), vgl. 2.5.6. Brettdicke *a* und Brettdicke *b* müssen begrenzt werden, damit ungleichmäßig über den Querschnitt verteilte Feuchteänderungen möglichst geringe Spannungen (Schwindrisse) hervorrufen.

Brettdicke *a* für gerade Träger (min *a* = 6 mm)

$a \leqq 33$ mm

$a \leqq 40$ mm, wenn die Bauteile keinen extremen klimatischen Wechselbeanspruchungen ausgesetzt sind, wobei auf eine sorgfältige Trocknung und Holzauswahl zu achten ist.

[1] s. Teil I, E DIN 1052.

Brettdicke a für gekrümmte Träger (min $a = 6$ mm)

$$\left.\begin{aligned} a &\leqq 33\,\text{mm bei } r_1 \geqq 200 \cdot a \\ a &= 13\,\text{mm bei } r_1 = 150 \cdot a \end{aligned}\right\}\ \text{dazwischen lineare Interpolation s. Abb. 19.5b}$$

$r_1 \mathrel{\hat{=}}$ Biegeradius des inneren Einzelbrettes nach Abb. 19.5a

Brettbreite b:

$b \leqq 220$ mm im Normalfall

$b > 220$ mm bei Entlastungsnut oder $\geqq 2$ Teilen je Brettlage gemäß Abb. 19.2

Maßgebende Sortierklasse (bisher Güteklasse):
BSH wird vorwiegend in S10[1] (Gkl II) oder S13[2] (Gkl I) hergestellt. Die Sortierkriterien gemäß DIN 4074 T1 (siehe 2.4) werden nach *–5.1.2–* im allgemeinen auf den ganzen Verbundkörper bezogen und nicht auf die Einzelbretter. In zugbeanspruchten Querschnittsbereichen müssen jedoch auch die Einzelbretter für sich betrachtet der für die Bemessung maßgebenden Sortierklasse entsprechen.

Bei Biegeträgern gelten folgende Mindestanforderungen (Abb. 19.2a):

BS 14: 1. und 2. Lamelle: S 13, Rest: S 10

BS 11: alle Lamellen: S 10

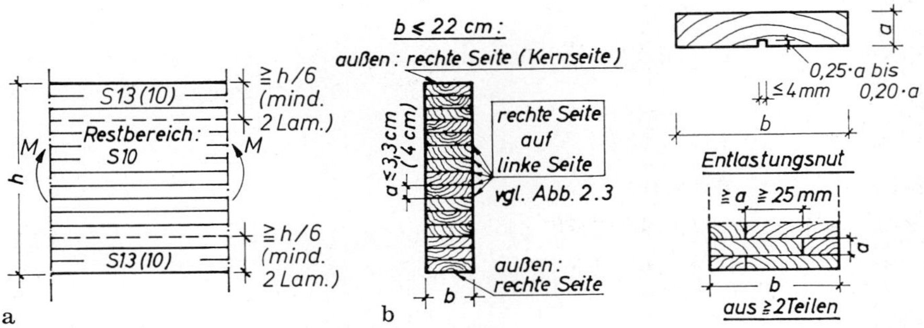

Abb. 19.2. Aufbau von Brettschichtholzträgern
a) Sortierklassen der Brettlamellen, b) Querschnittsaufbau

Bretter der S 7 dürfen nach E DIN 1052 für die Herstellung von BS-Holz nicht verwendet werden.

Furnierschichtholz aus Buche für Zuglamellen von BSH ermöglicht höhere Biegefestigkeiten [183].

Maßgebende Querschnittswerte:
Aus fertigungstechnischen Gründen werden alle Längsstöße der Einzelbretter durch Keilzinkung vor dem endgültigen Aushobeln der Brettlamellen hergestellt.

---

[1] Nach E DIN 1052 als BS 11, [2] als BS 14 bezeichnet; BS 16 und BS 18 sind ebenfalls herstellbar.

a, b

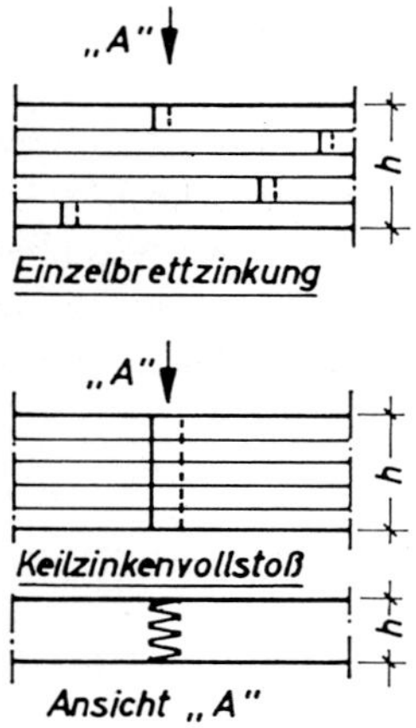

Abb. 19.3. Längsstöße der Einzelbretter a) und Vollstoß b)

Für BSH-Bauteile, die gemäß Abb. 19.3a oder b hergestellt worden sind, dürfen der Bemessung folgende Querschnittswerte zugrunde gelegt werden:

bei Einzelbrettzinkung (a)

Druck, Zug ∥ Fa: $A = b \cdot h$

Biegung: $W = b \cdot h^2/6$

Bei einer ordnungsgemäßen Herstellung ist ein Versetzen der Keilzinkenstöße nicht erforderlich *–E124/125–*. Möglichkeiten zur Steigerung der Keilzinkenfestigkeit siehe z. B. [72–74].

bei Keilzinkenvollstoß (b)

Zug und Druck ∥ Fa *–12.3, Gl. (91)–*: $\text{red}\, A = (1 - v) \cdot b \cdot h$ (19.1)

Für Keilzinkenvollstöße wird i. d. R. die Zinkenlänge $l = 50$ mm mit $v = 0{,}17$ nach Tafel 6.1 verwendet.

Abweichend davon darf bei BSH mit Querschnittsabmessungen $\leqq 300$ mm der Spannungsnachweis ohne Berücksichtigung des Verschwächungsgrades v geführt werden, wenn

a) $\text{vorh}\,\sigma/\text{zul}\,\sigma$ (Sortierklasse S10/MS10) $\leqq 1$
b) der die Keilzinkung ausführende Betrieb den Nachweis für die Herstellung von Keilzinkenverbindungen nach *–12.1–* erbracht hat.

Rahmenecken nach 19.8.3: $\text{red}\, A \approx 0{,}8 \cdot b \cdot h$ (19.2)

$\text{red}\, W \approx 0{,}8 \cdot b \cdot h \cdot h^2/6$ (19.3)

19.3 Gerader Träger mit konstanter Höhe (DIN)

Bemessung, Spannungs-, Kipp- und Durchbiegungsnachweise können Abschn. 10 mit Beispiel Abb. 10.10–10.13 entnommen werden, siehe auch [36].

Bei hohen und weitgespannten Trägern muß auf sorgfältige Herstellung geachtet werden, da neuere Untersuchungen gezeigt haben, daß mit zunehmendem Volumen eines BSH-Bauteiles seine Festigkeit sinkt [186]. Konstruktion s. Abb. 19.29.

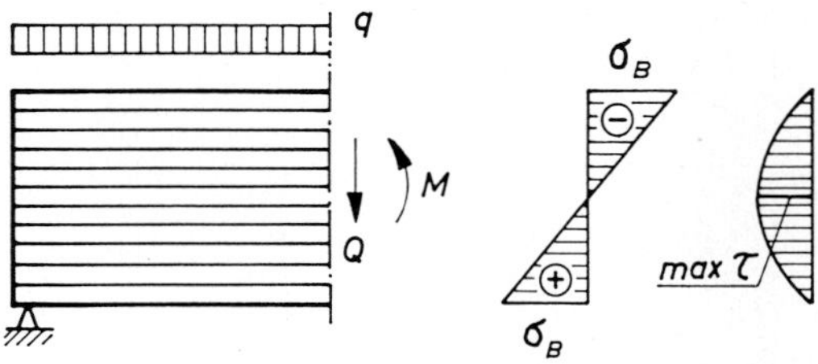

Abb. 19.4. Spannungen im Träger mit konstanter Höhe

19.4 Gekrümmter Träger mit konstanter Höhe (DIN)

19.4.1 Allgemeines

Gekrümmte Brettschichtholzträger sind im neuzeitlichen Holzbau weit verbreitet. Ihre Herstellung macht wegen der Biegsamkeit der Brettlamellen grundsätzlich keine Schwierigkeiten. Im Preßbett gemäß Abb. 19.4A und B

Abb. 19.4A. Paarweise in der Presse liegende BSH-Binder, einachsig mit $r = 2{,}60$ m um 180° gebogen (Foto und Konstruktion der Pressen: Dipl.-Ing. Heinz Poppensieker)

Abb. 19.4B. Paarweise in der Presse liegende BSH-Binder mit den Abmessungen 200 mm × 600 mm × 28 500 mm, zweiachsig gebogen und um die Längsachse verdreht (Foto und Konstruktion der Pressen: Dipl.-Ing. Heinz Poppensieker)

können mit Hilfe verstellbarer Vorrichtungen beliebige Trägerformen hergestellt werden. Der Krümmungsradius muß begrenzt werden, um Biegebruch der Einzelbretter zu verhindern. Je dünner die Lamellen, um so kleiner darf der Krümmungsradius werden, s. Abschn. 19.4.2. Die Herstellungskosten steigen jedoch entsprechend an. Die Herstellung der Träger bedarf besonderer Sorgfalt, da die Rückstellkräfte der Lamellen Zusammenbau und Verleimung erschweren.

Der Spannungszustand im gekrümmten Bereich weicht von dem des geraden Trägers ab, s. Abb. 19.6, 19.8, 19.9. Besonders zu beachten sind die ⊥ Fa auftretenden Spannungen, insbesondere die Querzugspannungen $\sigma_{Z\perp}$.

19.4.2 Einzelbrettkrümmung (DIN)

Die innere Brettlamelle (Abb. 19.5) erleidet die stärkste Krümmung und damit die größte Vorspannung bei planmäßig gekrümmter Trägerachse. Aus der Differentialgleichung der Biegelinie für die innere Brettlamelle der Dicke a folgt:

$$\frac{1}{r_1} = \frac{M}{E_\parallel \cdot I} = \frac{M \cdot 2}{E_\parallel \cdot W \cdot a} = \frac{2 \cdot \sigma}{E_\parallel \cdot a} \tag{19.4}$$

Die rechnerische Biegespannung des inneren Brettes ist dann:

$$\sigma = \frac{a}{2 \cdot r_1} \cdot E_\parallel \tag{19.5}$$

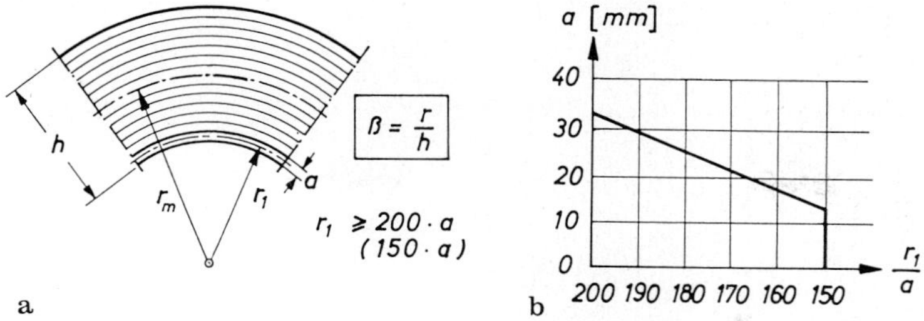

Abb. 19.5. Krümmungsradien; Einzelbrettkrümmung

Mit dem nach *–12.6–* begrenzten Krümmungsradius $r_1 = 200 \cdot a$ wird die rechnerische Biegespannung der inneren Lamelle nach Gl. (19.5):

$$\sigma = \frac{a}{2 \cdot 200 \cdot a} \cdot 10000 = 25\,\mathrm{N/mm^2}\ [162]$$

Diese hohe rechnerische Vorspannung kann nach Versuchsergebnissen in Kauf genommen werden, da sie bis zum Aushärten des Leimes durch plastische Vorgänge weitgehend abgebaut wird.

Folgende Zuordnungen von Krümmungsradius und Brettdicke sind einzuhalten:

$$r_1 \geqq 200 \cdot a \quad \text{bei } a = 33\,\mathrm{mm}$$

$$r_1 \geqq 150 \cdot a \quad \text{bei } a \leqq 13\,\mathrm{mm}$$

Dazwischen geradlinige Interpolation gemäß Abb. 19.5b.

19.4.3 Biegespannung in gekrümmten Brettschichtholzträgern (DIN)

Die Biegespannung des geraden Trägers verläuft linear über die Querschnittshöhe mit Nulldurchgang in der Schwerlinie, vgl. Abb. 19.6a. Bei stark gekrümmten Trägern mit den in der Praxis üblichen Abmessungsverhältnissen $r > h$ darf ebenso wie bei geraden Trägern die Bernoullische Hypothese vom Ebenbleiben der Querschnitte vorausgesetzt werden, s. Abb. 19.6b.

Da bei planmäßig gekrümmter Stabachse die Innenfasern $\mathrm{d}l_\mathrm{i}$ erheblich kürzer als die Außenfasern $\mathrm{d}l_\mathrm{a}$ sind, wird bei Biegebeanspruchung die Dehnung der Innenfasern ε_i größer als die Dehnung der Außenfasern ε_a:

$$\varepsilon_\mathrm{i} = \frac{\Delta \mathrm{d}l_\mathrm{i}}{\mathrm{d}l_\mathrm{i}} > \frac{\Delta \mathrm{d}l_\mathrm{a}}{\mathrm{d}l_\mathrm{a}} = \varepsilon_\mathrm{a}$$

Mit Hilfe des Hookeschen Gesetzes $\sigma = E_{\parallel} \cdot \varepsilon$ folgt daraus:

$$|\sigma_\mathrm{i}| > |\sigma_\mathrm{a}|$$

Aus Gleichgewichtsgründen muß bei reiner Biegung die Summe der Längskräfte in jedem Querschnitt Null sein. Diese Bedingung erzwingt beim Recht-

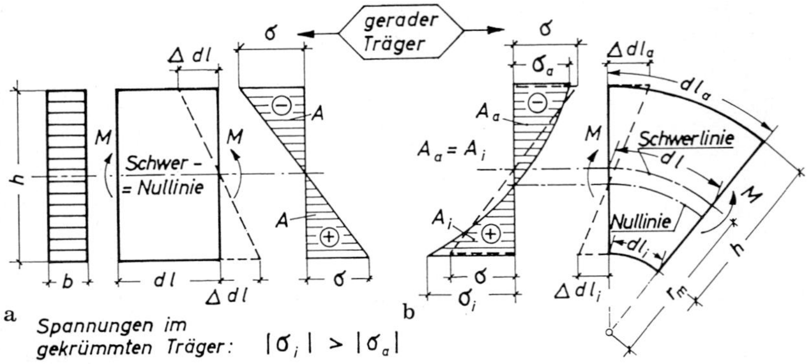

Abb. 19.6. Spannungsverlauf im geraden und gekrümmten Träger

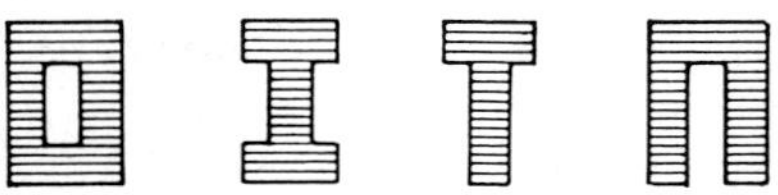

Abb. 19.7

eckquerschnitt mit $|\sigma_i| > |\sigma_a|$ den in Abb. 19.6b anschaulich dargestellten hyperbolischen Spannungsverlauf mit zum Innenrand verschobener Nullinie, so daß die Spannungsflächen A_a und A_i gleich groß sind.

Zur Ermittlung der Längs- und Querspannungen für Rechteckquerschnitte sind in *–8.2.3–* Näherungsformeln angegeben, vgl. Schelling [187]. Heimeshoff [188] teilt Formeln zur Spannungsberechnung gekrümmter Brettschichtholzträger mit einfach- und doppeltsymmetrischen Querschnitten nach Abb. 19.7 mit.

Biegespannung $\sigma_{\parallel}$ für gekrümmte BSH-Träger mit Rechteckquerschnitt: Unabhängig vom Drehsinn des Biegemomentes tritt die absolut größte Biegespannung $\sigma_{\parallel}$ am Innenrand auf. Sie darf nach *–8.2.3.3–* näherungsweise berechnet werden nach Gl. (19.6):

$$\max \sigma_{\parallel} = \varkappa_l \cdot \frac{\max M}{W_n} \tag{19.6}$$

mit $\varkappa_l = 1 + 0{,}35 \cdot h/r_m + 0{,}6 \cdot (h/r_m)^2$ für $h = \text{const.}$ (19.6a)

W_n darf auf die Achse des unverschwächten Querschnitts bezogen werden. Krümmungsradien $r < 4 \cdot h$ sind möglichst zu vermeiden.

In Tafel 19.1 sind die Näherungswerte nach Gl. (19.6) den genaueren Werten nach Heimeshoff [188] gegenübergestellt.

Tafel 19.1. $\varkappa_I$-Werte zur Berechnung der Biegespannung

h/r_m	nach Heimeshoff [188]		nach DIN 1052
	außen	innen	innen
0,5	−0,85	1,20	1,33
0,1	−0,97	1,03	1,04

19.4.4 Querspannung $\sigma_\perp$ in gekrümmten Brettschichtholzträgern (DIN)

Bei planmäßig gekrümmten Trägern erzeugt das Biegemoment auch Spannungen rechtwinklig zur Stabachse. Das Vorzeichen dieser Querspannungen ist abhängig vom Drehsinn des Biegemomentes (Abb. 19.8).

Querspannungen $\sigma_\perp$ können gemäß *–8.2.3.2–* näherungsweise berechnet werden nach Gl. (19.10). Sie lassen sich einfach herleiten unter folgenden idealisierten Voraussetzungen:

a) lineare Verteilung der Biegespannung $\sigma_\parallel = M/W$
b) isotroper Werkstoff

a Querzug b Querdruck

Abb. 19.8. Trägersysteme mit Querspannungen infolge M

Auf das Stabelement der Länge $\mathrm{d}s = r_m \cdot \mathrm{d}\varphi$ wirkt im Biegedruckbereich in tangentialer Richtung die Druckkraft

$$D = -Z = \frac{1}{2} \cdot b \cdot \frac{h}{2} \cdot \sigma_B = \frac{b \cdot h}{4} \cdot \sigma_B \tag{19.7}$$

Die beiden auf den oberen Scheitelpunkt wirkenden Druckkräfte D nach Gl. (19.7) liefern als Resultierende gemäß Abb. 19.9a die nach oben gerichtete Umlenkkraft U nach Gl. (19.8),

$$U = D \cdot \mathrm{d}\varphi = \frac{b \cdot h}{4} \cdot \sigma_B \cdot \mathrm{d}\varphi \tag{19.8}$$

die mit der entgegengesetzt gerichteten Umlenkkraft des Zugbereiches im Gleichgewicht steht. Diese Umlenkkraft erzeugt in der Schnittfläche durch die neutrale Faser A_{NF} nach Gl. (19.9) die Querspannung $\sigma_\perp$ nach Gl. (19.10) für Träger konstanter Höhe.

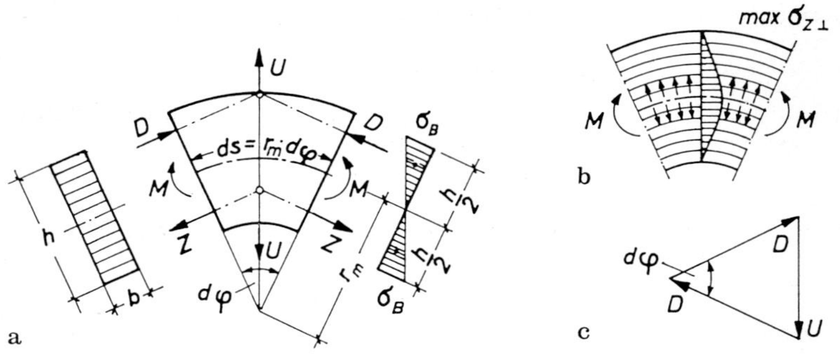

Abb. 19.9. Querzugspannung $\sigma_{Z\perp}$ infolge M

$$A_{NF} = b \cdot ds = b \cdot r_m \cdot d\varphi \tag{19.9}$$

$$\sigma_\perp = \frac{U}{A_{NF}} = \frac{b \cdot h \cdot \sigma_B \cdot d\varphi}{4 \cdot b \cdot r_m \cdot d\varphi} = \frac{h}{4 \cdot r_m} \cdot \sigma_B$$

$$\boxed{\max \sigma_\perp = \varkappa_q \cdot \frac{\max M}{W} = \frac{1}{4} \cdot \frac{h}{r_m} \cdot \frac{\max M}{W}} \tag{19.10}$$

Querzugspannungen:

Die besonders gefährlichen Querzugspannungen treten z. B. stets auf bei Systemen nach Abb. 19.8a. Sie sind für alle Krümmungsverhältnisse nachzuweisen. Ihr Verlauf über die Querschnittshöhe kann der Abb. 19.9b entnommen werden. Das Maximum liegt bei Berücksichtigung der nichtlinearen Biegespannung nach Abb. 19.6b etwas unterhalb der Trägerachse, vgl. [188].

- Die Querzugspannung max $\sigma_{Z\perp}$ ist zul $\sigma_{Z\perp} = 0{,}2\ \mathrm{MN/m^2}$ nach Tafel 2.4 gegenüberzustellen.
  Ferner ist zu beachten:
- Abminderung von zul $\sigma_{Z\perp}$ bei Feuchteeinwirkung nach *–5.1.7–*.
- Im Bereich der Trägerachse (max $\sigma_{Z\perp}$) stets Bretter mindestens S10 verwenden (möglichst mit stehenden Jahrringen).
- Bei Trägern großer Abmessungen, bei denen unter ungünstigen Verhältnissen mit Trockenrissen zu rechnen ist, sollte nach Möhler [189] der Biegeradius so weit vergrößert werden, daß vorh $\sigma_{Z\perp} \leqq 0{,}15\ \mathrm{MN/m^2}$ wird, falls die Querzugspannungen nicht durch besondere Maßnahmen, z. B. aufgeleimtes BFU oder eingeleimte Gewindestangen [162], aufgenommen werden.

Querdruckspannungen:

Querdruckspannungen treten z. B. in Rahmenecken nach Abb. 19.8b auf. Sie brauchen hier i.d.R. nicht nachgewiesen zu werden, da bei den üblichen Krümmungsradien der Biegespannungsnachweis nach Gl. (19.6) für die Bemessung maßgebend ist.

19.4.5 Längsspannungen infolge N, Schubspannungen infolge Q (DIN)

Die Berechnung kann nach [188] näherungsweise wie für den geraden Träger durchgeführt werden ($\sigma_{\parallel}^{N} \approx N/A$, solange $\sigma_{\parallel}^{N} \leqq \approx 0{,}1 \cdot \sigma_{\parallel}^{M}$). Genauere Bemessungsgleichungen siehe Möhler/Blumer [189, 190].

19.4.6 Zusammenfassung für gekrümmte Rechteckquerschnitte (DIN) [162]

Voraussetzungen:

$$r_1 \geqq 200 \cdot a \qquad a \leqq 33\,\text{mm}$$
$$r_1 = 150 \cdot a \qquad a = 13\,\text{mm}$$

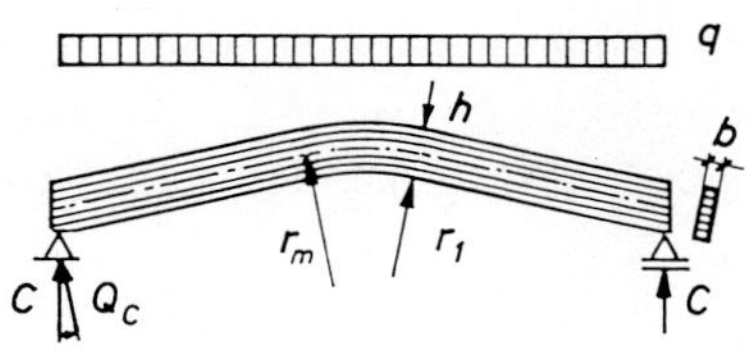

Abb. 19.10

Größte Längsspannung infolge M (Abb. 19.6b):

$$\frac{\max \sigma_{\parallel}}{\text{zul}\,\sigma_{B}} \leqq 1 \quad \text{mit} \quad \max \sigma_{\parallel} = \varkappa_1 \cdot \frac{\max M}{W_n} \qquad \text{s. Gl. (19.6)}$$

$$\varkappa_1 = 1 + 0{,}35 \cdot h/r_m + 0{,}6\,(h/r_m)^2 \qquad \text{s. Gl. (19.6a)}$$

Größte Querzugspannung infolge M (Abb. 19.9b):

$$\frac{\max \sigma_{Z\perp}}{\text{zul}\,\sigma_{Z\perp}} \leqq 1 \quad \text{mit} \quad \max \sigma_{Z\perp} = \varkappa_q \cdot \frac{\max M}{W} \qquad \text{s. Gl. (19.10)}$$

$$\varkappa_q = \frac{h}{4 \cdot r_m}$$

Größte Schubspannung am Auflager (wie gerader Träger):

$$\frac{\tau_Q}{\text{zul}\,\tau_Q} \leqq 1 \quad \text{mit} \quad \tau_Q = 1{,}5 \cdot \frac{Q_c}{b \cdot h} \qquad \text{s. Gl. (10.6)}$$

Berechnungsbeispiel s. Abschn. 19.5.3.2, Abb. 19.26.

19.5 Träger mit veränderlicher Höhe (DIN)

19.5.1 Allgemeines (DIN)

An der geneigten Trägerkante erhalten die Lamellenenden Anschnitte (Schrägschnitte) nach Abb. 19.11 und 19.12.

Bei Bauteilen, die unmittelbar der Witterung ausgesetzt sind, müssen die außenliegenden Brettlagen parallel zur Außenseite verlaufen, oder es müssen nach dem Zuschnitt entsprechende Brettlagen angebracht werden *–12.6–*, ansonsten besteht die Gefahr eines Aufreißens der Leimfugen.

Aus den Gleichgewichtsbedingungen (Abb 19.12) ergibt sich, daß am angeschnittenen Rand des Trägers neben den Längsspannungen $\sigma_{\parallel}$ auch Schubspannungen τ und Querspannungen $\sigma_{\perp}$ wirken *–8.2.3.4–*. Von Möhler/Hemmer [191] an BSH-Trägern durchgeführte Bruchversuche ergaben eine Abnahme der maximalen rechnerischen Biegefestigkeit $\beta_{\parallel,r} = M_{\text{Bruch}}/W$ mit zunehmendem Anschnittwinkel infolge dieser gleichzeitig wirkenden verschiedenen Spannungen am geneigten Rand [162].

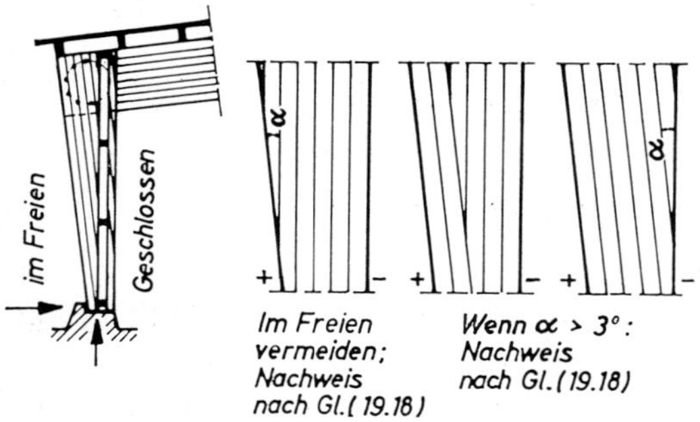

Abb. 19.11. Anschnitte [162]

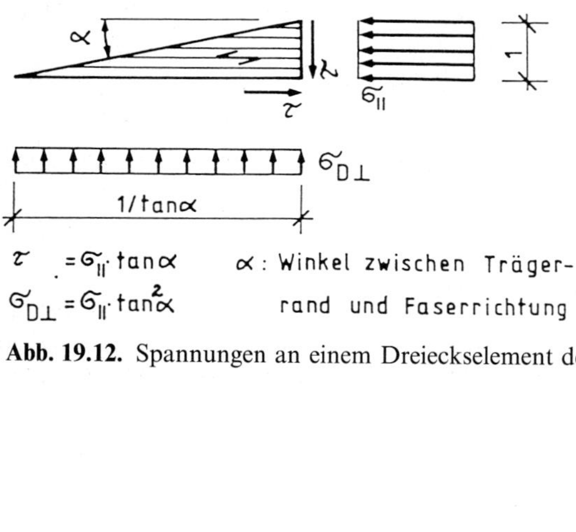

Abb. 19.12. Spannungen an einem Dreieckselement des Biegedruckrandes [162]

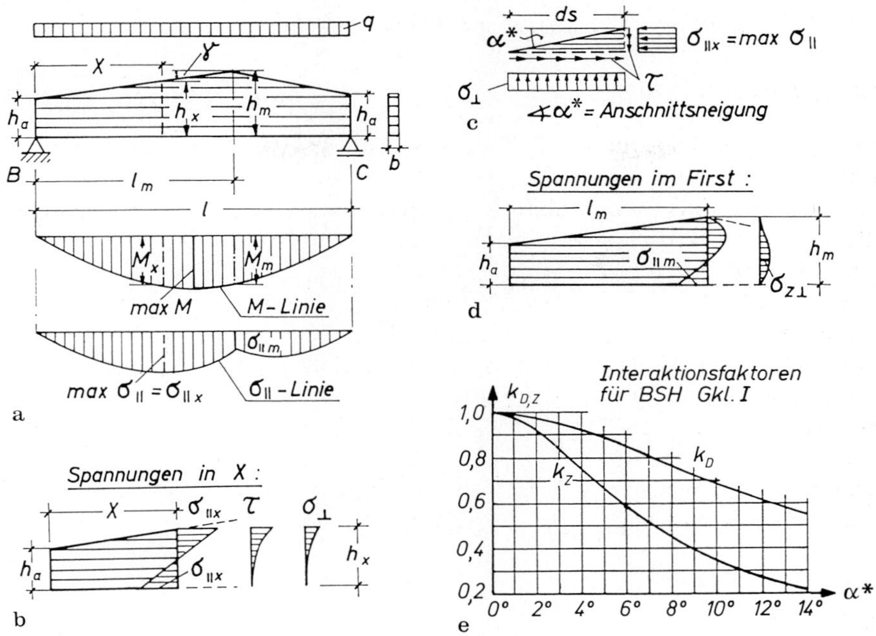

Abb. 19.13. Längs-, Quer- und Schubspannungen im Satteldachträger [162] $\alpha = \gamma$ (gerader Untergurt)

19.5.2 Sattel- und Pultdachträger mit gerader Unterkante (DIN)

19.5.2.1 Spannungsnachweise (DIN)

Bei Rechteckquerschnitten mit veränderlicher Höhe nach Abb. 19.13 ist auf folgende Besonderheiten zu achten:

a) Die größte Biegespannung max $\sigma_\parallel$ tritt nicht an der Stelle von max M auf, sondern an der Stelle x nach Abb. 19.13a.

b) An den schräg angeschnittenen Rändern treten infolge $\sigma_\parallel$ sekundäre Spannungen τ und $\sigma_\perp$ auf, deren gleichzeitige Wirkung durch den vereinfachten Nachweis nach Gl. (19.18) erfaßt wird.

c) Im Firstbereich werden durch den Knick ähnlich wie in Abb. 19.9 Umlenkkräfte erzeugt, die Querspannungen $\sigma_\perp$ hervorrufen, siehe [189, 190].

Der Ort von max $\sigma_\parallel$ läßt sich leicht finden als Lösung der Extremwertaufgabe

$$\frac{\mathrm{d}\sigma(x)}{\mathrm{d}x} = 0 \tag{19.11}$$

mit
$$\sigma(x) = \frac{M(x)}{W(x)} = \frac{q/2 \cdot (l \cdot x - x^2)}{b/6 \cdot (h_\mathrm{a} + x \cdot \tan\gamma)^2} \tag{19.12}$$

Die Lösung der Gl. (19.11) für den unsymmetrischen Satteldachträger nach Abb. 19.13 ist

$$x = \frac{l_\mathrm{m}}{h_\mathrm{m}/h_\mathrm{a} + 2 \cdot l_\mathrm{m}/l - 1} \tag{19.13}$$

Trägerhöhe:

$$h_x = 2 \cdot h_a \cdot \frac{h_m/h_a - 1 + l_m/l}{h_m/h_a - 1 + 2 \cdot l_m/l} \qquad (19.14)$$

Größte Biegespannung an der Stelle x nach Abb. 19.13a, b:

$$\sigma_{\parallel x} = \max \sigma_{\parallel} = \frac{M_x}{W_x} = \frac{q \cdot x \cdot (l - x)}{2 \cdot \mathrm{b} \cdot \mathrm{h}_x^2/6} \qquad (19.15)$$

Am schräg angeschnittenen Rand entstehen dadurch aus Gleichgewichtsgründen:

$$\tau = \sigma_{\parallel x} \cdot \tan \alpha \quad (19.16); \qquad \sigma_{\perp} = \sigma_{\parallel x} \cdot \tan^2 \alpha \qquad (19.17)$$

Für den kombinierten Spannungszustand ($\sigma_{\parallel}$, $\sigma_{\perp}$, τ) sind die Interaktionsgleichungen für den Biegedruckrand

$$\left(\frac{\sigma_{\parallel}}{\mathrm{zul}\,\sigma_B}\right)^2 + \left(\frac{\sigma_{D\perp}}{\mathrm{zul}\,\sigma_{D\perp}}\right)^2 + \left(\frac{\tau}{2{,}66\,\mathrm{zul}\,\tau_a}\right)^2 \leqq 1 \qquad (19.18\mathrm{a})$$

für den Biegezugrand

$$\left(\frac{\sigma_{\parallel}}{\mathrm{zul}\,\sigma_B}\right)^2 + \left(\frac{\sigma_{Z\perp}}{1{,}25\,\mathrm{zul}\,\sigma_{Z\perp}}\right)^2 + \left(\frac{\tau}{1{,}33\,\mathrm{zul}\,\tau_a}\right)^2 \leqq 1 \qquad (19.18\mathrm{b})$$

einzuhalten *–8.2.3.4–*, vgl. auch *–E51–*.

Nach Möhler/Hemmer [191] kann zur Erfassung der gleichzeitigen Wirkung von $\sigma_{\parallel}$, $\sigma_{\perp}$ und τ der vereinfachte Nachweis

$$\sigma_{\parallel x} = M_x/W_x \leqq k_{D,Z} \cdot \mathrm{zul}\,\sigma_B \qquad (19.18)$$

verwendet werden.

Die Zuordnung von Biege- und Querspannung am angeschnittenen Rand zeigt Abb. 19.13f: Biegedruck → Querdruck; Biegezug → Querzug.

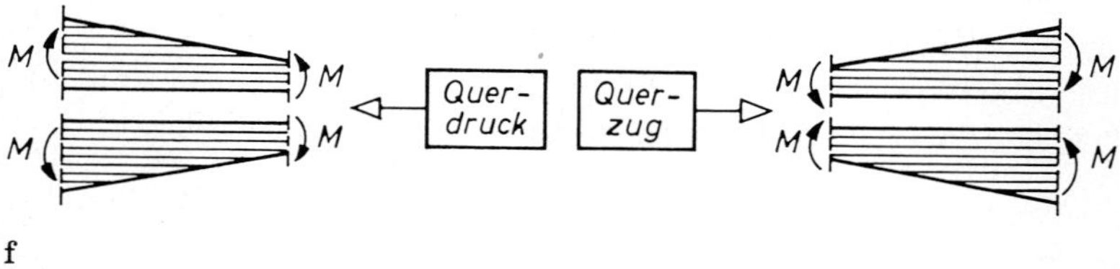

f

Abb. 19.13f

Setzt man τ und $\sigma_{\perp}$ nach Gln. (19.16) und (19.17) in Gl. (19.18a) ein, dann folgt für Biegedruck:

$$\sigma_{\parallel} = \frac{1}{\sqrt{\left(\frac{1}{\mathrm{zul}\,\sigma_B}\right)^2 + \left(\frac{\tan^2 \alpha}{\mathrm{zul}\,\sigma_{D\perp}}\right)^2 + \left(\frac{\tan \alpha}{2{,}66\,\mathrm{zul}\,\tau_a}\right)^2}} \leqq k_D \cdot \mathrm{zul}\,\sigma_B \qquad (19.18\mathrm{c})$$

Daraus:

$$k_D = \frac{1}{\sqrt{1 + \left(\frac{\text{zul}\,\sigma_B \cdot \tan^2\alpha}{\text{zul}\,\sigma_{D\perp}}\right)^2 + \left(\frac{\text{zul}\sigma_B \cdot \tan\alpha}{2{,}66\,\text{zul}\,\tau_a}\right)^2}} \qquad (19.18\text{d})$$

mit $\text{zul}\,\sigma_B = 14{,}0\,\text{MN/m}^2$; $\text{zul}\,\sigma_{D\perp} = 2{,}5\,\text{MN/m}^2$; $\text{zul}\,\tau_a = 0{,}9\,\text{MN/m}^2$.

Für BSH I und II nach *–8.2.3.4–* wird somit

$$k_D = 1 \,/\sqrt{1 + 31{,}4\tan^4\alpha + 34{,}2\tan^2\alpha} \qquad (19.18\text{e})$$

Entsprechend: $k_Z = 1/\sqrt{1 + 3136\tan^4\alpha + 136{,}8\tan^2\alpha}$ (19.18f)

Tafel 19.2. $k_{D,Z}$-Werte für BSH aus Gln. (19.18a) bis (19.18f) [162]

$\alpha°$	1,5°	2,0°	2,5°	3,0°	3,5°	4,0°	4,5°	5,0°	6,0°	7,0°	8,0°	10°	12°	14°
k_D		1,0		0,96	0,94	0,93	0,91	0,89	0,85	0,81	0,77	0,69	0,62	0,56
k_Z	0,96	0,92	0,89	0,85	0,80	0,76	0,71	0,67	0,59	0,52	0,45	0,35	0,27	0,22

Im Hinblick auf die üblichen Streuungen der Holzfestigkeiten kann $k_D = 1$ gesetzt werden bei Anschnittneigungen $\alpha \leqq 3°$.

Die Spannungen im Firstquerschnitt (Abb. 19.13d und 19.19b) infolge Kraftumlenkung im Knick – ähnlich Abb. 19.8 beim gekrümmten Träger – sind zu berechnen nach Gl. (19.19) und (19.20).

Biegung: $\max\sigma_{\parallel m} = \varkappa_l \cdot M_m/W_m \leqq \text{zul}\,\sigma_B$ (19.19)

Querzug: $\max\sigma_{\perp m} = \varkappa_q \cdot M_m/W_m \leqq \text{zul}\,\sigma_{Z\perp}$ (19.20)

$\varkappa_l$ und $\varkappa_q$ nach *–8.2.3.2* und *8.2.3.3–* können den Gln. (19.29) und (19.30) sowie Abb. 19.18 für $r_m = \infty$ entnommen werden.

Der Berechnung von $\sigma_{\parallel m}$ und $\sigma_{\perp m}$ nach Gln. (19.19) und (19.20) liegt die orthotrope Scheibentheorie zugrunde. Die Inhomogenität des Holzes ist durch die unterschiedlichen Materialkennwerte der europäischen Fichte in den orthogonalen Richtungen berücksichtigt. Die Berechnungsergebnisse sind weitgehend bestätigt durch umfangreiche Versuche an praxisnahen Trägerformen [192].

Für den symmetrischen Satteldachträger und den Pultdachträger vereinfachen sich die Gln. (19.13) und (19.14) erheblich gemäß Abb. 19.14 zu:

Symmetrischer Satteldachträger:

$$x = \frac{l \cdot h_a}{2\,h_m{}^1} \qquad (19.21)$$

$$h_x = h_a \cdot \left(2 - \frac{h_a}{h_m{}^1}\right) \qquad (19.22)$$

Spannungen nach Gln. (19.15) bis (19.20).

[1] Bei gekrümmtem Untergurt ist hier h_1 (Abb. 19.27) einzusetzen.

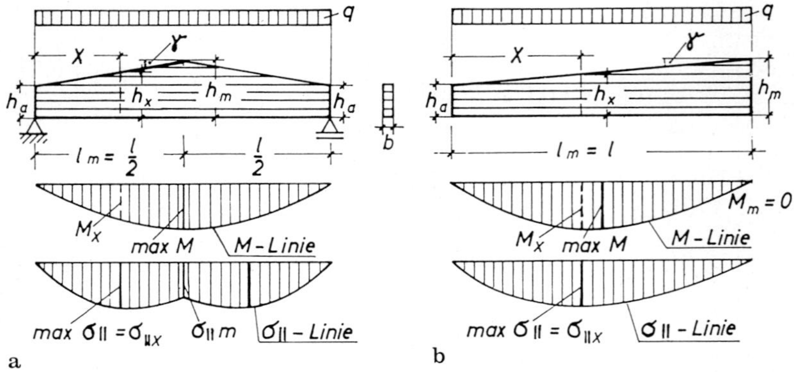

Abb. 19.14. Symmetrische Satteldachträger (a) und Pultdachträger (b)

Pultdachträger:

$$x = \frac{l}{1 + h_m/h_a} \tag{19.23}$$

$$h_x = \frac{2 \cdot h_m}{1 + h_m/h_a} \tag{19.24}$$

Spannungen nach Gln. (19.15) bis (19.18).

19.5.2.2 Kippnachweis (DIN) [162]

Der Kippnachweis für die Trägerbereiche der Länge s zwischen den Festhaltepunkten kann näherungsweise in Anlehnung an *–9.1.6–* mit den Querschnittswerten an der Stelle 0,65 s geführt werden, s. auch Abschn. 10.2.6 und [117].

19.5.2.3 Durchbiegungsnachweis (DIN)

Die Trägerdurchbiegung setzt sich zusammen aus dem Biegeanteil f_σ und dem Schubanteil f_τ, s. Abschn. 10.2.7:

$$f = f_\sigma + f_\tau \leqq \text{zul} f \qquad \text{s. Gl. (10.16)}$$

Für Einfeldträger mit Rechteckquerschnitt und linear veränderlicher Höhe unter Gleichlast gemäß Abb. 19.14 können f_σ und f_τ vereinfacht berechnet werden nach den Gln. (19.25) und (19.26), siehe *–E63–*.

$$f_\sigma = \frac{\max M \cdot l^2}{9{,}6 \cdot E_\parallel \cdot I_a} \cdot k_\sigma \tag{19.25}$$

$$I_a = b \cdot h_a^3/12$$

$$f_\tau = \frac{1{,}2 \cdot \max M}{G \cdot A_a} \cdot k_\tau \tag{19.26}$$

$$A_a = b \cdot h_a$$

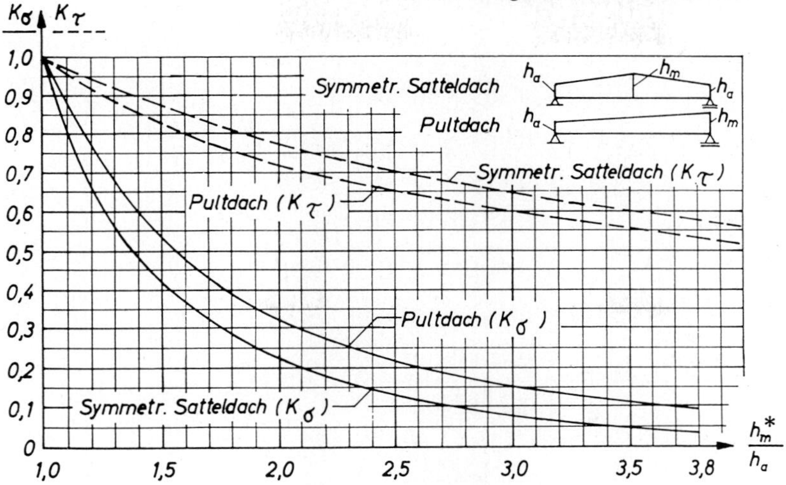

* Bei gekrümmtem Untergurt hier h_1 nach Abb. 19.27 einsetzen.

Abb. 19.15. k_σ- und k_τ-Werte für Sattel- und Pultdachträger

Für symmetrische Satteldachträger nach Abb. 19.14a können k_σ und k_τ nach Gln. (19.27) und (19.28) vereinfacht berechnet werden.

$$k_\sigma = \frac{(h_a/h_m)^3}{0{,}15 + 0{,}85 \cdot h_a/h_m} \tag{19.27}$$

$$k_\tau = \frac{2}{1 + (h_m/h_a)^{2/3}} \tag{19.28}$$

Bei gekrümmtem Untergurt ist h_m durch h_1 nach Abb. 19.27 zu ersetzen.

Die k_σ- und k_τ-Werte können für Sattel- und Pultdachträger auch dem Diagramm (Abb 19.15) entnommen werden, siehe auch *–E63–*.

Weitere Möglichkeiten zum vereinfachten Durchbiegungsnachweis: Heimeshoff/Bauler [193], Wienecke [194] oder numerische Integration.

Der Kriecheinfluß ist gegebenenfalls nach *–4.3–* zu berücksichtigen.

19.5.2.4 Beispiel: symmetrischer Satteldachträger, BS[1] 11 (DIN)

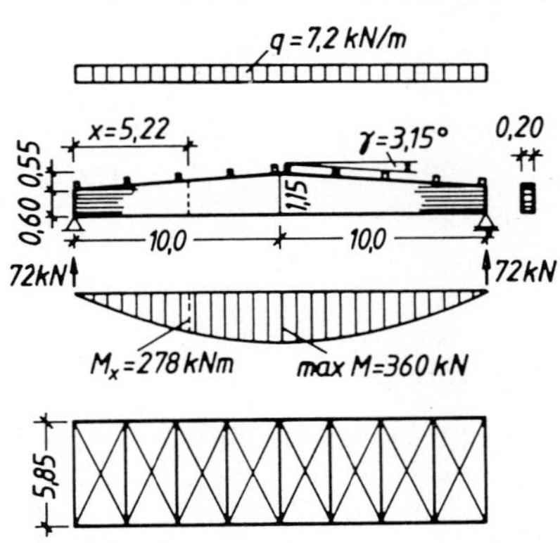

Abb. 19.16

[1] Sortierklasse S10/MS10.

Lastannahmen ($e = 5{,}85$ m):

Faserzementwellpl.	$0{,}20\,\mathrm{kN/m^2}$ D
40 mm Hartschaum	$0{,}02\,\mathrm{kN/m^2}$ D
Sp.-Pfetten + Verb.	$0{,}11\,\mathrm{kN/m^2}$ D
Binder	$0{,}15\,\mathrm{kN/m^2}$ D
	$\bar{g} = 0{,}48\,\mathrm{kN/m^2}$ D
	$g \approx 0{,}48\,\mathrm{kN/m^2}$ G
Schneelast	$s = 0{,}75\,\mathrm{kN/m^2}$ G
	$q = 1{,}23\,\mathrm{kN/m^2}$ G

Gleichlast:

$$q = 1{,}23 \cdot 5{,}85 = 7{,}2\,\mathrm{kN/m}$$

$$B = C = 7{,}2 \cdot 20/2 = 72{,}0\,\mathrm{kN}$$

Schubspannung: $\tau_Q = 1{,}5 \cdot \dfrac{Q_B}{A} = 1{,}5 \cdot \dfrac{72 \cdot 10^3}{200 \cdot 600} = 0{,}9\,\mathrm{N/mm^2}$

$$0{,}9/1{,}2 = 0{,}75 < 1$$

Auflagerlänge: $\mathrm{erf}\, l_B = \dfrac{B}{b \cdot \mathrm{zul}\, \sigma_{D\perp}} = \dfrac{72 \cdot 10^3}{200 \cdot 2{,}5} = 144\,\mathrm{mm}$

Größte Biegespannung an der Stelle x:

Gl. (19.21): $x = \dfrac{l \cdot h_a}{2 h_m} = \dfrac{20 \cdot 0{,}60}{2 \cdot 1{,}15} = 5{,}22\,\mathrm{m}$

Gl. (19.22): $h_x = h_a \cdot \left(2 - \dfrac{h_a}{h_m}\right) = 0{,}60 \cdot \left(2 - \dfrac{0{,}60}{1{,}15}\right) = 0{,}887\,\mathrm{m}$

$$W_x = b \cdot h_x^2/6 = 200 \cdot 887^2/6 = 26226 \cdot 10^3\,\mathrm{mm^3} \approx 0{,}0262\,\mathrm{m^3}$$

$$M_x = \frac{q}{2} \cdot x \cdot (l - x) = \frac{7{,}2}{2} \cdot 5{,}22 \cdot 14{,}78 = 278\,\mathrm{kNm}$$

Gl. (19.15): $\sigma_{\parallel x} = \max \sigma_B = \dfrac{M_x}{W_x} = \dfrac{278000 \cdot 10^3}{26226 \cdot 10^3} = 10{,}6\,\mathrm{N/mm^2}$

oder mit $W_x = 0{,}0262\,\mathrm{m^3}$

$$\sigma_{\parallel x} = \frac{0{,}278}{0{,}0262} = 10{,}6\,\mathrm{MN/m^2}$$

Spannungsnachweis für den schrägen Rand (Anschnitte):

Der Nachweis nach Gl. (19.18) erfaßt das Zusammenwirken von $\sigma_{\parallel x}$, τ und $\sigma_{D\perp}$.

$$\tan\alpha = \tan\gamma = \frac{0{,}55}{10} = 0{,}055 \rightarrow \alpha = 3{,}15°$$

Tafel 19.2: $k_D = 0{,}95$ für BSH I[1] und II, $\alpha = 3{,}15°$

Gl. (19.18): $\sigma_{\|x} = 10{,}6\,\text{MN/m}^2 < 0{,}95 \cdot 14{,}0 = 13{,}3\,\text{MN/m}^2$

bzw. $10{,}6/11{,}0 = 0{,}96 < 1$ maßgebend!

Beim symmetrischen Satteldachträger aus BSH II wird der Nachweis für den kombinierten Spannungszustand ($\sigma_\|$, $\sigma_\perp$, τ) am schrägen Rand *–8.2.3.4–* für

$\gamma > 7{,}6°$ (schräger Biegedruckrand)

$\gamma > 3{,}7°$ (schräger Biegezugrand)

maßgebend.

Für BS14 ist stets $\sigma_{\|x} \leqq k_{D,Z} \cdot \text{zul}\,\sigma_B$ maßgebend.

Biege- und Querzugspannung im Firstquerschnitt:

Die Faktoren $\varkappa_l$ und $\varkappa_q$ der Gln. (19.19) und (19.20) können näherungsweise den Diagrammen Abb. 19.18 entnommen werden für

$\gamma = 3{,}15°$ und $h_m/r_m = 1{,}15/\infty = 0$

Ihre Berechnung nach Gln. (19.29a) und (19.30a) ergibt:

Gl. (19.29a): $\varkappa_l = 1 + 1{,}4 \tan 3{,}15° + 5{,}4 \tan^2 3{,}15° = 1{,}093$

Gl. (19.30a): $\varkappa_q = 0{,}2 \tan 3{,}15° = 0{,}011$

$$M_m = 7{,}2 \cdot 20^2/8 = 360\,\text{kNm}$$

$$W_m = 200 \cdot 1150^2/6 = 44083 \cdot 10^3\,\text{mm}^3 \approx 0{,}0441\,\text{m}^3$$

Gl. (19.19):

$$\max \sigma_{\|m} = \varkappa_l \cdot \frac{M_m}{W_m} = 1{,}093 \cdot \frac{0{,}360}{0{,}0441} = 8{,}9\,\text{MN/m}^2$$

$$8{,}9/11{,}0 = 0{,}81 < 1$$

Gl. (19.20):

$$\max \sigma_{\perp m} = \varkappa_q \cdot \frac{M_m}{W_m} = 0{,}011 \cdot \frac{0{,}360}{0{,}0441} = 0{,}09\,\text{MN/m}^2$$

$$0{,}09/0{,}2 = 0{,}45 < 1$$

Kippnachweis:

Der Kippnachweis

$$\frac{M_y/W}{k_B \cdot 1{,}1 \cdot \text{zul}\,\sigma_B} \leqq 1 \quad \text{vgl. Gl. (10.11)}$$

wird im Bereich der maximalen Spannung geführt.

Knotenabstand des Dachverbandes $s = 2{,}5$ m

$$x_1 = (2 + 0{,}65) \cdot s = 6{,}63\,\text{m} \quad \text{s. Abschn. 19.5.2.2}$$

$$h(x_1) = h_a + x_1 \cdot \tan\alpha = 0{,}60 + 6{,}63 \cdot 0{,}055 = 0{,}965\,\text{m}$$

$$\lambda_B = \varkappa_B \cdot \sqrt{s \cdot h(x_1)/b^2} \quad \text{vgl. Gl. (10.12)}$$

$$\varkappa_B \cdot 10^3 = 54{,}6 \quad \text{siehe Tafel 10.1 K}$$

$$\lambda_B = 54{,}6 \cdot 10^{-3} \cdot \sqrt{2{,}5 \cdot 0{,}965/0{,}20^2} = 0{,}42 \rightarrow k_B = 1$$

$$\frac{10{,}6}{1 \cdot 1{,}1 \cdot 11} = 0{,}88 < 1$$

[1] $\hat{=}$ BS14 (S13).

Durchbiegungsnachweis:

Querschnittswerte: $I_a = 0{,}20 \cdot 0{,}60^3/12 = 0{,}0036\,\text{m}^4$

$A_a = 0{,}20 \cdot 0{,}60 \qquad = 0{,}12\,\text{m}^2$

k_σ-Wert und k_τ-Wert vgl. Abb. 19.15:

$$\text{Gl. (19.27):}\quad k_\sigma = \frac{(0{,}60/1{,}15)^3}{0{,}15 + 0{,}85 \cdot 0{,}60/1{,}15} = 0{,}239$$

$$\text{Gl. (19.28):}\quad k_\tau = \frac{2}{1 + (1{,}15/0{,}60)^{2/3}} = 0{,}786$$

$$\text{Gl. (19.25):}\quad f_\sigma = \frac{\max M \cdot l^2}{9{,}6 \cdot E_{\|} \cdot I_a} \cdot k_\sigma$$

$$= \frac{0{,}360 \cdot 20^2 \cdot 0{,}239}{9{,}6 \cdot 11 \cdot 10^3 \cdot 0{,}0036} = 90{,}5 \cdot 10^{-3}\,\text{m} = 90{,}5\,\text{mm}$$

$$\text{Gl. (19.26):}\quad f_\tau = \frac{1{,}2 \cdot \max M}{G \cdot A_a} \cdot k_\tau$$

$$= \frac{1{,}2 \cdot 0{,}360 \cdot 0{,}786}{500 \cdot 0{,}12} = 5{,}7 \cdot 10^{-3}\,\text{m} = 5{,}7\,\text{mm}$$

$$f_q = 90{,}5 + 5{,}7 = 96{,}2\,\text{mm} < 20000/200 = 100\ \text{mm}$$

$$f_s = f_q \cdot \frac{s}{q} = 96{,}2 \cdot \frac{0{,}75}{1{,}23} = 58{,}7 < \frac{20000}{300} = 66{,}7\,\text{mm}$$

Da das menschliche Auge erfahrungsgemäß einen geraden Träger als leicht durchhängend empfindet, ist zu empfehlen, die Überhöhung etwas größer zu wählen als die rechnerische Durchbiegung. Konstruktiv gewählt: parabelförmige Überhöhung ü = 120 mm.

Horizontalverschiebung des verschieblichen Auflagers

Die Trägerunterkanten sind auf Zentrierplatten gelagert.

Nach Abb. 19.16 und Abb. 19.21:

$$\begin{cases} H_1 = 600/2 = 300\,\text{mm} \\ H_2 = 1150/2 - 600/2 = 275\,\text{mm} \end{cases}$$

Gl. (19.35):

$$\delta_H = 4 \cdot (H_2 + 1{,}6 \cdot H_1) \cdot f/l$$
$$= 4 \cdot (275 + 1{,}6 \cdot 300) \cdot 96{,}2/20000$$
$$= 14{,}5\,\text{mm}$$

19.5.3 Satteldachträger mit geneigter Unterkante (DIN)

19.5.3.1 Allgemeines (DIN)

Eine häufig vorkommende Binderform ist der Satteldachträger mit konstanter oder linear veränderlicher Höhe und gekrümmtem Untergurt in Trägermitte, s. Abb. 19.17, 19.20 und 19.27.

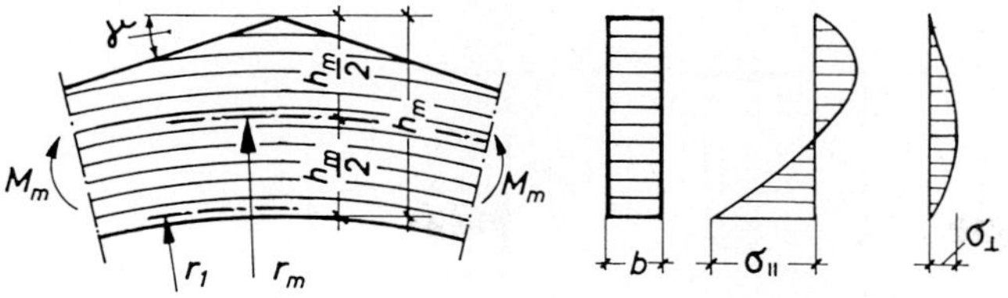

Abb. 19.17. max $\sigma_{\parallel}$ und max $\sigma_{\perp}$ in Satteldachträgern mit gekrümmtem Untergurt und Rechteckquerschnitt

Möhler/Blumer [190] haben aus einer Vielzahl von Versuchen [192] und aufgrund theoretischer Untersuchungen Diagramme und Bemessungsgleichungen für die Biege- und Querspannungen angegeben, die für Brettschichtholzträger mit Rechteckquerschnitt aus europäischer Fichte als zutreffend angesehen werden können [189, 195].

Sie haben in DIN 1052 ihren Niederschlag gefunden. Berechnung des Q- und N-Einflusses siehe [189, 190, 195].

Die Spannungen $\sigma_{\parallel}$ und $\sigma_{\perp}$ im Firstquerschnitt von Satteldachträgern mit gekrümmtem Untergurt gemäß Abb. 19.17 können nach Gln. (19.19) und (19.20) berechnet werden mit $W_m = b \cdot h_m^2/6$.

Gl. (19.19):	$\max \sigma_{\parallel m} = \varkappa_l \cdot M_m/W_m$
Gl. (19.20):	$\max \sigma_{\perp m} = \varkappa_q \cdot M_m/W_m$

Faktoren $\varkappa_l$ und $\varkappa_q$ siehe Gln. (19.29) und (19.30) und Abb. 19.18.

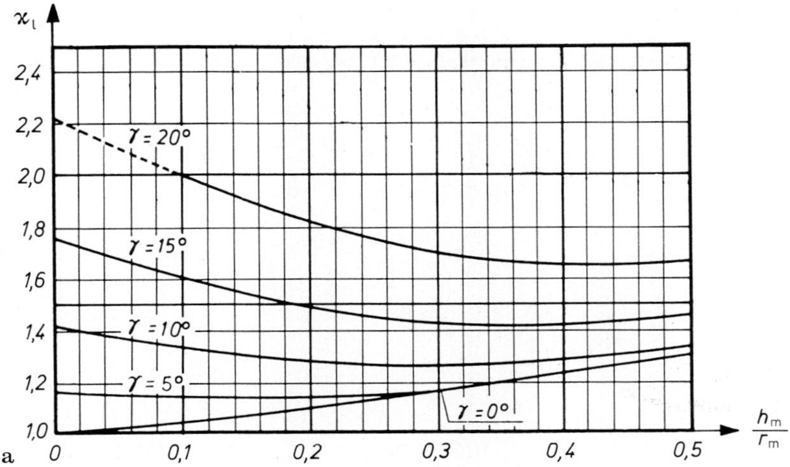

a

Abb. 19.18 a. $\varkappa_l$-Werte für symmetr. Satteldachträger mit Rechteckquerschnitt nach Möhler/Blumer [190] und *–8.2.3.3–*

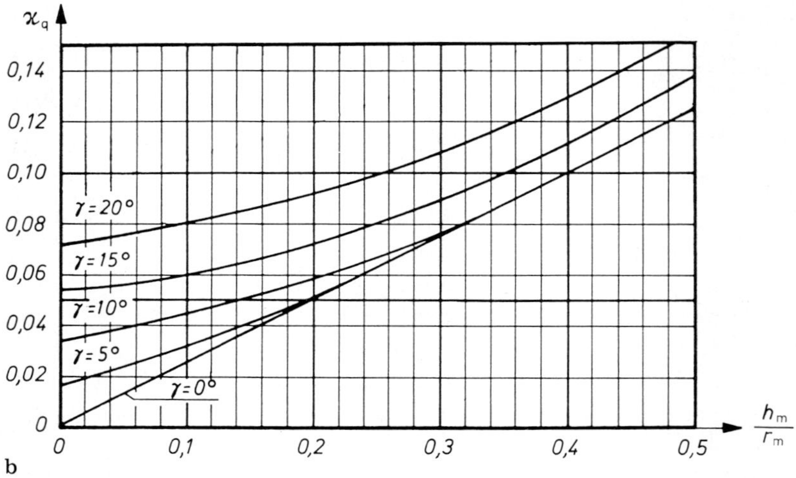

b

Abb. 19.18 b. $\varkappa_q$-Werte für symmetrische Satteldachträger mit Rechteckquerschnitt nach *–8.2.3.2–*

$h_m/r_m = 0$	gilt für Satteldachträger mit geradem Untergurt nach Abb. 19.14a.
$\gamma = 0°$	gilt für Träger mit konstanter Höhe nach Abb. 19.10.

Berechnung der $\varkappa$-Werte mit $\beta_m = r_m/h_m$:

$$\varkappa_1 = A_1 + B_1/\beta_m + C_1/\beta_m^2 + D_1/\beta_m^3 \tag{19.29}$$

$$A_1 = 1 + 1{,}4 \cdot \tan\gamma + 5{,}4 \cdot \tan^2\gamma \tag{19.29a}$$

$$B_1 = 0{,}35 - 8 \cdot \tan\gamma \tag{19.29b}$$

$$C_1 = 0{,}6 + 8{,}3 \cdot \tan\gamma - 7{,}8 \cdot \tan^2\gamma \tag{19.29c}$$

$$D_1 = 6 \cdot \tan^2\gamma \tag{19.29d}$$

$$\varkappa_q = A_q + B_q/\beta_m + C_q/\beta_m^2 \tag{19.30}$$

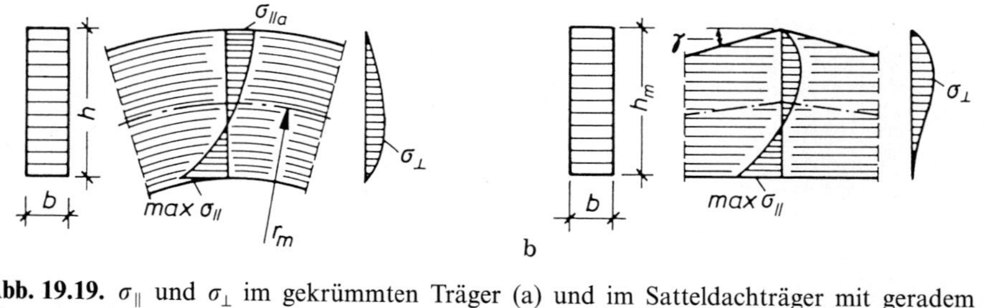

Abb. 19.19. $\sigma_\parallel$ und $\sigma_\perp$ im gekrümmten Träger (a) und im Satteldachträger mit geradem Untergurt (b) [162]

$$A_q = 0{,}2 \cdot \tan\gamma \tag{19.30a}$$

$$B_q = 0{,}25 - 1{,}5 \cdot \tan\gamma + 2{,}6 \cdot \tan^2\gamma \tag{19.30b}$$

$$C_q = 2{,}1 \cdot \tan\gamma - 4 \cdot \tan^2\gamma \tag{19.30c}$$

Für die beiden Sonderfälle nach Abb. 19.19 vereinfachen sich die Gln. (19.29) und (19.30) wie folgt:

für den gekrümmten Träger mit h = const. nach Abb. 19.19a:

Vereinfachungen: $\gamma = 0° \to A_q = 0;\quad B_q = 0{,}25;\quad C_q = 0$

$A_1 = 1;\quad B_1 = 0{,}35;\quad C_1 = 0{,}6;\quad D_1 = 0$

$$\varkappa_1 = 1 + 0{,}35/\beta + 0{,}6/\beta^2 \qquad \text{s. G. (19.6a)}$$

$$\varkappa_q = 0{,}25/\beta \qquad \text{s. Gl. (19.10)}$$

für den Satteldachträger mit geradem Untergurt nach Abb. 19.19b:

Vereinfachungen: $r_m = \infty \to 1/\beta_m = h_m/r_m = 0$

$\varkappa_1 = A_1$ und $\varkappa_q = A_q$

$$\varkappa_1 = 1 + 1{,}4 \cdot \tan\gamma + 5{,}4 \cdot \tan^2\gamma \tag{19.29a}$$

$$\varkappa_q = 0{,}2 \cdot \tan\gamma \tag{19.30a}$$

19.5.3.2 Satteldachträger mit konstanter Höhe (DIN)

Die konstante Höhe liegt nur im Bereich vom Auflager bis zum Krümmungsbeginn. Die Brettlamellen verlaufen parallel zur Unterkante, so daß Anschnitte im Firstbereich entstehen.

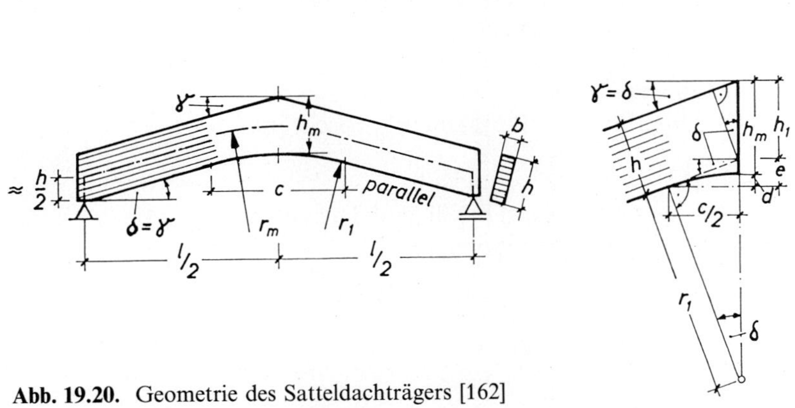

Abb. 19.20. Geometrie des Satteldachträgers [162]

$$e = \frac{c}{2} \tan \delta$$

$$h_1 = \frac{h}{\cos \delta}$$

$$d = r_1 \cdot (1 - \cos \delta)$$

$$h_m = e + h_1 - d$$

$$= \frac{h}{\cos \delta} + \frac{c}{2} \cdot \tan \delta - r_1 \cdot (1 - \cos \delta) \qquad (19.31)$$

$$r_1 = \frac{c}{2 \cdot \sin \delta} \qquad (19.32)$$

$$r_m = r_1 + h_m/2 \qquad (19.33)$$

Spannungsnachweise:

1. τ_Q am Auflager
2. σ_{D*} am Auflager
3. $\delta_{\|}$ am Rundungsbeginn
4. $\sigma_{\|}$ im Firstquerschnitt nach Gl. (19.19) mit Abb. 19.17
5. $\sigma_{\perp}$ im Firstquerschnitt nach Gl. (19.20) mit Abb. 19.17
6. Spannungskombination an Trägeroberkante (Bereich c) [162]: Diese Überlagerung der Spannungen kann nach Möhler/Blumer [190] für den Teilbereich $c > h/2$ vom Firstquerschnitt berechnet werden. Sie sind bei dieser Trägerform i. d. R. ohne Bedeutung, da $\alpha < \gamma$ und $\sigma_{\perp}$ eine Druckspannung ist.

Kippnachweis: vgl. 19.5.2.2

Formänderungsnachweise:
Bei Satteldachträgern ist außer der Durchbiegung auch die Horizontalverschiebung des beweglichen Lagers zu untersuchen. Überhöhung und Verschiebeweg sind konstruktiv zu berücksichtigen. Bei Gleitlagern ist ein geringer Reibungsbeiwert anzustreben.

Berechnung der Durchbiegung:
Ableitung nach Abb. 19.21 auf Biegeanteil f_σ beschränkt.

Belastung $q = g + s$

Das System des Trägers wird für die üblichen flachen Dachneigungen vereinfacht als geknickter Stabzug angenommen.

Verformungsfigur s. Abb. 19.21 b

M-Fläche infolge q (Abb. 19.21c):

$$M_2 = \max M = q \cdot l^2/8$$

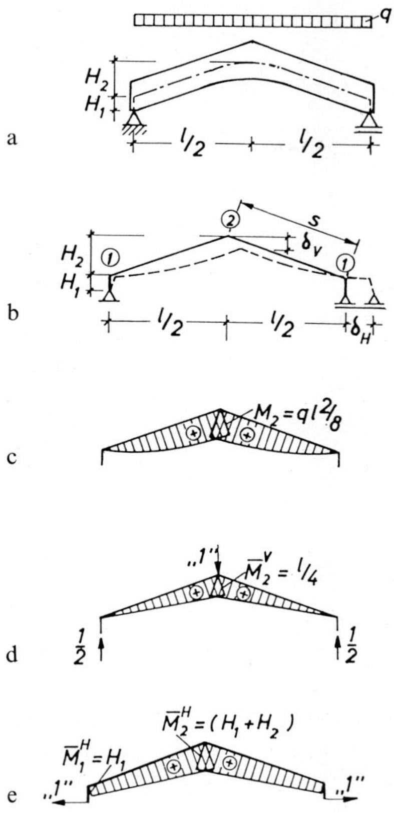

Abb. 19.21

$\bar{M}^{\mathrm{V}}$-Fläche infolge ↓ „1“ s. Abb. 19.21d

$$\bar{M}_2^{\mathrm{V}} = l/4$$

$\bar{M}^{\mathrm{H}}$-Fläche infolge → „1“ s. Abb. 19.21e

$$\bar{M}_1^{\mathrm{H}} = H_1$$

$$\bar{M}_2^{\mathrm{H}} = H_1 + H_2$$

I_{c} sei das konstante oder – bei Trägern mit veränderlicher Höhe – das Ersatz-Flächenmoment 2. Grades. Dann ist

$$E_{\|} \cdot I_{\mathrm{c}} \cdot \delta_{\mathrm{V}} = 2 \cdot \frac{5}{12} \cdot \max M \cdot \frac{l}{4} \cdot s$$

$$\boxed{f_\sigma = \delta_{\mathrm{V}} = \frac{\max M \cdot l \cdot s}{4{,}8 \cdot E_{\|} \cdot I_{\mathrm{c}}}} \qquad (19.34)$$

$$f = f_\sigma + f_\tau \leqq \text{zul}\, f$$

$$E_\| \cdot I_c \cdot \delta_H = 2 \cdot \frac{5}{12} \cdot \max M \cdot H_2 \cdot s + 2 \cdot \frac{2}{3} \cdot \max M \cdot H_1 \cdot s$$

$$= \frac{\max M \cdot s}{4{,}8} \cdot 4 \cdot (H_2 + 1{,}6 \cdot H_1)$$

$$\frac{\delta_H}{\delta_V} = \frac{4 \cdot (H_2 + 1{,}6 \cdot H_1)}{l}$$

$$\boxed{\delta_H = 4 \cdot \frac{H_2 + 1{,}6 \cdot H_1}{l} \cdot f^1} \qquad (19.35)$$

Satteldachträger sind i.d.R. an der Unterkante gelagert, so daß $H_1 \approx h/2$ in Gl. (19.35) eingesetzt werden kann (Abb. 19.22)

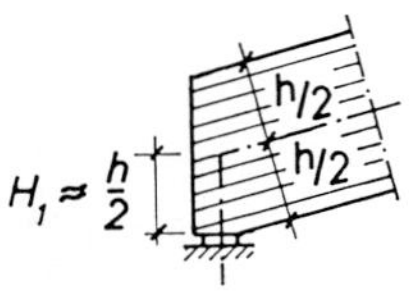

Abb. 19.22

Bestimmung von I_c (Abb. 19.23):

a) $I_c = I = \text{const.}$

b) $I_c > I$ rechnerisch abschätzen

c) $f_\sigma \approx \dfrac{\max M \cdot l \cdot s}{4{,}8 \cdot E_\| \cdot I_a} \cdot k_\sigma$

$f_\tau \approx \dfrac{1{,}2 \cdot \max M}{G \cdot A_a} \cdot k_\tau$

k_σ, k_τ s. Abb. 19.15

d) $I_c = c \cdot I_m$ nach [196].

Für $s_1 \leqq 0{,}5 \cdot s$ und $0{,}1 \leqq v \leqq 1$ gilt [162]:

$$c = (0{,}17 + 0{,}33 \cdot v + 0{,}5\sqrt{v}) + \frac{s_1}{s} \cdot (0{,}62 + \sqrt{v} - 1{,}62 \cdot v)$$

mit $\quad v = \sqrt{I_a / I_m} \qquad (19.35\text{a})$

In allen Fällen sollte f_τ berücksichtigt werden nach Gl. (10.15) oder (19.26).

---

[1] f statt δ_V: so wird der Schubanteil mit erfaßt.

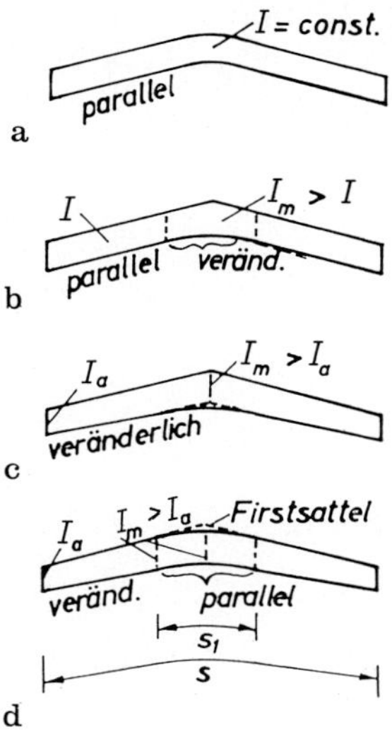

Abb. 19.23

19.5.3.3 Berechnungsbeispiel nach Abb. 19.20 (DIN)

Belastung wie Beispiel 19.5.2.4 mit Abb. 19.16: $q = 7{,}2\ \mathrm{kN/m}$

$$l = 20{,}0\,\mathrm{m}; \quad c = 6{,}0\,\mathrm{m}$$

$$b/h = 0{,}20/1{,}15\,\mathrm{m/m}$$

$\delta = \gamma$	$\sin\delta$	$\cos\delta$	$\tan\delta$
15°	0,2588	0,9659	0,2679

Beanspruchungen am Auflager:

Konstruktion nach Abb 19.24c mit Auflagerlänge wie (a).

$$\tau_Q = 1{,}5 \cdot \frac{B}{b \cdot h_a} = 1{,}5 \cdot \frac{Q}{b \cdot h} = 1{,}5 \cdot \frac{72 \cdot 10^{-3} \cdot 0{,}9659}{0{,}20 \cdot 1{,}15} = 0{,}45\,\mathrm{MN/m^2}$$

$$0{,}45/1{,}2 = 0{,}38 < 1$$

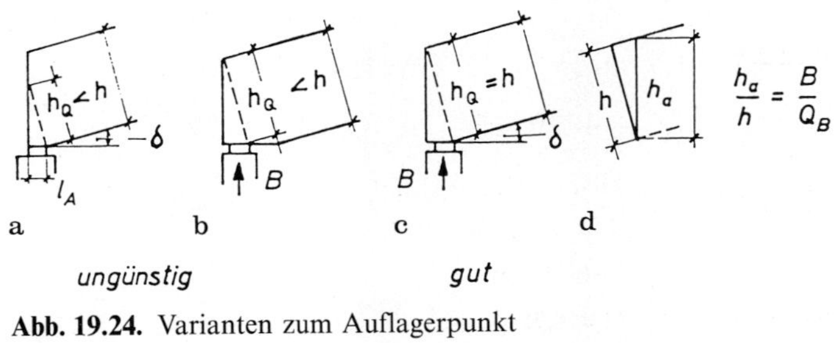

Abb. 19.24. Varianten zum Auflagerpunkt

Zulässige Pressung für $\alpha = 90° - 15°$: $\text{zul}\,\sigma_{\text{D}\sphericalangle 75°} = 2{,}7\,\text{MN/m}^2$

$$\text{erf}\,l_\text{A} = \frac{B}{b \cdot \text{zul}\,\sigma_{\text{D}\sphericalangle\alpha}} = \frac{72 \cdot 10^{-3}}{0{,}20 \cdot 2{,}7} = 0{,}133\,\text{m} \rightarrow 0{,}18\,\text{m}$$

Biegespannung am Rundungsbeginn ($x_\text{c} = 7{,}0\,\text{m}$):

$$M_\text{C} = \frac{q}{2} \cdot x_\text{c} \cdot (l - x_\text{c}) = \frac{7{,}2}{2} \cdot 7{,}0 \cdot 13{,}0 = 328\,\text{kNm}$$

$$W_\text{C} = b \cdot h^2/6 = 0{,}20 \cdot 1{,}15^2/6 = 0{,}0441\,\text{m}^3$$

$$\sigma_{\parallel\text{C}} = M_\text{C}/W_\text{C} = \frac{0{,}328}{0{,}0441} = 7{,}4\,\text{MN/m}^2$$

$$7{,}4/11{,}0 = 0{,}67 < 1$$

Längs- und Querspannung im Firstquerschnitt:

Gl. (19.32): $r_1 = \dfrac{6{,}0}{2 \cdot 0{,}2588} = 11{,}59\,\text{m}$

Gl. (19.31): $h_\text{m} = \dfrac{1{,}15}{0{,}9659} + \dfrac{6}{2} \cdot 0{,}2679 - 11{,}59 \cdot (1 - 0{,}9659) = 1{,}60\,\text{m}$

Gl. (19.33): $r_\text{m} = 11{,}59 + 1{,}60/2 = 12{,}39\,\text{m}$

$\beta_\text{m} = r_\text{m}/h_\text{m} = 12{,}39/1{,}60 = 7{,}744$

$\gamma = 15°$

Gl. (19.29a): $A_1 = 1 + 1{,}4 \tan 15° + 5{,}4 \tan^2 15° = 1{,}763$

Gl. (19.29b): $B_1 = 0{,}35 - 8 \tan 15° = -1{,}794$

Gl. (19.29c): $C_1 = 0{,}6 + 8{,}3 \tan 15° - 7{,}8 \tan^2 15° = 2{,}264$

Gl. (19.29d): $D_1 = 6 \tan^2 15° = 0{,}431$

Gl. (19.29): $\varkappa_1 = 1{,}763 - \dfrac{1{,}794}{7{,}744} + \dfrac{2{,}264}{7{,}744^2} + \dfrac{0{,}431}{7{,}744^3} = \mathbf{1{,}570}$

Gl. (19.30a): $A_\text{q} = 0{,}2 \tan 15° = 0{,}0536$

Gl. (19.30b): $B_\text{q} = 0{,}25 - 1{,}5 \tan 15° + 2{,}6 \tan^2 15° = 0{,}0347$

Gl. (19.30c): $C_\text{q} = 2{,}1 \tan 15° - 4 \tan^2 15° = 0{,}2755$

Gl. (19.30): $\varkappa_\text{q} = 0{,}0536 + \dfrac{0{,}0347}{7{,}744} + \dfrac{0{,}2755}{7{,}744^2} = \mathbf{0{,}0627}$

$M_\text{m} = 7{,}2 \cdot 20^2/8 = 360\,\text{kNm}$

$W_\text{m} = 0{,}20 \cdot 1{,}60^2/6 = 0{,}0853\,\text{m}^3$

Gl. (19.19): $\max \sigma_{\parallel m} = 1{,}57 \cdot \dfrac{0{,}360}{0{,}0853} = 6{,}63\,\mathrm{MN/m^2}$

$6{,}63/11{,}0 = 0{,}6 < 1$

Gl. (19.20): $\max \sigma_{\perp m} = 0{,}0627 \cdot \dfrac{0{,}360}{0{,}0853} = \mathbf{0{,}265\,MN/m^2}$

$0{,}265/0{,}2 = 1{,}33 > 1\ (!)$

Zur Verringerung der Querzugspannungen gibt es 3 Möglichkeiten:

a) Vergrößerung des Krümmungshalbmessers.
b) Nachgiebig angeschlossener Firstsattel oberhalb des gekrümmten Parallelträgers (aufgenagelt).
c) Beidseitig aufgeleimtes BFU oder radial eingeleimte Gewindestangen sowie Holzschrauben werden nach [76, 189, 190, 197] empfohlen bei großem Trägervolumen und in Fällen, in denen mit Trockenrissen infolge erheblicher Klimaschwankungen zu rechnen ist.

Zu a): Vergrößerung von c auf 10,0 m

$$r_1 = \frac{10}{2 \cdot 0{,}2588} = 19{,}32\,\mathrm{m}$$

$$h_m = \frac{1{,}15}{0{,}9659} + \frac{10}{2} \cdot 0{,}2679 - 19{,}32 \cdot (1 - 0{,}9659) = 1{,}87\,\mathrm{m}$$

$$r_m = 19{,}32 + 1{,}87/2 = 20{,}26\,\mathrm{m}$$

$$\beta_m = r_m/h_m = 20{,}26/1{,}87 = 10{,}83$$

$$\gamma = 15°$$

Da die Dachneigung ($\gamma = 15°$) unverändert ist, können die Faktoren A_l bis D_l der Gl. (19.29) sowie A_q bis C_q der Gl. (19.30) übernommen werden. Die $\varkappa$-Werte sind dann:

Gl. (19.29): $\varkappa_l = 1{,}763 - \dfrac{1{,}794}{10{,}83} + \dfrac{2{,}264}{10{,}83^2} + \dfrac{0{,}431}{10{,}83^3} = \mathbf{1{,}617}$

Gl. (19.30): $\varkappa_q = 0{,}0536 + \dfrac{0{,}0347}{10{,}83} + \dfrac{0{,}2755}{10{,}83^2} = \mathbf{0{,}0592}$

$$M_m = 7{,}2 \cdot 20^2/8 = 360\,\mathrm{kNm}$$

$$W_m = 0{,}20 \cdot 1{,}87^2/6 = 0{,}1166\,\mathrm{m^3}$$

Gl. (19.19): $\max \sigma_{\parallel m} = 1{,}617 \cdot \dfrac{0{,}360}{0{,}1166} = 5{,}0\,\mathrm{MN/m^2}$

$5{,}0/11{,}0 = 0{,}46 < 1$

$$\text{Gl. (19.20):}\quad \max\sigma_{\perp m} = 0{,}0592 \cdot \frac{0{,}360}{0{,}1166} = 0{,}18\,\text{MN/m}^2$$

$$0{,}18/0{,}2 = 0{,}9 < 1$$

Der Nachweis der Spannungskombination wird nicht maßgebend.

Formänderungsnachweise (grobe Näherung):

Durchbiegung in Trägermitte:

$$H_1 = h/2 = 1{,}15/2 \approx 0{,}57\,\text{m}$$

$$H_2 = 2{,}68 + 0{,}58 - 0{,}93 = 2{,}33\,\text{m}$$

Integration über 3 Bereiche mit den Ersatz-Flächenmomenten 2. Grades I_1 I_2 und I_3 nach Abb. 19.25

$$I_c = I_1 = \frac{0{,}20 \cdot 1{,}15^3}{12} = 0{,}0253\,\text{m}^4$$

$$\frac{I_c}{I_2} = \left(\frac{1{,}15}{1{,}28}\right)^3 = 0{,}725$$

$$\frac{I_c}{I_3} = \left(\frac{1{,}15}{1{,}60}\right)^3 = 0{,}371$$

$$M_1 = 72 \cdot 3 - 7{,}2 \cdot 3^2/2 = 184\,\text{kNm}$$

$$M_2 = 72 \cdot 6 - 7{,}2 \cdot 6^2/2 = 302\,\text{kNm}$$

$$M_3 = 72 \cdot 7 - 7{,}2 \cdot 7^2/2 = 328\,\text{kNm}$$

$$M_4 = 72 \cdot 8 - 7{,}2 \cdot 8^2/2 = 346\,\text{kNm}$$

$$M_5 = 72 \cdot 9 - 7{,}2 \cdot 9^2/2 = 356\,\text{kNm}$$

Virtuelle Last „1“: $\bar{M}_m = 1{,}0 \cdot 20/4 = 5{,}0\,\text{m}$

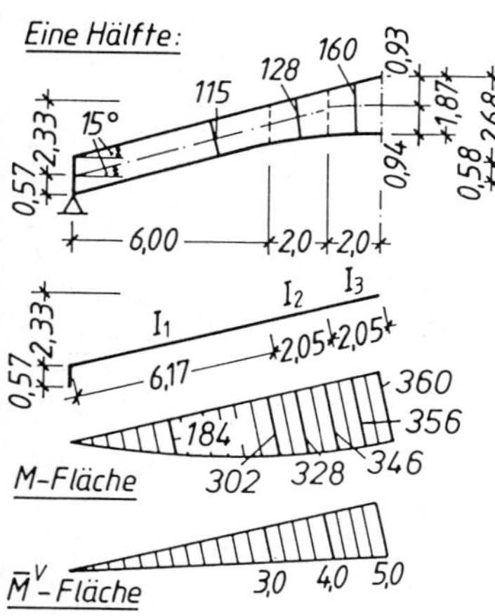

Abb. 19.25

Berechnung für eine Trägerhälfte:

$$\frac{1}{2} \cdot E_{\|} \cdot I_c \cdot f_\sigma = \frac{6{,}17}{6} \cdot (2 \cdot 184 + 302) \cdot 3{,}0 \qquad = 2067\,\text{kNm}^3$$

$$+ 0{,}725 \cdot \frac{2{,}05}{6} \cdot [302 \cdot 3{,}0 + 2 \cdot 328 \cdot (3{,}0 + 4{,}0) + 346 \cdot 4{,}0] \qquad = 1705\,\text{kNm}^3$$

$$+ 0{,}371 \cdot \frac{2{,}05}{6} \cdot [346 \cdot 4{,}0 + 2 \cdot 356 \cdot (4{,}0 + 5{,}0) + 360 \cdot 5{,}0] \qquad = 1216\,\text{kNm}^3$$

$$\mathbf{4988\,kNm^3}$$

$$f_\sigma = \frac{2 \cdot 4{,}988}{11 \cdot 10^3 \cdot 0{,}0253} = 35{,}8 \cdot 10^{-3}\,\text{m} = 35{,}8\,\text{mm}$$

$$f_\tau = \frac{1{,}2 \cdot 0{,}360}{500 \cdot 0{,}20 \cdot 1{,}15} = 3{,}8 \cdot 10^{-3}\,\text{m} = 3{,}8\,\text{mm}$$

$$f = 35{,}8 + 3{,}8 \qquad = 39{,}6\,\text{mm}$$

$$< 20 \cdot 10^3/200 = 100\,\text{mm}$$

Horizontale Lagerverschiebung:

Gl. (19.35): $\delta_H = 4 \cdot \frac{2{,}33 + 1{,}6 \cdot 0{,}57}{20} \cdot 39{,}6 \qquad = 25{,}7\,\text{mm}$

Gewählt: Parabelförmige Überhöhung $\ddot{u} = 50$ mm
Verschiebeweg mit Zugabe
für Kriechverformungen $w = 40$ mm

Zu b): Alternativlösung mit getrenntem Firstsattel [162]

In der Praxis wurden Satteldachträger mit gekrümmtem Untergurt häufig als gekrümmte Träger mit lose aufgesetztem Firstsattel gemäß Abb. 19.26 gebaut [198]. Dabei kann die Querzugspannung nach Gl. (19.10) rechnerisch geringer werden als diejenige für Satteldachträger nach Gl. (19.20) mit Gl. (19.30) gemäß *-8.2.3.2-*.

Die Auswertung von Bruchversuchen mit Satteldachträgern durch Ehlbeck/Hemmer [197] ergab höhere Tragfähigkeiten als bei gleichartig belasteten gekrümmten BSH-Trägern gleicher Abmessungen. Größe des querzugbeanspruchten Volumens, die Querzugspannungsverteilung in Trägerlängsrichtung und die Belastungsanordnung sind nämlich weitere Einflüsse auf die Querzugfestigkeit, die bei der Gegenüberstellung von max $\sigma_{Z\perp}$ und zul $\sigma_{Z\perp}$ bisher nicht berücksichtigt werden [199], vgl. auch [76].

Der Anschluß der Dachverbände kann im Firstbereich bei der Ausführung mit aufgesetztem Firstsattel konstruktive Schwierigkeiten bereiten.

Das folgende Zahlenbeispiel zeigt die Berechnung eines gekrümmten Trägers mit den gleichen Abmessungen und Belastungen wie für den Satteldachträger des vorigen Beispiels, vgl. Abb. 19.20 mit Belastung gemäß Abb. 19.16 für Beispiel 19.5.2.4:

$$l = 20\,\text{m}; \quad c = 6\,\text{m}; \quad b/h = 0{,}20/1{,}15\,\text{m/m}; \quad \gamma = \delta = 15°$$

Es erlaubt den Vergleich mit den dort ermittelten Biege- und Querzugspannungen

$$\max \sigma_{\parallel\text{m}} = 6{,}62\,\text{MN/m}^2$$
$$\max \sigma_{\perp\text{m}} = 0{,}265\,\text{MN/m}^2 > 0{,}2\ \text{MN/m}^2$$

Systemmaße (wie Ausgangsmaße):

$$h = \ 1{,}15\,\text{m} \quad \text{konstant siehe vorher}$$
$$r_1 = 11{,}59\,\text{m}$$
$$r_\text{m} = 11{,}59 + 1{,}15/2 \qquad = 12{,}17\,\text{m}$$
$$\beta = \frac{r_\text{m}}{h} = \frac{12{,}17}{1{,}15} \qquad = 10{,}6$$
$$H_1 = 1{,}15/2 \qquad = \ 0{,}57\,\text{m}$$
$$H_2 = 2{,}68 + 0{,}58 - 0{,}45 - 0{,}58 = \ 2{,}23\,\text{m}$$

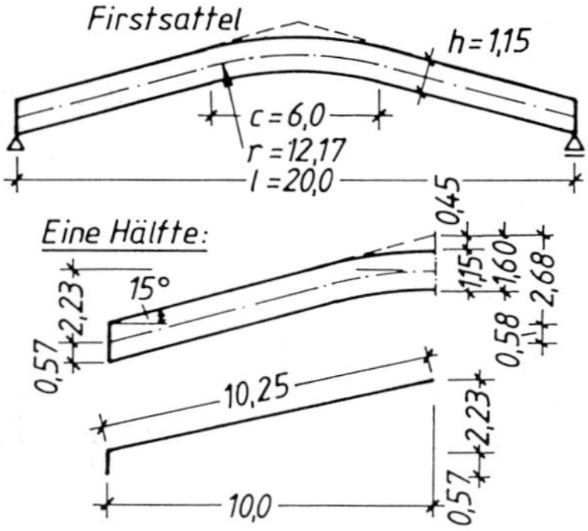

Abb. 19.26

Querschnittswerte:

$$W_\text{y} = 0{,}20 \cdot 1{,}15^2/6 \ \ = 0{,}0441\,\text{m}^3$$
$$I_\text{y} = 0{,}20 \cdot 1{,}15^3/12 = 0{,}0253\,\text{m}^4$$

Biegemoment: $\max M = 360\,\text{kNm}$ wie Beispiel 19.5.2.4

Spannungsnachweise (Trägermitte) für den gekrümmten Träger:

Gl. (19.6): $$\max \sigma_\parallel \ = \frac{0{,}360}{0{,}0441} \cdot \left(1 + \frac{0{,}35}{10{,}6} + \frac{0{,}6}{10{,}6^2}\right) = 8{,}5\,\text{MN/m}^2$$

$$8{,}5/11 \ = 0{,}77 < 1$$

Gl. (19.10): $\max \sigma_{Z\perp} = \dfrac{0{,}360}{0{,}0441} \cdot \dfrac{1}{4 \cdot 10{,}6} = 0{,}19\,\text{MN/m}^2$

$0{,}19/0{,}2 = 0{,}95 < 1$

Formänderungsnachweise:
Vereinfachtes System als geknickter Träger nach Abb. 19.26.
Berechnung nach Erläuterungen zu Abb. 19.23a mit $I = \text{const.}$

Gl. (19.34): $f_\sigma = \dfrac{0{,}360 \cdot 20 \cdot 10{,}25}{4{,}8 \cdot 11 \cdot 10^3 \cdot 0{,}0253} = 55{,}2 \cdot 10^{-3}\,\text{m} = 55{,}2\,\text{mm}$

Gl. (10.15): $f_\tau = \dfrac{1{,}2 \cdot 0{,}360}{500 \cdot 0{,}20 \cdot 1{,}15} = 3{,}8 \cdot 10^{-3}\,\text{m} = 3{,}8\,\text{mm}$

$f = 55{,}2 + 3{,}8 = 59{,}0 < \dfrac{20000}{200} = 100\,\text{mm}$

Gl. (19.35): $\delta_\text{H} \approx 4 \cdot \dfrac{2{,}23 + 1{,}6 \cdot 0{,}57}{20} \cdot 59{,}0 = 37{,}1\,\text{mm}$

Gewählt: Parabelförmige Überhöhung $\ddot{u} = 80$ mm
Verschiebeweg mit Zugabe $w = 50$ mm

19.5.3.4 Satteldachträger mit veränderlicher Höhe (DIN)

Die Brettlamellen (Faserrichtung) verlaufen parallel zur Trägerunterkante, so daß Anschnitte an der Oberkante entstehen.

$\beta = \dfrac{1}{2} \cdot (\gamma + \delta)$ Neigung der Trägerachse

$\alpha = \gamma - \delta$ Anschnittswinkel an Trägeroberkante

$r_1 = \dfrac{c}{2 \cdot \sin \delta}$ wie Gl. (19.32)

$$h_1 = h_\text{a} + \frac{l}{2} \cdot (\tan \gamma - \tan \delta) \tag{19.36a}$$

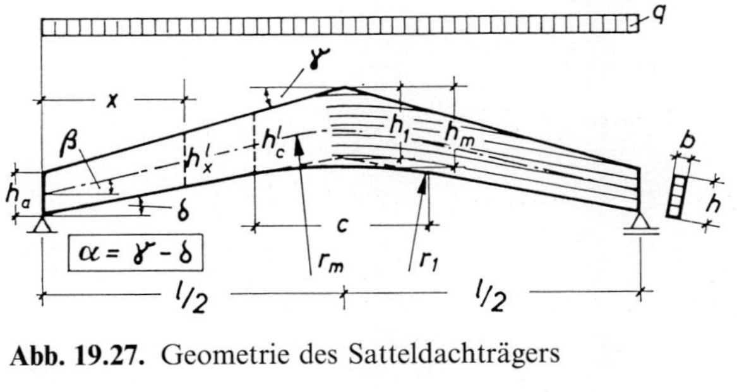

Abb. 19.27. Geometrie des Satteldachträgers

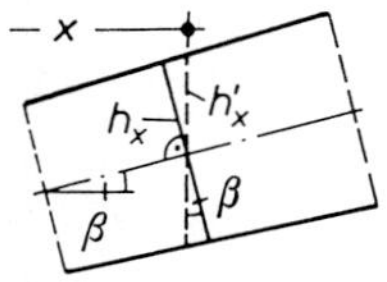

Abb. 19.27a

$$h_m = h_1 + \frac{c}{2} \cdot \tan\delta - r_1 \cdot (1 - \cos\delta) \qquad (19.36\text{b})$$

$$h'_c = h_a + \frac{l - c}{2} \cdot (\tan\gamma - \tan\delta) \qquad (19.36\text{c})$$

$$h'_x = h_a \cdot \left(2 - \frac{h_a}{h_1}\right) \qquad \text{wie Gl. (19.22)}$$

$$r_m = r_1 + h_m/2 \qquad \text{wie Gl. (19.33)}$$

h'_c und h'_x sind für die üblichen flachen Satteldächer grobe Näherungswerte der Querschnittshöhen. Die genaueren Werte sind (Abb. 19.27a):

$$h_c \approx h'_c \cdot \cos\beta \qquad (19.36\text{d})$$

$$h_x \approx h'_x \cdot \cos\beta \qquad (19.22\text{a})$$

Spannungsnachweise:

1. τ_Q am Auflager
2. $\sigma_{D\ast}$ am Auflager
3. $\max\sigma_{\parallel}$ an der Stelle x, vgl. Abb. 19.14a. Maßgebender Nachweis am schräg angeschnittenen Rand (Trägeroberkante) nach Gl. (19.18).
4. $\max\sigma_{\parallel}$ im Firstquerschnitt nach Gl. (19.19), Abb. 19.17
5. $\max\sigma_{Z\perp}$ im Firstquerschnitt nach Gl. (19.20), Abb. 19.17

19.5.3.5 Berechnungsbeispiel nach Abb. 19.27 und 19.28:

Belastung wie symmetrischer Satteldachträger: BS11 (≙ BSH II)

$$q = 7{,}2\,\text{kN/m}$$

$$B = C = 72\,\text{kN}$$

$$\max M = 360\,\text{kNm}$$

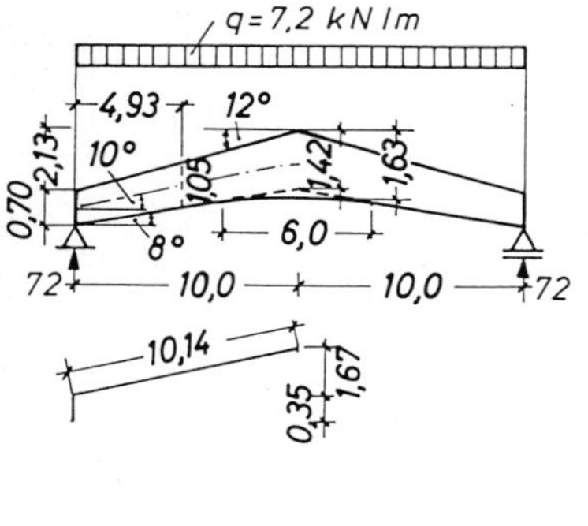

Abb. 19.28

Systemmaße s. Abb. 19.28

$$H_1 = 0{,}70/2 = 0{,}35\,\text{m}$$
$$H_2 = 0{,}35 + 2{,}13 - 1{,}63/2 = 1{,}67\,\text{m}$$
$$\gamma = 12°;\ \delta = 8°$$
$$\beta = \frac{12 + 8}{2} = 10°;\ \alpha = 12 - 8 = 4°$$

$\sin\delta = 0{,}1392$	$\tan\gamma = 0{,}2126$	$\tan\alpha = 0{,}070$
$\cos\delta = 0{,}9903$	$\tan\delta = 0{,}1405$	$\tan^2\alpha = 0{,}0049$
$\cos\beta = 0{,}9848$	$\tan\gamma - \tan\delta = 0{,}0721$	

Gl. (19.32): $$r_1 = \frac{6{,}0}{2 \cdot 0{,}1392} = 21{,}55\,\text{m}$$

Gl. (19.36a): $$h_1 = 0{,}70 + 10{,}0 \cdot 0{,}0721 = 1{,}42\,\text{m}$$

Gl. (19.36b): $$h_\text{m} = 1{,}42 + \frac{6{,}0}{2} \cdot 0{,}1405 - 21{,}55 \cdot (1 - 0{,}9903) = 1{,}63\,\text{m}$$

Gl. (19.22): $$h'_\text{x} = 0{,}70 \cdot (2 - 0{,}70/1{,}42) = 1{,}05\,\text{m}$$

Gl. (19.22a): $$h_\text{x} = 1{,}05 \cdot 0{,}9848 = 1{,}03\,\text{m}$$

Gl. (19.21): $$x = \frac{20}{2} \cdot \frac{0{,}70}{1{,}42} = 4{,}93\,\text{m}$$

Spannungsnachweise:
an der Stelle x:

$$M_\text{x} = \frac{7{,}2}{2} \cdot 4{,}93 \cdot 15{,}07 = 267\,\text{kNm}$$

$$W_\text{x} = 0{,}20 \cdot 1{,}03^2/6 = 0{,}0354\,\text{m}^3$$

Gl. (19.15): $$\sigma_{\|\text{x}} = \frac{0{,}267}{0{,}0354} = 7{,}54\,\text{MN/m}^2$$

An der angeschnittenen Trägeroberkante ($\alpha = 4°$):

Tafel 19.2: $k_\text{D} = 0{,}93$

Gl. (19.18): $$\frac{7{,}54}{0{,}93 \cdot 14} = 0{,}58 < 1$$

bzw. $7{,}54/11 = 0{,}69 < 1$ maßgebend!

im Firstquerschnitt:

Gl. (19.33): $r_m = 21{,}55 + 1{,}63/2 \qquad = 22{,}4\,\text{m}$

$W_m = 0{,}20 \cdot 1{,}63^2/6 \qquad = 0{,}0886\,\text{m}^3$

$$\frac{1}{\beta_m} = \frac{h_m}{r_m} = \frac{1{,}63}{22{,}4} \qquad = 0{,}073$$

Abb. 19.18: $\varkappa_l \approx 1{,}46$

$\varkappa_q \approx 0{,}048$

Genauer: $\beta_m = 22{,}4/1{,}63 = 13{,}74; \qquad \gamma = 12°$

Gl. (19.29a): $A_l = 1 + 1{,}4 \tan 12° + 5{,}4 \tan^2 12° \qquad = 1{,}542$

Gl. (19.29b): $B_l = 0{,}35 - 8 \tan 12° \qquad = -1{,}350$

Gl. (19.29c): $C_l = 0{,}6 + 8{,}3 \tan 12° - 7{,}8 \tan^2 12° \qquad = 2{,}012$

Gl. (19.29d): $D_l = 6 \tan^2 12° \qquad = 0{,}271$

Gl. (19.29): $$\varkappa_l = 1{,}542 - \frac{1{,}350}{13{,}74} + \frac{2{,}012}{13{,}74^2} + \frac{0{,}271}{13{,}74^3} \qquad = \mathbf{1{,}45}$$

Gl. (19.30a): $A_q = 0{,}2 \tan 12° \qquad = 0{,}0425$

Gl. (19.30b): $B_q = 0{,}25 - 1{,}5 \tan 12° + 2{,}6 \tan^2 12° \qquad = 0{,}0486$

Gl. (19.30c): $C_q = 2{,}1 \tan 12° - 4 \tan^2 12° \qquad = 0{,}2656$

Gl. (19.30): $$\varkappa_q = 0{,}0425 + \frac{0{,}0486}{13{,}74} + \frac{0{,}2656}{13{,}74^2} \qquad = \mathbf{0{,}0474}$$

Gl. (19.19): $$\max \sigma_{\parallel m} = 1{,}45 \cdot \frac{0{,}360}{0{,}0886} = 5{,}9\,\text{MN/m}^2$$

$5{,}9/11{,}0 = 0{,}54 < 1$

Gl. (19.20): $$\max \sigma_{Z\perp} = 0{,}0474 \cdot \frac{0{,}360}{0{,}0886} = 0{,}193\,\text{MN/m}^2$$

$0{,}193/0{,}2 = 0{,}97 < 1$

am Auflager: $$\tau_Q = 1{,}5 \cdot \frac{0{,}072}{0{,}20 \cdot 0{,}70} = 0{,}77\,\text{MN/m}^2$$

$0{,}77/1{,}2 = 0{,}64 < 1$

Durchbiegungsnachweis (Abb. 19.28):

Berechnung nach Gln. (19.34) und (19.26) mit I_c nach Abb. 19.23c.

$I_a = 0{,}20 \cdot 0{,}70^3/12 \qquad = 5{,}717 \cdot 10^{-3}\,\text{m}^4$

$A_a = 0{,}20 \cdot 0{,}70 \qquad = 0{,}14\,\text{m}^2$

$h_1/h_a = 1{,}42/0{,}70 \qquad = 2{,}03$

Abb. 19.15: $k_\sigma \approx 0{,}21$

$k_\tau \approx 0{,}77$

Gl. (19.34): $f_\sigma = \dfrac{\max M \cdot l \cdot s}{4{,}8 \cdot E_\parallel \cdot I_a} \cdot k_\sigma$

$$= \frac{0{,}360 \cdot 20 \cdot 10{,}14}{4{,}8 \cdot 11 \cdot 10^3 \cdot 5{,}717 \cdot 10^{-3}} \cdot 0{,}21 = 50{,}8 \cdot 10^{-3}\,\text{m} = 50{,}8\,\text{mm}$$

Gl. (19.26): $f_\tau = \dfrac{1{,}2 \cdot \max M}{G \cdot A_a} \cdot k_\tau$

$$= \frac{1{,}2 \cdot 0{,}360}{500 \cdot 0{,}14} \cdot 0{,}77 = 4{,}8 \cdot 10^{-3}\,\text{m} = 4{,}8\,\text{mm}$$

$$f = 50{,}8 + 4{,}8 = 55{,}6\,\text{mm} < \frac{20000}{200} = 100\,\text{mm}$$

Gl. (19.35): $\delta_H = 4 \cdot \dfrac{1{,}67 + 1{,}6 \cdot 0{,}35}{20} \cdot 55{,}6 \qquad = 24{,}8\,\text{mm}$

Gewählt: Überhöhung $\qquad ü = 70\,\text{mm}$

Verschiebeweg mit Zugabe $\qquad w = 40\,\text{mm}$

Hinweis:
Auch beim Satteldachträger mit veränderlicher Höhe kann die Alternativlösung mit aufgenageltem Firstsattel nach Abb. 19.26 sinngemäß angewendet werden [198].

In [200] ist ein Vorschlag zur Vorbemessung von hinsichtlich ihres Volumens minimierten symmetrischen Satteldachträgern mit veränderlicher Höhe enthalten. Für obige Spannweite, Dachneigung, Belastung und BSH I folgen nach [200]:

$$\text{erf}\,b = 0{,}18\,\text{m};\quad h_a = 0{,}50\,\text{m};\quad h_m = 1{,}64\,\text{m};\quad h_1 = 1{,}29\,\text{m};$$
$$\delta = 7{,}6°;\quad r_1 = 39{,}3\,\text{m};\quad c = 10{,}4\,\text{m};\quad V = 3{,}46\,\text{m}^3;\ (4{,}34\,\text{m}^3)\,^1.$$

Bei Verwendung von BSH II ist außerdem der Spannungsnachweis

$$\sigma_{\parallel x} = \frac{M_x}{W_x} \leqq \text{zul}\,\sigma_B = 11\,\text{N/mm}^2$$

einzuhalten, was mit einer Vergrößerung von b – z. B. auf 0,20 m – erreicht werden kann. Damit ist auch eine Verringerung der Firsthöhe h_m möglich.

19.5.4 Voutenträger (DIN)

Im Voutenbereich kann der vereinfachte Spannungsnachweis nach Gl. (19.18) mit k_D-Werten nach Tafel 19.2 oder Abb. 19.13e geführt werden. Ein ausführliches Berechnungsbeispiel siehe Milbrandt [58].

---

[1] Volumen entsprechend Abb. 19.28.

19.6 Konstruktion der Trägerauflager (DIN)

Brettschichtholzträger werden i.d.R. mit ebener horizontaler Unterkante auf eine Zentrierplatte aufgelegt und seitlich abgestützt (Gabellagerung). Am verschieblichen Auflager sollte – insbesondere bei Satteldachträgern mit geneigter Unterkante – der rechnerische Verschiebeweg die Gestaltung der Lagerkonstruktion bestimmen (Abb. 19.29b). Gleitlager können z.B. als Teflon-Gleitlager, Neoprene-Deformationslager oder Stahl-Rollenlager ausgebildet werden, bei kleinen Pressungen ($< \approx 0{,}8\,\mathrm{MN/m^2}$) auch mit Hartfaserplatten, deren Gleitfuge mit Graphitfett geschmiert ist.

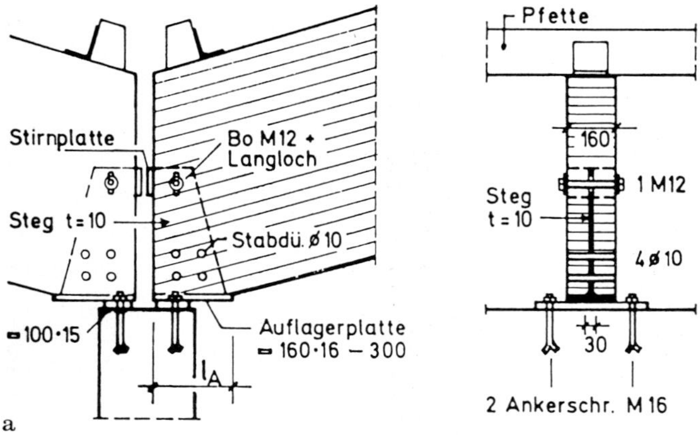

a

Festes Auflager mit Stahlschuh wegen begrenzter Auflagerlänge.
zul $\sigma_{D\nless}$ auf Länge l_A übertragen. Ausmittigkeit der Lagerreaktion durch horizontales Kräftepaar Stirnplatte/Stabdübel aufgenommen.

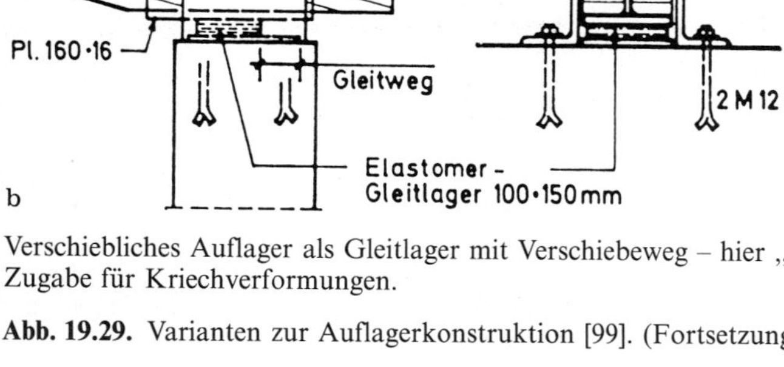

b

Verschiebliches Auflager als Gleitlager mit Verschiebeweg – hier „v" genannt – mit 20 mm Zugabe für Kriechverformungen.

Abb. 19.29. Varianten zur Auflagerkonstruktion [99]. (Fortsetzung s. nächste Seite)

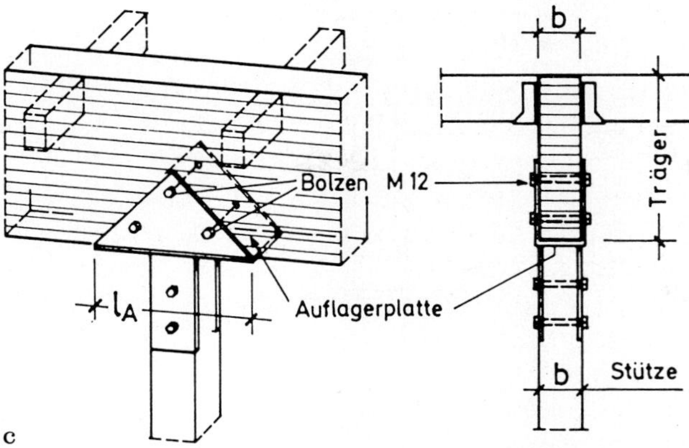

c

Lager auf Pendelstütze (nachgiebiger Bolzenanschluß). Pressung zul $\sigma_{D\perp}$ auf Fläche $b \cdot l_A$ verteilt, zul $\sigma_{D\parallel}$ auf Stützenquerschnitt. Gabellagerung durch Seitenbleche.

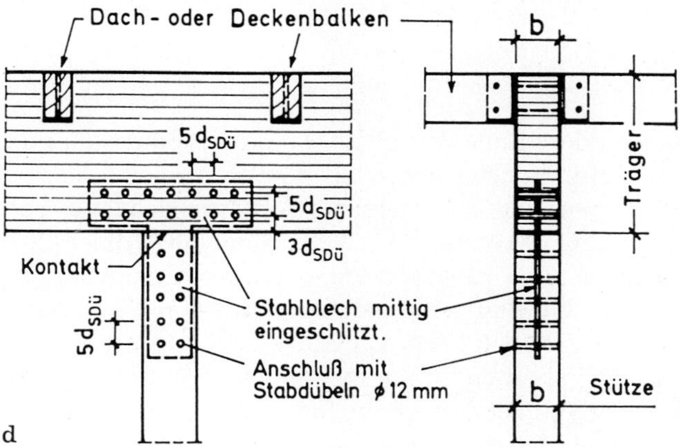

d

Lager auf Stütze mit elastischer Einspannung. Auflagerkraft durch Kontakt (zul $\sigma_{D\perp}$) und Stabdübel übertragen (Zusammenwirken nach *–T2, 14–*). Kippsicherung durch biegesteifen Pfettenanschluß.

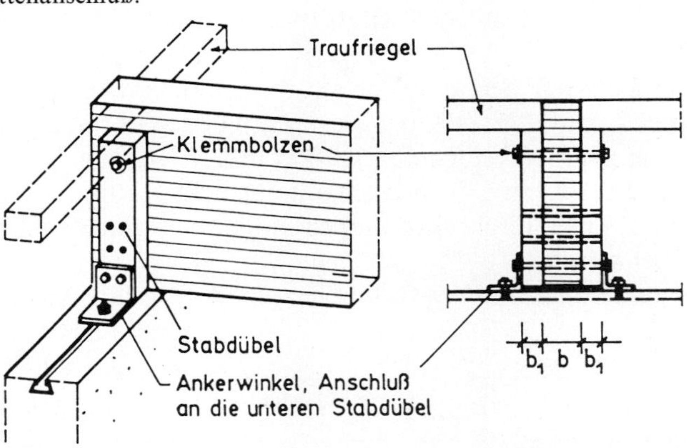

e

Auflagerverstärkung durch angedübelte Holzknaggen. Berechnung der Stabdübel für 1,5fache anteilige Auflagerkraft *–T2, 14–*.

Abb. 19.29 (Fortsetzung s. nächste Seite)

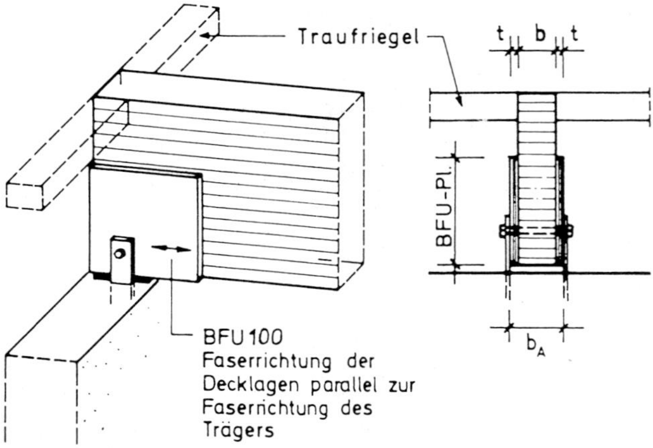

f

Auflagerverstärkung durch angeleimtes BFU. Nagelpreßleimung mit Resorzinharzleim möglich. Bei erheblichen Feuchteschwankungen ist reine Nagelung vorzuziehen.

Abb. 19.29 (Fortsetzung)

Wird die Verschieblichkeit durch eine Pendelstütze bewirkt, dann ist nur die zwängungsfreie Tangentenverdrehung sicherzustellen [198].

Steht für Trägerauflager nur eine eng begrenzte Auflagerfläche zur Verfügung (vorh $\sigma_{D\perp}$ > zul $\sigma_{D\perp}$), dann können nach Versuchen von Möhler [201] vertikal eingeleimte Schrauben angeordnet werden, deren Kopf die Auflagerpressung aufnimmt und deren Gewindeschaft die Lagerreaktion durch Mantelreibung in das Holz leitet, s. Abb. 6.1 Ac), vgl. auch [202].

Milbrandt [99] zeigt einige Varianten für Auflagerpunkte von Brettschichtholzträgern, z.T. mit Berechnung der Lagerteile. Sie sind in Abb. 19.29 dargestellt.

19.7 Durchbrüche in Brettschichtholzträgern (DIN)

Durch Rahmenwirkung eines Trägers im Bereich rechteckiger Durchbrüche entstehen Schnittgrößen gemäß Abb. 19.30. Sie erzeugen in den Ecken *E* Querzugspannungen $\sigma_{Z\perp}$, die zum Aufreißen des Trägers führen können.

Durchbrüche nach *–8.2.2.2–* sind Öffnungen mit den lichten Abmessungen $d > 50$ mm gemäß Abb. 19.31. Durchbrüche sollen möglichst symmetrisch zur Trägerachse angeordnet werden.

Für Durchbrüche ohne oder mit Verstärkungen gelten folgende Mindest- und Höchstmaße:

<table>
<tr><td>$l_V \geqq h$</td><td>$l_Z \geqq h$</td><td>$l_A \geqq h/2$</td><td>$h_{ro,ru} \geqq 0{,}3 \cdot h$</td><td>$a \leqq h$</td><td>$h_d \leqq 0{,}4 \cdot h$</td></tr>
<tr><td colspan="2">$h_1 \leqq a_1 \geqq 0{,}25 \cdot a$</td><td colspan="2">$0{,}1 \cdot h \leqq h_1 \geqq 0{,}25 \cdot h_d$</td><td colspan="2">$b \leqq 220$ mm</td></tr>
</table>

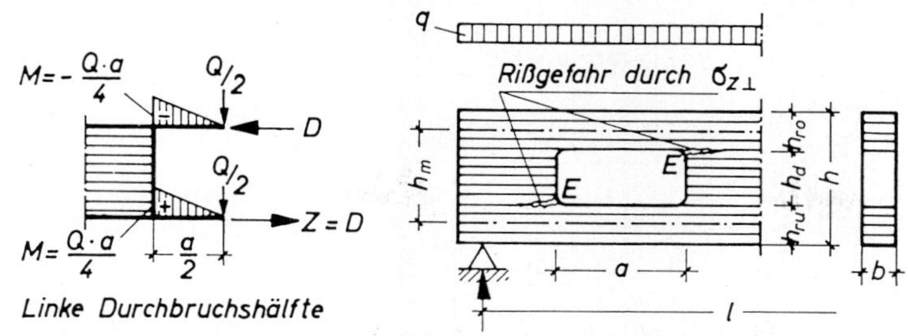

Abb. 19.30. Rechteckiger Durchbruch im Brettschichtholzträger

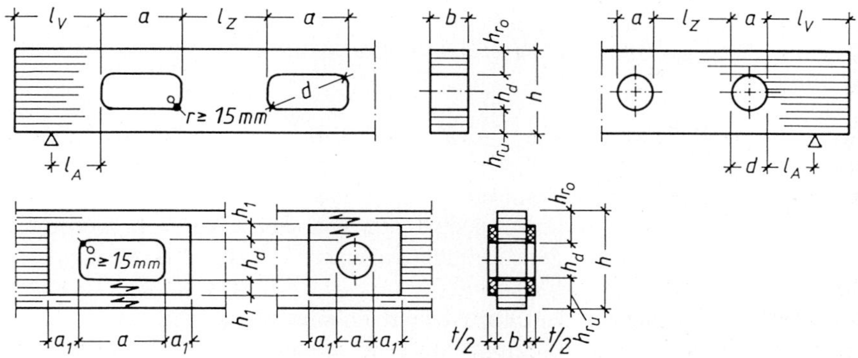

Abb. 19.31. Mindest- und Höchstmaße von Durchbrüchen

Nach *–8.2.2.2–* müssen Durchbrüche verstärkt werden, wenn das größte lichte Maß d nach Abb. 19.31 die Gl. (19.37a) oder (19.37b) erfüllt und ein genauerer Nachweis nicht geführt wird.

$$d \geqq 100 - 42 \cdot \tau_Q \quad \text{in mm} \tag{19.37a}$$

$$d \geqq (0{,}1 - 0{,}042 \cdot \tau_Q) \cdot h \quad \text{in mm} \tag{19.37b}$$

Darin bedeuten:

$\tau_Q = 1{,}5 \cdot Q/(h \cdot b)$ in N/mm^2

Q = Querkraft in N in Durchbruchsmitte

h, b = Höhe, Breite des BSH-Querschnitts in mm gemäß Abb. 19.31

Das zulässige Maß d von unverstärkten Durchbrüchen in BSH-Trägern in Abhängigkeit von τ_Q und h kann aus Abb. 19.31a abgelesen werden [162].

Wenn von einem genaueren Nachweis abgesehen wird, darf als Verstärkung gemäß Abb. 19.31 BFU-BU 100 nach DIN 68705 T5 beidseitig aufgeleimt werden. Die Gesamtdicke t der Verstärkung ($t/2$ je Seite) darf nach Gl. (19.38) berechnet werden.

$$t \geqq (0{,}15 + 0{,}4 \cdot \tau_Q) \cdot b \geqq 20\,\text{mm} \quad \text{in mm} \tag{19.38}$$

b und τ_Q siehe oben

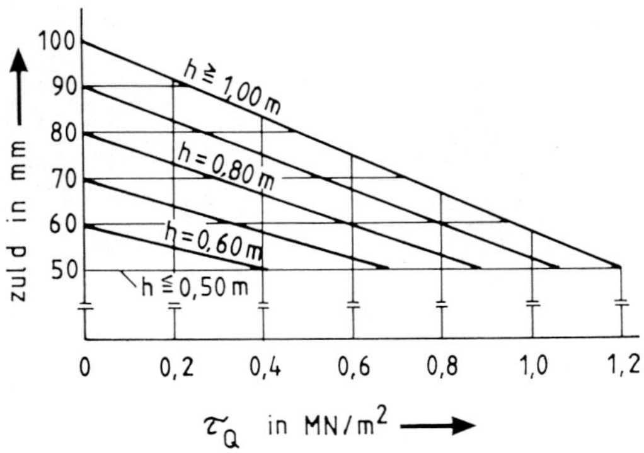

Abb. 19.31 a. Zulässiges Maß von unverstärkten Durchbrüchen in BSH-Trägern nach *–E49–* [162]

Zu beachten:

- Verleimung wie 10.2.4.2 ausführen
- Die Aufleimung der Verstärkung darf nur von Betrieben vorgenommen werden, die ihre Eignung zum Leimen tragender Holzbauteile nachgewiesen haben *–12.1–*
- Größere Einzellasten im Durchbruchsbereich sind unzulässig
- Sorgfältige Isolierung gegen Temperaturerhöhungen, die über Raumtemperatur liegen
- Gültig für BSH-Träger, die nicht der Witterung ausgesetzt sind.

Praktische Berechnungsbeispiele siehe [28, 33].

19.8 Rahmenecken (DIN)

19.8.1 Übliche Konstruktionen (DIN)

Rahmenecken können in aufgelöster Form nach Abb. 19.32 gebaut werden, vgl. Abschn. 19.8.7, Beispiel 3. Weitere Beispiele sind Hempel [89] und Milbrandt [28] zu entnehmen.

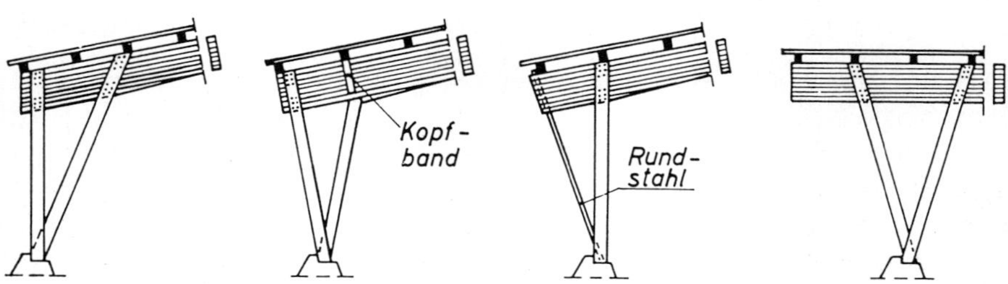

a b c d

Abb. 19.32. Rahmenecken in aufgelöster Form

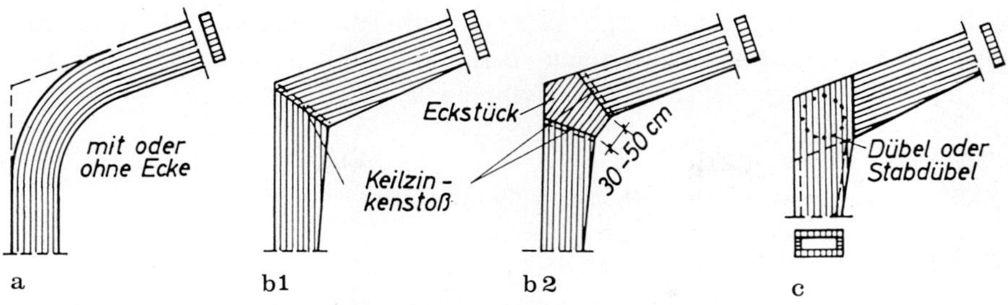

Abb. 19.33. Rahmenecken in geschlossener Form

Meistens werden Rahmenecken in geschlossener Bauweise in den drei Grundformen a, b, c nach Abb. 19.33 ausgeführt:

a) Krümmung mit oder ohne volle Ecke
b) Keilzinkenvollstoß mit oder ohne Eckstück
c) Kreisförmig angeordnete Dübel oder Stabdübel

Der folgende Abschnitt befaßt sich ausschließlich mit Rahmenecken in geschlossener Form. Hinsichtlich ihrer Herstellung und Montage ist zu beachten:

Form a: Das ganze Bauteil (eine Binderhälfte) wird im Holzleimbaubetrieb hergestellt und ungestoßen zur Baustelle transportiert. Deshalb Transportmaße beachten, vgl. Abb. 19.1d.

Form b: Der Keilzinkenstoß nach DIN 68140 sollte kurz nach dem Fräsen der Zinkung möglichst im Holzleimbaubetrieb ausgeführt werden (Normalklima, Preßvorrichtung, Erhärtungszeit), kann aus Transportgründen aber auch auf der Baustelle hergestellt werden. Voraussetzungen sind dann genaue Passung (Feuchteänderungen vermeiden) und werkstattmäßige Bedingungen beim Zusammenbau.

Die Brettlamellen sollen parallel zur Außenkante verlaufen, d.h. Anschnitte an der Innenkante.

Form c: Stütze und Riegel werden als Einzelstücke transportiert und auf der Baustelle verbunden. Eine gute Passung kann erreicht werden, indem das Mittelteil (meist Riegel) erst auf der Baustelle gebohrt wird, da Feuchteänderungen während Transport und Lagerung wegen unterschiedlicher Quell- und Schwindmaße ∥ Fa und ⊥ Fa in Riegel und Stütze verschiedene Formänderungen hervorrufen.

19.8.2 Gekrümmte Rahmenecken (DIN)

Die gekrümmte Rahmenecke kann hinsichtlich der Spannungsnachweise wie ein gekrümmter Träger behandelt werden.

Gekrümmte Form ohne Ecke siehe Abschn. 19.4.3 mit Gl. (19.6), Abschn. 19.4.4 mit Gl. (19.10) und Abschn. 19.4.5, sowie Abb. 19.8b.

Gekrümmte Form mit Ecke nach Abschn. 19.5.3, Abb. 19.17 (M_m entgegengesetzt) sinngemäß anwenden *–8.2.3–*.

Berechnungsbeispiel siehe z. B. Hempel [89].

19.8.3 Rahmenecken mit Keilzinkenvollstoß (DIN)

19.8.3.1 Allgemeines (DIN)

Der Keilzinkenvollstoß gestattet gegenüber dem gekrümmten Träger eine günstigere Raumausnutzung im Eckbereich. Bei Dreigelenkrahmen kann diese Eckausbildung mit einer oder zwei Keilzinkungen nach Abb. 19.33 und 19.34 ausgeführt werden.

Die Brettlamellen (Faserrichtung) sollen parallel zur Außenkante des Trägers verlaufen.

19.8.3.2 Bemessung keilgezinkter Rahmenecken (DIN)

Die Beanspruchung in solchen Rahmenecken ist mit der technischen Balkenbiegelehre nicht mehr zutreffend zu ermitteln. Unter Zugrundelegung der orthotropen Scheibentheorie ergeben sich Längs- und Querspannungen, deren Verlauf dem in Abb. 19.13d und 19.17 dargestellten ähnlich ist. Krabbe/Tersluisen [203] haben theoretische Untersuchungen über Verlauf und Größenordnung der Spannungen in Rahmenecken mit einer Keilzinkung durchgeführt.

Keilgezinkte Rahmenecken werden i. d. R. durch negative Eckmomente gemäß Abb. 19.8b beansprucht, die Druckspannungsspitzen $\sigma_{D\parallel}$ an der Innenseite der Ecke und Querdruckspannungen $\sigma_{D\perp}$ im Eckbereich hervorrufen.

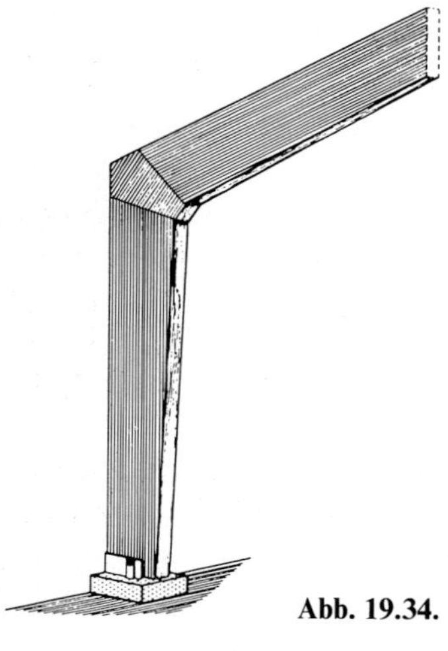

Abb. 19.34. Keilgezinkte Rahmenecke [26, 99]

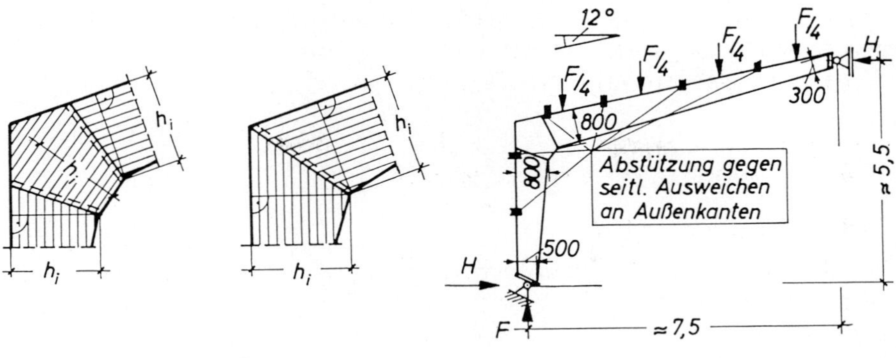

a b c

Abb. 19.35. Rahmenecken mit Keilzinkenvollstößen

Größere positive Eckmomente sollten vermieden werden, da sie Querzugspannungen $\sigma_{Z\perp}$ erzeugen, für deren Berechnung z. Z. noch keine zuverlässigen Untersuchungsergebnisse vorliegen. Über eine vereinfachte Berechnung dieser Querzugspannungen berichten Egner/Kolb [204]. Bis zur Klärung des Tragverhaltens schlägt Heimeshoff [205] vor, bei positivem Eckmoment eine rechnerische Biegedruckspannung von $0{,}2 \cdot \text{zul}\,\sigma_{D\measuredangle}$ nicht zu überschreiten, vgl. Möhler/Siebert [77].

Für Dreigelenkrahmen bedeutet das i. d. R. keine Einschränkung, da geringe positive Eckmomente im Lastfall „$g + w$" schadlos aufgenommen werden können.

Zur Beurteilung der Tragsicherheit verschiedener Ausführungen von Rahmenecken hat Kolb [206, 207] experimentelle Untersuchungen an praxisnahen Versuchskörpern durchgeführt, s. Abb. 19.35c.

Die Auswertung dieser Versuche – Bruchsicherheit $\nu > 3{,}3$ – erlaubt nach Kolb folgendes vereinfachtes Rechenverfahren für den Standsicherheitsnachweis von Rahmenecken mit Keilzinkenvollstößen, vgl. Heimeshoff [205].

$$\sigma_\omega = \omega \cdot \frac{N}{A_n} + \frac{\text{zul}\,\sigma_{D\parallel}}{\text{zul}\,\sigma_B} \cdot \frac{M}{W_n} \leqq \text{zul}\,\sigma_{D\measuredangle\alpha} \qquad (19.39)$$

mit $A_n = 0{,}8 \cdot b \cdot h_i$

$W_n = 0{,}8 \cdot b \cdot h_i^2/6$ wie Gl. (19.3)

Darin bedeuten:

M [kNm] Biegemoment, bezogen auf den Mittelpunkt des Keilzinkenstoßes

N [kN] Längskraft $\parallel$ Stabachse von Stütze oder Riegel

A_n [m²], W_n [m³] Netto-Querschnittsfläche und -Widerstandsmoment mit ideeller Höhe h_i nach Abb. 19.35a, b als Lot von innerer Ecke auf Außenkante. Die Abminderung um etwa 20% berücksichtigt die Keilzinkung, vgl. Gl. (19.3).

$\text{zul}\,\sigma_{D\measuredangle\alpha}$ gilt für $\measuredangle\,\alpha$ zwischen Kr und Fa (Kraftrichtung $\perp$ Gehrungsfuge) nach Abb. 19.36 und für NH S10 nach DIN 68140 – auch bei Verwendung von BS14 ($\triangleq$ BSH Gkl I).

Berechnungsbeispiel siehe [26] und Abschn. 19.8.5.

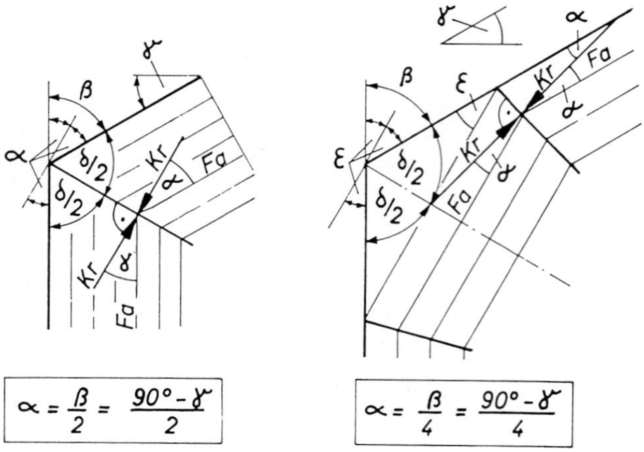

a b

Abb. 19.36. Maßgebender ∢ α zwischen Kr und Fa

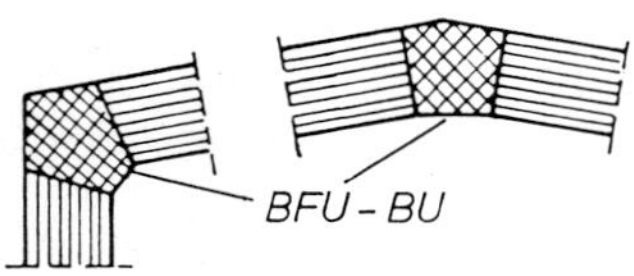

Abb. 19.37

Bei Verwendung von Zwischenstücken aus BFU-BU nach Abb. 19.37 anstelle solcher aus BSH kann eine Erhöhung der Tragfähigkeit erreicht werden.

Nach experimentellen Unterwuchungen von Kolb/Gruber [208] können solche Zwischenstücke auch im Firstbereich von Satteldachträgern vorteilhaft eingesetzt werden zur Aufnahme der Querzugspannungen.

Berechnungsbeispiele siehe [33].

19.8.3.3 Konstruktionsdetails (DIN)

Einige Varianten für die Ausbildung des Stützenfußes mit Berechnung sowie ein Beispiel für eine einfache Konstruktion des Firstpunktes sind in Abb. 19.38 dargestellt [26, 28].

Hinweise zu den Abbildungen:

Zu a, b, c: Vertikallasten und Horizontalschub werden durch Kontakt übertragen. Nach außen gerichteter Horizontalschub wird durch bewehrte Stahlbeton-Aufkantung oder Stahlschuh aufgenommen. Bolzen oder Stabdübel zur Lagesicherung oder, falls notwendig, für nach innen gerichtete H-Kraft im Lastfall „g + w“. Eine Sperrschicht muß das Holz gegen aufsteigende Feuchtigkeit schützen.

Zu d: I-Profil zur Aufnahme der lotrechten Gelenk-Querkraft für Lastfall „$s/2 + w$“. H-Kraft aus „g + s“ wird durch Kontakt übertragen. Zwei seitlich

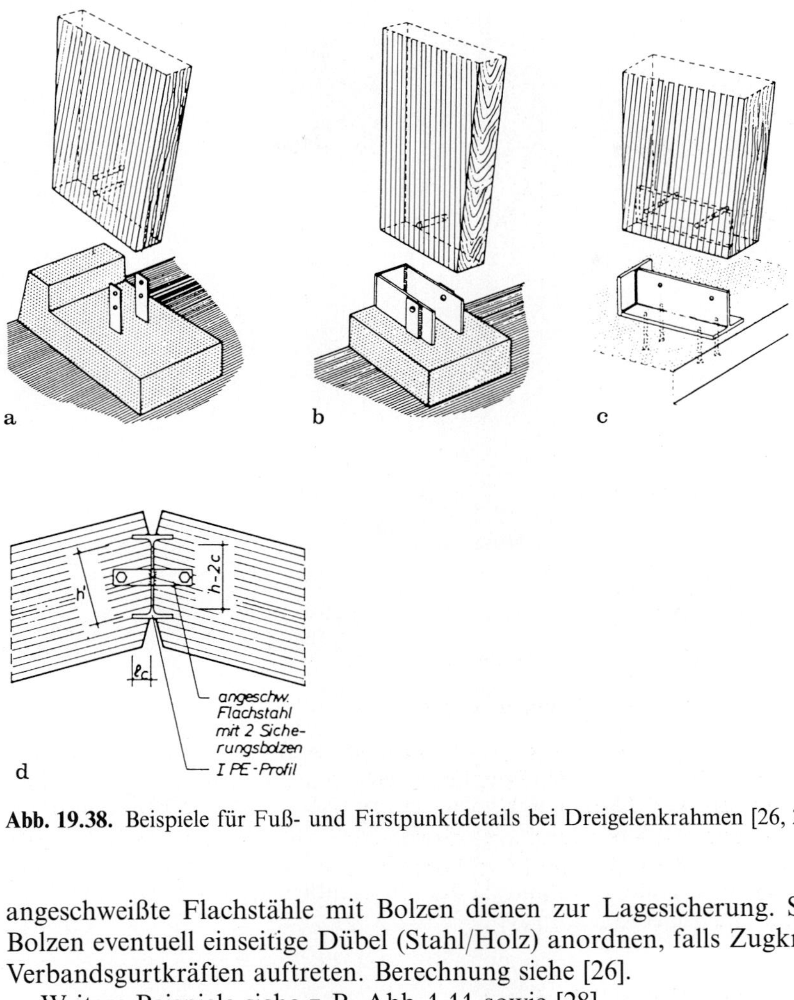

Abb. 19.38. Beispiele für Fuß- und Firstpunktdetails bei Dreigelenkrahmen [26, 28]

angeschweißte Flachstähle mit Bolzen dienen zur Lagesicherung. Statt der Bolzen eventuell einseitige Dübel (Stahl/Holz) anordnen, falls Zugkräfte aus Verbandsgurtkräften auftreten. Berechnung siehe [26].

Weitere Beispiele siehe z. B. Abb. 1.11 sowie [28].

19.8.4 Rahmenecken mit Dübelkreisen (DIN)

19.8.4.1 Allgemeines (DIN)

Kolb [206, 207] hat auch das Tragverhalten solcher Rahmenecken mit Dübelanschluß experimentell überprüft, vgl. Abb. 19.35 c.

Dabei zeigte sich, daß eine Dübelanordnung im Kreis (meist ein oder zwei Kreise) nach Abb. 19.39 a und c der Reihenanordnung *b* vorzuziehen ist; denn bei Anordnung *b* verursachen die infolge *M* am höchsten belasteten Dübel in den Eckpunkten (größter Abstand vom Drehmittelpunkt) Queraufreißen des Holzes.

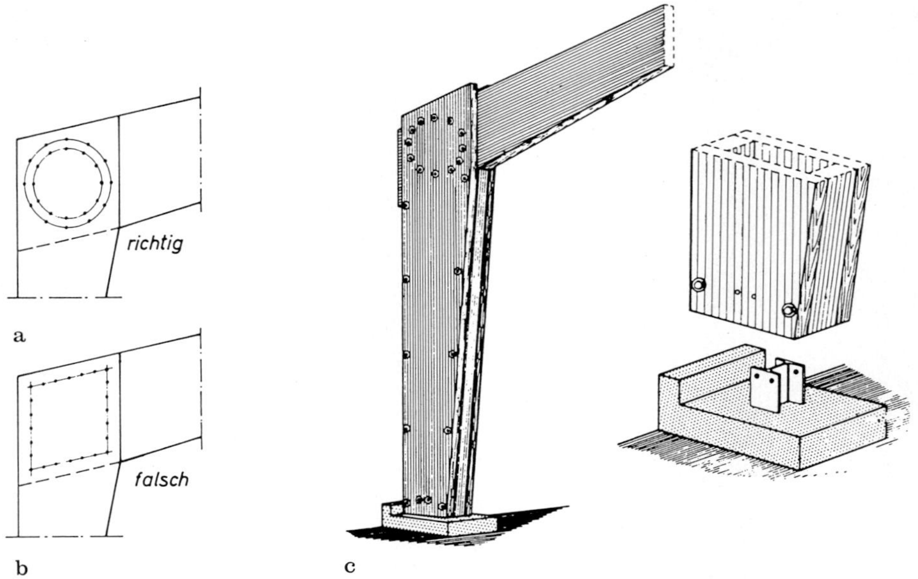

Abb. 19.39. Dübelanordnung in Rahmenecken, Stützenfußausbildung [209]

19.8.4.2 Berechnung der Dübelkräfte (DIN)

Nach den Versuchen von Kolb ist ausreichende Standsicherheit vorhanden, wenn man der Berechnung der Dübelkräfte folgende Annahmen zugrunde legt (Abb. 19.40):

a) Längs- und Querkraft verteilen sich gleichmäßig auf alle Dübel oder Stabdübel (in der Praxis bevorzugt, da der Anschlußwert größer als bei Dübeln besonderer Bauart).

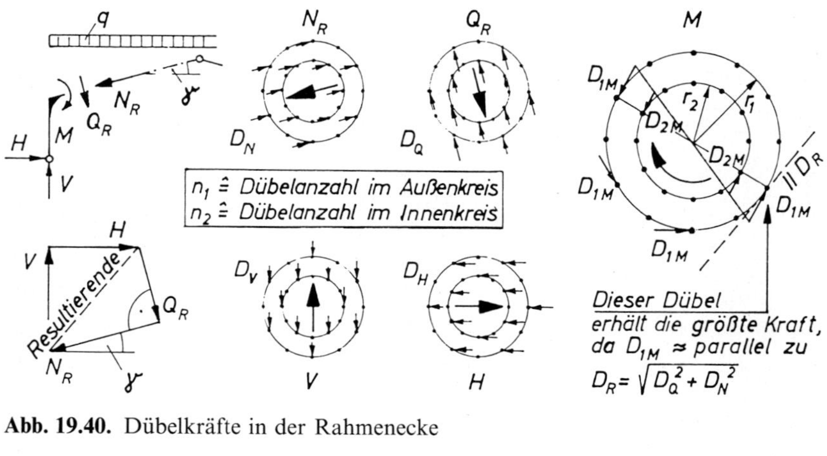

Abb. 19.40. Dübelkräfte in der Rahmenecke

b) Die Dübelkraft infolge M ist tangential zum Kreis gerichtet. Ihr Betrag ist proportional zum Abstand des Dübels oder Stabdübels vom Schwerpunkt der Dübelverbindung.

Zu a:

Stütze:	Riegel:
$D_V = \frac{V}{n_1 + n_2}$	$D_N = \frac{N_R}{n_1 + n_2}$
$D_H = \frac{H}{n_1 + n_2}$	$D_Q = \frac{Q_R}{n_1 + n_2}$

(19.40)

Zu b: $D_{2M}/D_{1M} = r_2/r_1$

$$D_{2M} = D_{1M} \cdot r_2/r_1 \tag{19.41}$$

$$M = D_{1M} \cdot n_1 \cdot r_1 + D_{2M} \cdot n_2 \cdot r_2$$

$$= n_1 \cdot \frac{r_1^2}{r_1} \cdot D_{1M} + n_2 \cdot \frac{r_2^2}{r_1} \cdot D_{1M}$$

$$M = \frac{D_{1M}}{r_1} \cdot \left(n_1 \cdot r_1^2 + n_2 \cdot r_2^2\right)$$

$$\boxed{D_{1M} = \frac{M \cdot r_1}{n_1 \cdot r_1^2 + n_2 \cdot r_2^2}} \tag{19.42}$$

allgemein: $$\boxed{D_{1M} = \frac{M \cdot r_1}{\Sigma (n_i \cdot r_i^2)}} \tag{19.43}$$

Nach Plenk/Huber [210] sind Rahmenecken mit > 2 Dübelkreisen unwirtschaftlich.

Resultierende Dübelkraft:
Die größte Beanspruchung erhält derjenige Dübel des Außenkreises, dessen Resultierende infolge D_V und D_H (D_N und D_Q) annähernd parallel zur Wirkungslinie von D_{1M} verläuft und den gleichen Richtungssinn hat.

$$D_R = \sqrt{D_V^2 + D_N^2} = \sqrt{D_N^2 + D_Q^2}$$

$$\max D = D_R + D_{1M} \leqq \text{zul}\, D_{*} \tag{19.44}$$

Vektorielle Addition nach Abb. 19.41.

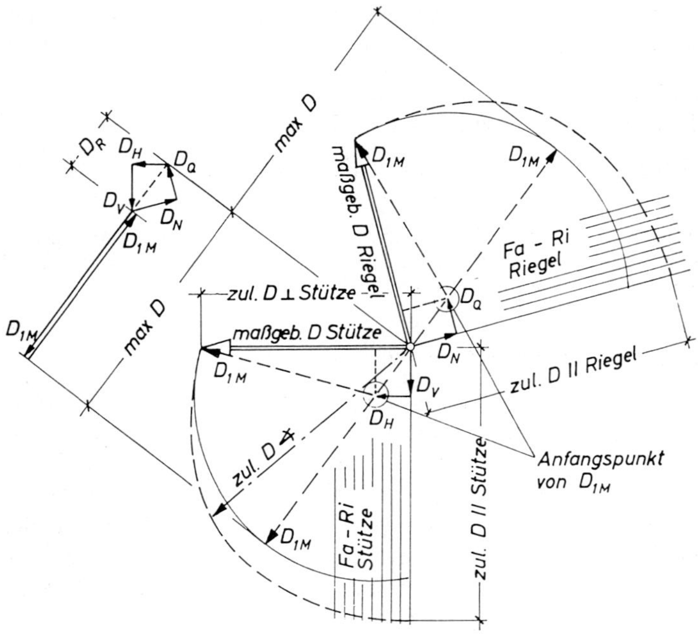

Abb. 19.41. Ermittlung der maßgebenden Dübelkraft maßgeb. D

Diese größte Dübelkraft max D nach Gl. (19.44) ist i.d.R. weder ⊥ noch ∥ zur Faserrichtung des Holzes gerichtet (Abb. 19.41).

19.8.4.3 Maßgebende Dübelbeanspruchung (DIN)

Die zulässige Dübelbeanspruchung ist abhängig vom Winkel zwischen Kraft- und Faserrichtung, für Stabdübel vgl. Gl. (6.5) bis (6.6b) mit Abb. 6.29, für Dübel besonderer Bauart siehe *–T2, Tab. 4, 6, 7–*.

Maßgebend für die Bemessung ist i.d. R. (D_H, D_V, D_Q, D_N je für sich kleiner als ≈20% von D_{1M}) derjenige Dübel des Außenkreises, der nahezu ⊥ Fa von Stütze oder Riegel beansprucht wird, siehe [211]. Nach Abb. 19.41 kann die maßgebende Kraft für diese Dübel berechnet werden nach Gl. (19.45) bzw. (19.46):

$$\text{Riegel: maßgeb. } D \approx D_Q + \sqrt{D_{1M}^2 - D_N^2} \leqq \text{zul}\, D_\perp \tag{19.45}$$

$$\text{Stütze: maßgeb. } D \approx D_H + \sqrt{D_{1M}^2 - D_V^2} \leqq \text{zul}\, D_\perp \tag{19.46}$$

Hinweis zu zul D:

Grundsätzlich gilt das anfangs Gesagte für die Ermittlung von zul $D_{\nless}$ bzw. zul $D_\perp$.

Nach Kolb sollten diese Rechenwerte jedoch nur angewendet werden auf Anschlüsse mit einem Dübelkreis. Da die Versuche für zwei Dübelkreise eine geringere bezogene Tragsicherheit ergeben haben, wird vorgeschlagen, die zulässige Dübelkraft in diesem Falle um 15% zu reduzieren, d. h.:

1 Dübelkreis →	zul D nach DIN 1052
2 Dübelkreise →	$0{,}85 \cdot$ zul D nach DIN 1052

Heimeshoff empfiehlt statt dessen, die Brettlagen an den Rändern durch Sondernägel gegen Aufreißen zu sichern (Einzelheiten siehe [211]) und dann auch bei zwei Dübelkreisen zul D nach DIN 1052 voll einzusetzen.

19.8.4.4 Schubbeanspruchung im Eckbereich (DIN)

Bei gedübelten Rahmenecken – insbesondere mit 2 Dübelkreisen – ist häufig der Schubspannungsnachweis maßgebend für die Bemessung. Dabei liefert die Umlenkung des Eckmomentes von der Stütze in den Riegel durch die Dübel den maßgebenden Anteil an der Querkraft, die im Anschlußbereich wirkt.

Zur anschaulichen Ermittlung der Schubkräfte empfiehlt sich anstatt der direkten Ableitung folgendes anschauliches Gedankenmodell: Man ersetze den Dübelkreis durch ein Quadrat gleichen Umfangs. Dann ist nach Abb. 19.42a:

$$2a = \pi \cdot r$$

Der gedachte kontinuierliche Schubfluß kann durch zwei gleich große Kräftepaare gleichen Drehsinns ersetzt werden (Abb. 19.42b).

$$M = 2 \cdot F \cdot a$$

$$F = M/(2 \cdot a) \qquad (19.47)$$

Maßgebend für die Bemessung der Rahmenecke ist i.d.R. der Lastfall H „$g + s$" nach Abb. 19.43. Der Querkraftverlauf in der Stütze läßt sich dann unter besonderer Berücksichtigung der Kraftumlenkung in der gedübelten Rahmenecke näherungsweise nach Abb. 19.44 bestimmen (Riegel zur Vereinfachung horizontal angenommen).

Eckmoment mit Drehsinn gemäß Abb. 19.44a:

$$M = H \cdot h - V \cdot e + q \cdot e^2/2 \qquad (19.48)$$

$$F = M/(2 \cdot a) \qquad \text{nach Gl. (19.47)}$$

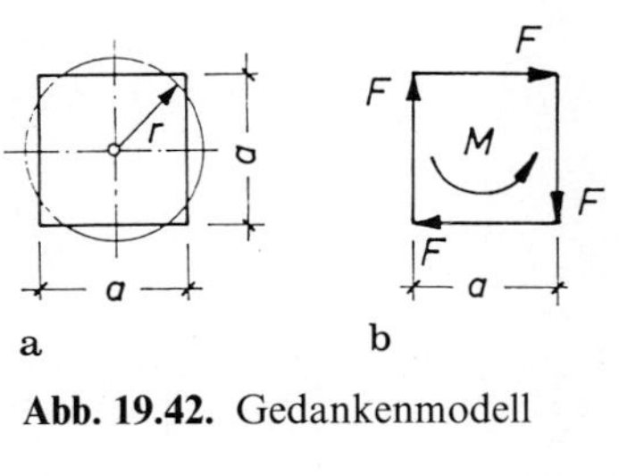

Abb. 19.42. Gedankenmodell

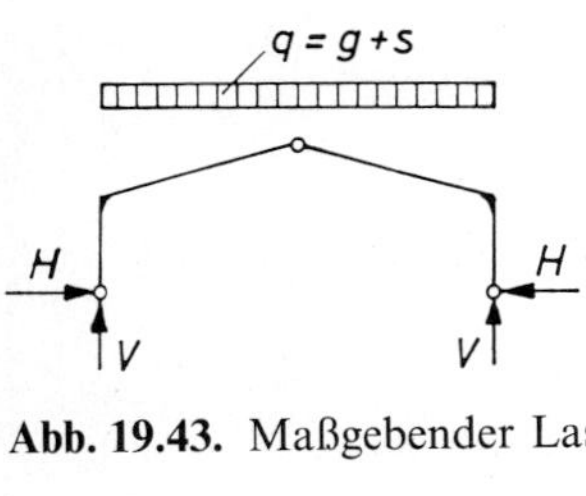

Abb. 19.43. Maßgebender Lastfall

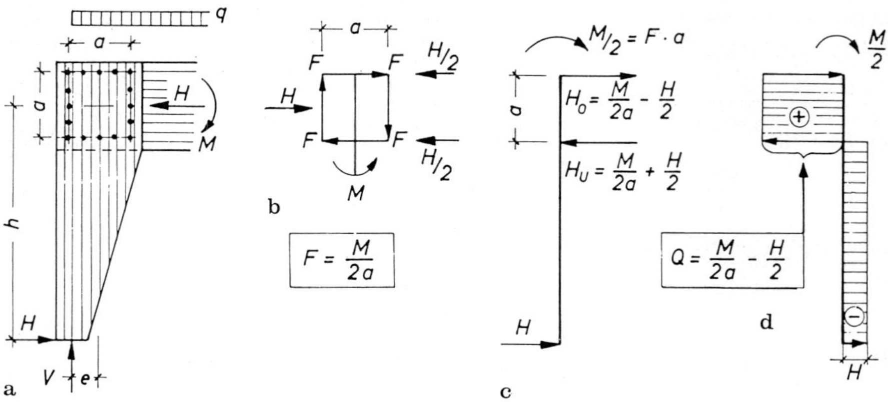

Abb. 19.44. Querkraft in der gedübelten Rahmenecke (Stütze)

Die Riegelschnittgrößen H und M werden durch Kräfte im „Dübelviereck" ersetzt, s. Abb. 19.44b. In Abb. 19.44c sind die Horizontalkräfte addiert und das vertikale Kräftepaar durch das Moment $M/2$ ersetzt worden.

$$H_o = F - H/2 = M/(2 \cdot a) - H/2 \tag{19.49}$$

$$H_u = F + H/2 = M/(2 \cdot a) + H/2 \tag{19.49a}$$

Die maßgebende Querkraft in der Stütze ist dann nach Abb. 19.44d

$$Q = H_o = M/(2 \cdot a) - H/2$$

Mit $2 \cdot a = \pi \cdot r$ nach Voraussetzung gemäß Abb. 19.42a folgt daraus **die Querkraft für einen Dübelkreis in der Stütze:**

$$\boxed{|Q| = |M|/(\pi \cdot r) - |H|/2} \tag{19.50}$$

Q, M und H sind mit ihren Beträgen gemäß Pfeilrichtung nach Abb. 19.44a einzusetzen.

Für eine Rahmenecke mit zwei Dübelkreisen gilt:

Äußerer Kreis: $M_1 = n_1 \cdot D_{1\,M} \cdot r_1$

Innerer Kreis: $M_2 = n_2 \cdot D_{2\,M} \cdot r_2$

Gemäß Gl. (19.50) folgt daraus der Querkraftanteil Q_M infolge M:

$$Q_M = \frac{M_1}{\pi \cdot r_1} + \frac{M_2}{\pi \cdot r_2} = \frac{n_1 \cdot D_{1\,M}}{\pi} + \frac{n_2 \cdot D_{2\,M}}{\pi} \tag{19.50a}$$

Mit Gl. (19.42) $D_{1\,M} = \dfrac{M \cdot r_1}{n_1 \cdot r_1^2 + n_2 \cdot r_2^2}$

und Gl. (19.41) $D_{2\,M} = D_{1\,M} \cdot r_2/r_1 = \dfrac{M \cdot r_2}{n_1 \cdot r_1^2 + n_2 \cdot r_2^2}$

folgt $$Q_M = \frac{M \cdot (n_1 \cdot r_1 + n_2 \cdot r_2)}{\pi \cdot (n_1 \cdot r_1^2 + n_2 \cdot r_2^2)} \tag{19.50b}$$

allgemein: $$Q_M = \frac{M}{\pi} \cdot \frac{\Sigma (n_i \cdot r_i)}{\Sigma (n_i \cdot r_i^2)} \tag{19.50c}$$

Querkraft für zwei Dübelkreise in der Stütze:

$$|Q| = \frac{|M|}{\pi} \cdot \frac{n_1 \cdot r_1 + n_2 \cdot r_2}{n_1 \cdot r_1^2 + n_2 \cdot r_2^2} - \frac{|H|}{2} \tag{19.50d}$$

Q, M und H sind mit ihren Beträgen gemäß Pfeilrichtung nach Abb. 19.44a einzusetzen.

Die Anschlußquerkraft für Dübelkreise im Riegel ist sinngemäß Abb. 19.45 zu ermitteln.

Da im Dübelbereich nach Kolb zusammengesetzte Schub- und Scherbeanspruchungen auftreten, ist der Spannungsnachweis zu führen mit

$$\max \tau = 1{,}5 \frac{Q}{A}; \quad \frac{\max \tau}{\operatorname{zul} \tau_a} \leqq 1$$

mit zul $\tau_a = 0{,}9\,\mathrm{MN/m^2}$ nach Tafel 2.4, Zeile 5 [162].

Da max τ im Schwerpunkt des Querschnitts (also im ungeschwächten Bereich) auftritt, darf mit dem Bruttoquerschnitt gerechnet werden.

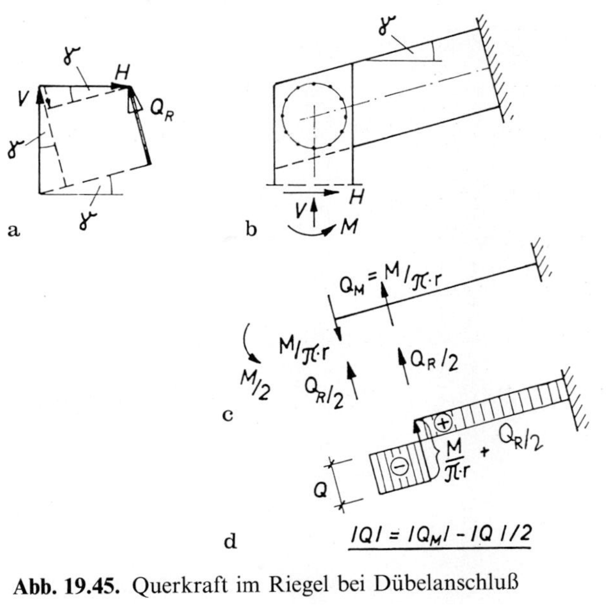

Abb. 19.45. Querkraft im Riegel bei Dübelanschluß

Riegelquerkraft ohne M-Einfluß (Abb. 19.45):

$$Q_R = V \cdot \cos\gamma - H \cdot \sin\gamma$$

Querkraft in der gedübelten Rahmenecke bezogen auf den Riegel erfolgt sinngemäß nach Gl. (19.50) und (19.50d), indem $|H|$ durch $|Q_R|$ ersetzt wird.

Vergleichsweise sei hier noch der Kraftfluß in einem Kragarmanschluß an eine Stütze dargestellt, s. Abb. 19.45A.

Die maßgebenden Querkräfte des Riegels (Q_R) und der Stütze (Q_{St}) im Anschlußbereich sind Abb. 19.45A zu entnehmen.

Die maßgebende Querkraft im Riegel ist vergleichbar mit derjenigen in der Stütze gemäß Abb. 19.44d:

$$Q_R = \frac{|M|}{\pi \cdot r} - \frac{|V|}{2} \qquad \text{wie Gl. (19.50)}$$

Die maßgebende Querkraft in der Stütze ist nach Gl. (19.51) zu berechnen:

$$Q_{St} = \frac{|M|}{\pi \cdot r} - |H| \qquad (19.51)$$

Die Beanspruchung der Dübel (Stabdübel) durch die Anschlußgrößen V und M zeigt Abb. 19.45B.

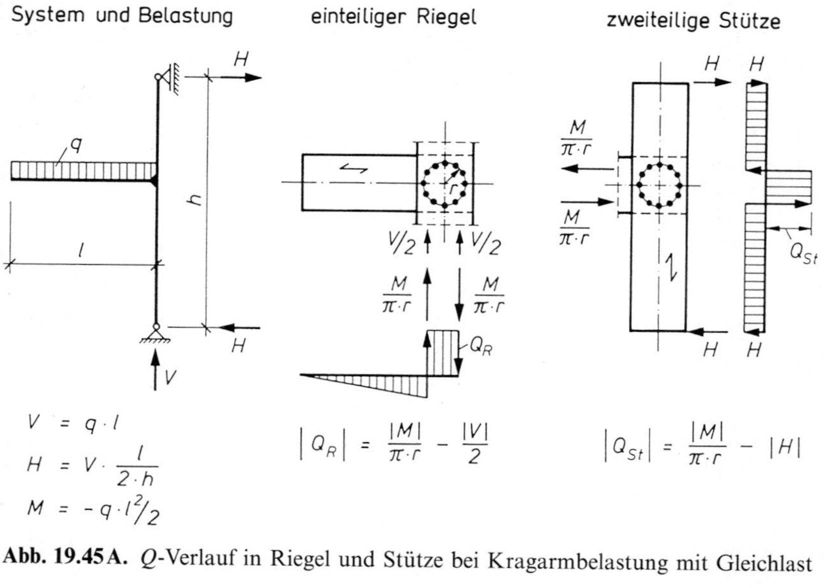

Abb. 19.45A. Q-Verlauf in Riegel und Stütze bei Kragarmbelastung mit Gleichlast

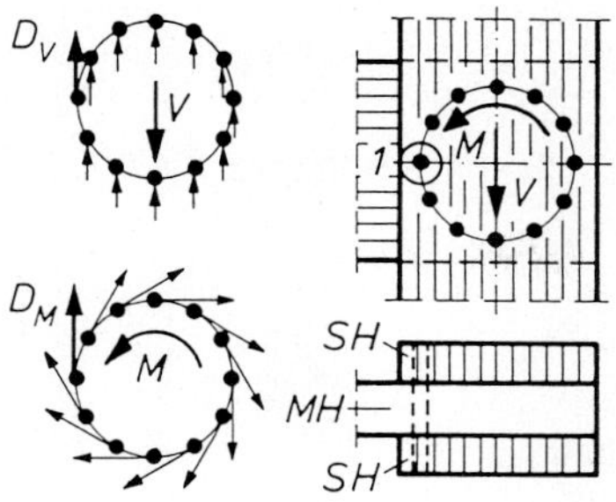

Abb. 19.45 B

Am höchsten beansprucht wird der Dübel (Stabdübel) Nr. 1:

$$\max D = D_V + D_M$$
$$\leqq \text{zul}\, D_\perp \text{ für Riegel (MH)}$$
$$\leqq \text{zul}\, D_\parallel \text{ für Stütze (SH)}$$

zul $D_\perp$ ist maßgebend bei Dübeln besonderer Bauart, bei Stabdübeln nur bezogen auf Gl. (6.6b) für MH.

zul $D_\parallel$ ist maßgebend bei Stabdübeln bezogen auf Gl. (6.5) für SH.

Für die Seitenhölzer (Stütze) kann auch die größte Kraft ⊥ Fa maßgebend für die Bemessung werden mit dem Nachweis:

$$\text{maßgeb. } D_{SH} \approx \sqrt{D_M^2 - D_V^2} \leqq \text{zul}\, D_\perp \text{ für SH}$$

vgl. Gl. (19.46) für den Sonderfall $D_H = 0$.

19.8.4.5 Nachgiebigkeit der Stabdübel-Eckverbindung (DIN)

Der Einfluß der Nachgiebigkeit mechanischer Verbindungsmittel auf die Verformung eines zusammengesetzten Holztragwerkes wird im Abschn. 22 ausführlich beschrieben. Die Tangentenverdrehung des Riegels in der Rahmenecke infolge der Nachgiebigkeit der Stabdübelverbindung liefert den Verformungsanteil einer Rahmenecke nach Gl. (22.7):

$$\delta_E = M_E \cdot \overline{M}_E / C_d$$

mit der Drehfedersteifigkeit nach Gl. (22.5): $C_d = C_1 \cdot \Sigma (n \cdot r^2)$

$C_1 = C = 1{,}2 \cdot \text{zul}\, N_{st}$ ist nach *–T2, Tab. 13–* der Verschiebungsmodul in N/mm eines Stabdübels mit zul N_{st} in N nach Gln. (6.5) bis (6.6b), wenn der Einfluß der Nachgiebigkeit der Eckverbindung auf die Verformung des Tragwerkes erfaßt werden soll (Gebrauchstauglichkeitsnachweis).

n ist die Anzahl der Stabdübel eines Kreises } nach
r ist der Radius eines Stabdübelkreises in m } Abb. 19.57

M_E = Eckmoment in kNm infolge $q = g + s$ } nach
$\overline{M}_E$ = Eckmoment in m infolge virtueller Last „1“ } Abb. 19.46

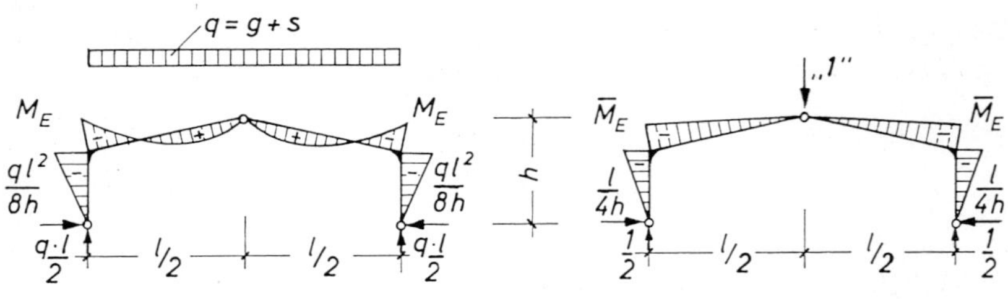

Abb. 19.46. M_E- und $\bar{M}_E$-Fläche zur Verformungsberechnung

19.8.5 Berechnungsbeispiel 1: Dreigelenkrahmen (DIN)

19.8.5.1 System und Lastannahmen (DIN)

Lastannahmen nach 18.4.5 $g_G = 0{,}306\,\text{kN/m}^2$ G

Dachbinder $= 0{,}154\,\text{kN/m}^2$ G

$g = 0{,}46\ \text{kN/m}^2$ G

Binderabstand $B = 6{,}0$ m

Eigenlast	$g = 0{,}46 \cdot 6{,}0$	$= 2{,}76$ kN/m
Schneelast	$s = 0{,}75 \cdot 6{,}0$	$= 4{,}50$ kN/m
	$s/2 = 4{,}50/2$	$= 2{,}25$ kN/m

Windlasten (Winddruck mit Erhöhung, da Einzugsfläche eines Rahmens $= 1/9$[1] $\cdot\ 100 = 11\,\% < 15\,\%$) [162]

Lotrechte Luvseite	$w_D = 1{,}25 \cdot 0{,}80 \cdot 0{,}5 \cdot 6{,}0$	$= 3{,}00$ kN/m
Lotrechte Leeseite	$w_S = 0{,}50 \cdot 0{,}5 \cdot 6{,}0$	$= 1{,}50$ kN/m
Dachflächen	$w_S = 0{,}60 \cdot 0{,}5 \cdot 6{,}0$	$= 1{,}80$ kN/m

[1] 9 Felder, vgl. 18.4.5.

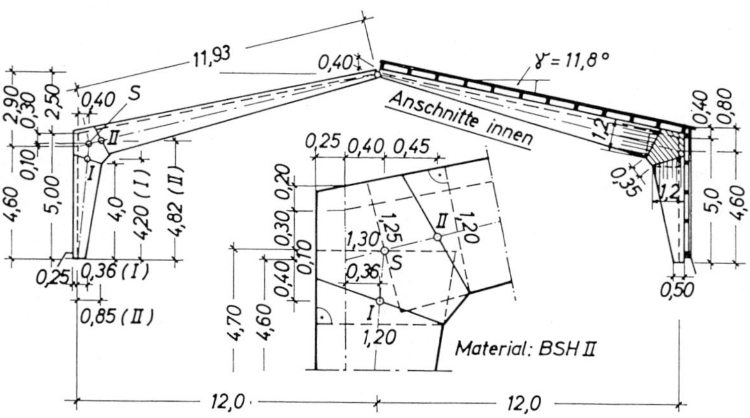

Abb. 19.47. Abmessungen des Dreigelenkrahmens

Einzelwindlasten in den Rahmenecken als Ersatzlasten für die Verkleinerung der lotrechten Wandflächen durch Systemlinien:

Luvseite $W_D = 1{,}25 \cdot 0{,}80 \cdot 0{,}5 \cdot 0{,}8 \cdot 6{,}0 = 2{,}40$ kN

Leeseite $W_S = 0{,}50 \cdot 0{,}5 \cdot 0{,}8 \cdot 6{,}0 = 1{,}20$ kN

19.8.5.2 Ermittlung der Schnittgrößen (DIN)

Ermittlung der Lagerreaktionen nach System Abb. 19.48a
Ermittlung der Schnittgrößen nach System Abb. 19.48b

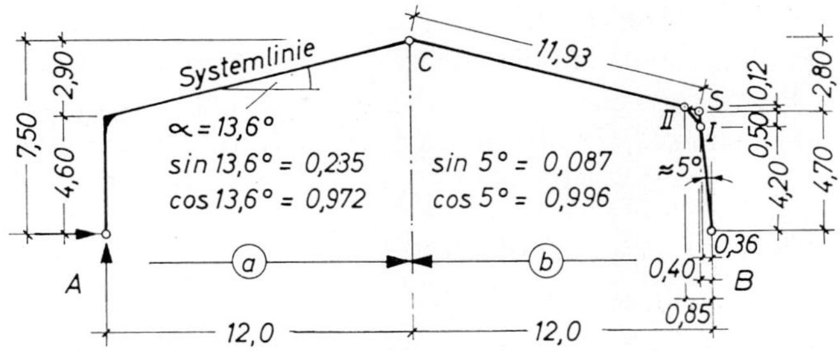

Abb. 19.48. Systemmaße

Lastfall ***g*:**

$$A = B = 2{,}76 \cdot 12 = 33{,}1\,\text{kN} \quad \text{s. Abb. 19.49}$$

$$H = \frac{g \cdot l^2}{8 \cdot h} = \frac{2{,}76 \cdot 24^2}{8 \cdot 7{,}5} = 26{,}5\,\text{kN}$$

$$C_H = H = 26{,}5\,\text{kN}$$

$$C_V = 0$$

$$M_I \approx 33{,}1 \cdot 0{,}36 - 26{,}5 \cdot 4{,}2 = -\ 99{,}4\,\text{kNm}$$

$$M_{II} = 33{,}1 \cdot 0{,}85 - 26{,}5 \cdot 4{,}82 - 2{,}76 \cdot 0{,}85^2/2 = -100{,}6\,\text{kNm}$$

$$M_S \approx 33{,}1 \cdot 0{,}40 - 26{,}5 \cdot 4{,}70 = -111{,}3\,\text{kNm}$$

$$N_I = -33{,}1 \cdot 0{,}996 - 26{,}5 \cdot 0{,}087 = -\ 35{,}3\,\text{kN}$$

$$N_{II} = -(33{,}1 - 0{,}85 \cdot 2{,}76) \cdot 0{,}235 - 26{,}5 \cdot 0{,}972 = -\ 33{,}0\,\text{kN}$$

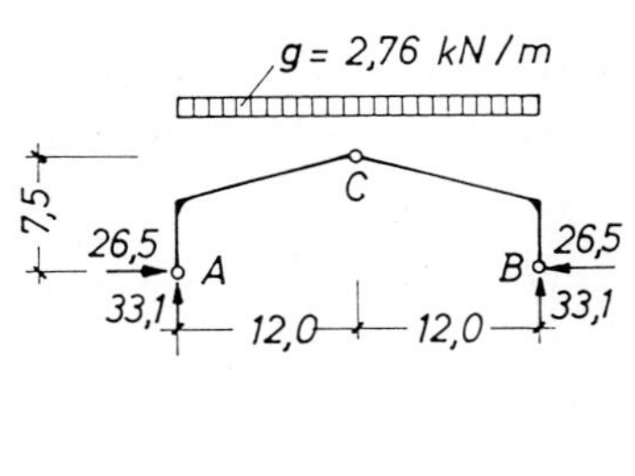

Abb. 19.49

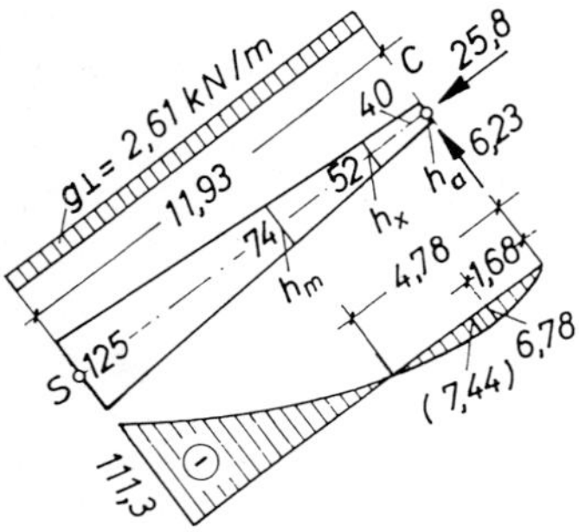

Abb. 19.50

Wegen der veränderlichen Querschnittshöhe des Riegels tritt die größte Biegespannung infolge des Feldmomentes an der Stelle x gemäß Abb. 19.14b mit Gln. (19.23), (19.24) – Pultdachträger – auf. Dabei ist als Stützweite l sinngemäß der Abstand des Gelenkes C vom Momentennullpunkt einzusetzen, vgl. Abb. 19.50.

$$g_\perp = 2{,}76 \cdot 0{,}972^2 = 2{,}61\,\text{kN/m}$$
$$Q_C = -26{,}5 \cdot 0{,}235 = -\ 6{,}23\,\text{kN}$$
$$N_C = -26{,}5 \cdot 0{,}972 = -25{,}8\,\text{kN}$$
$$N_{\text{Rm}} = -(25{,}8 + 33{,}0)/2 = -29{,}4\,\text{kN}$$

M-Nullpunkt:

$$6{,}23 \cdot l_0 - 2{,}61 \cdot \frac{l_0^2}{2} = 0$$
$$l_0 = 2 \cdot 6{,}23/2{,}61 = 4{,}78\,\text{m}$$
$$h_m = 0{,}40 + (1{,}25 - 0{,}40) \cdot 4{,}78/11{,}93 = 0{,}74\,\text{m}$$
$$x = \frac{4{,}78}{1 + 0{,}74/0{,}40} = \frac{4{,}78}{2{,}85} = 1{,}68\,\text{m} \quad \text{nach Gl. (19.23)}$$
$$h_x = \frac{2 \cdot 0{,}74}{1 + 0{,}74/0{,}40} = \frac{1{,}48}{2{,}85} = 0{,}52\,\text{m} \quad \text{nach Gl. (19.24)}$$
$$M_x = 6{,}23 \cdot 1{,}68 - 2{,}61 \cdot 1{,}68^2/2 = 6{,}78\,\text{kNm}$$
$$N_x = -25{,}8 - 2{,}76 \cdot 0{,}972 \cdot 0{,}235 \cdot 1{,}68 = -26{,}9\,\text{kN}$$
$$\max M_F = 6{,}23^2/(2 \cdot 2{,}61) = 7{,}44\,\text{kNm}$$

Lastfall *s*:
Alle Lagerreaktionen und Schnittgrößen werden gewonnen aus Lastfall g mit Umrechnungsfaktor

$$\mu = \frac{s}{g} = \frac{4{,}50}{2{,}76} = 1{,}63$$

Lastfall $s/2$:
Dieser Lastfall ist nur von Bedeutung für die Gelenkquerkraft im Punkt C.

$$C_V = B_V = \frac{1}{4} \cdot 2{,}25 \cdot 12 = 6{,}75\,\text{kN} \quad \text{s. Abb. 19.51}$$

$$H = 6{,}75 \cdot 12/7{,}5 \qquad = 10{,}8\ \text{kN}$$

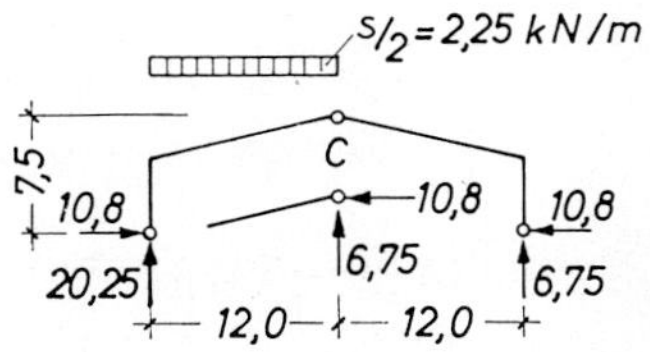

Abb. 19.51

Lastfall w_1 [162]:
$R_1 = 3{,}0 \cdot\ \ 4{,}6 = 13{,}8\ \text{kN}$ s. Abb. 19.52
$R_2 = 1{,}8 \cdot\ \ 2{,}9 =\ \ 5{,}22\,\text{kN}$
$R_3 = 1{,}8 \cdot 24{,}0 = 43{,}2\ \text{kN}$
$R_4 = 1{,}5 \cdot\ \ 4{,}6 =\ \ 6{,}9\ \text{kN}$

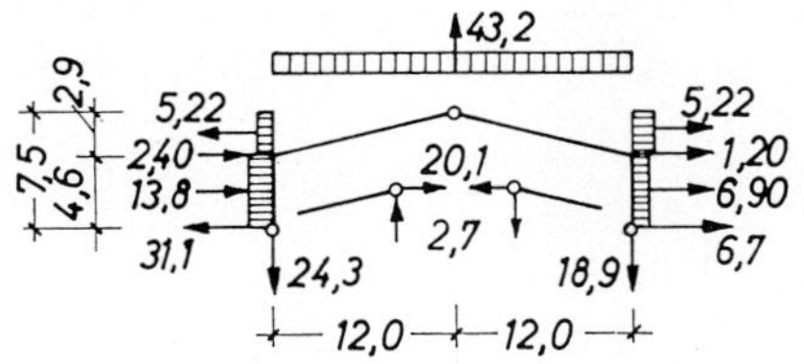

Abb. 19.52

Lagerreaktionen:

$$V_B = 43{,}2/2 - (13{,}8 + 6{,}9) \cdot 2{,}3/24 - (2{,}40 + 1{,}2) \cdot 4{,}6/24 = 18{,}9\,\text{kN}$$

$$V_A = 43{,}2 - 18{,}9 \qquad = 24{,}3\,\text{kN}$$

$$H_A = \frac{1}{7{,}5} \cdot (24{,}3 \cdot 12 + 13{,}8 \cdot 5{,}2 + 2{,}40 \cdot 2{,}9 - 5{,}22 \cdot 1{,}45 - 6{,}0 \cdot 43{,}2/2) = \frac{233{,}15}{7{,}5} = 31{,}1\,\text{kN}$$

$$H_B = \frac{1}{7{,}5} \cdot (18{,}9 \cdot 12 - 6{,}0 \cdot 43{,}2/2 - 5{,}22 \cdot 1{,}45 - 1{,}2 \cdot 2{,}9 - 6{,}9 \cdot 5{,}2) = \frac{50{,}27}{7{,}5} = 6{,}7\,\text{kN}$$

Kontrolle: $\Sigma H = 31{,}1 - 6{,}7 - 13{,}8 - 2{,}4 - 1{,}2 - 6{,}9 = 0{,}1\,\text{kN} \approx 0$

Schnittgrößen (linke Ecke):

$$M_{\mathrm{I},1} = 31{,}1 \cdot 4{,}20 - 24{,}3 \cdot 0{,}36 - 3{,}0 \cdot 4{,}20^2/2 = 95{,}4\,\mathrm{kNm}$$

$$M_{\mathrm{II},1} = 31{,}1 \cdot 4{,}82 - 24{,}3 \cdot 0{,}85 - 3{,}0 \cdot 4{,}82^2/2 = 94{,}4\,\mathrm{kNm}$$

$$M_{\mathrm{S},1} = 31{,}1 \cdot 4{,}70 - 24{,}3 \cdot 0{,}40 - 3{,}0 \cdot 4{,}70^2/2 = 103{,}3\,\mathrm{kNm}$$

Rechte Ecke erhält kleinere Biegemomente.

$$C_{\mathrm{V},1} = 24{,}3 - 43{,}2/2 = 2{,}7\,\mathrm{kN}$$

$$C_{\mathrm{H}} = 31{,}1 - 13{,}8 - 2{,}40 + 5{,}22 = 20{,}1\,\mathrm{kN}$$

Positive Eckmomente infolge w wirken entlastend, deshalb ist Lastfall H maßgebend für die Bemessung.

Positive Eckmomente treten im Gebrauchszustand rechnerisch nicht auf, da $|M_{\mathrm{w}}| < |M_{\mathrm{g}}|$. Es besteht also keine Gefahr des Queraufreißens infolge Querzugspannungen im Keilzinkenstoß.

Zugkräfte im Firstgelenk und abhebende Kräfte in den Fußpunkten sind auch nicht zu befürchten.

19.8.5.3 Bemessung mit Keilzinkenstoß (DIN)

Abmessungen s. Abb. 19.47.

Die Knicklängen s_{ky} in Rahmenebene für Stütze und Riegel können [36] entnommen werden, siehe auch Gl. (8.12) mit Abb. 8.8 und vgl. Heimeshoff [101] und Ewald/Schwarz [212].

Knicklänge der Stütze in Rahmenebene:

$$s_{\mathrm{kS}} = 2 \cdot h \cdot \sqrt{1 + 0{,}4 \cdot c} \quad \text{vgl. Gl. (8.12) mit Gl. (8.13)}$$

Knicklänge des Riegels in Rahmenebene:

$$s_{\mathrm{kR}} = s_{\mathrm{kS}} \cdot \sqrt{\frac{I_{\mathrm{R}} \cdot N}{I \cdot N_{\mathrm{Rm}}}} \quad \text{siehe [36]}$$

Darin bedeuten:

I, I_{R} Flächenmoment 2. Grades für Stütze bzw. Riegel

N, N_{Rm} Längskraft in der Stütze bzw. in Riegelmitte

$$h_{\mathrm{R}} = 0{,}40 + 0{,}65 \cdot (1{,}25 - 0{,}40) = 0{,}95\,\mathrm{m} \quad \text{s. Abb. 19.53}$$

$$h_{\mathrm{S}} = 0{,}50 + 0{,}65 \cdot (1{,}30 - 0{,}50) = 1{,}02\,\mathrm{m}$$

$$s_1 = 4{,}70\,\mathrm{m} \approx h$$

$$s_2 = 11{,}93\,\mathrm{m}$$

$$c = \frac{I \cdot 2 \cdot s_2}{I_{\mathrm{R}} \cdot s_1} = \left(\frac{h_{\mathrm{S}}}{h_{\mathrm{R}}}\right)^3 \cdot \frac{2 \cdot s_2}{s_1} = \left(\frac{1{,}02}{0{,}95}\right)^3 \cdot \frac{2 \cdot 11{,}93}{4{,}70} = 6{,}28$$

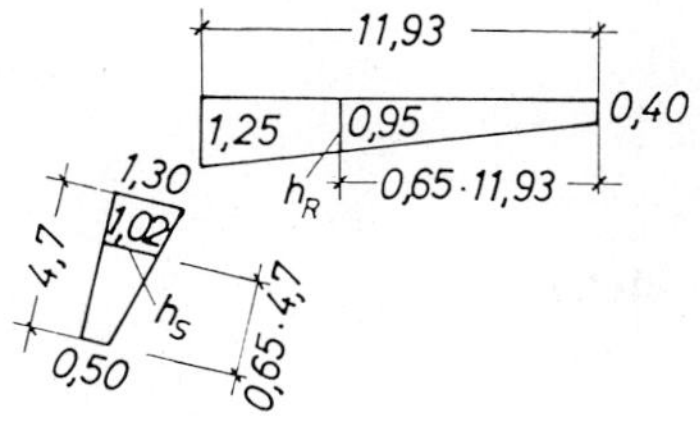

Abb. 19.53

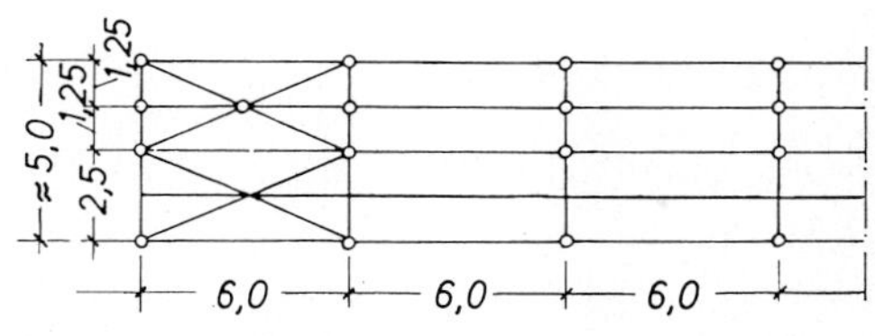

Abb. 19.54. Verband in der Längswand

Knicklängen s_{ky} und s_{kz} der Stütze:

$$s_{\mathrm{ky}} = 2 \cdot s_1 \sqrt{1 + 0{,}4 \cdot c} = 2 \cdot 4{,}7 \cdot \sqrt{1 + 0{,}4 \cdot 6{,}28} = 17{,}6\,\mathrm{m}$$

$$s_{\mathrm{kz}} = 5{,}0/2 = 2{,}5\,\mathrm{m}$$

(Abb. 19.54)

Das obere Diagonalenkreuz wird im Kreuzungspunkt an den Wandriegel angeschlossen, das untere nicht. Damit ist die Rahmenecke gegen Kippen gehalten, vgl. Versuchsanordnung Abb. 19.35c.

Längskräfte N_{I} und N_{Rm} nach 19.8.5.2 für Lastfall „g + s“:

$$N_{\mathrm{I}} = N_{\mathrm{I}}^{g} \cdot (1 + \mu) = -35{,}3\,(1 + 1{,}63) = -92{,}8\,\mathrm{kN}$$

$$N_{\mathrm{Rm}} = N_{\mathrm{Rm}}^{g} \cdot (1 + \mu) = -29{,}9\,(1 + 1{,}63) = -77{,}3\,\mathrm{kN}$$

Knicklängen s_{ky} und s_{kz} des Riegels:

$$s_{\mathrm{ky}} = s_{\mathrm{kS}} \cdot \sqrt{\frac{I_{\mathrm{R}} \cdot N_{\mathrm{I}}}{I \cdot N_{\mathrm{Rm}}}} = 17{,}6 \cdot \sqrt{\left(\frac{95}{102}\right)^3 \cdot \frac{92{,}8}{77{,}3}} = 17{,}3\,\mathrm{m}$$

$$s_{\mathrm{kz}} \approx 2{,}25\,\mathrm{m} \text{ (Abstand der Verbandsknoten in Dachebene)}$$

Nachweis für die Stütze nach Gl. (19.39):

Maßgebender Querschnitt: $b/h_{\mathrm{i}} = 0{,}20/1{,}20\,\mathrm{m/m}$

$$A_{\mathrm{n}} = 0{,}8 \cdot 0{,}20 \cdot 1{,}20 = 0{,}192\,\mathrm{m}^2$$

$$W_{\mathrm{n}} = 0{,}8 \cdot 0{,}20 \cdot 1{,}20^2/6 = 0{,}0384\,\mathrm{m}^3$$

Maßgebender Trägheitsradius für $h_{\mathrm{S}} = 1{,}02\,\mathrm{m}$

$$i_{\mathrm{y}} = 0{,}289 \cdot 1{,}02 = 0{,}295\,\mathrm{m}$$

$$\lambda_{\mathrm{y}} = 17{,}60/0{,}295 \approx 60 \rightarrow \omega = 1{,}25$$

$$\lambda_{\mathrm{z}} = 2{,}50/0{,}289 \cdot 0{,}20 = 43 < 60$$

Schnittgrößen für Lastfall H „$g + s$“:

$$M_I = M_I^g \cdot (1 + \mu) = -99{,}4 \cdot (1 + 1{,}63) = -261{,}4\,\text{kNm}$$

$$N_I = N_I^g \cdot (1 + \mu) = -35{,}3 \cdot (1 + 1{,}63) = -92{,}8\,\text{kN}$$

$$\sigma_\omega = \omega \cdot \frac{N_I}{A_n} + \frac{\text{zul}\,\sigma_{D\|}}{\text{zul}\,\sigma_B} \cdot \frac{M_I}{W_n}$$

$$= 1{,}25 \cdot \frac{92{,}8 \cdot 10^{-3}}{0{,}192} + \frac{8{,}5}{11{,}0} \cdot \frac{0{,}2614}{0{,}0384} = 5{,}86\,\text{MN/m}^2$$

Maßgebender Winkel α für zul $\sigma_{D\ast}$ nach Abb. 19.36b:

$$\alpha = (90° - \gamma)/4 = (90 - 11{,}8)/4 = 19{,}6°$$

BSH II: $\text{zul}\,\sigma_{D\ast\,19,6°} = 8{,}5 - (8{,}5 - 2{,}5) \cdot \sin 19{,}6° = 6{,}49\,\text{MN/m}^2$

$$5{,}86/6{,}49 = 0{,}90 < 1$$

Auf den Nachweis im Stoß II wird verzichtet. Auch dort ist ausreichende Standsicherheit vorhanden.

Ein **Kippnachweis** ist nach den Versuchen von Kolb [207] im allgemeinen nicht maßgebend für die Bemessung, wenn:

a) das Querschnittsverhältnis $h_i/b \leqq 10$ und
b) die Außenkanten von Stiel und Riegel in regelmäßigen Abständen (s_{kz}) an die Verbandsknoten nach Abb. 19.35c angeschlossen sind, insbesondere im unmittelbaren Eckbereich, s. Abb. 19.54.

Wegen der Biege- und Torsionssteifigkeit des Querschnitts wird dann mit ausreichender Sicherheit ein seitliches Ausweichen verhindert.

Heimeshoff/Seuß [213] und Kessel/Hinkes/Schelling [214] haben zum Problem der Sicherung von Rahmen gegen Kippen im Eckbereich Untersuchungen durchgeführt und Bemessungsvorschläge erarbeitet, siehe auch [215].

19.8.5.4 Spannungsnachweise für den Riegel im Feld (DIN)

Die größte Spannung infolge reiner Biegung tritt auf an der Stelle x vom Gelenkpunkt C nach Abb. 19.50.

$$\begin{aligned}
x &= 1{,}68\,\text{m} \\
A_x &= 0{,}20 \cdot 0{,}52 = 0{,}104\,\text{m}^2 \\
W_x &= 0{,}20 \cdot 0{,}52^2/6 = 9{,}013 \cdot 10^{-3}\,\text{m}^3 \\
M_x &= 6{,}78 \cdot (1 + 1{,}63) = 17{,}8\,\text{kNm} \\
N_x &= -26{,}9 \cdot (1 + 1{,}63) = -70{,}7\,\text{kN}
\end{aligned}$$

Maßgebender Schlankheitsgrad nach 19.8.5.3:

$$\lambda_y = \frac{s_{kR}}{0{,}289 \cdot h_R} = \frac{17{,}30}{0{,}289 \cdot 0{,}95} = 63 \rightarrow \omega = 1{,}31\ [162]$$

$$\lambda_z = \frac{s_{kz}}{0{,}289 \cdot b} = \frac{2{,}25}{0{,}289 \cdot 0{,}20} = 38{,}9 < 63$$

$$\text{zul}\,\sigma_k = 8{,}5/1{,}31 = 6{,}49\,\text{MN/m}^2;\ \text{zul}\,\sigma_B = 11{,}0\,\text{MN/m}^2$$

$$\frac{\dfrac{70{,}7 \cdot 10^{-3}}{0{,}104}}{6{,}49} + \frac{\dfrac{17{,}8 \cdot 10^{-3}}{9{,}013 \cdot 10^{-3}}}{11{,}0} = 0{,}28 < 1$$

Gesamtzugspannung an der angeschnittenen Unterkante (Anschnittsneigung $\approx 4{,}1°$):

$$\sigma_{\parallel} = -\frac{70{,}7 \cdot 10^{-3}}{0{,}104} + \frac{17{,}8 \cdot 10^{-3}}{9{,}013 \cdot 10^{-3}} = 1{,}3\,\text{MN/m}^2$$

Der k_Z-Wert beträgt nach Tafel 19.2: $k_Z = 0{,}75$
$1{,}3\,\text{MN/m}^2 < 0{,}75 \cdot 11{,}0 = 8{,}25\,\text{MN/m}^2$ [162] nach Gl. (19.18)

19.8.5.5 Fuß- und Firstpunkt (DIN)

Ausführung nach Abb. 19.55.

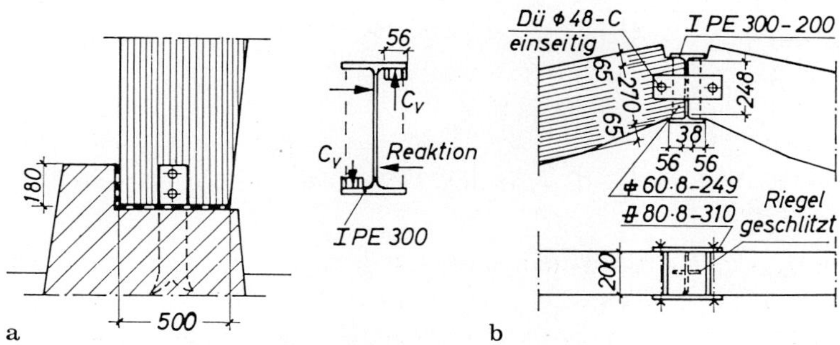

Abb. 19.55. Fuß- und Firstpunkt [162]

Fußpunkt: $\max V = 33{,}1 \cdot (1 + 1{,}63) = 87{,}1\,\text{kN}$

$\max H = 26{,}5 \cdot (1 + 1{,}63) = 69{,}7\,\text{kN}$

Auflager: $\tau_Q = 1{,}5 \cdot \dfrac{69{,}7 \cdot 10^{-3}}{0{,}20 \cdot 0{,}50} = 1{,}05\,\text{MN/m}^2$

$1{,}05/1{,}2 = 0{,}87 < 1$

$\sigma_{D\parallel} = \dfrac{87{,}1 \cdot 10^{-3}}{0{,}20 \cdot 0{,}50} = 0{,}87\,\text{MN/m}^2$

$0{,}87/8{,}5 = 0{,}1 \ll 1$

Aufkantung: $\text{erf}\,h_A = \dfrac{69{,}7 \cdot 10^{-3}}{0{,}20 \cdot 0{,}8 \cdot 2{,}5} = 0{,}174\,\text{m} \rightarrow 180\,\text{mm}$

Firstpunkt: $\max H = 26{,}5 \cdot (1 + 1{,}63) = 69{,}7\,\text{kN}$

$\max C_V = 6{,}75 + 2{,}70 = 9{,}45\,\text{kN}$

mit $C_H = 26{,}5 - 20{,}1 + 10{,}8 = 17{,}2\,\text{kN}$ vgl. [26]

$$\max H: \quad \sigma_{D\sphericalangle 11,8^\circ} = \frac{69{,}7 \cdot 10^{-3}}{(0{,}20 - 0{,}01) \cdot 0{,}248} = 1{,}5\,\text{MN/m}^2$$

$$1{,}5/7{,}3 = 0{,}2 < 1$$

$$\max V: \quad \sigma_{D\sphericalangle 78,2^\circ} = \frac{9{,}45 \cdot 10^{-3}}{(0{,}20 - 0{,}01) \cdot 0{,}056} = 0{,}89\,\text{MN/m}^2$$

$$\text{zul}\,\sigma_{D\sphericalangle 78,2^\circ} = 1{,}25 \cdot 2{,}6 = 3{,}25\,\text{MN/m}^2 \qquad 0{,}89/3{,}25 = 0{,}27 < 1$$

Die Rippen – in 10 mm Schlitz – steifen Flansche und Steg gegen örtliche Biegebeanspruchung aus. Seitliche Laschen mit Bolzen bzw. Dübeln dienen zur Lagesicherung.

Größte Querkraft im Holz:

$g + s$: $Q = 26{,}5 \cdot (1 + 1{,}63) \cdot 0{,}235 = 16{,}4\,\text{kN}$

$g + s/2$: $Q = (26{,}5 + 10{,}8) \cdot 0{,}235 + 6{,}75 \cdot 0{,}972 = 15{,}3\,\text{kN}$

Schubspannung für ausgeklinkten Träger nach Gl. (10.8) für

$$a \leqq 0{,}5 \cdot h = 0{,}5 \cdot (h_1 + a) \quad -8.2.2.1-$$

$$\left.\begin{aligned} h_1 &= 270\,\text{mm} \\ a &= \;\;65\,\text{mm} \end{aligned}\right\} h = 335\,\text{mm}$$

$$k = 1 - 2{,}8 \cdot a/h = 1 - 2{,}8 \cdot 65/335 = 0{,}46$$

$$(10.8)\text{:} \quad \text{zul}\,Q = \frac{2}{3} \cdot b \cdot h_1 \cdot k \cdot \text{zul}\,\tau_Q$$

$$= \frac{2}{3} \cdot 190 \cdot 270 \cdot 0{,}46 \cdot 1{,}2 \cdot 10^{-3} = 18{,}9\text{ kN} > 16{,}4$$

Kritische Anmerkung:
Konstruktiv und statisch besser und eleganter wäre eine Riegelhöhe im First von etwa 300 mm mit nur geringen neigungsbedingten Ausklinkungen an den Unterflanschen.

19.8.5.6 Bemessung der Dübelverbindung (DIN)

Als Alternative wird der Anschluß mit in zwei Kreisen angeordneten Stabdübeln nach Abb. 19.57 gezeigt. Dabei wird der Riegel einteilig und die Stütze zweiteilig mit eingeleimten Gurthölzern als Kastenquerschnitt – unterhalb des

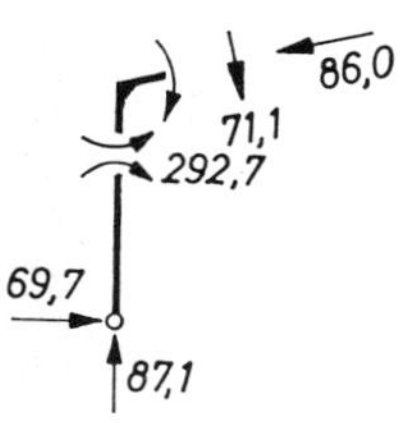

Abb. 19.56

Riegels – ausgebildet. Sowohl die Unterbringung der erforderlichen Dübel als auch die erhöhte Schubspannung im Eckbereich erzwingen meistens größere Querschnittshöhen als beim Keilzinkenstoß.

Anschlußkräfte nach Abb. 19.56 für Lastfall H (siehe 19.8.5.2):

$$M_S = -111{,}3 \cdot (1 + 1{,}63) = -292{,}7\,\text{kNm}$$

$$V = 33{,}1 \cdot (1 + 1{,}63) = 87{,}1\,\text{kN}$$

$$H = 26{,}5 \cdot (1 + 1{,}63) = 69{,}7\,\text{kN}$$

$$N_R = 87{,}1 \cdot 0{,}204 + 69{,}7 \cdot 0{,}979 = 86{,}0\,\text{kN}$$

$$Q_R = 87{,}1 \cdot 0{,}979 - 69{,}7 \cdot 0{,}204 = 71{,}1\,\text{kN} \quad \text{vgl. Abb. 19.40}$$

Berechnung der Dübelkräfte nach Gln. (19.40)ff.:

$$\left.\begin{aligned} D_V &= 87{,}1/56 = 1{,}56\,\text{kN} \\ D_H &= 69{,}7/56 = 1{,}24\,\text{kN} \end{aligned}\right\} D_R = \sqrt{1{,}56^2 + 1{,}24^2} = 1{,}99\,\text{kN}$$

$$D_{1\,M} = 292{,}7 \cdot 0{,}53/13{,}43 = 11{,}55\,\text{kN}$$

$$\max D_1 = 1{,}99 + 11{,}52 = 13{,}5\,\text{kN}$$

$$\text{maßgeb. } D_1 = 1{,}24 + \sqrt{11{,}52^2 - 1{,}56^2} = \mathbf{12{,}65\,kN\ 2SH\ Stiel}$$

$$\left.\begin{aligned} D_Q &= 71{,}1/56 = 1{,}27\,\text{kN} \\ D_N &= 86{,}0/56 = 1{,}54\,\text{kN} \end{aligned}\right\} D_R = \sqrt{1{,}27^2 + 1{,}54^2} = 1{,}99\,\text{kN}$$

$$\text{maßgeb. } D_1 = 1{,}27 + \sqrt{11{,}52^2 - 1{,}54^2} = \mathbf{12{,}7\,kN\ 1MH\ Riegel}$$

Gewählt: Stabdübel $\varnothing$ 20 mm
Stabdübelabstände: $6 \cdot d = 0{,}12\,\text{m}$
$5 \cdot d = 0{,}10\,\text{m}$
Radien: $r_1 = 0{,}53\,\text{m}$
$r_2 = 0{,}43\,\text{m}$

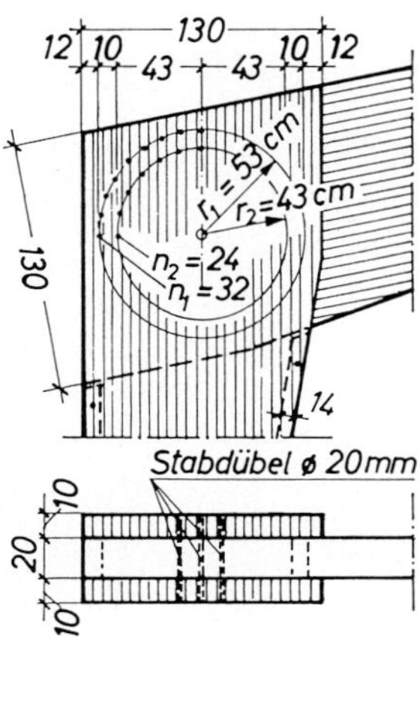

Abb. 19.57. Gedübelte Rahmenecke

Umfänge: $U_1 = 2 \cdot \pi \cdot 0{,}53 = 3{,}33\,\text{m}$

$U_2 = 2 \cdot \pi \cdot 0{,}43 = 2{,}70\,\text{m}$

Stabdübelanzahl:

$\text{zul}\, n_1 \quad = 3{,}33/0{,}10 = 33{,}3 \rightarrow \boxed{32}$

$\text{zul}\, n_2 \quad = 2{,}70/0{,}10 = 27 \quad \rightarrow \boxed{24}$

$n_1 + n_2 \quad = 32 + 34 \quad = \quad \boxed{56}$

$n_1 \cdot r_1^2 + n_2 \cdot r_2^2 = 32 \cdot 0{,}53^2 + 24 \cdot 0{,}43^2 = 13{,}43\,\text{m}^2$

Nachweis der Standsicherheit:

Riegel: 1 Mittelholz (MH)

$\text{zul}\, D = 8{,}5 \cdot 200 \cdot 20 \cdot 10^{-3} \quad = 34{,}0\,\text{kN}$ vgl. Tafel 6.6

bzw. $51{,}0 \cdot 20^2 \cdot 10^{-3} \quad = \mathbf{20{,}4\,kN} \parallel$ Faser

$\text{zul}\, D = 20{,}4 \cdot 0{,}75 \cdot 0{,}85$ [1] $\quad = 13{,}0\,\text{kN} \perp$ Fa für 2 Kreise

$> 12{,}7\,\text{kN}$

Stütze: 2 Seitenhölzer (SH)

$\text{zul}\, D = 2 \cdot 5{,}5 \cdot 100 \cdot 20 \cdot 10^{-3} = \mathbf{22{,}0\ kN} \parallel$ Faser

bzw. $2 \cdot 33{,}0 \cdot 20^2 \cdot 10^{-3} = 26{,}4\ \text{kN}$

$\text{zul}\, D = 22{,}0 \cdot 0{,}75 \cdot 0{,}85 \quad = 14{,}0\ \text{kN} \perp$ Fa für 2 Kreise

$> 12{,}65\,\text{kN}$

19.8.5.7 Schubspannungsnachweise in der gedübelten Rahmenecke (DIN)

Stütze: $A = 2 \cdot 0{,}10 \cdot 1{,}30 \quad = 0{,}260\,\text{m}^2$

Gl. (19.50d): $Q = \dfrac{292{,}7}{\pi} \cdot \dfrac{32 \cdot 0{,}53 + 24 \cdot 0{,}43}{13{,}43} - \dfrac{69{,}7}{2}$

$= 189{,}2 - 34{,}8 \quad = 154{,}4\,\text{kN}$

$\tau = 1{,}5 \cdot \dfrac{0{,}1544}{0{,}260} \quad = 0{,}89\,\text{MN/m}^2$

$0{,}89/0{,}9 = 0{,}99 < 1$ vgl. 19.8.4.4

Riegel: $A = 0{,}20 \cdot 1{,}30 \quad = 0{,}260\,\text{m}^2$

$Q = 189{,}2 - 71{,}1/2 = 153{,}6\,\text{kN}$

$\tau = 1{,}5 \cdot \dfrac{0{,}1536}{0{,}260} \quad = 0{,}89\,\text{MN/m}^2$

$0{,}89/0{,}9 = 0{,}99 < 1$

---

[1] nach 19.8.4.3 für 2 Dübelkreise.

Die Spannungsnachweise für Riegel und Stütze werden hier nicht mehr geführt, da bei gleichen Schnittgrößen die Querschnitte größer sind als bei der keilgezinkten Rahmenecke.

19.8.5.8 Durchbiegung des Punktes C (DIN)

Dieser Nachweis wird nur für den Dreigelenkrahmen mit gedübelter Rahmenecke geführt, um den Einfluß der nachgiebigen Stabdübelverbindung zu zeigen.

Maßgebender Lastfall H „g + s“

$$M_S = -111{,}3 \cdot (1 + 1{,}63) \quad = -292{,}7\,\text{kNm} \approx -293\,\text{kNm}$$

$$M_o = 2{,}76 \cdot (1 + 1{,}63) \cdot 11{,}6^2/8 \qquad \text{vgl. Abb. 19.58}$$

$$= 122\,\text{kNm}$$

Virtuelle Last „1“ im Firstpunkt:

$$\bar{H} = 1 \cdot \frac{24}{4 \cdot 7{,}5} \quad = 0{,}8\,\text{kN} \quad \text{vgl. Abb. 19.46}$$

$$M_S = 0{,}5 \cdot 0{,}4 - 0{,}8 \cdot 4{,}7 \quad = -3{,}56\,\text{m} \quad \text{vgl. Abb. 19.58}$$

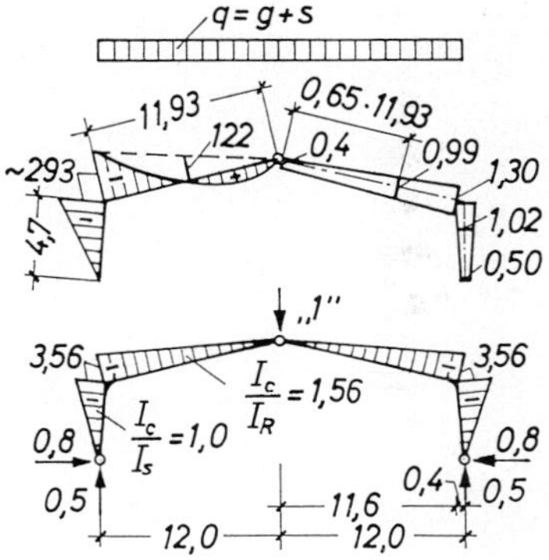

Abb. 19.58

Da hier lediglich der Einfluß der Nachgiebigkeit der Eckverbindung aufgezeigt werden soll, wird die elastische Verformung, vereinfacht mit den Ersatz-Flächenmomenten 2. Grades, an der Stelle $0{,}65 \cdot s$ gemäß Abb. 19.58 berechnet.

Querschnittswerte:

$$h_R = 0{,}40 + (1{,}30 - 0{,}40) \cdot 0{,}65 = 0{,}985\,\text{m}$$

$$h_S = 0{,}50 + (1{,}30 - 0{,}50) \cdot 0{,}65 = 1{,}02\ \ \text{m}$$

$$I_R = 0{,}20 \cdot 0{,}985^3/12 \qquad = 1{,}593 \cdot 10^{-2}\,\text{m}^4$$

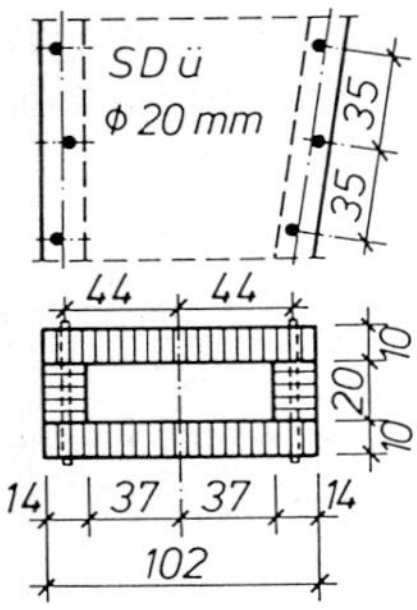

Abb. 19.59. Maßgebender Stützenquerschnitt

I_S wird berechnet als wirksames Flächenmoment ef I nach Gl. (9.4) mit γ nach Gl. (9.6) und k nach Gl. (9.8). Dabei wird in Gl. (9.8) als maßgebende Stützweite l näherungsweise die Systemlänge des Rahmens vom Fußpunkt A bis zum M-Nullpunkt nach Abb. 19.50 eingesetzt.

$$l = 4{,}70 + 11{,}93 - 4{,}78 = 11{,}85\,\text{m}$$

Verschiebungsmodul C für Stabdübel ∅ 20 mm:

Nach [36]: min zul N_{st} je Fuge $= 20{,}4/2 = 10{,}2\,\text{kN}$ siehe 19.8.5.6
$C = 0{,}7 \cdot 10200 = 7140\,\text{N/mm} = 7{,}14\,\text{MN/m}$ vgl. *–Tab. 8–*

$$\text{Gl. (9.8):}\quad k = \frac{\pi^2 \cdot E_{\parallel} \cdot A_1 \cdot e'}{l^2 \cdot C} = \frac{\pi^2 \cdot 1{,}1 \cdot 10^4 \cdot 0{,}14 \cdot 0{,}20 \cdot 0{,}35}{11{,}85^2 \cdot 2 \cdot 7{,}14} = 0{,}531$$

$$\text{Gl. (9.6):}\quad \gamma = \frac{1}{1+k} = \frac{1}{1{,}531} = 0{,}653$$

$$\begin{aligned} \text{Gl. (9.4):}\quad I_S &= 2 \cdot 0{,}10 \cdot 1{,}02^3/12 &&= 1{,}769 \cdot 10^{-2}\,\text{m}^4 \\ &+ 2 \cdot 0{,}20 \cdot 0{,}14^3/12 &&= 0{,}009 \cdot 10^{-2}\,\text{m}^4 \\ &+ 0{,}653 \cdot 2 \cdot 0{,}028 \cdot 0{,}44^2 &&= 0{,}708 \cdot 10^{-2}\,\text{m}^4 \\ & && I_S = 2{,}486 \cdot 10^{-2}\,\text{m}^4 \end{aligned}$$

Abb. 19.58: $I_S/I_R = 2{,}486/1{,}593 \qquad = 1{,}56$

Elastische Verformung:

$$\begin{aligned} \frac{1}{2} \cdot E_{\parallel} \cdot I_S \cdot \delta_C &= \frac{4{,}7}{3} \cdot 3{,}56 \cdot 293 &&= 1634\,\text{kNm}^3 \\ &+ \frac{11{,}93}{3} \cdot 3{,}56 \cdot 1{,}56 \cdot (293 - 122) &&= 3777\,\text{kNm}^3 \\ & && \ 5411\,\text{kNm}^3 \end{aligned}$$

$$\delta_C = \frac{2 \cdot 5{,}411}{1{,}1 \cdot 10^4 \cdot 2{,}486 \cdot 10^{-2}} = 39{,}6 \cdot 10^{-3}\,\text{m} = 39{,}6\,\text{mm}$$

Verformung infolge Eckverdrehung nach Gl. (22.7) mit Gl. (22.5)

$$\delta_C = 2 \cdot \frac{M_S \cdot \bar{M}_S}{C_1 \cdot (n_1 \cdot r_1^2 + n_2 \cdot r_2^2)}$$

Nach 19.8.5.6: $\text{zul}\, N_{st} = 0{,}75 \cdot 20{,}4 \qquad = 15{,}3\,\text{kN}$

Nach *–T2, Tab. 13, Zeile 2–* [162]:

$$C_1 = 1{,}2 \cdot 15{,}3 \cdot 10^3 = 18360\,\text{N/mm} = 18{,}36\,\text{MN/m}$$

$$\delta_C = \frac{2 \cdot 0{,}293 \cdot 3{,}56}{18{,}36 \cdot 13{,}43} = 8{,}5 \cdot 10^{-3}\,\text{m} = 8{,}5\,\text{mm}$$

Insgesamt $\delta_C = 39{,}6 + 8{,}5 = 48{,}1\,\text{mm} < \frac{24000}{200} = 120\,\text{mm}$

19.8.6 Berechnungsbeispiel 2: Zweigelenkrahmen (DIN)

18.8.6.1 Allgemeines (DIN)

An dem Zweigelenkrahmen mit gedübelten Rahmenecken gemäß Abb. 19.60 soll der Nachgiebigkeitseinfluß der Eckverbindung auf die Schnittgrößen des statisch unbestimmten Tragwerks gezeigt werden. Zur Vereinfachung der Berechnung werden die Abmessungen der Rahmenecke mit Anzahl und Anordnung der Stabdübel gemäß Abb. 19.57 vom Beispiel 1 „Dreigelenkrahmen" unverändert übernommen.

Weitere Vereinfachungen: Riegel mit konstanter Querschnittshöhe
Stützen als zweiteilige Querschnitte

Systemmaße und Belastung des Zweigelenkrahmens nach Abb. 19.60 wurden so gewählt, daß der Betrag des Eckmomentes bei alleiniger Berücksichtigung des M-Einflusses (Arbeitsgleichung) auf die Schnittgrößen etwa demjenigen des Dreigelenkrahmens nach Abb. 19.58 entspricht.

$M_E = -293\,\text{kNm}$ Dreigelenkrahmen nach Abb. 19.58

$M_E = -296\,\text{kNm}$ Zweigelenkrahmen nach Abb. 19.60

Die Berücksichtigung des Nachgiebigkeitseinflusses läßt eine Abminderung der Eckmomente und eine Zunahme des Feldmomentes erwarten, so daß Holzquerschnitte und Stabdübelanzahl in der Ecke reduziert werden können.

Die Spannungen $\sigma_{\parallel}$ und $\sigma_{Z\perp}$ im Firstquerschnitt sind nachzuweisen.

19.8.6.2 Querschnittswerte und Drehfedersteifigkeit (DIN)

$$I_C = I_R = 0{,}20 \cdot 1{,}30^3/12 = 3{,}662 \cdot 10^{-2}\,\text{m}^4$$

$$I_S = 0{,}20 \cdot 1{,}055^3/12 = 1{,}957 \cdot 10^{-2}\,\text{m}^4$$

$$I_R/I_S = 3{,}662/1{,}957 = 1{,}87$$

$$Q\text{-Stütze: } \frac{E_{\parallel} \cdot I_C}{G \cdot A_{St}} = \frac{1{,}1 \cdot 10^4 \cdot 3{,}662 \cdot 10^{-2} \cdot 1{,}2}{500 \cdot 0{,}20 \cdot (1{,}30 + 0{,}60)/2} = 5{,}09\,\text{m}^2$$

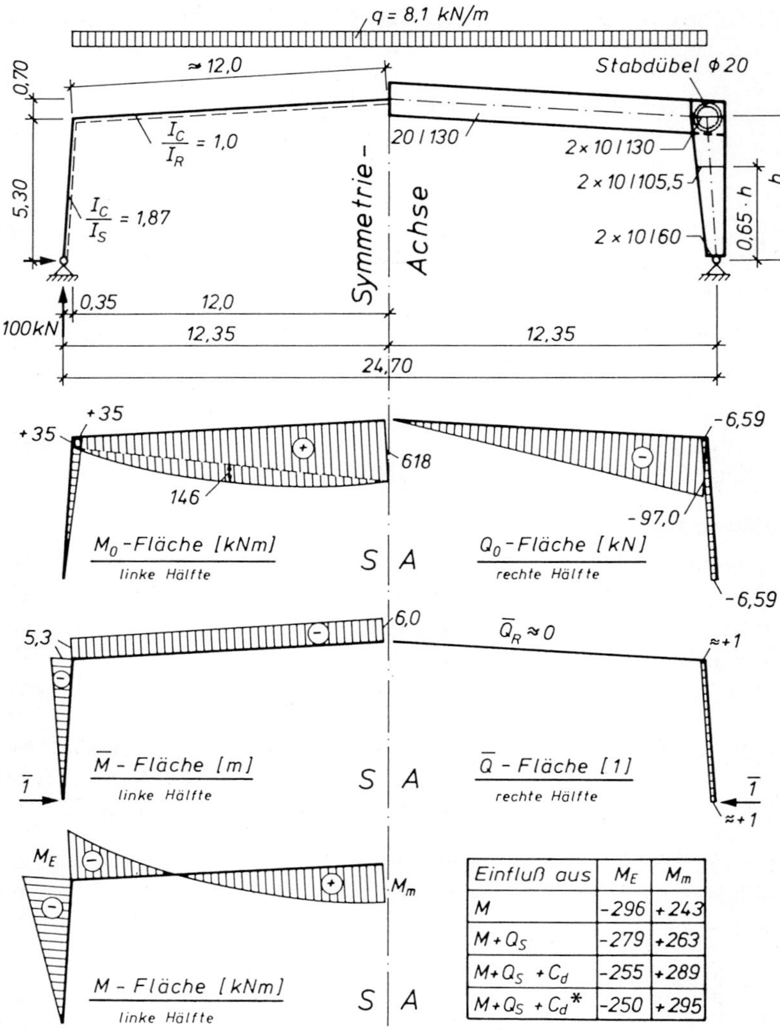

Einfluß aus	M_E	M_m
M	-296	+243
M + Q_S	-279	+263
M + Q_S + C_d	-255	+289
M + Q_S + C_d*	-250	+295

Abb. 19.60. Zweigelenkrahmen aus BSH II mit Stabdübel-Eckverbindung, stat. bestimmtes Hauptsystem wie Abb. 22.1. System, Querschnitte, M- und Q-Flächen für je eine Rahmenhälfte

Q-Einfluß des Riegels wird vernachlässigt.
Abb. 19.57: $\Sigma (n_i \cdot r_i^2) = 13{,}43\,\text{m}^2$

nach 19.8.5.6: $\text{zul}\, N_{\text{St}\perp} = 0{,}75 \cdot 20{,}4 = \mathbf{15{,}3\,kN}$ (Riegel)

$\text{zul}\, N_{\text{St}\perp} = 0{,}75 \cdot 22{,}0 = 16{,}5\,\text{kN}$ (Stütze)

Für den Nachweis der Tragfähigkeit sind zur Erfassung des Nachgiebigkeitseinflusses auf die Schnittgrößenverteilung nach *–E 205–* die 0,8fachen Werte nach *–T2, Tab. 13–* (siehe Beispiel 1 „Dreigelenkrahmen“, 19.8.5.8) anzusetzen. Somit ergibt sich mit

$$C_1 = 1{,}2 \cdot 15300 = 18360\,\text{N/mm} = 18{,}36\,\text{MN/m}$$
$$C_1^* = 0{,}8 \cdot 18{,}36 = 14{,}69\,\text{MN/m}$$

Die Drehfedersteifigkeit nach Gl. (22.5)

$$C_d = C_1 \cdot \Sigma(n_i \cdot r_i^2) = 18{,}36 \cdot 13{,}43 = 2{,}47 \cdot 10^2\,\text{MNm}$$

bzw. $C_d^* = 14{,}69 \cdot 13{,}43 = 1{,}97 \cdot 10^2\,\text{MNm}$ [162]

$$E_{\|} \cdot I_C/C_d = 1{,}1 \cdot 3{,}662 \cdot 10^2/(2{,}47 \cdot 10^2) = 1{,}63\,\text{m}$$
$$E_{\|} \cdot I_C/C_d^* = 1{,}63 \cdot 2{,}47/1{,}97 = 2{,}04\,\text{m}$$

Die Berechnung wird vergleichsweise mit C_d und C_d^* durchgeführt.

19.8.6.3 Lastannahmen für einen Rahmen (DIN)

Binderabstand $B = 6{,}0\,\text{m}$
Eigenlast $g = 0{,}60 \cdot 0{,}60 = 3{,}6\,\text{kN/m}$
Schneelast $s = 0{,}75 \cdot 6{,}0 = 4{,}5\,\text{kN/m}$

Lastfall H: $q = 8{,}1\,\text{kN/m}$

19.8.6.4 Schnittgrößen im statisch bestimmten Hauptsystem (DIN)

Gewählt wird das statisch bestimmte Hauptsystem nach Abb. 22.1. Abmessungen, Belastung, Schnittgrößen Q und M s. Abb. 19.60. Der N-Einfluß in der Arbeitsgleichung (22.1 a) kann vernachlässigt werden, s. Abschn. 22.2.

Riegelneigung $\gamma = \arctan 0{,}70/12{,}0 = 3{,}34°$
Stützenneigung $\alpha = \arctan 0{,}35/5{,}3 = 3{,}78°$

Schnittgrößen infolge $q = 8{,}1\,\text{kN/m}$:

$$A = B = 8{,}1 \cdot 12{,}35 = 100\,\text{kN}$$
$$Q_{oR} = -8{,}1 \cdot 12{,}0 \cdot \cos 3{,}34° = -97{,}0\,\text{kN}$$
$$Q_{oS} = -100 \cdot \sin 3{,}78° = -6{,}59\,\text{kN}$$
$$M_{oE} = 100 \cdot 0{,}35 = 35{,}0\,\text{kNm}$$
$$M_{om} = 8{,}1 \cdot 24{,}7^2/8 = 618\,\text{kNm}$$
$$\Delta M_F = 8{,}1 \cdot 12{,}0^2/8 = 146\,\text{kNm}$$

Schnittgrößen infolge $\bar{X} = 1$:

$$\bar{Q}_R = 1{,}0 \cdot \sin 3{,}34° = 0{,}058 \approx 0$$
$$\bar{Q}_S = 1{,}0 \cdot \cos 3{,}78° \approx 1{,}0$$
$$\bar{M}_E = -1{,}0 \cdot 5{,}3 = -5{,}3\,\text{m}$$
$$\bar{M}_m = -1{,}0 \cdot 6{,}0 = -6{,}0\,\text{m}$$

19.8.6.5 Schnittgrößen im statisch unbestimmten System (DIN)

In der Arbeitsgleichung (22.2) kann der Q-Einfluß des Riegels vernachlässigt werden, bei der Berechnung von δ_{10} auch der Q-Einfluß der Stütze, siehe Zahlenrechnung.

Wegen der Symmetrie des Systems und der Belastung werden δ_{10} und δ_{11} nur für eine Rahmenhälfte berechnet.

$$E_{\parallel} \cdot I_C \cdot \delta_{10} = \int M_0 \cdot \bar{M} \cdot \frac{I_C}{I} \cdot ds + \int Q_0 \cdot \bar{Q} \cdot \frac{E_{\parallel} \cdot I_C}{G \cdot A_{St}} \cdot ds + \Sigma M_{0E} \cdot \bar{M}_E \cdot \frac{E_{\parallel} \cdot I_C}{C_d}$$

$$\text{aus } M: = \begin{cases} -\dfrac{5{,}30}{3} \cdot 5{,}3 \cdot 35 \cdot 1{,}87 & = -\quad 613\,\text{kNm}^3 \\ -\dfrac{12{,}0}{6} \cdot [35 \cdot (2 \cdot 5{,}3 + 6{,}0) & \\ \quad + 618 \cdot (2 \cdot 6{,}0 + 5{,}3)] \cdot 1{,}0 & = -22\,545\,\text{kNm}^3 \\ -\dfrac{12{,}0}{3} \cdot 146 \cdot (5{,}3 + 6{,}0) \cdot 1{,}0 & = -\quad 6\,599\,\text{kNm}^3 \end{cases}$$

	aus M:	$-29\,757\,\text{kNm}^3$
aus Q_S:	$-5{,}3 \cdot 1{,}0 \cdot 6{,}55 \cdot 5{,}09 = -177\,\text{kNm}^3$	$\approx -\quad 0\,\text{kNm}^3$
aus C_d:	$-5{,}3 \cdot 35 \cdot 1{,}63$	$= -\quad 302\,\text{kNm}^3$
aus C_d^*:	$-5{,}3 \cdot 35 \cdot 2{,}04$	$= -\quad 378\,\text{kNm}^3$
	aus $M + (Q_S) + C_d$:	$-30\,059\,\text{kNm}^3$
	aus $M + (Q_S) + C_d^*$:	$-30\,135\,\text{kNm}^3$

$$E_{\parallel} \cdot I_C \cdot \delta_{11} = \int \bar{M}^2 \cdot \frac{I_C}{I} \cdot ds + \int \bar{Q}^2 \cdot \frac{E_{\parallel} \cdot I_C}{G \cdot A_{st}} \cdot ds + \Sigma \bar{M}_E^2 \cdot \frac{E_{\parallel} I_C}{C_d}$$

aus M: $= \dfrac{5{,}30}{3} \cdot 5{,}3^2 \cdot 1{,}87 + \dfrac{12{,}0}{3} \cdot (5{,}3^2 + 6{,}0^2 + 5{,}3 \cdot 6{,}0)$ $= 476\,\text{m}^3$

aus Q_S:	$+ 5{,}30 \cdot 1{,}0^2 \cdot 5{,}09$	$= 27\,\text{m}^3$
aus C_d:	$+ 5{,}3^2 \cdot 1{,}63$	$= 46\,\text{m}^3$
aus C_d^*:	$+ 5{,}3^2 \cdot 2{,}04$	$= 57\,\text{m}^3$
	aus $M + Q_S$:	$503\,\text{m}^3$
	aus $M + Q_S + C_d$:	$549\,\text{m}^3$
	aus $M + Q_S + C_d^*$:	$560\,\text{m}^3$

Statisch Überzählige X = Lagerreaktion H:

aus M: $X = -\dfrac{-29757}{476} = 62{,}5\,\text{kN}$

aus $M + Q_S$: $X = -\dfrac{-29757}{503} = 59{,}2\,\text{kN}$

aus $M + Q_S + C_d$: $X = -\dfrac{-30059}{549} = 54{,}8\,\text{kN}$

aus $M + Q_S + C_d^*$: $X = -\dfrac{-30135}{560} = 53{,}8\,\text{kN}$

Biegemomente M_E und M_m:

aus M:
$$M_E = 35 - 62{,}5 \cdot 5{,}3 = -296\,\text{kNm}$$
$$M_m = 618 - 62{,}5 \cdot 6{,}0 = +243\,\text{kNm}$$

aus $M + Q_S$:
$$M_E = 35 - 59{,}2 \cdot 5{,}3 = -279\,\text{kNm}$$
$$M_m = 618 - 59{,}2 \cdot 6{,}0 = +263\,\text{kNm}$$

aus $M + Q_S + C_d$:
$$M_E = 35 - 54{,}8 \cdot 5{,}3 = -255\,\text{kNm}$$
$$M_m = 618 - 54{,}8 \cdot 6{,}0 = +289\,\text{kNm}$$

aus $M + Q_S + C_d{}^*$:
$$M_E = 35 - 53{,}8 \cdot 5{,}3 = -250\,\text{kNm}$$
$$M_m = 618 - 53{,}8 \cdot 6{,}0 = +295\,\text{kNm}$$

Tabellarische Übersicht über die Veränderung der Eckmomente M_E und des Feldmomentes M_m infolge der verschiedenen Nachgiebigkeiten s. Abb. 19.60.

Auf die Standsicherheitsnachweise für Rahmenriegel und -stützen wird an dieser Stelle verzichtet, da entsprechende Nachweise bereits an anderer Stelle geführt worden sind.

$\sigma_{\parallel}$ und $\sigma_{Z\perp}$ im Firstquerschnitt vgl. Abschn. 19.5.3.2, Abb. 19.26
und Abschn. 19.5.3.3, Abb. 19.28
und Abschn. 19.8.7, Beispiel 3

Stabdübel-Eckverbindung vgl. Abschn. 19.8.5, Beispiel 1

19.8.7 Berechnungsbeispiel 3: Zweigelenkrahmen (DIN)

19.8.7.1 Allgemeines (DIN)

An dem Zweigelenkrahmen gemäß Abb. 19.61 soll der Nachgiebigkeitseinfluß der Stabdübelverbindungen an den Stützen- und Strebenanschlüssen auf die Schnittgrößen des statisch unbestimmten Tragwerks gezeigt werden.

Systemmaße und Belastung entsprechen denen des Beispiels 2 gemäß Abb. 19.60. Standsicherheitsnachweise werden geführt.

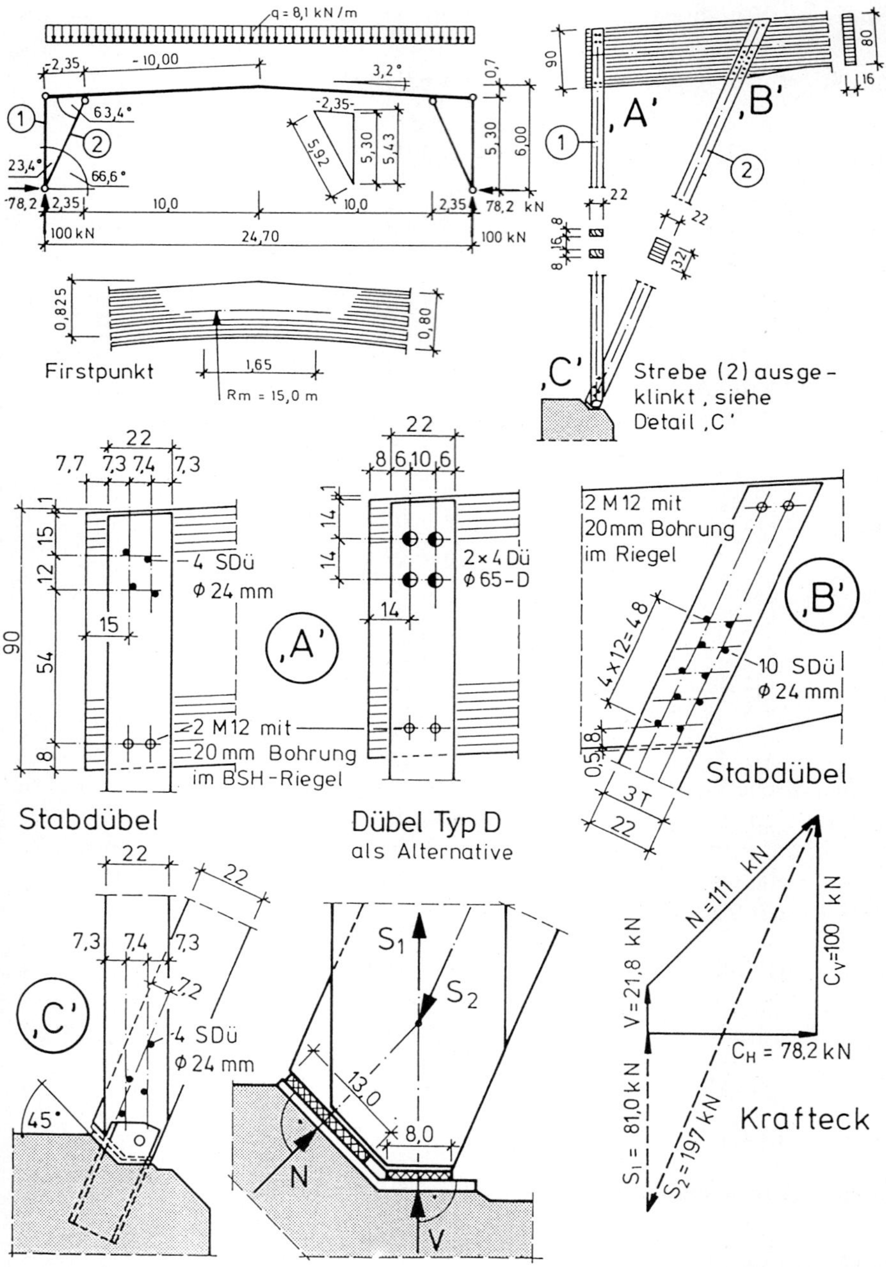

Abb. 19.61. Zweigelenkrahmen aus BSH II in aufgelöster Form. System, Belastung, Querschnitte, Anschlüsse

19.8.7.2 Querschnittswerte und Federsteifigkeiten (DIN)

Riegel A-B: $I_1 = 0{,}16 \cdot 0{,}90^3/12 = 0{,}9720 \cdot 10^{-2}\,\mathrm{m}^4$

Feld: $I_C = I_2 = 0{,}16 \cdot 0{,}80^3/12 = 0{,}6827 \cdot 10^{-2}\,\mathrm{m}^4$

$I_C/I_1 = 0{,}6827/0{,}9720 = 0{,}702$

Kleinste zulässige Stabdübelkraft für Anschlüsse A, B, C:

MH: $\text{zul}\, N_{\text{st}\parallel} = 8{,}5 \cdot 160 \cdot 24 \cdot 10^{-3} = 32{,}6\,\mathrm{kN}$

bzw. $51{,}0 \cdot 24^2 \cdot 10^{-3}$ = **29,4 kN für MH ∥ Fa**

2 SH: $\text{zul}\, N_{\text{st}\parallel} = 2 \cdot 5{,}5 \cdot 80 \cdot 24 \cdot 10^{-3}$ = **21,1 kN für 2 SH ∥ Fa**

bzw. $2 \cdot 33{,}0 \cdot 24^2 \cdot 10^{-3} = 38{,}0\,\mathrm{kN}$

Maßgebende Kr-Fa-Winkel für die Anschlüsse A, B, C s. Abb. 19.61

A: 2 SH: $\text{zul}\, N_{\text{st}\parallel}$ = **21,1 kN** < 22,3

$\sphericalangle\, 86{,}8°$: MH: $\text{zul}\, N_{\text{st}\sphericalangle} = \left(1 - \frac{86{,}8}{360}\right) 29{,}4 = 22{,}3\,\mathrm{kN}$

B: 2 SH: $\text{zul}\, N_{\text{st}\parallel}$ = **21,1 kN** < 24,2

$\sphericalangle\, 63{,}4°$: MH: $\text{zul}\, N_{\text{st}\sphericalangle} = \left(1 - \frac{63{,}4}{360}\right) 29{,}4 = 24{,}2\,\mathrm{kN}$

C: 2 SH: $\text{zul}\, N_{\text{st}\parallel}$ = **21,1 kN** < 27,5

$\sphericalangle\, 23{,}4°$: MH: $\text{zul}\, N_{\text{st}\sphericalangle} = \left(1 - \frac{23{,}4}{360}\right) 29{,}4 = 27{,}5\,\mathrm{kN}$

Federsteifigkeiten $C_a\,(C_a^*)$ nach Gl. (22.3):
–T2, Tab. 13 u. E 205–

Für den Gebrauchstauglichkeitsnachweis [162]

$$C_a = n \cdot C = n \cdot 1{,}2 \cdot \text{zul}\, N_{st}$$

Für den Tragfähigkeitsnachweis [162]

$$C_a^* = \mathrm{n} \cdot C^* = n \cdot 0{,}8 \cdot 1{,}2 \cdot \text{zul}\, N_{st} \text{ (Klammerwerte)*}$$

A, C: 4 SDü: $C_a = 4 \cdot 1{,}2 \cdot 21{,}1 = 101{,}3\,\mathrm{MN/m}$ (81,0)*

B: 10 SDü: $C_a = 10 \cdot 1{,}2 \cdot 21{,}1 = 253{,}2\,\mathrm{MN/m}$ (202,5)*

Hilfswerte für die Arbeitsgleichung:

Q_{A-B}: $\dfrac{E_\parallel \cdot I_C}{G \cdot A_{St}} = \dfrac{1{,}1 \cdot 10^4 \cdot 0{,}6827 \cdot 10^{-2} \cdot 1{,}2}{500 \cdot 0{,}16 \cdot 0{,}90} = 1{,}25\,\mathrm{m}^2$

S_1: $I_C/A_1 = 0{,}6827 \cdot 10^{-2}/(2 \cdot 0{,}08 \cdot 0{,}22) = 0{,}194\,\mathrm{m}^2$

S_2: $I_C/A_2 = 0{,}6827 \cdot 10^{-2}/(0{,}22 \cdot 0{,}32) = 0{,}097\,\mathrm{m}^2$

A, C: $E_\parallel \cdot I_C/C_a = 1{,}1 \cdot 10^4 \cdot 0{,}6827 \cdot 10^{-2}/101{,}3 = 0{,}741\,\mathrm{m}^3$ (0,927)*

B: $E_\parallel \cdot I_C/C_a = 1{,}1 \cdot 10^4 \cdot 0{,}6827 \cdot 10^{-2}/253{,}2 = 0{,}297\,\mathrm{m}^3$ (0,371)*

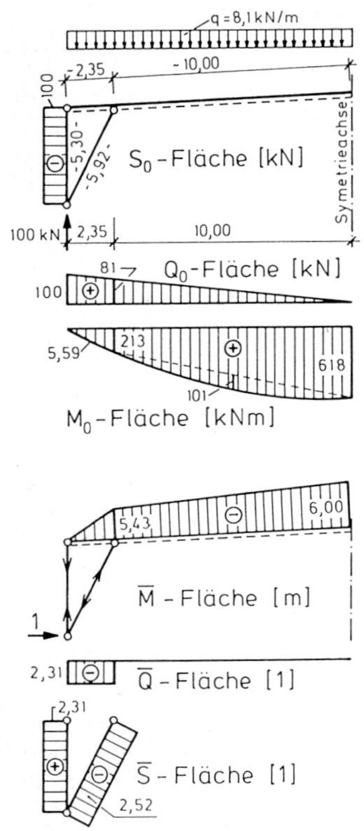

Abb. 19.62

19.8.7.3 Schnittgrößen im statisch bestimmten Hauptsystem (DIN)

Gewählt wird das statisch bestimmte Hauptsystem nach Abb. 22.2. Der N-Einfluß im Riegel wird vernachlässigt, s. Gl. (22.1a).

Schnittgrößen infolge $q = 8{,}1$ kN/m (Abb. 19.62):

$$A = 8{,}1 \cdot 12{,}35 = 100\,\text{kN}$$

$$Q_B \approx 100 - 8{,}1 \cdot 2{,}35 = 81\,\text{kN}$$

$$\max M = 8{,}1 \cdot 24{,}7^2/8 = 618\,\text{kNm}$$

$$M_B = 100 \cdot 2{,}35 - 8{,}1 \cdot \frac{2{,}35^2}{2} = 213\,\text{kNm}$$

$$\Delta M_{01} = 8{,}1 \cdot 2{,}35^2/8 = 5{,}59\,\text{kNm}$$

$$\Delta M_{02} = 8{,}1 \cdot 10{,}0^2/8 = 101\,\text{kNm}$$

Schnittgrößen infolge virtueller Last 1 (Abb. 19.62):

$$\bar{S}_1 = 5{,}43/2{,}35 = 2{,}31$$

$$\bar{S}_2 = -5{,}92/2{,}35 = -2{,}52$$

$$\bar{Q}_{A-B} = -2{,}31 \cdot \cos 3{,}2^\circ \approx -2{,}31$$

$$\bar{M}_B = -1{,}0 \cdot 5{,}43 = -5{,}43\,\text{m}$$

19.8.7.4 Schnittgrößen im statisch unbestimmten System (DIN)

In der Arbeitsgleichung (22.2) wird der Q-Einfluß nur im Bereich A–B berücksichtigt. Wegen der Symmetrie des Systems und der Belastung werden δ_{10} und δ_{11} nur für eine Rahmenhälfte berechnet.

$$E_{\parallel} \cdot I_C \cdot \delta_{10} = \int M_0 \cdot \bar{M} \cdot \frac{I_C}{I} \cdot ds + \int Q_0 \cdot \bar{Q} \cdot \frac{E_{\parallel} \cdot I_C}{G \cdot A_{St}} \cdot ds + \Sigma S_0 \cdot \bar{S} \cdot \frac{I_C}{A} \cdot s + \Sigma S_0 \cdot \bar{S} \cdot E_{\parallel} \cdot I_c / C_a$$

$$\text{aus M:} = \begin{cases} -\frac{2{,}35}{3} \cdot 5{,}43 \cdot (213 + 5{,}59) \cdot 0{,}702 & = -\ 653\,\text{kNm}^3 \\ -\frac{10{,}0}{6} \cdot [213 \cdot (2 \cdot 5{,}43 + 6{,}0) & \\ \quad + 618 \cdot (2 \cdot 6{,}0 + 5{,}43)] \cdot 1{,}0 & = -23938\,\text{kNm}^3 \\ -\frac{10{,}0}{3} \cdot 101 \cdot (5{,}43 + 6{,}0) \cdot 1{,}0 & = -\ 3848\,\text{kNm}^3 \end{cases}$$

aus M: $-28439\,\text{kNm}^3$

aus Q: $-\frac{2{,}35}{2} \cdot 2{,}31 \cdot (100 + 81) \cdot 1{,}25 = -\ 614\,\text{kNm}^3$

aus S: $-\ 5{,}30 \cdot 2{,}31 \cdot 100 \cdot 0{,}194 = -\ 238\,\text{kNm}^3$

aus $M + Q + S$: $-29291\,\text{kNm}^3$

aus C_a: $-\ 2{,}31 \cdot 100 \cdot 2 \cdot 0{,}741 = -\ 342\,\text{kNm}^3$

aus C_a^*: $-\ 2{,}31 \cdot 100 \cdot 2 \cdot 0{,}927 = -\ 428\,\text{kNm}^3$

aus $M + Q + S + C_a$: $-29633\,\text{kNm}^3$

aus $M + Q + S + C_a^*$: $-29719\,\text{kNm}^3$

$$E_{\parallel} \cdot I_C \cdot \delta_{11} = \int \bar{M}^2 \cdot \frac{I_C}{I} \cdot ds + \int \bar{Q}^2 \cdot \frac{E_{\parallel} \cdot I_C}{G \cdot A_{St}} \cdot ds + \Sigma \bar{S}^2 \cdot \frac{I_C}{A} \cdot s + \Sigma \bar{S}^2 \cdot E_{\parallel} \cdot I_C / C_a$$

aus M: $= \frac{2{,}35}{3} \cdot 5{,}43^2 \cdot 0{,}702 + \frac{10}{3} \cdot (5{,}43^2 + 5{,}43 \cdot 6{,}0 + 6{,}0^2)$

aus M: $= 343\,\text{m}^3$

aus Q: $+\ 2{,}35 \cdot 2{,}31^2 \cdot 1{,}25 = 16\,\text{m}^3$

aus S: $+\ 5{,}3 \cdot 2{,}31^2 \cdot 0{,}194 + 5{,}92 \cdot 2{,}52^2 \cdot 0{,}097 = 9\,\text{m}^3$

aus C_a: $+\ 2{,}31^2 \cdot 2 \cdot 0{,}741 + 2{,}52^2 \cdot 0{,}297 = 10\,\text{m}^3$

aus C_a^*: $+\ 2{,}31^2 \cdot 2 \cdot 0{,}927 + 2{,}52^2 \cdot 0{,}371 = 12\,\text{m}^3$

aus $M + Q + S$: $368\,\text{m}^3$

aus $M + Q + S + C_a$: $378\,\text{m}^3$

aus $M + Q + S + C_a^*$: $380\,\text{m}^3$

Statisch Überzählige X = Lagerreaktion H:

aus M: $X = -\dfrac{-28439}{343} = 82{,}9\,\text{kN}$

aus $M + Q + S$: $X = -\dfrac{-29291}{368} = 79{,}6\,\text{kN}$

aus $M + Q + S + C_a$: $X = -\dfrac{-29\,633}{378} = 78{,}4\,\text{kN}$

aus $M + Q + S + C_a^*$: $X^* = -\dfrac{-29719}{380} = 78{,}2\,\text{kN}$

Die endgültigen Schnittgrößen werden nur noch für die beiden Fälle „M-Einfluß" und „M, Q, S, C_a^*-Einfluß" berechnet.

Schnittgrößen infolge *M*-Einfluß:

$$
\begin{aligned}
M_B &= 213 - 82{,}9 \cdot 5{,}43 = -237\ \text{kNm}\\
M_m &= 618 - 82{,}9 \cdot 6{,}0 = +121\ \text{kNm}\\
S_1 &= -100 + 82{,}9 \cdot 2{,}31 = +\ 91{,}5\,\text{kN}\\
S_2 &= 0 - 82{,}9 \cdot 2{,}52 = -209\ \text{kN}\\
Q_{Bl} &= 81 - 82{,}9 \cdot 2{,}31 = -110\ \text{kN}
\end{aligned}
$$

Schnittgrößen infolge *M*, *Q*, *S*, C_a^*-Einfluß:

$$
\begin{aligned}
M_B &= 213 - 78{,}2 \cdot 5{,}43 = -212\ \text{kNm}\\
M_m &= 618 - 78{,}2 \cdot 6{,}0 = +149\ \text{kNm}\\
S_1 &= -100 + 78{,}2 \cdot 2{,}31 = +\ 81\ \text{kN}\\
S_2 &= 0 - 78{,}2 \cdot 2{,}52 = -197\ \text{kN}\\
Q_{Bl} &= 81 - 78{,}2 \cdot 2{,}31 = -100\ \text{kN}
\end{aligned}
$$

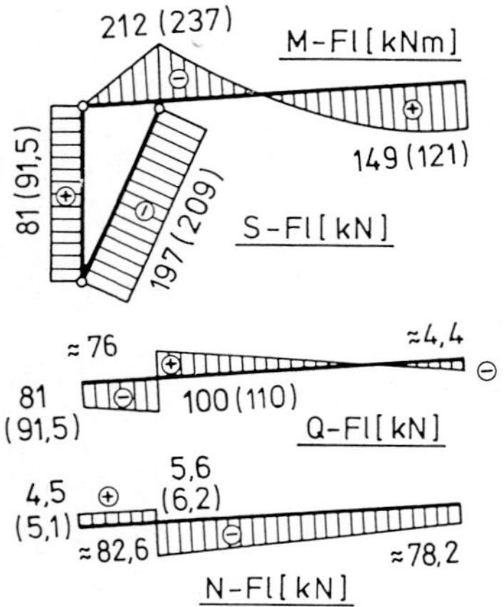

Abb. 19.63. Schnittgrößen für eine Rahmenhälfte

In Abb. 19.63 werden die endgültigen Schnittgrößen einer Rahmenhälfte dargestellt, die sich unter Berücksichtigung des M, Q, S und C_a^*-Einflusses ergeben. Die (...)-Werte gelten für alleinige Berücksichtigung des M-Einflusses.

Q- und N-Verlauf werden im folgenden für Einfluß aus M, Q, S, C_a^* berechnet.

$$\Delta Q_{AB} = 2{,}35 \cdot 8{,}1 = 19{,}0\,\text{kN}$$

$$\Delta Q_{Bm} = 10{,}0 \cdot 8{,}1 = 81{,}0\,\text{kN}$$

$$\Delta N_{AB} = 19{,}0 \cdot \sin 3{,}2^\circ = 1{,}1\,\text{kN}$$

$$\Delta N_{Bm} = 81{,}0 \cdot \sin 3{,}2^\circ = 4{,}5\,\text{kN}$$

$$Q_A \approx -81\,\text{kN}$$

$$Q_{Bl} = -81 - 19{,}0 = -100\,\text{kN}$$

$$\Delta Q_B = 197 \cdot \sin 63{,}4^\circ = 176\,\text{kN}$$

$$Q_m = -78{,}2 \cdot \sin 3{,}2^\circ \approx -4{,}4\,\text{kN}$$

$$N_A = 81 \cdot \sin 3{,}2^\circ = 4{,}5\,\text{kN}$$

$$N_{Bl} = 4{,}5 + 1{,}1 = 5{,}6\,\text{kN}$$

$$\Delta N_B = 197 \cdot \cos 63{,}4^\circ = 88{,}2\,\text{kN}$$

$$N_m \approx -X^* = -78{,}2\,\text{kN}$$

19.8.7.5 Standsicherheitsnachweise, Lastfall H (DIN)

Querschnitte und Knotenpunkte s. Abb. 19.61.
Schnittgrößen M, N, Q und S s. Abb. 19.63.

Riegel im Punkt B: 16/90 Bs 11 (≙ BSH II):

Schnittgrößen: $M_B = -212\,\text{kNm}$

$N_B = -82{,}6\,\text{kN}$

$Q_{Bl} = -100\,\text{kN}$

Querschnittswerte: $A = 0{,}16 \cdot 0{,}90 = 0{,}1440\,\text{m}^2$

$W_y = 0{,}16 \cdot 0{,}90^2/6 = 0{,}0216\,\text{m}^3$

Anschnittsneigung: $\alpha = 4{,}5^\circ$

Nach Tafel 19.2: $k_D = 0{,}91$

Näherungsweise wird $\sigma_{\parallel}$ in Gl. (19.18a) als Gesamtspannung aus Biegung und Druck angesehen und in Gl. (19.18) eingesetzt.

$$\sigma_{\parallel} = 82{,}6 \cdot 10^{-3}/0{,}1440 + 0{,}212/0{,}0216 = 10{,}4\,\text{MN/m}^2$$

Der Nachweis der Spannungskombination lautet somit [162]:

$$\frac{10{,}4}{0{,}91 \cdot 14{,}0} = 0{,}82 < 1$$

$$\text{Spannungsnachweis:} \quad \frac{\dfrac{82{,}6 \cdot 10^{-3}}{0{,}1440}}{8{,}5} + \frac{\dfrac{0{,}212}{0{,}0216}}{11{,}0} = 0{,}96 < 1$$

$$\max \tau_Q = 1{,}5 \cdot 100 \cdot 10^{-3}/0{,}1440 = 1{,}04 < 1{,}2\,\text{MN/m}^2$$

Riegel im Firstpunkt m: 16/82,5 BS 11 (≙ BSH II)

Schnittgrößen: $M_m = 149$ kNm

$N_m = 78{,}2$ kNm

$Q_m = -\ 4{,}4\,\text{kN} \approx 0$

Querschnittswerte: $A = 0{,}16 \cdot 0{,}825 \quad = 0{,}1320 \ \text{m}^2$

$W_y = 0{,}16 \cdot 0{,}825^2/6 \quad = 0{,}01815\,\text{m}^3$

Formwerte: $R_m = 15{,}0\,\text{m}$ s. Abb. 19.61

$\beta_m = 15{,}0/0{,}825 = 18{,}2$

$\gamma = 3{,}2°$

Für satteldachförmige Träger wird die größte Biegespannung am unteren Rand $\sigma_{\|}$ nach Gl. (19.19) und die größte Querzugspannung $\sigma_{Z\perp}$ nach Gl. (19.20) berechnet, s. Abb. 19.17.

Nach Blumer [195] erzeugt auch die Druckkraft in satteldachförmigen Trägern Querzugspannungen und ungleichmäßig verteilte Normalspannungen. Die in [189] angegebenen Gleichungen für $\varkappa_l^N$ und $\varkappa_q^N$ liefern für $\beta_m = 18{,}2$ und $\gamma = 3{,}2°$:

Druck: $\varkappa_l^N = \ 1{,}16 \approx 1{,}0$ (hier: sichere Seite)

$\varkappa_q^N = -0{,}016$ (d. h. Querzugspannungen)

$\sigma_{\|}^N \approx 78{,}2 \cdot 10^{-3}/0{,}1320 = -\ 0{,}59\,\text{MN/m}^2$

$\sigma_{Z\perp}^N = -0{,}016 \cdot (-0{,}59) = +\ 0{,}01\,\text{MN/m}^2$

Biegung: $\varkappa_l^M = 1{,}09$ nach Gl. (19.29) } s. Abb. 19.18

$\varkappa_q^M = 0{,}021$ nach Gl. (19.30) }

Gl. (19.19): $\sigma_{\|}^M = 1{,}09 \cdot 0{,}1490/0{,}01815 \ = 8{,}9 \ \text{MN/m}^2$

Gl. (19.20): $\sigma_{Z\perp}^M = 0{,}021 \cdot 0{,}1490/0{,}01815 = 0{,}17\,\text{MN/m}^2$

Insgesamt: $\sigma_{Z\perp} = 0{,}01 + 0{,}17 = 0{,}18\,\text{MN/m}^2 \quad 0{,}18/0{,}2 = 0{,}9 < 1$

Gl. (11.1): $\dfrac{-0{,}59}{8{,}5} + \dfrac{8{,}9}{11{,}0} = 0{,}74 < 1$ vgl. Abb. 19.17

Vereinfachter Kippnachweis im Bereich A-B (Untergurt)

$$\lambda_B = \varkappa_B \cdot \sqrt{s \cdot h/b^2} \qquad \text{vgl. Gl. (10.12)}$$

$$\varkappa_B = 54{,}6 \cdot 10^{-3} \qquad \text{siehe Tafel 10.1 K}$$

$$s \approx 2{,}35\,\text{m} \qquad \text{vgl. „Druckstab } S_2\text{“}$$

$$h = 0{,}90\,\text{m}$$

$$b = 0{,}16\,\text{m}$$

$$\lambda_B = 54{,}6 \cdot 10^{-3} \cdot \sqrt{2{,}35 \cdot 0{,}90/0{,}16^2} = 0{,}50 \rightarrow k_B = 1$$

Gl. (10.11): $$\frac{0{,}212/0{,}0216}{1 \cdot 1{,}1 \cdot 11} = 0{,}81 < 1$$

Spannungsnachweis maßgebend!

Zugstab S_1: $2 \times 8/22$ BS 11 s. Abb. 19.61

$$S_1 = 81{,}0\,\text{kN} \qquad \text{s. Abb. 19.63}$$

$$A_n = 2 \cdot 80 \cdot (220 - 2 \cdot 24) = 275{,}2 \cdot 10^2\,\text{mm}^2$$

$$\sigma_{z\parallel} = 1{,}5 \frac{81{,}0 \cdot 10^3}{275{,}2 \cdot 10^2} = 4{,}4\,\text{N/mm}^2 \quad 4{,}4/8{,}5 = 0{,}5 < 1$$

Druckstab S_2: 22/32 BS11 s. Abb. 19.61

Zur Vereinfachung der Berechnung wird der Stab einteilig mit ausgeklinkten Stabenden angenommen. Er könnte auch als zwei- oder dreiteiliger, mit Dübeln oder Stabdübeln zusammengefügter Stab ausgeführt werden, s. Abb. 6.19.

Die Strebe S_2 wird als Kippaussteifung des Riegels nach Abb. 8.14 Schnitt E-E angesehen. Näherungsweise wird in Unterkante Riegel – im Abstand $b = 1{,}0$ m bis Oberkante Riegel nach Abb. 8.14 – eine Seitenkraft aus unvermeidbarer Schiefstellung des Riegels angenommen.

Gl. (8.26): $H_y = \max N/100$

$$\max N \approx M_B/h_B$$

Abb. 19.63: $s_{kz} \approx 0{,}640$ m bis Oberkante Riegel nach Gl. (8.27)

$s_{kz} \approx 0{,}570$ m bis Anschlußmitte

$$S_2 = -197\,\text{kN}$$

$$M_B = -212\,\text{kNm}$$

$$H_y \approx 212/(0{,}90 \cdot 100) = 2{,}36\,\text{kN}$$

Gl. (8.27): $$M_z = 2{,}36 \cdot \frac{1{,}0 \cdot 5{,}4}{6{,}4} = 2{,}0\,\text{kNm}$$

22/32: $A = 320 \cdot 220 = 704 \cdot 10^2\,\text{mm}^2$

$$W_z = 220 \cdot 320^2/6 = 3755 \cdot 10^3\,\text{mm}^3$$

$$\lambda_z = \frac{6400}{0{,}289 \cdot 320} = 69$$

$$\lambda_y = \frac{5700}{0{,}289 \cdot 220} = 90 \rightarrow \omega = 2{,}22$$

$$\text{zul}\,\sigma_k = 8{,}5/2{,}22 = 3{,}83\,\text{N/mm}^2$$

Gl. (11.4): $$\frac{\frac{197 \cdot 10^3}{704 \cdot 10^2}}{3{,}83} + \frac{\frac{2000 \cdot 10^3}{3755 \cdot 10^3}}{11{,}0} = 0{,}78 < 1$$

Strebenfußpunkt gemäß Abb. 19.61

Der Vertikalstab S_1 wird am Fußpunkt C in beiden Lagerebenen um 5 mm zurückgeschnitten, damit die Druckkraft planmäßig nur in den Kontaktflächen der Strebe S_2 übertragen wird.

$$N = 111\ \text{kN} \quad \text{mit } \alpha_N = 45° - 23{,}4° = 21{,}6°$$

$$V = 21{,}8\,\text{kN} \quad \text{mit } \alpha_V = 23{,}4°$$

$$\sigma_N = \frac{0{,}111}{0{,}16 \cdot 0{,}13} = 5{,}34\,\text{MN/m}^2$$

$$\text{zul}\,\sigma_{D\measuredangle 21{,}6°} = 6{,}3\,\text{MN/m}^2 \qquad 5{,}34/6{,}3 = 0{,}85 < 1$$

$$\sigma_V = \frac{0{,}0218}{0{,}16 \cdot 0{,}08} = 1{,}70\,\text{MN/m}^2$$

$$\text{zul}\,\sigma_{D\measuredangle 23{,}4°} = 6{,}1\,\text{MN/m}^2 \qquad 1{,}70/6{,}1 = 0{,}3 < 1$$

Stabanschlüsse mit Stabdübeln ∅ 24 mm

Punkt A: vorh $S_1 = 81\,\text{kN} < 4 \times 21{,}1$ [1] $= 84{,}4\,\text{kN}$

Punkt C: vorh $S_1 = 81\,\text{kN} < 4 \times 21{,}1$ [1] $= 84{,}4\,\text{kN}$

Punkt B: vorh $S_2 = 197\,\text{kN} < 10 \times 21{,}1$ [1] $= 211\,\text{kN}$

19.8.7.6 Durchbiegungsnachweis (DIN)

Die lotrechte Verformung des Firstpunktes infolge Eigenlast und Schneelast soll untersucht werden. Die Berechnung wird mit Hilfe des Reduktionssatzes durchgeführt. Danach darf die virtuelle Last $\bar{1}$ an einem statisch bestimmten Hauptsystem des Tragwerks angesetzt werden. Dieses wird zweckmäßig so gewählt, daß die Zahlenrechnung möglichst einfach wird. Dabei müssen die M-, Q-, S- und C_a^*-Einflüsse berücksichtigt werden, soweit sie Beiträge liefern.

---

[1] zul $N_{st} = 21{,}1$ kN s. Abschn. 19.8.7.2.

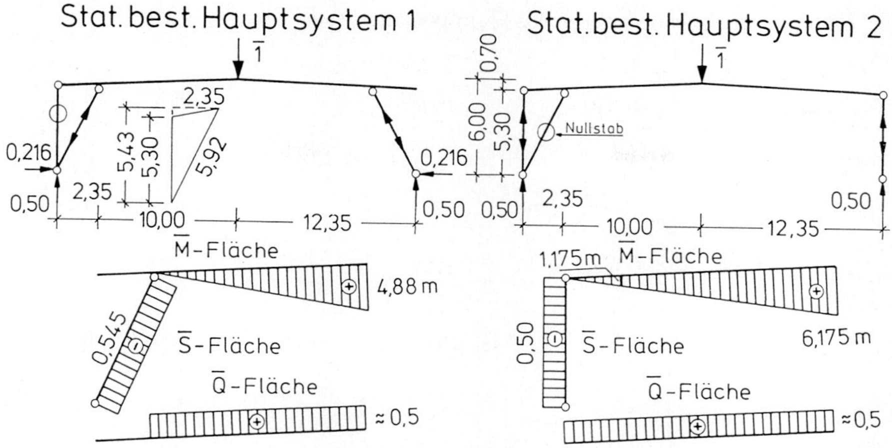

Abb. 19.64. *M*-, *Q*- und *S*-Flächen für je eine Rahmenhälfte

Zum Vergleich sei die Rechnung für die beiden statisch bestimmten Hauptsysteme gemäß Abb. 19.64 gegenübergestellt.

Die Schnittgrößen für das statisch unbestimmte System infolge $q = g + s$ sind Abb. 19.63 zu entnehmen (für eine Rahmenhälfte).

a) Durchbiegungsberechnung für Hauptsystem 1

Lagerreaktionen: $\bar{A}_V = 1/2 = 0{,}50$

$\bar{A}_H = 0{,}5 \cdot 2{,}35/5{,}43 = 0{,}216$

Stabkräfte: $\bar{S}_1 = -0{,}5 + 0{,}216 \cdot 5{,}43/2{,}35 = 0$

$\bar{S}_2 = -0{,}5 \cdot 5{,}92/5{,}43 = -0{,}545$

Biegemoment: $\bar{M}_c = 0{,}5 \cdot 12{,}35 - 0{,}216 \cdot 6{,}0 = 4{,}88\,\text{m}$

$$\frac{1}{2} \cdot E_{\|} \cdot I_C \cdot \delta =$$

aus M:
$$\left\{\begin{array}{ll} + \dfrac{10}{6} \cdot 4{,}88 \cdot (298 - 212) & = +\ 699{,}5\,\text{kNm}^3 \\ + \dfrac{10}{3} \cdot 4{,}88 \cdot 101 & = +1642{,}9\,\text{kNm}^3 \end{array}\right.$$

aus Q: $$+ \frac{10}{2} \cdot 0{,}5 \cdot (76 - 4{,}4) \cdot 1{,}25 \cdot \frac{90}{80} = +\ 251{,}7\,\text{kNm}^3$$

aus S_2: $+ 5{,}92 \cdot 197 \cdot 0{,}545 \cdot 0{,}097 = +\ 61{,}7\,\text{kNm}^3$

aus C_a^*: $+ 0{,}545 \cdot 197 \cdot 0{,}371 = +\ 39{,}8\,\text{kNm}^3$

Insgesamt: $+2696\ \text{kNm}^3$

$$\delta = \frac{2 \cdot 2{,}696}{1{,}1 \cdot 10^4 \cdot 0{,}6827 \cdot 10^{-2}} = 71{,}8 \cdot 10^{-3}\,\text{m} = 71{,}8\,\text{mm} < \frac{24700}{200} = 124\,\text{mm}$$

b) Durchbiegungsberechnung für Hauptsystem 2:

Stabkräfte: $\bar{S}_1 = \quad = -0{,}50$

$\bar{S}_2 = \quad = \quad 0$

Biegemomente: $\bar{M}_B = 0{,}5 \cdot 2{,}35 = 1{,}175\,\text{m}$

$\bar{M}_C = 0{,}5 \cdot 12{,}35 = 6{,}175\,\text{m}$

$$\frac{1}{2} \cdot E_{\parallel} \cdot I_C \cdot \delta =$$

aus M:

$$\left\{\begin{array}{ll} -\dfrac{2{,}35}{3} \cdot (212 - 5{,}6) \cdot 1{,}175 \cdot 0{,}702 & = -\ 133{,}4\,\text{kNm}^3 \\ +\dfrac{10}{6} \cdot [6{,}175 \cdot (2 \cdot 149 - 212) & \\ \quad - 1{,}175 \cdot (2 \cdot 212 - 149)] & = +\ 346{,}5\,\text{kNm}^3 \\ +\dfrac{10}{3} \cdot 101 \cdot (1{,}175 + 6{,}175) & = +2474{,}5\,\text{kNm}^3 \end{array}\right.$$

aus Q:

$$\left\{\begin{array}{ll} -\dfrac{2{,}35}{2} \cdot 0{,}5 \cdot (81 + 100) \cdot 1{,}25 & = -\ 132{,}9\,\text{kNm}^3 \\ +\dfrac{10}{2} \cdot 0{,}5 \cdot (76 - 4{,}4) \cdot 1{,}25 \cdot \dfrac{90}{80} & = +\ 251{,}7\,\text{kNm}^3 \end{array}\right.$$

aus S_1: $\quad - 5{,}3 \cdot 0{,}5 \cdot 81 \cdot 0{,}194 = -\ 41{,}6\,\text{kNm}^3$

aus C_a: $\quad - 0{,}5 \cdot 81 \cdot 2 \cdot 0{,}927 = -\ 75{,}1\,\text{kNm}^3$

Insgesamt: $+2690\,\text{kNm}^3$

$\approx +2696\,\text{kNm}^3$

Der Vergleich zeigt Übereinstimmung.

19.9 Bemessung von Brettschichtholzträgern nach EC 5

19.9.1 Aufbau des Brettschichtholzträgers (EC 5)

Die u. a. in den Abschnitten 2.2.3, 19.1 und 19.2 enthaltenen Hinweise zum BSH und zu den BSH-Trägern gelten weiterhin.

Für BSH sind die Werte für die Festigkeit, die Steifigkeit und die Rohdichte in Abhängigkeit von der BSH-Festigkeitsklasse der Tafel 2.11 zu entnehmen oder nach Anhang B zum NAD zu berechnen [126].

BSH nach Tafel 19.3 erfüllt die in Tafel 2.11 geforderten mechanischen Eigenschaften.

Für BSH mit von der Tafel 19.3 abweichendem Lamellenaufbau können die mechanischen Eigenschaften mit den in Tabelle B. 2-1 [126] angegebenen Gleichungen berechnet werden.

Tafel 19.3. Lamellenaufbau von BSH [126]

<table>
<tr><td rowspan="3">Sortierklasse der Lamellen nach DIN 4074 Teil 1</td><td colspan="7">BSH-Festigkeitsklassen</td></tr>
<tr><td>BS 11</td><td colspan="2">BS 14</td><td colspan="2">BS 16</td><td colspan="2">BS 18</td></tr>
<tr><td></td><td>k [2]</td><td>h [3]</td><td>k</td><td>h</td><td>k</td><td>h</td></tr>
<tr><td>äußere Lamellen [1]</td><td rowspan="2">S 10</td><td>S 13</td><td rowspan="2">S 13</td><td>MS 13</td><td rowspan="2">MS 13</td><td>MS 17</td><td rowspan="2">MS 17</td></tr>
<tr><td>innere Lamellen</td><td>S 10</td><td>MS 10</td><td>MS 13</td></tr>
</table>

[1] 1/6 der Trägerhöhe auf beiden Seiten, mindestens 2 Lamellen.
[2] k = kombiniertes BSH.
[3] h = BSH aus Lamellen einer Fkl.

Bei der Bemessung an der Stelle der Universal-Keilzinkenverbindung ist die Querschnittsschwächung durch eine 20 %ige Abminderung der jeweiligen charakteristischen Festigkeitswerte zu berücksichtigen, z. B. beim Dreigelenkrahmen von Bedeutung.

Zur Berücksichtigung des Einflusses von Ästen im Keilzinkenbereich sind hierbei für die BSH-Festigkeitsklassen BS 14, BS 16 und BS 18 die Werte der jeweils nächst niedrigeren Festigkeitsklasse zugrunde zu legen [126].

19.9.2 Gerader Träger mit konstanter Höhe (EC 5)

Spannungs-, Kipp- und Durchbiegungsnachweise können dem Abschn. 10.7 entnommen werden, vgl. Abb. 19.4.

19.9.3 Pultdachträger, vgl. Abb. 19.14 (EC 5)

Für einen Faseranschnittwinkel $\alpha \leqq 10°$ gilt:

$$\sigma_{m,0,d} = (1 + 4 \cdot \tan^2 \alpha) \cdot \frac{6 \cdot M_d}{b \cdot h_x^2} \leqq f_{m,0,d} \tag{19.52}$$

$$\sigma_{m,\alpha,d} = (1 - 4 \cdot \tan^2 \alpha) \cdot \frac{6 \cdot M_d}{b \cdot h_x^2} \leqq f_{m,\alpha,d} \tag{19.53}$$

$\sigma_{m,0,d}$ Biegespannung des faserparallelen Randes (Abb. 19.65)

$\sigma_{m,\alpha,d}$ Biegespannung des Randes mit den angeschnittenen Fasern (Abb. 19.65)

h_x vgl. Abb. 19.14 und Gl. (19.24)

$$f_{m,\alpha,d} = \frac{f_{m,d}}{\dfrac{f_{m,d}}{f_{t,90,d}} \cdot \sin^2 \alpha + \cos^2 \alpha} \quad \text{(Biegezugrand)} \tag{19.54}$$

$$f_{m,\alpha,d} = \frac{f_{m,d}}{\dfrac{f_{m,d}}{f_{c,90,d}} \cdot \sin^2 \alpha + \cos^2 \alpha} \quad \text{(Biegedruckrand)} \tag{19.55}$$

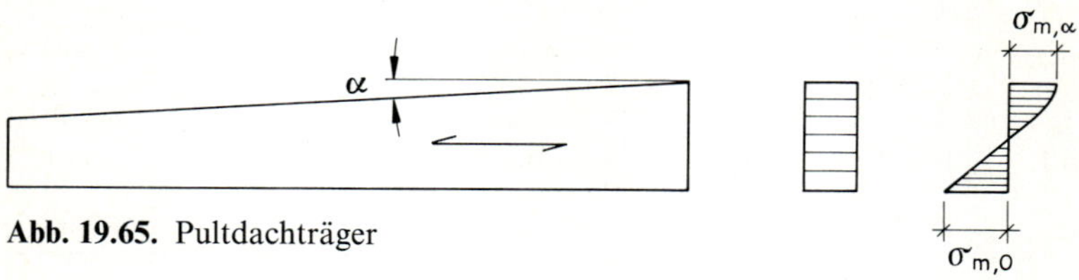

Abb. 19.65. Pultdachträger

19.9.4 Gekrümmte Träger und Satteldachträger (EC5)

Spannungsnachweis für den schrägen Rand (Anschnitte):

In den geraden Trägerbereichen mit angeschnittener Faser müssen die Nachweise wie für den Pultdachträger des Abschn. 19.9.3 geführt werden.

Biegespannungsnachweis im Firstquerschnitt:

Für den Firstquerschnitt gilt folgender Nachweis:

$$\sigma_{\mathrm{m,d}} \leqq k_{\mathrm{r}} \cdot f_{\mathrm{m,d}} \tag{19.56}$$

mit

k_r Faktor, der die Festigkeitsabnahme infolge des Biegens der Lamellen während der Herstellung berücksichtigt.

Für gekrümmte Träger und Satteldachträger mit gekrümmten Untergurt ist

$$k_{\mathrm{r}} = \begin{cases} 1 & \text{für } r_{\mathrm{in}}/\mathrm{t} \geqq 240 \quad (19.57) \\ 0{,}76 + 0{,}001 \cdot r_{\mathrm{in}}/t & \text{für } r_{\mathrm{in}}/t < 240 \quad (19.58) \end{cases}$$

$r_{\mathrm{in}} = r_1$ (DIN) Biegeradius des inneren Einzelbrettes (Abb. 19.5a)

$t = a$ (DIN) Dicke des inneren Einzelbrettes

Für Satteldachträger mit geradem Untergurt ist

$$k_{\mathrm{r}} = 1\,.$$

Biegespannung im Firstquerschnitt:

$$\sigma_{\mathrm{m,d}} = k_l \cdot \frac{6 \cdot M_{\mathrm{ap,d}}}{b \cdot h_{\mathrm{ap}}^2} \tag{19.59}$$

mit

$M_{\mathrm{ap}} = M_{\mathrm{m}}$ (DIN)

$h_{\mathrm{ap}} = h_{\mathrm{m}}$ (DIN), vgl. Abb. 19.17

$$k_l = k_1 + k_2 \cdot \frac{h_{\mathrm{ap}}}{r} + k_3 \cdot \left(\frac{h_{\mathrm{ap}}}{r}\right)^2 + k_4 \cdot \left(\frac{h_{\mathrm{ap}}}{r}\right)^3 \tag{19.60}$$

und
$$k_1 = 1 + 1{,}4 \cdot \tan\alpha + 5{,}4 \cdot \tan^2\alpha \quad (19.60\,a)$$
$$k_2 = 0{,}35 - 8 \cdot \tan\alpha \quad (19.60\,b)$$
$$k_3 = 0{,}6 + 8{,}3 \cdot \tan\alpha - 7{,}8 \cdot \tan^2\alpha \quad (19.60\,c)$$
$$k_4 = 6 \cdot \tan^2\alpha \quad (19.60\,d)$$

$k_1 = \varkappa_1$ (DIN)

$\alpha = \gamma$ (DIN), vgl. Abb. 19.19b; $\alpha = 0$ für Träger nach Abb. 19.10

$r = r_{in} + 0{,}5 \cdot h_{ap} = r_m$ (DIN), vgl. Abb. 19.17

Querzugspannungsnachweis im Firstbereich:

$$\sigma_{t,90,d} \leqq k_{dis} \cdot (V_0/V)^{0,2} \cdot f_{t,90,d} \quad (19.61)$$

hierin bedeuten:

- k_{dis} Faktor, der den Einfluß der Spannungsverteilung im Firstbereich berücksichtigt, vgl. Abb. 19.17 und Tafel 19.4
- V_0 Bezugsvolumen von 0,01 m³
- V Volumen des Firstbereiches in m³, vgl. Tafel 19.5
  $V \leqq 2 \cdot V_b/3$
- V_b Gesamtvolumen des Trägers

Querzugspannung im Firstbereich:

$$\sigma_{t,90,d} = k_p \cdot \frac{6 \cdot M_{ap,d}}{b \cdot h_{ap}^2} \quad (19.62)$$

Tafel 19.4. Verteilungsfaktor k_{dis}

Träger nach	Abb. 19.10 und 19.16	Abb. 19.27
k_{dis}	1,4	1,7

Tafel 19.5. Volumen des Firstbereiches V nach EC 5

Träger nach	Abb. 19.16	Abb. 19.10	Abb. 19.27 und 19.66
V	$b \cdot h_{ap}^2 \cdot (1 - 0{,}25 \cdot \tan\alpha)$ $\alpha = \gamma$	$2 \cdot b \cdot h_{ap} \cdot (r_{in} + 0{,}5 \cdot h_{ap}) \cdot \delta^{a}\,\mathrm{rad}$ $\delta = \gamma,\ \alpha = 0$	$V_1 - V_2$ $\alpha^{b} = \gamma$

$$V_1 = b \cdot \left[(r_{in} + h_{ap})^2 \cdot \frac{\sin\delta \cdot \sin(90 - \gamma)}{\cos(\gamma - \delta)}\right]$$

$$V_2 = b \cdot r_{in}^2 \cdot \delta^{a}\,\mathrm{rad}$$

[a] Bogenmaß $\delta\,\mathrm{rad} = \pi \cdot \delta°/180°$.
[b] Faseranschnittwinkel: $\gamma - \delta$.

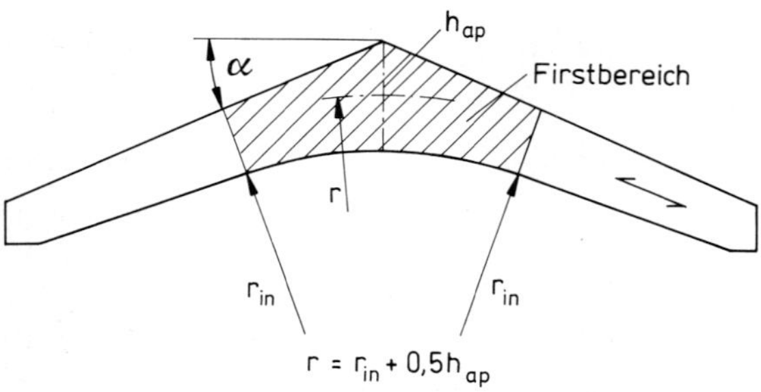

Abb. 19.66. Volumen *V* des Firstbereichs eines Satteldachträgers mit gekrümmten Untergurt

mit

$$k_p = k_5 + k_6 \cdot \frac{h_{ap}}{r} + k_7 \cdot \left(\frac{h_{ap}}{r}\right)^2 \tag{19.63}$$

und

$$k_5 = 0{,}2 \cdot \tan\alpha \tag{19.63a}$$

$$k_6 = 0{,}25 - 1{,}5 \cdot \tan\alpha + 2{,}6 \cdot \tan^2\alpha \tag{19.63b}$$

$$k_7 = 2{,}1 \cdot \tan\alpha - 4 \cdot \tan^2\alpha \tag{19.63c}$$

$$k_p = \varkappa_q \text{ (DIN)}$$

19.9.5 Beispiel: symmetrischer Satteldachträger (EC5)

System und Belastung des symmetrischen Satteldachträgers s. Abb. 19.16.

Die charakteristischen Werte der Einwirkungen können aus der DIN 1055 entnommen werden [126], vgl. Abschn. 19.5.2.4.

BS 11, kurze LED, Nkl 1 oder 2

Bemessungswert der Einwirkungen:

$$q_d = \gamma_G \cdot G_k + \gamma_Q \cdot Q_k \qquad \text{vgl. Gl. (2.3)}$$

$$q_d = 1{,}35 \cdot 0{,}48 + 1{,}5 \cdot 0{,}75 = 1{,}77\,\text{kN/m}^2\,\text{G}$$

Binderabstand 5,85 m: $q_d = 1{,}77 \cdot 5{,}85 = 10{,}4\,\text{kN/m}$

Lagerreaktionen: $B_d = C_d = 10{,}4 \cdot 20/2 = 104\,\text{kN}$

Schubspannung:

$$\tau_d = 1{,}5 \cdot \frac{V_d}{b \cdot h_a} = 1{,}5 \cdot \frac{104 \cdot 10^3}{200 \cdot 600} = 1{,}3\,\text{N/mm}^2 \qquad \text{vgl. Gl. (10.52)}$$

$$f_{v,d} = 2{,}7 \cdot \frac{0{,}9}{1{,}3} = 1{,}87\,\text{N/mm}^2 \qquad \text{vgl. Gl. (2.5)}$$

$$1{,}3/1{,}87 = 0{,}70 < 1 \qquad \text{vgl. Gl. (10.53)}$$

Auflagerlänge:

$\sigma_{c,90,d} \leqq k_{c,90} \cdot f_{c,90,d}$ vgl. Gl. (5.13)

Tafel 5.5: $k_{c,90} = 1 \quad (l_B > 150\,\text{mm})$

Tafel 2.11: $f_{c,90,d} = 5{,}5 \cdot \dfrac{0{,}9}{1{,}3} = 3{,}81\,\text{N/mm}^2$

$$\text{erf}\, l_B = \frac{B}{b \cdot k_{c,90} \cdot f_{c,90,d}} = \frac{104 \cdot 10^3}{200 \cdot 1 \cdot 3{,}81} = 136\,\text{mm} \rightarrow 180\,\text{mm}$$

Größte Biegespannung an der Stelle x:

Gl. (19.21): $x = \dfrac{l \cdot h_a}{2 \cdot h_{ap}} = \dfrac{20 \cdot 0{,}60}{2 \cdot 1{,}15} = 5{,}22\,\text{m}$

Gl. (19.22): $h_x = h_a \cdot \left(2 - \dfrac{h_a}{h_{ap}}\right) = 0{,}60\left(2 - \dfrac{0{,}60}{1{,}15}\right) = 0{,}887\,\text{m}$

$$W_x = b \cdot h_x^2/6 = 0{,}20 \cdot 0{,}887^2/6 = 0{,}0262\,\text{m}^3$$

$$M_{x,d} = \frac{q_d}{2} \cdot x \cdot (l - x) = \frac{10{,}4}{2} \cdot 5{,}22 \cdot 14{,}78 = 401\,\text{kNm}$$

$$\sigma_{m,d} = M_{x,d}/W_x = 0{,}401/0{,}0262 = 15{,}3\,\text{MN/m}^2$$

Spannungsnachweis für den schrägen Rand (Anschnitte):

Bei schrägem Rand im Biegedruckbereich:

Gl. (19.55): $f_{m,\alpha,d} = \dfrac{f_{m,d}}{\dfrac{f_{m,d}}{f_{c,90,d}} \cdot \sin^2\alpha + \cos^2\alpha}$

Tafel 2.11: $f_{m,d} = 24 \cdot \dfrac{0{,}9}{1{,}3} = 16{,}6\,\text{N/mm}^2$ vgl. Gl. (2.5)

$$f_{m,\alpha,d} = \frac{16{,}6}{\dfrac{16{,}6}{3{,}81} \cdot \sin^2 3{,}15^\circ + \cos^2 3{,}15^\circ} = 16{,}4\,\text{N/mm}^2$$

Gl. (19.52): $\sigma_{m,0,d} = (1 + 4 \cdot \tan^2 3{,}15^\circ) \cdot 15{,}3 = 15{,}5\,\text{N/mm}^2$

$$15{,}5/16{,}6 = 0{,}93 < 1$$

Gl. (19.53): $\sigma_{m,\alpha,d} = (1 - 4 \cdot \tan^2 3{,}15^\circ) \cdot 15{,}3 = 15{,}1\,\text{N/mm}^2$

$$15{,}1/16{,}4 = 0{,}92 < 1$$

Biege- und Querzugspannung im Firstquerschnitt:

Biegespannung im Firstquerschnitt:

Gl. (19.59): $\sigma_{m,d} = k_1 \cdot \dfrac{6 \cdot M_{ap,d}}{b \cdot h_{ap}^2}$

Gl. (19.60): $k_1 = 1 + 1{,}4 \cdot \tan 3{,}15° + 5{,}4 \cdot \tan^2 3{,}15° = 1{,}093$

$$M_{ap,d} = 10{,}4 \cdot 20^2/8 = 520\,\text{kNm}$$

$$\sigma_{m,d} = 1{,}093 \cdot \frac{6 \cdot 0{,}520}{0{,}20 \cdot 1{,}15^2} = 12{,}9\,\text{MN/m}^2$$

Biegespannungsnachweis im Firstquerschnitt:

Gl. (19.56): $\sigma_{m,d} \leqq k_r \cdot f_{m,d}$; $k_r = 1$

$$12{,}9/16{,}6 = 0{,}78 < 1$$

Querzugspannung im Firstbereich:

Gl. (19.62): $\sigma_{t,90,d} = k_p \cdot \dfrac{6 \cdot M_{ap,d}}{b \cdot h_{ap}^2} = \sigma_{m,d} \cdot \dfrac{k_p}{k_1}$

Gl. (19.63): $k_p = 0{,}2 \cdot \tan 3{,}15° = 0{,}011$

Gl. (19.62): $\sigma_{t,90,d} = 12{,}9 \cdot \dfrac{0{,}011}{1{,}093} = 0{,}13\,\text{MN/m}^2$

Querzugspannungsnachweis im Firstbereich:

Gl. (19.61): $\sigma_{t,90,d} \leqq k_{dis} \cdot (V_0/V)^{0,2} \cdot f_{t,90,d}$

Tafel 19.4: $k_{dis} = 1{,}4, \quad V_0 = 0{,}01\,\text{m}^3$

Tafel 19.5: $V = 0{,}20 \cdot 1{,}15^2\,(1 - 0{,}25 \cdot \tan 3{,}15°) = 0{,}261\,\text{m}^3 < 2 \cdot V_b/3$

Tafel 2.11: $f_{t,90,d} = 0{,}45 \cdot \dfrac{0{,}9}{1{,}3} = 0{,}31\,\text{N/mm}^2$ vgl. Gl. (2.5)

$$0{,}13/[1{,}4 \cdot (0{,}01/0{,}261)^{0,2} \cdot 0{,}31] = 0{,}58 < 1$$

Der Ausnutzungsgrad beim Querzugspannungsnachweis und damit die Sicherheit gegen Querzugbeanspruchung ist höher als nach DIN 1052.

Kippnachweis:

Für den Kippnachweis der durch Verbände abgestützten Dachbinder aus BSH wird der Standardfall, nämlich konstantes Moment und beidseitig gelenkige Gabellagerung, vorausgesetzt ($l_{ef}/l = 1$ [36]):

Knotenabstand des Dachverbandes $l_{ef} = 2{,}5\,\text{m}$

Zwischen diesen Festhaltungen ist der Brettschichtbinder auf Kippen zu untersuchen.

Der Kippnachweis wird im Bereich der maximalen Spannung geführt.

$$x_1 = (2 + 0{,}65) \cdot l_{ef} = 6{,}63\,\text{m} \quad \text{siehe 19.5.2.2}$$

$$h(x_1) = h_a + x_1 \cdot \tan\alpha = 0{,}60 + 6{,}63 \cdot \tan 3{,}15° = 0{,}965\,\text{m}$$

Gl. (10.60): $\text{rel}\,\lambda_m = \sqrt{24/120} = 0{,}45 < 0{,}75 \rightarrow k_{crit} = 1$

mit $\text{crit}\,\sigma_m = \dfrac{\pi \cdot 200^2 \cdot 9200}{2500 \cdot 965} \cdot \sqrt{\dfrac{720}{11\,500}} = 120\,\text{N/mm}^2$

Der Knotenabstand l_{ef} kann auf 5 m vergrößert werden, ohne daß bei diesem Beispiel ein Kippen eintritt.

Es wird mit der maximalen Biegespannung gerechnet.

Gl. (10.59): $$\frac{15{,}3}{1 \cdot 16{,}6} = 0{,}92 < 1$$

mit $$f_{m,d} = 24 \cdot \frac{0{,}9}{1{,}3} = 16{,}6\,\text{N/mm}^2 \quad \text{und } k_{crit} = 1\,.$$

Durchbiegungsnachweise:

Querschnittswerte: $$I_a = 0{,}20 \cdot 0{,}60^3/12 = 0{,}0036\,\text{m}^4$$

$$A_a = 0{,}20 \cdot 0{,}60 = 0{,}12\ \text{m}^2$$

k_m- und k_v-Wert:

$$k_m = k_\sigma\,(\text{DIN}), \quad k_v = k_\tau\,(\text{DIN}) \qquad \text{vgl. Abb. 19.15}$$

Gl. (19.27): $$k_m = \frac{(0{,}60/1{,}15)^3}{0{,}15 + 0{,}85 \cdot 0{,}60/1{,}15} = 0{,}239$$

Gl. (19.28): $$k_v = \frac{2}{1 + (1{,}15/0{,}60)^{2/3}} = 0{,}786$$

Veränderliche Lasten

$$M_{ap} = 0{,}75 \cdot 5{,}85 \cdot 20^2/8 = 219\,\text{kNm}$$

Ständige Last

$$M_{ap} = 0{,}48 \cdot 5{,}85 \cdot 20^2/8 = 140\,\text{kNm}$$

Elastische Durchbiegung (Anfangsdurchbiegung) infolge veränderlicher Einwirkungen:

Gl. (19.25):

$$f_m^p = \frac{M_{ap} \cdot l^2 \cdot k_m}{9{,}6 \cdot E_{0,mean} \cdot I_a} = \frac{0{,}219 \cdot 20^2 \cdot 0{,}239}{9{,}6 \cdot 11\,500 \cdot 0{,}0036} = 52{,}7 \cdot 10^{-3}\,\text{m} = 52{,}7\,\text{mm}$$

Gl. (19.26):

$$f_v^p = \frac{1{,}2 \cdot M_{ap} \cdot k_v}{G_{mean} \cdot \text{A}_a} = \frac{1{,}2 \cdot 0{,}219 \cdot 0{,}786}{720 \cdot 0{,}12} = 2{,}4 \cdot 10^{-3}\,\text{m} = 2{,}4\,\text{mm}$$

$$f_p = 52{,}7 + 2{,}4 = 55{,}1\,\text{mm} < l/300 = 20\,000/300 = 66{,}7\,\text{mm}$$

$k_{def,2} = 0$ vgl. Tafel 2.12

Enddurchbiegung:

$$f_{q,fin} = f_p \left[\frac{M_{ap}^g}{M_{ap}^p} (1 + k_{def,1}) + (1 + k_{def,2}) \right] \qquad \text{vgl. Abschn. 10.7.5}$$

$$k_{def,1} = 0{,}60 \quad \text{vgl. Tafel 2.12}$$

$$f_{q,fin} = 55{,}1 \cdot \left[\frac{140}{219} (1 + 0{,}6) + 1 \right] = 112\,\text{mm}$$

Konstruktiv gewählt: parabelförmige Überhöhung mit

$$u_0 = 120\,\text{mm} \quad \text{vgl. 19.5.2.4}$$

Gl. (10.61): $u_{net,fin} = 112 - 120 = -8\,\text{mm} < l/200$

Beim Nachweis der Durchbiegung nach EC 5 darf die Überhöhung von der berechneten Durchbiegung unter Gesamtlast abgezogen werden. Dadurch wird der Nachweis der Durchbiegung unter der Verkehrslast maßgebend.

Horizontalverschiebung des verschieblichen Auflagers:

Gl. (19.35): $\delta_H = 4 \cdot (275 + 1{,}6 \cdot 300) \cdot 112/20\,000 = 16{,}9\,\text{mm}$ vgl. 19.5.2.4

19.9.6 Beispiel: Satteldachträger mit gekrümmten Untergurt (EC 5)

Belastung wie symmetrischer Satteldachträger, vgl. 19.9.5

Systemmaße s. Abb. 19.28

BS 11, kurze LED, Nkl 1 oder 2

Bemessungswert der Einwirkungen:

$q_d = 1{,}35 \cdot 0{,}48 + 1{,}5 \cdot 0{,}75 = 1{,}77\,\text{kN/m}^2$ G

Binderabstand 5,85 m: $q_d = 1{,}77 \cdot 5{,}85 = 10{,}4\,\text{kN/m}$

Lagerreaktionen: $B_d = C_d = 10{,}4 \cdot 20/2 = 104\,\text{kN}$

Schubspannung:

$$\tau_d = 1{,}5 \cdot \frac{104 \cdot 10^3}{200 \cdot 700} = 1{,}1\,\text{N/mm}^2$$

$1{,}1/1{,}87 = 0{,}59 < 1$ vgl. 19.9.5

Auflagerlänge:

$$\sigma_{c,\alpha,d} \leqq f_{c,\alpha,d} \qquad \delta = 8° \quad \text{vgl. Abb. 19.28, } \alpha = 82°$$

$$f_{c,\alpha,d} = \frac{f_{c,0,d}}{\frac{f_{c,0,d}}{f_{c,90,d}} \cdot \sin^2\alpha + \cos^2\alpha} \qquad \text{vgl. Gl. (5.16)}$$

$$= \frac{16{,}6}{\frac{16{,}6}{3{,}81} \sin^2 82° + \cos^2 82°} = 3{,}87\,\text{N/mm}^2 \approx 3{,}81\,\text{N/mm}^2 \qquad \text{vgl. 19.9.5}$$

mit $f_{c,0,d} = 24 \cdot \dfrac{0{,}9}{1{,}3} = 16{,}6\,\mathrm{N/mm^2}$ vgl. Gl. (2.5)

$$\operatorname{erf} l_B = \frac{B_d}{b \cdot f_{c,\alpha,d}} = \frac{104 \cdot 10^3}{200 \cdot 3{,}87} = 134\,\mathrm{mm} \rightarrow 180\,\mathrm{mm}$$

Größte Biegespannung an der Stelle x:

Gl. (19.36a): $h_1 = 0{,}70 + 10{,}0 \cdot (\tan 12° - \tan 8°) = 1{,}42\,\mathrm{m}$ vgl. Abb. 19.27

Gl. (19.21): $x = \dfrac{20 \cdot 0{,}70}{2 \cdot 1{,}42} = 4{,}93\,\mathrm{m}$

Gl. (19.22): $h'_x = 0{,}70 \cdot \left(2 - \dfrac{0{,}70}{1{,}42}\right) = 1{,}05\,\mathrm{m}$

$$h_x \approx 1{,}05 \cdot \cos\frac{12° + 8°}{2} = 1{,}03\,\mathrm{m}$$

$$W_x = 0{,}20 \cdot 1{,}03^2/6 = 0{,}0354\,\mathrm{m^3}$$

$$M_{x,d} = \frac{10{,}4}{2} \cdot 4{,}93 \cdot 15{,}07 = 386\,\mathrm{kNm}$$

$$\sigma_{m,d} = 0{,}386/0{,}0354 = 10{,}9\,\mathrm{MN/m^2}$$

Spannungsnachweis für den schrägen Rand (Anschnitte):

Bei Anschnitten im Biegedruckbereich:

Gl. (19.55): $f_{m,\alpha,d} = \dfrac{16{,}6}{\dfrac{16{,}6}{3{,}81} \cdot \sin^2(12° - 8°) + \cos^2(12° - 8°)} = 16{,}3\,\mathrm{N/mm^2}$

Gl. (19.53): $\sigma_{m,\alpha,d} = (1 - 4 \cdot \tan^2 4°) \cdot 10{,}9 = 10{,}7\,\mathrm{N/mm^2}$

$10{,}7/16{,}3 = 0{,}66 < 1$

Ohne Anschnitte im Biegezugbereich ($f_{m,0,d} = 16{,}6\,\mathrm{N/mm^2}$):

Gl. (19.52): $\sigma_{m,0,d} = (1 + 4 \cdot \tan^2 4°) \cdot 10{,}9 = 11{,}1\,\mathrm{N/mm^2}$

$11{,}1/16{,}6 = 0{,}67 < 1$

Biege- und Querzugspannung im Firstquerschnitt:

Biegespannung im Firstquerschnitt:

Gl. (19.59): $\sigma_{m,d} = k_1 \cdot \dfrac{6 \cdot M_{ap,d}}{b \cdot h_{ap}^2}$

Gl. (19.60a): $k_1 = 1 + 1{,}4 \cdot \tan 12° + 5{,}4 \cdot \tan^2 12° = 1{,}542$

Gl. (19.60b): $k_2 = 0{,}35 - 8 \cdot \tan 12° = -1{,}350$

Gl. (19.60c): $k_3 = 0{,}6 + 8{,}3 \cdot \tan 12° - 7{,}8 \cdot \tan^2 12° = 2{,}012$

Gl. (19.60d): $k_4 = 6 \cdot \tan^2 12^\circ \qquad = \; 0{,}271$

Gl. (19.32): $r_{\text{in}} = r_1 = \dfrac{6}{2 \cdot \sin 8^\circ} \qquad = 21{,}56\,\text{m}$

$$r = r_{\text{m}} = 21{,}56 + 1{,}63/2 = 22{,}4 \;\; \text{m}$$

Gl. (19.60): $k_1 = 1{,}542 - 1{,}350 \cdot \dfrac{1{,}63}{22{,}4} + 2{,}012 \cdot \left(\dfrac{1{,}63}{22{,}4}\right)^2$

$$+ 0{,}271 \cdot \left(\frac{1{,}63}{22{,}4}\right)^3 = 1{,}45$$

$$M_{\text{ap,d}} = 10{,}4 \cdot 20^2/8 = 520\,\text{kNm}$$

$$\sigma_{\text{m,d}} = 1{,}45 \cdot \frac{6 \cdot 0{,}520}{0{,}20 \cdot 1{,}63^2} = 8{,}5\,\text{MN/m}^2$$

Biegespannungsnachweis im Firstquerschnitt:

$$r_{\text{in}}/t = 21{,}56/0{,}033 = 653 > 240$$

Gl. (19.57): $k_{\text{r}} = 1$

Gl. (19.56): $8{,}5/16{,}6 = 0{,}51 < 1$

Querzugspannung im Firstbereich:

Gl. (19.62): $\sigma_{\text{t,90,d}} = k_{\text{p}} \cdot \dfrac{6 \cdot M_{\text{ap,d}}}{b \cdot h_{\text{ap}}^2}$

Gl. (19.63a): $k_5 = 0{,}2 \cdot \tan 12^\circ \qquad = 0{,}0425$

Gl. (19.63b): $k_6 = 0{,}25 - 1{,}5 \cdot \tan 12^\circ + 2{,}6 \cdot \tan^2 12^\circ \qquad = 0{,}0486$

Gl. (19.63c): $k_7 = 2{,}1 \cdot \tan 12^\circ - 4 \cdot \tan^2 12^\circ \qquad = 0{,}2656$

Gl. (19.63): $k_{\text{p}} = 0{,}0425 + 0{,}0486 \cdot \dfrac{1{,}63}{22{,}4} + 0{,}2656 \cdot \left(\dfrac{1{,}63}{22{,}4}\right)^2 = 0{,}0474$

$$\sigma_{\text{t,90,d}} = 8{,}5 \cdot \frac{0{,}0474}{1{,}45} = 0{,}28\,\text{MN/m}^2$$

Querzugspannungsnachweis im Firstbereich:

Tafel 19.4: $k_{\text{dis}} = 1{,}7; \quad V_0 = 0{,}01\,\text{m}^3$

Tafel 19.5:

$$V = 0{,}20 \left[(21{,}56 + 1{,}63)^2 \cdot \frac{\sin 8^\circ \cdot \sin (90^\circ - 12^\circ)}{\cos (12^\circ - 8^\circ)} - 21{,}56^2 \cdot \frac{\pi \cdot 8^\circ}{180^\circ} \right] = 1{,}7\,\text{m}^3$$

Gl. (19.61): $0{,}28/[1{,}7 \cdot (0{,}01/1{,}7)^{0{,}2} \cdot 0{,}31] = 1{,}48 > 1!$

Nach DIN 1052 ist der Querzugspannungsnachweis erfüllt.

Kippnachweis:

Der Kippnachweis wird im Bereich der maximalen Spannung geführt, vgl. Abschn. 19.9.5.

$$l_{ef} = 5{,}0\,\text{m}$$

$$x_1 = (1 + 0{,}65) \cdot 5{,}0 = 8{,}25\,\text{m}$$

$$h(x_1) \approx h_a + x_1 \cdot (\tan\gamma - \tan\delta) = 0{,}70 + 8{,}25 \cdot (\tan 12° - \tan 8°) = 1{,}29\,\text{m}$$

Gl. (10.60): $\text{rel}\,\lambda_m = \sqrt{24/44{,}8} = 0{,}73 < 0{,}75 \rightarrow k_{crit} = 1$

mit $\quad \text{crit}\,\sigma_m = \dfrac{\pi \cdot 200^2 \cdot 9200}{5000 \cdot 1290} \cdot \sqrt{\dfrac{720}{11\,500}} = 44{,}8\,\text{N/mm}^2$

Es wird mit der maximalen Biegespannung gerechnet.

Gl. (10.59): $\quad \dfrac{10{,}9}{1 \cdot 16{,}6} = 0{,}66 < 1 \quad$ vgl. 19.9.5

Durchbiegungsnachweise (Abb. 19.28):

Berechnung nach Gln. (19.34) und (19.26) mit I_c nach Abb. 19.23c.

$$I_a = 5{,}717 \cdot 10^{-3}\,\text{m}^4; \quad A_a = 0{,}14\,\text{m}^2; \quad h_1/h_a = 2{,}03 \quad \text{vgl. } 19.5.3.5$$

Abb. 19.15: $\quad k_m = k_\sigma \approx 0{,}21; \quad k_v = k_\tau \approx 0{,}77$

veränderliche Lasten

$$M_{ap} = 0{,}75 \cdot 5{,}85 \cdot 20^2/8 = 219\,\text{kNm}$$

ständige Lasten

$$M_{ap} = 0{,}48 \cdot 5{,}85 \cdot 20^2/8 = 140\,\text{kNm}$$

Elastische Durchbiegung (Anfangsdurchbiegung) infolge veränderlicher Einwirkungen:

Gl. (19.34): $$f_m^p = \frac{M_{ap} \cdot l \cdot s \cdot k_m}{4{,}8 \cdot E_{0,mean} \cdot I_a} = \frac{0{,}219 \cdot 20 \cdot 10{,}14 \cdot 0{,}21}{4{,}8 \cdot 11\,500 \cdot 5{,}717 \cdot 10^{-3}} = 29{,}6 \cdot 10^{-3}\,\text{m} = 29{,}6\,\text{mm}$$

Gl. (19.26): $$f_v^p = \frac{1{,}2 \cdot M_{ap} \cdot k_v}{G_{mean} \cdot A_a} = \frac{1{,}2 \cdot 0{,}219 \cdot 0{,}77}{720 \cdot 0{,}14} = 2{,}0 \cdot 10^{-3}\,\text{mm} = 2{,}0\,\text{mm}$$

$$f_p = 29{,}6 + 2{,}0 = 31{,}6\,\text{mm} < l/300 = 66{,}7\,\text{mm}$$

$k_{def,2} = 0 \quad$ vgl. Tafel 2.12

Enddurchbiegung:

$$f_{q,fin} = f_p \cdot \left[\frac{M_{ap}^g}{M_{ap}^p} \cdot (1 + k_{def,1}) + (1 + k_{def,2}) \right]; \quad k_{def,1} = 0{,}6$$

vgl. Abschn. 10.7.5

$$f_{q,fin} = 31{,}6 \cdot \left[\frac{140}{219} \cdot (1 + 0{,}6) + 1 \right] = 63{,}9\,\text{mm}$$

Gewählt: Überhöhung $u_0 = 70\,\text{mm}$ s. Beispiel nach DIN

Gl. (10.61): $u_{net,fin} = 63{,}9 - 70 = -6{,}1\,\text{mm} < l/200$.

20 Fachwerkträger

20.1 Allgemeines

Fachwerkträger mit ungehobelten Vollholzstäben und VM, wie z. B. Nagelplatten, Nägel und Dübel besonderer Bauart, werden vorwiegend für weniger anspruchsvolle Bauaufgaben eingesetzt. Sie sind gegenüber Brettschichtholzträgern in zweierlei Hinsicht benachteiligt:

a) Sie beanspruchen eine größere Bauhöhe.
b) Wegen der kleineren Einzelquerschnitte erfüllen sie die Anforderungen an den Brandschutz häufig nur, wenn am Untergurt eine raumabschließende Bekleidung vorhanden ist.

Ihre Vorteile: geringerer Holzbedarf, geringeres Gewicht und Verwendung üblicher Holzquerschnitte.

Fachwerkträger mit Stäben aus gehobelten Vollholzstäben (möglichst getrocknete Hölzer bei Innenverwendung), aus BSH [1], Furnierstreifenholz [34] oder auch aus FSH mit innerhalb der Querschnitte liegenden Knotenverbindungen (Schlitzbleche + SDü; MKD-Verbindung) erfüllen hohe Ansprüche hinsichtlich Ästhetik, Feuerwiderstandsdauer und Tragfähigkeit.

Es lassen sich sehr vielfältige Tragwerksformen mit Holzfachwerken, z. B. auch mit räumlicher Tragwirkung, herstellen [12, 162].

20.2 Fachwerksysteme

Fachwerkbinder werden meistens als Einfeldträger verwendet. Gerade Stäbe bilden ein Gitter aus dreieckigen Feldern. Die üblichen Systeme sind Dreieck-, Trapez- und Parallelträger mit verschiedenen Ausfachungen, z. B. nach Abb. 20.1, s. auch [216].

Die Vorzeichen der Stabkräfte infolge der meist für die Bemessung maßgebenden Gleichlast $q = g + s$ sind in Abb. 20.1 eingetragen. Entgegengesetzte Vorzeichen können beim Trapez- und Parallelträger infolge einseitiger Schneelast $s/2$ bei den Füllstäben im Bereich der Trägermitte vorkommen (Abb. 20.2b), nicht dagegen beim Dreieckträger (Nullstäbe auf der unbelasteten Seite nach Abb. 20.2a).

[1] neuerdings als BS-Holz bezeichnet.

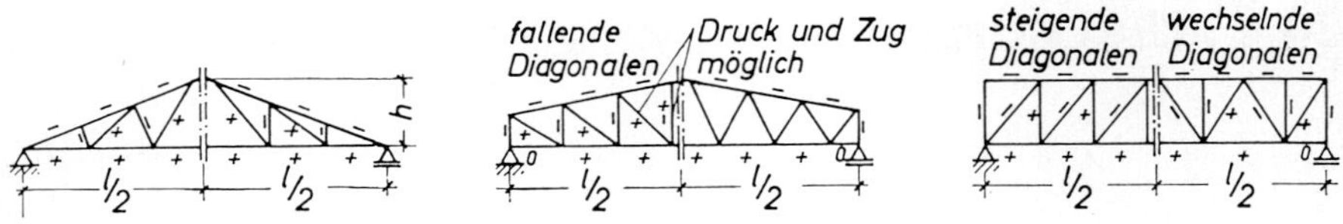

a b c

Abb. 20.1. Fachwerksysteme

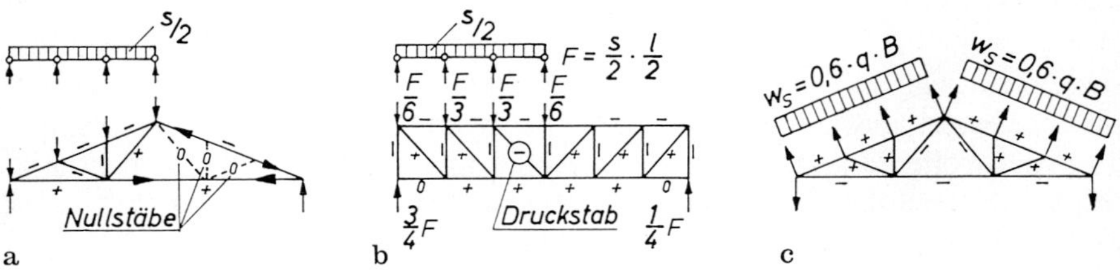

a b c

Abb. 20.2. Vorzeichen der Stabkräfte infolge $s/2$ und w

Bei allen Systemen kann bei geringer Eigenlast der Lastfall „$g + w$" entgegengesetzte Vorzeichen gegenüber denen der Abb. 20.1 hervorrufen, da der Wind nach Abb. 14.25c, d für $\alpha < 25°$ als Gleichlast mit $c = 0{,}6$ Sog in Rechnung zu stellen ist, vgl. Abb. 20.2c.

Stabilisierung der Gurtstäbe ⊥ Fachwerkebene

Die Obergurte werden zur Verkürzung der Knicklänge s_{kz} seitlich durch Verbände oder Scheiben in Dachebene gestützt, s. Abb. 17.2b (3) und c.

Falls die Untergurte infolge „$g + w$" Druckkräfte erhalten, müssen sie auch seitlich gehalten werden, z. B. durch Verbände in Untergurtebene zwischen je zwei Bindern oder durch lotrechte Längsverbände nach Abb. 17.2b (4) in Verbindung mit Dachverbänden (3).

Wind- und Aussteifungsverbände

Als Füllstäbe werden häufig gekreuzte Diagonalen aus nachspannbaren Rundstählen gemäß Abb. 20.3 oder mit Spannschlössern nach Abb. 21.11 A und 21.24 verwendet. Hierbei werden nur die Zugdiagonalen in Rechnung

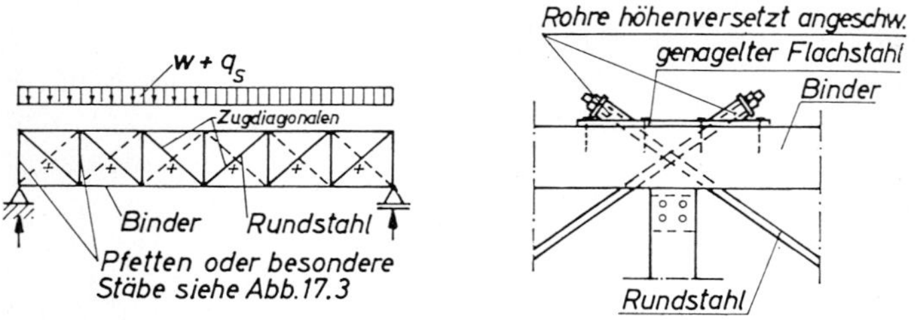

Abb. 20.3. Wind- und Aussteifungsverbände

gestellt, während die auf Druck beanspruchten Rundstähle ausknicken. Die wechselnde Belastungsrichtung der Wind- und Seitenlasten erfordert gekreuzte Diagonalen.

Verschiedene Ausführungsarten von Verbänden mit Berechnung und Konstruktion zeigen Milbrandt [28] und Brüninghoff [83, 117].

20.3 Konstruktion von Fachwerkträgern

20.3.1 Knotenausbildung

Die ein- und mehrteiligen Fachwerkstäbe werden in den Knotenpunkten entweder unmittelbar (Abb. 20.4 und 20.5) oder mittels Knotenplatten (Abb. 20.6A) miteinander verbunden. Die Anschlüsse werden, abgesehen von direktem Druckkontakt bzw. Versätzen, mit mechanischen Verbindungsmitteln hergestellt.

Kontaktanschlüsse sollten im Hinblick auf mögliche Kraftumlagerungen während des Transports und der Montage auch für eine angemessene Zugkraft bemessen werden.

Unmittelbare Stabanschlüsse in den Knoten erfordern mehrteilige Gurt- oder Füllstäbe. Die Verbindungsmittel können auf mehrere Anschlußfugen verteilt (z. B. Dübel nach Abb. 20.4a) oder mehrschnittig beansprucht werden (z. B. Stabdübel nach Abb. 20.4b und Abb. 20.5). Die Anschlußflächen und damit auch die Stabquerschnitte können klein gehalten werden, s. Abschn. 20.4.2. Beispiele für genagelte und gedübelte Fachwerkbinder siehe z. B. Abb. 6.22, 6.37, 6.38, 6.58, 6.60 sowie [11, 16, 82, 89, 130, 156, 217].

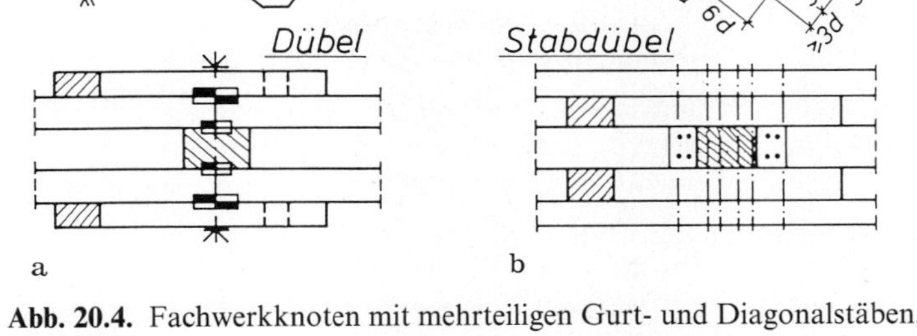

a b

Abb. 20.4. Fachwerkknoten mit mehrteiligen Gurt- und Diagonalstäben, Abstände der VM nach DIN

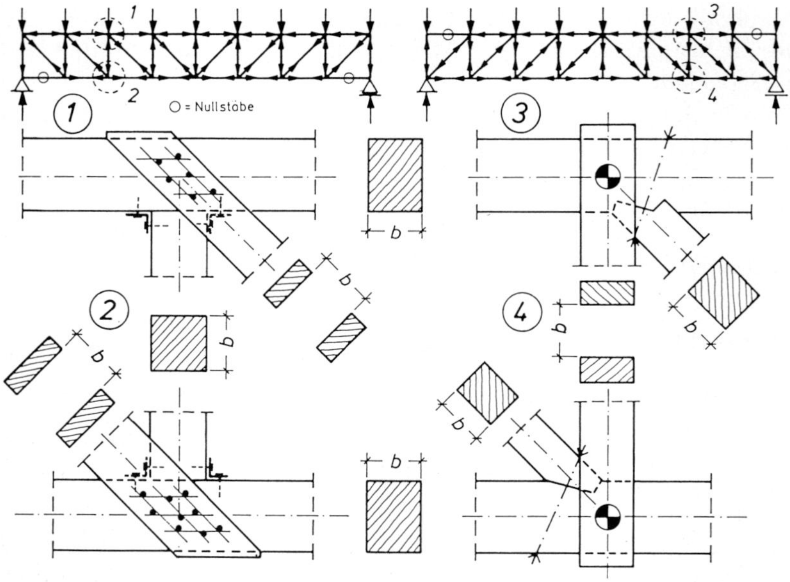

Abb. 20.5. Fachwerkknoten mit einteiligen Gurtstäben

20.3.2 Stabdübel-, Dübel- und Versatzanschlüsse

Am Beispiel eines parallelgurtigen Fachwerkträgers mit einteiligen Gurtstäben werden in Abb. 20.5 zwei Ausführungsarten für Fachwerkknoten vorgestellt, die bei mittleren Stützweiten verwendet werden können. Dabei ist es zweckmäßig, die Druckfüllstäbe einteilig und die Zugfüllstäbe zweiteilig auszubilden, d. h.

linkes System: V-Stäbe einteilig, D-Stäbe zweiteilig
rechtes System: D-Stäbe einteilig, V-Stäbe zweiteilig

Gurtstöße können mit zweiseitigen Laschen ausgeführt werden. Die Kraftübertragung im Druckgurtstoß geschieht durch Kontakt. Die Anschlußkräfte der Druckfüllstäbe werden durch Kontakt ⊥ Fa (linkes System) bzw. durch Versatz (rechtes System) übertragen.

Die Zugfüllstäbe werden gemäß Abb. 20.5 mit Stabdübeln (linkes System) bzw. Dübeln besonderer Bauart (rechtes System) angeschlossen.

Nach –*T2, 5.6*– sind $n \geqq 4$ Scherflächen bei Stabdübeln und $\geqq 2$ Scherflächen bei Paßbolzen, jedoch mindestens 2 Stabdübel bzw. Paßbolzen je Anschluß vorzusehen.

20.3.3 Stahlblech-Holz-Stabdübelverbindungen

Eine elegante und im Brandfall widerstandsfähige Konstruktion des neuzeitlichen Holzbaues sind Fachwerkträger aus einteiligen Gurt- und Füllstäben,

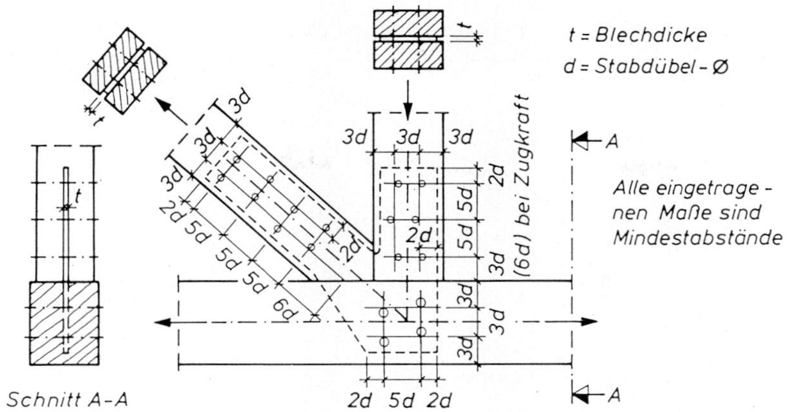

Abb. 20.6. Fachwerkknoten mit örtlich geschlitzten einteiligen Gurt- und Füllstäben und innenliegenden Knotenblechen, Abstände der VM nach DIN

deren Knotenbleche in die geschlitzten Holzstäbe eingelegt und mit zweischnittigen Stabdübeln angeschlossen werden, s. Abb. 20.6. Nach Versuchen von Kolb/Radovič [84] darf die Stahl-Holz-Verbindung mit dem Nenndurchmesser des SDü in einem Arbeitsgang gebohrt werden *–E159–*. Scheer u.a. [217] und Schelling u.a. [26] beschreiben ausführlich die Berechnung und Konstruktion solcher Fachwerkbinder nach DIN.

Da bei diesen Anschlüssen auch die Druckkräfte i.d.R. durch die Stabdübel übertragen werden, muß die Blechdicke auch für ausreichende Beulsicherheit bemessen werden, vgl. vereinfachten Knicknachweis in [26, 217].

Vielfach ist es zweckmäßig, die SDü-Durchmesser in den Gurtstäben größer zu wählen als diejenigen in den Füllstäben, damit der Knotenblechanschluß im Gurtstab möglichst kurz wird.

20.3.4 Sonderbauweisen

Im neuzeitlichen Holzbau haben sich verschiedene ingenieurmäßige Fachwerkbauarten mit bauaufsichtlicher Zulassung bewährt. Sie verwenden genagelte Stahlbleche, verschiedenartige Nagelplatten oder Leim zum Anschluß der Stäbe in den Knotenpunkten. Eine Auswahl solcher Fachwerkträger-Sonderbauarten zeigt Abb. 1.3.

Im Abschnitt 6.6 wird die Anwendung von Nagelplatten am Beispiel des GANG-NAIL-Systems [17, 95–97] vorgestellt. Die Grundlagen der Berechnung und Konstruktion nach DIN werden ausführlich beschrieben und am Beispiel eines Fachwerkbinders durch Zahlenrechnung erläutert, s. Abb. 6.65A bis K.

Fachwerkknoten mit Multi-Krallen-Dübel (MKD) als VM sind ebenfalls auf der Grundlage einer BAZ [59] zu entwerfen und zu berechnen [16]. MKD bestehen aus einer 10 mm dicken, nichtrostenden Grundplatte aus St 52-3 mit beidseitig aufgeschweißten, 50 mm (± 3 mm) langen Sondernägeln [59] mit

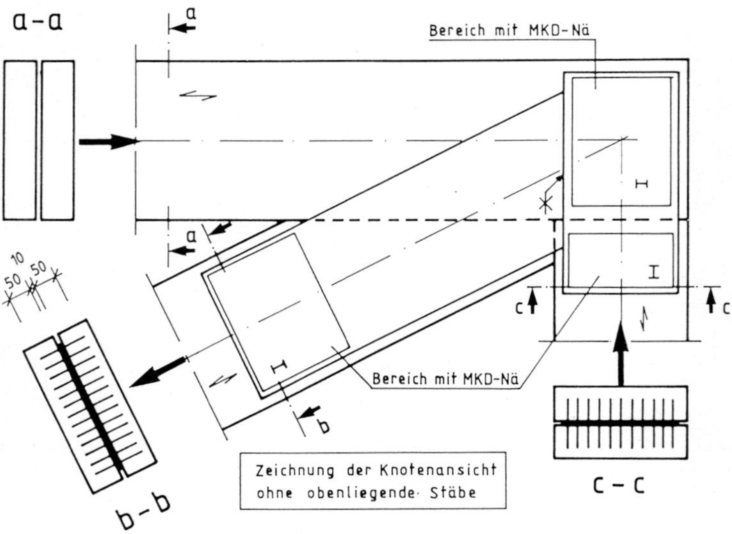

Abb. 20.6 A. Fachwerkknoten mit Multi-Krallen-Dübel (MKD) als VM [162]

Rechteckquerschnitt 3 × 4 mm, s. Abb. 20.6 A. Zwei- oder dreiteilige Stäbe aus Vollholz (nur NH, Douglasie nicht zugelassen), BSH oder FSH können mit MKD verbunden werden.

Mindestquerschnitts-Abmessungen der Einzelstäbe [59]:

- zweiteilige Stäbe
  $b = 63$ mm; $h = 78$ mm
- dreiteilige Stäbe

	Seitenhölzer	Mittelholz
b [mm]	63	110
h [mm]	78	78

Die Blumer-System-Bau-Knotenverbindung (BSB-Verbindung) eignet sich für einteilige BSH-Stäbe, bei denen in Sägeschlitze eingelassene, 5 mm dicke Knotenbleche und Stahlstifte mit 6,3 mm Durchmesser zur Kraftübertragung verwendet werden, s. Abb. 20.6 B und [15, 16, 113].

Die Stahlblech-Holz-Nagelverbindung mit Blechdicken von 2 mm bis 3 mm kann im Gegensatz zu den Bauweisen mit MKD und BSB entsprechend der BAZ [88] mit geringem maschinellem Aufwand ausgeführt werden. Berechnungshilfen nach DIN sind u. a. in [16], Abschnitt Paslode-Stahlblech-Holz-Nagelverbindung enthalten.

Einen umfassenden Überblick über verschiedene Sonderbauarten gibt Milbrandt [16]. Weitere Informationen siehe [15].

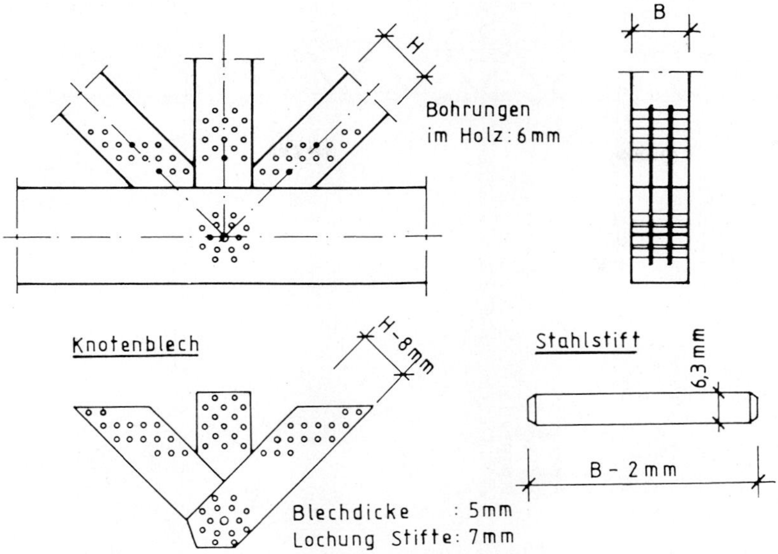

Abb. 20.6 B. Fachwerkknoten mit BSB-Verbindung [162]

20.3.5 Großfachwerke mit Gelenkbolzen-Verbindungen

Für Stützweiten bis etwa 60 m ist das Fachwerksystem nach Abb. 20.7 aus brettschichtverleimten Gurten und Füllstäben mit Gelenkbolzen-Anschlüssen gebaut worden. Die Anschlußkräfte der Füllstäbe werden durch Stahlbleche über Lochleibung in die Gelenkbolzen übertragen. Die mit Bohrungen versehenen Stahlbleche sind an Nagelplatten nach *–T2, 7.2–* angeschweißt. Die Anschlüsse wurden bemessen nach Ergebnissen von Traglastversuchen [201, 218], vgl. auch [219].

Die Stöße in den dreiteiligen Gurtstäben sind großflächig verdübelt (Abb. 20.7).

Weitere Konstruktionsbeispiele werden in [219] gezeigt.

20.4 Berechnung von Fachwerkträgern nach DIN

20.4.1 Lastverteilung (DIN)

Sparrenpfetten werden nicht immer nur in den Fachwerkknoten angeordnet. Sie können auch in gleichen, von der Dacheindeckung abhängigen Abständen über den Obergurt verteilt werden, wie z. B. in Abb. 20.8 a. Unmittelbare Verlegung der Dacheindeckung auf dem Obergurt ist auch möglich. Dasselbe gilt sinngemäß für Deckenkonstruktionen in Untergurtebene.

In solchen Fällen werden die durchlaufenden Gurtstäbe für Längskraft und Biegung bemessen. Die Biegemomente im Gurtstab werden für den Durchlaufträger ermittelt, siehe z. B. [161, 219, 220].

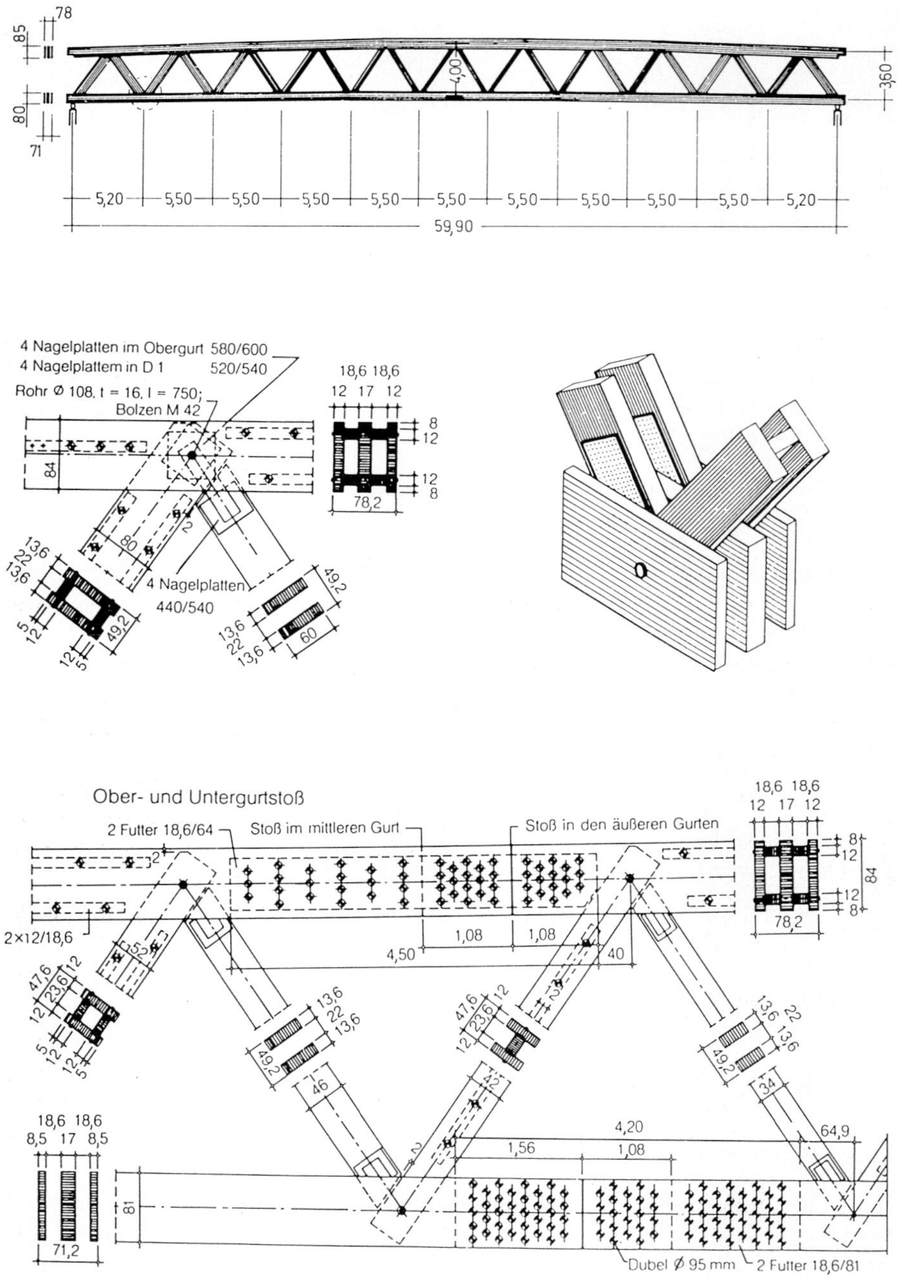

Abb. 20.7. Fachwerkbinder aus BSH-Stäben mit Gelenkbolzen [201, 218]

a

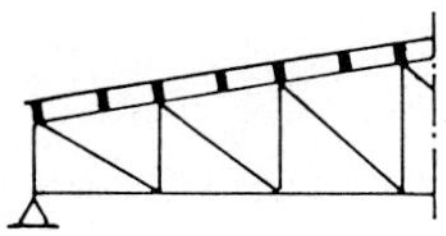

b

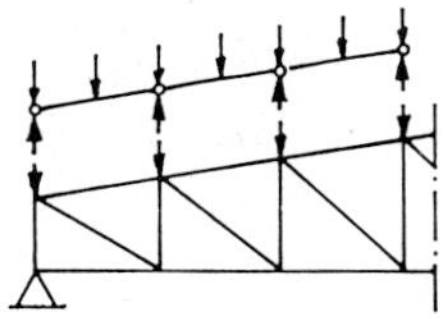

Abb. 20.8

Zur Bestimmung der Stabkräfte dürfen die äußeren Lasten – trotz durchlaufender Gurtstäbe – i.d.R. statisch bestimmt auf die einzelnen Knotenpunkte verteilt werden, s. Abb. 20.8b.

20.4.2 Vereinfachungen und Besonderheiten (DIN)

Der statischen Berechnung des Fachwerks darf meist die vereinfachte Annahme zugrunde gelegt werden, daß die Stäbe in den Knoten gelenkig verbunden sind.

Diese Voraussetzung wird erfüllt durch nachgiebige Verbindungsmittel. Als solche gelten alle mechanischen Verbindungsmittel wie Dübel, Stabdübel, Bolzen, Nägel, Nagelplatten usw. Konstruktiv sind möglichst kleine Anschlußflächen anzustreben.

Fachwerkstäbe sind möglichst mittig anzuschließen, s. Abb. 20.4 bis 20.7. Bei genagelten Fachwerkträgern brauchen nach *–6.6–* Spannungen infolge Ausmittigkeiten nicht nachgewiesen zu werden, wenn die Ausmittigkeit e_1 bzw. e_2 nicht größer als die halbe Gurthöhe ist, vgl. Abb. 20.9.

Bei parallelgurtigen oder trapezförmigen Fachwerkträgern darf die Gurthöhe h_g nach Abb. 20.9 bei nachgiebigen Anschlüssen gemäß *–8.4.3–* höchstens 1/7 der Systemhöhe des Fachwerks betragen, wenn von einer genaueren Spannungsberechnung abgesehen wird.

Bei Fachwerkstäben aus BSH mit großen Querschnittshöhen gemäß Abb. 20.7 und [219] sind Gelenkbolzen in Verbindung mit verstärkten Nagelplatten zum Anschluß der Füllstäbe an die durchlaufenden Gurte zu empfehlen, um der idealisierten Annahme eines Gelenkstabwerks möglichst nahe zu kommen.

Geleimte Knotenverbindungen sind z.Z. ausschließlich Sonderbauarten mit bauaufsichtlicher Zulassung vorbehalten (z.B. DSB nach Abb. 1.3). Bezüglich zukünftiger Entwicklungsmöglichkeiten siehe [69].

20.4.3 Standsicherheitsnachweise (DIN)

Die Ermittlung der Stabkräfte für ein solches statisch bestimmtes System erfolgt entweder rechnerisch (Ritterscher Schnitt) oder grafisch (Cremona-

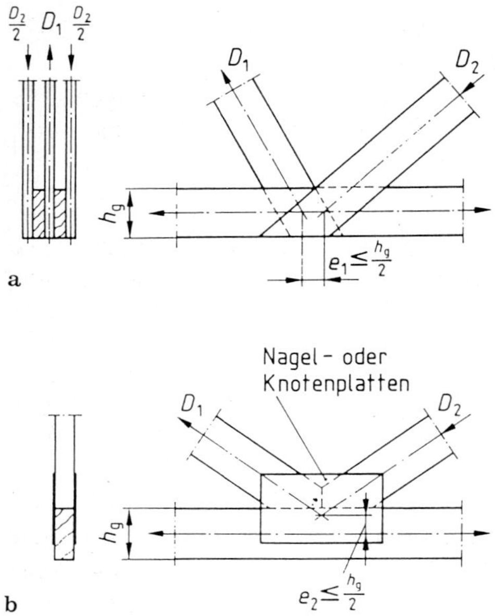

Abb. 20.9. Ausmittiger Stabanschluß [162]. a) bei genagelten Brett- und Bohlenbindern; b) bei Bindern mit Nagel- oder Knotenplatten

Plan). Beiträge zur Berechnung und Konstruktion siehe z. B. Natterer in [11] und [12], Wienecke [221], Moers [222], Hempel [89], Milbrandt [219], Schelling u. a. [26, 223], Scheer u. a. [217].

Für axial beanspruchte Zugstäbe sind die Spannungsnachweise nach Gl. (7.1) oder Gl. (5.1) zu führen, für einseitig angeschlossene Zugstäbe oder Teile mehrteiliger Stäbe nach Gl. (5.2).

Der Knicknachweis für Druckstäbe wird nach Gl. (8.4) geführt. Die Knickzahl ω ergibt sich aus dem größeren der beiden Schlankheitsgrade λ_y und λ_z. Ermittelt werden die Schlankheitsgrade λ

für einteilige Druckstäbe nach Gl. (8.7),
für mehrteilige nicht gespreizte Druckstäbe nach Abschn. 9.2 u. 9.3.1,
für mehrteilige gespreizte Druckstäbe nach Abschn. 9.2 u. 9.3.2.

Für Gurtstäbe mit Querbelastung sind die Nachweise für Biegung mit Längskraft nach Gln. (11.2) bis (11.5) bzw. bis Gl. (11.11) zu führen.

20.4.4 Durchbiegungsnachweis (DIN)

Die Durchbiegung einer Konstruktion muß zur Sicherung ihrer Gebrauchstauglichkeit begrenzt werden. Die zulässigen Durchbiegungen nach DIN 1052 sind Tafel 10.2 zu entnehmen. Bei der Durchbiegungsermittlung von Fachwerkträgern ist nach *–8.5–* zu unterscheiden zwischen einer Näherungs- und einer genaueren Berechnung, siehe –*E60* bis *E62*–.

Die Näherungsberechnung berücksichtigt nur die elastischen Verformungen der Gurtstäbe.

Die genauere Berechnung berücksichtigt die elastischen Verformungen aller Stäbe und die Nachgiebigkeiten aller Anschlüsse und Stöße.

Überhöhung:

Das System der Fachwerkträger ist i.d.R. parabelförmig zu überhöhen. Die Überhöhung soll mindestens der rechnerischen Durchbiegung aus Gesamtlast (Eigenlast und Verkehrslast einschließlich Schnee- und Windlast) unter Berücksichtigung der Nachgiebigkeit der Verbindungen und der Kriechverformungen entsprechen. Ohne rechnerischen Nachweis muß überhöht werden

um $l/300$ bei Verwendung trockenen Holzes,
um $l/200$ bei Verwendung halbtrockenen oder frischen Holzes.

Die Verformungsberechnung von Holztragwerken wird im Abschnitt 22 ausführlich behandelt. Die Gln. (22.1 a) und (22.1 b) enthalten alle wesentlichen Verformungseinflüsse. Setzt man in Gl. (22.1 a) nur die elastischen Verformungen der Gurtstäbe S_G ein, dann gilt **für die Näherungsberechnung**

$$\delta_{\text{Gurte}} = \sum \frac{S_G \cdot \bar{S}_G \cdot s_G}{E_{\|} \cdot A_G} \tag{20.1}$$

Für parallelgurtige Fachwerkträger läßt sich die Näherungsberechnung noch vereinfachen, wenn man den Fachwerkträger als einen aus Ober- und Untergurt – mit schubfester Verbindung – bestehenden Biegeträger nach Abb. 20.10 ansieht.

Dafür gilt mit Bezug auf Gl. (10.40) **die vereinfachte Gleichung**

$$\delta_{\text{Gurte}} = \frac{5}{48} \cdot \frac{\max M \cdot l^2}{E_{\|} \cdot \text{ef}\, I_y} \tag{20.2}$$

mit
$$\text{ef}\, I_y = \frac{A_1 \cdot A_2}{A_1 + A_2} \cdot h^2 \tag{20.3}$$

s. Abb. 20.10, vgl. Gl. (9.3) mit Abb. 9.4.

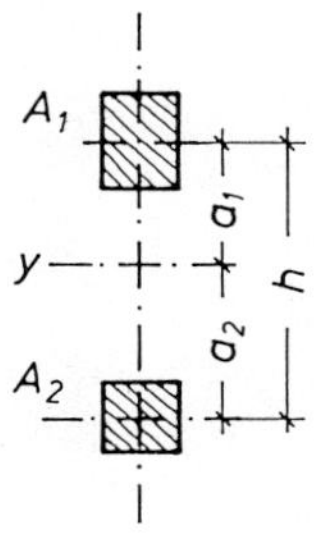

Abb. 20.10

Unter Berücksichtigung der elastischen Verformungen aller Stäbe und der Nachgiebigkeiten aller Anschlüsse und Stöße folgt aus Gl. (22.1 a) und (22.1 b) **für die genauere Berechnung**

$$\delta_{\text{genau}} = \sum \frac{S_i \cdot \bar{S}_i \cdot s_i}{E_{\parallel} \cdot A_i} + \sum \frac{S_K \cdot \bar{S}_K}{C_{aK}} + \sum \bar{S}_i \cdot \Delta i \tag{20.4}$$

In die Gln. (20.1) bis (20.4) sind für A_i die ungeschwächten Querschnittsflächen einzusetzen. Einheiten s. Abschn. 22.

20.4.5 Beispiel (DIN)

Am Beispiel eines parallelgurtigen Fachwerkträgers gemäß Abb. 20.5 (linkes System) mit Pfettenanordnung in den Obergurtknotenpunkten sollen Berechnung und Konstruktion gezeigt werden. System, Bezeichnungen und Querschnitte der Stäbe s. Abb. 20.11 a.

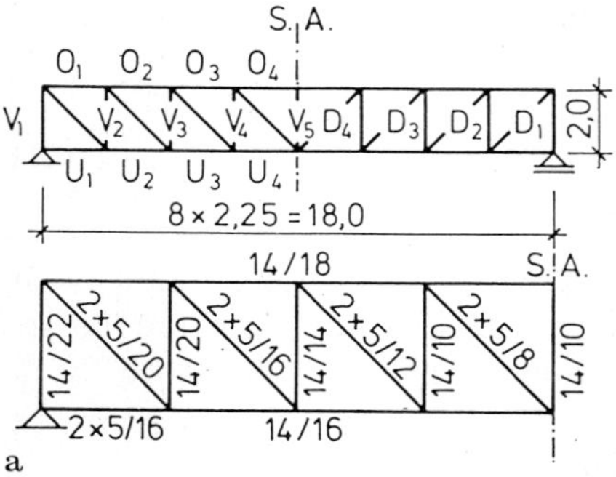

Abb. 20.11 a

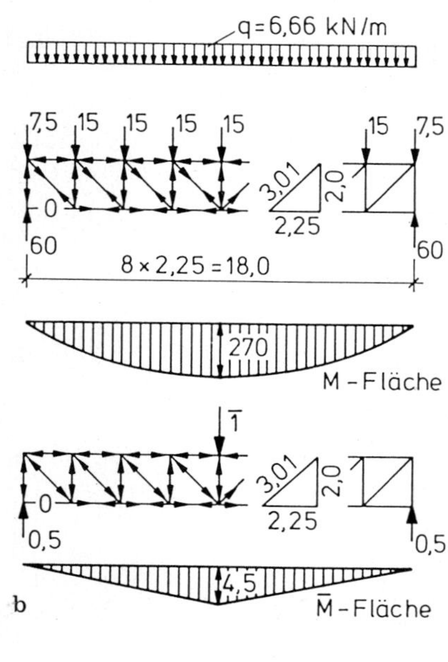

Abb. 20.11 b

Binderabstand $B = 5{,}33\,\text{m}$

Lastannahmen:

$$\begin{aligned} &\text{Eigenlast} && g = 0{,}50\,\text{kN/m}^2 \\ &\text{Schneelast} && \underline{s = 0{,}75\,\text{kN/m}^2} \\ & && 1{,}25\,\text{kN/m}^2 \\ &q = 1{,}25 \cdot 5{,}33 && = 6{,}66\,\text{kN/m} \\ &F = 6{,}66 \cdot 2{,}25 && = 15{,}0\,\text{kN} \\ &A = B = 6{,}66 \cdot \frac{18}{2} && = 60{,}0\,\text{kN} \end{aligned}$$

Stabkräfte (20.11b):

$$\begin{aligned} \max M &= 6{,}66 \cdot 18^2/8 = 270\,\text{kNm} \\ O_4 &= -270/2{,}0 = -135\,\text{kN} \\ V_2 &= -60 + 7{,}5 = -52{,}5\,\text{kN} \\ D_1 &= 52{,}5 \cdot \frac{3{,}01}{2{,}0} = 79{,}0\,\text{kN} \\ \max \bar{M} &= 1 \cdot 18{,}0/4 = 4{,}5\,\text{m} \\ \bar{O}_4 &= -4{,}5/2{,}0 = -\,2{,}25 \\ \bar{V}_{1,2,3,4} &= -\,0{,}50 \\ \bar{V}_5 &= -\,1{,}0 \\ \bar{D}_{1,2,3,4} &= \frac{0{,}5 \cdot 3{,}01}{2{,}0} = 0{,}753 \end{aligned}$$

Alle Stabkräfte einer Hälfte sind in Tafel 20.1 zusammengefaßt.

Konstruktion

Die Konstruktion mit Knotendetails ist in Abb. 20.12 dargestellt. Die Vertikalstäbe V_2 bis V_5 sind an Ober- und Untergurt, V_1 am Obergurt und am Auflager durch Kontakt angeschlossen. Alle Diagonalen sind mit zweischnittigen Stabdübeln ∅ 12 an Ober- und Untergurt angeschlossen.

Nachweise der Gurtstäbe

Obergurt 14/18:

$$\begin{aligned} \max O &= O_4 = -135\,\text{kN} \\ s_{ky} &= s_{kz} = 2{,}25\,\text{m} \\ \max \lambda &= \frac{2{,}25}{0{,}289 \cdot 0{,}14} = 55{,}6 \rightarrow \omega = 1{,}54 \\ \text{zul}\,\sigma_k &= 8{,}5/1{,}54 = 5{,}5\,\text{N/mm}^2 \\ \sigma_{D\|} &= 135 \cdot 10^3/(252 \cdot 10^2) = 5{,}36\,\text{N/mm}^2 \qquad 5{,}36/5{,}5 = 0{,}97 < 1 \end{aligned}$$

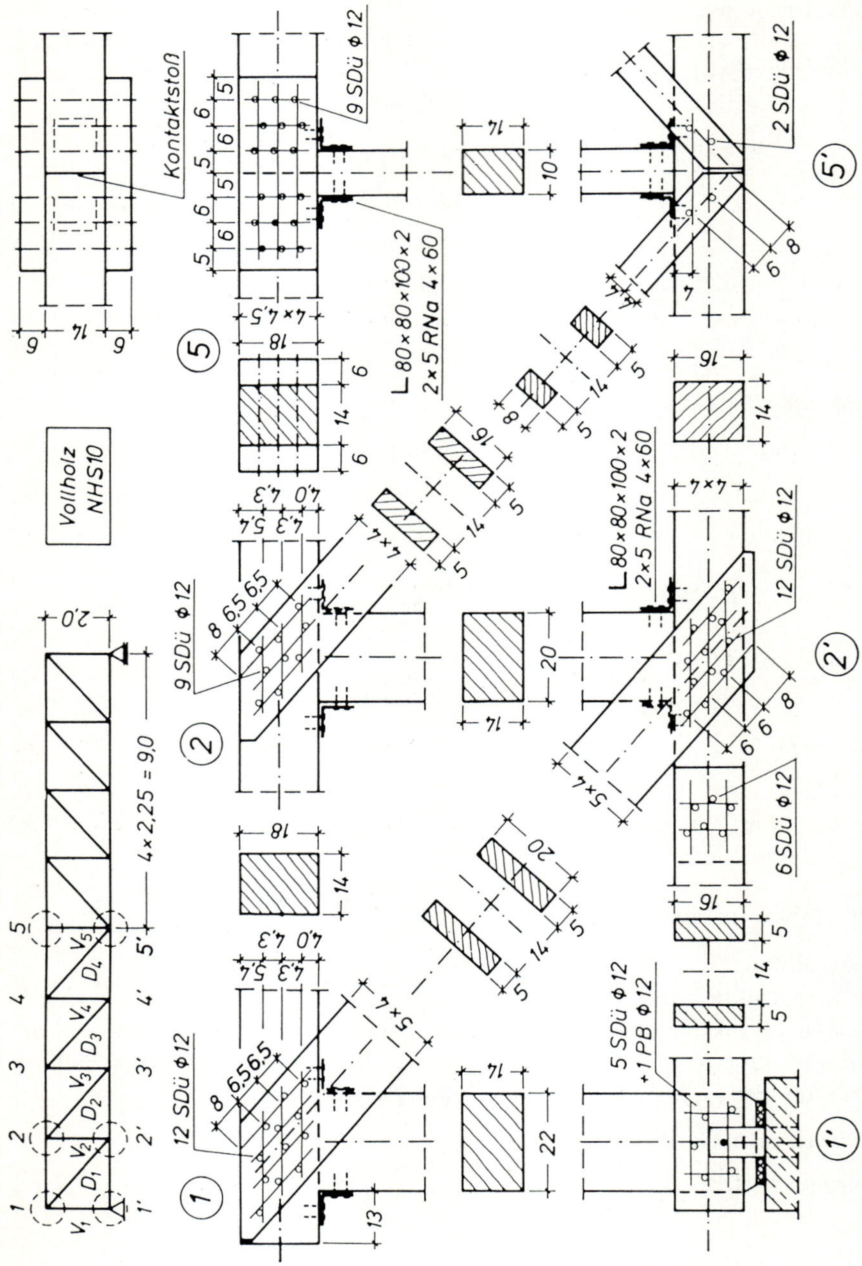

Abb. 20.12. Konstruktionsdetails des Fachwerkträgers

Untergurt 14/16:
Die größte Zugkraft tritt im Schnitt 5–5′ durch die Symmetrieachse des Fachwerkträgers (Abb. 20.12) auf.

$$\max U = -O_4 \qquad = 135\,\text{kN}$$
$$A_n = 140 \cdot (160 - 2 \cdot 12) \qquad = 190{,}4 \cdot 10^2\,\text{mm}^2$$
$$\sigma_{z\|} = 135 \cdot 10^3/(190{,}4 \cdot 10^2) = 7{,}1\,\text{N/mm}^2 \qquad 7{,}1/8{,}5 = 0{,}84 < 1$$

Obergurt-Paßstoß im Knotenpunkt 5 (Abb. 20.12):
Die Stabdübel werden nach *–9.5–* für die halbe Druckkraft bemessen.

Gewählt: 2 Laschen 6/18 und SDü ∅12

$$O_4/2 = 135/2 \qquad = 67{,}5\,\text{kN}$$

1 MH: $\text{zul}\,N_{st} = 8{,}5 \cdot 140 \cdot 12 \cdot 10^{-3} \quad = 14{,}3\,\text{kN}$

bzw. $51 \cdot 12^2 \cdot 10^{-3} \quad = 7{,}34\,\text{kN}$ maßgebend

2 SH: $\text{zul}\,N_{st} = 2 \cdot 5{,}5 \cdot 60 \cdot 12 \cdot 10^{-3} = 7{,}92\,\text{kN}$

bzw. $2 \cdot 33 \cdot 12^2 \cdot 10^{-3} = 9{,}50\,\text{kN}$

$$\text{erf}\,n = 67{,}5/7{,}34 = 9{,}20 \approx 9\,\text{SDü}\,\varnothing 12$$

Nachweis der V-Stäbe
Maßgebend für die Bemessung sind die Querdruckspannungen in den Anschlüssen.

Querdruckspannung: $\sigma_{D\perp} = V_i/A_i \qquad \sigma_{D\perp}/\text{zul}\,\sigma_{D\perp} \leqq 1 \qquad \text{zul}\,\sigma_{D\perp} = 2{,}0\,\text{N/mm}^2$

Vertikalstab	V_1	V_2	V_3	V_4	V_5
Druckkraft in kN	60,0	52,5	37,5	22,5	15,0
Querschnitt in $10^2\,\text{mm}^2$	14/22	14/20	14/14	14/10	14/10
$\sigma_{D\perp}/\text{zul}\,\sigma_{D\perp}$	0,97	0,94	0,96	0,80	0,54

Der Knicknachweis wird exemplarisch für V_4 geführt.

Tafel 20.1: $V_4 = \qquad = -22{,}5\,\text{kN}$

$$A_4 = 140 \cdot 100 \quad = \quad 140 \cdot 10^2\,\text{mm}^2$$

Abb. 20.12: $s_{ky} = s_{kz} \qquad = \quad 2{,}0\,\text{m}$

$$\max \lambda = \frac{2{,}0}{0{,}289 \cdot 0{,}10} = 69{,}2 \qquad \omega = 1{,}86$$

$$\text{zul}\,\sigma_k = 8{,}5/1{,}86 \qquad = 4{,}57\,\text{N/mm}^2$$

$$\sigma_{D\|} = 22{,}5 \cdot 10^3/(140 \cdot 10^2) = 1{,}61\,\text{N/mm}^2 \qquad 1{,}61/4{,}57 = 0{,}35 < 1$$

Nachweis der D-Stäbe

Der Spannungsnachweis wird exemplarisch für D_1 geführt.

Tafel 20.1: $D_1 = 79{,}0\,\text{kN}$

$A_1 = 2 \times 5/20$

$n = 4 \times 3\,\text{SDü}\ \varnothing 12$

$A_n = 2 \cdot 50 \cdot (200 - 4 \cdot 12) \quad = 152 \cdot 10^2\,\text{mm}^2$

Gl. (5.2): $\sigma_{z\|} = 1{,}5 \cdot 79{,}0 \cdot 10^3/(152 \cdot 10^2) = 7{,}8\,\text{N/mm}^2$

$7{,}8/8{,}5 = 0{,}92 < 1$

Anschlüsse mit zweischnittigen Stabdübeln $\varnothing 12$ (Abb. 20.12)

1 MH: Kr-Fa-$\sphericalangle\ \alpha = \arctan 2{,}0/2{,}25 \quad = 41{,}6°$

$$\text{zul}\,N_{st\sphericalangle} = 8{,}5 \cdot 140 \cdot 12 \cdot \left(1 - \frac{41{,}6}{360}\right) \cdot 10^{-3} = 12{,}6\,\text{kN}$$

$$\text{bzw. } 51 \cdot 12^2 \cdot \left(1 - \frac{41{,}6}{360}\right) \cdot 10^{-3} = 6{,}5\,\text{kN maßgebend}$$

2 SH: $\text{zul}\,N_{st\|} = 2 \cdot 5{,}5 \cdot 50 \cdot 12 \cdot 10^{-3} \quad = 6{,}6\,\text{kN}$

bzw. $2 \cdot 33 \cdot 12^2 \cdot 10^{-3} \quad = 9{,}5\,\text{kN}$

Zulässige Anschlußkraft eines Stabes $\text{zul}\,D = n \cdot 6{,}5\,\text{kN}$

Diagonalstab	D_1	D_2	D_3	D_4
Stabkraft[a] in kN	79,0	56,4	33,9	11,3
SDü-Anzahl[a] n	$4 \times 3 = 12$	$3 \times 3 = 9$	$2 \times 3 = 6$	$2 \times 1 = 2$
$\text{zul}\,D = n \cdot 6{,}5$ in kN	$78 \approx 79$	$58{,}5 > 56{,}4$	$39 > 33{,}9$	$13 > 11{,}3$

[a] s. Tafel 20.1 und Abb. 20.11a und 20.12.

Mindestabstände der Stabdübel:

$\perp$ Fa: $3 \cdot d_{st} = 3 \cdot 12 = 36\,\text{mm}$

untereinander $\|$ Fa: $5 \cdot d_{st} = 5 \cdot 12 = 60\,\text{mm}$

beanspruchter Rand $\|$ Fa: $6 \cdot d_{st} = 6 \cdot 12 = 72\,\text{mm}$

Durchbiegungsnachweis

a) Näherungsberechnung nach Gl. (20.2) mit Gl. (20.3)

Obergurt: $A_1 = 0{,}14 \cdot 0{,}18 = 0{,}0252\,\text{m}^2$

Untergurt: $A_2 = 0{,}14 \cdot 0{,}16 = 0{,}0224\,\text{m}^2$ } s. Abb. 20.10

Systemhöhe: $h \quad = 2{,}0\,\text{m}$

Gl. (20.3): $$\text{ef}\,I_y = \frac{0{,}0252 \cdot 0{,}0224 \cdot 2{,}0^2}{0{,}0252 + 0{,}0224} = 4{,}74 \cdot 10^{-2}\,\text{m}^4$$

Gl. (20.2): $\delta_{\text{Gurte}} = \dfrac{5 \cdot 0{,}270 \cdot 18^2}{48 \cdot 10^4 \cdot 4{,}74 \cdot 10^{-2}} = 19{,}2 \cdot 10^{-3}\,\text{m}$

$$= 19{,}2\,\text{mm} < \frac{18\,000}{400} = 45\,\text{mm}$$

Vergleich mit Näherungsberechnung nach Gl. (20.1) für die Gurtstäbe O_1 bis O_4 und U_1 bis U_4:

Tafel 20.1 Sp. 8: $\dfrac{1}{2} \cdot \delta_{\text{Gurte}} = 9{,}57\,\text{mm}$

$$\delta_{\text{Gurte}} = 2 \cdot 9{,}57 = 19{,}14\,\text{mm} \approx 19{,}2\,\text{mm}$$

b) Genauere Berechnung nach Gl. (20.4)

b1) Elastische Verformung aller Stäbe

Tafel 20.1 Sp. 8: $\delta_{\text{elast}} = \sum \dfrac{S_\text{i} \cdot \bar{S}_\text{i} \cdot s_\text{i}}{E_{\|} \cdot A_\text{i}} = 2 \cdot 13{,}08 = 26{,}2\,\text{mm}$

b2) Nachgiebigkeitseinfluß der V-Stäbe
Die Verformung für einen Stab mit 2 Anschlüssen wird Δi genannt. Dann gilt nach *–E205–*
für einen Stab: $\Delta i = -2 \cdot 1{,}5 = -3{,}0\,\text{mm}$

b3) Nachgiebigkeitseinfluß der D-Stäbe
Die Verformung für einen Stab mit 2 Anschlüssen wird wieder Δi genannt. Dann gilt

für einen D-Stab: $\Delta i \cdot \bar{S}_\text{i} = 2 \cdot \dfrac{S_\text{i} \cdot \bar{S}_\text{i}}{n \cdot C}$

$$\Delta i = \frac{2 \cdot S_\text{i}}{n \cdot C}$$

Mit zul $N_{\text{st}} = 6{,}5\,\text{kN}$ ergibt sich nach *–T2, Tab. 13, Zeile 2–* der Verschiebungsmodul für die SDü des Anschlusses der D-Stäbe:

$$C = 1{,}2 \cdot 6500 = 7800\,\text{N/mm}$$

Exemplarische Berechnung von Δi für D_1:

Tafel 20.1: $D_1 = 79{,}0\,\text{kN}$

Abb. 20.12: $n = 12\,\text{SDü}$

$$\Delta i = \frac{2 \cdot 79{,}0}{12 \cdot 7{,}8} = 1{,}69\,\text{mm}$$

b4) Nachgiebigkeitseinfluß des Obergurtstoßes
Für den Obergurtstoß als Paßstoß wird nach *–E205–* als Anschlußverschiebung in Rechnung gestellt:

$$\Delta i = -1{,}0\,\text{mm}$$

Tafel 20.1. Verformungsberechnung für eine Tragwerkshälfte mit Nachgiebigkeitseinflüssen nach –*E* 60 ff–

1	2	3	4	5	6	7	8	9
	s_i	S_i	A_i	$\frac{S_i \cdot s_i}{E_{\parallel} \cdot A_i}$	$\frac{2 \cdot S_i}{n \cdot C}$ [b]	$\bar{S}_i$	δ_{elast} (5) · (7)	δ_{nachg} (6) · (7)
	m	kN	$10^2\,mm^2$	mm	mm	1	mm	mm
O_1	2,25	−59,1	14/18	−0,53	0	−0,562	0,30	0
O_2		−101		−0,90	0	−1,125	1,01	0
O_3		−127		−1,13	0	−1,687	1,91	0
O_4		−135		−1,21	−1,0	−2,250	2,72	1,13 [a]
U_1		0	2 × 5/16	0	0	0	0	0
U_2	2,25	59,1	14/16	0,59	0	0,562	0,33	0
U_3		101		1,01	0	1,125	1,14	0
U_4		127		1,28	0	1,687	2,16	0
∑ aller Gurtstäbe für eine Hälfte							9,57	1,13 [a]
V_1	2,00	−60,0	14/22	−0,39	−3,0	−0,5	0,20	1,50
V_2		−52,5	14/20	−0,38	−3,0	−0,5	0,19	1,50
V_3		−37,5	14/14	−0,38	−3,0	−0,5	0,19	1,50
V_4		−22,5	14/10	−0,32	−3,0	−0,5	0,16	1,50
V_5		−15,0	14/10	−0,21	−3,0	−1,0	0,11 [a]	1,50 [a]
D_1	3,01	79,0	2 × 5/20	1,19	1,69	0,753	0,90	1,27
D_2		56,4	2 × 5/16	1,06	1,61	0,753	0,80	1,21
D_3		33,9	2 × 5/12	0,85	1,45	0,753	0,64	1,09
D_4		11,3	2 × 5/8	0,43	1,45	0,753	0,32	1,09
∑ der V- und D-Stäbe für eine Hälfte							3,51	12,16
∑ aller Fachwerkstäbe für eine Hälfte							13,08	13,29

[a] halbe Werte für Stäbe bzw. Stöße in der Symmetrieachse.
[b] oder Δi für V-Stäbe.

b5) Gesamtverformung nach Gl. (20.4)

Nach –*E60ff*– gemäß Tafel 20.1:

Spalte 8: $\delta_{elast} = 2 \cdot 13{,}08 = 26{,}16\,mm$

Spalte 9: $\delta_{nachg} = 2 \cdot 13{,}29 = 26{,}58\,mm$

$$\delta_{genau} = 52{,}7\,mm < \frac{18000}{200} = 90{,}0\,mm$$

20.5 Berechnung von Fachwerkträgern nach EC 5

20.5.1 Ausführliche Berechnung (EC 5)

Fachwerkbinder sind als Rahmentragwerke zu berechnen. Bei der Ermittlung der Stabkräfte und -momente sind zu berücksichtigen:
- die Verformungen der Stäbe und Verbindungen
- der Einfluß von Auflagerausmittigkeiten
- die Steifigkeit der Unterkonstruktion.

Steifigkeitskennwerte: VH s. Tafel 2.10;
BS-Holz s. Tafel 2.11

Verschiebungen der Verbindungen:
a) der stiftförmigen VM s. Abschn. 22.6
b) der Nagelplatten, genagelten Stahlbleche und Sperrholzknotenplatten s. Anhang D1 (2) in [1]

Falls die Systemlinien der Füllstäbe nicht mit den Stabachsen übereinstimmen, ist der Einfluß der Ausmitte bei der Bemessung dieser Stäbe zu berücksichtigen.

Vereinfachungen:
- Verbindungen dürfen im allgemeinen als gelenkig angenommen werden
- Verschiebungen in Verbindungen dürfen bei der Berechnung vernachlässigt werden, wenn dadurch die Verteilung der Stabkräfte und -momente nicht wesentlich beeinflußt wird
- Verbindungen dürfen als drehsteif betrachtet werden, wenn eine Verdrehung in der Verbindung die Verteilung der Stabkräfte und -momente nicht wesentlich beeinflussen würde.

Wird ein Tragsicherheitsnachweis nach der Spannungstheorie II. Ordnung geführt, sind die Steifigkeitskennwerte der Stäbe durch den Teilsicherheitsbeiwert γ_M (s. Tafel 2.6) zu dividieren.

20.5.2 Vereinfachter Nachweis (EC 5)

Der vereinfachte Nachweis ist auf Fachwerkbinder anwendbar, die ausschließlich aus Dreiecken aufgebaut sind und für die folgende Voraussetzungen gelten:
- Der äußere Winkel zwischen zwei Randstäben (Gurten) ist stets $\geqq 180°$, s. Abb. 20.1.
- Ein Teil der Auflagerfläche des Binders liegt vertikal unterhalb des Auflagerknotenpunktes bzw. entspricht den Angaben im Anhang D4 (2) in [1].

– $h_{ap} > 0{,}15\,l$ und $h_{ap} > 10\,h$

h_{ap} Firsthöhe
l Spannweite } des Fachwerkbinders
h größte Gurthöhe

Stabnormalkräfte sind mit einem Fachwerkmodell mit gelenkigen Verbindungen zu bestimmen.

Biegemomente in Einfeldstäben sind ebenfalls unter der Annahme gelenkiger Auflager zu ermitteln. Biegemomente von durchlaufenden Stäben werden bestimmt, indem der durchlaufende Stab als Durchlaufträger mit unverschieblichen, gelenkigen Auflagern betrachtet wird. Einflüsse der Durchbiegung in den Knotenpunkten sowie die teilweise Einspannung in den Verbindungen sind durch eine Verringerung der Biegemomente in den Knoten um 10% zu berücksichtigen. Feldmomente werden unter Berücksichtigung der reduzierten Auflagermomente bestimmt.

20.5.3 Zur Bemessung der Stäbe [EC 5]

Für Druckstäbe ist die Knicklänge für das Knicken in der Binderebene im allgemeinen als der Abstand zwischen zwei benachbarten Wendepunkten der Knickbiegelinie anzunehmen.

Bei Fachwerkbindern, die ausschließlich aus Dreiecken aufgebaut sind, wird für die Knicklänge von

- Einfeldstäben ohne Endeinspannung sowie von
- durchlaufenden Stäben ohne Querlasten

die Länge der Systemlinie angenommen.

Beim vereinfachten Nachweis dürfen die folgenden Werte der wirksamen Knicklängen s_{ef} angenommen werden:

a) Für querbelastete, durchlaufende Stäbe mit nur unwesentlichen Endmomenten:

$$s_{ef} = \beta \cdot s \tag{20.5}$$

mit s = Länge der Systemlinie.

im	Endfeld	Innenfeld	Knoten
β	0,8	0,6	0,6 [a]

[a] der größeren Länge der anschließenden Systemlinien.

b) Für querbelastete, durchlaufende Stäbe mit wesentlichen Endmomenten:

- im Feld mit Endmoment: 0 (d. h. kein Ausknicken)
- im vorletzten Feld: s = Länge der Systemlinie
- übrige Felder und Knoten: $\beta \cdot s$ wie Stäbe nach a)

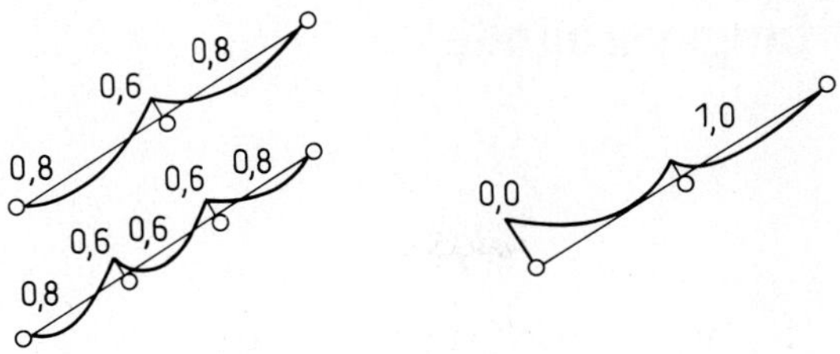

a b

Abb. 20.13. Wirksame Knicklängen. a) s_{ef}/s für Stäbe mit unwesentlichen Feldmomenten; b) s_{ef}/s für Stäbe mit wesentlichen Feldmomenten

Bei der Bemessung von Druckstäben und von Verbindungen ist beim vereinfachten Nachweis die berechnete Normalkraft um 10% zu erhöhen.

Das Ausknicken aus der Binderebene ist ebenfalls zu überprüfen.

Zusätzliche Regeln für Fachwerkbinder mit Nagelplattenverbindungen sind im Anhang D in [1] angegeben.

21 Wind- und Aussteifungsverbände

21.1 Allgemeines

Dieser Abschnitt behandelt Wind- und Aussteifungsverbände für Dach- und Hallentragwerke > 15 m Spannweite. Die Stabilisierung von Sparren- und Pfettendächern ≦ 15 m Spannweite ist bereits beschrieben worden in Abb. 13.4, 15.1, 15.2, 15.5, 15.54, 15.67.

Räumliche Bauwerke setzen sich i. d. R. aus ebenen Tragwerken zusammen. Ihre Elemente sind Sparrenpfetten, Dachbinder, Stützen, Wandriegel, Verbände, s. Abb. 17.2.

Jedes Bauwerk muß stabilisiert, d. h. gegen Ausweichen in horizontaler Richtung (längs und quer) gesichert werden. Die Gesamtstabilisierung kann nach Abb. 17.2 erfolgen durch:

a) Wind- und Aussteifungsverbände (Fachwerk),
b) Scheiben (z. B. FP oder Platten aus BFU) oder Schubfelder (z. B. Trapezbleche),
c) Rahmen (Dreigelenk, Zweigelenk-, Halbportal-Rahmen),
d) Stützen mit Fußeinspannung.

Kippsicherungen von Vollwandträgern mit Druckbeanspruchung im Untergurt (Rahmen, Bögen, Durchlaufträger) können mit Hilfe von Kopfbändern oder Knotenplatten nach Abb. 21.1 ausgeführt werden.

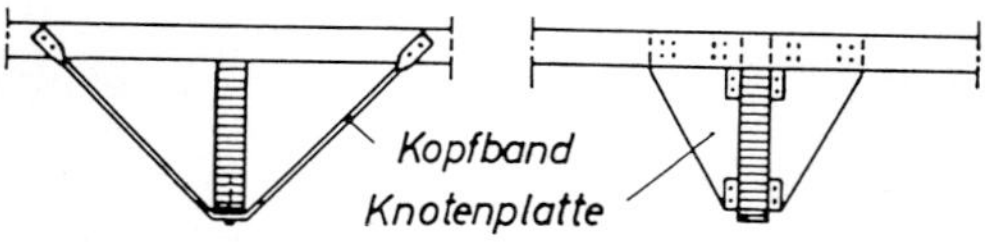

Abb. 21.1. Kippsicherungen

Ursachen horizontaler Kräfte können sein:

a) äußere Horizontallasten z. B. aus Wind, Erdbeben, Massenkräften,
b) planmäßig geneigt stehende oder ausmittig belastete Pendelstützen nach Abb. 21.2,
c) unvermeidliche Krümmungen oder Schiefstellungen von Druckgliedern durch Herstellungs- und/oder Montageungenauigkeiten, s. Abb. 21.8 B und C.

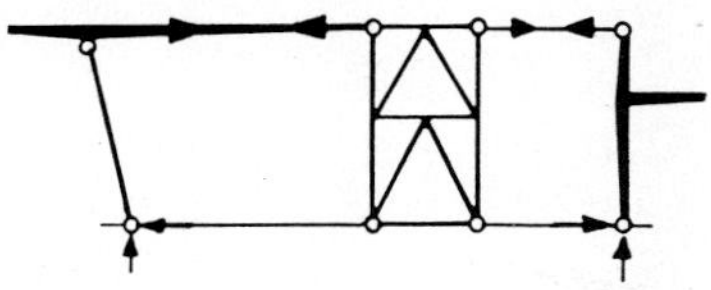

Abb. 21.2. Stabilisierung

Im allgemeinen übernehmen Verbände gleichzeitig die Kräfte infolge a, b und c. Darüber hinaus erfüllen sie eine weitere wichtige Aufgabe, indem sie die Länge s kippgefährdeter Biegeträger (s. Abb. 10.13 und 21.8 D) und die Knicklänge s_{kz} von Druckgurten und Stützen in Dach- bzw. Wandebene verkürzen, vgl. Abb. 8.3 und 8.4 b.

Man unterscheidet Horizontalverbände (in den Dachflächen) und Vertikalverbände (in den Wandflächen).

Im folgenden soll davon ausgegangen werden, daß Scheibenwirkung in Dach- und Wandebenen nicht vorhanden ist, so daß die Stabilisierung ausschließlich durch Verbände erfolgt.

21.2 Dachverbände || Giebelwänden

Belastung für Satteldächer von der Traufe zum First linear ansteigend (Abb. 21.3 a), vgl. *–10.2.4–* und Abschn. 21.5.5.

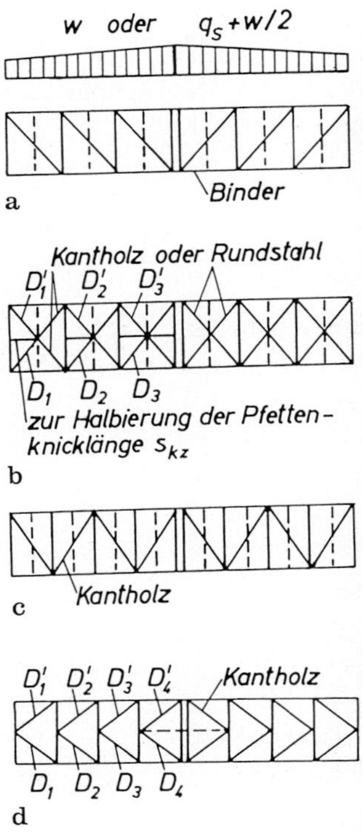

Abb. 21.3

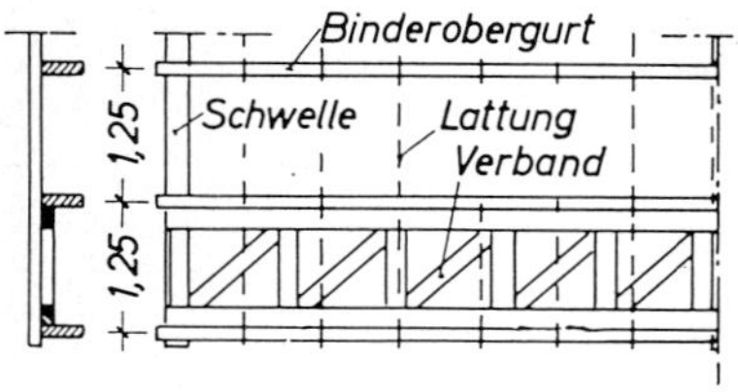

Abb. 21.4

Fallende Diagonalen:
Beanspruchung der Diagonalen auf Zug bei Winddruck, auf Druck bei Windsog (Abb. 21.3a).

Gekreuzte Diagonalen:
Bei Rundstahl: Wirkung vgl. Abb. 20.3
Bei Kantholz: Beanspruchung auf Zug und Druck, $D_i \approx -D_i'$ (Abb. 21.3b).

Strebenfachwerk:
Beanspruchung auf Zug und Druck. Knicklänge ∥ Fachwerkebene $s_{kz} = l$, ⊥ Fachwerkebene Verkürzung durch Pfettenanschluß möglich (Abb. 21.3c).

K-Fachwerk:
Beanspruchung der Diagonalen auf Zug und Druck, $D_i = D_i'$. Pfetten werden in der Mitte in Fachwerkebene abgestützt (Abb. 21.3d).

Verbandsanordnung bei leichten Fachwerkbindern:
Bei Nagelbrett- und Kantholzbindern in Sonderbauweise (Knotenplatten) wird der Verband i.d.R. zwischen die Binder gelegt, s. Abb. 21.4.

21.3 Dachverbände ∥ Längswänden

Dachverbände ∥ Längswänden nach Abb. 21.5 kommen bei einschiffigen Hallen vor, deren Stützen alle als Pendelstützen ausgebildet sind, s. Abb. 17.2b, entweder Dachverband (1) oder Verband in Untergurtebene (2).

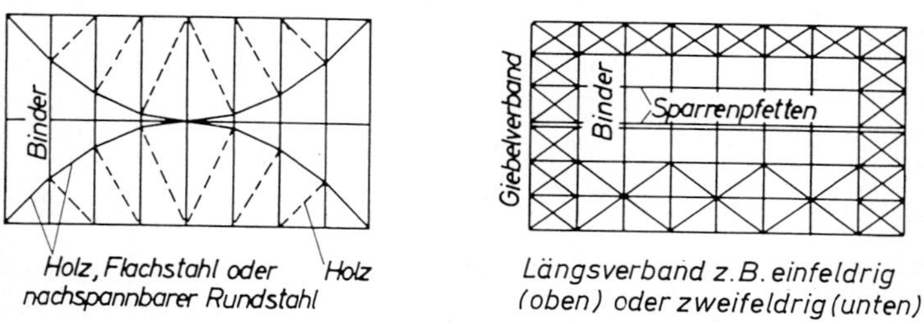

Abb. 21.5. Längsverbände

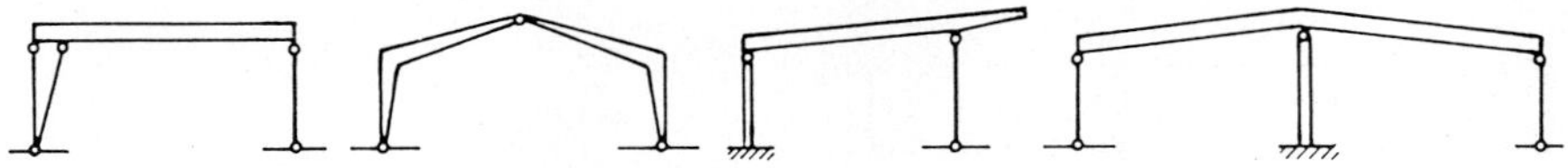

Abb. 21.6. Verschiedene Binderformen

Bei ein- und mehrschiffigen Hallen mit Rahmenbindern oder eingespannten Stützen nach Abb. 21.6 entfallen die Längsverbände in Dach- oder Untergurtebene. Eingespannte Stützen aus Stahlbeton oder Stahl sind – insbesondere bei mehrschiffigen Hallen – gebräuchlich.

Zur Knicklänge für eingespannte Stützen und Rahmen s. Abschn. 8.5.5 und 8.5.6.

21.4 Wandverbände

Meistens bestimmen die Größen von Öffnungen und Durchfahrten die Form der Verbände, siehe z. B. Abb. 21.7 und Abb. 17.2a, b.

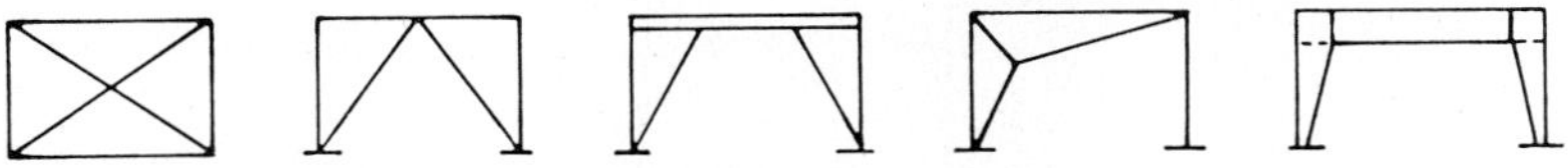

Abb. 21.7. Ausführungsformen von Wandverbänden

21.5 Berechnung horizontaler Aussteifungsverbände (DIN)

21.5.1 Allgemeine Grundlagen (DIN)

Schlanke Vollwandträger sowie Druckgurte von Fachwerkträgern müssen, auch wenn keine planmäßigen äußeren Lasten (z. B. Windlasten) auf sie einwirken, ⊥ zur Tragwerksebene in Zwischenpunkten abgestützt werden, um Instabilitäten wie Knicken (Fachwerkgurte) oder Kippen (Biegeträger) zu verhindern.

Die Stabilisierung geschieht i. d. R. durch Aussteifungsverbände – vgl. Abschnitte 8.5 und 10.2.6 –, die auch zur Aufnahme der Windlasten herangezogen werden können.

Die Verbände erfüllen gleichzeitig zwei Stabilisierungsaufgaben:

a) Sie verkürzen die Länge s der kippgefährdeten Biegeträger und die Knicklänge der Druckgurte s_{kz} auf die Knotenabstände des Verbandes, s. Abb. 10.13 und Abb. 21.8 A. Zur Abstützung der Biegeträger oder der Druckgurte gegen die Verbandsknoten dienen Sparrenpfetten oder besondere Stäbe.

b) Sie nehmen die Seitenlasten q_s nach Abb. 21.8 B auf, die – abgesehen von Verformungen durch Windlasten – durch unvermeidbare Vorkrümmungen e infolge Herstellungsungenauigkeiten (Fertigung und Montage) sowie durch Wuchsfehler und Feuchtigkeitseinwirkungen entstehen können.

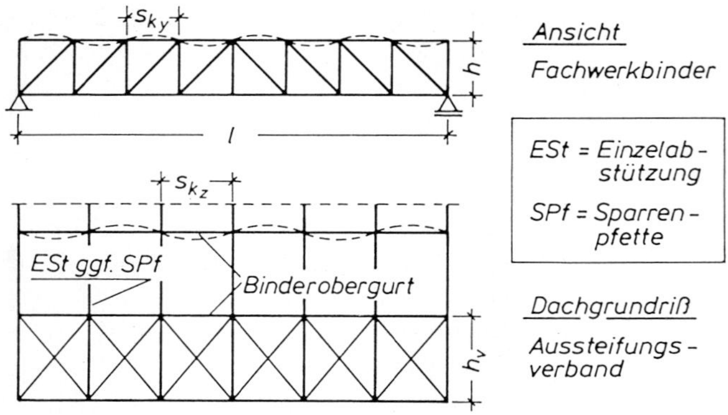

Abb. 21.8 A. Obergurtknicklängen in Binderebene (s_{ky}) und in Dachebene (s_{kz})

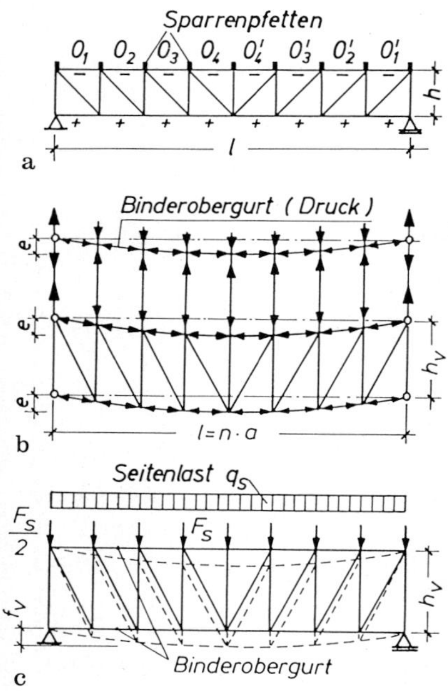

a) Ansicht
Dachbinder

b) Grundriß
Aussteifungsverband mit
unvermeidbarer Vorkrümmung e

c) Grundriß
Aussteifungsverband mit
Seitenlast q_S bzw.
Knotenlasten $F_S = q_S \cdot a$

Abb. 21.8 B. Seitenlast q_S für den Aussteifungsverband von Fachwerkbindern (in Obergurtebene)

Die Stabilisierungskräfte wachsen mit zunehmender Verbandsverformung. Die Größe der Seitenlasten q_S nach Abb. 21.8 B kann in Abhängigkeit von der angenommenen Vorkrümmung e und von der Durchbiegung des Verbandes infolge elastischer Verformungen der Stäbe und Nachgiebigkeit der Verbindungen ermittelt werden, siehe Möhler/Schelling [224], Petersen [225], Brüninghoff in [113].

Die vereinfachten Bemessungslasten q_S nach Gln. (21.2a) und (21.2b) setzen eine Mindeststeifigkeit (maximal zulässige Durchbiegung) der Verbände voraus.

21.5.2 Bemessung der Einzelabstützungen (DIN)

Allgemeines

Man unterscheidet unverschiebliche und verschiebliche Einzelabstützungen, s. Abb. 21.8C. Als unverschieblich können Abstützungen in den Reihen A und B angesehen werden, wenn sie z. B. an Stützböcken, eingespannten Stahl- oder Stahlbetonstützen, Wänden, Ringankern o. ä. verankert sind.

Als verschieblich gelten Abstützungen von Druckgurten gegen Aussteifungsverbände, da diese in Dachebene Verformungen erleiden können.

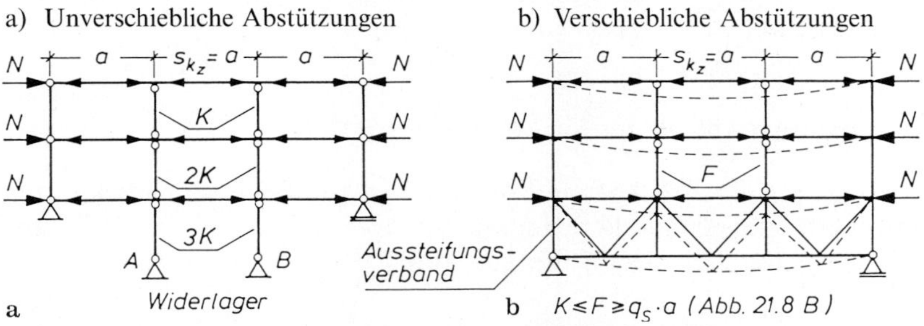

Abb. 21.8C. Einzelabstützungen von Druckstäben in Dachebene

Bemessung unverschieblicher Abstützungen

Die Größe der Stützeinzellast ist vom unterschiedlichen Vorkrümmungsverhältnis der Druckglieder (Gurtstäbe) aus VH (NH) bzw. BSH (NH) gemäß DIN 4074 abhängig. Nach *–10.5–* gilt demnach:

für VH (NH): $K = N/50$ (21.0a)

für BSH (NH): $K = N/100$ (21.0b)

$N \mathrel{\hat{=}}$ Größte Stabkraft (ohne ω) der an die Abstützung angrenzenden Druckstäbe

Die Stützkräfte können Zug- oder Druckkräfte sein, vgl. Abb. 8.14 mit Gl. (8.26).

Stützt ein Bauteil n Druckglieder gegen feste Widerlager ab, dann ist die Stützkraft $n \cdot K$ ($S = \pm 3 \cdot K$ in Abb. 21.8C a).

Bemessung verschieblicher Abstützungen

Druckgurte von Fachwerkträgern werden i. d. R. durch Aussteifungsverbände nach Abb. 21.8A, B, C b stabilisiert. Der Aussteifungsverband darf, wenn auf einen genaueren Nachweis verzichtet wird, für die gleichmäßig verteilte Seitenlast q_S nach Gl. (21.2a) mit Abb. 21.8 B bemessen werden. Bauteile, welche die Druckgurte zur Unterteilung der Knicklänge – auf s_{kz} nach Abb. 21.8 A und 21.8 C – gegen einen Verband abstützen, sind nach *–10.5–* zu bemessen und anzuschließen für

$$\text{Abb. 21.8 B:} \quad F_S = q_S \cdot a \tag{21.1a}$$

mindestens aber für **eine** Stützeinzellast K:

$$\text{bei Druckgurten aus VH:} \quad K = N_{Gurt}/50 \tag{21.1b}$$

$$\text{bei Druckgurten aus BSH:} \quad K = N_{Gurt}/100 \tag{21.1c}$$

$N_{Gurt} \mathrel{\hat{=}}$ mittlere Gurtkraft für den ungünstigsten Lastfall, siehe [83].

Damit werden ein- oder mehrwellige Vorkrümmungen der Druckgurte berücksichtigt. Der größere Betrag ist maßgebend.

Abstützende Teile von Biegeträgern sind nach Gl. (21.1a) zu bemessen mit q_S nach Gl. (21.2b).

21.5.3 Aussteifungsverbände für Fachwerkträger (DIN)

Für die Bemessung der Aussteifungskonstruktion von Fachwerkdruckgurten ist, wenn auf eine eingehende Berechnung verzichtet wird, nach *–10.2.2–* eine gleichmäßig verteilte Seitenlast q_S gemäß Abb. 21.8 B anzunehmen.

$$q_S = \frac{m \cdot N_{Gurt}}{30 \cdot l} \text{ in kN/m} \tag{21.2a}$$

$$N_{Gurt} = \frac{1}{n} \sum_{i=1}^{n} O_i$$ mittlere Gurtkraft eines Fachwerkträgers in kN für den ungünstigsten Lastfall

$m \mathrel{\hat{=}}$ anteilige Anzahl der auszusteifenden Druckgurte, vgl. *–E97–*

$l \mathrel{\hat{=}}$ Stützweite der Aussteifungskonstruktion in m

Gl. (21.2a) gilt nach Brüninghoff in [113] unter folgenden Annahmen:

- N_{Gurt} = konstant über die gesamte Gurtlänge
- Sinusförmige Vorkrümmung der Druckgurte mit $e = l/400$
- Verbandsdurchbiegung unter Gebrauchslast ($q_S + w$): $f_V \leqq l/1000$

Verformungsberechnung s. Gl. (20.4). Vereinfachter Nachweis kann nach Gerold [226] oder Brüninghoff [83] geführt werden. Der Nachweis der Verbandsdurchbiegung kann entfallen, wenn das Verhältnis Höhe zu Spannweite der Aussteifungskonstruktion $\geqq 1/6$ gemäß Abb. 21.8 B ist, vgl. *–10.2.5–*.

21.5.4 Aussteifungsverbände für Biegeträger (DIN)

Den Einfluß der Drillsteifigkeit auf die Stabilisierungskräfte von Biegeträgern hat Brüninghoff [117, 227] untersucht. Zur Bemessung der Aussteifungskon-

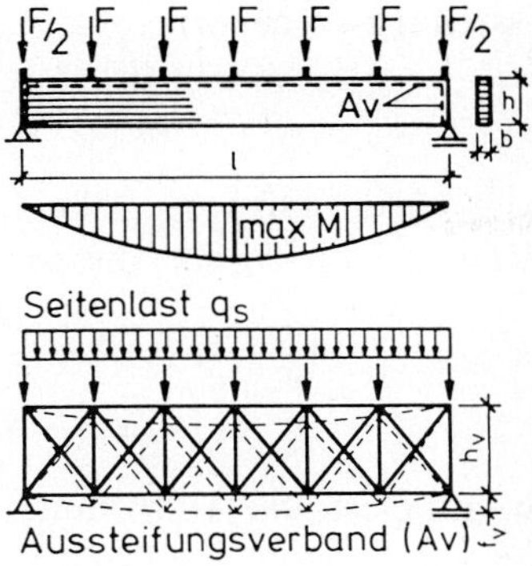

Abb. 21.8D

struktion von Biegeträgern mit Rechteckquerschnitt $h/b \leqq 10$ darf nach – *10.2.3*– eine ⊥ Trägerebene wirkende Seitenlast

$$q_S = \frac{m \cdot \max M}{350 \cdot b \cdot l} \text{ in kN/m} \tag{21.2b}$$

gemäß Abb. 21.8 D angenommen werden, wenn auf einen genaueren Nachweis verzichtet wird. Dieser ist bei einem Seitenverhältnis $h/b > 10$ zu führen.

$\max M \triangleq$ größtes Biegemoment eines Trägers in kNm aus lotrechter Last

$b \triangleq$ Trägerbreite in m

$m, l \triangleq$ s. Gl. (21.2a)

Gl. (21.2 b) gilt nach [83] unter folgenden Annahmen:

- Biegeträger mit $h =$ konstant, näherungsweise auch für Satteldachträger mit nicht zu großer Dachneigung
- Gabellagerung an den Trägerenden
- Lasteinleitung und Verbandanschluß am Trägerdruckrand
- Sinusförmige Vorkrümmung des Druckrandes mit $e \leqq l/500$
- Verbandsdurchbiegung wie bei Verbänden für Fachwerkträger

Der Verlauf der q_S wird in [227] sinusförmig angenommen, wird jedoch vereinfacht als diejenige Gleichlast definiert, die das gleiche maximale Biegemoment erzeugt wie die Sinuslast, vgl. auch Abb. 2.30 in [215].

Empfehlungen zur Berechnung der Seitenlast bei Trägern mit gleichzeitiger Druck- und Biegebeanspruchung gibt Gerold [228].

Hinweis:
Die Seitenlasten q_S nach Gln. (21.2a) und (21.2 b) gelten nicht als äußere Lasten wie z. B. Windlasten. Sie bilden vielmehr in Dachebene einen Eigenlastzustand, der in sich im Gleichgewicht steht, wenn alle Binderauflager jeder Seite miteinander verbunden sind, z. B. durch Traufpfetten, Ringanker oder dgl. In diesem Falle brauchen die Seitenlasten nicht bis in den Baugrund geleitet zu werden.

Fehlen jedoch solche Verbindungskonstruktionen der Binderauflager, dann sind die Seitenlasten wie äußere Lasten in den Baugrund abzuleiten.

21.5.5 Zusammenwirken von Wind- (WV) und Aussteifungsverbänden (AV) (DIN)

Allgemeines

Bei Hallenkonstruktionen werden häufig in den Giebelfeldern bzw. im 2. Feld Windverbände vorgesehen, s. Abb. 17.2. Diese dürfen gleichzeitig als Aussteifungsverbände verwendet werden.

- Die i.d.R. in den End- oder zweiten Feldern angeordneten WV dürfen gleichzeitig als AV angesehen werden.
- Mindestens 2 WV oder 2 AV vorsehen.
- Mittenabstand der Verbände soll mit Rücksicht auf elastische Verformungen und nachgiebige Verbindungen $B \leqq 25$ m betragen, wenn kein genauerer Nachweis erfolgt (Abb. 21.9).

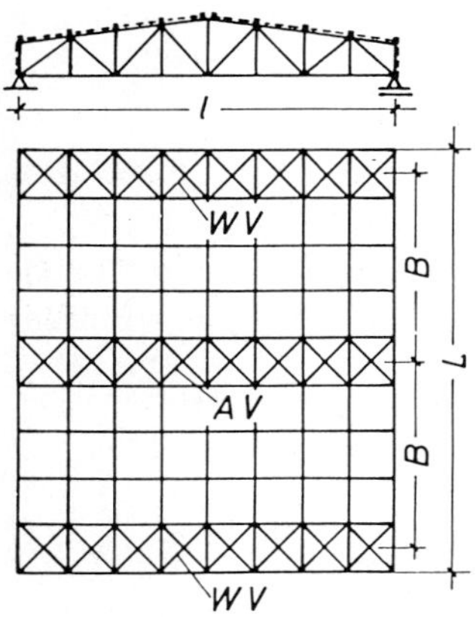

Abb. 21.9

Bemessung nach DIN 1052 (4/88)

Da vor Einführung der AV-Bemessung für Seitenlast q_S in der DIN 1052 (10/69) bei ordnungsgemäßer Ausführung der WV keine Schadensfälle bekannt geworden sind, gelten zur Bemessung der WV und AV die besonderen Regeln für die Kombination von w- und q_S-Lasten gemäß Tafel 21.0.

Tafel 21.0. Berechnungslasten für Verbände bei gleichzeitiger Wirkung von w- und q_S-Lasten *–10.2.4–*

Stützweite	$l \leqq 30$ m	$30\,\text{m} < l < 40$ m	$l \geqq 40$ m
$q_S \leqq \frac{w}{2}$	$q_{wS} = w$ [a]	$q_{wS} = w + q_S \cdot \frac{l-30}{10}$	$q_{wS} = q_S + w$
$q_S > \frac{w}{2}$	$q_{wS} = q_S + \frac{w}{2}$	$q_{wS} = q_S + \frac{w}{2} \cdot \frac{l-20}{10}$	

[a] Empfehlung.

Danach darf bei Windverbänden mit einer Stützweite $l \leqq 30$ m, die zugleich Druckgurte abstützen, angenommen werden, daß bei einer Bemessung für die Berechnungslast w darin bereits eine anteilige Seitenlast $q_S \leqq w/2$ enthalten ist, vgl. *–E98–*.

Bei $l \geqq 40$ m müssen die vollen w- und q_S-Lasten in Rechnung gestellt werden. Für 30 m $< l <$ 40 m darf linear interpoliert werden.

Eine getrennte Zuweisung der Wind- und der Seitenlasten an bestimmte Verbände ist nicht zweckmäßig, wenn die einzelnen Verbände zug- und druckfest derart miteinander verbunden sind, daß ein Ausgleich von Kräften erfolgen kann. Die Bemessungslasten können dann gleichmäßig auf die vorhandenen Verbände verteilt werden, so daß sich hierfür gleich große rechnerische Verformungen ergeben *–E98–*. In diesem Fall sind bei den Aussteifungsverbänden, die in der Mitte angeordnet werden (Abb. 21.9), ebenfalls Kräfte infolge der horizontalen Windlasten bis in das Fundament abzuleiten.

Erläuterungen zur w und q_S-Lastkombination bei $l \leqq 30$ m
Mehrere Verbände können – je nach Steifigkeit der Verbände und ihrer gegenseitigen Verbindungen – bei der Lastabtragung zusammenwirken.

Der WV der Luvseite erhält nach Abb. 21.9A bei gleichen WV-Steifigkeiten in Abhängigkeit vom Nachgiebigkeitsgrad der gegenseitigen Verbindungen folgende Berechnungslasten q_{wV}:

Schlaffe Verbindungen: $q_{wV} = w_D$

Starre Verbindungen: $q_{wV} = \dfrac{w_D + w_S}{2} = \dfrac{w_D}{2} \cdot \left(1 + \dfrac{0{,}5}{0{,}8}\right) = 0{,}81\, w_D$

Nachgieb. Verbindungen: $0{,}81\, w_D < q_{wV} < w_D$

Eine Entlastung des luvseitigen WV ist also möglich. Im Interesse einer kurzen und direkten Abtragung der luvseitigen Windlast in den Baugrund erscheint es jedoch empfehlenswert, mindestens $q_{wV} = w_D$ einzusetzen, falls der Nachgiebigkeitseinfluß nicht genauer untersucht wird.

Für $l \leqq 30$ m werden folgende Berechnungslasten empfohlen:

a) Für kurze Bauwerke mit nur 2 WV:

a1) Nur zugfeste Stäbe zwischen den Verbänden:
Die Verbände müssen in den Endfeldern angeordnet sein.

- wenn q_S (je Verband) $= q_{SV} \leqq w_D/2 \rightarrow q_{wV} = w_D$ (21.3a)
- wenn $q_{SV} > w_D/2 \rightarrow q_{wV} = q_{SV} + w_D/2$ (21.3b)

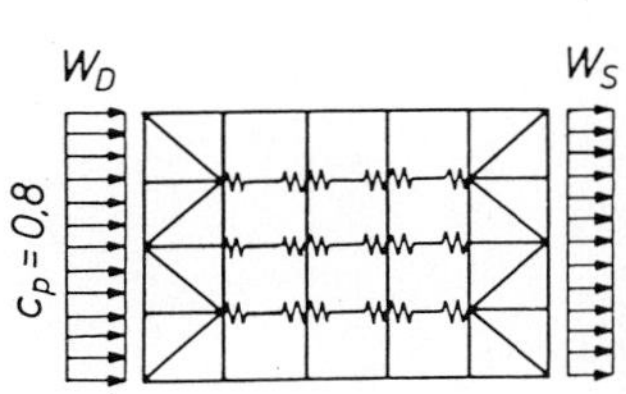

Abb. 21.9A. Windlasten

a2) Zug- und drucksteife Stäbe zwischen den Verbänden:

- wenn $q_S \leqq (w_D + w_S)/2 \rightarrow q_{wV} = w_D$ (21.4a)

- wenn $q_S > (w_D + w_S)/2 \rightarrow q_{wV} = \frac{1}{2} \cdot (q_S + 0{,}81\, w_D)$ (21.4b)

  $\geqq w_D$ empfohlen s. o.

b) Für lange Bauwerke mit 2 WV und n_A AV:

b1) Nur zugfeste Stäbe zwischen den Verbänden:
Lastverteilung auf WV und AV sinngemäß wie a1.

b2) Zug- und drucksteife Stäbe zwischen den Verbänden:
Gleiche Verbandssteifigkeiten für WV und AV sind zu empfehlen.

- wenn $q_S \leqq (w_D + w_S)/2 \rightarrow q_{wV} = q_{AV} = w_D$ empfohlen s. o. (21.5a)

- wenn $q_S > (w_D + w_S)/2 \rightarrow q_{wV} = q_{AV} = \dfrac{q_S + 0{,}81\, w_D}{2 + n_A}$ (21.5b)

  $\geqq w_D$ empfohlen s. o.

Darin bedeuten:

q_{wV}, q_{AV} Gleichlast für **einen** WV oder AV
w_D, w_S Winddruck bzw. Windsoglast nach DIN 1055 T4
q_{SV} Anteilige Seitenlast der von **einem** WV auszusteifenden Druckgurte
q_S Seitenlast **aller** auszusteifenden Druckgurte
n_A Anzahl der Aussteifungsverbände

Die Verbindungsstäbe (Sparrenpfetten) zwischen den Knotenpunkten der Verbände werden als verschiebliche Abstützungen nach Abschn. 21.5.2 bemessen und angeschlossen.

Beispiel (DIN):
a) $L \leqq 30$ m: 2 WV in den Giebelfeldern
b) $L = 55$ m: 2 WV und 1 AV
Gurtkräfte: $O_1 = -\ 52{,}5$ kN; $O_2 = -\ 90$ kN
$O_3 = -112{,}5$ kN; $O_4 = -120$ kN

In den Giebelwänden sind keine Fachwerkbinder angeordnet.

Lastannahmen:
Winddruck: $w_D = 0{,}8 \cdot 0{,}5 \cdot 8{,}0/2 = 1{,}60$ kN/m
Windsog: $w_S = 0{,}5 \cdot 0{,}5 \cdot 8{,}0/2 = 1{,}00$ kN/m

mittl. Gurtkraft: $N_G = \frac{1}{8} \cdot 2 \cdot (52{,}5 + 90 + 112{,}5 + 120) = 93{,}8$ kN

a) 2 WV nach Abb. 21.10a:

a1) Nur zugfeste Verbindungsstäbe:
1 WV erhält Seitenlasten von 1 Verbands- und 4 Zwischengurten.

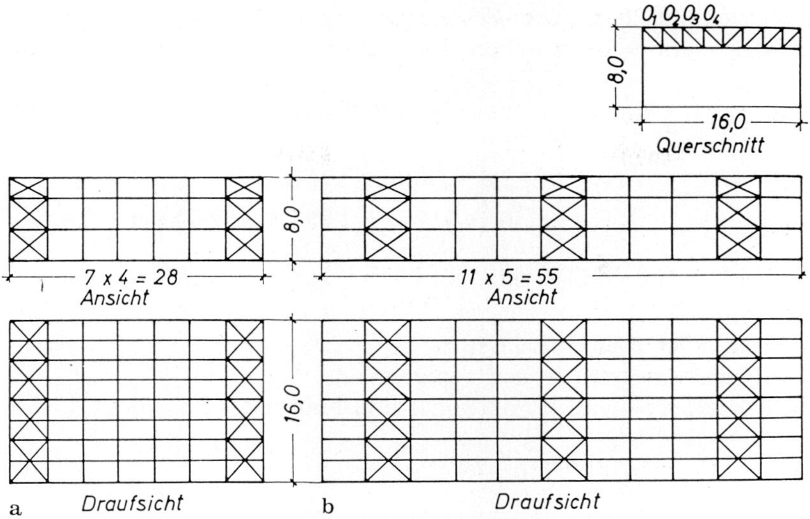

Abb. 21.10. Anordnung von Wind- und Aussteifungsverbänden

$$m = 1 + 4 \qquad = 5$$

(Gl. 21.2a): $$q_{SV} = \frac{5 \cdot 93{,}8}{30 \cdot 16} \qquad = 0{,}98\,\text{kN/m}$$

$$> w_D/2 = 1{,}60/2 \qquad = 0{,}80\,\text{kN/m}$$

Gl. (21.3b): $$q_{wV} = 0{,}98 + 0{,}80 \qquad = \mathbf{1{,}78\,kN/m}$$

Stützeinzellast einer Pfette zwischen Gurtknotenpunkten für $m = 4$
Stützeinzellast einer Pfette zwischen D-Kreuz-Punkten für $\boldsymbol{m = 5}$

$$\text{für } m = 5 \rightarrow q_{SV} \qquad = 0{,}98\,\text{kN/m}$$

Gl. (21.1a): $$F_S = 0{,}98 \cdot 2{,}0 \qquad = \mathbf{1{,}96\,kN}$$ **maßgebend**

Gl. (21.1b): $$K = 93{,}8/50 \qquad = 1{,}88\,\text{kN} < 1{,}96$$

Die Pfetten werden an die Kreuzungspunkte der Verbandsdiagonalen angeschlossen.

a2) Zug- und drucksteife Verbindungsstäbe:
2 WV erhalten Seitenlasten von 2 Verbands- und 4 Zwischengurten.

$$m = 2 + 4 \qquad = 6$$

Gl. (21.2a): $$q_S = \frac{6 \cdot 93{,}8}{30 \cdot 16} \qquad = 1{,}17\,\text{kN/m}$$

$$< \frac{w_D + w_S}{2} = \frac{1{,}60 + 1{,}00}{2} \qquad = 1{,}30\,\text{kN/m}$$

Gl. (21.4a): $$q_{wV} = w_D \qquad = 1{,}60\,\text{kN/m}$$ empfohlen, falls kein genauerer Nachweis erbracht wird.

Stützeinzellast einer Pfette zwischen Gurtknotenpunkten für $m = 2$
Stützeinzellast einer Pfette zwischen D-Kreuz-Punkten für $\boldsymbol{m = 3}$

Für $m = 3$: $q_S = \dfrac{3 \cdot 93{,}8}{30 \cdot 16} = 0{,}59\,\text{kN/m}$

Gl. (21.1a): $F_S = 0{,}59 \cdot 2{,}0 = \pm 1{,}17\,\text{kN}$

Gl. (21.1b): $K = 93{,}8/50 = \pm \mathbf{1{,}88\,kN}$ **maßgebend**

Verformungsnachweis entfällt, da $h_V = 4{,}0\,\text{m} > 16{,}0/6 = 2{,}67\,\text{m}$

b2) 2 WV und 1 AV nach Abb. 21.10b:
mit zug- und drucksteifen Sparrenpfetten

Die mittlere Gurtkraft wird proportional zum Binderabstand erhöht.

$$N_G = 93{,}8 \cdot 5{,}0/4{,}0 = 117\,\text{kN}$$

Insgesamt sind 6 Verbands- und 4 Zwischengurte abzustützen.

$$m = 6 + 4 = 10$$

Gl. (21.2a): $$q_S = \frac{10 \cdot 117}{30 \cdot 16} = 2{,}44\,\text{kN/m}$$

$$> \frac{w_D + w_S}{2} = \frac{1{,}60 + 1{,}00}{2} = 1{,}30\,\text{kN/m}$$

Gl. (21.5b): $$q_{wV} = q_{AV} = \frac{2{,}44 + 2{,}60/2}{2 + 1} = 1{,}25\,\text{kN/m}$$

$$q_{wV} = w_D = \mathbf{1{,}60\,kN/m}\ \textbf{empfohlen}$$

Ableitung der Windkräfte bis in den Baugrund ist dann nur bei den beiden WV erforderlich. Gleiche Ausführung der 3 Verbände wird empfohlen. Berechnung der Stützeinzellasten sinngemäß wie a2. Verformungsnachweis entfällt, da $h_V = 5{,}0\,\text{m} > 16{,}0/6 = 2{,}67\,\text{m}$.

21.5.6 Verformungsberechnung der Verbände (DIN)

21.5.6.1 Allgemeines (DIN)

WV und AV in der Dachebene sind i.d.R. parallelgurtige Fachwerkträger. Ihre Gurte sind BSH-Dachbinder, Obergurte von Fachwerkbindern oder Rähme der Giebelwände.

Diagonalstäbe können aus VH oder Stahl sein, letztere meistens Rundstähle mit Spannschlössern, s. Tafel 21.2 und Abb. 21.11A. Als Pfosten werden vielfach Sparrenpfetten verwendet.

Die Knotenanschlüsse liegen i.d.R. in oder wenig unterhalb der Ebene der Binderoberkanten, s. Abb. 21.11A und B. Verbandsgurte (Binder) und Verbandspfosten (Pfetten) werden meistens ausmittig beansprucht.

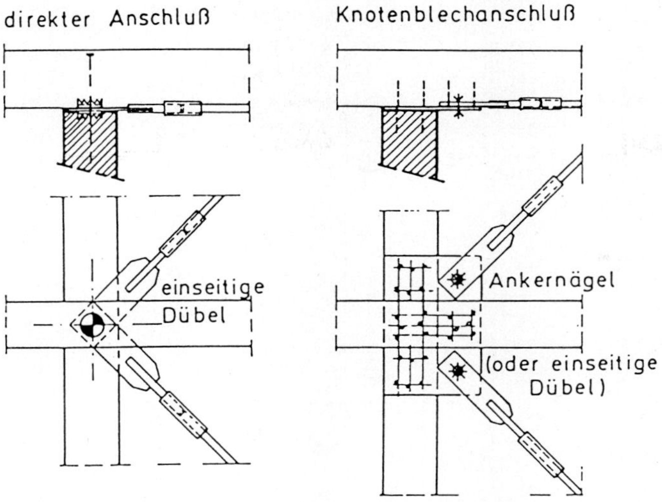

Abb. 21.11 A. Knotenpunktausbildung bei Rundstahldiagonalen

Die Verformung der Aussteifungskonstruktion ist nach *–10.2.5–* unter Gebrauchslast – q_S und w – auf $l/1000$ begrenzt. Der Nachweis ist entbehrlich, wenn die Systemhöhe (Binderabstand) $h_V \geqq l/6$ ist, s. Abb. 21.8 B und D.

21.5.6.2 Genauere Berechnung der Verbandsdurchbiegung (DIN)

Die Verbandsdurchbiegung f_V kann nach Gl. (20.4) für Fachwerkträger mit nachgiebigen Verbindungen berechnet werden. Dazu seien folgende Hinweise gegeben:

- Bei BSH-Bindern mit ausmittigem Verbandsanschluß kann näherungsweise mit dem halben Gurt-(Binder-)Querschnitt gerechnet werden, falls kein genauerer Nachweis erfolgt.
- Bei Füllstabanschlüssen mit Laschen müssen die Nachgiebigkeitsbeiträge Stab–Lasche und Lasche–Gurt eingesetzt werden, siehe Anschlüsse (3) und (6) in Tafel 21.2 und Abschn. 22.4.

21.5.6.3 Vereinfachte Nachweise der Verbandsdurchbiegung (DIN)

a) „ef *I*-Verfahren" nach Brüninghoff [83]

Die Durchbiegung kann vereinfacht gemäß Gl. (20.2) ermittelt werden. Die „ef *I*-Werte" können in Anlehnung an Gln. (9.4), (9.6) bis (9.8) berechnet werden.

Brüninghoff [83] gibt für verschiedene regelmäßige Verbandssysteme mit jeweils gleicher Art und Anzahl der Verbindungsmittel in den Knoten Formeln zur Ermittlung der „ef *I*-Werte" an.

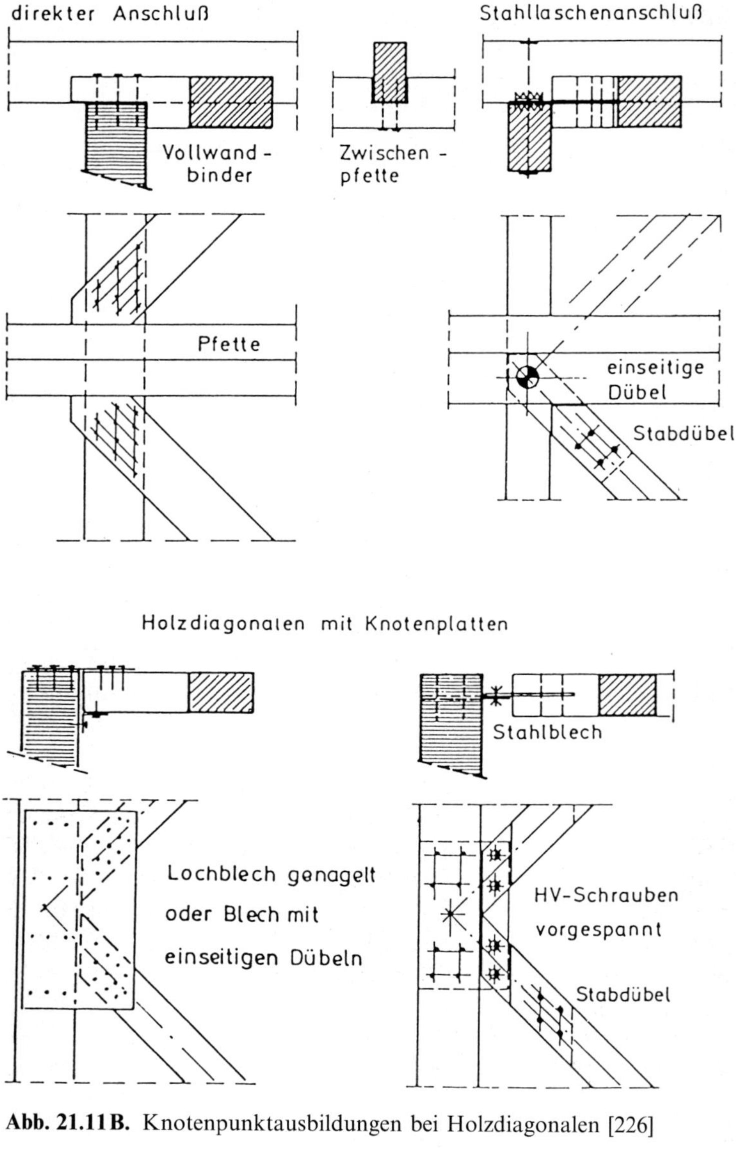

Abb. 21.11 B. Knotenpunktausbildungen bei Holzdiagonalen [226]

b) Näherungsverfahren nach Gerold [226]

Nach Gerold [226] ist der Verformungsbeitrag der Verbandsgurte (Dachbinder) und der Verbandspfosten (Pfetten) in der Regel vernachlässigbar. Die wesentlichen Beiträge liefern die elastischen Verformungen der Diagonalen und die Nachgiebigkeiten der mechanischen Verbindungen. In [226] gibt Gerold die einfache Näherungsformel Gl. (21.6) an für Verbände mit Holz- oder gekreuzten Rundstahldiagonalen gemäß Tafel 21.2. Folgende Annahmen liegen ihr zugrunde:

- Verformungsbeitrag der Gurte und Pfosten wird vernachlässigt.
- zul $N_{HZ} = 1{,}25 \cdot$ zul N_H nach *–T2, 3.2–*
- *C*- bzw. zul *v*-Werte nach *–T2, Tab. 13–*

Näherungsformel nach Gerold [226] **für zul. Verbandsdurchbiegung**

$$\frac{f_V}{\text{zul} f_V} = \underbrace{\frac{1}{\sin 2\alpha} \cdot \frac{1000\sigma}{E}}_{\text{elast. Verformung der Diagonalen}} + \underbrace{\frac{1250 \cdot \text{zul}\, v}{h_V}}_{\text{Nachgiebigkeit der Verbindungen}} \cdot f_\alpha \leqq \begin{cases} 1{,}66^{1} \\ 1{,}00^{2} \end{cases} \qquad (21.6)$$

zul v = zul N/C ist die Verschiebung bei zul N im Lastfall H
f_α-Werte für verschiedene Konstruktionsformen s. Tafel 21.2.

Tafel 21.1. $1000\,\sigma/E$-Werte bei voller Ausnutzung (Zug) im LF HZ

D-Stäbe aus:	VH aus NH II im Nettoquerschnitt	Rundstahl aus St 37 ausgenutzt im	
		Schaftquerschnitt	Spannungsquerschnitt
$\frac{\sigma}{E/1000}$	$\frac{0{,}8 \cdot 1{,}25 \cdot 0{,}85}{1{,}0} = 0{,}85$	$\frac{180}{210} = 0{,}86$	$\frac{125 \cdot 0{,}78}{210} = 0{,}46$

Einen Überblick über die erforderliche Verbandshöhe h_V bei $f_V \leqq l/1000$ geben die Diagramme in Abb. 21.11C für die Ausführungen (1) bis (9) nach Tafel 21.2. Sie erleichtern in der Praxis die Wahl einer geeigneten Stab- und Knotenausbildung bei vorgegebener Verbandshöhe h_V (Binderabstand). Die Diagramme wurden gewonnen aus Gl. (21.6) für jeweils gleiche Anschlüsse und zul $v = 1$ mm. Mit den zul *v*-Werten nach *–T2, Tab. 13–* sind damit folgende Verbindungen in gebräuchlicher Bauart abgedeckt:

- Unmittelbare Dübel- und Stabdübelverbindungen, solche mit Knotenblechen nur bei verringertem Lochspiel (etwa < 0,5 mm).
  Bei Stahldiagonalen mit Spannschloß kann das Lochspiel der Anschlußteile größer sein.
- Nagelverbindungen Holz–Holz, zweischnittig
  Holz–Holz, einschnittig } $d_n \leqq 5$ mm
  BFU–Holz }
  Stahlblech–Holz, vorgebohrt

Alle Diagramme gelten nur für jeweils gleiche Anschlüsse und für zul $v = 1$ mm.

---

[1] wenn Füllstab-Querschnitte und -anschlüsse jeweils gleich sind.
[2] wenn Füllstab-Querschnitte und -anschlüsse jeweils abgestuft sind.

Tafel 21.2. f_α-Werte zur Näherungsformel (21.6) nach [226]

Diagonalen aus Holz

	(1)	(2)	(3)	(4)
Diagonalen und Anschlüsse	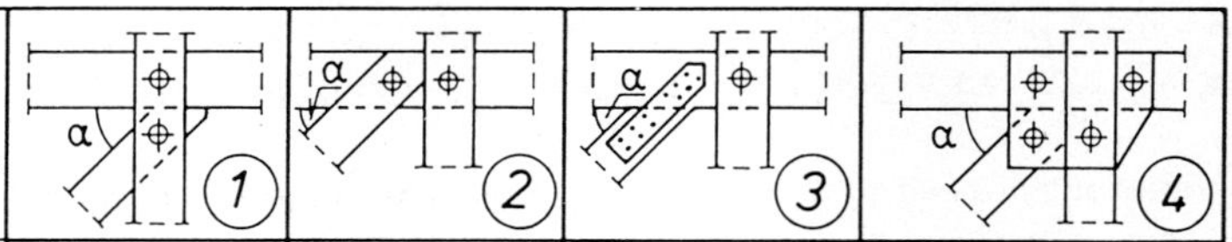			
gleich: f_α =	$\frac{1+\cos\alpha}{\cos\alpha}$	$\frac{1+1{,}3\cdot\sin\alpha}{\cos\alpha}$	$\frac{2+1{,}3\cdot\sin\alpha}{\cos\alpha}$	$\frac{1+1{,}3\cdot\sin\alpha+\cos\alpha}{\cos\alpha}$
abgestuft: f_α =	$\frac{1+\cos\alpha}{\cos\alpha}$	$\frac{1+\sin\alpha}{\cos\alpha}$	$\frac{2+\sin\alpha}{\cos\alpha}$	$\frac{1+\sin\alpha+\cos\alpha}{\cos\alpha}$

	(5)	(6)	(7)
Pfostenloses Fachwerk	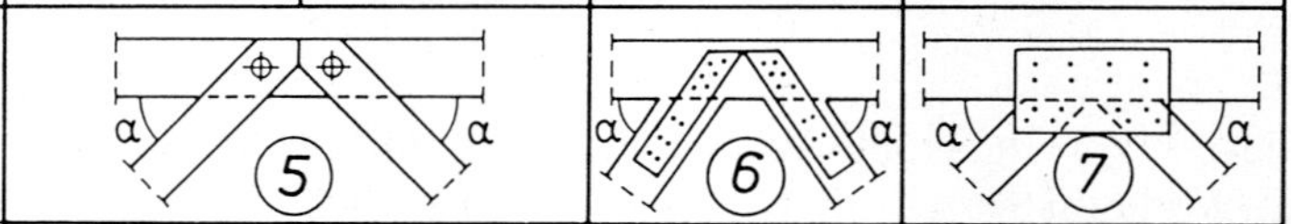		
f_α =	$\frac{1}{\cos\alpha}$	$\frac{2}{\cos\alpha}$	$\frac{1+\cos\alpha}{\cos\alpha}$

Diagonalen ⌀ St 37

	(8)	(9)
Diagonalen und Anschlüsse	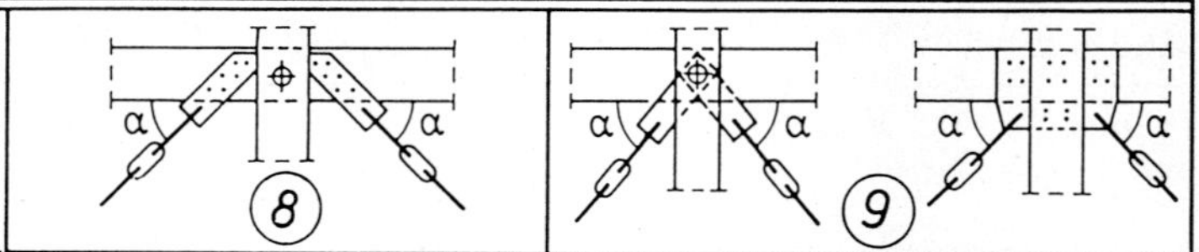	
gleich: f_α =	$\frac{1+1{,}3\cdot\sin\alpha}{\cos\alpha}$	$\frac{1{,}3\cdot\sin\alpha+\cos\alpha}{\cos\alpha}$
abgestuft: f_α =	$\frac{1+\sin\alpha}{\cos\alpha}$	$\frac{\sin\alpha+\cos\alpha}{\cos\alpha}$

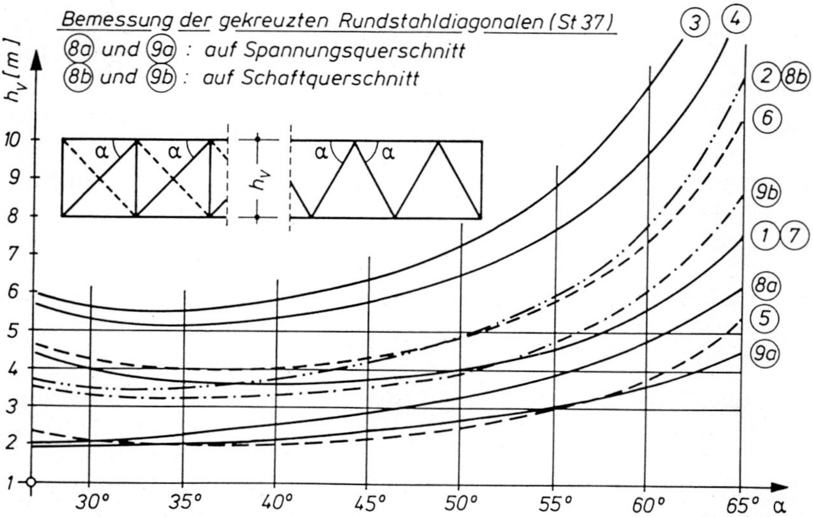

Abb. 21.11C. Erforderliche Verbandshöhe h_V für $f_V \leq l/1000$ nach [226]

Empfehlungen zur Erhöhung der Verbandssteifigkeit

- Durchgehend gleiche Diagonalen und Anschlüsse verwenden.
- Strebenfachwerke aus Holz sind steifer als Pfosten-Streben-Fachwerke aus Holz.
- Systeme mit gekreuzten, spannbaren Rundstahldiagonalen sind steifer als Pfosten-Streben-Fachwerke aus Holz.
- Direkte Stabanschlüsse sind steifer als Anschlüsse mit Laschen.
- Günstige Neigungswinkel der Diagonalen sind 30° bis 45°.

Empfehlungen zum Verbandssystem

Druckgurte mit kleinem Trägheitsradius i_z werden zweckmäßig an jeder Pfette abgestützt. Das erfordert engmaschige Verbände, die in verschiedenen Systemen nach Abb. 21.12 ausgeführt werden können.

System a: Hauptfachwerk mit großem D-Neigungswinkel α erfordert relativ große Verbandshöhe h_V nach Abb. 21.11C.

System b: Normales Hauptfachwerk mit Zwischenfachwerken b1 oder b2.

System c: Normales Hauptfachwerk mit Sekundärfachwerk, z. B. wie in Abb. 21.4 angeordnet.

System d: Zweifeldriges Stützdreieck mit Sekundärfachwerk, z. B. wie in Abb. 21.4 angeordnet.

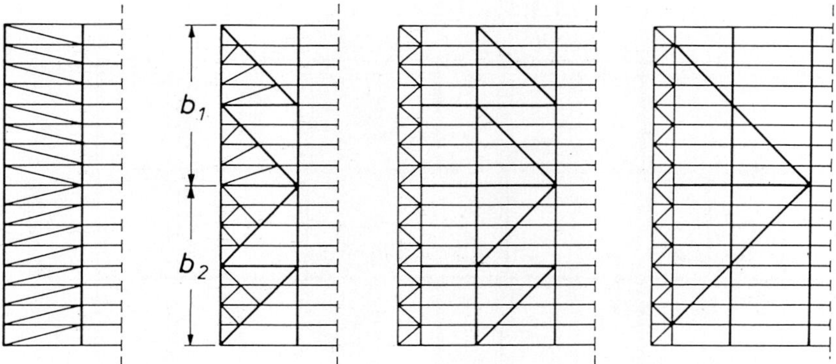

a b c d

Abb. 21.12. Verschiedene Fachwerksysteme für Verbände

21.5.7 Dachscheiben aus Flachpreßplatten (DIN)

21.5.7.1 Allgemeines (DIN)

Flachpreßplatten haben sich als Dachschalung zur Abtragung vertikaler Lasten $(g + s)$ bewährt. Zur Klärung ihres Tragverhaltens als statisch wirksame Scheibe haben Cziesielski/Wagner [178] Untersuchungen mit dem Ziel durchgeführt, Konstruktionsregeln sowie ein praktikables Bemessungsverfahren aufgrund von Großversuchen zu entwickeln. Danach können Dach- und Deckenscheiben unter Einhaltung folgender kurzgefaßter Hinweise für Konstruktion und Berechnung als homogene Scheibe angesehen werden, siehe auch *–10.3* und *E99/100–*.

21.5.7.2 Empfehlungen zur Konstruktion (DIN)

1. Flachpreßplatten nach DIN 68763, Verleimung V 100 G, Dicke $d \geqq 19$ mm, maximale Stützweite $l_S \leqq 30$ m, s. Abb. 21.13/21.15.
2. Scheibenränder auf umlaufender hölzerner Unterkonstruktion auflagern, deren Elemente (Pfetten und Binder) kraftschlüssig zu verbinden sind. Zugfeste Verbindung der Randpfetten untereinander.
3. Bündige Oberkante der Pfetten und Binder, vgl. Abb. 17.1 b, 17.2 c und 18.2.
4. Befestigung mit korrosionsgeschützten Nägeln nach DIN 1151 auf jedem Binder und jeder Pfette mit dem minimalen rechnerischen Nagelabstand e (konstant über Scheibenfläche).
5. Plattenstöße i.d.R. auf den Elementen der Unterkonstruktion. „Schwebende“ Stöße ⊥ Kraftrichtung zulässig, ausgeführt mit Nut und Feder nach Abb. 21.13; zul $n \leqq 2$ Stöße über Scheibenhöhe h_S *–10.3.1–*. „Schwebende“ Stöße ∥ Kraftrichtung sind nicht zulässig!

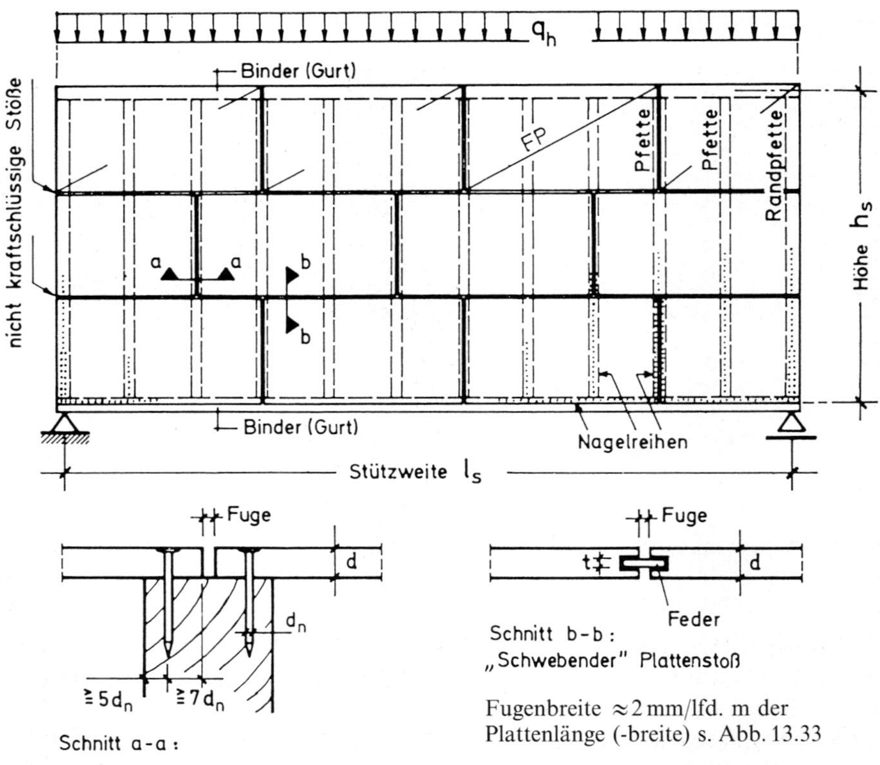

Abb. 21.13. Dachscheibe mit „schwebenden“ Stößen ⊥ Belastungsrichtung (Schnitt *b-b*). Versetzte Stöße auf Pfetten.

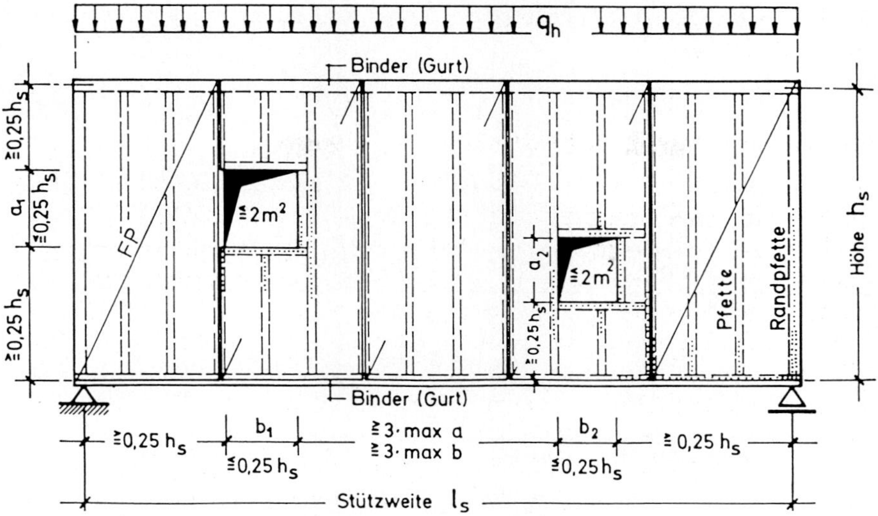

Abb. 21.14. Anordnung und Größe von Öffnungen in Dachscheiben. Stöße der FP auf Pfetten und Bindern [99]

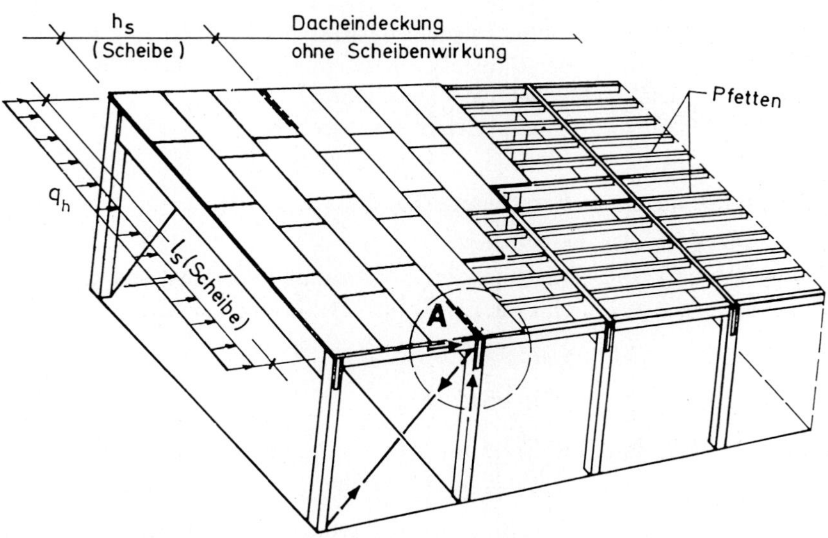

Abb. 21.15. Aussteifende Dachscheiben in den Endfeldern aus FP mit versetzten Stößen [99]

6. Versetzte Stöße der Flachpreßplatten nach Abb 13.32 und 21.15 sind aus statischen Gründen nicht zwingend erforderlich, werden jedoch empfohlen für Scheibenstützweiten $l_s \geqq 20$ m.
7. Öffnungen in der Dachscheibe nach Abb. 21.14 sind zulässig. Ihre Ränder sind auf Pfetten oder Wechselhölzern mit dem minimalen Nagelabstand e nach Punkt 4 zu befestigen.

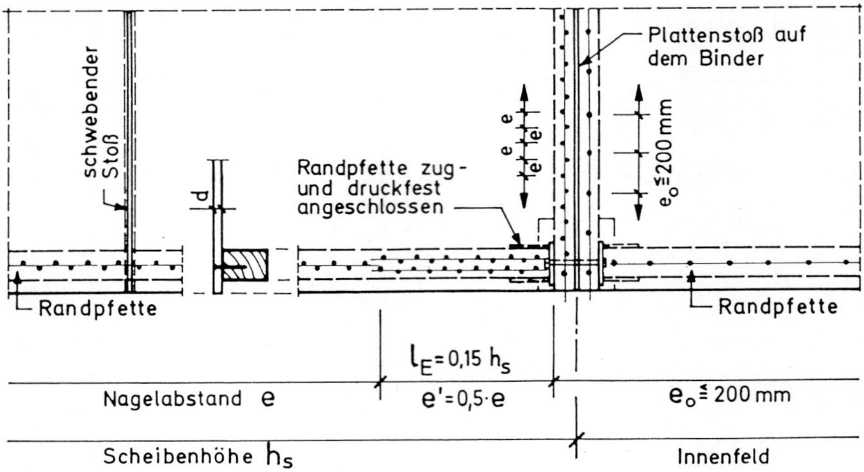

Abb. 21.16. Draufsicht zu Punkt A (s. Abb. 21.15). Nagelanordnung im Auflagerbereich am Verbandsknoten [99]

8. Durchfeuchtung der FP aus bauphysikalischen Gründen (Tauwasserbildung) ist zu verhindern. Schutz gegen Nässe und Erdberührung während des Transports und auf der Baustelle. Witterungsschutz unmittelbar nach Fertigstellung der Dach- oder Deckenscheibe aufbringen.
9. Stöße der FP sind mit Schleppstreifen abzudecken.

21.5.7.3 Empfehlungen zur Berechnung (DIN)

Lastannahmen für die Dachscheiben

Für Fachwerk- und BSH-Träger gilt die horizontale Gleichlast aus q_S und w nach Tafel 21.0 und q_{wV} nach Gln. (21.3) bis (21.5) mit

q_S nach Gl. (21.2a) für Fachwerkträger

q_S nach Gl. (21.2b) für BSH-Träger

Sie ist in Abb. 21.13 und Tafel 21.5 mit „q_h“ bezeichnet.

Spannungsnachweise

Die Biegespannungen aus Scheibenwirkung können nach [178] vereinfacht wie für einen nachgiebig verbundenen Träger – FP als Steg, Dachbinder als Gurte – gemäß Abschn. 10.4.2 für Typ 3 nach Tafel 9.1 berechnet werden. Dabei sind die Besonderheiten des Verbundquerschnittes $-E_{FP} < E_{BSH}-$ in Anlehnung an Abschn. 10.3.3 zu berücksichtigen.

In Bindern und Pfetten sind die Spannungen aus Scheibenwirkung i.d.R. vernachlässigbar klein.

Die gleichzeitige Wirkung der Spannungen in den FP aus Vertikallast $(g + s)$ und Scheibenwirkung (q_h) kann in Anlehnung an Gl. (11.1) berücksichtigt werden.

Die Schubspannung in den Flachpreßplatten darf vereinfacht nach Gl. (21.7) berechnet werden.

$$\max \tau_{FP} \approx \frac{\max Q_V}{h \cdot h_S} \leqq \text{zul}\, \tau_Q \tag{21.7}$$

mit zul τ_Q nach *–Tab. 6, Zeile 7–* für Abscheren rechtwinklig zur Plattenebene

$$\max Q_V = q_h \cdot l_S/2 \qquad d, h_S \text{ nach Abb. 21.13}$$

Nagelabstände

Der Nagelabstand e soll auf allen Bindern und Pfetten des aussteifenden Scheibenfeldes unverändert für die um 20% erhöhte Verbandsquerkraft $\max Q_V$ bemessen werden, s. Gl. (21.8).

$$e = \frac{N_1 \cdot h_S}{1{,}2 \cdot \max Q_V} \leqq 200\,\text{mm} \tag{21.8}$$

N_1 = zulässige Nagelbelastung nach Gl. (6.8) und *–E177, Tab. 6/2–*. Als Nagelabstand e_o in Dachscheibenbereichen, die rechnerisch nicht zur Aussteifung herangezogen werden, wird empfohlen

$$e_o = 200\,\text{mm}$$

Der Nagelabstand in punktförmigen Lasteinleitungsstellen (Punkt A in Abb. 21.15) soll über die Lasteinleitungslänge l_E auf das Maß e' reduziert werden.

$$e' = 0{,}5 \cdot e$$

$$l_E = 0{,}15 \cdot h_S$$

Siehe Abb. 21.16: Bereich des Knotenpunktes Randpfette/Vertikalverband

Durchbiegung

Die Verformungseinflüsse aus Biegung und Schub sind nach Gln. (21.9) bis (21.11) zu berücksichtigen.

$$f_\sigma = \frac{5 \cdot q_h \cdot l_S^4}{384 \cdot E_{BSH} \cdot \text{ef}\, I} \tag{21.9}$$

$$f_\tau = \frac{q_h \cdot l_S^2}{8 \cdot G_{FP} \cdot A_Q} \tag{21.10}$$

$$f = f_\sigma + f_\tau \leqq l_S/1000 \tag{21.11}$$

E_{BSH} ≙ $E_{\parallel}$ für Brettschichtholz nach Tafel 2.3

ef I ≙ wirksames Flächenmoment 2. Grades nach Gl. (9.4) in Anlehnung an Gl. (10.31) mit E_{FP} nach Tab. 3 in *–4.1–*

A_Q = $0{,}25 \cdot d \cdot h_S$ nach Versuchsergebnis [178] aufgrund der Nachgiebigkeit der Verbindungsmittel

21.5.7.4 Scheiben ohne rechnerischen Nachweis (DIN)

Der Nagelabstand e in einfeldrigen Dach- und Deckenscheiben darf nach *–10.3.3–* der Tafel 21.3 entnommen werden, wenn folgende Bedingungen erfüllt sind:

$$\text{Scheibenstützweite } l_S \leqq 30\,\text{m}$$

$$\text{Randpfettenbreite } b_R \geqq 1{,}5 \cdot b_{Pf}$$

b_{Pf} = statisch erforderliche Pfettenbreite in Scheibenmitte aus $(g+p)$ bzw. $(g+s)$

Die konstruktiven Empfehlungen nach 21.5.7.2 sind zu beachten, vgl. auch Abschn. 13.3.5 (Scheibenwirkung). Der Durchbiegungsnachweis ∥ Scheibe nach Gln. (21.9) bis (21.11) kann entfallen, wenn $h_s/l_s \geqq 0{,}25$. Die kleinste Seitenlänge der FP muß mindestens 1,0 m betragen.

Folgende Nachweise sind zu führen:
Spannungen und Durchbiegungen aus Vertikallast –$(g+p)$, $(g+s)$ oder $(g + \text{Mannlast})$–.

Plattenverankerung gegen Windsogkräfte s. Abschn. 14.5.4.

Tafel 21.3. Ausführungsbedingungen für Scheiben ohne rechnerischen Nachweis *–10.3.3–*

Gleichmäßig verteilte Horizontallast q_h	Scheibenstützweite l_s	Mindestdicken der Platten		Erforderlicher Nagelabstand e für Nageldurchmesser 3,4 mm [a] bei einer Scheibenhöhe h_s			
		FP	BFU	$\geqq 0{,}25\,l_s$	$\geqq 0{,}50\,l_s$	$\geqq 0{,}75\,l_s$	$1{,}0\,l_s$
kN/m	m	mm	mm	mm	mm	mm	mm
≦ 2,5	≦ 25	19	12	60	120	180	200
≦ 3,5	≦ 30	22	12	40	90	130	180

[a] Bei Verwendung anderer Nageldurchmesser bis 4,2 mm ist der erforderliche Nagelabstand e im Verhältnis der zulässigen Nagelbelastungen umzurechnen; der Nagelabstand darf 200 mm nicht überschreiten.

21.5.7.5 Berechnungsbeispiel nach [178] (DIN)

Die Halle nach Abb. 21.17 wird mit FP nach DIN 68 763, Verleimung V 100G, eingedeckt. Die Giebelfelder der Dachebene sollen als Scheibe zur Aufnahme der Windlasten in Hallenlängsrichtung und der Seitenlasten der Binder bemessen werden.

Maße nach Abb. 21.17 und 21.18

Binderstützweite	$l_B = 18{,}75\,\text{m}$
Scheibenstützweite	$l_S = 18{,}85\,\text{m}$
Scheibenhöhe	$h_S = 5{,}00\,\text{m}$

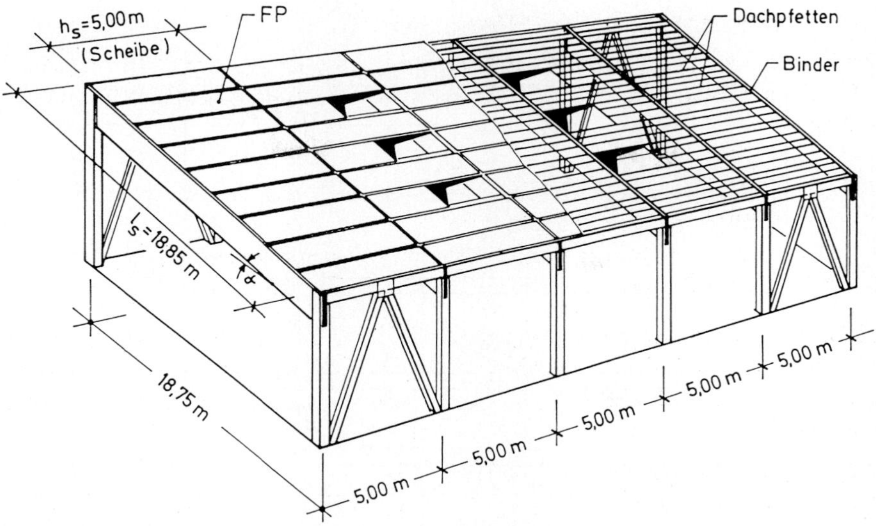

Abb. 21.17. Hallentragwerk mit FP-Dachscheiben [178]

Dicke der FP	$d =$	22 mm
Normalpfette	$b/h =$	10/18 cm/cm
Randpfette ($b_R = 1{,}5 \cdot b$)	$b_R/h =$	15/18 cm/cm
BSH-Dachbinder	$h/b =$	120/15 cm/cm

Lastannahmen

Vertikallast:	ständige Last	$g =$	$1{,}05\,\mathrm{kN/m^2}$
	Schneelast	$s =$	$0{,}75\,\mathrm{kN/m^2}$
		$q' =$	$1{,}80\,\mathrm{kN/m^2}$
	ein Binder $q = 1{,}80 \cdot 5 =$		$9{,}0\ \mathrm{kN/m}$

Windlast:
Auf luvseitige Dachscheibe wirkt $w_D = 1{,}60\,\mathrm{kN/m}$
Auf leeseitige Dachscheibe wirkt $w_S = 1{,}0\ \mathrm{kN/m}$

Seitenlast nach Abschn. 21.5.4:

Gl. (21.2b): $$q_S = \frac{m \cdot \max M}{350 \cdot b \cdot l}$$

mit $$\max M = \frac{9{,}0 \cdot 18{,}75^2}{8} = 395{,}5\,\mathrm{kNm}$$

$$m = 5$$
$$b = 0{,}15\,\mathrm{m}$$
$$l = l_S = 18{,}85\,\mathrm{m}$$

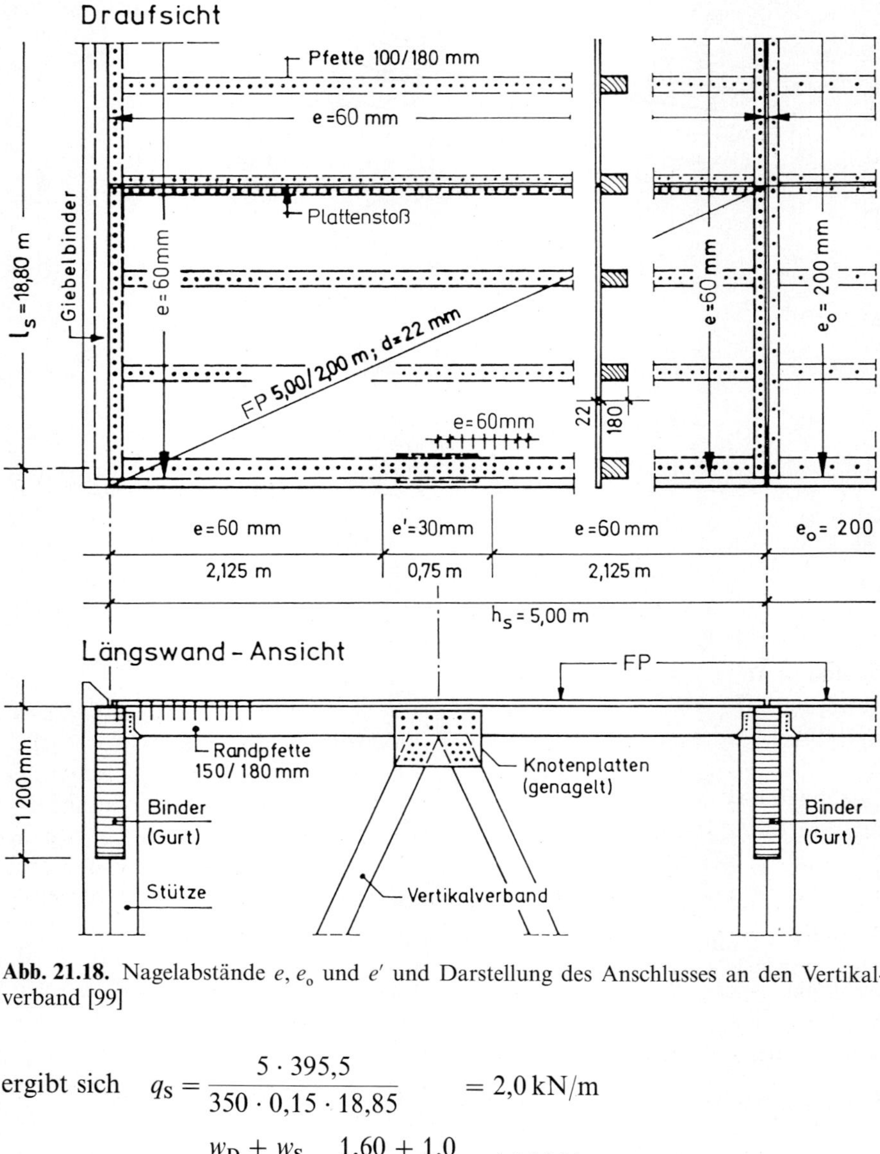

Abb. 21.18. Nagelabstände e, e_o und e' und Darstellung des Anschlusses an den Vertikalverband [99]

ergibt sich $q_S = \dfrac{5 \cdot 395{,}5}{350 \cdot 0{,}15 \cdot 18{,}85} = 2{,}0\,\text{kN/m}$

$$q_S > \frac{w_D + w_S}{2} = \frac{1{,}60 + 1{,}0}{2} = 1{,}3\,\text{kN/m}$$

Die gesamte Horizontalbelastung einer Scheibe ist dann

Tafel 21.0: $q_h = \dfrac{q_S + (w_D + w_S)/2}{2}$

$$= \frac{2{,}0 + 1{,}3}{2} = 1{,}65\,\text{kN/m} \approx w_D$$

Die Verbände (Scheiben) sind zug- und druckfest miteinander zu verbinden.

Scheibenausbildung nach Tafel 21.3

Bedingungen:

Scheibenstützweite	$l_S = 18{,}85\,\text{m} < 25\,\text{m}$
Scheibenhöhe	$h_S = 5{,}00\,\text{m} = 0{,}265 \cdot 18{,}85 > 18{,}85/4$
Randpfettenbreite	$b_R = 1{,}5 \cdot 100 = 150\,\text{mm} \rightarrow 15/18$
Dicke FP	$d = 22\,\text{mm} > 19\,\text{mm}$
Horizontallast	$q_h = 1{,}65\,\text{kN/m} < 2{,}5\,\text{kN/m}$

Aus Tafel 21.3:

gewählte Nägel	Nä 34 × 90 nach DIN 1151
erforderlicher Nagelabstand	$e = 60\,\text{mm}$
maximaler Nagelabstand	$e_o = 200\,\text{mm}$

Der maximale Nagelabstand e_o gilt für die drei inneren Felder der Dachscheibe, vgl. Abb. 21.18.

Eine genaue Berechnung dieses Beispiels kann Cziesielski/Wagner [178] entnommen werden.

21.6 Dachverbände mit abgeknickten Gurten

21.6.1 Allgemeines

Dachbinder und Dachverband bilden zusammen ein räumliches Tragwerk. Es darf zur Vereinfachung der Berechnung in ebene Teilsysteme zerlegt werden, wenn horizontale Lagerreaktionen nur parallel zu den Verbandslasten gerichtet sind. Diese Annahme trifft im allgemeinen bei Bindersystemen zu mit nur einem festen Auflager wie in Abb. 21.19A, wenn die elastischen Gurtverformungen aus w- und q_S-Lasten vernachlässigbar sind und Horizontalverschiebungen der Unterkonstruktion ∥ zu den Verbandslasten in den lotrechten Wänden gleich groß sind (d. h. keine Verdrehung im Grundriß).

Ausführliche Erläuterung hierzu siehe Gerold [228].

In der Praxis sind folgende zwei Ausführungsarten gebräuchlich:

a) Verbandsgurt = Fachwerkbinder-Obergurt oder BSH-Binder
siehe z. B. Abb. 21.21

b) Vorgefertigter Verband (z. B. in Nagelplattenbauweise) zwischen den Dachbindern liegend, in einzelnen Punkten an das Haupttragwerk angeschlossen vgl. Abb. 21.4 und 21.12c, d.

Die folgenden Betrachtungen behandeln nur die in a) genannten Systeme. Aus den Verbandsgurtkräften $O_3 = U_3 + D_3 \cdot \cos\beta$ entsteht als Resultierende im Knickpunkt die Umlenkkraft R_{wS} nach Abb. 21.19A.

$$R_{wS} = 2 \cdot O_3 \cdot \sin\alpha \tag{21.12}$$

Diese Umlenkkraft R_{wS} muß – je nach Lage des Verbandes und Konstruktion der Giebelwand – durch die im Firstpunkt angeschlossene Giebelwandstütze und/oder die Dachbinder weitergeleitet werden, s. Abb. 21.19A.

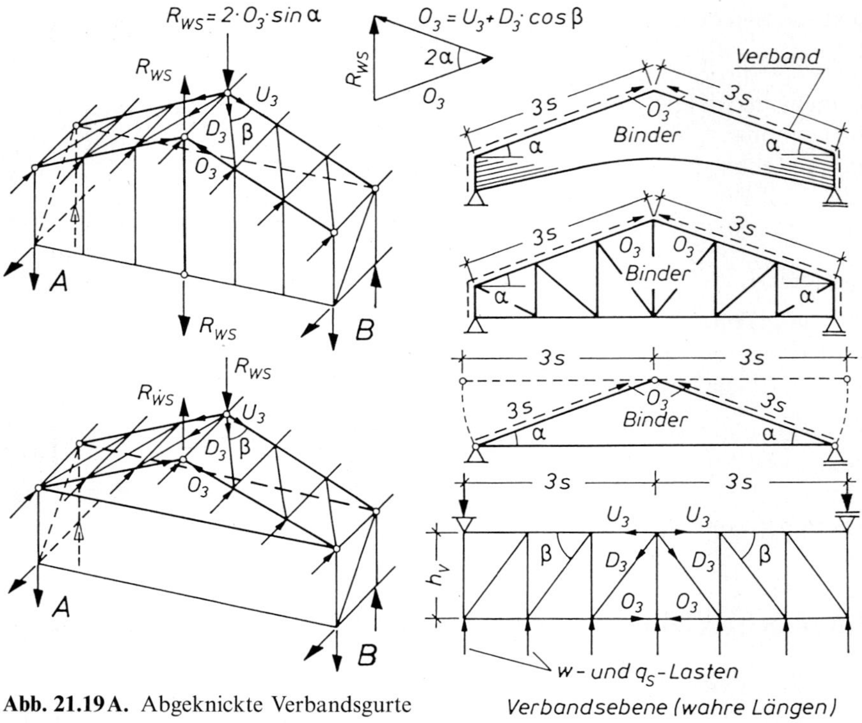

Abb. 21.19 A. Abgeknickte Verbandsgurte

Zuerst werden die Stabkräfte aus dem in eine Ebene abgewickelten Verbandssystem berechnet. Danach werden die Schnittgrößen im Dachbinder infolge der Umlenkkraft R_{ws} ermittelt.

Die Überlagerung der Schnittgrößen aus $(w + q_S)$-Lasten und Umlenkkraft R_{ws} für die Bauteile des Haupttragwerks ist systembedingt nach den üblichen Regeln vorzunehmen.

21.6.2 Verbände zwischen biegesteifen Bindersystemen

Allgemeines

Zu biegesteifen Bindersystemen gehören z. B. Dreigelenkrahmen nach Abb. 21.19 B und Satteldachträger aus BSH nach Abb. 21.19 C. Die Umlenkkräfte rufen Biegemomente im Rahmen bzw. Träger hervor, siehe Zietz [229] und Milbrandt [28]. Der Kraftfluß wird in Abb. 21.19 B und C dargestellt.

Verbände zwischen Dreigelenkrahmen

Das Eckmoment M_E infolge der Umlenkkraft R_{ws} kann nach Gln. (21.12a) bis (21.15) berechnet werden.

$$R_{ws} = \frac{1}{b} \cdot \sum_{i=1}^{n} Q_i{}^{1} \cdot h_i = 2 \cdot O_3 \cdot \sin\alpha \qquad (21.12\text{a})$$

[1] s. Gl. (21.14).

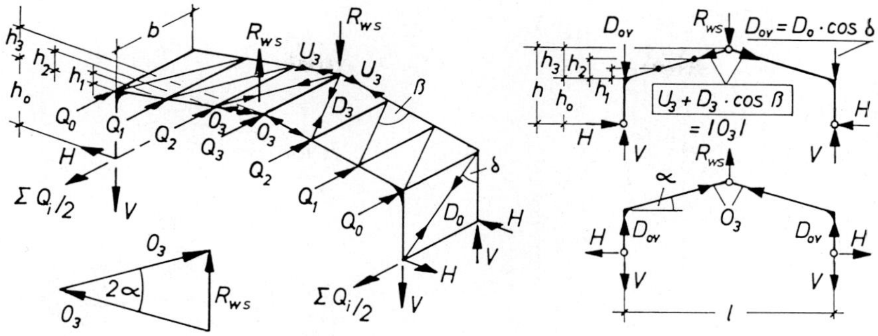

Abb. 21.19 B. Umlenkkräfte R_{ws} bei Dreigelenkrahmen

$$V = \frac{R_{wS}}{2} + D_{oV} \quad = \frac{R_{wS}}{2} + \frac{h_o}{b} \cdot \sum_{i=0}^{n} Q_i{}^1/2 \tag{21.13}$$

$$H = \frac{1}{h} \cdot \frac{R_{wS}}{2} \cdot \frac{l}{2} \quad = R_{wS} \cdot \frac{l}{4 \cdot h}$$

$$\boxed{H = \frac{l}{4 \cdot h \cdot b} \cdot \sum_{i=1}^{n} Q_i \cdot h_i{}^1} \tag{21.14}$$

Bei lotrechter Stützenachse ist das Eckmoment:

$$\boxed{M_E = \pm H \cdot h_o} \tag{21.15}$$

Verbände zwischen Satteldachträgern

Das Biegemoment kann unter Berücksichtigung der ausmittigen Krafteinleitung durch die Füllstäbe des Verbandes berechnet werden. Für den Firstschnitt des hinteren Trägers (Verbands-Untergurt) nach Abb. 21.19 C ist z. B.:

$$M_m = R_{wS} \cdot \frac{l}{4} - O_3 \cdot \frac{h_m}{2} \cdot \cos\alpha = 2 \cdot O_3 \cdot \sin\alpha \cdot \frac{l}{4} - O_3 \cdot \frac{h_m}{2} \cdot \cos\alpha$$

$$\boxed{M_m = \frac{1}{2} \cdot O_3 \cdot (l \cdot \sin\alpha - h_m \cdot \cos\alpha)} \tag{21.16}$$

Berechnung von V s. Gl. (21.13) mit Abb. 21.19 B.

[1] Bezogen auf Systemmaße und Belastung in Abb. 21.19 B ist hier einzusetzen:

$$\sum_{i=0}^{n} Q_i/2 = Q_o + Q_1 + Q_2 + Q_3/2$$

$$\sum_{i=1}^{n} Q_i \cdot h_i = 2 \cdot Q_1 \cdot h_1 + 2 \cdot Q_2 \cdot h_2 + Q_3 \cdot h_3$$

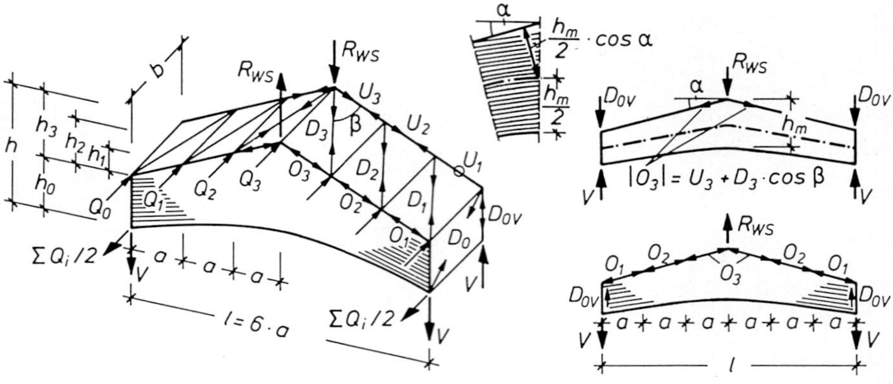

Abb. 21.19C. Umlenkkräfte R_{ws} bei Satteldachträgern

21.6.3 Verbände zwischen symmetrischen Dreigelenkstabzügen oder Dreieckfachwerken

Die Überlagerung der Wirkungen aus $(w + q_S)$-Lasten auf gestreckten Verband mit denjenigen aus Umlenkkraft R_{ws} auf lotrechten Dachbinder liefert die gleichen Stabkräfte, die die $(w + q_S)$-Lasten in dem in Abb. 21.19D als Gedankenmodell dargestellten Kragträger-System erzeugen. Dieses einfache

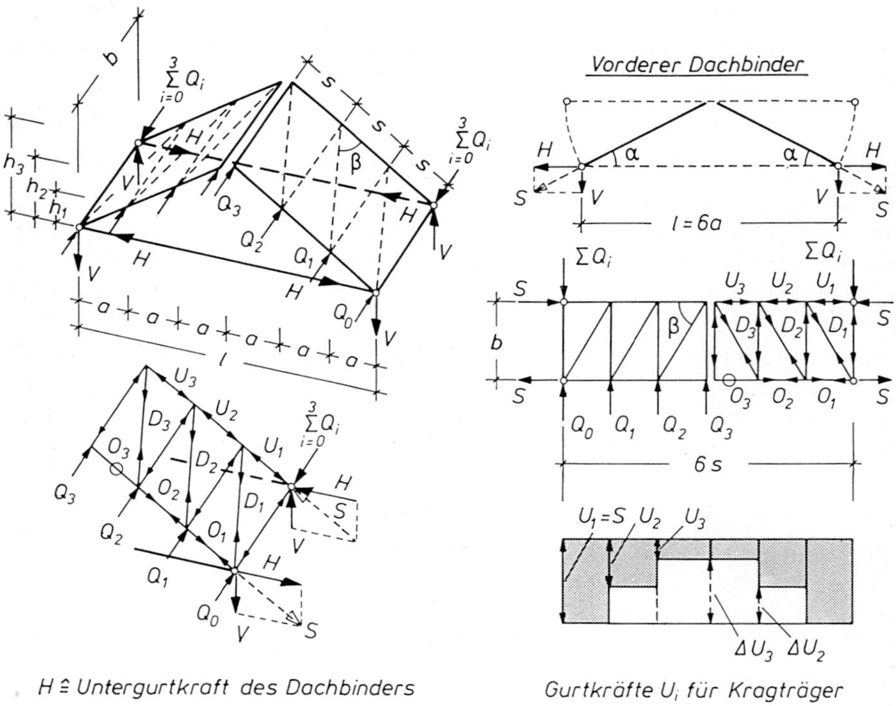

Abb. 21.19D. Verbandsstabkräfte bei symmetrischem Dreigelenkstabwerk oder Dreieckfachwerk (Kragträger-System)

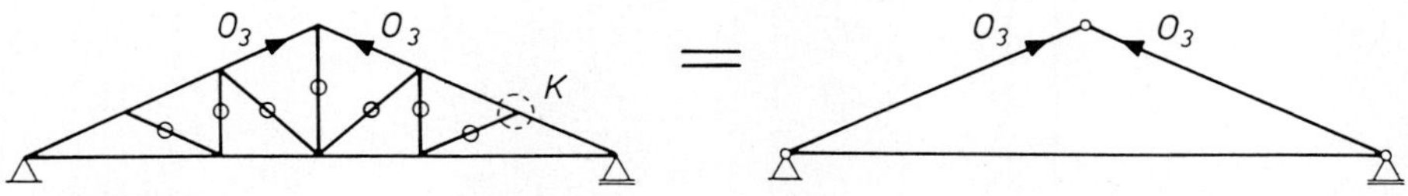

Abb. 21.19 E. Gleichgewichtsbetrachtungen

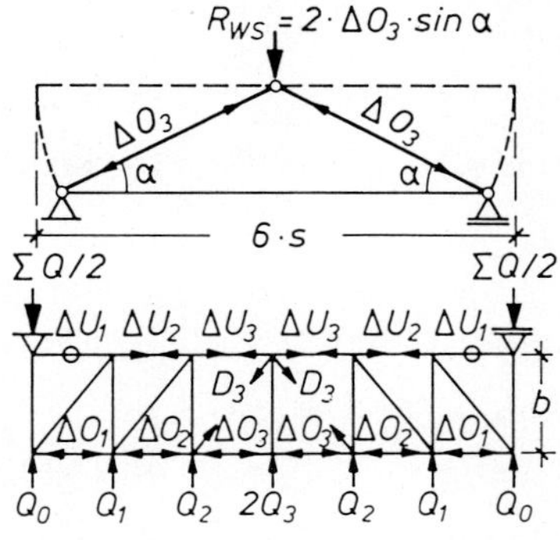

Abb. 21.19 F. Überlagerung

System ist deshalb für die praktische Berechnung zu empfehlen. Seine Anwendbarkeit wird im folgenden begründet.

Im gelenkigen Knickpunkt gemäß Abb. 21.19 E können die beiden Gurtkräfte O_3 allein nicht im Gleichgewicht stehen. Daraus folgen die Bedingungen:

$$O_3 = O \qquad (21.17\,\text{a})$$

$$U_3 + D_3 \cdot \cos\beta = 0 \qquad (21.17\,\text{b})$$

Das gilt auch für den Fachwerkbinder in Abb. 21.19 E, da die Füllstäbe für diesen Lastfall „Nullstäbe“ sind, siehe z. B. Rundschnitt im Knoten K.

Die Bedingungen (21.17 a + b) werden erfüllt durch Überlagerung einer Umlenkkraft $R_{\text{ws}} = 2 \cdot \Delta O_3 \cdot \sin\alpha$, nach Abb. 21.19 F im Firstpunkt angesetzt. Darin ist ΔO_3 die Gurtkraft infolge $(w + q_{\text{S}})$-Lasten auf den gestreckten Verband nach Abb. 21.19 F.

Die Übereinstimmung der Ergebnisse wird exemplarisch für die Verbands-Untergurtstäbe durch Vergleichsrechnung nach beiden Verfahren gezeigt.

a) Verbandsstabkräfte für Kragträger-System (Abb. 21.19 D)

V- und D-Stabkräfte werden nach den üblichen Regeln der Statik berechnet, z. B.:

Gurtkräfte:

$$D_2 = +(Q_2 + Q_3)/\sin\beta$$

$$O_3 = 0$$

$$U_3 = -\,Q_3 \cdot s/b = -\,O_2 \qquad (21.18)$$

Abb. 21.19D:
$$U_2 = -(Q_2 + 2Q_3) \cdot s/b = -O_1 \qquad (21.19)$$
$$U_1 = -(Q_1 + 2Q_2 + 3Q_3) \cdot s/b \qquad (21.20)$$

Lagerreaktionen:
(Beträge):
$$V = \frac{1}{b} \cdot \sum_{i=1}^{3} Q_i \cdot h_i \quad = U_1 \cdot \sin\alpha \qquad (21.21)$$
$$H^1 = V/\tan\alpha \quad = U_1 \cdot \cos\alpha \qquad (21.22)$$
$$S = O_1 + D_1 \cdot \cos\beta = U_1 \qquad (21.23)$$

b) Verbandsgurtkräfte aus Überlagerung der (w + q_S)-Lasten auf gestreckten Verband mit R_{wS} auf Dachbinder (Abb. 21.19F)

- aus $w + q_S$:

Abb. 21.19D:
$$\Delta U_1 = 0$$
$$\Delta U_2 = (Q_1 + Q_2 + Q_3) \cdot s/b \qquad (21.24)$$
$$\Delta U_3 = 2 \cdot (Q_1 + Q_2 + Q_3) \cdot s/b - Q_1 \cdot s/b = (Q_1 + 2Q_2 + 2Q_3) \cdot s/b \qquad (21.25)$$
$$\Delta O_3{}^* = -3 \cdot (Q_1 + Q_2 + Q_3) \cdot s/b + 2Q_1 \cdot s/b + Q_2 \cdot s/b = -(Q_1 + 2Q_2 + 3Q_3) \cdot s/b \qquad (21.26)$$

- aus R_{wS}: $\quad R_{wS} = 2 \cdot \Delta O_3{}^* \cdot \sin\alpha$ siehe (21.12)

Abb. 21.19F: $\quad U_1{}^R = U_2{}^R = U_3{}^R = \Delta O_3{}^*$ Gurtkräfte aus R_{wS}

- Überlagerung:
$$U_1 = \Delta U_1 + \Delta O_3{}^* = -(Q_1 + 2Q_2 + 3Q_3) \cdot s/b$$
$$U_2 = \Delta U_2 + \Delta O_3{}^* = -(Q_2 + 2Q_3) \cdot s/b$$
$$U_3 = \Delta U_3 + \Delta O_3{}^* = -Q_3 \cdot s/b$$

Die Überlagerungsergebnisse bestätigen die für das Kragträger-System ermittelten Gurtkräfte nach Gln. (21.18) bis (21.20). Kontrolle:

$$R_{wS} = \frac{1}{b} \cdot \sum Q_i \cdot h_i = 2 \cdot \Delta O_3 \cdot \sin\alpha \qquad \text{siehe (21.12a)}$$

$$\left.\begin{aligned} h_1 &= s \cdot \sin\alpha \\ h_2 &= 2 \cdot s \cdot \sin\alpha \\ h_3 &= 3 \cdot s \cdot \sin\alpha \end{aligned}\right\} \text{ und } Q_i \quad \text{s. Abb. 21.19D}$$

$$R_{wS} = \frac{1}{b} \cdot (2Q_1 \cdot s \cdot \sin\alpha + 2Q_2 \cdot 2 \cdot s \cdot \sin\alpha + 2Q_3 \cdot 3 \cdot s \cdot \sin\alpha)$$
$$= 2 \cdot (Q_1 + 2Q_2 + 3Q_3) \cdot \frac{s}{b} \cdot \sin\alpha = 2 \cdot \Delta O_3 \cdot \sin\alpha$$

Daraus: $\underline{\Delta O_3 = -(Q_1 + 2Q_2 + 3Q_3) \cdot s/b}$ siehe (21.26)

Vorzeichen entsprechend den Pfeilrichtungen in Abb. 21.19F.

[1] H ist die Stabkraft im Untergurt des Dachbinders

* ΔO_3 kann noch einfacher nach Gl. (21.12a) berechnet werden. Der Vergleich sei gleichzeitig zur Kontrolle der Gl. (21.26) geführt.

21.7 Berechnung der vertikalen Verbände (DIN)

Die vertikalen Verbände brauchen nur zur Weiterleitung der Windlasten bemessen zu werden, wenn Verbindungskonstruktionen der Binderauflager vorhanden sind, siehe Hinweis in 21.5.4.

Erforderlichenfalls müssen nach *–9.6.4–* Horizontalkräfte aus ungewollter Schrägstellung der Stützen nach Gl. (21.30) sowie aus Abstützkräften infolge ungewollter Vorkrümmung der Stützen nach Gln. (21.0a) oder (21.0b) berücksichtigt werden.

Der Einfluß der ungewollten Vorkrümmung der Dachbinder auf die Stabkräfte in den lotrechen Verbänden ist bei den üblichen Konstruktionen mit durchgehenden Traufpfetten bzw. Ringankern meistens ohne Bedeutung, ausgenommen das obere Verbandsfeld im Bereich der Binderhöhe am Auflager (Abb. 21.20b).

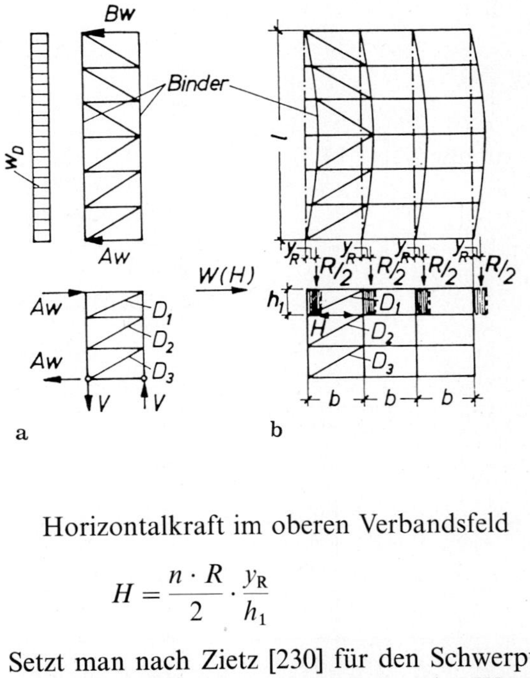

Abb. 21.20

Horizontalkraft im oberen Verbandsfeld

$$H = \frac{n \cdot R}{2} \cdot \frac{y_R}{h_1}$$

Setzt man nach Zietz [230] für den Schwerpunktabstand des parabelförmig gekrümmten Binders von der Sehne den Wert $y_R \approx l/350$ ein, dann ergibt sich

$$H = \frac{n \cdot R}{2} \cdot \frac{l}{350 \cdot h_1} \tag{21.27}$$

$$D_1 = H \cdot d/b \tag{21.28}$$

n	Binder- bzw. Felderanzahl je Verband
d [m]	Länge der Diagonalen D_1
h_1, l, b [m]	s. Abb. 21.20
R [kN]	Gesamtlast eines Dachbinders

Die Änderung der Stützenlasten infolge H im Verbandsfeld beträgt:

$$\Delta V = \pm H \cdot h_1/b \tag{21.29}$$

Die Diagonal- und Horizontalstäbe des Verbandes unterhalb der Binderauflager erhalten aus der Vorkrümmung der Binderdruckgurte keine Stabkräfte. Sie haben ausschließlich die anteilige Windlast in die Fundamente zu leiten.

21.8 Berechnungsbeispiel (DIN)

Das Beispiel wird für einen parallelgurtigen Brettschichtholzträger durchgeführt. Die im 2. Feld angeordneten Verbände sind gleichzeitig Wind- und Aussteifungsverbände. Die Pfettenstränge durch die Verbandsknoten werden als Verbandsstäbe angesehen und zug- und druckfest angeschlossen. Ihre Querschnittsbreite muß demnach für zul $\lambda \leqq 200$ mindestens betragen:

$$b \geqq \frac{s_{kz}}{0{,}289 \cdot \lambda} = \frac{6000}{0{,}289 \cdot 200} = 104\,\text{mm} \rightarrow 120\,\text{mm}$$

21.8.1 System und Lastannahmen (DIN)

Lastannahmen:

Faserzement-Wellplatten mit Dämmung (Abb. 14.3)	$0{,}22\,\text{kN/m}^2$
Sparrenpfetten	$0{,}13\,\text{kN/m}^2$
Dachbinder	$0{,}20\,\text{kN/m}^2$
	$g = 0{,}55\,\text{kN/m}^2$
	$s = 0{,}75\,\text{kN/m}^2$
	$q' = 1{,}30\,\text{kN/m}^2$

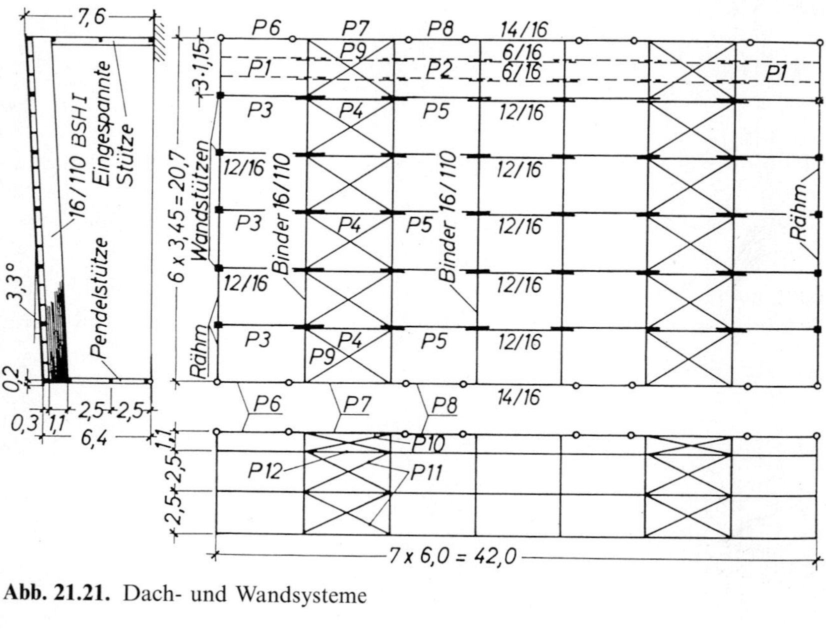

Abb. 21.21. Dach- und Wandsysteme

21.8.2 Bemessung des Dachbinders (DIN)

Gleichlast:
$$q = 1{,}30 \cdot 6{,}0 = 7{,}8\,\text{kN/m}$$
$$A = B = 7{,}8 \cdot 20{,}7/2 = 80{,}7\,\text{kN}$$
$$\max M = 7{,}8 \cdot 20{,}7^2/8 = 418\ \text{kNm}$$

Gewählt 16/110 BSH I

$$W_y = 0{,}16 \cdot 1{,}10^2/6 = 0{,}0323\,\text{m}^3$$

$$\sigma = \frac{0{,}418}{0{,}0323} = 12{,}9\,\text{MN/m}^2$$

$$12{,}9/14{,}0 = 0{,}92 < 1$$

$$f_\sigma = \frac{100 \cdot 12{,}9 \cdot 20{,}7^2}{1{,}1 \cdot 4{,}8 \cdot 1100} = 95{,}2\,\text{mm} \quad \text{vgl. (10.14)}$$

$$f_\tau = \frac{1{,}2 \cdot 0{,}418 \cdot 10^3}{500 \cdot 0{,}160 \cdot 1{,}10} = 5{,}7\,\text{mm} \quad \text{vgl. (10.15)}$$

$$f = 100{,}9\,\text{mm} < \frac{20\,700}{200} = 103{,}5\,\text{mm}$$

Kippnachweis nach *–8.6.1, Gl. (47)–*:

$$\lambda_B^2 = \frac{3{,}45 \cdot 1{,}1 \cdot 2{,}0 \cdot 14{,}0}{\pi \cdot 0{,}16^2 \cdot \sqrt{11\,000 \cdot 500}} = 0{,}563 \rightarrow k_B = 1$$

→ Kippnachweis nicht maßgebend, sondern Biegespannungsnachweis, weil $k_B > 1/1{,}1 = 0{,}91$.

21.8.3 Berechnung der Wind- und Seitenlasten (DIN)

Windlasten:

$$w_{DA} = 0{,}8 \cdot 0{,}5 \cdot 6{,}4/2 = 1{,}28\,\text{kN/m}$$
$$w_{DB} = 0{,}8 \cdot 0{,}5 \cdot 7{,}6/2 = 1{,}52\,\text{kN/m}$$
$$w_{Dm} = 0{,}5 \cdot (1{,}28 + 1{,}52) = 1{,}40\,\text{kN/m}$$
$$w_{Sm} = 1{,}40 \cdot 0{,}5/0{,}8 = 0{,}88\,\text{kN/m}$$
$$w_m = w_{Dm} + w_{Sm} = 2{,}28\,\text{kN/m}$$

Knotenlasten und Reaktionen aus linear veränderlicher Streckenlast w_D s. Abb. 21.22.

Seitenlasten

Die Horizontallasten aus ungewollter Schrägstellung der Giebelwandstiele nach *–9.6.4–* sind vernachlässigbar.

$$\psi = \frac{1}{100 \cdot \sqrt{h}} \tag{21.30}$$

$h \mathrel{\hat=}$ Stiellänge in m

$m = 6$ ist die Gesamtzahl der abzustützenden Dachbinder.

$$\text{Gl. (21.2b):}\quad q_S = \frac{6 \cdot 418}{350 \cdot 20{,}7 \cdot 0{,}16} = 2{,}16\,\text{kN/m}$$

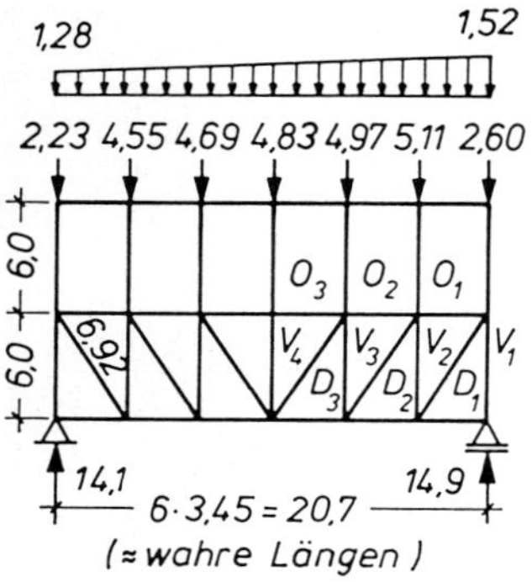

Abb. 21.22. Windlast

Kombination $w + q_S$ für $l = 20{,}7\,\text{m} < 30\,\text{m}$
Für zug- und druckfest angeschlossene Verbandsstäbe:

21.5.5, a2: $\frac{w_m}{2} = \frac{w_{Dm} + w_{Sm}}{2} = \frac{2{,}28}{2} = 1{,}14\,\text{kN/m}$

$$q_S = 2{,}16\,\text{kN/m} > \frac{2{,}28}{2} = 1{,}14\,\text{kN/m}$$

Gl. (21.4b): $q_{wV} = \frac{1}{2} \cdot (q_S + 0{,}81 \cdot w_{Dm})$

$$= \frac{1}{2} \cdot (2{,}16 + 0{,}81 \cdot 1{,}4) = 1{,}65\,\text{kN/m}$$

$$\text{oder} = 2{,}16/2 + 1{,}14/2 = 1{,}65\,\text{kN/m}$$

$$> w_{Dm} = 1{,}40\,\text{kN/m}$$

Maßgebender Lastfall:

$w + q_S$: $q_{wS} = 1{,}65\,\text{kN/m} \rightarrow$ Lastfall HZ
w_D allein: $q_w = 1{,}40\,\text{kN/m} \rightarrow$ Lastfall H
$q_{wS}/q_w = 1{,}65/1{,}40 = 1{,}18$

DIN 1052 (4/88): $\text{zul}\,\sigma^{HZ}/\text{zul}\,\sigma^{H} = 1{,}25 > 1{,}18$
$\rightarrow$ Lastfall H (w_D allein) maßgebend.

Abstützkräfte in den Knoten-Pfettensträngen:

Verbandspfetten P5 stützen $m = 1$ Binder ab: $q_S = 2{,}16/6$
Gl. (21.2a): $N = 3{,}45 \cdot 2{,}16/6 = \pm 1{,}24\,\text{kN}$

Endfeldpfetten P3 übertragen Windlast als Einzeltragglieder

$N = -1{,}25 \cdot 5{,}11 = -6{,}39\,\text{kN}$ vgl. 14.5.3
oder $N = +5{,}11 \cdot 0{,}5/0{,}8 = +3{,}19\,\text{kN}$

Es werden nur die größten Stabkräfte der Gurt- und Füllstäbe berechnet.

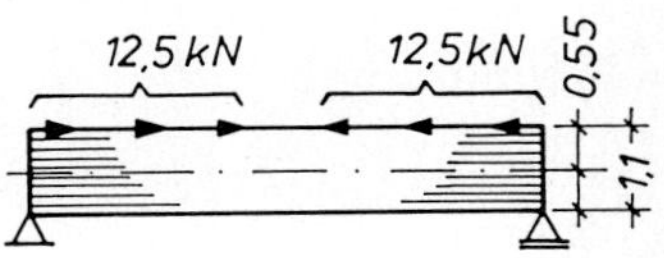

Abb. 21.23. Gurtkräfte aus Windlast

$$O_3 = -\frac{1}{6} \cdot (12{,}3 \cdot 10{,}35 - 5{,}11 \cdot 6{,}9 - 4{,}97 \cdot 3{,}45) \quad = -12{,}5 \text{ kN}$$

$$\approx \frac{1{,}40 \cdot 20{,}7^2}{8 \cdot 6{,}0} \quad = -12{,}5 \text{ kN}$$

$$V_1 \quad = -14{,}9 \text{ kN}$$

$$V_2 = -14{,}9 + 2{,}60 = -12{,}3 \text{ kN}; \; O_1 = -\frac{12{,}3 \cdot 3{,}45}{6{,}0} = -7{,}07 \text{ kN}$$

$$D_1 = +12{,}3 \cdot 6{,}92/6{,}0 = +14{,}2 \text{ kN}$$

Zusatzspannungen im Dachbinder (Verbandsgurt) infolge ausmittig angreifender Verbands-Gurtkräfte nach Abb. 21.23:

$$\Delta M = 12{,}5 \cdot 0{,}55 = 6{,}88 \text{ kNm}$$

$$\frac{12{,}5 \cdot 10^{-3}/(0{,}16 \cdot 1{,}10)}{11{,}0} + \frac{6{,}88 \cdot 10^{-3}/0{,}0323}{14{,}0} = 0{,}022 \ll 0{,}25$$

(Reserve für Lastfall HZ)

21.8.4 Bemessung der Koppelpfetten (7 Felder) (DIN)

Lastannahme: $q' = 1{,}30 - 0{,}20 = 1{,}10 \text{ kN/m}^2$

Normalpfette: $q' = 1{,}1 \cdot 1{,}15 \quad = 1{,}27 \text{ kN/m}$

Traufpfette (Dachüberstand $ü = 0{,}20$ m nach Abb. 21.21):

$$q = 1{,}1 \cdot \frac{(1{,}15 + 0{,}20)^2}{2 \cdot 1{,}15} = 0{,}87 \text{ kN/m}$$

Dachneigung: $\alpha = 3{,}3°$; $\sin\alpha = 0{,}057$; $\cos\alpha \approx 1{,}0$

Pos. 1: Normalpfetten –Endfeld

Tafel 18.4 $\quad M_y = 0{,}0778 \cdot 1{,}27 \cdot 6^2 = 3{,}56 \text{ kNm}$

$\quad M_z \approx 0{,}057 \cdot 3{,}56 \quad = 0{,}20 \text{ kNm}$

Gewählt 12/16 NH S10

$W_y = 512 \cdot 10^3 \text{ mm}^3 \quad I_y = 4096 \cdot 10^4 \text{ mm}^4$

$W_z = 384 \cdot 10^3 \text{ mm}^3 \quad I_z = 2304 \cdot 10^4 \text{ mm}^4$

$$\sigma = \frac{3560 \cdot 10^3}{512 \cdot 10^3} + \frac{200 \cdot 10^3}{384 \cdot 10^3} = 6{,}95 + 0{,}52 = 7{,}5 \text{ N/mm}^2$$

$$7{,}5/10{,}0 = 0{,}75 < 1$$

Tafel 18.7: $f_z = 6{,}42 \cdot \dfrac{10^5 \cdot 1{,}27 \cdot 6^4}{4096 \cdot 10^4} = 25{,}8\,\text{mm}$

$$f_y = 6{,}42 \cdot \frac{10^5 \cdot 0{,}057 \cdot 1{,}27 \cdot 6^4}{2304 \cdot 10^4} = 2{,}6\,\text{mm}$$

$$f = \sqrt{25{,}8^2 + 2{,}6^2} = 25{,}9\,\text{mm} < 30\,\text{mm}$$

Pos. 2: Normalpfetten – Innenfeld

Tafel 18.4: $M_y = 0{,}044 \cdot 1{,}27 \cdot 6^2 = 2{,}01\,\text{kNm}$

$$M_z = 0{,}057 \cdot 2{,}01 = 0{,}11\,\text{kNm}$$

Gewählt 6/16 NH S10

$W_y = 256 \cdot 10^3\,\text{mm}^3$ $I_y = 2044 \cdot 10^4\,\text{mm}^4$

$W_z = 96 \cdot 10^3\,\text{mm}^3$ $I_z = 288 \cdot 10^4\,\text{mm}^4$

$$\sigma = \frac{2010 \cdot 10^3}{256 \cdot 10^3} + \frac{110 \cdot 10^3}{96 \cdot 10^3} = 7{,}85 + 1{,}15 = 9{,}0\,\text{N/mm}^2$$

$$9{,}0/10{,}0 = 0{,}9 < 1$$

Tafel 18.7: $f_z = 2{,}90 \cdot \dfrac{10^5 \cdot 1{,}27 \cdot 6^4}{2044 \cdot 10^4} = 23{,}4\,\text{mm}$

$$f_y = 2{,}90 \cdot \frac{10^5 \cdot 0{,}057 \cdot 1{,}27 \cdot 6^4}{288 \cdot 10^4} = 9{,}4\,\text{mm}$$

$$f = \sqrt{23{,}4^2 + 9{,}4^2} = 25{,}2\,\text{mm} < 30\,\text{mm}$$

Pos. 3: Knotenpfetten – Endfeld

Größte Längskraft aus Winddruck (für Einzeltragglied)

Abb. 21.22: $N = -1{,}25 \cdot 5{,}11 = -6{,}39\,\text{kN}$

Ausmittigkeit des Anschlusses wird vernachlässigt, da entlastend.

Gewählt 12/16 NH S10

$W_y = 512 \cdot 10^3\,\text{mm}^3$ $W_z = 384 \cdot 10^3\,\text{mm}^3$

$$\lambda_z = \frac{6000}{0{,}289 \cdot 120} = 173 \rightarrow \omega = 8{,}98$$

$$\text{zul}\,\sigma_k = 1{,}25 \cdot 8{,}5/8{,}98 = 1{,}18\,\text{N/mm}^2$$

$$\sigma_{D\|} = \frac{6390}{120 \cdot 160} = 0{,}33\,\text{N/mm}^2$$

$\sigma_B = 7{,}5\,\text{N/mm}^2$, siehe Pos. 1.

$$\frac{0{,}33}{1{,}18} + \frac{7{,}5}{1{,}25 \cdot 10{,}0} = 0{,}88 < 1$$

Durchbiegung nicht maßgebend, siehe Pos. 1.

Pos. 4: Verbandspfette V_2 – Innenfeld
Biegemomente für 2. Feld:

Tafel 18.4: $M_{2y} = 0{,}0338 \cdot 1{,}27 \cdot 6^2 = 1{,}55\,\text{kNm}$

$M_{2z} = 0{,}057 \cdot 1{,}55 = 0{,}09\,\text{kNm}$

Abb. 21.22: Stabkraft aus q_w: $V_2 = -12{,}3\,\text{kN}$

Anschluß der Druckkraft an Unterkante Pfette ergibt erhebliche Entlastung des Feldmomentes. Wegen Durchlaufwirkung näherungsweise

$$\Delta M \approx \frac{1}{2} \cdot V_2 \cdot \frac{h}{2} = -12{,}3 \cdot \frac{0{,}16}{4} = -0{,}492\,\text{kNm}$$

Gewählt 12/16 NH S10

W_y, W_z und ω siehe Pos. 3.

$$\sigma_{D\|} = \frac{12{,}3 \cdot 10^3}{120 \cdot 160} = 0{,}64\,\text{N/mm}^2$$

$$\sigma_B = \frac{1550 - 492}{512} + \frac{90}{384} = 2{,}3\ \text{N/mm}^2$$

$$\frac{0{,}64}{1{,}18} + \frac{2{,}3}{1{,}25 \cdot 10{,}0} = 0{,}73 < 1$$

Durchbiegung gering.

21.8.5 Bemessung der Gelenkpfetten (DIN)

Pos. 6, 7, 8 Traufpfette
Die Traufpfette wird aus konstruktiven Gründen (bündige Außenkante) als Gelenkpfette nach Abb. 18.7b (7 Felder!) mit gelenklosen Verbandsfeldern (2. Feld nach Abb. 12.21) mit konstantem Querschnitt 14/16 ausgebildet, s. Abb. 21.21.

Gelenkanordnung nach Abb. 18.7:
Gl. (18.2): $a_1 = 0{,}1465 \cdot 6{,}0 = 0{,}88\,\text{m}$

Gl. (18.4): $a_2 = 0{,}125 \cdot 6{,}0 = 0{,}75\,\text{m}$

Lastannahmen:
nach 21.8.4: $q = g + s = 0{,}87\,\text{kN/m}$

w auf Längswand: $w_y = 1{,}25 \cdot 0{,}8 \cdot 0{,}5 \cdot 1{,}1/2 = 0{,}28\,\text{kN/m}$

Längskräfte in der Traufpfette für Lastfall HZ

- Verband Pos. 7: für w_D und q_S nach 21.8.3

  $q_{wS} = 1{,}65\,\text{kN/m}$ $N_7 = -1{,}65 \cdot 20{,}7/2 = -17{,}1\,\text{kN}$

- Endfeld Pos. 6: Einzellasten s. Abb. 21.22

w_D auf Giebel $\quad N_6 = 1{,}25 \cdot 2{,}6 \quad = -\,3{,}25\,\text{kN}$

w_S auf Giebel $\quad N_6 = +\,2{,}6 \cdot 0{,}5/0{,}8 = +\,1{,}63\,\text{kN}$

- Innenfeld Pos. 8: als Lager in Dachebene für $q_S\,(m=1)$
  als Kippfessel in Wandebene s. Abb. 21.25

q_S für $m = 1$ $\quad N_8 = \mp \dfrac{2{,}16}{6} \cdot \dfrac{20{,}7}{2} = \mp\,3{,}73\,\text{kN}$

aus H in 21.8.7 $\quad N_8 = \mp\,13/3 = \pm\,4{,}33\,\text{kN}$

Beide Einflüsse wirken gegeneinander: $N_8 = \pm\,0{,}60\,\text{kN}$

Nachweise für Endfelder nach Abb. 18.7 und 21.21:

„$g + s$"

Gl. (18.5): $\quad M_{1\,y} = 0{,}0957 \cdot 0{,}87 \cdot 6^2 = 3{,}0\ \text{kNm}$

$M_{1\,z} = 0{,}057 \cdot 3{,}0 = -0{,}17\,\text{kNm}$

w_D auf Längswand: $\quad M_{1\,z} = 0{,}0957 \cdot 0{,}28 \cdot 6^2 = +0{,}96\,\text{kNm}$

$M_{1\,z} = 0{,}79\,\text{kNm}$

Maßgebende Schnittgrößen sind kleiner als bei Pos. 3. Deshalb wird hier auf den Spannungsnachweis für 14/16 verzichtet.

Durchbiegungsnachweis nach Gl. (18.13) auf der sicheren Seite, da Gelenkfeld günstiger als gelenkloses, vgl. 18.4.3.

Gewählt 14/16 NH S10

$\sigma_{x\,1} = 3000/597 = 5{,}03\,\text{N/mm}^2$

$\sigma_{x\,2} = 790/523 = 1{,}51\,\text{N/mm}^2$

Gl. (18.13):

$$f_z = \frac{10^2 \cdot 5{,}03 \cdot 6^2}{5{,}57 \cdot 160} = 20{,}3\,\text{mm}$$

$$f_y = \frac{10^2 \cdot 1{,}51 \cdot 6^2}{5{,}57 \cdot 140} = 7{,}0\,\text{mm}$$

$$f = \sqrt{20{,}3^2 + 7{,}0^2} = 21{,}5\,\text{mm} < 30\,\text{mm}$$

Nachweise für 2. Feld nach Abb. 18.7 und Abb. 21.21:

„$g + s$"

Gl. (18.3): $\quad M_{2\,y} = -\,M_{\text{I}\,y} = 0{,}0625 \cdot 0{,}87 \cdot 6^2 = 1{,}96\,\text{kNm}$

$M_{2\,z} = -\,M_{\text{I}\,z} = 0{,}057 \cdot 1{,}96 = -0{,}11\,\text{kNm}$

w_D auf Längswand: $\quad M_{2\,z} = -\,M_{\text{I}\,z} = 0{,}0625 \cdot 0{,}28 \cdot 6^2 = 0{,}63\,\text{kNm}$

$M_{2\,z} = 0{,}52\,\text{kNm}$

w_D auf Giebel: q_{wS} erzeugt infolge Ausmittigkeit Zusatzmomente

$$M_{Iy} = -N_7 \cdot h/2 = -17{,}1 \cdot 0{,}16/2 = -1{,}37\,\text{kNm}$$

Nachweis im Feld entfällt, das $M_F = 1{,}96 - 1{,}37 = 0{,}59\,\text{kNm}$ gering.
Über der Stütze wird der Spannungsnachweis geführt ($\omega = 1$) mit:

$$N_7 = -17{,}1\,\text{kN}$$

$$M_y = -1{,}96 - 1{,}37 = -3{,}33\,\text{kNm}$$

$$M_z = 0{,}11\,\text{kNm}$$

14/16 NH S10

$$\sigma_{D\parallel} = \frac{17{,}1 \cdot 10^3}{140 \cdot 160} = 0{,}76\,\text{N/mm}^2$$

$$\sigma_B = \frac{3330}{597} + \frac{110}{523} = 5{,}8\,\text{N/mm}^2$$

$$\frac{0{,}76}{8{,}5} + \frac{5{,}8}{10{,}0} = 0{,}67 < 1{,}25 \text{ (HZ)}$$

Die Durchbiegung ist gering.
Gelenkausbildung mit Stahlschuh oder Blatt mit Dübel nach Abb. 18.10b, c, d wegen der zu übertragenden Längskräfte für Pos. 6:

$$N_6 = -3{,}25\,\text{kN bzw.} +1{,}63\,\text{kN}$$

21.8.6 Bemessung der Diagonalen Pos. 9 (DIN)

Maßgebend für die Bemessung ist $D_1 = 14{,}2\,\text{kN}$, Lastfall H.

Gewählt ∅12 St 37 mit Gewinde *M* 16 (4.6) nach Abb. 21.24

Rundstahl ∅12: $\sigma_z = \frac{14{,}2 \cdot 10^3}{1{,}13 \cdot 10^2} = 126\,\text{N/mm}^2 < 160\,\text{N/mm}^2$

Gewinde *M* 16: $\sigma_z = \frac{14{,}2 \cdot 10^3}{1{,}57 \cdot 10^2} = 90{,}4\,\text{N/mm}^2 < 110\,\text{N/mm}^2$

Gelenkbolzen ∅16 mm $\sigma_l = \frac{14{,}2 \cdot 10^3}{16 \cdot 8} = 111\,\text{N/mm}^2 < 280\,\text{N/mm}^2$

Aus konstruktiven Gründen werden alle Diagonalen sowie jeweils alle Knotenpunkte mit Verbandspfetten Pos. 4 bzw. Traufpfetten Pos. 7 gleich ausgeführt. Die Anschlüsse im Knotenpunkt gemäß Abb. 21.24 werden für die Kräfte D_1, O_1 *und* V_2 nach Abschn. 21.8.3 (Lastfall H) bemessen, siehe Krafteck f).

Anschluß der Diagonalen mit Gelenkbolzen an ∟ 150 · 100 · 10 nach Abb. 21.24, der mit einseitigen Dübeln Typ A an Traufpfette und Dachbinder angeschlossen wird.

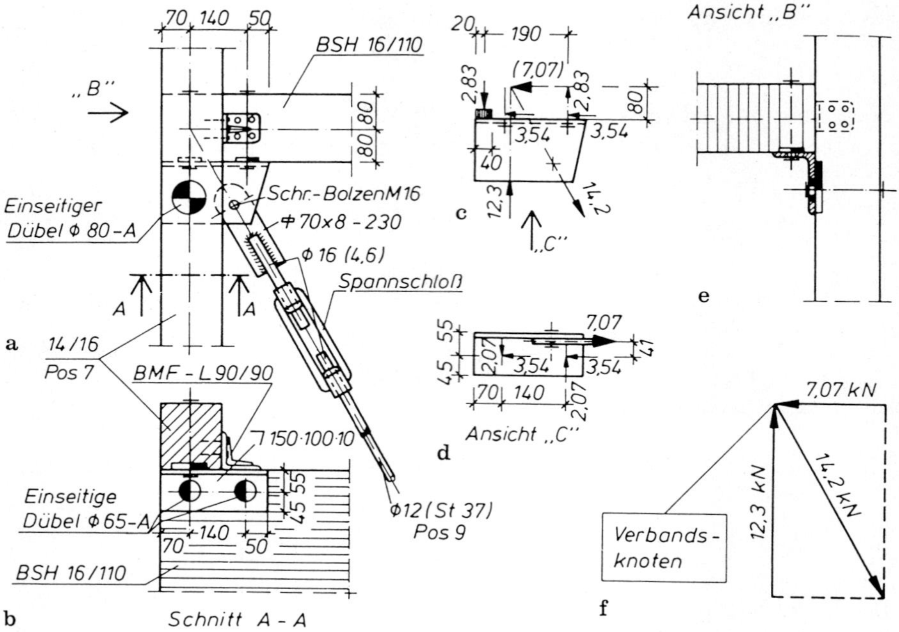

Abb. 21.24. Verbandsknoten Binder – Traufpfette

Der Anschlußwinkel 150 · 100 · 10 kann als biege- und torsionssteif angesehen werden.

Pfettenanschluß: Dü $\varnothing$ 80-A, min $b = 110$ mm
zul $D = 14{,}0$ kN $> 12{,}3$ kN

$$\sigma_1 = \frac{12{,}3 \cdot 10^3}{8 \cdot 22{,}5} = 68{,}3 \text{ N/mm}^2 < 280 \text{ N/mm}^2$$

Binderanschluß: 2 Dü $\varnothing$ 65-A, $e_{d\parallel} = 140$ mm

$$D_H = 7{,}07/2 \qquad = 3{,}54 \text{ kN}$$

aus Ausmitte: $D_V = 7{,}07 \cdot 41/140 \qquad = 2{,}07$ kN

$$D = \sqrt{3{,}54^2 + 2{,}07^2} \qquad = 4{,}10 \text{ kN}$$

$$\text{Kr–Fa–}\sphericalangle\,\alpha = \arctan\frac{2{,}07}{3{,}54} \qquad = 30{,}3^\circ > 30^\circ$$

$$\text{zul}\,D = 10{,}0 \text{ kN} \qquad > 4{,}10 \text{ kN}$$

$$\min b/2 = 110/2 \qquad = 55 \text{ mm}$$

Bolzen M 12 auf Zug beansprucht, Druckverteilung im ⌜ infolge Ausmittigkeit auf etwa 40 mm Länge verteilt, s. Abb. 21.24c:

$$Z = 7{,}07 \cdot 80/190 = 2{,}98\,\mathrm{kN}$$

$$\sigma_Z = 2{,}98 \cdot 10^3/(0{,}843 \cdot 10^2) = 35{,}3\,\mathrm{N/mm^2} < 110\,\mathrm{N/mm^2}$$

Scheibe 50 · 6: $A_n = 50^2 - \pi \cdot 13^2/4 = 23{,}7 \cdot 10^2\,\mathrm{mm^2}$

$$\sigma_{D\perp} = 2{,}98 \cdot 10^3/(23{,}7 \cdot 10^2) = 1{,}3\,\mathrm{N/mm^2}$$

$$1{,}3/2{,}0 = 0{,}65 < 1$$

Der Durchbiegungsnachweis des Verbandes ist nach *–10.2.5–* entbehrlich, da $h_V = 6{,}0\,\mathrm{m} > 20{,}7/6 = 3{,}45\,\mathrm{m}$.

21.8.7 Längswandverband (DIN)

Abb. 21.22: $W = 14{,}1\,\mathrm{kN}$

Nach 21.8.2: $R = 2 \cdot 80{,}7 = 161\,\mathrm{kN}$

Abb. 21.20: $y_R \approx 20\,700/350 = 59\,\mathrm{mm}$

Gl. (21.27): $H = \dfrac{3 \cdot 161}{2} \cdot \dfrac{59}{1100} = 13\,\mathrm{kN}$

Aus ungewollter Schiefstellung der Stützen entfallen – einschl. Giebelwandstützen – auf einen Wandverband die Belastungen ΣF aus 3,5 Feldern.

$$\Sigma F = 3{,}5 \cdot 80{,}7 = 282\,\mathrm{kN}$$

Gl. (21.30): $\psi = \dfrac{1}{100\sqrt{h}} = \dfrac{1}{100\sqrt{5{,}0}} = \dfrac{1}{224}$

Seitenlast $S = 282/224 = 1{,}26\,\mathrm{kN}$

Lastfall H: $W = 14{,}1\,\mathrm{kN}$

Lastfall HZ: $W + S = 14{,}1 + 1{,}26 = 15{,}36\,\mathrm{kN}$

$$\frac{W + S}{W} = \frac{15{,}36}{14{,}1} = 1{,}09 < 1{,}25 \text{ nach DIN 1052}$$

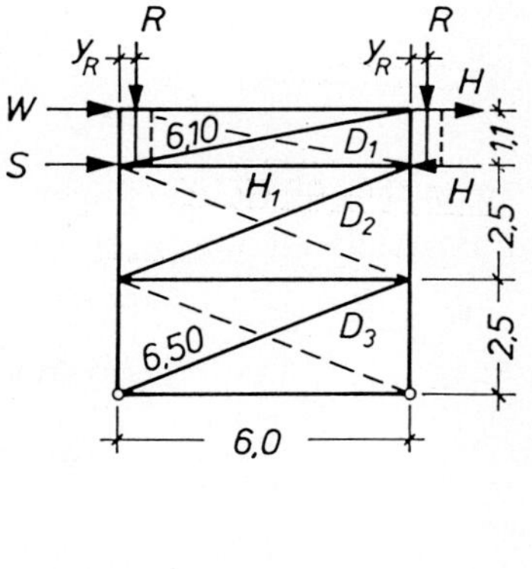

Abb. 21.25

Für die verschiedenen Verbandsstäbe gemäß Abb. 21.55 sind folgende Lastfälle maßgebend:

D_1 und H_1: $W + H + (S)$ als Lastfall HZ

D_2 und D_3: W allein als Lastfall H

Pos. 10: $D_1 = (14{,}1 + 13) \cdot 6{,}1/6{,}0 = 27{,}6\,\text{kN}$
Gewählt: ∅ 16 St 37 mit Gewinde M 20 (4.6)

Rundstahl ∅ 16: $\sigma_z = 27{,}6 \cdot 10^3/(2{,}01 \cdot 10^2) = 137\,\text{N/mm}^2 < 180\,\text{N/mm}^2$ [36]

Gewinde M 20: $\sigma_z = 27{,}6 \cdot 10^3/(2{,}45 \cdot 10^2) = 113\,\text{N/mm}^2 < 125\,\text{N/mm}^2$

Pos. 11: $D_2 = D_3 = 14{,}1 \cdot 6{,}5/6{,}0 = 15{,}3\,\text{kN}$
Gewählt: aus konstruktiven Gründen ∅ 12 wie Pos. 9

Pos. 12: $H_1 = -(14{,}1 + 13 + 1{,}26) \approx -28{,}4\,\text{kN}$
Bemessung sinngemäß wie Pos. 7 (V_1)

21.9 Verbände (EC 5)

21.9.1 Allgemeines

EC 5 enthält folgende Festlegungen:

- Dach- und Hallentragwerke sind auszusteifen, um ein Versagen – Ausknikken schlanker Druckstäbe oder Kippen schlanker Biegeträger – oder übermäßige Verformungen zu verhindern.
- Spannungen aus geometrischen und strukturellen Imperfektionen sowie aus Verformungen nach Theorie II. Ordnung – einschließlich der Anteile aus Verschiebungen in Verbindungen – sind zu berücksichtigen.
- Zur Bemessung der Aussteifungskonstruktion ist die ungünstigste Kombination aus strukturellen Imperfektionen und Verformungen nach Theorie II. Ordnung anzunehmen.

21.9.2 Bemessung der Einzelabstützungen (EC 5)

Einzelabstützungen von Druckstäben

Bei im Abstand a ausgesteiften Druckstäben (Abb. 21.26) ist die folgende spannungslose Vorkrümmung zwischen den Einzelabstützungen einzuhalten.

Vorkrümmung: $\leqq a/300$ für VH-Stäbe (21.31)

$\leqq a/500$ für BSH-Stäbe (21.32)

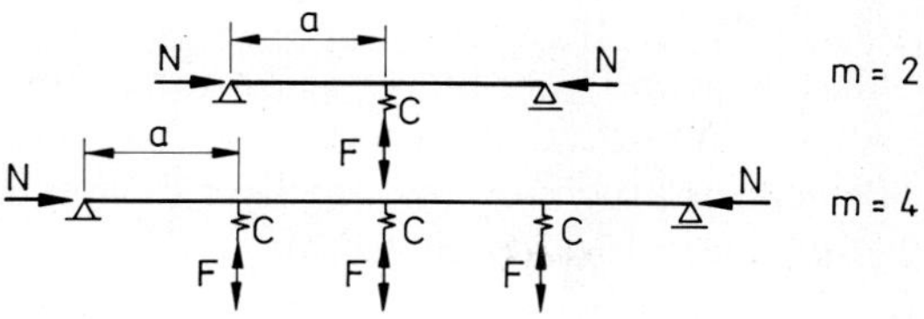

Abb. 21.26. Druckstäbe mit Einzelabstützungen

Federsteifigkeit der Einzelabstützungen [232]:

$$C \geqq \frac{2 \cdot \pi^2 \cdot E_{0,05} \cdot I_z \cdot k_{mod}}{a^3 \cdot \gamma_M} \quad \text{für} \quad m = 2 \tag{21.33}$$

$$C \geqq \frac{2 \cdot (1 + \cos \pi/m) \cdot \pi^2 \cdot E_{0,05} \cdot I_z \cdot k_{mod}}{a^3 \cdot \gamma_M} \quad \text{für} \quad m > 2 \tag{21.34}$$

mit

$E_{0,05} \cdot I_z$	Biegesteifigkeit	des Druckstabes
k_{mod}	Modifikationsfaktor (s. Tafel 2.9)	des Druckstabes
$\gamma_M = 1{,}3$	Teilsicherheitsbeiwert (s. Tafel 2.6)	des Druckstabes
m[1] $\geqq 2$	Anzahl der Felder mit der Länge a	

Bei Einhaltung der obigen Federsteifigkeiten sind folgende Abstützungskräfte F_d anzusetzen (Abb. 21.26):

$$F_d = N_d/50 \quad \text{für VH} \tag{21.35}$$

$$F_d = N_d/80 \quad \text{für BSH} \tag{21.36}$$

mit N_d Bemessungswert der mittleren Normalkraft im Druckstab.

Einzelabstützungen von Biegeträgern

Für am Druckrand ausgesteifte Biegeträger mit Rechteckquerschnitt ist

$$N_d = (1 - k_{crit}) \cdot \frac{M_d}{h} \tag{21.37}$$

in (21.35) oder (21.36) einzusetzen. Für $k_{crit} = 1$ ist eine Aussteifung nicht erforderlich, aber Windverbände.

Es bedeuten:

M_d Bemessungswert des größten Biegemomentes im Träger

h Höhe des Trägers

k_{crit} nach Abschn. 10.7.4 für den nicht ausgesteiften Biegeträger.

---

[1] m (EC 5) $\neq m$ (DIN).

Abstützungen gegen Verbände

Bauteile, welche die Druckgurte von Fachwerk- oder Biegeträgern zur Unterteilung der Knicklänge oder des Aussteifungsabstandes gegen einen Verband abstützen, sind zusätzlich zu der Biegebeanspruchung aus ständiger Last und Verkehrslast zu bemessen und anzuschließen für die Längskraft

$$F_d = q_d \cdot a \qquad q_d \text{ nach Gl. (21.38)}$$

mindestens aber für eine Stützeinzellast

- bei Druckgurten aus VH: $F_d = N_d/50$
- bei Druckgurten aus BSH: $F_d = N_d/80$

Der ungünstigere Wert ist maßgebend.

21.9.3 Bemessung der Aussteifungsverbände für Fachwerk- und Biegeträger (EC 5)

Die Aussteifungsverbände (Abb. 21.27) sind zusätzlich zu etwaigen horizontalen Einwirkungen (z. B. Wind) für eine Gleichstreckenlast

$$q_d = k_l \frac{n \cdot N_d}{30 \cdot l} \quad \text{zu bemessen} \tag{21.38}$$

mit

N_d Bemessungswert der mittleren Druckkraft im Druckstab des Fachwerkträgers mit der Gesamtlänge l in m des auszusteifenden Bauteils; für Biegeträger N_d nach (21.37).

n Anzahl der auszusteifenden Fachwerk- oder Biegeträger.

$$k_l = \min \begin{cases} 1 \\ \sqrt{15/l} & \text{für } l > 15\,\text{m} \end{cases} \tag{21.39}$$

Für Spannweiten über 15 m wird eine Ausführungsgenauigkeit vorausgesetzt, die ein proportionales Ansteigen der Vorverformungen mit der Spannweite verhindert [232].

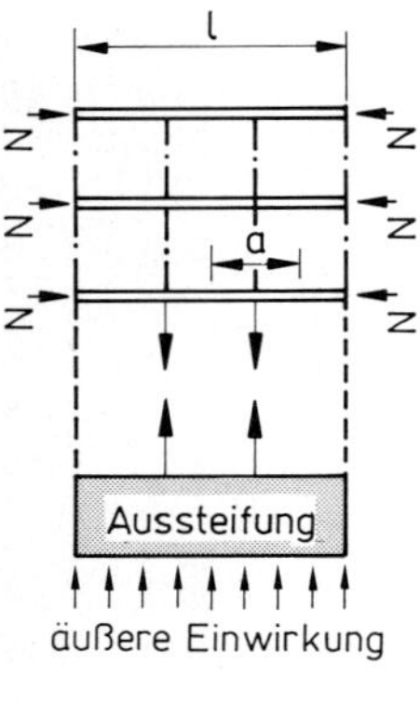

Abb. 21.27. Aussteifung von Fachwerk- und Biegeträgern

Die horizontale Ausbiegung der Aussteifungskonstruktionen (Verbände) ist in der Regel zu überprüfen.

Nachweis der rechnerischen horizontalen Ausbiegung:

$$u\,(\text{aus } q_d) \leqq l/700 \tag{21.40}$$

$$u\,(\text{aus } q_d \text{ und anderen äußeren Einwirkungen}) \leqq l/500 \tag{21.41}$$

21.9.4 Dachscheiben aus Holzwerkstoffen (EC 5)

Nach dem Anhang D zum Nationalen Anwendungsdokument (NAD) [126] ist bei Scheiben, die den Regelungen nach DIN 1052 Teil 1, Abschn. 10.3.3, und den konstruktiven Anforderungen nach DIN 1052 Teil 1, Abschn. 10.3.1, entsprechen, ein Nachweis nach EC 5 Teil 1-1, Abschn. 5.4.2, nicht erforderlich.

Für die Ermittlung der Beanspruchung obiger Dachscheiben, die nicht entsprechend dem Nachweiskonzept des EC 5 bemessen werden, dürfen die nach EC 5 Teil 1-1 ermittelten Bemessungswerte durch $\gamma_F = 1{,}4$ dividiert werden [126].

21.9.5 Beispiele (EC 5)

1. Beispiel: Gleichstreckenlast q_d eines Aussteifungsverbandes

Die Anordnung der WV und AV sowie die Abmessungen der Halle s. Abb. 21.10a. Die Dachkonstruktion besteht im Gegensatz zur Abb. 21.10a aus Brettschichtholzträgern mit dem Querschnitt $h/b = 1000/160$ [1] $= 6{,}25$ der Fkl BS 11; Nkl 1, kurze LED.

Bemessungswerte der Einwirkungen für den maßgebenden LF:

Ständige Last: $g_d = 2{,}6\,\text{kN/m}$

Veränderliche Last: $p_d = 4{,}5\,\text{kN/m}$

Bemessungswert der maßgebenden Druckkraft des BSH-Trägers nach NAD [126]:

Gl. (10.60): $\text{rel}\,\lambda_m = \sqrt{24/11{,}57} = 1{,}44 > 1{,}4$

mit $\text{crit}\,\sigma_m = \dfrac{\pi \cdot 0{,}16^2 \cdot 9200}{16 \cdot 1{,}0}\sqrt{\dfrac{720}{11\,500}} = 11{,}57\,\text{N/mm}^2$ vgl. NAD [126]

$$k_{crit} = 1/1{,}44^2 = 0{,}482$$

$$M_d = (2{,}6 + 4{,}5) \cdot \frac{16^2}{8} = 227\,\text{kNm}$$

Gl. (21.37): $N_d = (1 - 0{,}482) \cdot \dfrac{227}{1{,}0} = 118\,\text{kN}$

---

[1] mm/mm.

Seitenlast q_d:

$n = 6$ (zug- und drucksteife Verbindungsstäbe)

Gl. (21.39): $k_1 = \sqrt{\frac{15}{16}} = 0{,}968$

Gl. (21.38): $q_d = \frac{0{,}968 \cdot 6 \cdot 118}{30 \cdot 16} = 1{,}43\,\text{kN/m}$

Seitenlast je Verband: $q_{V,d} = 1{,}43//2 = 0{,}715\,\text{kN/m}$.

Bemessungswert der maßgebenden Druckkraft des BSH-Trägers nach Brüninghoff [232]:

Das kritische Biegemoment beträgt nach [232]

$$M_{crit} = \frac{\pi \cdot E_{0,05}}{l} \cdot \sqrt{\frac{G_{mean}}{E_{0,mean}} \cdot I_z \cdot I_{tor}} \tag{21.42}$$

Mit Gl. (21.42) und

$$I_z = \frac{h \cdot b^3}{12}, \quad I_{tor} = \eta \cdot \frac{h \cdot b^3}{3}, \quad \eta = 1 - 0{,}63\frac{b}{h} + 0{,}052\left(\frac{b}{h}\right)^2 \quad [93, 117]$$

$$W_y = \frac{b \cdot h^2}{6} \quad \text{und} \quad \text{crit}\,\sigma_m = \frac{M_{crit}}{W_y}$$

folgt für Biegeträger mit Rechteckquerschnitt:

$$\text{crit}\,\sigma_m = \frac{\pi \cdot b^2 \cdot E_{0,05}}{l \cdot h} \cdot \sqrt{\eta \cdot \frac{G_{mean}}{E_{0,mean}}} \tag{21.43}$$

Die Gl. (21.43) unterscheidet sich von der Gleichung im NAD [126] nur durch den Faktor $\sqrt{\eta}$.

$$\eta = 1 - 0{,}63 \cdot \frac{0{,}16}{1{,}0} + 0{,}052 \cdot \left(\frac{0{,}16}{1{,}0}\right)^2 = 0{,}901$$

$$\text{crit}\,\sigma_m = \frac{\pi \cdot 0{,}16^2 \cdot 9200}{16 \cdot 1{,}0} \cdot \sqrt{0{,}901 \cdot \frac{720}{11\,500}} = 10{,}98\,\text{N/mm}^2$$

$$\text{rel}\,\lambda_m = \sqrt{24/10{,}98} = 1{,}48 > 1{,}4 \qquad \text{vgl. Gl. (10.60)}$$

$$k_{crit} = 1/1{,}48^2 = 0{,}457$$

$$N_d = (1 - 0{,}457) \cdot \frac{227}{1{,}0} = 123\,\text{kN} \qquad \text{vgl. Gl. (21.37)}$$

$$q_d = \frac{0{,}968 \cdot 6 \cdot 123}{30 \cdot 16} = 1{,}49\,\text{kN/m} \qquad \text{vgl. Gl. (21.38)}$$

$$q_{V,d} = 1{,}49/2 = 0{,}745\,\text{kN/m}$$

Die geringen Unterschiede zwischen crit σ_m nach [126] und [232] nehmen mit steigendem h/b ab.

2. Beispiel: Hallentragwerk mit FP-Dachscheiben (Abb. 21.17)

Abmessungen des Hallentragwerkes und Belastung der BSH-Dachbinder s. Abschn. 21.5.7.5. Höhe der Halle ist 8 m.

BS 11, kurze LED, Nkl 1, $\alpha = 0°$ (Vereinfachung)

Charakteristische Werte der Einwirkungen

Eigengewicht: $g = 1{,}05\,\mathrm{kN/m^2}$

Schneelast: $s = 0{,}75\,\mathrm{kN/m^2}$

Wind (Giebel):

$$\alpha = 0° \rightarrow \text{konstante Streckenlast für die Windlastverteilung} \; (w_{\text{Traufe}} = w_{\text{First}})$$

$$w_D = 0{,}8 \cdot 0{,}5 \cdot 8{,}0/2 = 1{,}60\,\mathrm{kN/m}$$

$$w_S = 0{,}5 \cdot 0{,}5 \cdot 8{,}0/2 = 1{,}00\,\mathrm{kN/m}$$

Bemessungswerte der Einwirkungen

Kombinationsbeiwerte:

$$\psi_{0,1} = 0{,}70 \quad \text{für Schnee} \quad \text{vgl. Abschn. 2.11.3}$$

$$\psi_{0,2} = 0{,}60 \quad \text{für Wind}$$

Kombination 1 ($g + s + w$):
Vertikallast je Binder

$$q_d = (1{,}35 \cdot 1{,}05 + 1{,}5 \cdot 0{,}75) \cdot 5{,}0 = 12{,}7\,\mathrm{kN/m}$$

Windlast (Giebel)

$$w_d = 0{,}60 \cdot 1{,}5 \cdot (1{,}60 + 1{,}00) = 2{,}34\,\mathrm{kN/m} \quad \text{vgl. Gl. (2.2)}$$

Kombination 2 ($g + w + s$):
Vertikallast je Binder

$$q_d = (1{,}35 \cdot 1{,}05 + 0{,}70 \cdot 1{,}5 \cdot 0{,}75) \cdot 5{,}0 = 11{,}0\,\mathrm{kN/m}$$

Windlast (Giebel)

$$w_d = 1{,}5 \cdot (1{,}60 + 1{,}00) = 3{,}90\,\mathrm{kN/m}$$

Bemessungswerte der Beanspruchungen

Biegemoment des Binders (Abb. 21.17):

$$M_d = \frac{q_d \cdot l^2}{8} \quad \text{mit } l = 18{,}75\,\mathrm{m}$$

Druckkraft N_d nach Gl. (21.37):

Gl. (10.60): $\text{rel}\,\lambda_m = \sqrt{f_{m,k}/\text{crit}\,\sigma_m} = \sqrt{24/7{,}23} = 1{,}82 > 1{,}4$

$$\text{crit}\,\sigma_m = \frac{\pi \cdot 0{,}15^2 \cdot 9200}{18{,}75 \cdot 1{,}20} \cdot \sqrt{\frac{720}{11\,500}} = 7{,}23\,\text{N/mm}^2$$

$$k_{crit} = 1/1{,}82^2 = 0{,}302$$

Gl. (21.37): $N_d = (1 - k_{crit}) \cdot \dfrac{M_d}{h}$

mit $h = 1{,}2\,\text{m}$ vgl. Abschn. 21.5.7.5

Seitenlast $q_{s,d}$:

Gl. (21.39): $k_1 = \sqrt{15/18{,}75} = 0{,}894$

Gl. (21.38): $q_{s,d} = k_1 \dfrac{n \cdot N_d}{30 \cdot l}$

mit $n = 5$ vgl. Abschn. 21.5.7.5

Die Ausrechnung liefert folgende Zahlenwerte für die Kombinationen 1 und 2:

Kombination	M_d kN	N_d kN	$q_{s,d}$ kN/m	$q_{s,d} + w$ kN/m	$q_{WV,d}$ [a] $= q_{AV,d}$ kN/m
1	558	325	2,58	4,92	2,46
2	483	281	2,23	6,13	3,07

[a] $q_{WV,d}, q_{AV,d} = \frac{1}{2}(q_{s,d} + w)$ Gleichlast für einen WV oder AV.

Umrechnung nach Abschn. 29.9.4:

$$q_h = q_{WV,d}/\gamma_F = 3{,}07/1{,}4 = 2{,}19\,\text{kN/m}$$

Die Scheibenausbildung kann nach Tafel 21.3 ohne rechnerischen Nachweis erfolgen.

$$q_h = 2{,}19\,\text{kN/m} < 2{,}5\,\text{kN/m}$$

Weitere konstruktive Einzelheiten zur Aussteifung des betrachteten Hallentragwerkes mit FP-Dachscheiben vgl.Abschn. 21.5.7.5.

Die 1. Spalte der Tafel 21.3 kann auch auf Bemessungswerte umgestellt werden, was für eine Bemessung nach EC 5 zweckmäßiger ist.

22 Verformungsberechnung von Holztragwerken

22.1 Allgemeines (DIN)

Die naturbedingte Beschaffenheit des Holzes als gewachsener Baustoff erklärt nicht nur seine besonderen Festigkeitseigenschaften, sondern auch sein ungewöhnliches Verformungsverhalten. Bei Holztragwerken müssen neben der Elastizität auch noch verschiedene andere Verformungseinflüsse berücksichtigt werden, wie z. B.

- die Nachgiebigkeit mechanischer Verbindungen (Verbindungen mit Dübeln, Stabdübeln, Bolzen, Nägeln, Nagelplatten, Schrauben, Klammern),
- unvermeidbare Paßungenauigkeiten bei Kontaktdruckanschlüssen (Versätze, Stumpfstöße),
- Kriechen infolge Langzeitbelastung,
- Schwinden und Quellen infolge Feuchteänderungen des Holzes.

In *–E61/62–* wird die genauere Durchbiegungsberechnung von Fachwerkträgern unter besonderer Berücksichtigung der Nachgiebigkeit mechanischer Verbindungen und der Paßungenauigkeiten beschrieben. Sie kann sinngemäß auf Rahmentragwerke mit gedübelten Rahmenecken angewendet werden.

Gerold entwickelt in [226] Näherungsformeln für den Durchbiegungsnachweis von Aussteifungsverbänden. Brüninghoff zeigt in [83] einen vereinfachten Durchbiegungsnachweis für Fachwerkverbände mit regelmäßigen Formen und Knotenpunkten.

In [16] wird von Milbrandt in übersichtlicher Form die Berücksichtigung der Anschlußnachgiebigkeiten bei Zug- und Druckstäben sowie bei biegesteifen Anschlüssen behandelt. In Anlehnung an die Festlegung nach *–9.6.1–*, beim Tragsicherheitsnachweis nach der Spannungstheorie II. Ordnung Federsteifigkeiten mit den 0,8fachen C-Modulen nach *–T2, Tab. 13–* zu verwenden, wird in [2] empfohlen und in [16] noch ausführlicher erläutert, beim **Tragfähigkeitsnachweis** ebenso zu verfahren [162].

22.2 Allgemeine Arbeitsgleichung für Holztragwerke (DIN)

Die allgemeine Arbeitsgleichung für Holztragwerke enthält – abgesehen von Torsions-, Feuchte- und Temperatureinflüssen – im wesentlichen zwei verschiedenartige Verformungsbeiträge:

- Beiträge aus elastischen Verformungen:

$$\delta = \int \frac{M_i \cdot \bar{M}_i}{E_\parallel \cdot I_i} \cdot ds + \int \frac{Q_i \cdot \bar{Q}_i}{G \cdot A_{iSt}} \cdot ds + \sum \frac{S_i \cdot \bar{S}_i}{E_\parallel \cdot A_i} \cdot s_i \qquad (22.1\,a)$$

- Beiträge aus Nachgiebigkeiten bzw. Schlupf in Anschlüssen:

$$\sum \frac{M_E \cdot \bar{M}_E}{C_{dE}} + \sum \frac{S_K \cdot \bar{S}_K}{C_{aK}} + \sum \bar{S}_i \cdot \Delta i \tag{22.1b}$$

Der Verformungsbeitrag aus Längskräften N_i in Biegeträgern wurde in Gl. (22.1a) nicht erwähnt, da er i.d.R. vernachlässigbar ist.

$$\int \frac{N_i \cdot \bar{N}_i}{E_{\|} \cdot A_i} \cdot ds \approx 0$$

Vielfach wird mit den $E_{\|} I_c$-fachen Werten gerechnet:

$$E_{\|} I_c \delta = \int M_i \cdot \bar{M}_i \cdot \frac{I_c}{I_i} \cdot ds + \int Q_i \cdot \bar{Q}_i \cdot \frac{E_{\|} \cdot I_c}{G \cdot A_{iSt}} \cdot ds + \sum S_i \cdot \bar{S}_i \cdot \frac{I_c}{A_i} \cdot s_i$$
$$+ E_{\|} \cdot I_c \cdot \left(\sum \frac{M_E \cdot \bar{M}_E}{C_{dE}} + \sum \frac{S_K \cdot \bar{S}_K}{C_{aK}} + \sum \bar{S}_i \cdot \Delta i \right) \tag{22.2}$$

Es bedeuten:
M_E = Biegemomente in Rahmenecken oder Einspannungen
S_i = Stabkräfte in Fachwerkstäben
S_K = Anschlußkräfte im Knotenpunkt. Für V- und D-Anschlüsse ist $S_K = S_i$, für Gurtanschluß in Abb. 22.7 ist z.B. $S_K = \Delta U$
A_{St} = Wirksamer Stegquerschnitt gemäß Tafel 10.3
C_a = $n \cdot C$ in N/mm s. Gl. (22.3)
n = Anzahl der Verbindungsmittel je Anschluß in Gl. (22.3)
C = Rechenwert des Verschiebungsmoduls in N/mm von VM (s. Tafel 22.1)
C_d = $C_1 \cdot \sum (n \cdot r^2)$ in MNm s. Gl. (22.5)
n = Anzahl der Stabdübel bzw. Dübelachsen je Kreis in Gl. (22.5)
r = Radien der Stabdübel bzw. Dübelkreise
C_1 = C = Verschiebungsmodul für einen zweischnittigen Stabdübel
C_1 = $2 \cdot C$ = Verschiebungsmodul für **ein** Dübelpaar
Δi = Anschlußverschiebung eines Stabes nach Abschn. 22.5 oder infolge von Paßungenauigkeiten, Schwindverformungen und Verformungen unter Kontaktdruck [162].
s_i = Stablängen

Tafel 22.1. Rechenwerte für Verschiebungsmoduln C in N/mm[a] nach *–T2, Tab. 13–*

Art der Verbindung		Verschiebungs-modul C (N/mm)
Einlaß- und Einpreßdübel		
Dübelverbindungen	–	$1{,}0 \cdot \text{zul}\, N$
Stabdübel und Paßbolzen (ein- und mehrschnittige Verbindungen)		
Verbindungen in NH, auch mit BFU und FP	–	$1{,}2 \cdot \text{zul}\, N$
Verbindungen in LH	–	$1{,}5 \cdot \text{zul}\, N$

Tafel 22.1 (Fortsetzung)

Art der Verbindung		Verschiebungsmodul C (N/mm)
Verbindungen von NH und BSH und Stahlteilen	Löcher im Stahlteil $\leqq d_{St} + 1$ mm	$0{,}7 \cdot \text{zul}\, N$
Nägel		
Einschnittige Verbindungen in Nadelholz	nicht vorgebohrt [b]	$5{,}0 \cdot \text{zul}\, N/d_n$
	vorgebohrt	$10 \cdot \text{zul}\, N/d_n$
Mehrschnittige Verbindungen in Nadelholz	nicht vorgebohrt oder vorgebohrt	$10 \cdot \text{zul}\, N/d_n$
Ein- und mehrschnittige Verbindungen von BFU mit NH [b]	nicht vorgebohrt oder vorgebohrt	$5{,}0 \cdot \text{zul}\, N/d_n$
Einschnittige Verbindungen von FP, HFM, HFH mit NH [b]	nicht vorgebohrt oder vorgebohrt	$6{,}7 \cdot \text{zul}\, N/d_n$
Einschnittige Verbindungen von Stahlteilen mit NH	Holz nicht vorgebohrt	$5{,}0 \cdot \text{zul}\, N/d_n$
	Holz vorgebohrt	$10 \cdot \text{zul}\, N/d_n$
Mehrschnittige Verbindungen von Stahlteilen mit NH	Löcher im Holz vorgebohrt [b]	$20 \cdot \text{zul}\, N/d_n$
Klammern		
Verbindungen in Nadelholz	Winkel zwischen Holzfaserrichtung und Klammerrücken $\geqq 30°$ [b]	$2{,}5 \cdot \text{zul}\, N/d_n$
	$< 30°$	$1{,}4 \cdot \text{zul}\, N/d_n$
Verbindungen von Holzwerkstoffen mit Nadelholz	–	$6{,}2 \cdot \text{zul}\, N/d_n$
Holzschrauben		
Einschnittige Verbindungen in Nadelholz	– –	$10 \cdot \text{zul}\, N/d_s$ $\leqq 1{,}25 \cdot \text{zul}\, N$
Einschnittige Verbindungen von Holzwerkstoffen mit NH	– –	$12{,}5 \cdot \text{zul}\, N/d_s$ $\leqq 1{,}25 \cdot \text{zul}\, N$
Einschnittige Verbindungen von Stahlteilen mit NH	Löcher im Stahlteil $= d_s + 1$ mm	$0{,}7 \cdot \text{zul}\, N$

Fußnoten zu Tafel 22.1

[a] 1 N/mm $\triangleq 10^{-2}$ kN/cm; zul N in N, $d_{n,s}$ in mm einsetzen.

[b] Die Werte gelten auch, wenn die Verbindung bei einer Holzfeuchte von $> 20\,\%$ hergestellt wird und die Gleichgewichtsfeuchte im Gebrauchszustand $\leqq 18\,\%$ beträgt. Bei einer Gleichgewichtsfeuchte $> 18\,\%$ wird bei Nagelverbindungen $C = 10 \cdot \text{zul}\, N/d_n$ (N/mm).

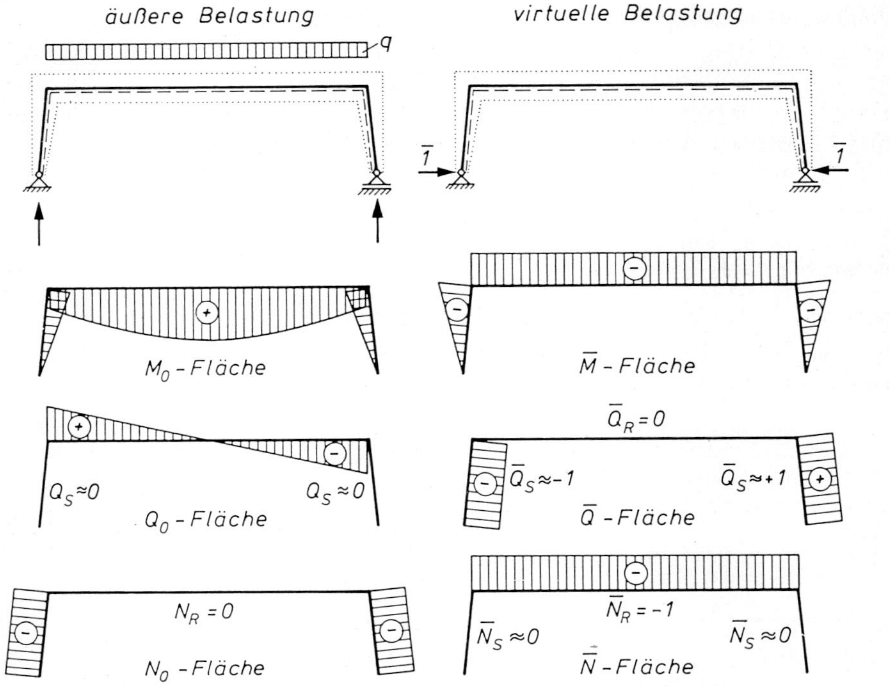

Abb. 22.1. Schnittgrößen für das statisch bestimmte Hauptsystem des Zweigelenkrahmens nach Abb. 19.60

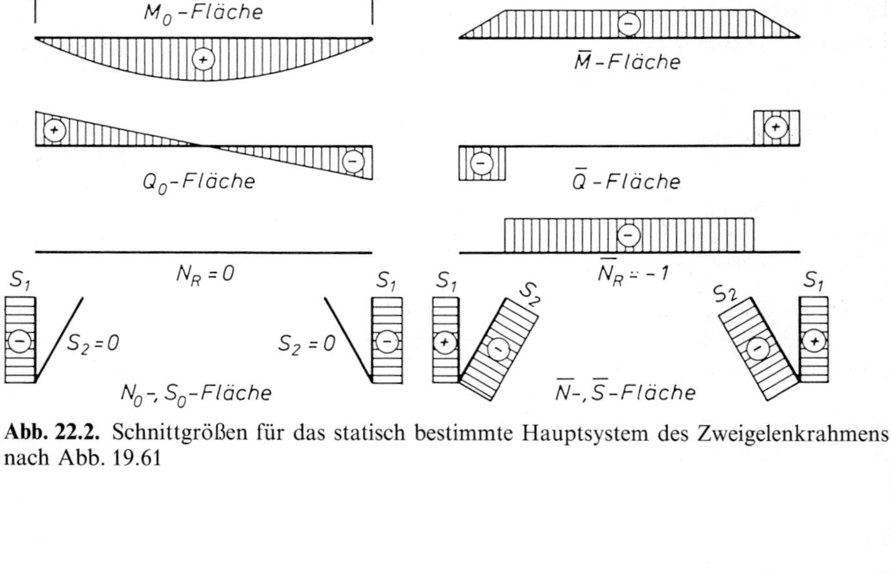

Abb. 22.2. Schnittgrößen für das statisch bestimmte Hauptsystem des Zweigelenkrahmens nach Abb. 19.61

Die in Gln. (22.1 a, b) und (22.2) genannten verschiedenen Schnittgrößen sollen an den beiden Zweigelenkrahmen in Abb. 19.60 und 19.61 beispielhaft gezeigt werden. Die Schnittgrößen der zugehörigen statisch bestimmten Hauptsysteme können Abb. 22.1 und 22.2 entnommen werden. Berechnung und Konstruktion beider Systeme s. Abschn. 19.8.6 und 19.8.7.

22.3 Federarten (DIN)

Man unterscheidet zwei Arten von Federmechanismen:

- Anschlußfedern an Stabenden (Abb. 22.3 a)
- Drehfedern in Rahmenecken oder Einspannungen (Abb. 22.3 b)

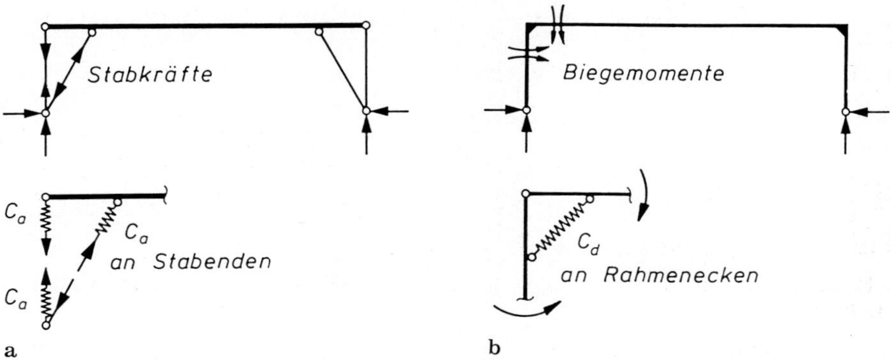

Abb. 22.3. Federmechanismen

22.4 Federsteifigkeiten (DIN)

22.4.1 Anschlußfedersteifigkeit C_a (DIN)

Die Federsteifigkeit für einen Anschluß mit mechanischen Verbindungsmitteln gemäß Abb. 22.3 bis 22.7 ist:

$$\boxed{C_a = n \cdot C} \quad \text{in N/mm} \tag{22.3}$$

Es ist die Kraft, die eine Verschiebung $\Delta l = 1$ mm erzeugt.
n und C siehe Erläuterungen zu Gln. (22.1) und (22.2).

Abb. 22.4

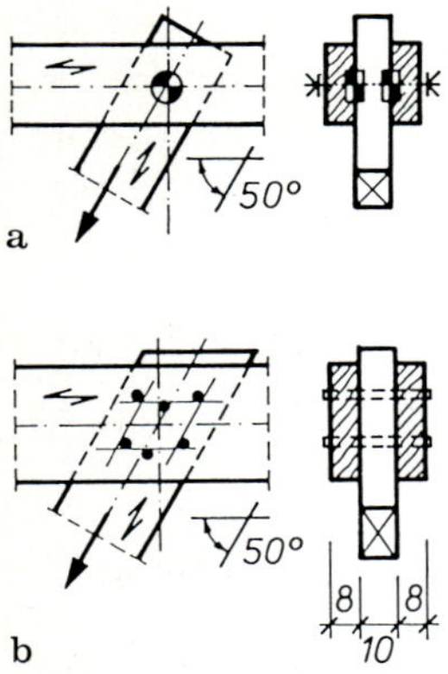

Abb. 22.5

1. Beispiel (Abb. 22.5a): $n = 2$ Dü $\varnothing$ 80-A

[36]: $\quad \text{zul}\, N_{\measuredangle 50°} = 12{,}5\,\text{kN} < 16{,}0$

Tafel 22.1: $\quad C = 12\,500\,\text{N/mm} = 12{,}5\,\text{kN/mm}$

Je Stabende: $\quad C_a = 2 \cdot 12{,}5 = 25{,}0\,\text{kN/mm}$

Für den Tragfähigkeitsnachweis:

Je Stabende: $\quad C_a^* = 0{,}8 \cdot 25{,}0 = 20{,}0\,\text{kN/mm} = 20{,}0\,\text{MN/m}$

2. Beispiel (Abb. 22.5b): $n = 6$ SDü $\varnothing$ 20 mm

zul N_{st} s. Gln. (6.5) bis (6.6b)

MH: $\quad \text{zul}\, N_{st\,\parallel} = 8{,}5 \cdot 100 \cdot 20 = 17\,000\,\text{N} = 17{,}0\,\text{kN}$
$\quad \leq 51{,}0 \cdot 20^2 = 20\,400\,\text{N} = 20{,}4\,\text{kN}$

$$\text{SH:}\ \text{zul}\, N_{st\,50°} = 2 \cdot 5{,}5 \cdot 80 \cdot 20 \cdot \left(1 - \frac{50°}{360°}\right) = 15\,156\,\text{N} \approx 15{,}2\,\text{kN}$$

$$\leqq 2 \cdot 33{,}0 \cdot 20^2 \cdot \left(1 - \frac{50°}{360°}\right) = 22\,733\,\text{N} \approx 22{,}7\,\text{kN}$$

Tafel 22.1: $\quad C = 1{,}2 \cdot 15\,200 = 18\,240\,\text{N/mm} = 18{,}24\,\text{kN/mm}$

Je Stabende: $\quad C_a = 6 \cdot 18{,}24 = 109{,}4\,\text{kN/mm} = 109{,}4\,\text{MN/m}$

Für den Tragfähigkeitsnachweis [162]:

Je Stabende: $\quad C_a^* = 0{,}8 \cdot 109{,}4 = 87{,}5\,\text{kN/mm} = 87{,}5\,\text{MN/m}$

3. Beispiel (Abb. 22.6): $n = 2 \times 20$ RNä $4{,}0 \times 60$

Vollholz und beidseitige Stahllaschen
Na-Löcher im VH nicht vorgebohrt

[36]: $\quad \text{zul}\, N_1 = 714\,\text{N}$

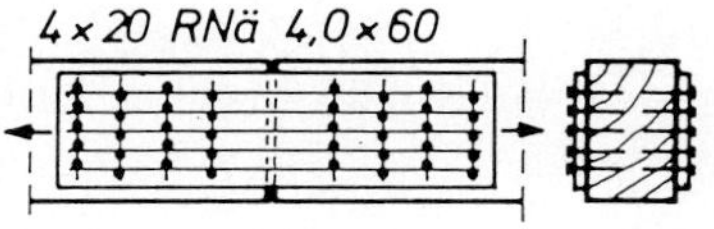

Abb. 22.6

Tafel 22.1: $C = 5{,}0 \cdot 714/4{,}0 = 892\,\text{N/mm} = 0{,}892\,\text{kN/mm}$

Je Stabende: $C_a = 40 \cdot 0{,}892 = 35{,}7\,\text{kN/mm} = 35{,}7\,\text{MN/m}$

Für den Tragfähigkeitsnachweis:

Je Stabende: $C_a^* = 0{,}8 \cdot 35{,}7 = 28{,}6\,\text{kN/mm} = 28{,}6\,\text{MN/m}$

Für den gesamten Zugstoß (2 Stabenden) ist der 2fache Verschiebungsbeitrag infolge Nachgiebigkeit einzusetzen.

4. Beispiel (Abb. 22.7): Eingelassenes Stahlblech mit SDü ∅ 12 mm
In einem Knotenpunkt gemäß Abb. 20.6 – keine planmäßige äußere Knotenlast vorhanden – tritt in jeder der drei Stabachsen eine Verschiebung infolge Nachgiebigkeit auf, s. Abb. 22.7.

Für Stahl-Holz-Verbindung mit SDü ist (alle Kr-Fa-∢ = 0°):

$$\text{zul}\, N_{\text{st}\,\|} = 2 \cdot 5{,}5 \cdot 65 \cdot 12 \cdot 1{,}25 \cdot 10^{-3} = 10{,}7\,\text{kN maßgebend}$$
$$\leqq 2 \cdot 33{,}0 \cdot 12^2 \cdot 1{,}25 \cdot 10^{-3} = 11{,}9\,\text{kN}$$

Für SDü-Verbindungen mit 1,0 mm größer als SDü-∅ gebohrten Stahlblechen – nach *T2, 5.3* zulässig – berechnet sich der *C*-Modul nach Tafel 22.1 zu

$$C = 0{,}7 \cdot 10\,700 = 7490\,\text{N/mm} = 7{,}49\,\text{kN/mm}$$

Für den Tragfähigkeitsnachweis:

$$C^* = 0{,}8 \cdot 7{,}49 = 5{,}99\,\text{kN/mm} = 5{,}99\,\text{MN/m}$$

Die Federsteifigkeiten der drei Anschlüsse nach Abb. 22.7:

$$C_{aD} = 6 \cdot 7{,}49 = 44{,}9\,\text{kN/mm};\; C_{aD}^* = 6 \cdot 5{,}99 = 35{,}9\,\text{kN/mm}$$
$$C_{aV} = C_{aU} = 4 \cdot 7{,}49 = 30{,}0\,\text{kN/mm}$$
$$C_{aV}^* = C_{aU}^* = 4 \cdot 5{,}99 = 24{,}0\,\text{kN/mm} = 24{,}0\,\text{MN/m}$$

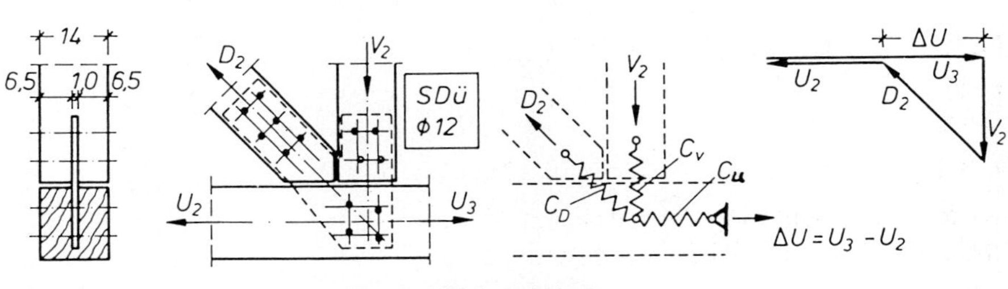

Abb. 22.7. Knotenpunkt mit 3 Nachgiebigkeitsbeiträgen

Kriecheinfluß:
Der Kriecheinfluß sollte durch den Abminderungswert η_k gemäß Abschn. 2.10 berücksichtigt werden, wenn die ständige Last $g > 0{,}5 \cdot q$ ist.

$$\boxed{C_a^{Kr} = \eta_k \cdot C_a} \qquad (22.4)$$

22.4.2 Drehfedersteifigkeit C_d (DIN)

Die Drehfedersteifigkeit für einen Trägeranschluß mit mechanischen Verbindungsmitteln gemäß Abb. 22.3 und 22.8 ist

$$\boxed{C_d = C_1 \cdot \sum (n \cdot r^2)} \quad \text{in MNm aus Gl. (22.6)} \qquad (22.5)$$

C_d ist das Moment, das die Verdrehung $\Delta\varphi = 1$ erzeugt.
n, r, C_1 siehe Erläuterungen zu Gln. (22.1) und (22.2).

$$\left.\begin{array}{l} C_1 = 2 \cdot C \text{ für ein Dübelpaar wie 1. Beispiel} \\ C_1 = C \text{ für einen 2schnittigen SDü wie 2. Beispiel} \end{array}\right\} \text{zu Abb. 22.5}$$

Der Kriecheinfluß sollte gegebenenfalls wie bei der Anschlußsteifigkeit C_a nach Gl. (22.4) berücksichtigt werden.

Der Verformungsanteil δ_E einer nachgiebigen Eckverbindung ergibt sich aus:

Riegeldrehwinkel: $\Delta\varphi = \Delta s_1 / r_1$ vgl. Abb. 22.8

Tangentialverschiebung: $\Delta s_1 = D_{1\,M} / C_1$

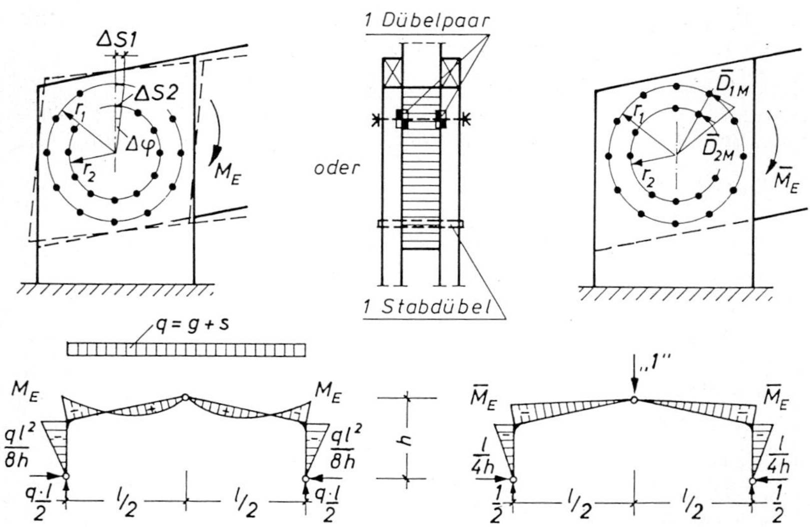

Abb. 22.8. Rahmenecke mit Dübel- oder Stabdübelverbindung

Dübelkraft nach Gl. (19.43): $D_{1\,\mathrm{M}} = \dfrac{M_{\mathrm{E}} \cdot r_1}{\sum(n \cdot r^2)}$

$$\Delta\varphi = \frac{\Delta s_1}{r_1} = \frac{D_{1\,\mathrm{M}}}{r_1 \cdot C_1} = \frac{M_{\mathrm{E}}}{C_1 \cdot \sum(n \cdot r^2)} = \frac{M_{\mathrm{E}}}{C_{\mathrm{d}}} \tag{22.6}$$

Für 1 Eckpunkt:

$$\boxed{\delta_{\mathrm{E}} = \bar{M}_{\mathrm{E}} \cdot \Delta\varphi = \frac{M_{\mathrm{E}} \cdot \bar{M}_{\mathrm{E}}}{C_{\mathrm{d}}}} \tag{22.7}$$

Darin bedeuten:

M_{E} = Eckmoment in kNm infolge $q = g + s$

$\bar{M}_{\mathrm{E}}$ = Eckmoment in m infolge virtueller Last „1“, an der Stelle der gesuchten Durchbiegung angreifend.

22.5 Anschlußverschiebung Δi bei Kontaktanschlüssen (DIN)

Bei Versätzen und sonstigen Kontaktanschlüssen schräg oder rechtwinklig zur Holzfaser ist nach *–E205–* eine Verschiebung von

$$\Delta i = 1{,}5\,\mathrm{mm} \text{ je Anschluß}$$

anzunehmen.

Für Paßstöße ∥ Fa: $\Delta i = 1{,}0\,\mathrm{mm}$ je Paßstoß

In diesen Fällen wird das Verschiebungsmaß stärker durch die Ausführungsgenauigkeit als durch die Beanspruchungshöhe beeinflußt.

Nachträgliches Schwinden ergibt bei Kontaktanschlüssen ⊥ Fa auch eine Anschlußverschiebung. Das Verschiebungsmaß ist bei einem Anschluß nach Abb. 22.9 mit der Gurtstabhöhe h_{g} z. B. für halbtrockenes Holz ($\Delta\omega \approx 30 - 10 = 20\,\%$):

$$\Delta i = \frac{0{,}24}{100} \cdot 20 \cdot \frac{h_{\mathrm{g}}}{2} = 0{,}024 \cdot h_{\mathrm{g}}$$

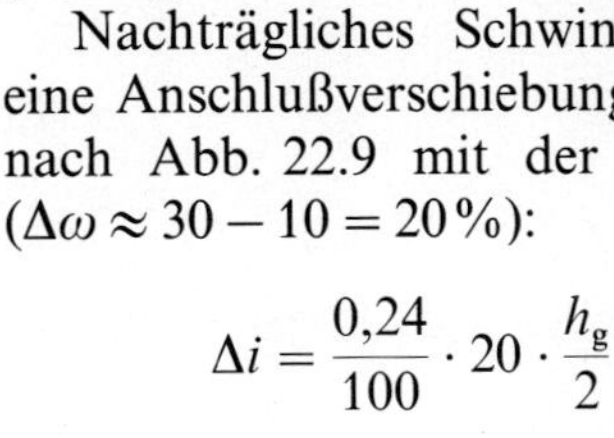

Abb. 22.9

22.6 Verformungsberechnung nach EC 5

22.6.1 Arbeitsgleichung (EC 5)

Die mit den Gleichungen (22.1 a) und (22.1 b) angegebenen wesentlichen Verformungsbeiträge zur Gesamtanfangsverformung $\delta = \delta_{el} + \delta_j$ lauten in der Schreibweise nach EC 5 [36]:

– Beiträge aus elastischen Verformungen:

$$\delta_{el} = \int \frac{M \cdot \bar{M}}{E_{0,\text{mean}} \cdot I} \cdot ds + \int \frac{V \cdot \bar{V}}{G_{\text{mean}} \cdot A_V} \cdot ds + \sum \frac{S_i \cdot \bar{S}_i}{E_{0,\text{mean}} \cdot A_i} \cdot s_i \quad (22.8\,a)$$

– Beiträge aus Nachgiebigkeiten bzw. Schlupf in Anschlüssen:

$$\delta_j = \sum \frac{M_E \cdot \bar{M}_E}{K_r} + \sum \frac{S_K \cdot \bar{S}_K}{K_j} + \sum \bar{S}_i \cdot \Delta u_i \quad (22.8\,b)$$

mit

K_r Drehfedersteifigkeit in MNm

K_j Anschlußfedersteifigkeit in N/mm (oder kN/mm = MN/m)

Nach EC 5 sind die Endverformungen eines Tragwerks, das aus Bauteilen mit unterschiedlichen Kriecheigenschaften besteht, mit abgeänderten Steifigkeitsmoduln zu berechnen, die bestimmt werden, indem der Steifigkeitsmodul für jedes Bauteil durch den entsprechenden Wert von $(1 + k_{def})$ dividiert wird.

22.6.2 Berechnung der Verschiebung von Verbindungen (EC 5)

Im EC 5 werden folgende Beziehungen zur Bestimmung der Verschiebung in einer Verbindung verwendet.

Elastische Anfangsverschiebung: $u_{inst} = F/K_{ser}$ (22.9)

Endverformung: $u_{fin} = u_{inst} \cdot (1 + k_{def})$ (22.10)

$$u_{fin} = u_{inst} \cdot \sqrt{(1 + k_{def,1}) \cdot (1 + k_{def,2})} \quad (22.11)$$

Gl. (22.11) ist bei einer Verbindung zwischen Bauteilen mit unterschiedlichen Kriecheigenschaften anzuwenden.

Bei Bolzenverbindungen ist

$$u_{inst} = F/K_{ser} + 1\,\text{mm} \quad \text{mit } K_{ser} \text{ für SDü} \quad (22.12)$$

$$u_{fin} = u_{inst}(1 + k_{def}) + 1\,\text{mm} \quad \text{mit } u_{inst} \text{ für SDü-Verbindung} \quad (22.13)$$

K_{ser} nach Tafel 9.6 und k_{def} nach Tafel 2.12.

22.6.3 Federsteifigkeiten (EC 5)

22.6.3.1 Anschlußfedersteifigkeit

Die Federsteifigkeit für einen Anschluß mit stiftförmigen Verbindungsmitteln gemäß Abb. 22.3 bis 22.7 ist nach EC 5:

- $K_{j,ser} = n \cdot K_{ser}$ (22.14)

  für den Grenzzustand (GZ) der Gebrauchstauglichkeit (z. B. für eine genauere Verformungsberechnung bei Fachwerken, vgl. Abschn. 20.4.5)

- $K_{j,u} = \frac{2}{3} K_{j,ser}$ (22.15)

  für den GZ der Tragfähigkeit, vgl. Abschn. 22.4.1

mit n = Anzahl der VM je Anschluß.

22.6.3.2 Drehfedersteifigkeit

Die Drehfedersteifigkeit für einen Trägeranschluß (z. B. Rahmenecke) mit zwei SDü-Kreisen gemäß Abb. 22.3 und 22.8 ist nach EC 5:

- $K_{r,ser} = K_{ser} \cdot (n_1 \cdot r_1^2 + n_2 \cdot r_2^2)$ (22.16)

  für den GZ der Gebrauchstauglichkeit

- $K_{r,u} = \frac{2}{3} K_{r,ser}$ (22.17)

  für den GZ der Tragfähigkeit, vgl. Abschn. 19.8.6

mit

n_1, n_2 Anzahl der SDü in den jeweiligen SDü-Kreisen

r_1, r_2 Radien der SDü-Kreise, vgl. Abb. 22.8

K_{ser} für SDü s. Tafel 9.6.

Normenverzeichnis

DIN-Normen [162]:

DIN	Teil	Ausg.	Titel
274	1	4/72	Wellplatten aus asbestfreiem Faserzement; Maße, Anforderungen, Prüfungen
1052			Holzbauwerke
	1	4/88	Berechnung und Ausführung
	2	4/88	Mechanische Verbindungen
	3	4/88	Holzhäuser in Tafelbauart, Berechnung und Ausführung
1055			Lastannahmen für Bauten
	3	6/71	Verkehrslasten
	4	8/86	Verkehrslasten, Windlasten bei nicht schwingungsanfälligen Bauwerken
	5	6/75	Verkehrslasten, Schneelast und Eislast
1074		5/91	Holzbrücken
4102	4	3/94	Brandverhalten von Baustoffen und Bauteilen; Zusammenstellung und Anwendung klassifizierter Baustoffe, Bauteile und Sonderbauteile
4108	4	11/91	Wärmeschutz im Hochbau; wärme- und feuchteschutztechnische Kennwerte
18807			Trapezprofile im Hochbau; Stahltrapezprofile
	1	6/87	Allgemeine Anforderungen, Ermittlung der Tragfähigkeitswerte durch Berechnung
	3	6/87	Festigkeitsnachweis und konstruktive Ausbildung
68705			Sperrholz
	3	12/81	Bau-Furniersperrholz
	5	10/80	Bau-Furniersperrholz aus Buche
	Bbl. 1	10/80	Zusammenhänge zwischen Plattenaufbau, elastischen Eigenschaften und Festigkeiten
68763		9/90	Spanplatten, Flachpreßplatten für das Bauwesen; Begriffe, Eigenschaften, Prüfung, Überwachung
68800	2	1/84	Holzschutz im Hochbau; vorbeugende bauliche Maßnahmen

Europäische Normen

EN	Teil	Titel
10025		Warmgewalzte Erzeugnisse aus unlegierten Baustählen; Technische Lieferbedingungen (s. DIN EN 10025)
20898		Mechanische Eigenschaften von Verbindungselementen (s. DIN EN 20898)
	1	Schrauben
26891		Holzbauwerke; Verbindungen mit mechanischen Verbindungsmitteln; Allgemeine Grundsätze für die Ermittlung der Tragfähigkeit und des Verformungsverhaltens

Literaturverzeichnis

Abkürzungen:

BAZ	Bauaufsichtliche Zulassungen
bmh	Zeitschrift „Bauen mit Holz", Bruderverlag, Karlsruhe
EGH	Entwicklungsgemeinschaft Holzbau in der Deutschen Gesellschaft für Holzforschung (DGfH), Bayerstr. 57–59, 80335 München
Hrsg.	Herausgeber
HSA	Holzbau-Statik-Aktuell, Informationen zur Berechnung von Holzkonstruktionen. Arbeitsgemeinschaft Holz e.V. (Hrsg.)
IfBt	Institut für Bautechnik, Berlin
Arge Holz	Arbeitsgemeinschaft Holz e.V.
Info Holz	Informationsdienst Holz der Arbeitsgemeinschaft Holz e.V., Füllenbachstr. 6, 40474 Düsseldorf

1. DIN V ENV 1995 Teil 1-1: Eurocode 5. Entwurf, Berechnung und Bemessung von Holzbauwerken, Teil 1-1: Allgemeine Bemessungsregeln, Bemessungsregeln für den Hochbau, 1994.
2. Brüninghoff, H., u.a.: Beuth-Kommentare: Holzbauwerke. Eine ausführliche Erläuterung zu DIN 1052 Teil 1 bis 3, Ausgabe April 1988. Beuth Verlag/Bauverlag, 1989.
3. Grosser, D.: Einheimische Nutzhölzer und ihre Verwendungsmöglichkeiten. Info Holz/EGH-Bericht, 1989.
4. Nürnberger, W.: Zweckbauten für die Landwirtschaft, Info Holz/EGH-Bericht, 1988.
5. SIGMA Karlsruhe GmbH: Arbeits- und Schutzgerüste. Info Holz/EGH, 1990.
6. SIGMA Karlsruhe GmbH: Schalungen für den Betonbau. Info Holz/EGH, 1990.
7. Werner, G.; Steck, G.: Holzbau. Teil 1, Grundlagen. 4. Auflage, Werner-Verlag, Düsseldorf, 1991.
8. Info Holz: Mehrzweckhallen. Info Holz/EGH-Bericht, 1988.
9. Cyron, G.; Sengler, D: Holzleimbau, Bauen mit Brettschichtholz. Info Holz, 1988.
10. Schmidt, H.: Entwurfsblätter Brettschichtholz, Beispiele aus dem Hallenbau. Info Holz, 1988.
11. Götz, K.-H., u.a.: Holzbauatlas. Studienausgabe. Centrale marketing Gesellschaft der deutschen Agrarwirtschaft mbH, München, 1980.
12. Natterer, J., u.a.: Holzbau Atlas Zwei. Holzwirtschaftlicher Verlag der Arbeitsgemeinschaft Holz, Düsseldorf, 1990.
13. Brüninghoff, H.: Holzbauhandbuch, Reihe 1, Entwurf und Konstruktion; Teil 7: Hallen, Folge 1: Standardhallen aus Brettschichtholz. Info Holz/EGH, 1992.
14. Brüninghoff, H.; Heimeshoff, B.; Sengler, D: Brücken, Planung – Konstruktion – Berechnung. Info Holz/ EGH-Bericht, 1988.
15. Irmschler, H.-J.: Allgemeine bauaufsichtliche Zulassungen im Holzbau. bmh 11/1993.
16. Milbrandt, E.: Holzbauhandbuch, Reihe 2, Tragwerksplanung; Teil 2: Verbindungsmittel, Folge 2: Genauere Nachweise, Sonderbauarten. Info Holz/EGH, 1991.
17. Ruske, W.: Holzbauhandbuch, Reihe 1, Entwurf und Konstruktion; Teil 17: Bauteile, Folge 4: Nagelplatten-Konstruktionen. Info Holz/EGH, 1992.
18. Info Holz: Dauerhafte Holzbauten bei chemisch-aggressiver Beanspruchung. Arge Holz, 1989.
19. Dokumentation des Info Holz: Beispiele moderner Holzarchitektur. Holzwirtschaftlicher Verlag der Arge Holz, 1990.
20. Kordina, K.; Meyer-Ottens, C.: Holz-Brandschutz-Handbuch. Deutsche Gesellschaft für Holzforschung e.V., München 1994.

21. Dittrich, W.;Göhl, J.: Überdachungen mit großen Spannweiten. Info Holz/EGH, 1988.
22. Heimeshoff, B.; Schelling, W.; Reyer, E.: Zimmermannsmäßige Holzverbindungen. Info Holz/EGH-Bericht, 1988.
23. Milbrandt, E.: Holzbauhandbuch, Reihe 2, Tragwerksplanung; Teil 2: Verbindungsmittel (1). Info Holz/EGH, 1990.
24. Mönck, W.: Zimmererarbeiten. 3. Aufl. VEB Verlag für Bauwesen, Berlin, 1984.
25. Dittrich, W.; Göhl, J.: Anschlüsse im Ingenieurholzbau. Info Holz/EGH-Bericht, 1987.
26. Schelling, W., u. a.: Bemessungshilfen, Knoten, Anschlüsse Teil 1. Info Holz/EGH-Bericht, 1987.
27. Krabbe, E.; Kintrup, H.: Gelenkkonstruktionen bei Durchlaufträgern mit Gelenken. In: HSA, Folge 2, 11/1977.
28. Milbrandt, E.: Konstruktionsbeispiele, Berechnungsverfahren, Teil 2. Info Holz/EGH-Bericht, 1986.
29. Scholz, W.: Baustoffkenntnis. 12. Auflage. Werner-Verlag, Düsseldorf, 1991.
30. Wagenführ, R.; Scheiber, Chr.: Holzatlas. 3. Aufl. VEB Fachbuchverlag, Leipzig, 1989.
31. ENV 1995-1-1: Eurocode Nr. 5 – Bemessung und Konstruktion von Holzbauten. Teil 1-1: Allgemeine Bemessungsregeln und Regeln für den Hochbau. Nov. 1992 (engl.).
32. Zulassungsbescheid Nr. Z-9.1-100: Furnierschichtholz „Kerto-Schichtholz“. IfBt, Berlin, 1990.
33. Steck, G.: Bau-Furniersperrholz aus Buche. Info Holz/EGH-Bericht, 1988.
34. Zulassungsbescheid Nr. Z-9.1-241: Furnierstreifenholz „Parallam PSL“. IfBt, Berlin, 1993.
35. Glos, P.: Aktuelle Entwicklungen im Bereich der Holzsortierung – Anforderungen der Praxis und Stand der Normung. Tagungsband der 15. Dreiländer-Holztagung. Garmisch-Partenkirchen, 1993.
36. Schneider, K.-J. (Hrsg.): Bautabellen mit Berechnungshinweisen und Beispielen. 11. Aufl. Werner-Verlag, Düsseldorf, 1994.
37. Ehlbeck, J.; Larsen, H. J.: Grundlagen der Bemessung von Verbindungen im Holzbau. bmh 10/1993.
38. Blaß, H. J.; Ehlbeck, J.; Werner, H.: Grundlagen der Bemessung von Holzbauwerken nach dem EC 5 Teil 1 – Vergleich mit DIN 1052. Sonderdruck aus dem Beton-Kalender 1992. Verlag Ernst & Sohn, Berlin, 1992.
39. Zimmer, K.: Zur Bemessung von Holzkonstruktionen nach Grenzzuständen. 12. IVBH-Kongreß, Vancouver, 1984.
40. Görlacher, R.: Grundlagen der Bemessung nach Entwurf Eurocode 5. Ingenieurtagung „Der Holzbau und die europäische Normung“. Friedrichshafen/Bodensee, 1992.
41. Brüninghoff, H.: Das neue Bemessungskonzept. Ingenieurtagung „Der Holzbau und die europäische Normung“. Friedrichshafen/Bodensee, 1992.
42. Schröder, K.: Drigert, K.-A.: Neues Sicherheitskonzept in der europäischen Normung. Werner-Verlag, Düsseldorf, 1993.
43. Lißner, K.: Ein Beitrag zur Bemessung von Holzkonstruktionen nach der Methode der Grenzzustände. Dissertation der TU Dresden, 1989.
44. v. Halasz, R. (Hrsg.); Scheer, C. (Hrsg.): Holzbau-Taschenbuch. Bd. 1: Grundlagen, Entwurf und Konstruktionen. 8. Aufl. Verlag Ernst & Sohn, Berlin, 1986.
45. Schulze, H.: Baulicher Holzschutz. Holzbauhandbuch, Reihe 3, Bauphysik. Info Holz/EGH-Bericht, 1991.
46. Brüninghoff, H.: Heimisches Holz im Wasserbau. Info Holz/EGH-Bericht, 1990.
47. Meyer-Ottens, C.: Holzbauhandbuch, Reihe 3, Bauphysik; Teil 4: Brandschutz, Folge 2: Feuerhemmende Holzbauteile (F 30-B). Info Holz/EGH-Bericht, 1994.
48. Willeitner, H.: Holzschutz. In: [44].
49. Widmann, S.: Anleitung zum Entwerfen von Skelettbaudetails, Heft 2. Info Holz/EGH-Bericht, 1987.
50. Institut für Bautechnik (Hrsg.): Verzeichnis der Prüfzeichen für Holzschutzmittel. E. Schmidt Verlag, Berlin.
51. Merkblatt für den sicheren Betrieb von Nichtdruckanlagen mit wasserlöslichen Holzschutzmitteln, DGfH, München, 1993.

52. Marutzky, R.; Peek, R.-D.; Willeitner, H.: Entsorgung von schutzmittelhaltigen Hölzern und Reststoffen. Info Holz, DGfH, München, 1993.
53. Nebgen, N.: Entwurf, Gestaltung und Realisierung von Holzbauwerken im Wohn- und Verwaltungsbau unter Berücksichtigung brandschutztechnischer Anforderungen. Tagungsband der 6. Brandschutz-Tagung. Würzburg, 1993.
54. Moser, K.: Brandschutztechnische Problemfälle aus der Praxis. Tagungsband der 6. Brandschutz-Tagung. Würzburg, 1993.
55. Meyer-Ottens, C.: Bemessen und Konstruieren mit DIN 4102 Teil 4 (Ausgabe 1994). Tagungsband der 6. Brandschutz-Tagung. Würzburg, 1993.
56. Scheer, C.; Knauf, T.: Bemessung von Bauteilen nach nationalen und internationalen Regeln. Tagungsband der 6. Brandschutz-Tagung. Würzburg, 1993.
57. Kersken-Bradley, M.: Bemessung von Verbindungen nach nationalen und internationalen Regeln. Tagungsband der 6. Brandschutz-Tagung. Würzburg, 1993.
58. Milbrandt, E.: Konstruktionsbeispiele, Berechnungsverfahren, Teil 5. Info Holz/EGH-Bericht, 1986.
59. Zulassungsbescheid Nr. Z-9.1-193: Multi-Krallen-Dübel (MKD) als Holzverbindungsmittel. IfBt, Berlin, 1993.
60. Zimmer, K.: Anpassungsfaktoren für die Bemessung nach Grenzzuständen im Holzbau. Intern. Holzbautagung, Dresden 1986. In: Bauforschung-Baupraxis Nr. 202, Berlin, 1987.
61. Moers, F.: Anschluß mit eingeleimten Gewindestäben. bmh 4/1981.
62. Möhler, K.; Hemmer, K.: Eingeleimte Gewindestangen. In: HSA, Folge 6, 5/1981.
63. Möhler, K.; Siebert, W.: Ausbildung und Bemessung von Queranschlüssen bei BSH-Trägern oder VH-Balken. In: HSA, Folge 6, 5/1981.
64. Ehlbeck, J.; Göhrlacher, R.; Werner, H.: Empfehlung zum einheitlichen, genaueren Querzugnachweis für Anschlüsse mit mechanischen Verbindungsmitteln. In: HSA, Ausgabe 5, 7/1992.
65. Dröge, G.; Stoy, K.-H.: Grundzüge des neuzeitlichen Holzbaues. Bd. 1: Konstruktionselemente. Verlag Ernst & Sohn, Berlin, 1981.
66. Mönck, W.: Holzbau. 7. Aufl., VEB Verlag für Bauwesen, Berlin, 1979.
67. Blaß, H.J.: Zum Einfluß der Nagelanzahl auf die Tragfähigkeit von Nagelverbindungen. bmh 1/1991.
68. Süffert, E. Ch.: Entwicklung der Verleimtechnik bei Bauholz. Schweizer Holzbau 10/1991.
69. Glos, P.; Henrici, D.; Horstmann, H.: Festigkeitsverhalten großflächig geleimter Knotenverbindungen mit variablem Anschlußwinkel der Stäbe. Forschungsbericht des Institutes für Holzforschung der Uni München, 1986.
70. Radovic, B.; Goth, H.: Entwicklung und Stand eines Verfahrens zur Sanierung von Fugen im Brettschichtholz. bmh 9/1992.
71. Kolb, H.: Leimbauweisen. In: [44].
72. Aicher, S.; Klöck, W.: Spannungsberechnungen zur Optimierung von Keilzinkenprofilen für Brettschichtholz-Lamellen. bmh 5/1990.
73. Colling, F.; Ehlbeck, J.: Tragfähigkeit von Keilzinkenverbindungen im Holzleimbau. bmh 7/1992.
74. Radovic, B.; Rohlfing, H.: Über die Festigkeit von Keilzinkenverbindungen mit unterschiedlichem Verschwächungsgrad. bmh 3/1993.
75. Ehlbeck, J.; Siebert, W.: Praktikable Einleimmethoden und Wirkungsweise von eingeleimten Gewindestangen unter Axialbelastung bei Übertragung von großen Kräften und bei Aufnahme von Querzugkräften in Biegeträgern. Teil 1 Einleimmethoden, Meßverfahren, Haftspannungsverlauf. Forschungsbericht Versuchsanstalt für Stahl, Holz und Steine, Abt. Ingenieurholzbau, Universität Karlsruhe, 1987.
76. Brüninghoff, H.; Schmidt, K.; Wiegand, T.: Praxisnahe Empfehlungen zur Reduzierung von Querzugrissen bei geleimten Satteldachbindern aus Brettschichtholz. bmh 11/1993.
77. Möhler, K.; Siebert, W.: Untersuchungen zur Erhöhung der Querzugfestigkeit in gefährdeten Bereichen. In: HSA, Folge 8, 2/1987.

78. Werner, G.: Holzbau. Teil 1, Grundlagen. 3. Aufl. Werner-Verlag, Düsseldorf, 1984.
79. Radovic, B.; Goth, H.: Einkomponenten-Polyurethan-Klebstoffe für die Herstellung von tragenden Holzbauteilen. bmh 1/1994.
80. Möhler, K.; Hemmer, K.: Hirnholzdübelverbindungen bei Brettschichtholz. In HSA, Folge 5, 4/1980.
81. Ehlbeck, K.; Schlager, M.: Hirnholzdübelverbindungen bei Brettschichtholz und Nadelvollholz. bmh 6/1992.
82. Hempel, G.: Wienecke, N.: Hallen. 3. Info Holz/EGH-Bericht.
83. Brüninghoff, H.: Verbände und Abstützungen. Info Holz/ EGH-Bericht, 1988.
84. Kolb, H.; Radovic, B.: Tragverhalten von Stabdübelanschlüssen, bei denen die Herstellung von DIN 1052 (alt) abweicht. In: HSA, Folge 6, 5/1981.
85. Ehlbeck, J.; Werner, H.: Tragende Holzverbindungen mit Stabdübeln. bmh 6/1991.
86. Wienecke, N: Hallentragwerke. Info Holz.
87. Johansen, K.W.: Theory of Timber Connections. IABSE, Publ. Nr. 9, 1949.
88. Zulassungsbescheid Nr. Z-9.1-212: Stahlblech-Holz-Nagelverbindung mit Stahlblechdicken von 2,0 mm bis 3,0 mm ohne Vorbohren, IfBt, Berlin, 1990.
89. Hempel, G.: Freigespannte Holzbinder. 10. Auflage, Bruderverlag Karlsruhe, 1973.
90. Ehlbeck, J.; Hättich, R.: Ingenieur-Holzverbindungen mit mechanischen Verbindungsmitteln. In: [44].
91. Schutte, A.: Stahlblechformteile-Holz-Nagelverbindungen. bmh 4/1975.
92. Gränzer, M.; Ruhm, D.: Berechnung von Sparrenpfettenankern. bmh 1/1978.
93. Möhler, K.; Hemmer, K.: Rechnerischer Nachweis von Spannungen und Verformungen aus Torsion bei einteiligen VH- und BSH-Bauteilen. In: HSA, Folge 2, 11/1977.
94. Ehlbeck, J.; Göhrlacher, R.: Tragfähigkeit von Balkenschuhen unter zweiachsiger Beanspruchung. HSA, Folge 8, 2/1987.
95. Anrig, A.: Gang-Nail System. Info Holz.
96. Gränzer, M.; Riemann, H.: Anschlüsse mit Nagelplatten. bmh 7/1978.
97. Zulassungsbescheid Nr. Z-9.1-230: Gang-Nail-Nagelplatten GN 200 als Holzverbindungsmittel. IfBt, Berlin, 1990.
98. Ehlbeck, J.; Göhrlacher, R.: Querzuggefährdete Anschlüsse mit Nagelplatten. HSA, Folge 8, 2/1987.
99. Milbrandt, E.: Konstruktionsbeispiele, Berechnungsverfahren Teil 3. Info Holz/EGH-Bericht, 1978.
100. Fonrobert, F.: Versuche mit Bau- und Gerüstklammern. Bauplanung-Bautechnik 1/1947.
101. Heimeshoff, B.: Probleme der Stabilitätstheorie und Spannungstheorie II. Ordnung im Holzbau. In: HSA, Folge 9, 3/1987.
102. Möhler, K.; Scheer, C.; Muszala, W.: Knickzahlen ω für Voll-, Brettschichtholz und Holzwerkstoffe. In HSA, Folge 7, 7/1983.
103. Möhler, K.: Die wirksame Knicklänge der Sparren von Kehlbalkendächern. Berichte aus der Bauforschung, Heft 33. Verlag Ernst & Sohn, 1963.
104. Heimeshoff, B.: Hausdächer. In [44].
105. Heimeshoff, B.: Bemessung von Holzstützen mit nachgiebigem Fußanschluß. In: HSA, Folge 3, 5/1979.
106. Möhler, K.; Freiseis, R.: Untersuchungen zur Bemessung von Holzstützen mit nachgiebigem Fußanschluß. In: HSA, Folge 7, 7/1983.
107. Möhler, K.; Herröder, W.: Holzschrauben oder Schraubnägel bei Dübelverbindungen. In: HSA, Folge 5, 4/1980.
108. v. Halasz, R. (Hrsg.); Scheer, C. (Hrsg): Holzbau-Taschenbuch. Bd. 2: DIN 1052 und Erläuterungen, Formeln, Tabellen, Nomogramme, 8. Aufl. Verlag Ernst & Sohn, Berlin, 1989.
109. Möhler, K.: Über das Tragverhalten von Biegeträgern und Druckstäben mit zusammengesetztem Querschnitt und nachgiebigen Verbindungsmitteln. Habilitationsschrift TH Karlsruhe, 1956.
110. Ehlbeck, J.; Köster, P.; Schelling, W.: Praktische Berechnung und Bemessung nachgiebig zusammengesetzter Holzbauteile. bmh 6/1967.

111. Schneider, K.-J.: (Hrsg.): Bautabellen mit Berechnungshinweisen und Beispielen. 9. Aufl. Werner-Verlag, Düsseldorf, 1990.
112. Möhler, K.: Zur Berechnung von BSH-Konstruktionen. In: HSA, Folge 1, 5/1976.
113. Ehlbeck, J. (Hrsg.); Steck, G. (Hrsg.): Ingenieurholzbau in Forschung und Praxis. Bruderverlag, Karlsruhe, 1982.
114. Möhler, K.; Mistler, L.: Ausklinkungen am Endauflager von Biegeträgern. In: HSA, Folge 4, 11/1979.
115. Henrici, D.: Beitrag zur Spannungsermittlung in ausgeklinkten Biegeträgern aus Holz. Dissertation TU München, 1984.
116. Hempel, G.: Der ausgeklinkte Balken. bmh 8/1970.
117. Brüninghoff, H.: Verbände und Abstützungen; genauere Nachweise. Info Holz/EGH-Bericht, 1989.
118. Schneider, K.-J.: Baustatik, Statisch unbestimmte Systeme. 2. Aufl. Werner-Verlag, Düsseldorf, 1988.
119. Ehlbeck, J.: Durchbiegungen und Spannungen von Biegeträgern aus Holz unter Berücksichtigung der Schubverformung. Dissertation TH Karlsruhe, 1967.
120. Scheer, C.; Laschinski, Ch.; Szu, F. S.: Vorschlag eines lastabhängigen k_B-Wertes. In: HSA, Ausgabe 4, 7/1992.
121. Reyer, E.; Stojic, D.: Zum genaueren Nachweis der Kippstabilität biegebeanspruchter parallelgurtiger BSH-Träger mit seitlichen Zwischenabstützungen des Obergurtes nach Theorie II. Ordnung. In: HSA, Ausgabe 4, 7/1992.
122. Kröger, C.: Unmittelbare Bestimmung des Verbindungsmittelabstandes e' bei mehrteiligen, kontinuierlich verbundenen Holzquerschnitten. In: HSA, Folge 4, 11/1979.
123. Cziesielski, E.; Friedmann, M.; Schelling, W.: Holzbau. Statische Berechnungen. Info Holz, 1988.
124. Heimeshoff, B.: Nationales Anwendungsdokument (NAD). Richtlinie zur Anwendung von DIN V ENV 1995 Teil 1-1. In: Tagungsband zum Ingenieurtag, Nürnberg, 1994.
125. Blaß, H. J.: Berechnung und Bemessung von Holztragwerken nach dem EC 5. In: Tagungsband zum Ingenieurtag, Nürnberg, 1994.
126. Nationales Anwendungsdokument (NAD). Richtlinie zur Anwendung von DIN V ENV 1995 Teil 1-1. Eurocode 5. 1995.
127. Brüninghoff, H.: Vergleichende Betrachtungen zur Berechnung von Holzbauwerken nach DIN V ENV 1995-1-1 und DIN 1052. In: Tagungsband zum Ingenieurtag, Nürnberg. 1994.
128. Cziesielski, E.: Hölzerne Dachflächentragwerke. In: [44].
129. Natterer, J.: Entwurf von Holzkonstruktionen. In: [44].
130. Schunck, E., u. a.: Der neue Dach-Atlas. Institut für internationale Architektur-Dokumentation, München, 1991.
131. Planung und Anwendung Dächer, Eternit AG, Berlin.
132. Fulgurit-Baublätter, Fulgurit-Vertriebsgesellschaft, Wunstorf.
133. Neufert, E.: Well-Eternit Handbuch, Bauverlag GmbH, Wiesbaden, 8. Aufl. 1974.
134. IFBS-Info Stahltrapezprofile für Dach, Wand und Decke. Industrieverband zur Förderung des Bauens mit Stahlblech e. V., 1994.
135. IFBS-Info Richtlinie für die Planung und Ausführung zweischaliger wärmegedämmter nichtbelüfteter Metalldächer. Industrieverband zur Förderung des Bauens mit Stahlblech e. V., 1991.
136. Technische Informationen der Hoogovens Aluminium Bausysteme GmbH.
137. Technische Informationen der H + M Aluminium GmbH.
138. Henrici, D.: Die Berechnung wasserbelasteter, elastisch gestützter Trägerroste. Holz als Roh- und Werkstoff 10/1972.
139. Wienecke, N.: Wasser auf dem Flachdach. bmh 8/1974.
140. Cassens, J. und Schiewe, W.: Wassersackbildung auf Flachdächern. bmh 8/1974.
141. Milbrandt, E.: Holzbauhandbuch, Reihe 2, Tragwerksplanung; Teil 3: Dachbauteile, Folge 1: Berechnungsgrundlagen, Schalung, Lattung. Info Holz/EGH, 1993.
142. Schulze, H.: Holzbauhandbuch, Reihe 1, Entwurf und Konstruktion. Teil 14: Umbau, Modernisierung, Folge 3: Nachträglicher Dachgeschoßausbau. Info Holz/EGH, 1992.

143. Schulze, H.: Hausdächer in Holzbauart; Konstruktion, Statik, Bauphysik. Werner-Verlag, Düsseldorf, 1987.
144. Wienecke, N.: Hausdächer. Info Holz/EGH-Bericht, 1976.
145. Möhler, K.: Versuche mit Doppelnägeln. Berichte aus der Bauforschung, Heft 24. Verlag Ernst & Sohn, Berlin, 1962.
146. Mucha, A.: Dachschalungen aus Holz- und Holzwerkstoffen. bmh 1/1978.
147. Möhler, K., u.a.: Lastverteilungsbreite bei Dachschalungen aus Einzelbrettern. Forschungsbericht EGH in der DGfH, 1979.
148. Werner, G.; Zimmer, K.: Holzbau, Teil 1: Grundlagen. Springer-Verlag, Berlin, 1996.
149. Möhler, K.; Steck, G.: Näherungsformeln zur Berechnung von Verbundbauteilen aus Vollholz und Holzwerkstoffen. Holz als Roh- und Werkstoff 37 (1979), S. 221/225.
150. Cziesielski, E., u.a.: Konstruktion und Berechnung von Holzhäusern in Tafelbauart. Band 122, Expert Verlag, 1984.
151. Gattnar, A.; Trysna, T.: Hölzerne Dach- und Hallenbauten. 7. Aufl. Verlag W. Ernst & Sohn, Berlin, 1961.
152. Dröge, G.: Beitrag in [44].
153. Mitteilungen des Instituts für Bautechnik, Berlin 3/1973.
154. Steck, G.: Holzbau nach EC 5. In: [36].
155. Mönck, W.: Holzbau, Grundlagen für die Bemessung und Konstruktion. 11. Aufl. Verlag für Bauwesen, Berlin, München, 1993.
156. Brennecke, W., u.a.: Dachatlas. Institut für internationale Architektur-Dokumentation, München, 1975.
157. Milbrandt, E.: Holzbauhandbuch, Reihe 2, Tragwerksplanung; Teil 3: Dachbauteile, Folge 2: Hausdächer. Info Holz/EGH-Bericht, 1993.
158. Technische Informationen der GH-Baubeschläge Hartmann GmbH.
159. Technische Informationen der BMF Holzverbinder GmbH.
160. Wille, F.: Holzbau Band 1, Statik der Holztragwerke. Verlagsgesellschaft R. Müller, Köln-Braunsfeld, 1969.
161. Scheer, C. (Hrsg.); Andresen, K. (Hrsg.): Holzbau-Taschenbuch. Bd. 3: Bemessungsbeispiele und DIN 1052. 8. Aufl. Verlag Ernst & Sohn, Berlin, 1991.
162. Werner, G.; Steck, G.: Holzbau. Teil 2, Dach- und Hallentragwerke. 4. Aufl. Werner-Verlag, Düsseldorf, 1993.
163. Wienecke, N.: Pfettendächer ohne Firstpfetten. bmh 3/1974 und 5/1974.
164. Heiße, D.: Aussteifende Wirkung genagelter Brettscheiben. Bautechnik, 8/1968.
165. Wedler, B.; Möhler, K.: Hölzerne Hausdächer. 8. Aufl. Werner-Verlag, Düsseldorf, 1968.
166. Sonnenschein, H.: Berechnung verschieblicher einhüftiger Kehlbalkendächer. bmh, 2/1964.
167. Böttcher, D.: Stützenfreie Dächer, Berechnung und Konstruktion. Verlag Ernst & Sohn, Berlin, 1986.
168. Heimeshoff, B.; Krabbe, E.: Zur statischen Berechnung des Kehlbalkendaches mit verschieblichem Kehlbalken. Bautechnik, 1/1963.
169. Spix, H.: Ergänzung zu [168]. Bautechnik, 9/1964.
170. Heimeshoff, B.: Zur statischen Berechnung des Kehlbalkendaches mit unverschieblichem Kehlbalken. Bautechnik, 6/1969.
171. Krause, U.: Berechnung eines Gratsparrens. bmh, 8/1977 und 9/1977.
172. Krause, U.: Gratsparren im Viergelenksystem. bmh, 10/1982.
173. Bötzl, K.; Martin, H. D.: Über die Berechnung von Gratsparren. Deutscher Zimmermeister, 23/1959 und 24/1959.
174. Pracht, K.: Skelettbaudetails. Info Holz/EGH-Bericht.
175. Pracht, K.: Holzbau-Systeme. Verlagsgesellschaft Müller, Köln-Braunsfeld, 1978.
176. Fritzen, K., u.a.: Holzrahmenbau, kostensparendes, individuelles Bausystem. Info Holz/EGH-Bericht, 1988.
177. Fritzen, K., u.a.: Handbuch Holzrahmenbau-Praxis. Bruderverlag, Karlsruhe, 1990.
178. Cziesielski, E.; Wagner, C.: Dachscheiben aus Spanplatten. bmh 1/1979 und 2/1979.

179. Schmidt, H.: Greimbau. Info Holz.
180. Möhler, K.: Untersuchungen und Versuche über das Tragverhalten von durchlaufenden Koppelpfetten bei Berücksichtigung der Nachgiebigkeit der Verbindungen. Berichte aus der Bauforschung. Heft 47, Berlin, 1966.
181. Seitz, H.: Gekoppelte, durchlaufende Pfetten im Holzbau. Die Bautechnik 18 (1940), Heft 35.
182. Brüninghoff, H.; Probst, T.: Genagelte Koppelpfettenstöße mit glattschaftigen Nägeln nach DIN 1151. Forschungsbericht Bergische Universität Wuppertal, Fachbereich Bautechnik, 1984.
183. Gehri, E.: Schichthölzer hoher Leistung – Möglichkeiten und Anforderungen. Tagungsband der 15. Dreiländer-Holztagung. Garmisch-Partenkirchen, 1993.
184. Möhler, K.; Steck, G.: Untersuchungen über die Rißbildung in Brettschichtholz infolge Klimabeanspruchung. bmh, 4/1980.
185. Brettschichtholzfertigung mit getrennter maschineller Lamellensortierung. bmh, 7/1993.
186. Colling, F.: Einfluß des Volumens und der Spannungsverteilung auf die Festigkeit eines Rechteckträgers. Holz als Roh- und Werkstoff 44 (1986), S. 121/125 und S. 179/183.
187. Schelling, W.: Berechnung gekrümmter Brettschichtträger mit Biegebeanspruchung. bmh 4/1967.
188. Heimeshoff, B.: Praktische Spannungsberechnung für den gekrümmten Träger mit einfach-symmetrischem Querschnitt. In: Fachtagung Holzbau, Karlsruhe 1972. Info Holz/EGH-Bericht.
189. Möhler, K.: Spannungsberechnung von gekrümmten Brettschichtträgern mit konstanter und veränderlicher Querschnittshöhe. bmh, 7/1979.
190. Möhler, K.; Blumer, H.: Brettschichtträger veränderlicher Höhe. bmh, 8/1978.
191. Möhler, K.; Hemmer, K.: Spannungskombination bei Brettschichtträgern mit geneigten Rändern. In: HSA, Folge 5, 4/1980.
192. Möhler, K.; Blumer, H.: Versuche mit gekrümmten Brettschichtträgern. Berichte aus der Bauforschung, Heft 92, Berlin, 1974.
193. Heimeshoff, B.; Bauler, H.: Praktische Bemessung von Trägern mit veränderlicher Höhe und doppeltsymmetrischem Querschnitt bei gleichmäßig verteilter Belastung. bmh 6/1973.
194. Wienecke, N.: Verformung von Brettschichtträgern veränderlicher Höhe. bmh 12/1977.
195. Blumer, H.: Spannungsberechnung an anisotropen Kreisbogenscheiben und Satteltrögern konstanter Dicke. Bruderverlag, Karlsruhe, 1979.
196. Tölke, F.: Über die Bemessung von Druckstäben mit veränderlichem Querschnitt. Bauingenieur, 1930, S. 500.
197. Ehlbeck, J.; Hemmer, K.: Über die Tragfähigkeit gekrümmter Brettschichtholzträger. Holz als Roh- und Werkstoff 43 (1985), S. 375/379.
198. Werner, G.; Holzbau. Teil 2, Dach- und Hallentragwerke. 3. Aufl. Werner-Verlag, Düsseldorf, 1987.
199. Ehlbeck, J.; Kürth, J.: Einfluß des querzugbeanspruchten Volumens auf die Tragfähigkeit gekrümmter Träger und Satteldachträger aus Brettschichtholz. Holz als Roh- und Werkstoff 50 (1992), S. 33/40.
200. Zimmer, K.; Menzel, R.: Untersuchungen zur Vorbemessung von gekrümmten Satteldachträgern aus Brettschichtholz mit verleimtem Sattel. Holz als Roh- und Werkstoff 52 (1994), S. 371/375.
201. Baumeister, A., u. a.: Neuere Karlsruher Forschungsarbeiten und Versuche im Ingenieurholzbau. bmh, 6/1972.
202. Ehlbeck, J.: Möglichkeiten zur Erhöhung der Querdruck- und Querzugfestigkeit von Holz. Holz als Roh- und Werkstoff 43 (1985), S. 105/109.
203. Krabbe, E.; Tersluisen, G.: Spannungstheoretische Untersuchungen an keilgezinkten Rahmenecken bei BSH. Forschungsbericht der Arbeitsgruppe Baukonstruktionen und Ingenieurholzbau, Ruhr-Universität Bochum, 1978.
204. Egner, K.; Kolb, H.: Der Fachausschuß „Holz im Bauwesen“ berichtet über Forschungsergebnisse der DGfH. bmh, 12/1971.

205. Heimeshoff, B.: Berechnung von Rahmenecken mit Keilzinkenverbindungen. In: HSA, Folge 1, 5/1976.
206. Kolb, H.: Versuche an geleimten Rahmenecken und Montagestößen. bmh, 10/1968.
207. Kolb, H.: Festigkeitsverhalten von Rahmenecken. bmh, 8/1970.
208. Kolb, H., u. a.: Prüfung von keilgezinkten Bauteilen aus BSH mit Zwischenstücken aus Furnierplatten. Prüfungsbericht der Forschungs- und Materialprüfanstalt Baden-Württemberg, Stuttgart, 1978.
209. Schelling, W., u. a.: Bemessungshilfen, Knoten, Anschlüsse. Teil 2. Info Holz/EGH-Bericht, 1987.
210. Plenk, W.; Huber, G.: Bemessung von Rahmenecken mit Stabdübelkreisen. bmh, 12/1978.
211. Heimeshoff, B.: Berechnung von Rahmenecken mit Dübelanschluß (Dübelkreis). In: HSA, Folge 2, 11/1977.
212. Ewald, G.; Schwarz, H.: Zum Nachweis der Stabilität von Dreigelenkrahmen aus BSH. bmh, 1/1984.
213. Heimeshoff, B.; Seuß, R.: Knick- und Kippaussteifung von Rahmen (Rahmenecken). Forschungsbericht TU München, Lehrstuhl für Baukonstruktion und Holzbau, 1982.
214. Kessel, M., u. a.: Zur Sicherung des Dreigelenkrahmens aus BSH gegen Kippen. Bauingenieur 59 (1984), S. 189/194.
215. Fritzen, K., u. a.: Holzbau-Praxis. Bruderverlag, Karlsruhe, 1991.
216. Neuhaus, H.: Lehrbuch des Ingenieurholzbaus. B. G. Teubner, Stuttgart, 1994.
217. Scheer, C., u. a.: Holzfachwerkträger, Verlag Ernst & Sohn, Berlin, 1989.
218. Eislaufstadion Grefrath. bmh, 8/1971.
219. Milbrandt, E.: Konstruktionsbeispiele, Berechnungsverfahren Teil 4. Info Holz/EGH-Bericht, 1979.
220. Scheer, C.; Wunderlich, M.: Fachwerkbinder; Berechnung, Konstruktion. Info Holz/EGH-Bericht, 1986.
221. Wienecke, N.: Fachwerkträger. bmh 3/1976 und 8/1976.
222. Moers, F.: Einzelfragen zur Konstruktion von Fachwerkträgern. bmh 11/1976.
223. Schelling, W., u. a.: Bemessungshilfen, Knoten, Anschlüsse Teil 3. Info Holz/EGH-Bericht, 1987.
224. Möhler, K.; Schelling, W.: Zur Bemessung von Knickverbänden und Knickaussteifungen im Holzbau. Bauingenieur 43 (1968), H. 2.
225. Petersen, C.: Statik und Stabilität der Baukonstruktionen. 2. Aufl. Vieweg-Verlag, Braunschweig/Wiesbaden, 1982.
226. Gerold, W.: Durchbiegungsnachweis und Konstruktion von Aussteifungsverbänden. bmh, 6/1986.
227. Brüninghoff, H.: Spannungen und Stabilität bei quergestützten Brettschichtträgern. Dissertation Universität Karlsruhe, 1973.
228. Gerold, W.: Zur Berechnung und Konstruktion von Dachverbänden im Stahl- und Holzbau. Bericht Nr. 7/1981 der Bundesvereinigung der Prüfingenieure für Baustatik.
229. Zietz, W: Räumliche Wirkung von Windverbänden bei Dreigelenkrahmen. Die Bautechnik, 5/1978.
230. Zietz, W.: Eine Abschätzung der Endverbandsbelastung aus dem Lastfall „vertikale Last“. bmh, 8/1979.
231. Blaß, J. (Hrsg.); Görlacher, R. (Hrsg.); Steck, G.(Hrsg.): Holzbauwerke, Bemessung und Baustoffe; STEP 1. Info Holz, 1995.
232. Brüninghoff, H.: Aussteifung-Bemessung. In: [231].
233. Colling, F.; Brüninghoff, H., u. a.: Holzbauhandbuch, Reihe 2, Tragwerksplanung; Eurocode 5-Holzbauwerke, Bemessungsgrundlagen und Beispiele. Info Holz/EGH, 1995.
234. Wendehorst, R.; Muth, H.: Bautechnische Zahlentafeln. 26. Aufl. B. G. Teubner, Stuttgart; Beuth, Berlin und Köln, 1994.

Sachverzeichnis

Allgemeingültige und für eine Bemessung nach DIN 1052

Für eine Bemessung nach Eurocode 5

Springer-Verlag und Umwelt

Als internationaler wissenschaftlicher Verlag sind wir uns unserer besonderen Verpflichtung der Umwelt gegenüber bewußt und beziehen umweltorientierte Grundsätze in Unternehmensentscheidungen mit ein.

Von unseren Geschäftspartnern (Druckereien, Papierfabriken, Verpackungsherstellern usw.) verlangen wir, daß sie sowohl beim Herstellungsprozeß selbst als auch beim Einsatz der zur Verwendung kommenden Materialien ökologische Gesichtspunkte berücksichtigen.

Das für dieses Buch verwendete Papier ist aus chlorfrei bzw. chlorarm hergestelltem Zellstoff gefertigt und im pH-Wert neutral.

Druck: Saladruck, Berlin
Verarbeitung: Buchbinderei Lüderitz & Bauer, Berlin